U0380082

# 建筑制图

第4版

钟训正　　孙钟阳　　王文卿　　编著

东南大学出版社
南　京

## 内 容 简 介

本书内容包括作图技法、建筑投形和建筑透视三部分，是学习建筑制图原理和作建筑画技法的书籍。本书作者都是既擅长建筑设计而又精于建筑画的著名和知名建筑师。他们将几十年作建筑画和在设计教学中的经验集成于此书，其中一些简化作图方法，为他们所创造。书中没有繁琐冗长的理论推导，而是用渐进循导、深入浅出、简明扼要的方法编写。书后附有习题，以巩固所学内容。高等院校建筑院系各专业学生及从事建筑设计有关专业人员，都可以此书为教材或作为提高建筑透视画水平的参考书。20 世纪 70 年代末和 80 年代初此书作教材印刷过 2 次，1990 年出版时作者曾作些补充和修改，先后印刷 10 次，并获第三届全国普通高等学校建筑类优秀教材一等奖。2006 年再版印刷，并被教育部评为“普通高等教育‘十一五’国家级规划教材”。这次再版，主要是对个别错误进行更正。

本文配有王文卿先生授课视频资料(共 7 讲)，读者可生动形象地理解授课内容，更快捷地掌握作图方法。

# 前　　言

建筑设计通常要画三种图:草图、施工图及透视图。本书是学习画建筑图的基本原理和技法的教科书。内容包括建筑制图技法、投形及透视三部分,并附有习题及部分习题解答。

建筑制图技法是学习使用制图工具和学习基本作图方法,练习用器具画、徒手画和写工程字等。

投形以往都用“投影”这个词。实际上画建筑的平面、立面、剖面图等,都是“投形”而不是“投影”。根据我们教学实践的体会,用“投形”概念要比用“投影”更合适:它既可和透视原理相衔接,而又和建筑阴影有区别。通过学习投形,要求建立初步的立体和空间概念,并能将一般建筑物按一定比例缩尺画成建筑图;又能通过看建筑图想象出建筑的体形和空间,作为画建筑图的基础。

透视第一部分叙述了依据建筑的平面、立面图作透视图的基本原理和方法,其中重点介绍了量点法。因为它是透视实用作法的基础。第二部分是建筑透视图的实用作图法,叙述消失点在图板外作透视图和由理想角度作透视图等方法,这都是画透视图经常用到的。第三部分是透视阴影,叙述在透视图上作阴影的原理和方法。

建筑透视图虽然不要求十分精确,但若单凭经验目估绘制,不熟练者常会出现较大的差错或失真,因而不能比较真实地表现所设计建筑物的形象,所以要求初学者一开始就应认真、踏实、准确地作图。

读者学习时我们希望将本书中各图例能按作法步骤通画一遍, 掌握最基本的原理和方法,认真完成习题要求。若要熟练掌握绘图技巧只有勤学多练,无其他捷径可走。

编　著　者

# 目　　录

## □ 铅笔

● 制图常用铅笔

底稿：H–3H

加深：HB–B

草图：HB–6B

纸质较粗硬时，可用较硬铅笔。

纸质较松软时，可用较软铅笔。

天气晴朗干燥时，可用较硬铅笔。

天气阴雨潮湿时，可用较软铅笔。

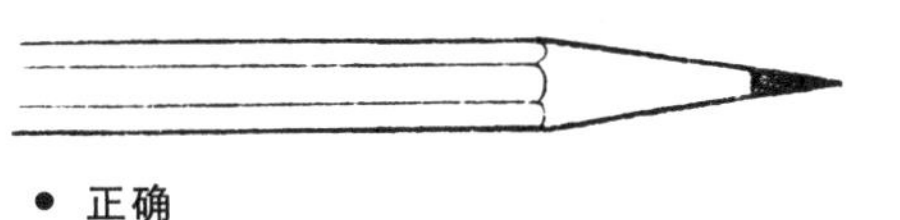

● 正确

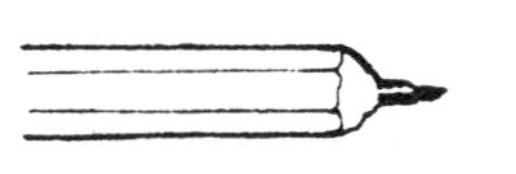

● 不正确

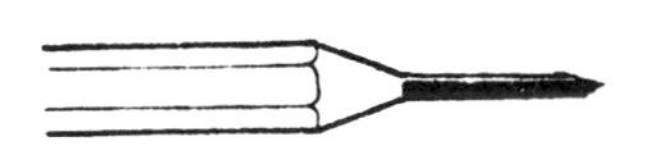

● 不正确

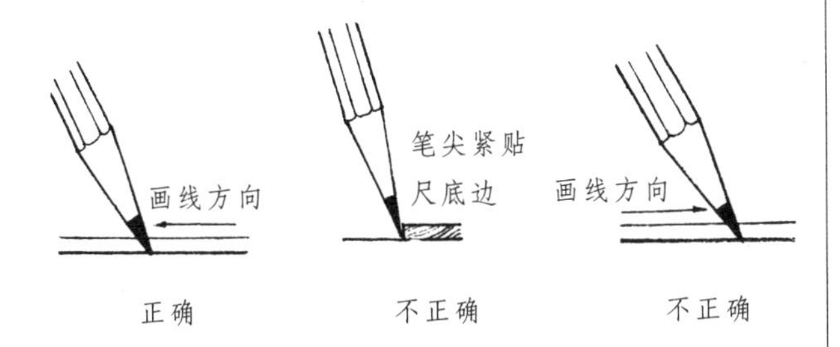


● 划线角度

## □ 直线笔

● 直线笔(鸭嘴笔)

直线笔调整螺丝可控制线条粗细，画线过程中不出水，通常是笔尖墨水干结或有渣，用毕务必放松螺丝，擦尽积墨。

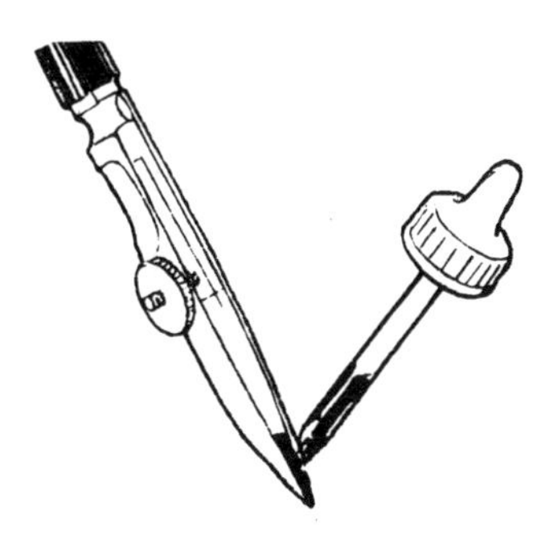

将墨水注入笔的两叶中间，笔尖含墨不宜长过6—8mm

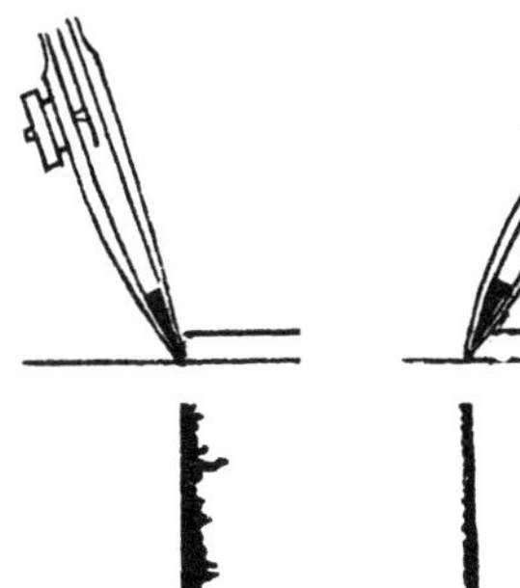

墨水易浸入尺下

外叶片碰不着纸

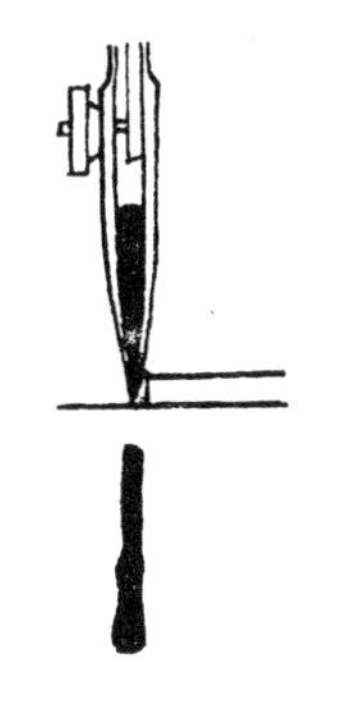

墨水过多

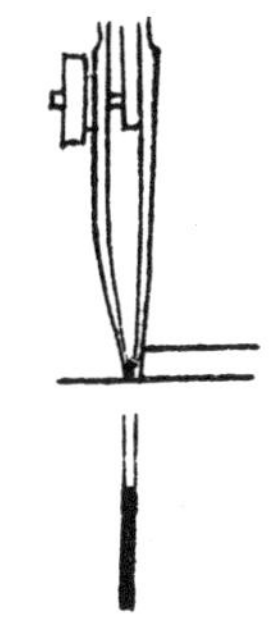

墨水不足

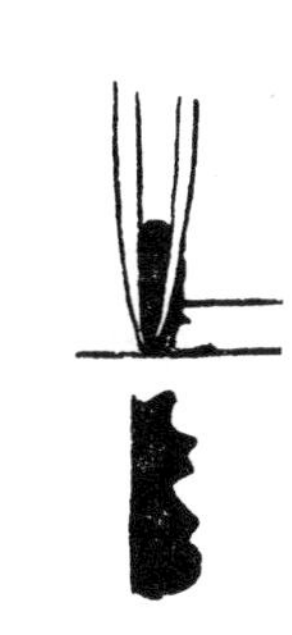

内侧外有墨水浸入尺下

● 直线笔画线常出的几种毛病

直线笔尖过于逼紧尺边，用力不均……

中途停顿，再接头时墨水过多……

笔尖含墨过多，未到位纸上已滴下一滴……

快慢不匀，快则细，慢则粗……

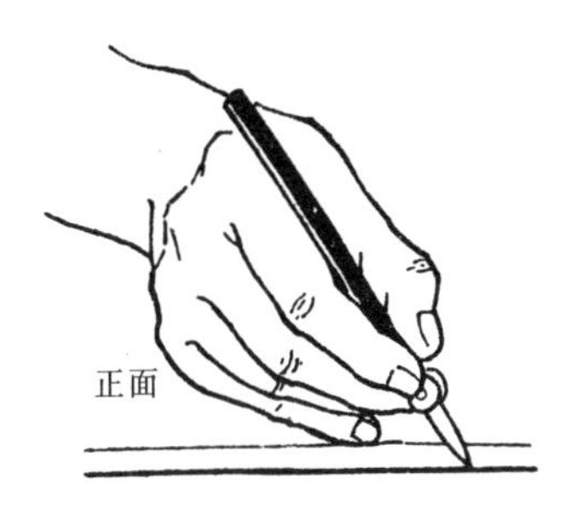


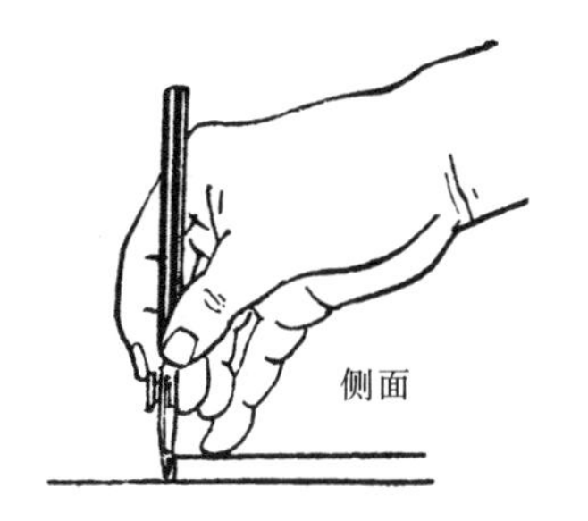


● 执笔的正确姿势

## □ 丁字尺

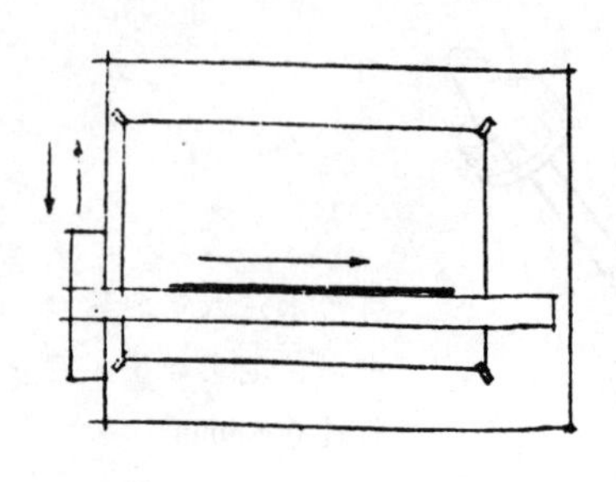

• **正确**

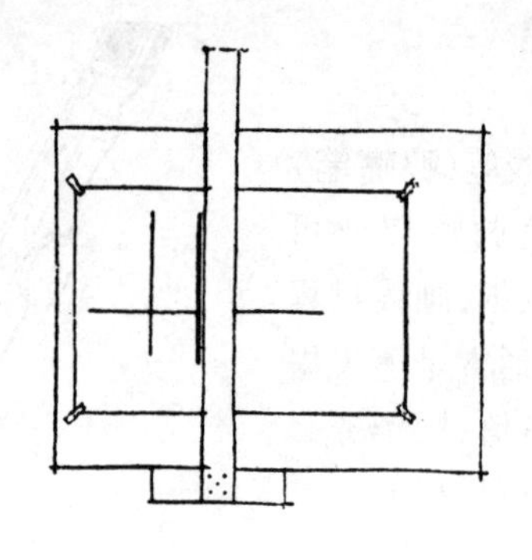

• **不正确**　不能用来画垂直线

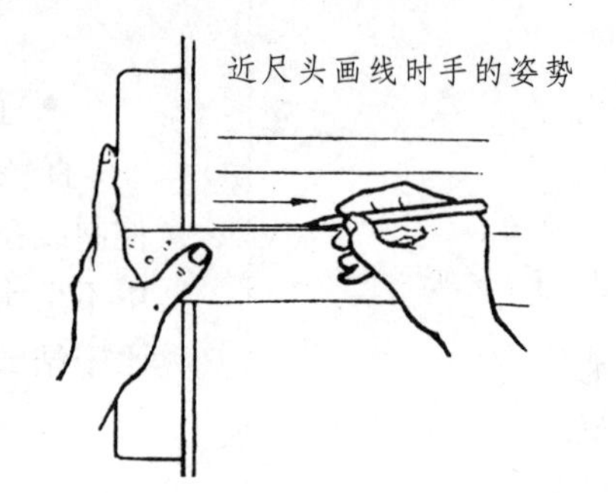


画长线时手握尺头时尺身易弯曲

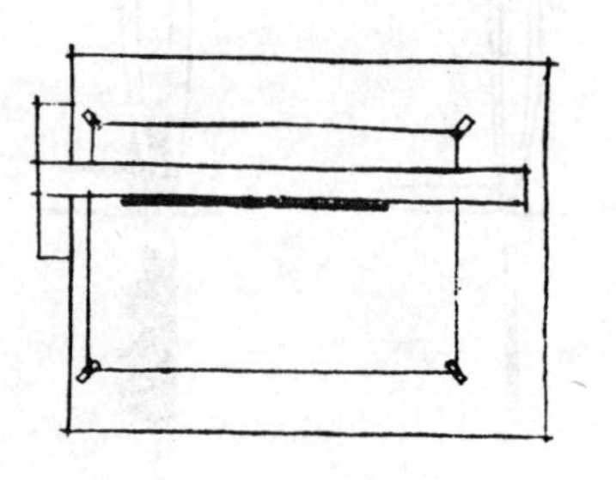

• **不正确**　不能用尺身下侧画线

• **不正确**　不能用尺身上侧切纸

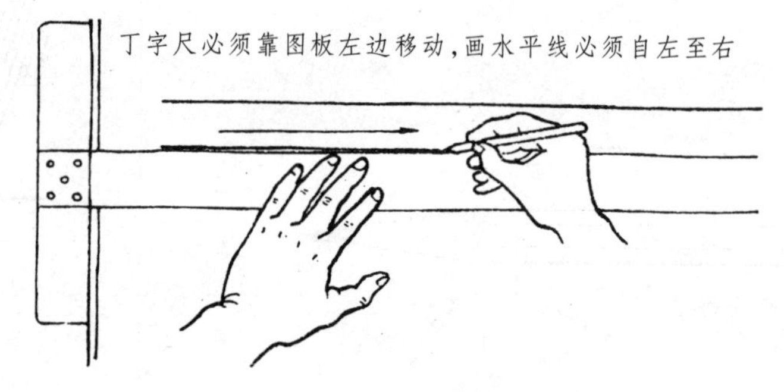


• **画长线时手的姿势**

## □ 图纸位置

如右图所示，按正确的位置，将图纸整齐地固定在图板上。

图纸纸质较薄、较软时，贴在图板上，如图板板面不平整，会影响作图线条的均匀，必须在图纸下面另垫纸张以保证绘出线条匀称。

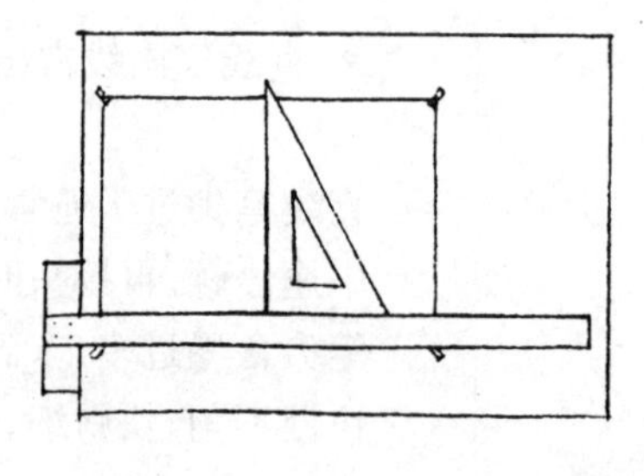

• **正确**

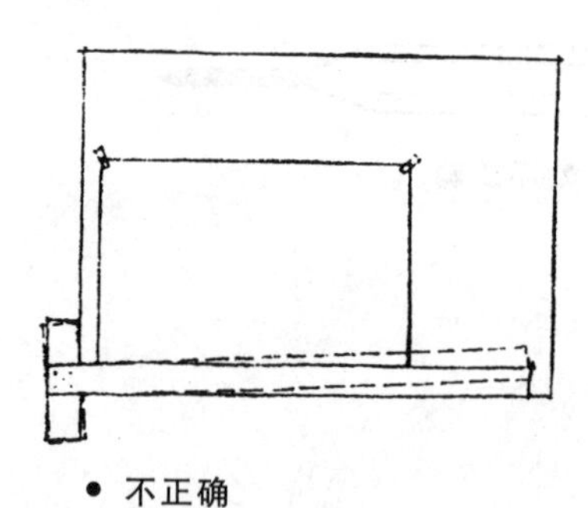

• **不正确**
图底部画线时尺身易移位

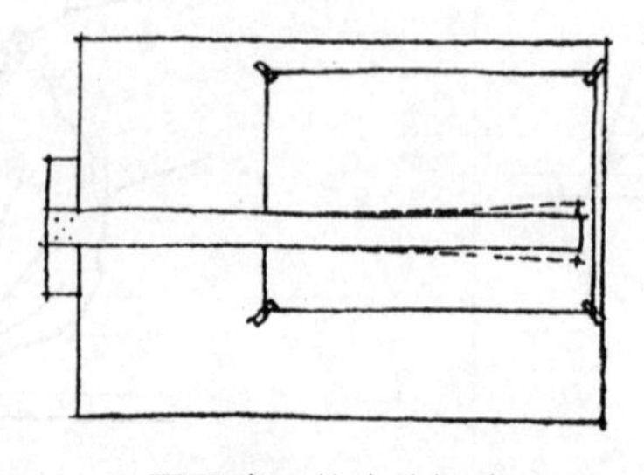

• **不正确**　尺端易摆动

## □ 三角板

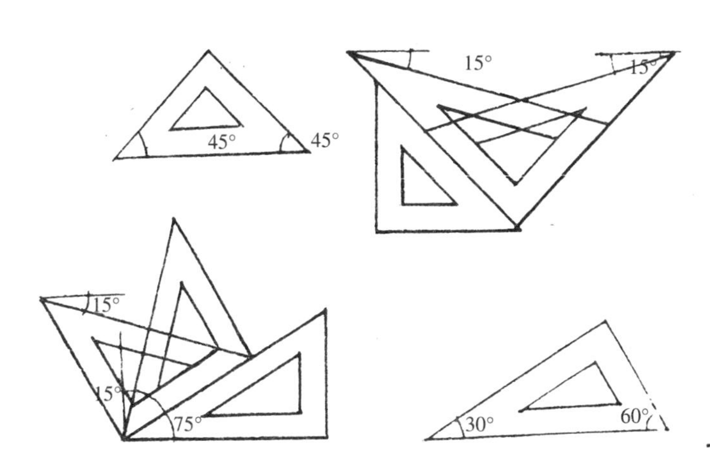


● 利用两种三角板可画 15°及其倍数的各种角度

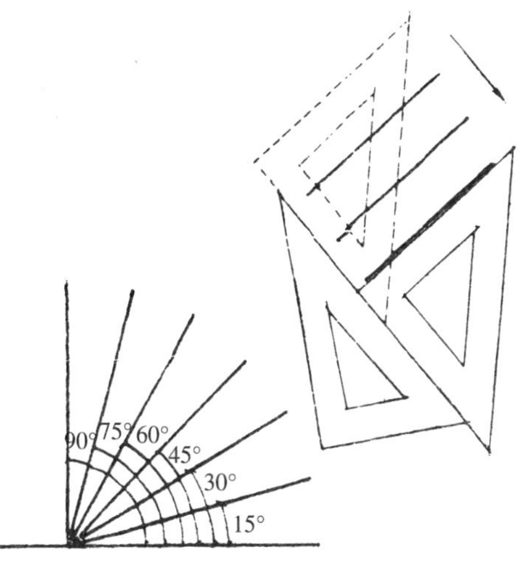


● 用三角板画平行线

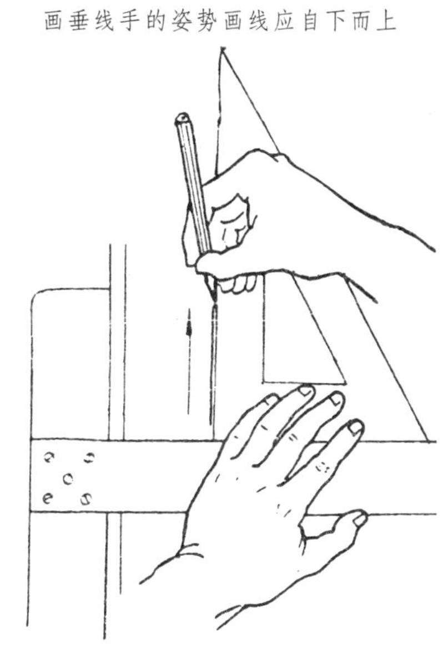


● 用三角板画垂线

## □ 曲线板

(1)先徒手轻轻地连各点（1–7 点）勾成一曲线。

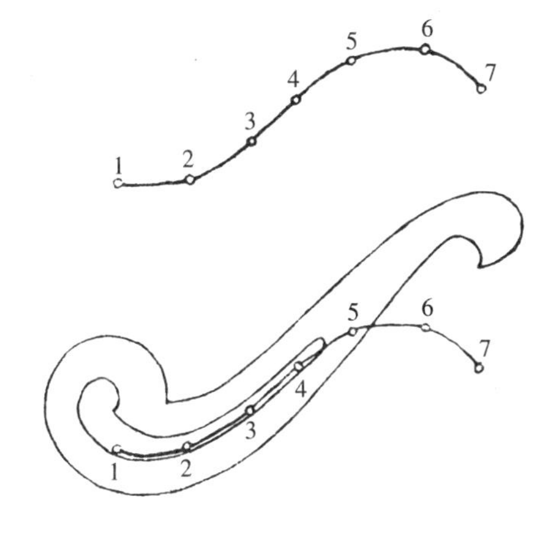


(2)选曲线板的一段，至少对齐三点(1–3)点。

(3)继续画另一段时至少包括已连好部分的两点，并留出一小段线不画。

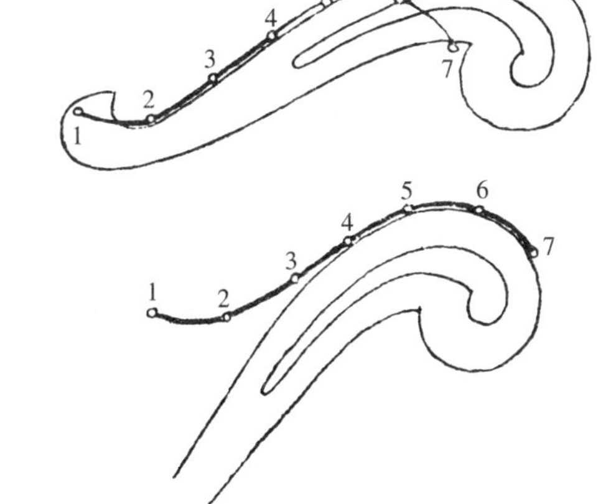


(4)用上所述方法继续画线，即能画出光滑的曲线。

## □ 画对称曲线

先定出对称轴线，用曲线板画出一边的一段曲线，并在曲线板上用铅笔作出轴线与线段长度的记号，然后将曲线板翻过来画出对称的另一段曲线。

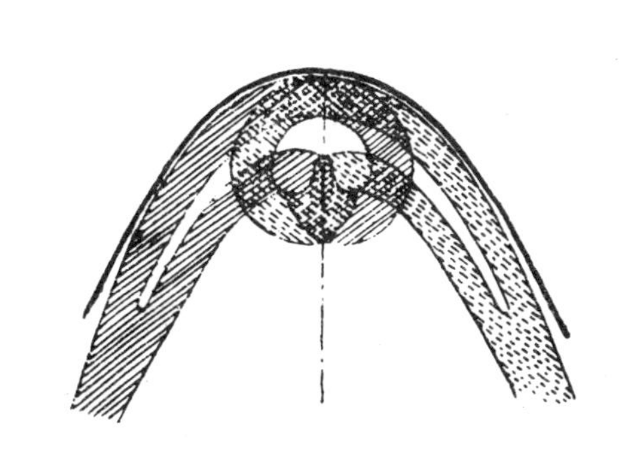

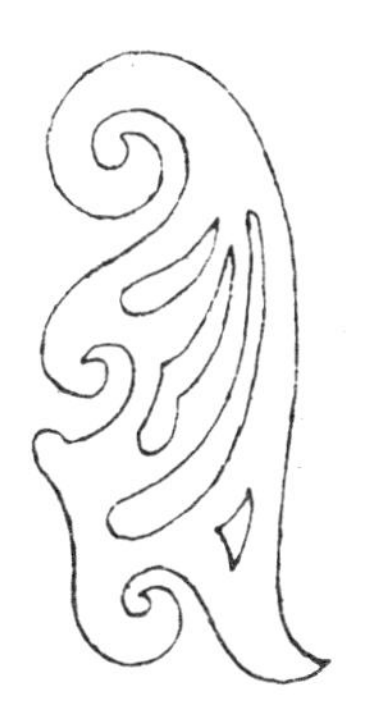

□ 比例尺

在设计制图中,必须将房屋或部件按比例缩小到图面上,比例尺是用来缩小或放大线段长度的尺子,一般为三角棱形,称三棱尺。

常用的比例尺为 1:100;1:200……1:600 等。如 1:100 即 1m 长在比例尺上只有 1/100,为 1cm,其余类推。

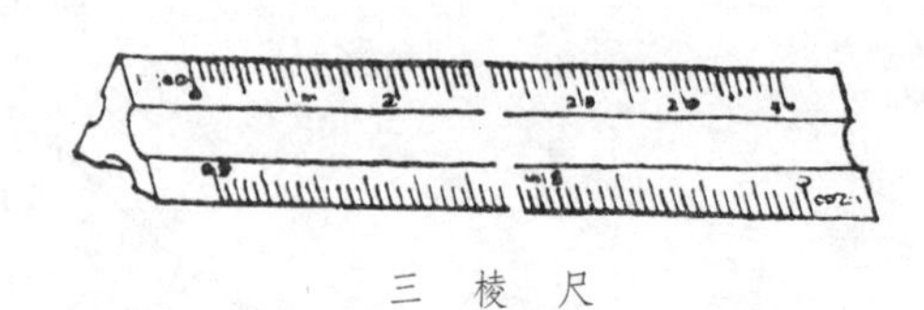
三 棱 尺

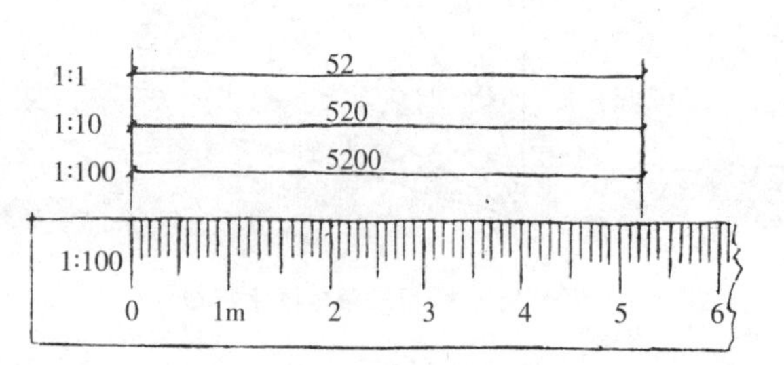


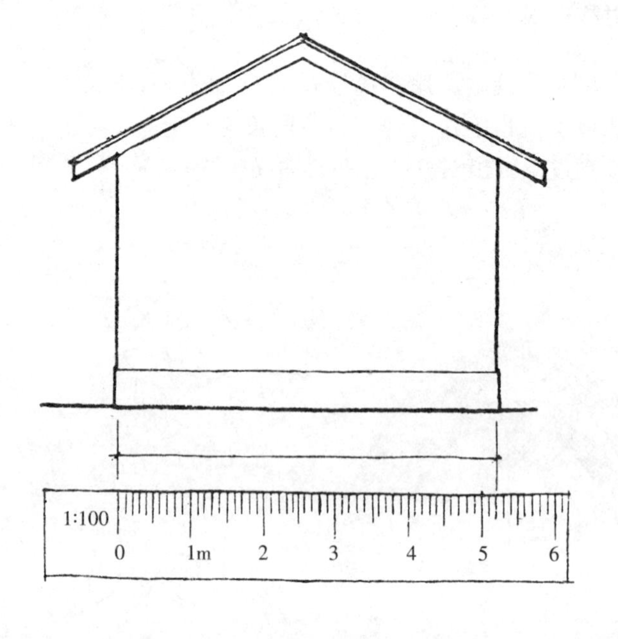


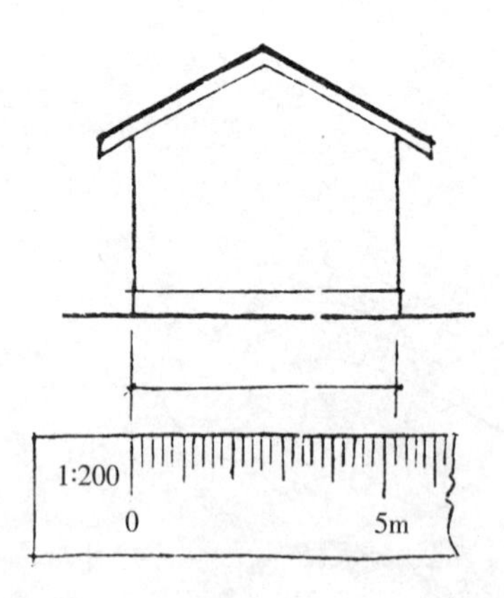


□ 擦线板

擦线板一般由薄金属片(以不锈钢为佳)或透明胶质片制成。其作用是用橡皮擦除在板孔内的线段,而不影响周围的其他线条。擦线时必须把擦线板紧紧地按牢在图纸上,以免移动而影响周围的线条。

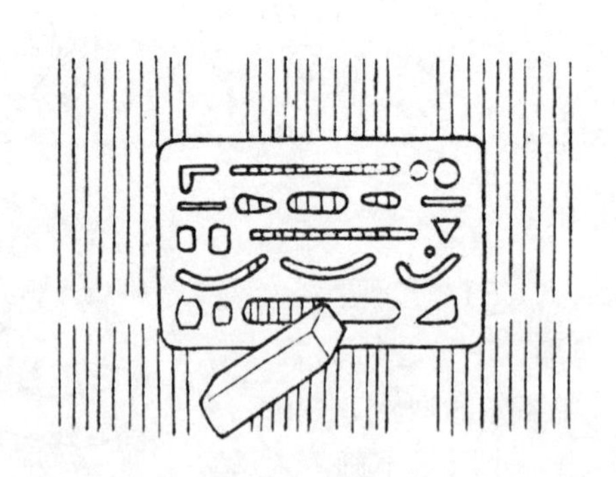

## □ 圆规

用圆规画圆时，应依顺时针方向旋转，规身略可前倾。
画小圆时，可用点圆规。
画同心圆时，应先画小圆，再画大圆。

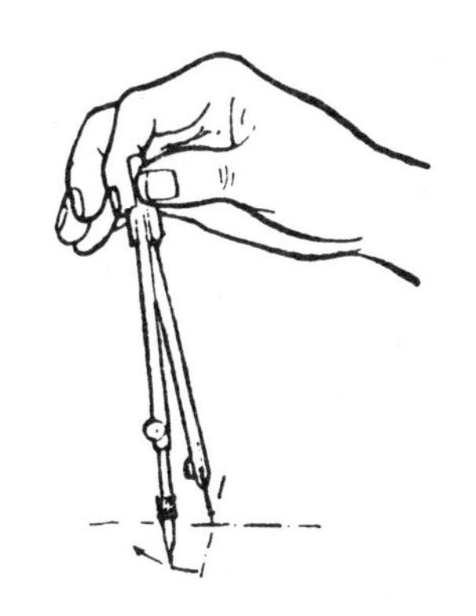

● 画圆时要依顺时针方向旋转

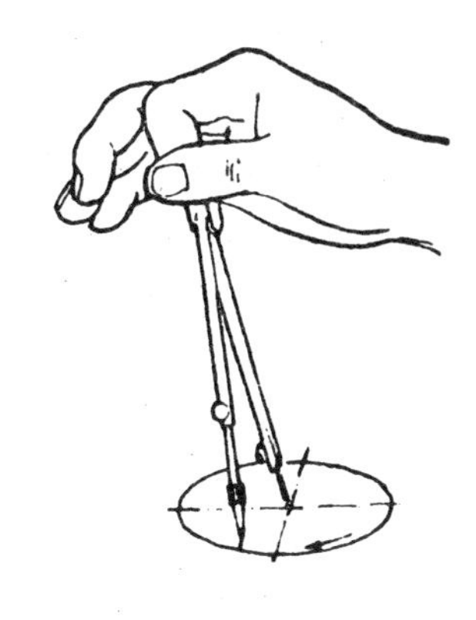

● 规身稍向前倾

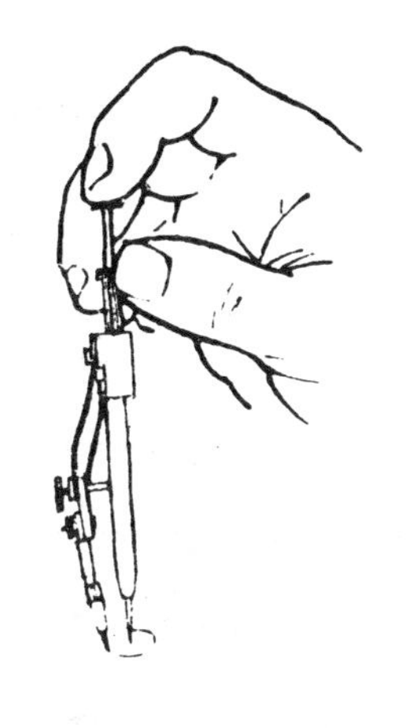

● 点圆规画小圆时用

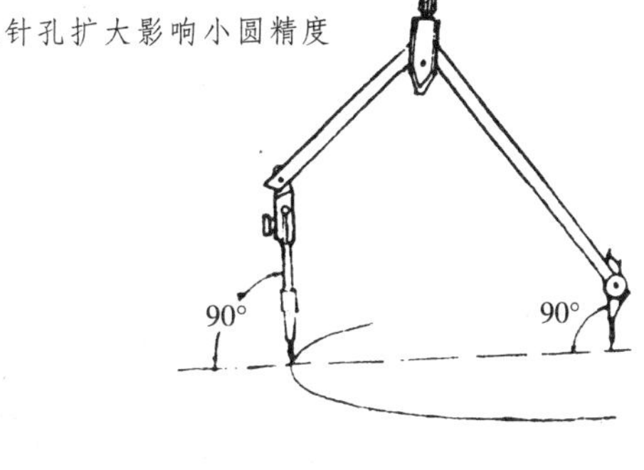

● 画大圆时针尖与铅笔尖要垂直于纸面

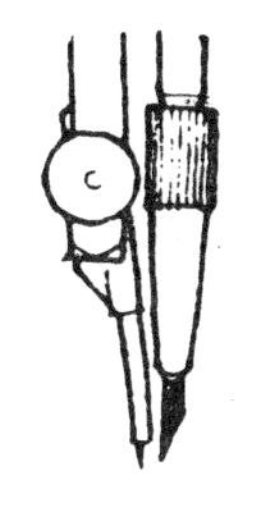

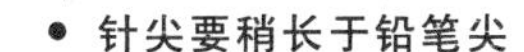

● 针尖要稍长于铅笔尖

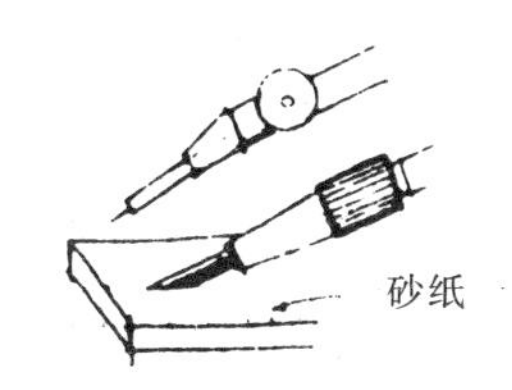


● 铅芯要磨成长斜形

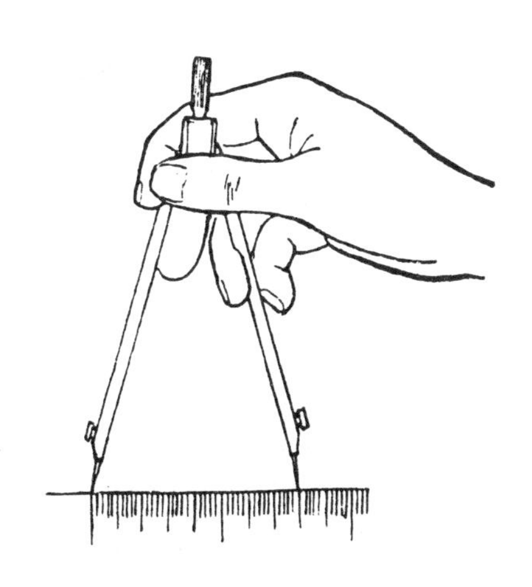

● 在比例尺上量取所需的线段

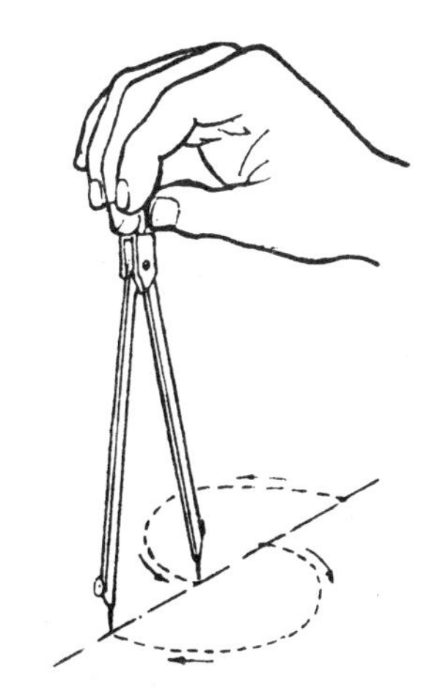

● 用分规等分线段的方法

## □ 分规

先用分规在比例尺或线段上量得所需线段长度，然后如左图方法将线段等分到图纸上。

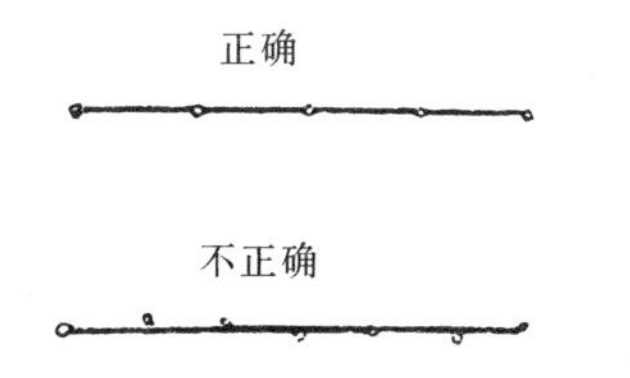


● 分规针尖位置应始终在待分的线上

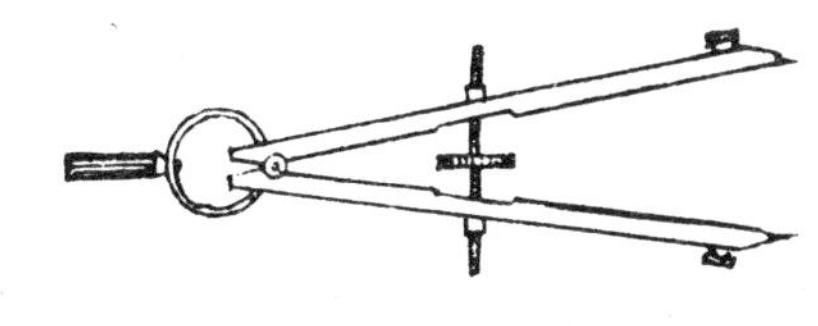

● 弹簧分规可作微调

# 线条的种类 交接及画线顺序

## □ 线条的种类

(1)实线：表示实物的可见线、剖断线及材料表示线等，制图时可用粗细不同等级的实线，如剖断线最粗，材料表示线最细，其他取中等。

(2)点划线：表示物体的中心位置或轴线位置。

(3)虚线：表示实物被遮挡部分或辅助线等。

## □ 线条的加深与加粗

铅笔线宜用较软的铅笔 B–3B 加深或加粗，然后用较硬的铅笔 F–B 将线修齐。

墨线的加粗，可先画边线，再逐笔填实。如一笔画粗线，由于下水过多，势必在起笔处肥大，纸面也容易起皱。

| | 正 确 | 不 正 确 |
|---|---|---|
| 两直线相交 | 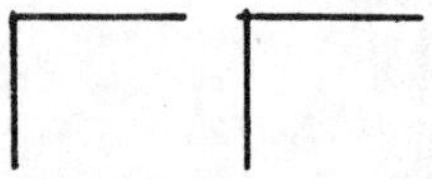 |  |
| 两线相切处不应使线加粗 |  |  |
| 各种线样相交时，交点处不应有空隙 |  | 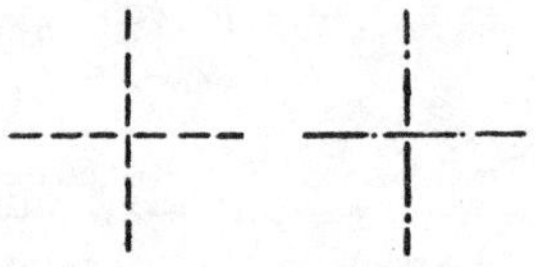 |
| 实线与虚线相接 | 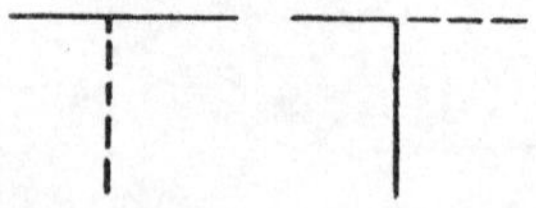 | 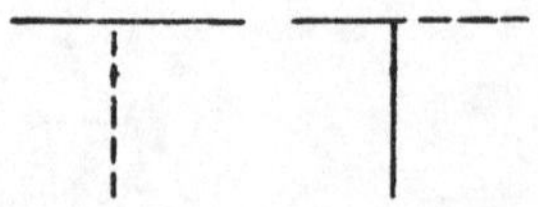 |
| 圆中心线应出头，中心线与虚线圆的相交处不应有空隙 | 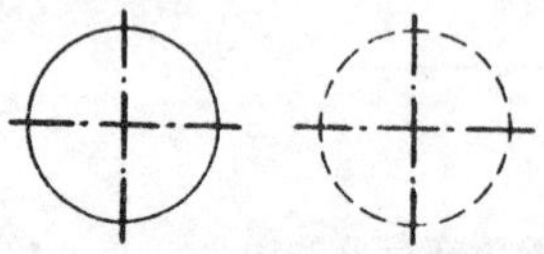 | 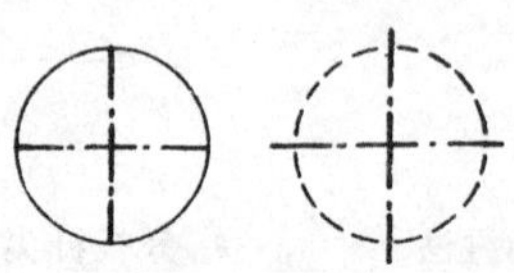 |

| | 正 确 | 不 正 确 |
|---|---|---|
| 粗线与稿线的关系：稿线应为粗线的中心线两稿线距离较近时，可沿稿线向外加粗 | 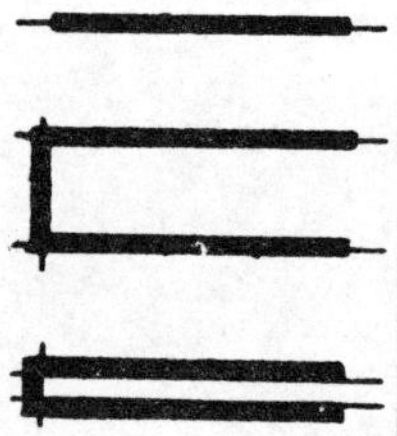 | 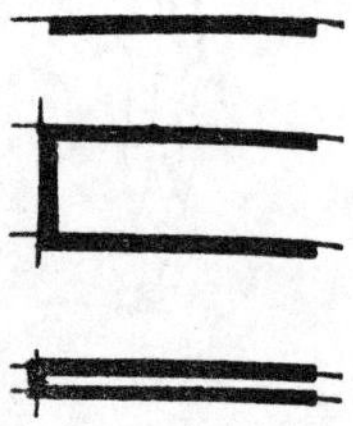 |
| 粗线的接头 | | 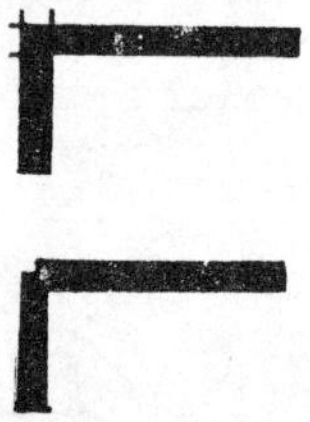 |

## □ 画线顺序

1. 铅笔画稿线应轻而细。
2. 先画细线、后画粗线，因为铅笔线容易被尺面磨落而弄脏图面，粗的墨线不易干燥，易被尺面涂开。
3. 在各种线形相接时应先画圆线和曲线，再接直线。因为用直线去接圆或曲线容易使线条交接光滑。
4. 画时先上后下，先左后右，这样不易弄脏图面。
5. 画完线条再注尺寸与说明，最后写标题画边框。

□　徒手画水平线应自左至右。画垂直线应自上而下，与用仪器画恰恰相反。

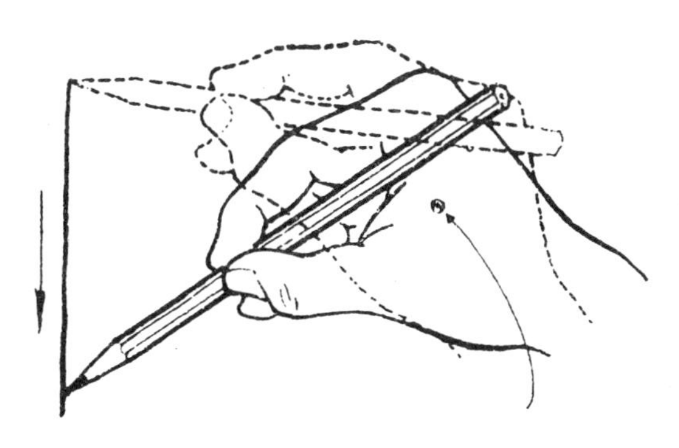

● 画垂直线的支转点

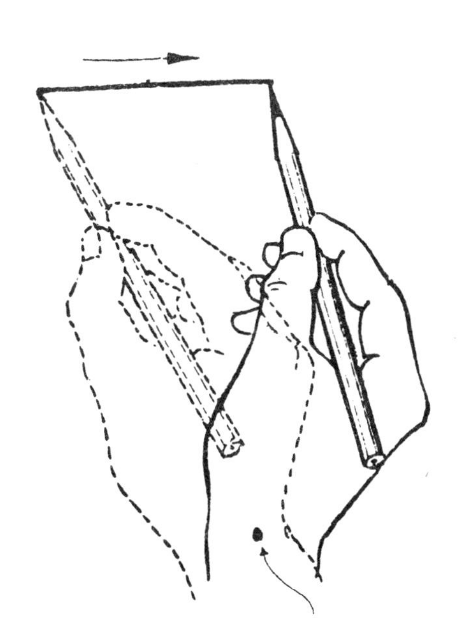

● 画水平线的支转点(转动腕关节)

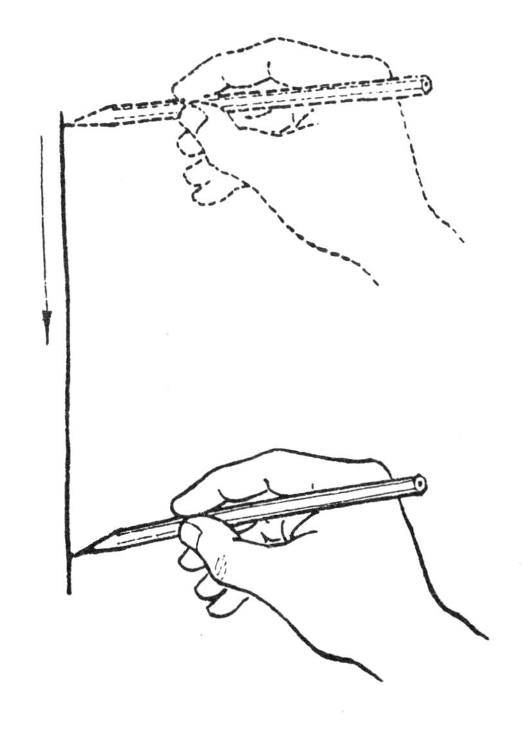

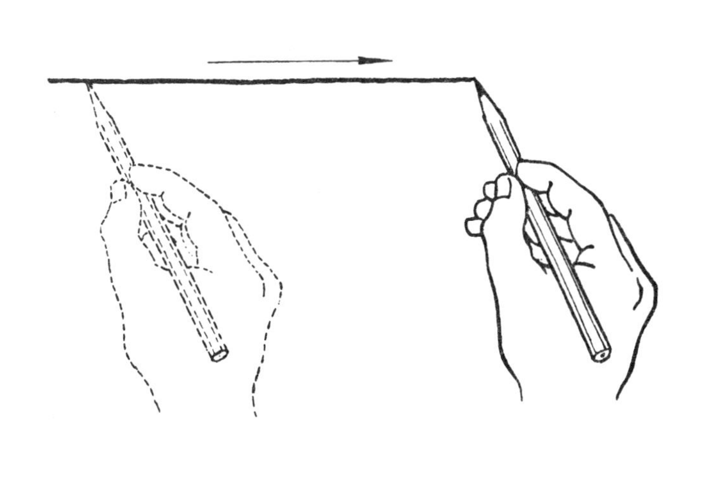

● 画垂直长线和水平长线时，小指指尖靠在图纸上轻轻滑动，手腕关节不宜转动。

### □ 画直线

• 短线一次完成

• 长线可接画，接线处宁可稍留空隙而不宜重叠

• 切不可用短笔划来回画

### □ 画垂直线

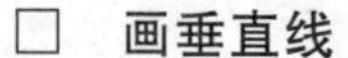

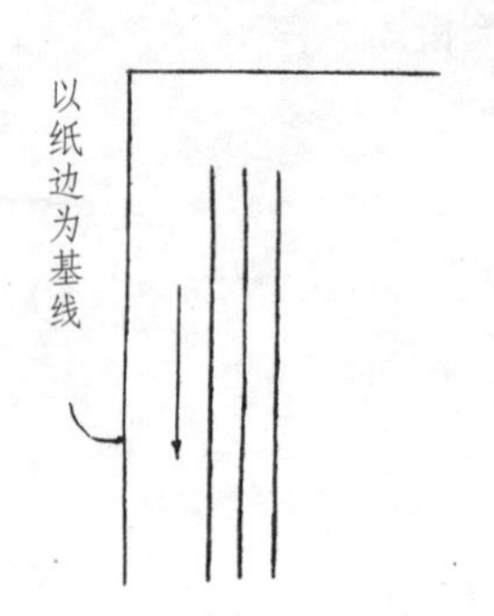


### □ 画水平线

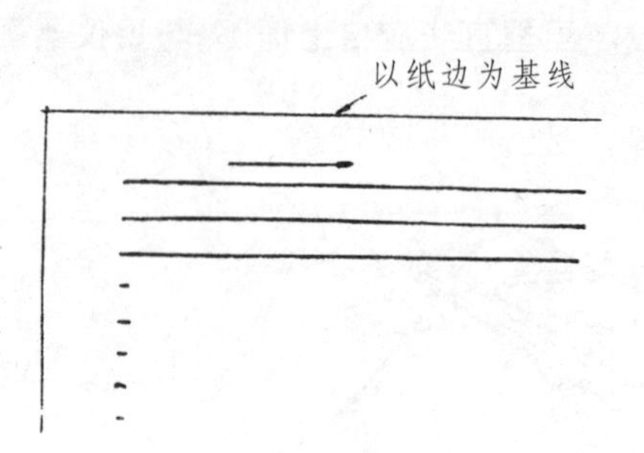


在画水平线和垂直线时，宜以纸边为基线，画线时视点距图面略放远些，以放宽视面，并随时以基线来校准。

若画等距平行线，应先目估点出每格的间距。

### □ 画对称图形

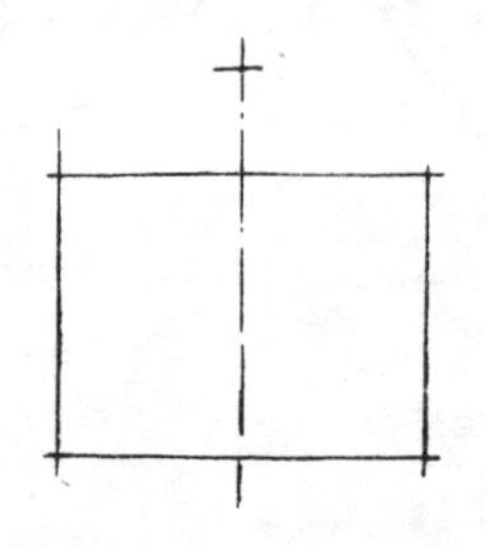

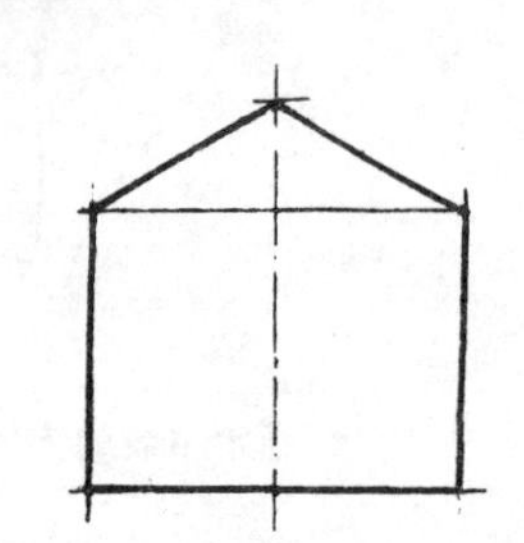

凡对称图形都应先画对称轴线，如画左图山墙立面时，先画中轴线，再画山墙矩形，然后在中轴线上点出山墙尖高度，画出坡度线，最后加深各线。

### □ 画椭圆

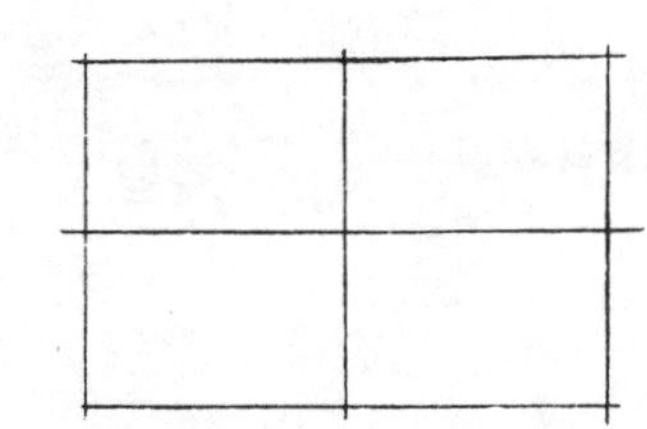

(1) 以长短轴作矩形。

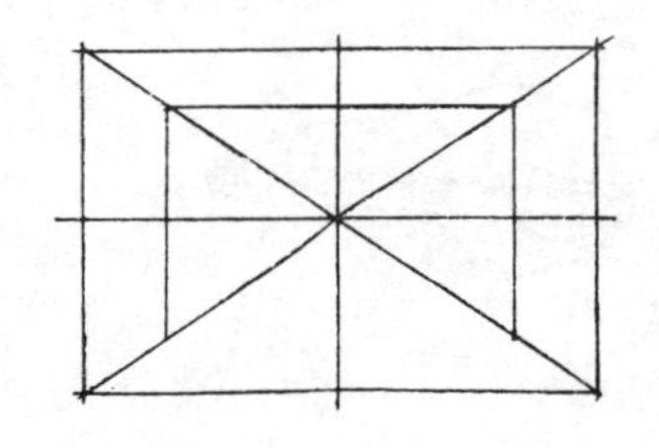

(2)作对角线，由矩形四顶角取对角线上的1/6长得4个点。

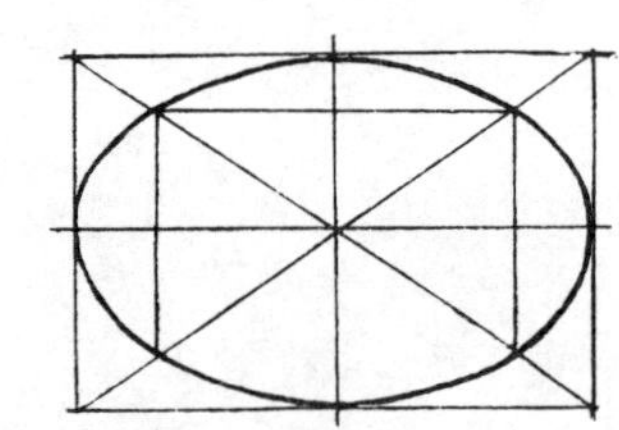

(3)连8个点成椭圆。

### □ 画　圆

先用笔在纸上顺一定方向轻轻兜圆圈，然后按正确的圆加深。

画小圆时，先作十字线，定出半径位置，然后按四点画圆。

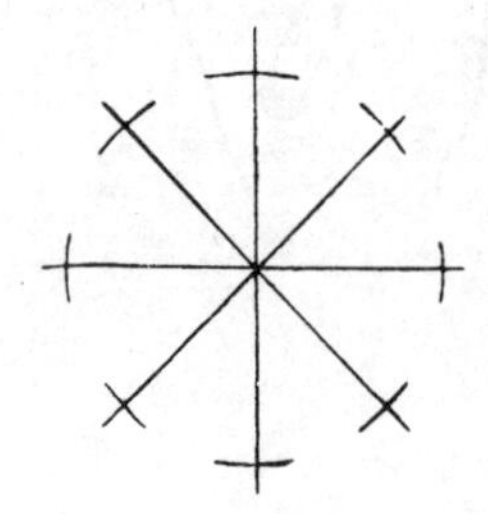

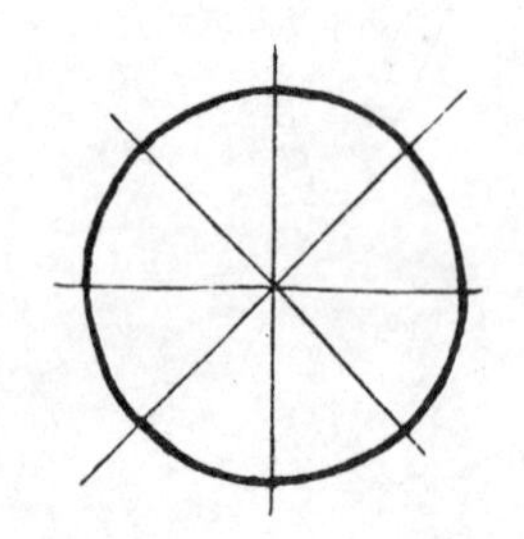

画大圆时除十字线外还要加45°线，定出半径位置，作短弧线，然后连各短弧线成圆。

### □ 画对称曲线

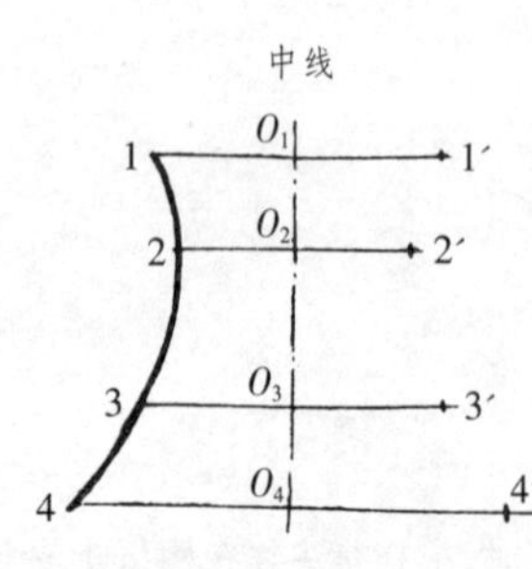


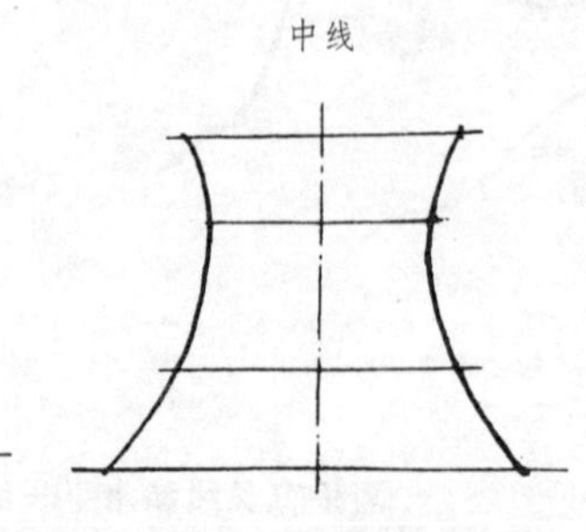


**已知**　一曲线，作对称曲线。

**作法**　在任意位置1,2,3,4作水平线，使$O_1 1=O_1 1'$，$O_2 2=O_2 2'$，…，连1′,2′,3′,4′即得对称曲线。

建筑设计图中，数字和文字是用来表示尺寸、名称和说明设计要求、做法等内容的。因此字迹务必清楚、整齐、端正。一般用黑墨水书写。

图纸上的汉字应采用国家公布的简化汉字，并宜用仿宋字体，大标题字亦可用正楷或美术字等字体；汉语拼音字母和英文字母一般采用等线字体；数目字用阿拉伯数字。

□ **仿宋字**

- **特点** 间架平正，粗细适中，直多细少，挺秀大方，笔道粗细匀称，笔锋起落有力。字形有方和长方形两种，一般采用长方形，高宽比一般约为3:2。
- **排列** 为了书写排列整齐，应在格子或两条平行线内书写，以控制字距和行距。行距应大于字距，如下图。

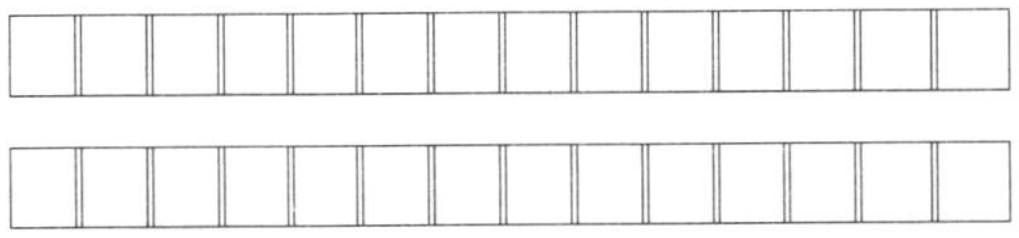

□ **书写**

- **笔划：**要领是横平竖直（横可略斜）。注意笔划起落，粗细一致，转折刚劲有力。右上角为几种笔划的写法。

- **部首、偏旁：**要注意部首和偏旁在字格中的位置和比例关系。右下角为几种部首和偏旁在字格中的位置和比例。

三平一
上十下
月今方
大尺公
延造之
才剖倒
序安欠
力勾分
尤地先
武风心
北求均
国囱面
匹母
热
沙
立

• **结构**：从笔划的繁简来看，字体结构分两种形式，一种是没有部首及偏旁的独体字，另一种是有偏旁，部首与其他部分配合的合体字。

### □ 高宽足格

高宽足格——主要笔划都顶格。一个汉字，四周伸出的笔划很多，长短不一，又不能将所有的笔划顶满格子。因此必须找出一个字的宽度，高度中的主要笔划顶格。下面是表示各字的主要笔划都顶格。

中 部 量 置 书 必

### □ 缩格书写

缩格书写——一般全包围结构的字体，四周都应适当地缩格书写。凡贴边的长笔划也应适当地缩格。

四周缩格：口、日、曰、国、图、门。

上下缩格：四、二、工。

左右缩格：贝、目、月。

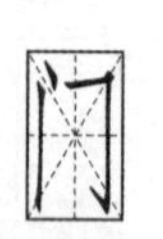
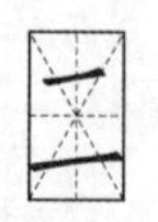
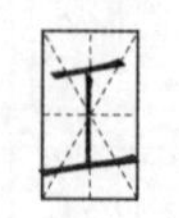
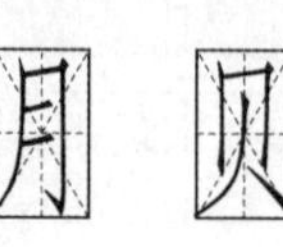

### □ 独体字的结构

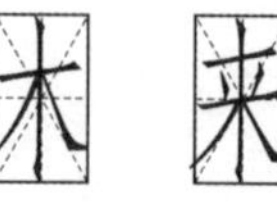
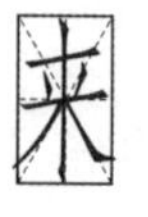

安排相称

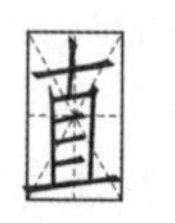

疏密得当

重心平稳

### □ 合体字的结构

合体字由几个部分组成，要注意各部分所占的比例，凡笔划较长或较多的所占的位置则应较大，反之则应较小。笔划相差不多的则所占的位置也应大致相等。各部分之间的笔划有时也应有所穿插。以下各例供参考。

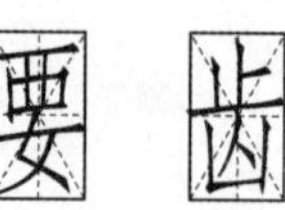

上下相等

上中下相等

上大下小

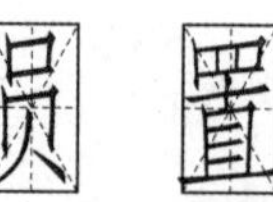
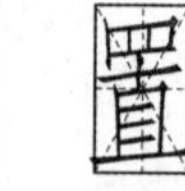

上小下大

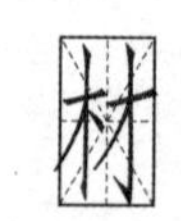

左右相等

左中右相等

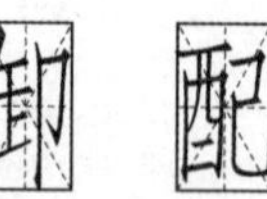

左宽右窄

左窄右宽

左短右长

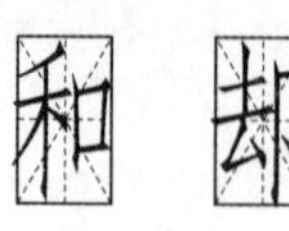

左长右短

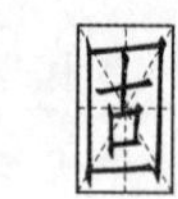

全 包 围

半 包 围

老宋字的特征：字体方整，横平竖直，横细竖粗，落笔和转折处轮廓鲜明，一般常用于大标题字的书写。外形可作正方形、竖长方形或横长方形。

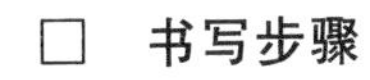

□ **书写步骤**

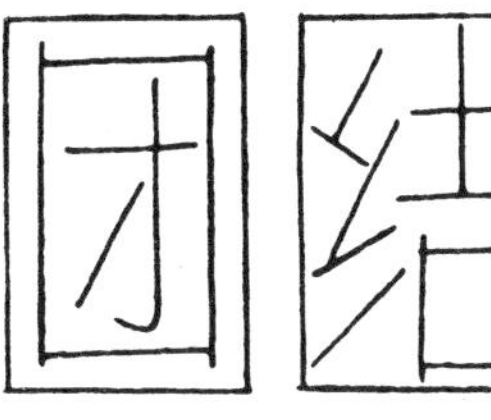
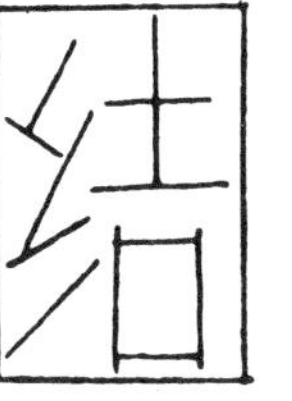
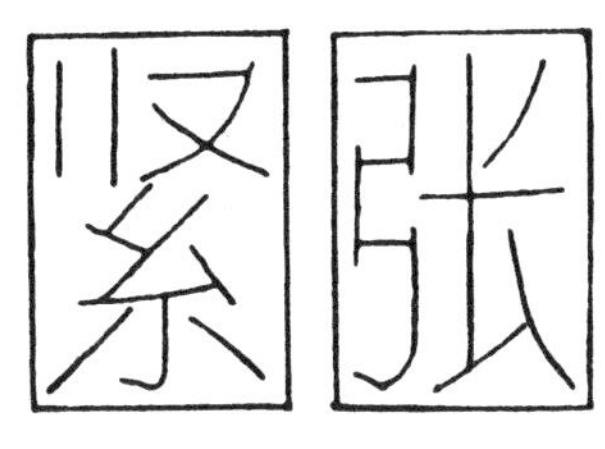
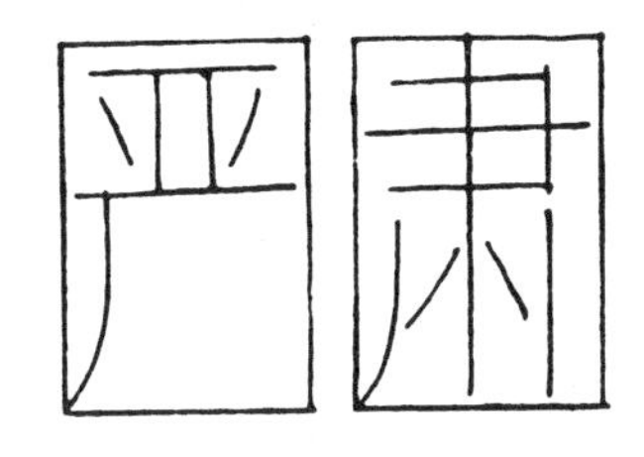
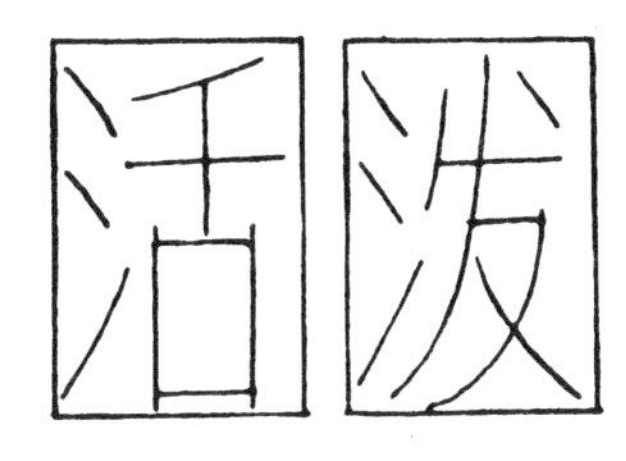

(1)用铅笔先打好格子，在格子里用铅笔描出字的骨架。

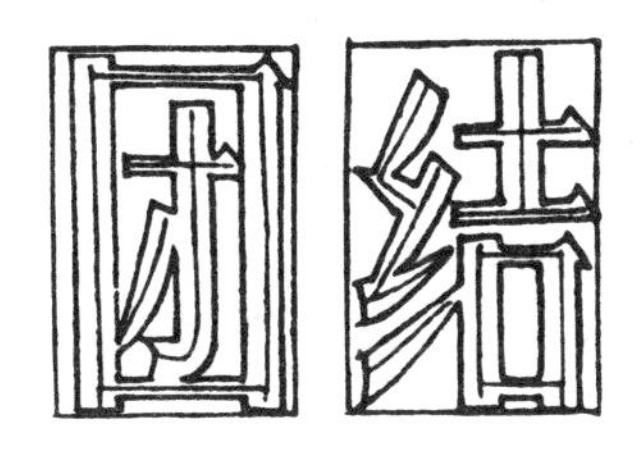
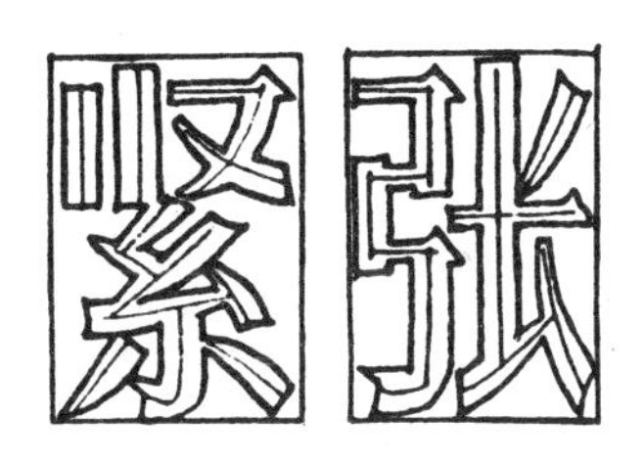
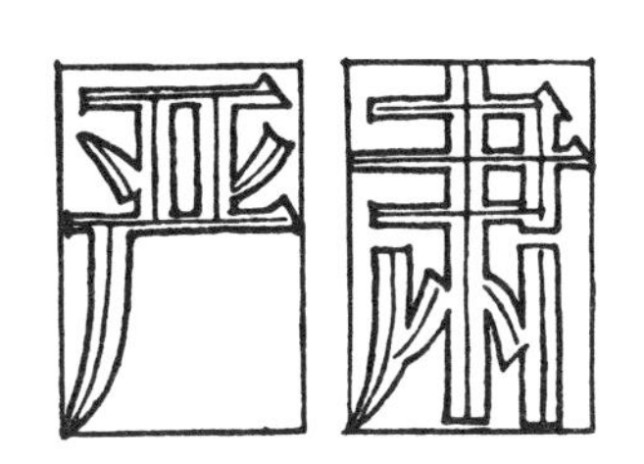
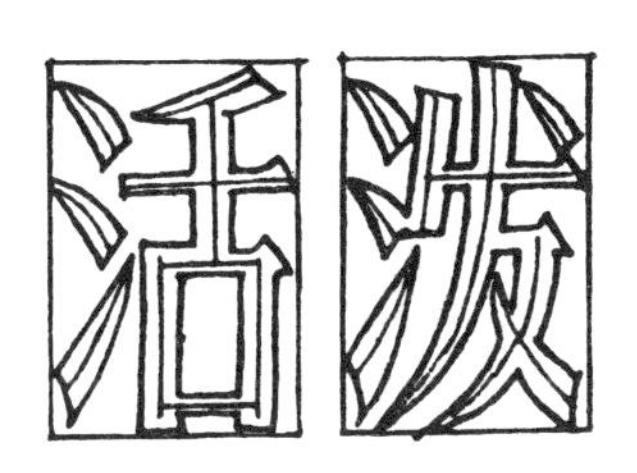

(2)用铅笔描出字形。

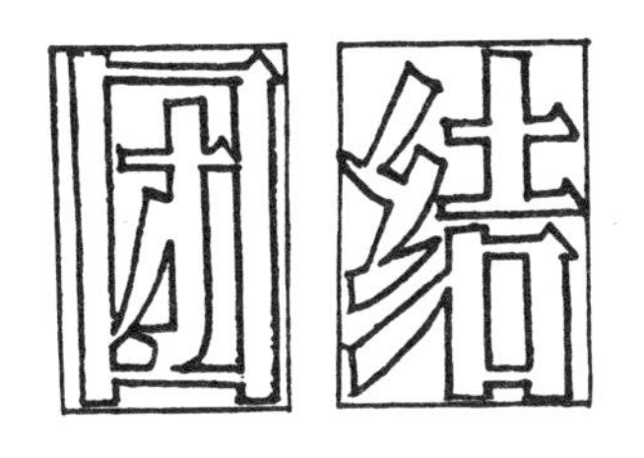
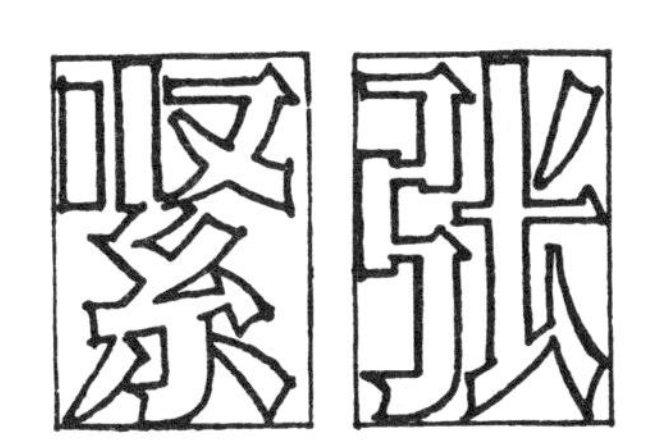
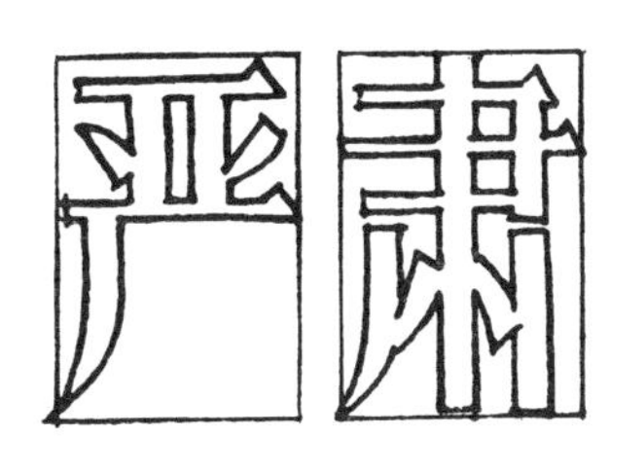
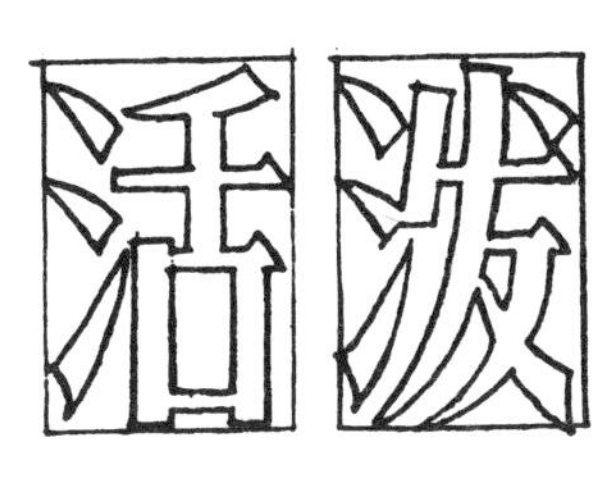

(3)用直线笔划出直线，用毛笔或钢笔描划出曲线和点撇……，然后用橡皮擦去铅笔线。

建筑常用仿宋字体样板

建筑设计结构造施工设备水电暖风平立侧断剖切面总详标准草略图定稿透视鸟瞰画朝向东南西北左右前

后正反迎背新旧大小上下内外纵横垂直完整比例年月日说明共编号一二三四五六七八九十百千万亿公尺

米寸分吨斤厘毫甲乙丙丁戊已庚辛红橙黄绿青蓝紫黑白方圆粗细硬软松坚厚薄尖钝长宽高面体积空间城

市县镇郊区域规划街道桥梁房屋绿化工农业民用居住公共厂址车间仓库机械制造动力冶金锻铸轻重纺织

化肥有无线电人民公社农机粮畜舍晒谷场商业服务修理交通运输行政办公文化教育科技娱乐体育医疗展

览纪念住宅宿舍公寓卧室厨房厕所贮藏浴室食堂饭厅冷饮餐馆百货店菜场邮局影剧院会礼堂观众午台休

息售票铁路旅客站航空海港口码头长途汽车行李候机船检票学校实室图书馆诊疗养所综合专科医疗托儿

幼园俱乐部文化宫运动场体育比赛博物馆走廊过道盥洗楼梯层数壁橱基础底脚墙身柱梁板阁栅平吊顶地

坪门窗隔断雨蓬踏步斜坡栏杆扶手屋架顶桁条烟囱砖瓦沙泥浆煤屑矿渣灰钢筋混凝土乱碎块石沥青柏油

毡角铁铜铅铝木杉松柳安玻璃防潮隔热音粉刷油漆斩假磨石子马赛克磁釉砌填勾缝管井阴明暗沟化粪池

自来水龙头闸阀螺纹经家具床桌椅凳台灯激流

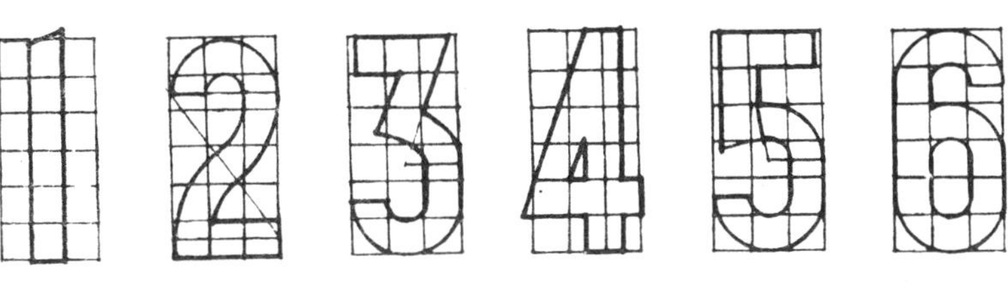

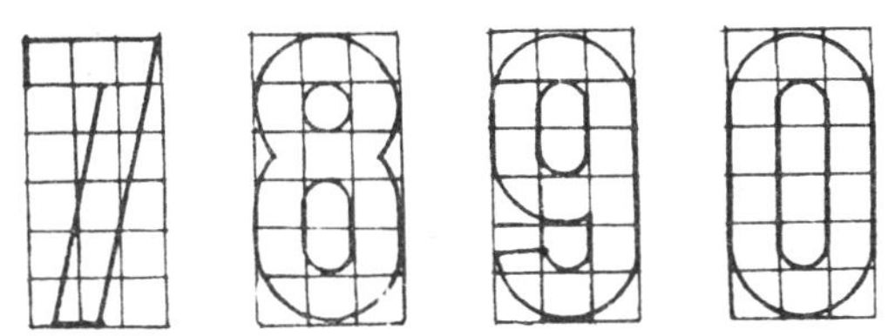

1 2 3 4 5 6 7 8 9 0

1234567890

1234567890

1234567890

1234567890

1234567890

1 2 3 4 5 6 7 8 9 0

I II III IV V VI VII VIII IX X

A B C D E F G

H I J K L M N

O P Q R S T U

V W X Y Z

abcdefghijklmnop

qrstuvwxyz

ABCDEFGHIJKLMNOP

QRSTUVWXYZ

ABCDEFGHIJKLM

NOPQRSTUVWXY

abcdefghijklmnopqrstuvwx

ABCDEFGHIJKL

MNOPQRSTUV

WXYZ

ABCDEFGHIJKLM

NOPQRSTUVWXYZ

ABCDEFGHIJ

KLMNOPQRS

TUVWXYZ

这是用直线和圆弧线绘出的字母。绘制的原则是：凡直线和圆弧线相连，直线是圆弧线的切线，切点为直线和圆弧线的连接点。凡圆弧线和圆弧线相连，该两圆弧线要相切，切点为两圆弧线的连接点。

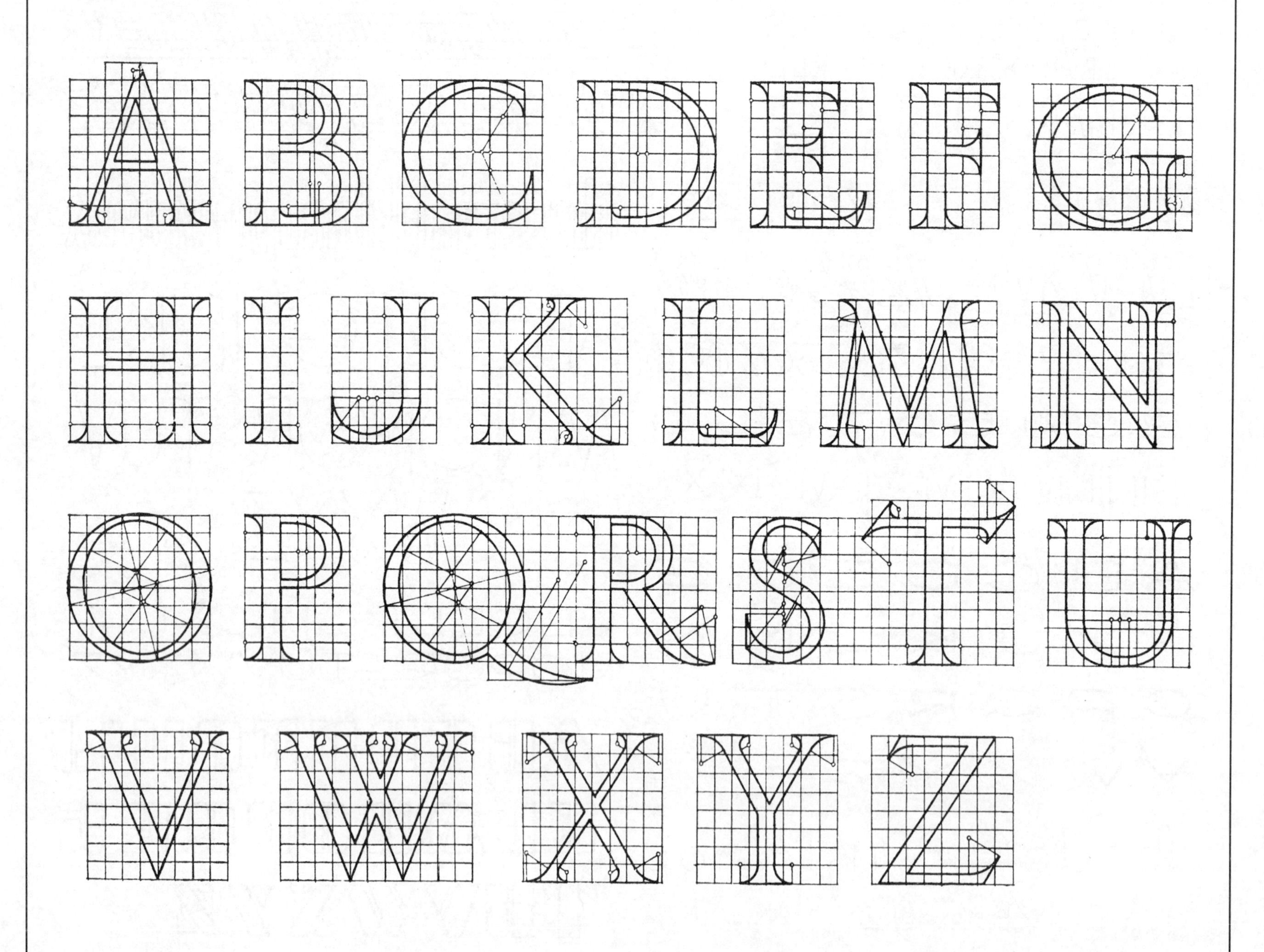

□ 二等分直线作法 1

(1)以 $A$ 及 $B$ 为圆心,以大于 $AB/2$ 的任意半径 $R$ 作弧,得交点 $C$ 及 $C'$。

(2)连 $CC'$交 $AB$ 于 $D$ 点,$D$点为 $AB$ 的中点,$CC'$为 $AB$ 的中垂线。

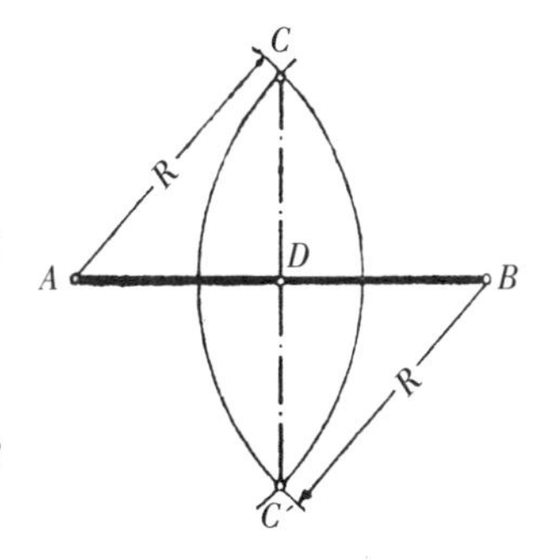


□ 二等分直线作法 2

(1)使丁字尺平行于 $AB$,将三角板的直角边紧靠丁字尺,并使斜边过 $A$ 点,作斜线。

(2)翻转三角板,使斜边过 $B$点,作斜线。

(3)两斜线相交于 $C$ 点,过 $C$ 点作垂线与 $AB$ 相交于 $D$ 点,$D$ 点为 $AB$ 的中点。

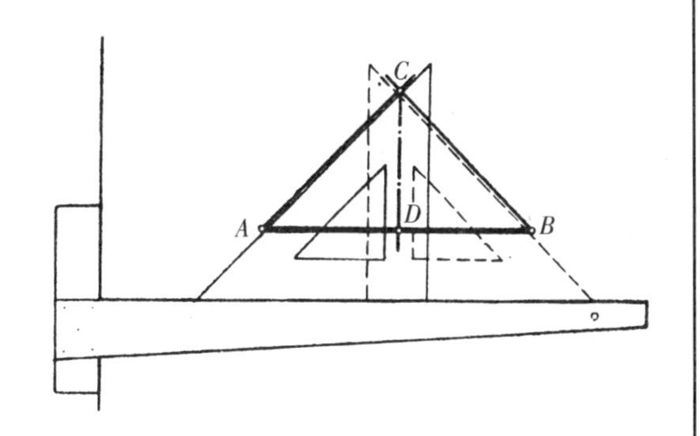


□ 任意等分直线作法 1

(1)任意等分直线 $AB$。(以五等分为例)

(2)自 $A$ 点作任意斜线 $AC$。

(3)若在 $AC$ 线上,用比例尺量五个等段,为 1,2,3,4,5。

(4)连 $5B$,由 1,2,3,4 各点分别作 $5B$ 的平行线,与 $AB$ 相交的各点即为 $AB$ 线上的等分点。

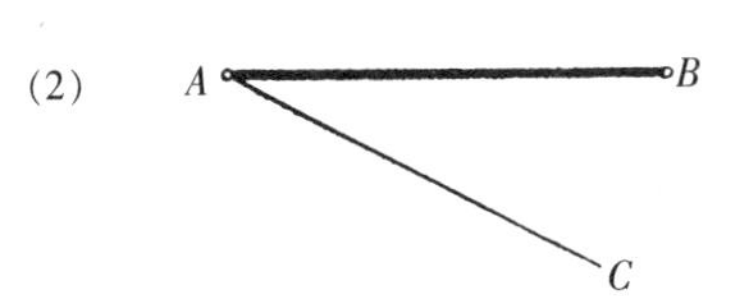


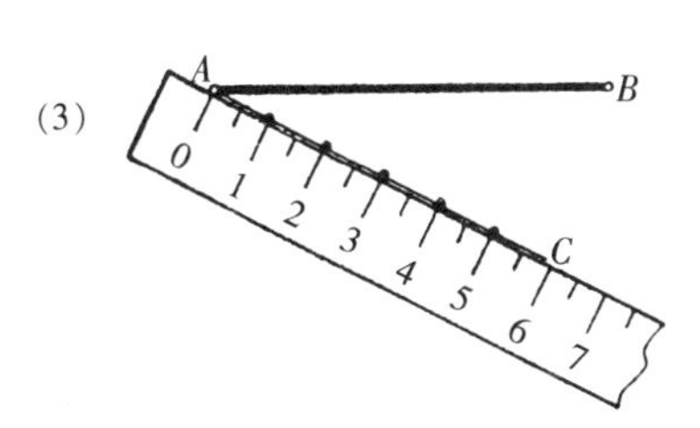


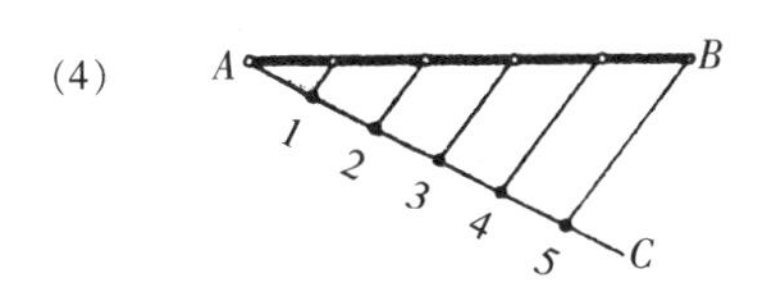


□ 任意等分直线作法 2

(1)任意等分直线 $AB$。(以五等分为例)

(2)自 $B$ 点作 $AB$ 的垂线 $BC$。

(3)若取比例尺上五等分,将其一端 0固定于 $A$ 点,转动比例尺,使第五等分点落在 $BC$ 上。

(4)用铅笔紧靠尺边记下各等分点位置,1,2,3,4,5。并作垂线与 $AB$ 相交的各点即为 $AB$ 线上的等分点。

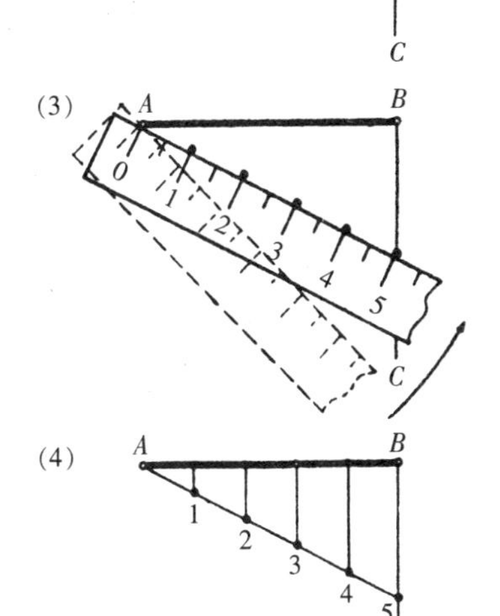


□ 任意等分两平行线 $AB$,$CD$ 间距。(以六等分为例)

(1)取比例尺上的六等分,将其一端 0 固定在 $CD$ 线上任一点,转动比例尺,使第六等分点落在 $AB$ 线上,即用铅笔紧靠尺边记下各等分点的位置。

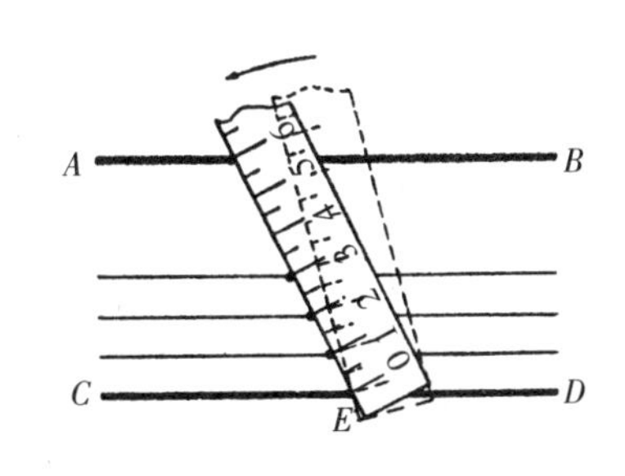


(2)自各等分点作 $AB$ 的平行线即成。

在画台阶或楼梯时,用此法画出每级高度,若踏面总宽为 $EF$,则可作 $E'F'$,由 $E'F'$与各水平线的交点作垂线,即得各踏级。

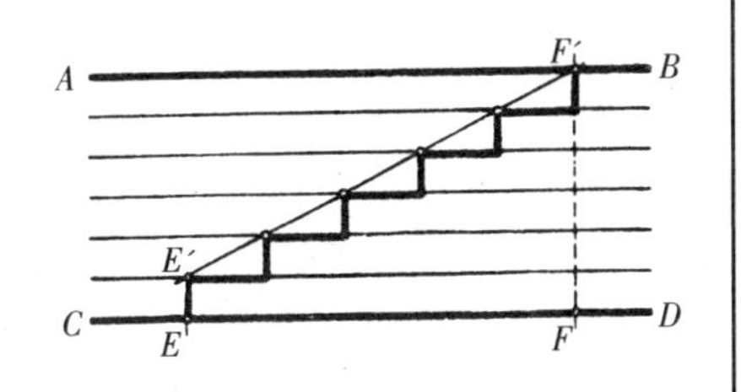

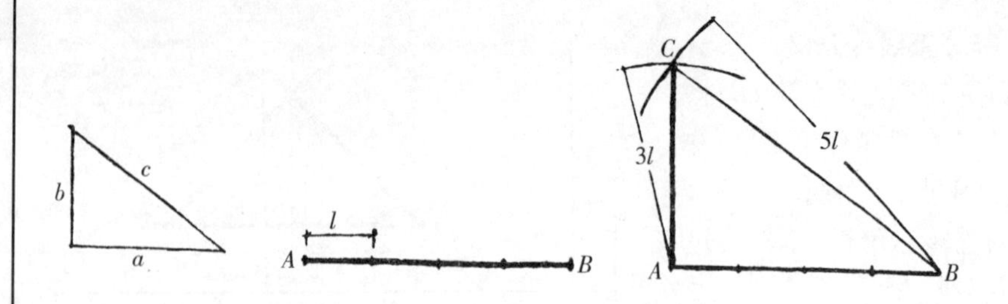


- **过已知直线 $AB$ 上一点 $A$ 作垂线：**

　　**原理：**直角三角形的三边 $a^2+b^2=c^2$,此例用 $4^2+3^2=5^2$。

　　**作法：**分 $AB$ 为四等段，每段长为 $l$。

　　以 $A$ 为圆心，$3l$ 为半径作弧，以 $B$ 为圆心 $5l$ 为半径作弧，两弧交于 $C$,$CA$ 即 $AB$ 的垂线。

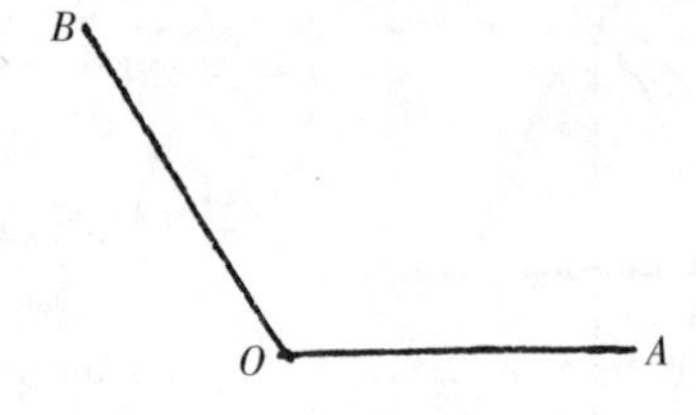


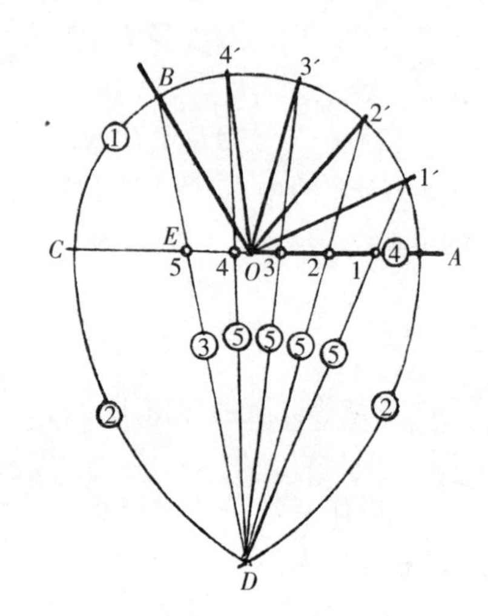


- **任意等分已知角 $\angle AOB$(近似作法)**

　　(1)延长 $AO$,以 $O$ 为圆心，$AO$ 为半径画半圆，和 $AO$ 延长线相交于 $C$。

　　(2)以 $A$ 及 $C$ 为圆心，$AC$ 为半径作弧交于 $D$。

　　(3)连 $BD$ 交 $AC$ 于 $E$。

　　(4)分 $AE$ 为五等分。

　　(5)作 $D1$、$D2$…交半圆 $AC$ 于 $1'$,$2'$…,$O1'$,$O2'$…即 $\angle AOB$ 的等分线。

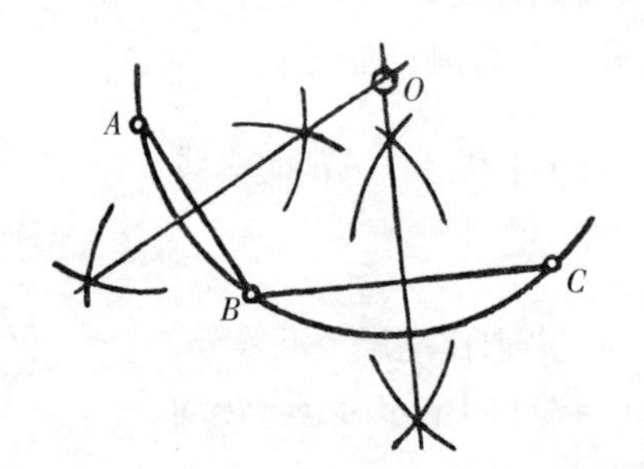


- **过 $A$、$B$、$C$ 三点作圆弧：**

　　连 $AB$ 及 $BC$,作 $AB$ 及 $BC$ 的中垂线，两中垂线相交得圆弧的圆心 $O$,即可作过三点的圆。

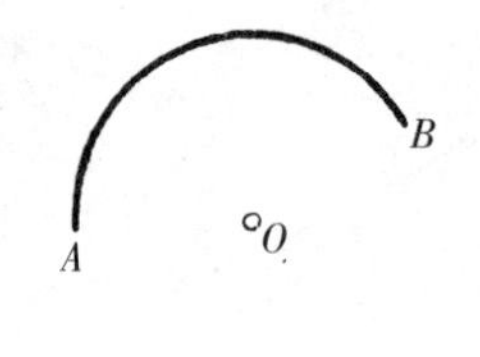


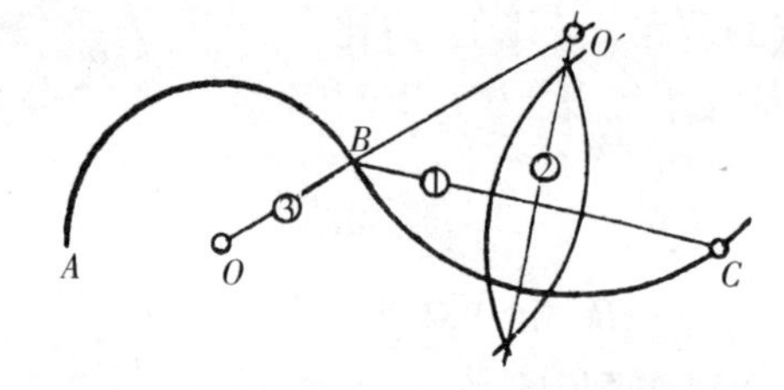


- **过 $C$ 点作圆弧和已知圆弧 $AB$ 相切于 $B$**

　　连 $BC$ 并作它的中垂线，与 $OB$ 的延长线相交得 $O'$,$O'$ 即 $\overset{\frown}{BC}$ 的圆心。

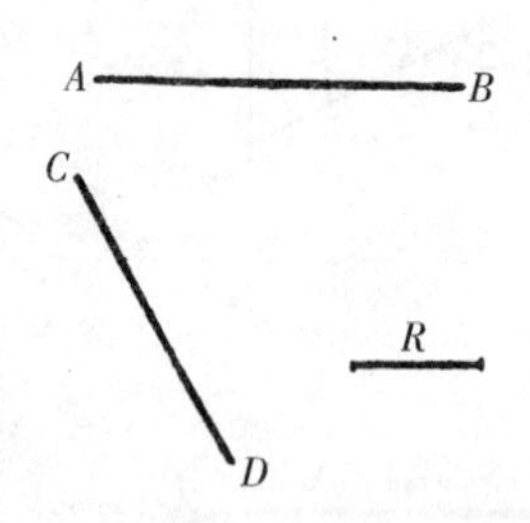


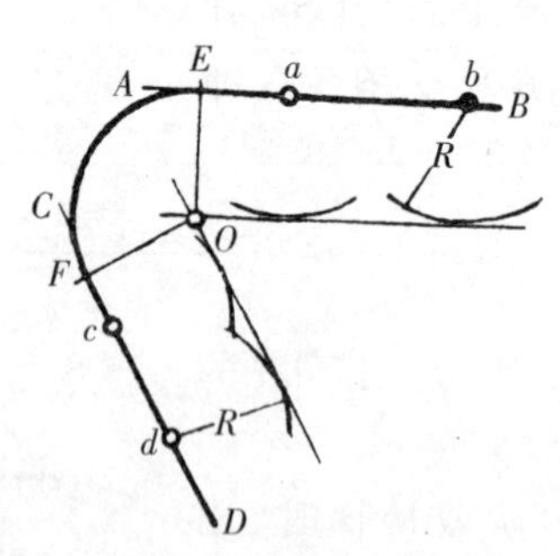


- **用已知半径 $R$ 作圆弧和两已知直线 $AB$、$CD$ 相切**

　　在 $AB$ 及 $CD$ 线上各定任意的两点 $a$,$b$ 及 $c$,$d$,并以此为圆心 $R$ 为半径作弧。作相应弧的共切线相交于 $O$,自 $O$ 作 $AB$ 及 $CD$ 的垂线得 $E$ 及 $F$,以 $O$ 为圆心作圆弧 $EF$。

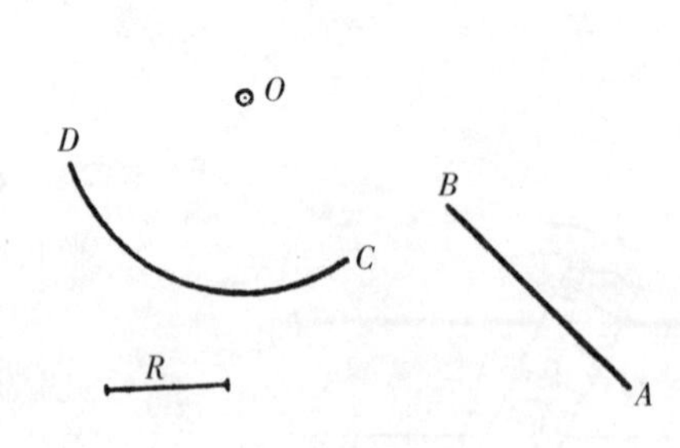


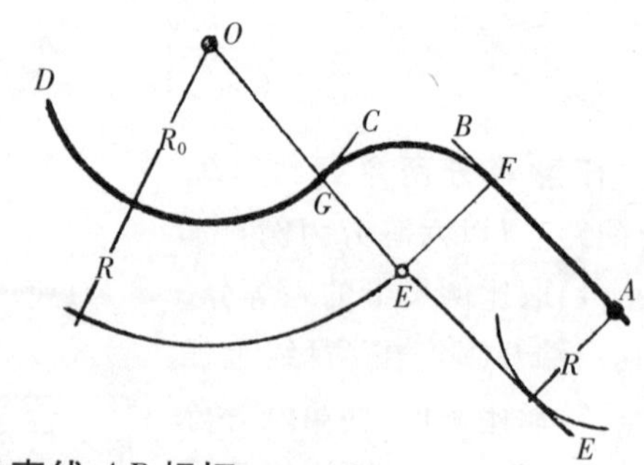


- **用已知半径 $R$ 作圆弧和 $CD$ 圆弧及直线 $AB$ 相切**

　　以 $O$ 为圆心，$R+R_0$ 为半径作弧与距 $AB$ 为 $R$ 和 $AB$ 平行的直线相交得 $E$,自 $E$ 作 $AB$ 的垂线得 $F$,连 $EO$ 交 $\overset{\frown}{CD}$ 得 $G$。以 $E$ 为圆心作圆弧 $FG$。

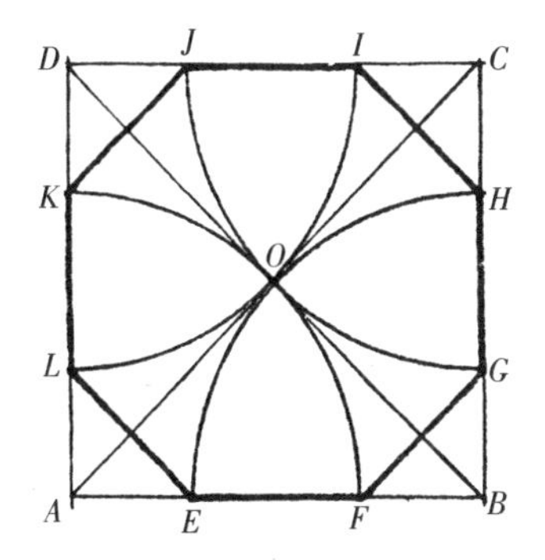


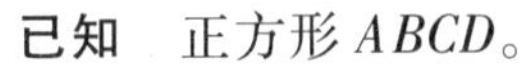

**已知**　正方形 ABCD。

**求作**　内接正八边形。

**作法**　作正方形对角线得交点 O，以 A 为圆心，AO 为半径作弧与 AB、AD 相交于 F、K，其余类推，EFGHIJKL 即为正八角形的顶点。

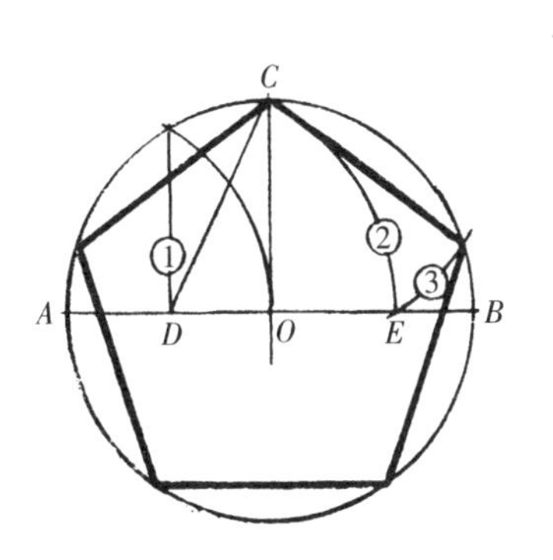


**已知**　外接圆。

**求作**　正五边形。（近似）

**作法**　以 AO 的中点 D 为圆心，CD 为半径，作圆弧交直径 AB 于 E，CE 即正五边形的边长。

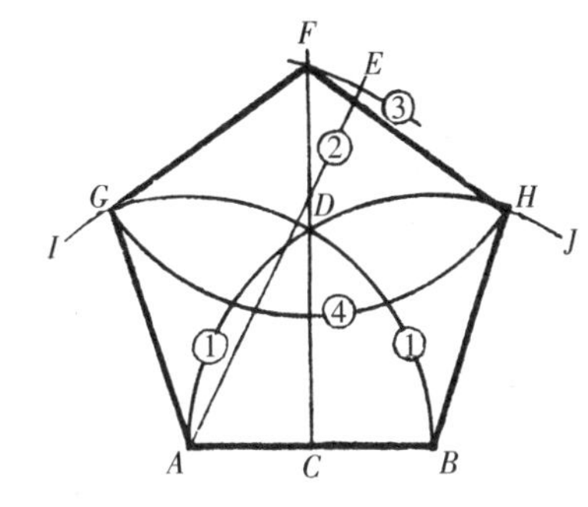


**已知**　边长 AB。

**求作**　正五边形。（近似）

**作法**　(1)分别以 A、B 为圆心，AB 为半径作弧 $\widehat{AJ}$、$\widehat{BI}$，在 AB 的中点 C 上作中垂线，使 CD=AB。(2)连接 A、D 并延长至 E，使 DE=AC。(3)以 A 为圆心 AE 为半径，作弧、交 CD 延长线于 F。(4)以 F 为圆心、AB 为半径，作弧与 $\widehat{AJ}$、$\widehat{BI}$ 相交，得 G、H。ABHFG 即为正五边形。

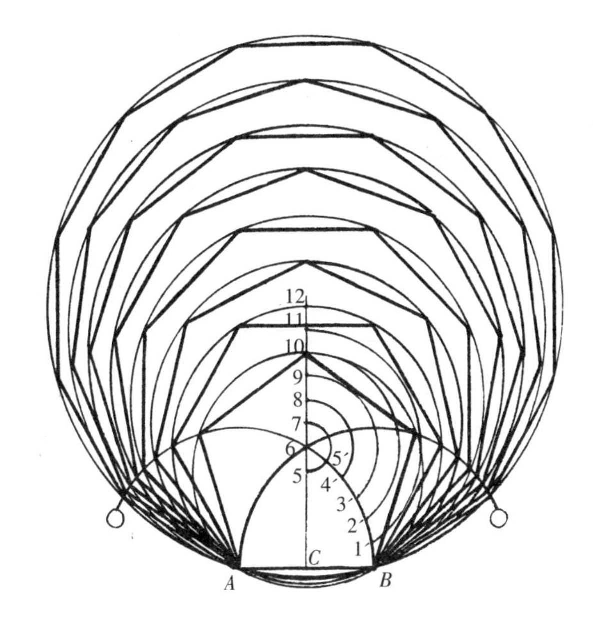


**已知**　边长 AB。

**求作**　五……十二边的正多边形。（近似）

**作法**　(1)以 A 及 B 为圆心，AB 为半径，作弧交 AB 的中垂线于 6。(2)六等分 6B 以 6 为圆心，分别以 65′，64′…6B 为半径，作弧与 C6 的延长线相交于 5，7，8…12 等点。C5…C12 为正五边形……正十二边形的外接圆心。(3)用前法即可作得五……十二正多边形。

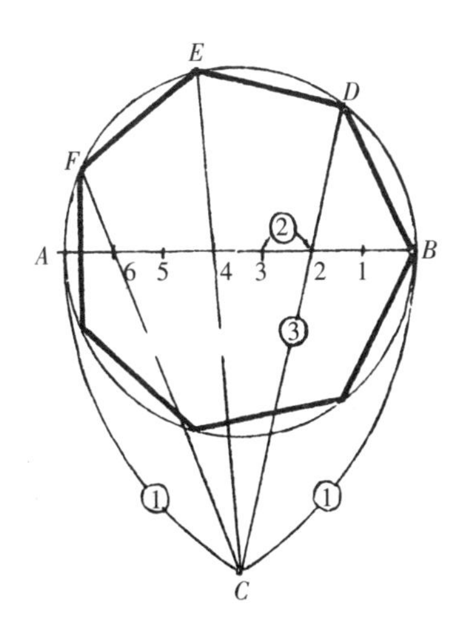


**已知**　外接圆。

**求作**　任意多边形（本例为正七边形）。（近似）

**作法**　(1)分别以 A 及 B 为圆心、AB 为半径，作圆弧交于 C。(2)七等分 AB 线。(3)连 C2 并延长交圆周于 D。BD 即正七边形边长，(任意多边形的边长均可连 C2 并延长，与圆周相交的点求得)。(4)连 C4，C6 也可求得另外两个顶点 E 及 F。

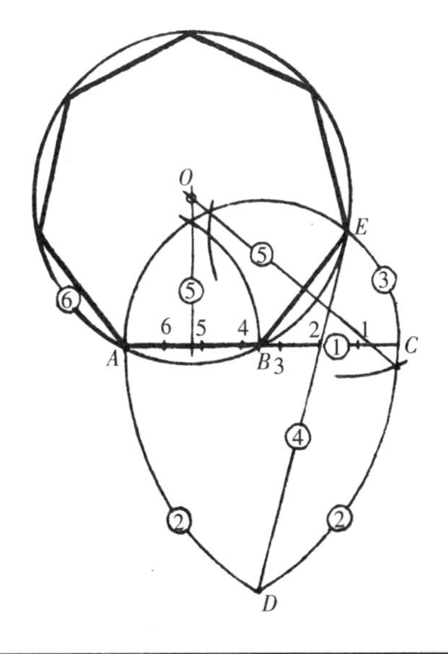


**已知**　边长 AB。

**求作**　任意正多边形。(本例为近似正七边形)

**作法**　(1) 延长 AB 至 C 使 BC=AB，七等分 AC。(2)以 A 及 C 为圆心，AC 为半径作弧交于 D。(3)(4)以 AC 为直径作半圆和 D2 延长线交于 E，则 AB=BE。(5)作 AB、BE 的中垂线交于 O，以 O 为圆心 OA 为半径作圆，得正七边形的外接圆。(6)用前法即可作得正七边形。

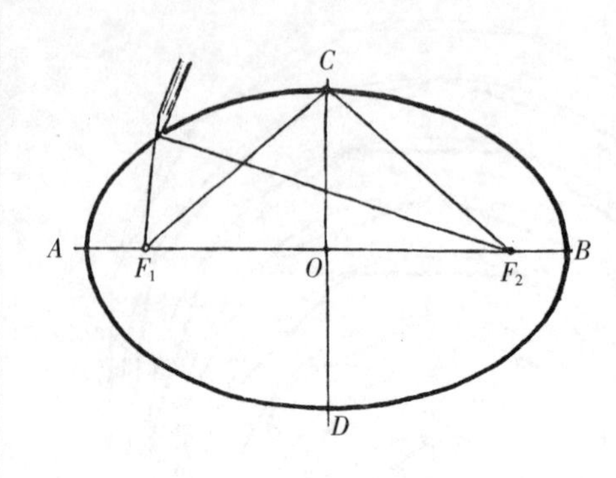


□ **钉线法**

已知长轴和短轴。(此法适用于画大椭圆)

(1)使 $CF_1=OA=CF_2=OB$。

(2)取细线长 $AB$,两端固定于 $F_1$ 及 $F_2$。

(3)用笔扯紧绳线移动所画的曲线即为椭圆。

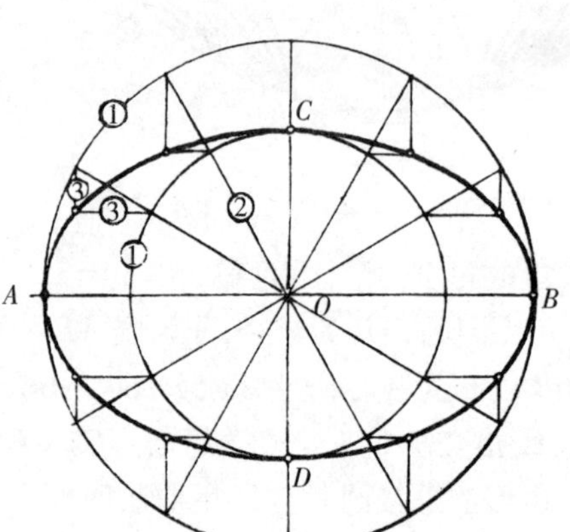


□ **同心圆法**(用曲线板画)

已知长轴和短轴。

(1)以 $O$ 为圆心以长轴 $AB$ 和短轴 $CD$ 为直径作同心圆。

(2)过圆心 $O$ 作若干直线。

(3)每根线在其与小圆的交点作水平线,与大圆的交点作垂直线,所有相应的水平线和垂直线的交点相连即成一椭圆。

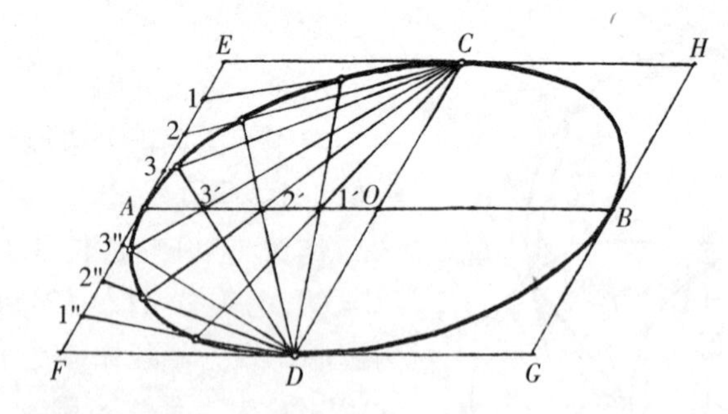


□ **平行四边形法**(用曲线板画)

已知共轭轴 $AB$ 及 $CD$。

(1)分 $AE$ 和 $AO$ 为相同等分。

(2)连 $C$ 与 $AE$ 上的各等分点,同时也连 $D$ 与 $AO$ 上的各等分点,其相应两组线的交点可连成椭圆。

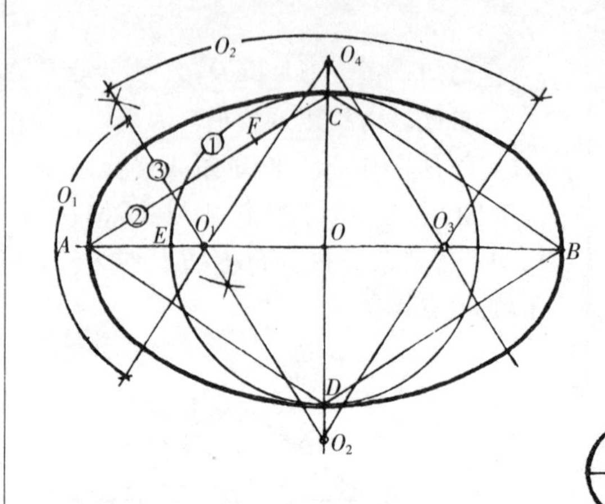


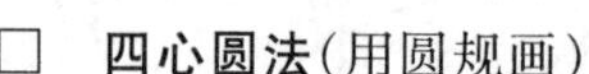

□ **四心圆法**(用圆规画)

已知长轴和短轴。

(1)以 $CD$ 为直径画圆。

(2)取 $CF=AE$,作 $AF$ 的中垂线,交 $AB$ 得 $O_1$,交 $CD$ 得 $O_2$,同样亦可得 $O_3$ 及 $O_4$。

(3)以 $O_1$–$O_4$ 为圆心作连接弧,即成椭圆。

四心圆法在长短轴长度相差过大时容易失真,在其长度较接近时逼真。

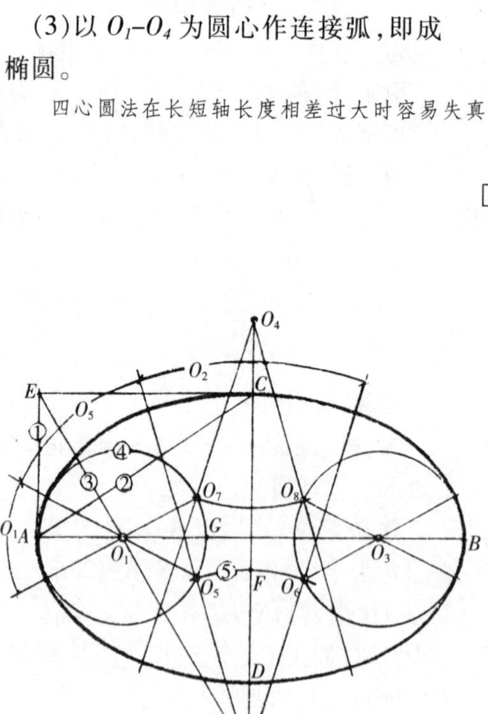

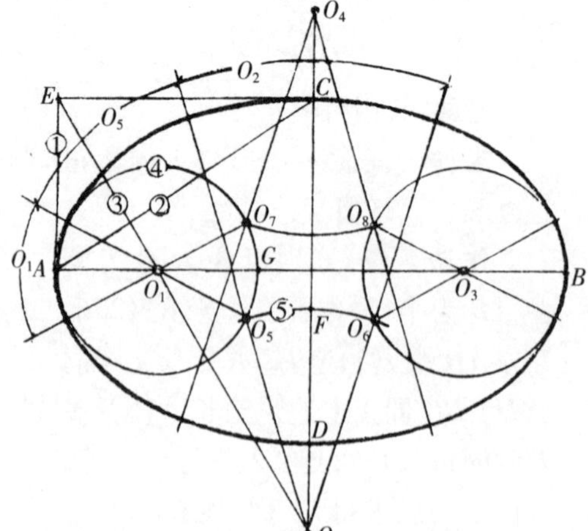


□ **八心圆心法**(用圆规画)

已知长轴和短轴

(1)作以 $AB$ 与 $CD$ 为边长的矩形。

(2)(3)过 $E$ 点作 $AC$ 的垂线交 $AB$ 得 $O_1$,交 $CD$ 得 $O_2$,同样可得 $O_3$ 及 $O_4$。

(4)以 $O_1$ 及 $O_3$ 为圆心,$O_1A$ 为半径作圆。

(5)在 $CD$ 上取 $CF=AG$,以 $O_2$ 为圆心 $O_2F$ 为半径作弧交两圆得 $O_5$、$O_6$,同样可得 $O_7$、$O_8$。

(6)分别以 $O_1$–$O_8$ 为圆心作连接弧即得椭圆。

## □ 投　形

透过一透明平面看物体，将物体的形象在透明平面上描绘下来，这种方法称“投形”。

人眼 $E$ 为视点，透明平面 $P$ 为画面(或投形面)，从 $E$ 点透过透明平面物体上一点 $A$，$EA$ 为视线（或投形线），$EA$ 和 $P$ 面的交点 $A_p$，为物体上 $A$ 点在 $P$ 面上的投形，用这种方法可将物体上许多点都投到投形面上，在投形面上绘出物体的形象。

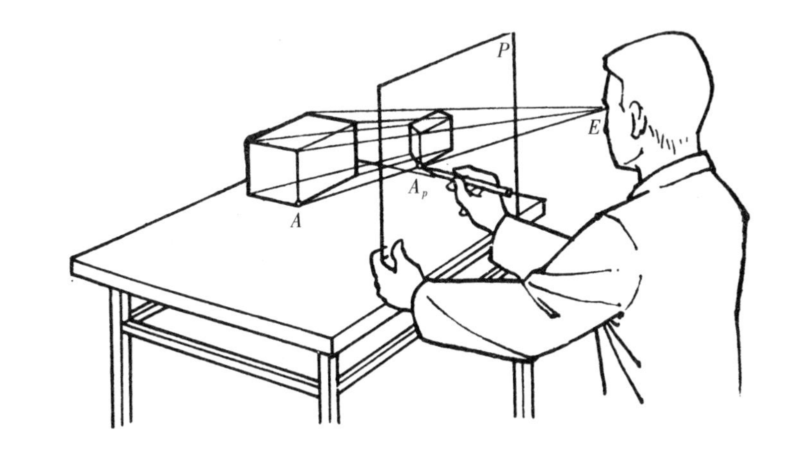


## □ 中心投形——透视图

透过一透明平面看物体时，视线(投形线)都集中在人眼 $E$ 点上，这是“中心投形”。它表现物体的直观形象，如同我们画实物写生或照相，用这种方法作出物体的透视图，在图上不能量出物体的实际尺寸。

## □ 斜平行投形——轴侧图

假设：视点 $E$ 距物体无穷远，则视线(投形线)为平行直线。

当投形线和投形面为倾斜的平行线时，是斜平行投形，斜平行投形的图形是轴测图，它能表现物体的立体形象和尺寸。

## □ 正投形

当投形线垂直于投形面时，是正投形，用正投形画建筑的平面图、立面图和剖面图等。它能表现物体一部分的真实形状和尺寸。

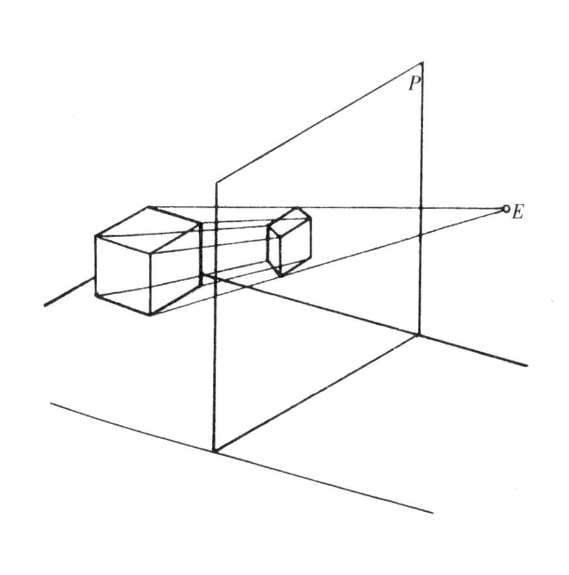


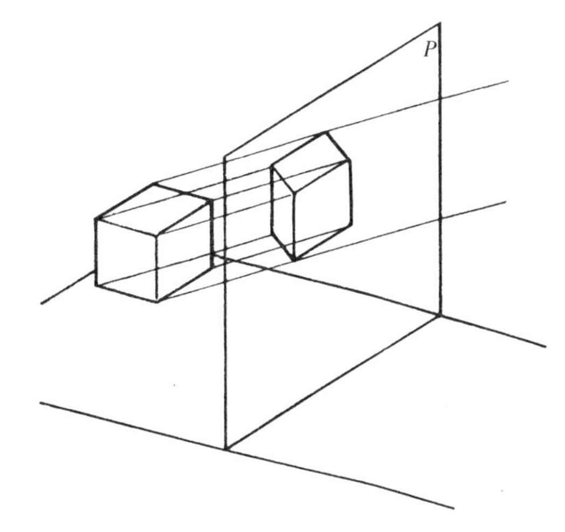


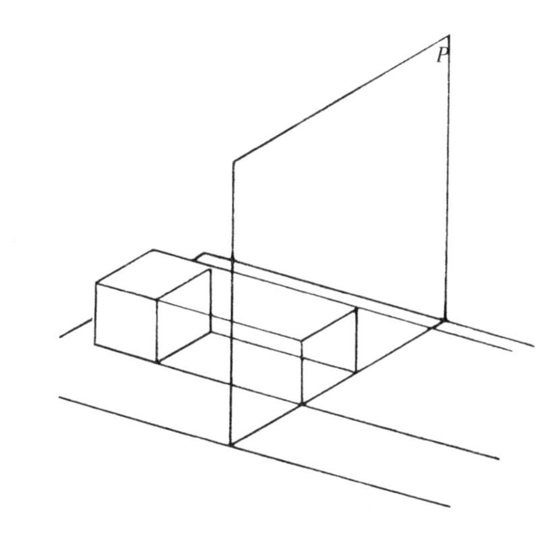

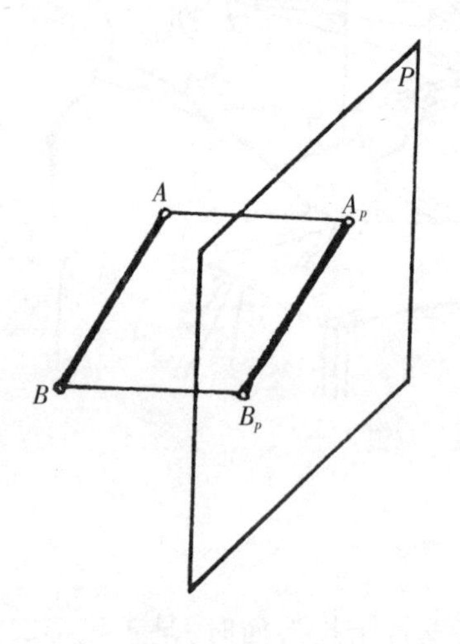


□ **平行于投形面的直线，正投形为直线，与原直线平行等长。**

直线 $AB$ 平行于投形面 $P$，$A$、$B$ 两点在 $P$ 的正投形，是自 $A$、$B$ 分别作垂直于 $P$ 的直线和 $P$ 各相交于 $A_p$、$B_p$。连 $A_p$、$B_p$，即 $AB$ 在 $P$ 的正投形，因为 $ABB_pA_p$ 为矩形，所以 $A_pB_p$ 和 $AB$ 平行等长。

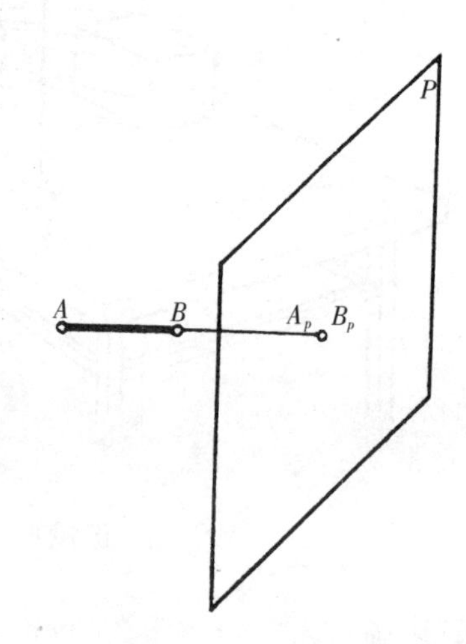


□ **垂直于投形面的直线，正投形是一点。**

直线 $AB$ 垂直于投形面 $P$，$A$、$B$ 两点在 $P$ 的正投形是自 $A$、$B$ 分别作垂直于 $P$ 的直线，它们必和 $AB$ 重合为一线，与 $P$ 相交于一点，即 $A_p$、$B_p$ 重合为一点，该点是直线 $AB$ 在 $P$ 面上的正投形。

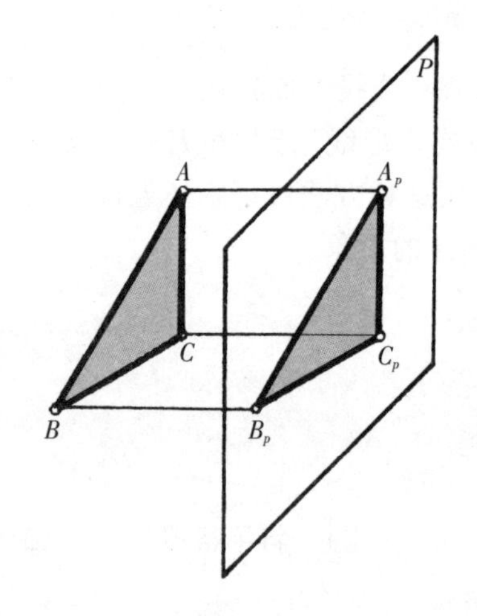


□ **平行于投形面的平面，正投形和原平面全同。**

平面 $ABC$ 平行于投形面 $P$，自 $A$、$B$、$C$ 分别作垂直于 $P$ 的直线，和 $P$ 各相交于 $A_p$、$B_p$、$C_p$，连 $A_p$、$B_p$、$C_p$，$A_pB_pC_p$ 为 $ABC$ 在 $P$ 面的正投形，因为 $A_pB_p$ 和 $AB$、$B_pC_p$ 和 $BC$、$C_pA_p$ 和 $CA$ 平行而且等长，故 $\triangle A_pB_pC_p$ 和 $\triangle ABC$ 全同。

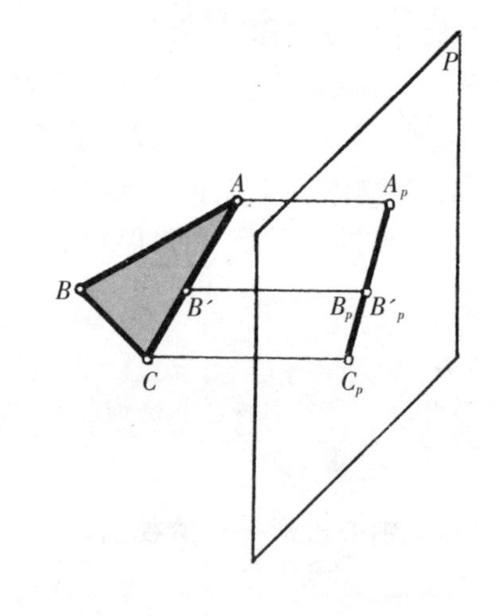


□ **垂直于投形面的平面，正投形为一直线。**

平面 $ABC$ 垂直于投形面 $P$，自 $A$、$B$、$C$ 分别作垂直于 $P$ 的直线与 $P$ 各相交于 $A_p$、$B_p$、$C_p$，因 $\triangle ABC$ 垂直于 $P$，$BB_p$ 和 $AC$ 必相交于一点 $B'$，$B_p$ 和 $B_p'$ 重合为一点，$AB'C$ 是一直线，其投形 $A_pB_p'C_p$ 也是直线，$B_p$ 和 $B_p'$ 为同一点，$AA_p$，$CC_p$ 和平面 $ABC$ 在同一平面内，即 $A_pB_pC_p$ 是和 $\triangle ABC$ 在同一平面内的直线。

按照平行于投形面的直线、平面的正投形和原直线、平面全同的原理来选择投形面，以达到用正投形图表现建筑物的真实形状和尺寸的目的。现采用最简单的立方体为例。设立方体放在水平面(地面)*G* 上。

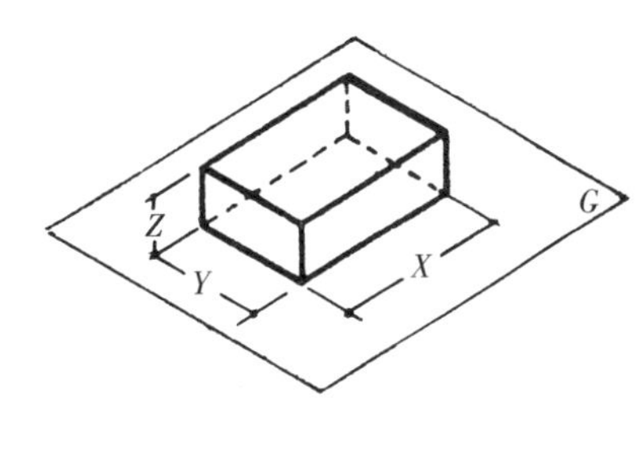


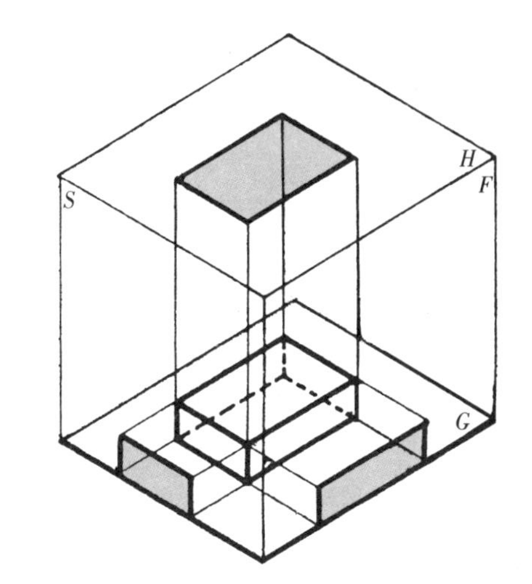


**□ 选择一个水平面的投形面 *H***

*H* 面和 *G* 面、立方体的顶面平行，立方体顶面的 *H* 投形与原顶面全同。立方体的两个相互垂直的垂直面的 *H* 投形为两互相垂直的直线。它表现立方体的长和宽(即 *X* 和 *Y*)。

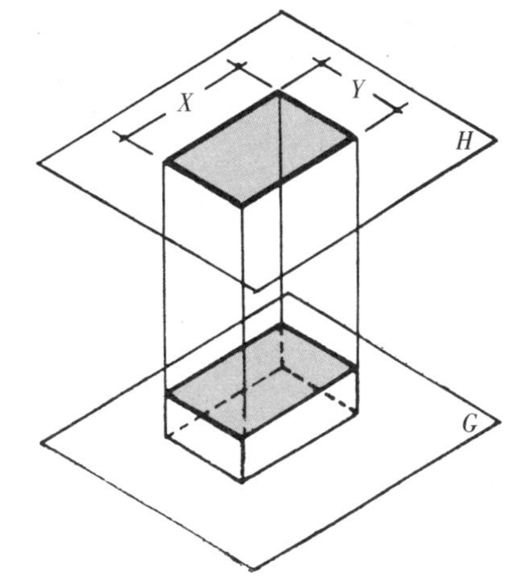


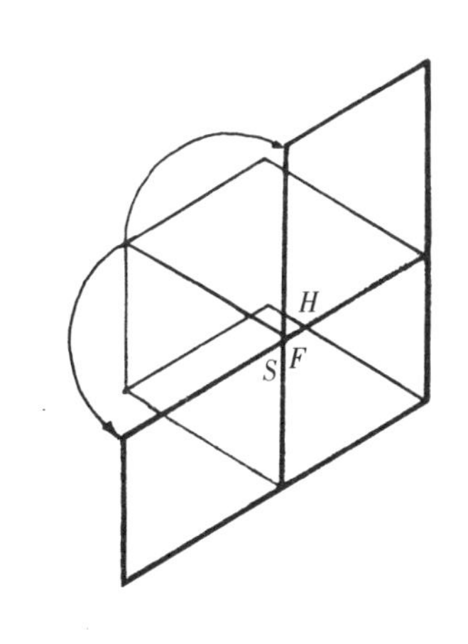


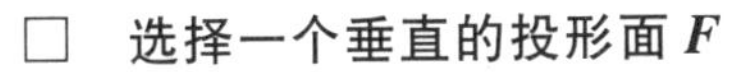

**□ 选择一个垂直的投形面 *F***

*F* 面垂直于 *G* 面，与立方体 *X* 方向的垂直面平行，立方体的 *F* 投形与 *X* 方向的垂直面全同。*Y* 方向垂直面的 *F* 投形为一垂线，等于立方体的高。立方体顶面的 *F* 投形为一水平线，等于立方体的长。它表现立方体的长和高 (即 *X* 和 *Z*)。

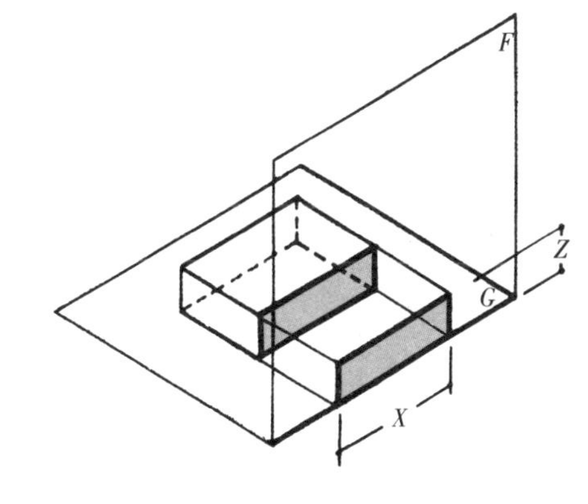


一个投形面只能表现物体的一部分真实形状和尺寸，若要表现物体全部形状和尺寸，必须选择几个投形面，通常以 *H*、*F*、*S* 三个相互垂直的投形面作为学习正投形的基本投形面。

**□ 选择一个垂直于 *F* 的垂直投形面 *S***

*S* 面垂直于 *G* 面，与立方体 *Y* 方向的垂直面平行，立方体的 *S* 投形与 *Y* 方向的垂直面全同。*X* 方向垂面的 *S* 投形为一垂线，等于立方体的高，立方体顶面的 *S* 投形为一水平线，等于立方体的宽。它表现立方体的宽和高(即 *Y* 和 *Z*)

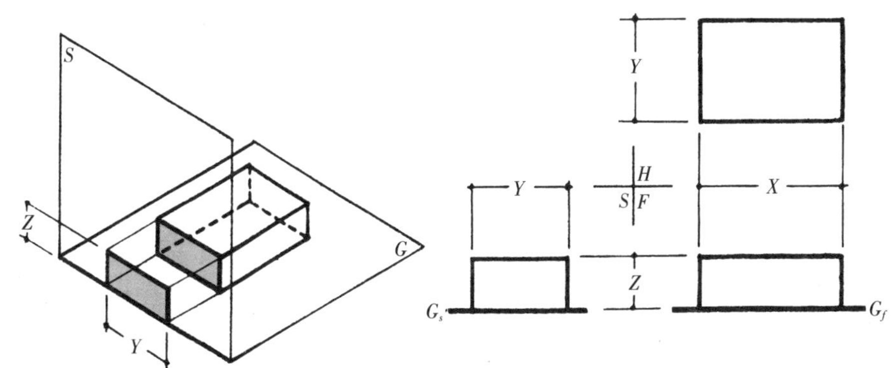

## □ 建筑型体

建筑制图的对象主要是建筑物,为便于学习,现将一般建筑型体归纳为四种建筑单元体,由这四种单元体可以组合成各种建筑型体。

**• 建筑单元体Ⅰ**

一般平屋顶建筑型体由单元体Ⅰ组成。

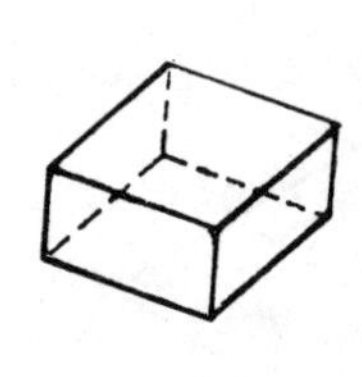
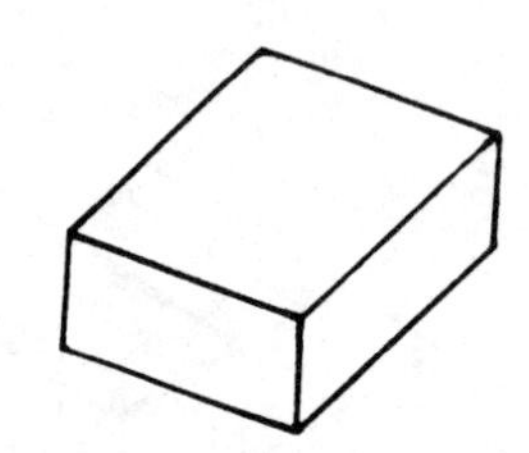

**• 建筑单元体Ⅱ**

两坡屋面建筑型体由单元体Ⅰ和单元体Ⅱ组成。

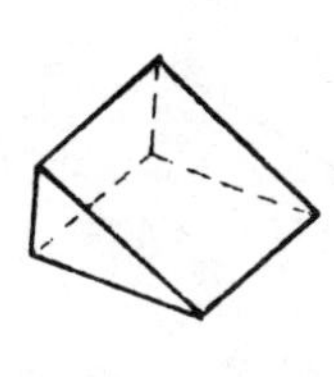
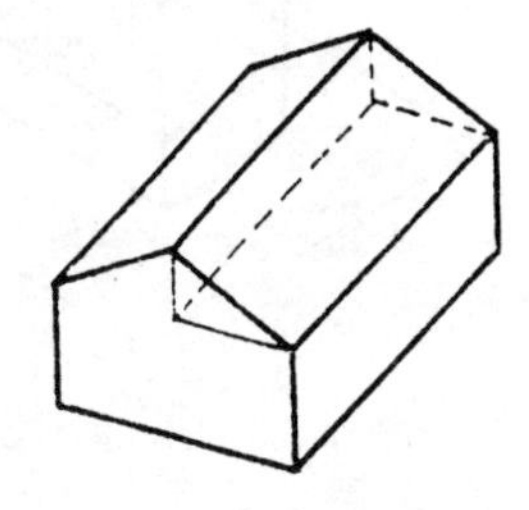
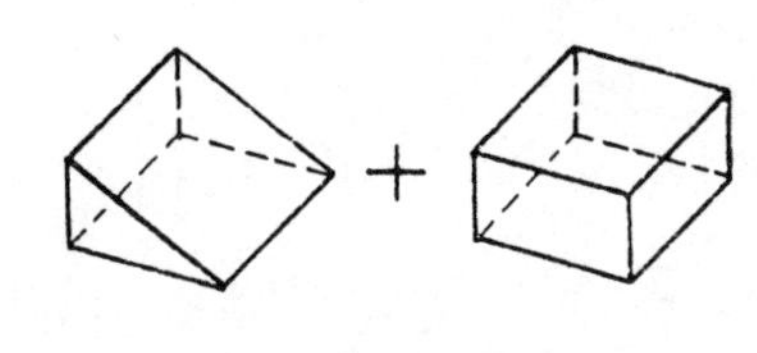

**• 建筑单元体Ⅲ**

四落水屋面的斜戗处是单元体Ⅲ,它和单元体Ⅱ组成屋面。墙体是单元体Ⅰ。

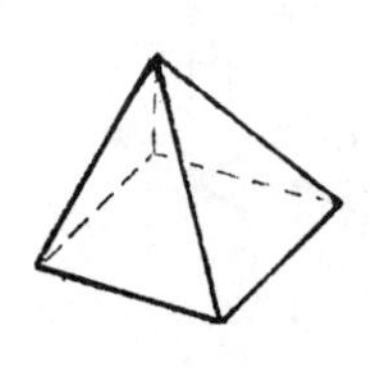
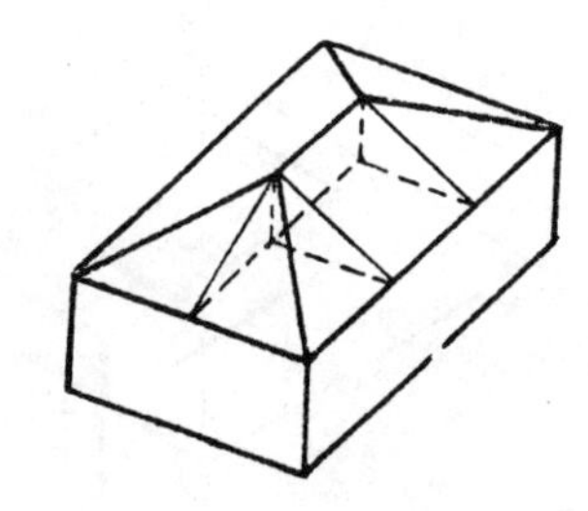
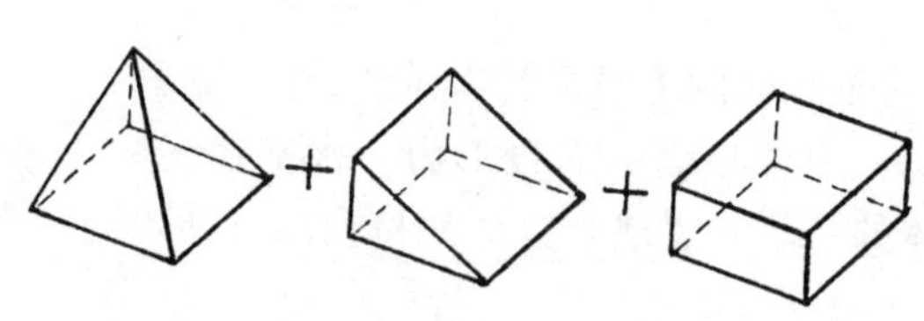

**• 建筑单元体Ⅳ**

两坡屋面的两个斜面正交,斜沟处是单元体Ⅳ,它和单元体Ⅱ组成屋面。墙体是单元体Ⅰ组成。

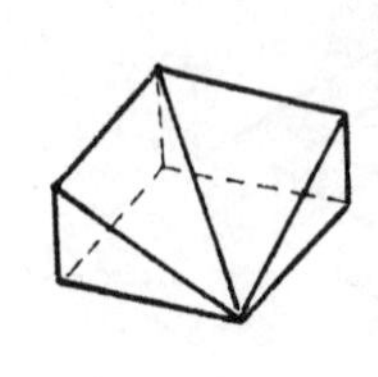
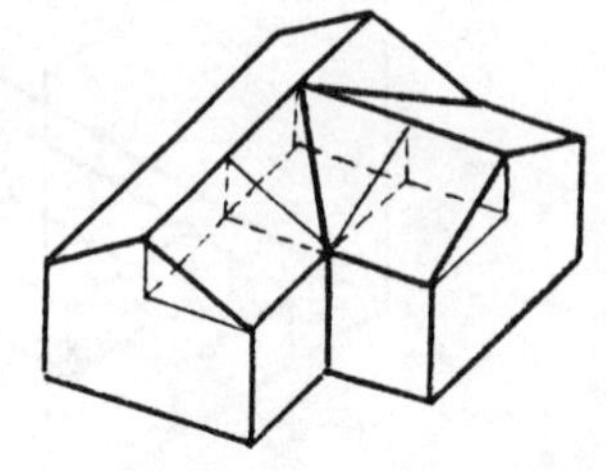
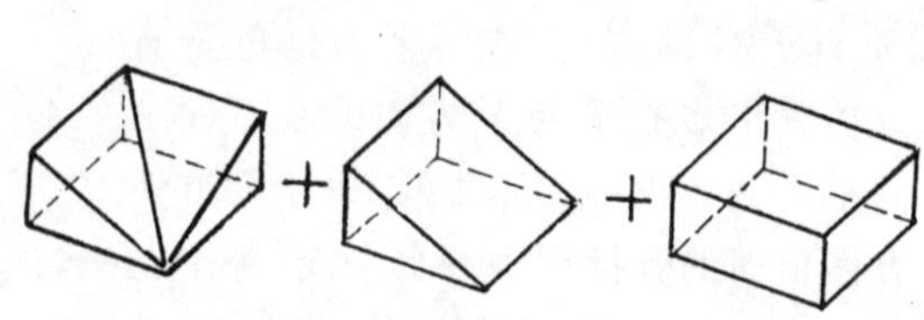

- 将建筑单元体 I 放在水平面 $G$ 上。(图 A)

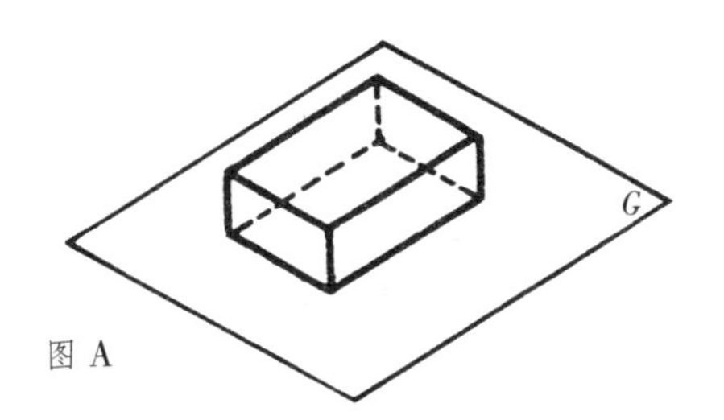


图 A

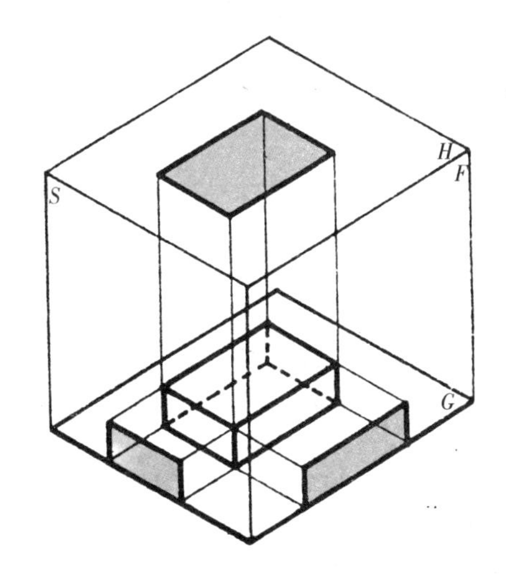


- 立方体在 $H$、$F$、$S$ 投形面上投形的示意图

- ***H* 面投形**(图 B)

$ABCD /\!/ H$，所以 $ABCD$ 在 $H$ 面的投形 $A_hB_hC_hD_h$ 和 $ABCD$ 全同。

$ABB'A'$、$CDD'C'$、$ADD'A'$、$BCC'B'$ 都垂直于 $H$，它们的 $H$ 面投形为四条直线。$A_h'B_h'$ 与 $A_hB_h$ 重叠，$C_h'D_h'$ 与 $C_hD_h$ 重叠，$A_h'D_h'$ 与 $A_hD_h$ 重叠，$B_h'C_h'$ 与 $B_hC_h$ 重叠，即 $A_hB_hC_hD_h$ 与 $A_h'B_h'C_h'D_h'$ 重叠。它表示立方体的长和宽。

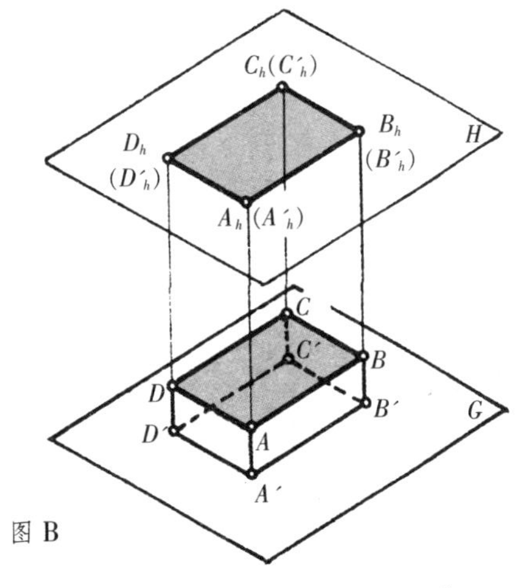


图 B

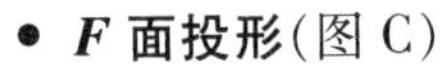

- ***F* 面投形**(图 C)

$ABB'A' /\!/ F$，所以 $ABB'A'$ 在 $F$ 面的投形 $A_fB_fB_fA_f$ 和 $ABB'A'$ 全同。

$ADD'A'$，$BCC'B'$ 垂直于 $F$ 面，在 $F$ 面的投形为垂线，$A_fA_f'$ 与 $D_fD_f'$ 重叠，$B_fB_f'$ 与 $C_fC_f'$ 重叠。$ABCD$ 为垂直于 $F$ 面的水平面。它的 $F$ 投形为一水平线，$D_fC_f$ 与 $A_fB_f$ 重叠，它表示立方体的长和高。

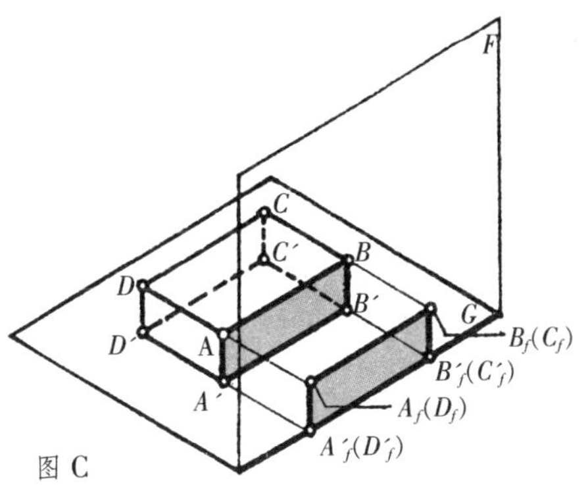


图 C

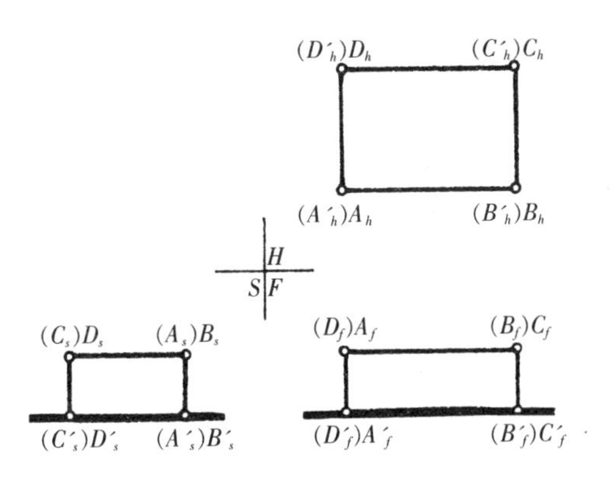


- 是立方体在 $H$、$F$、$S$ 面上的投形图。

- ***S* 面的投形**(图 D)

$ADD'A' /\!/ S$，所以 $ADD'A'$ 在 $F$ 面的投形 $A_fD_fD_f'A_f'$ 和 $ADD'A'$ 全同。

$ABB'A'$、$DCC'D'$ 垂直于 $S$ 面，在 $S$ 面的投形为垂线，$A_sA_s'$ 与 $B_sB_s'$ 重叠，$D_sD_s'$ 与 $C_sC_s'$ 重叠。$ABCD$ 为垂直于 $S$ 面的水平面它的 $S$ 投形为一水平线，$A_sD_s$ 与 $B_sC_s$ 重叠，它表示立方体的宽和高。

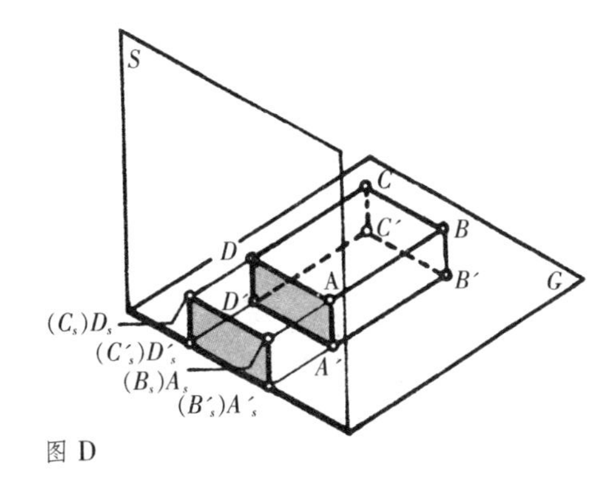


图 D

• **把两个立方体组成的建筑型体放在水平面上** *G*。(图 A)

图 A

• ***H* 面投形**(图 B)

两屋面平行于 *H* 面，它们的 *H* 投形和原屋面形状,大小全同。

墙面都垂直于 *H* 面它们的 *H* 投形是直线，和屋面轮廓线重合。它表示建筑型体(屋面)的长和宽。

图 B

• ***F* 面投形**(图 C)

长度方向墙面平行于 *F* 面，它们的 *F* 投形和原墙面形状大小全同。

宽度方向各墙面垂直于 *F* 面，它们的 *F* 投形为垂直线,屋面为垂直于 *F* 面的水平面其 *F* 投形为水平线,它们与长度方向两墙面的 *F* 投形轮廓线重叠。表示建筑型体的长和高。

图 C

• ***S* 面投形**(图 D)

宽度方向墙面平行于 *S* 面,它们的 *S* 投形和原墙面形状大小全同。

长度方向各墙面垂直于 *S* 面,它们的 *S* 投形为垂直线,屋面为垂直于 *S* 面的水平面,其 *S* 投形为水平线,它们与宽度方向墙面的 *S* 投形轮廓线重叠。表示建筑型体的宽和高。

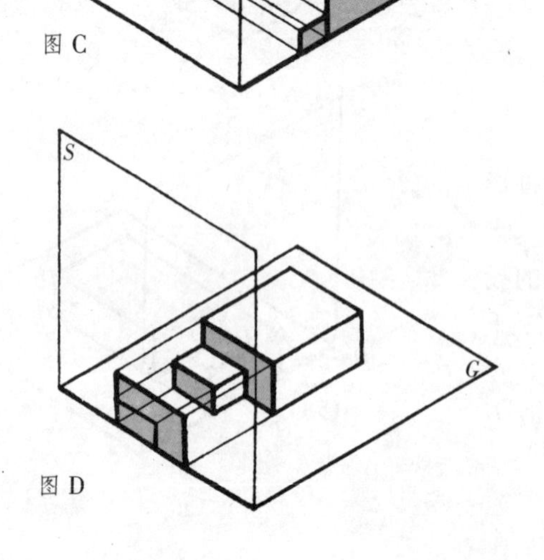


图 D

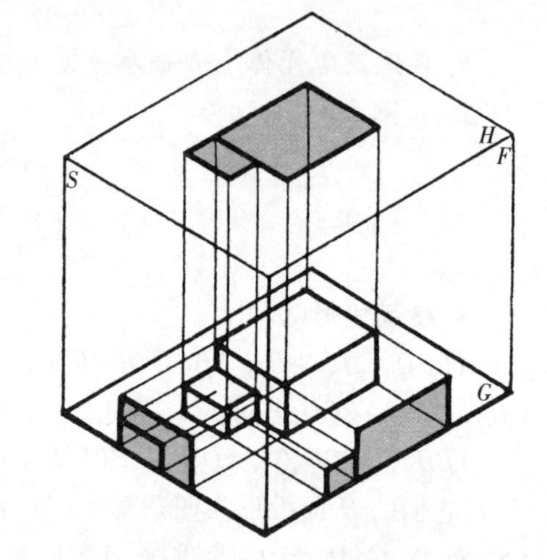


• 这是两个立方体组成的建筑型体的 *H*、*F*、*S* 投形示意图。

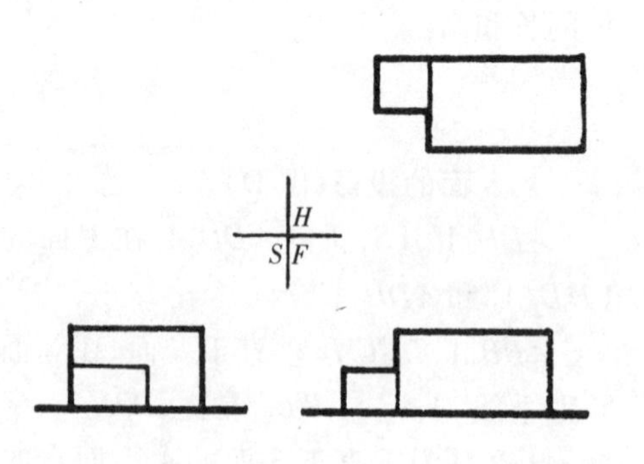


• 这是两个立方体组成的建筑型体的 *H*、*F*、*S* 投形图。

- **将建筑单元体Ⅱ放在水平面 *G* 上。**(图 A)

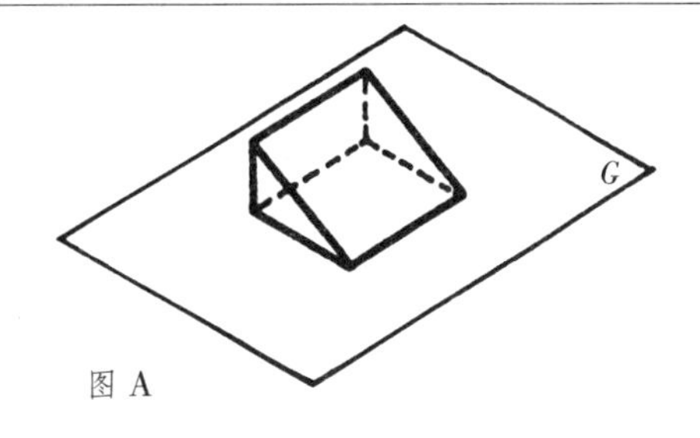


图 A

- ***H* 面的投形**(图 B)

在 $H$ 面的正投形 $A_hB_hC_hD_h$<$ABCD$ 因为 $AD$>$A_hD_h$，$BC$>$B_hC_h$，而 $D_h$ 和 $D_h'$ 重叠，$C_h$ 和 $C_h'$ 重叠，所以 $A_hB_hC_hD_h$ 和 $ABC'D'$ 全同。

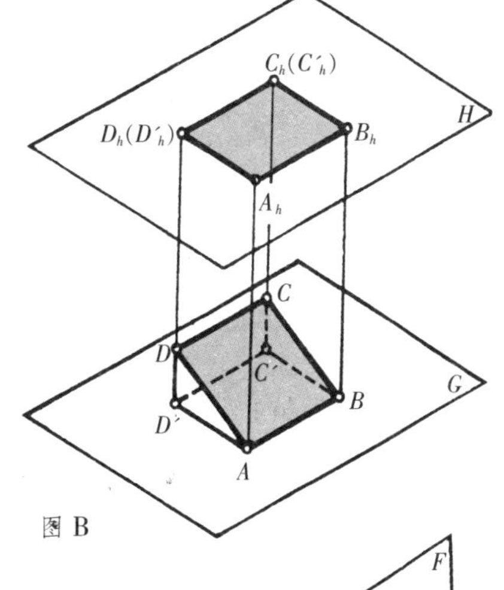


图 B

- ***F* 面的投形**(图 C)

在 $F$ 面的正投形 $A_fB_fC_fD_f$<$ABCD$ 因为 $AD$>$A_fD_f$，$BC$>$B_fC_f$，而 $A_f$ 和 $C_f'$ 重叠，$B_f$ 和 $C_f'$ 重叠、所以 $A_fB_fC_fD_f$ 和 $DCC'D'$ 全同，$A_fD_f$=$D'D$，$B_fC_f$=$C'C$。

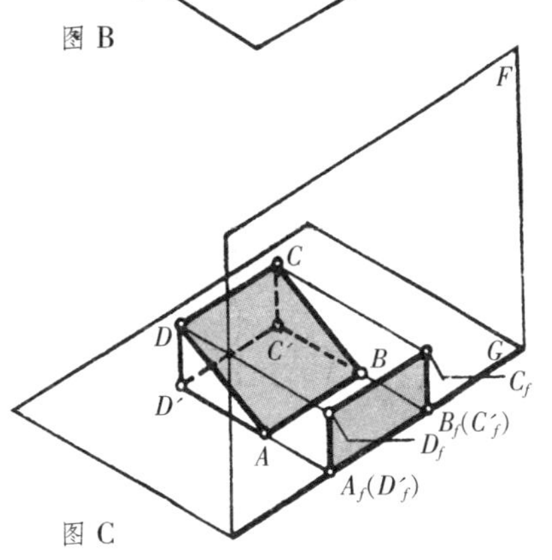


图 C

- ***S* 面的投形**(图 D)

因为 $ADD' /\!/ S$，$ABCD \perp S$，所以在 $S$ 面的投形图是一个三角形 $A_sD_sD_s'$。它和三角形 $ADD'$ 全同。$A_sD_s$ 和 $A_sD_s'$ 的交角等于 $ABCD$ 面与 $G$ 面的交角。即斜面 $ABCD$ 的斜度。

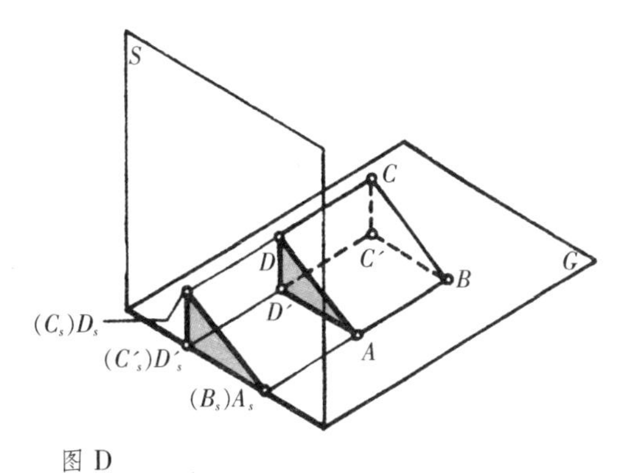


图 D

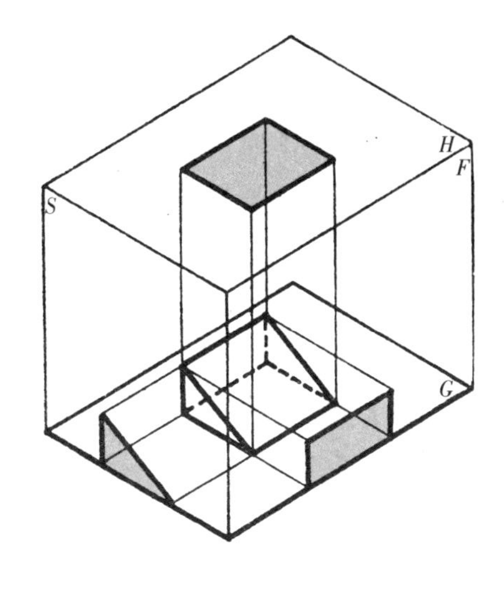


- 建筑单元体Ⅱ的 $H$、$F$、$S$ 投形示意图。

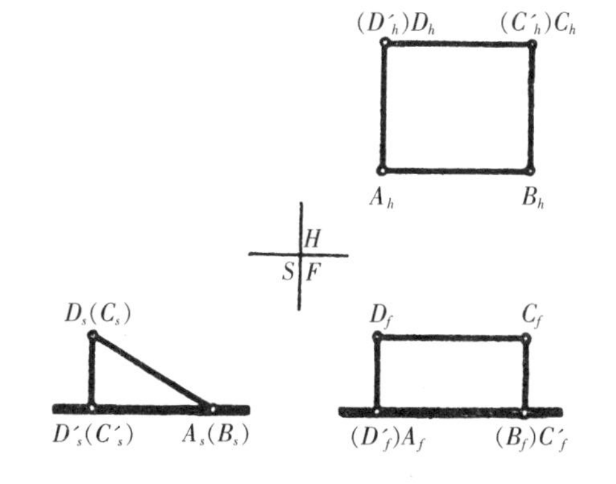


$ABCD$ 面与 $H$、$F$、$S$ 都不平行，它的 $H$、$F$、$S$ 投形都不表示它的真实形状 $AD$-$D' /\!/ S$，它的 $S$ 投形表示真实形状，下图是建筑单元体Ⅱ的 $H$、$F$、$S$ 投形图。

- **将两坡屋面建筑型体放在水平面 *G* 上。**(图 A)

- ***H* 面投形**(图 B)

看到屋面和屋脊,表示屋檐、屋脊的实长。

各墙面的投形为直线,它和屋面投形的外轮廓线重叠,表示各段墙面的长度。

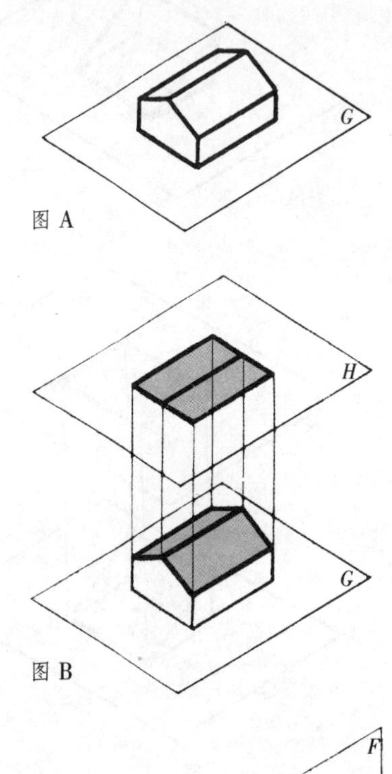

图 A

图 B

- ***F* 面投形**(图 C)

看到檐墙面和屋面,表示檐墙面的真实形状和尺寸。

*G* 面的 *F* 投形为水平线,它和檐墙面的投形的底边重叠为一线。屋檐和屋脊的投形是水平直线,表示其实长及距 *G* 面的高度,两山墙面的投形是垂直线,和檐墙面、屋面投形的轮廓线相重叠。

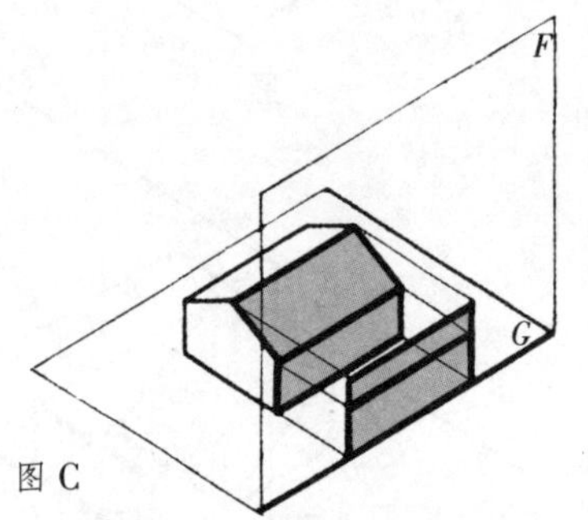

图 C

- ***S* 面投形**(图 D)

看到一侧山墙面,表示该山墙面的真实形状和尺寸。

*G* 面的 *S* 投形为水平线,它和山墙面投形的底边重叠。檐墙投形是两垂直线,它们和山墙面投形的两垂边重叠。屋面投形也是直线,和山墙面投形两斜边重叠,表示屋面的斜度和实宽;山墙两斜边的交点是屋脊在 *S* 面的投形,斜边和垂边的交点为屋檐在 *S* 面的投形,表示屋脊和屋檐高度。

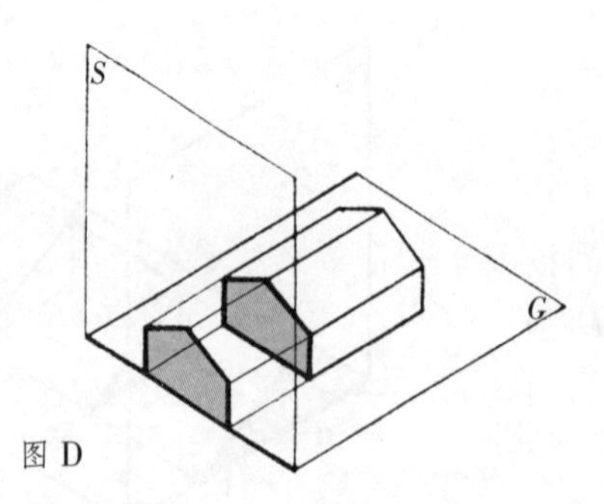

图 D

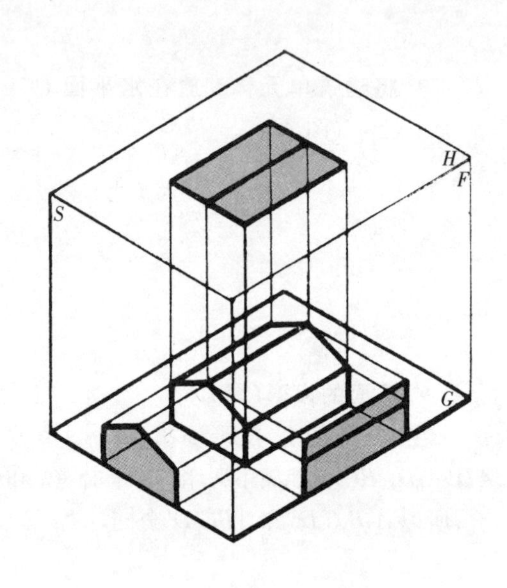

建筑单元体Ⅱ组成的两坡屋面建筑型体的 *H*、*F*、*S* 投形示意图。

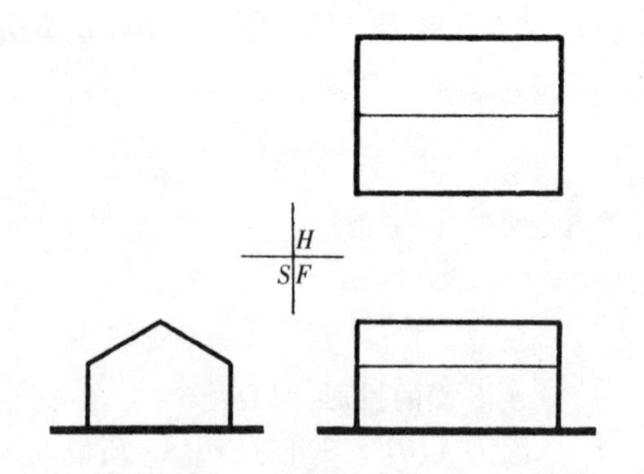

两坡屋面建筑型体的 *H*、*F*、*S* 投形图,作图时可先绘出 *H*、*S* 面的投形,再根据 *S* 面投形的屋脊和屋檐高度作出 *F* 面的投形图。

● 建筑单元体Ⅲ的底面 $ABC'D$ 为正方形，$BCC'$、$DCC'$ 垂直于底面 $ABC'D$，$CC' \perp ABC'D$、$ACD \perp DCC'$；$ACB \perp BCC'$。

将建筑单元体Ⅲ放在水平面 $G$ 上。

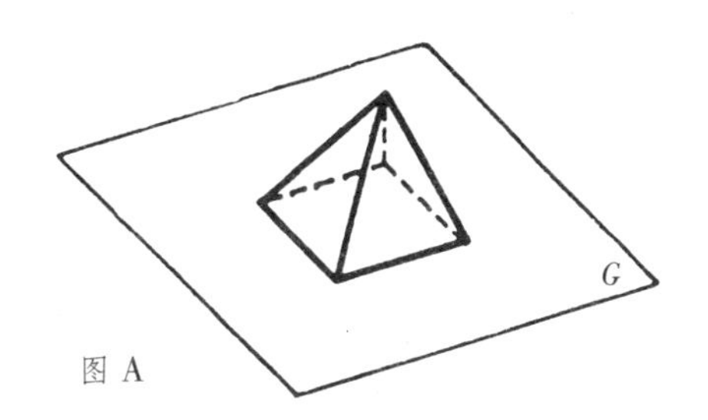

图 A

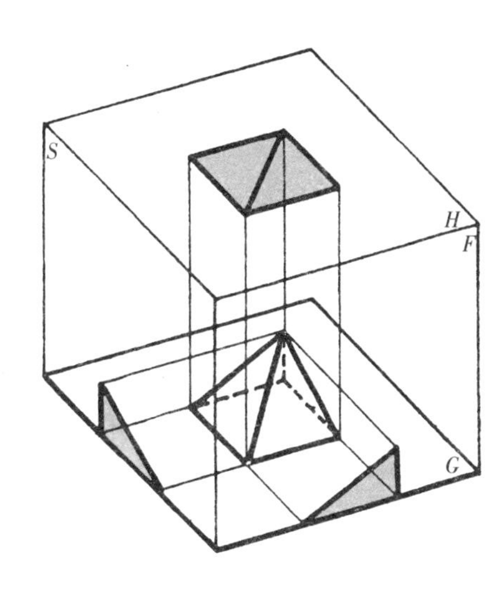

建筑单元体Ⅲ的 $H$、$F$、$S$ 投形示意图

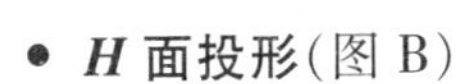

● ***H* 面投形**(图 B)

看到 $ABC$ 和 $ADC$，$C$ 点和 $C'$ 的 $H$ 投形 $C_h$ 和 $C_h'$ 重叠，底面 $ABC'D$ 的 $H$ 投形 $A_hB_hC_h'D_h$ 和 $A_hB_hC_h$、$A_hD_hC_h$ 重叠，$A_hC_h$ 为正方形 $A_hB_hC_h'D_h$ 的对角线。

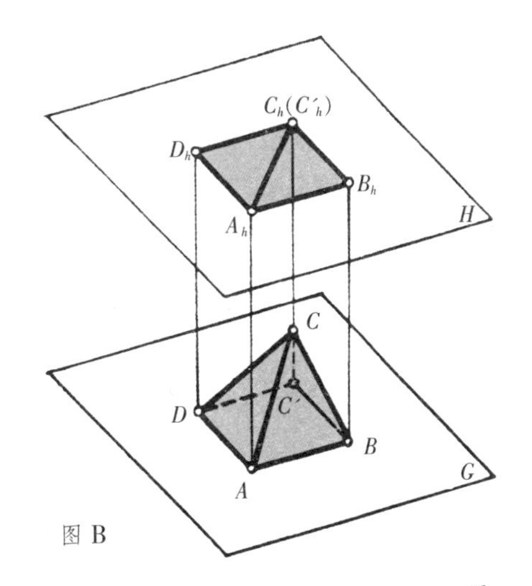

图 B

● ***F* 面投形**(图 C)

看到 $ABC$ 面，其投形为 $A_fB_fC_f$，因为 $BC'C \perp G$ 和 $F$，所以 $B_fC_f$ 为垂直线，$C_f'$ 和 $B_f$ 重叠。因为 $ADC \perp F$，所以 $A_fC_f$ 为 $ADC$ 的 $F$ 投形，$A_f$ 和 $D_f$ 重叠。$A_fC_f$ 与 $G$ 面的交角表示 $ADC$ 的斜度。

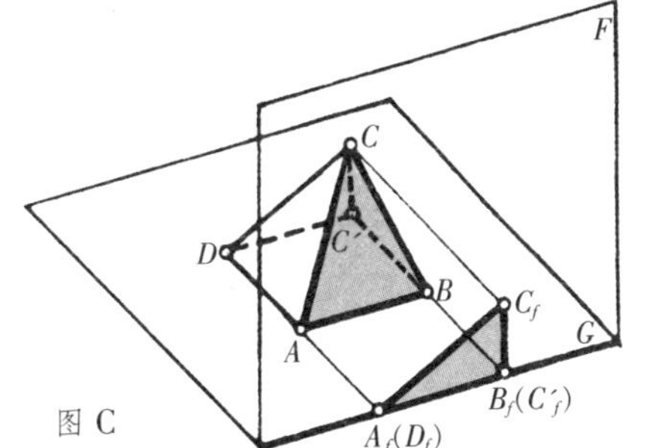

图 C

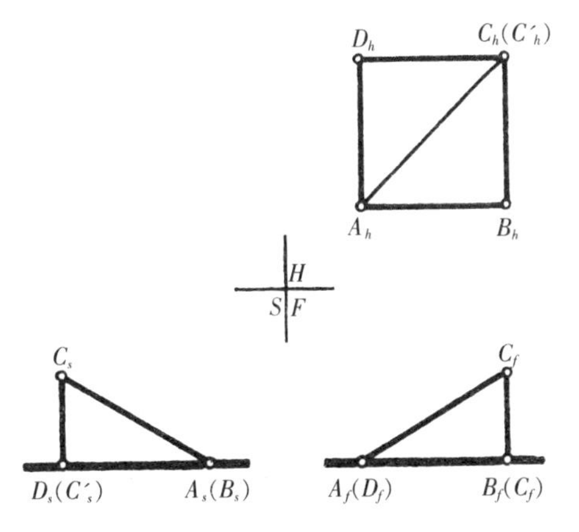

建筑单元体Ⅲ的 $H$、$F$、$S$ 投形图，若斜面 $ABC$ 和 $ADC$ 的斜度相等、则三角形 $A_fB_fC_f$ 和一角形 $A_sD_sC_s$ 全同。斜面 $ABC$ 和 $ADC$ 的交线 $AC$ 的 $H$ 投形 $A_hC_h$ 为正方形 $A_hB_hC_hD_h$ 的对角线。

● ***S* 面投形**(图 D)

看到 $ABC$ 面，其投形为 $A_sB_sC_s$，因为 $DC'C \perp G$ 和 $S$，所以 $D_sC_s$ 为垂直线，$C_s'$ 和 $D_s$ 重叠。因为 $ABC \perp S$ 所以 $A_sC_s$ 为 $ABC$ 的 $S$ 投形，$A_s$ 和 $B_s$ 重叠。$A_sC_s$ 与 $G$ 面的交角表示 $ABC$ 的斜度。

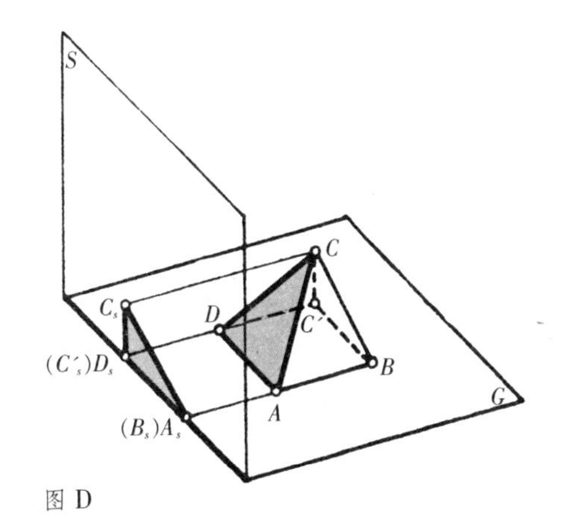

图 D

- **将四坡屋面建筑型体放在 *G* 面上。**(图 A)

图 A

- ***H* 面投形**(图 B)

看到屋面、正脊、斜脊和屋檐，正脊和屋檐都平行于 *H*，它们的 *H* 面投形表示实长，四个墙面的投形和屋檐的投形相重合，表示各墙面的长度。

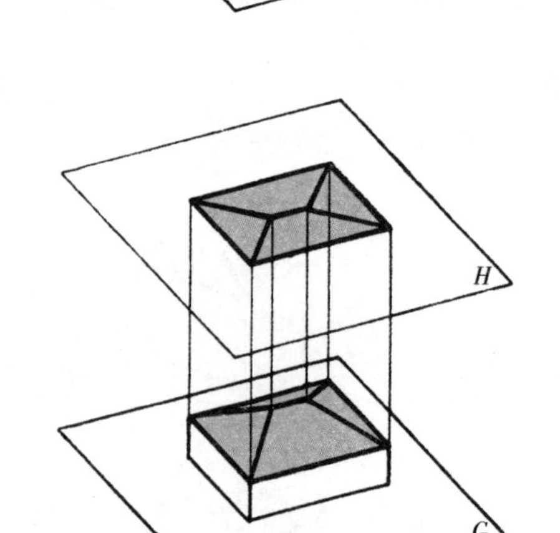


图 B

- ***F* 面投形**(图 C)

看到檐墙面、屋面，因为檐墙面平行于 *F* 面，它的 *F* 投形和原墙面相同。正脊与屋檐平行于 *FH*，它们的投形为水平线，长度等于实长。

侧墙面的投形是垂直线，和檐墙两垂边的投形相重合，两侧屋面的投形是斜线，和斜脊的投形相重叠，表示侧屋面的坡宽。

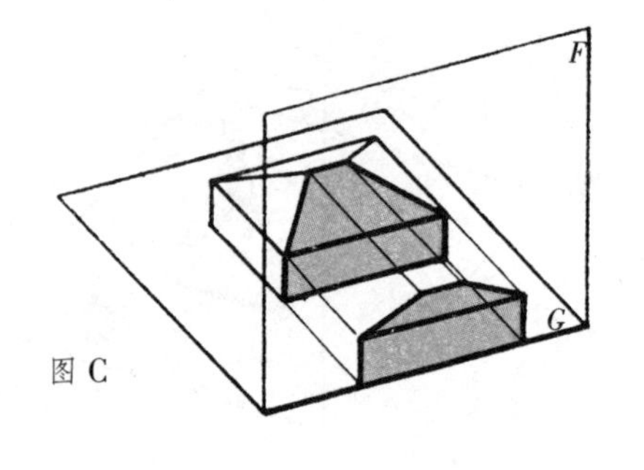


图 C

- ***S* 面投形**(图 D)

看到侧墙面、屋面，因为侧墙面平行于 *S* 面，它的 *S* 投形和原侧墙面相同。侧屋檐平行于 *S*、*H*，它的投形为一线水平，长度等于实长。

两檐墙面的投形是垂直线，和侧墙面两垂边的投形相重合，前后两屋面的投形是斜线，与斜脊的投形相重叠，表示该两屋面的坡度。

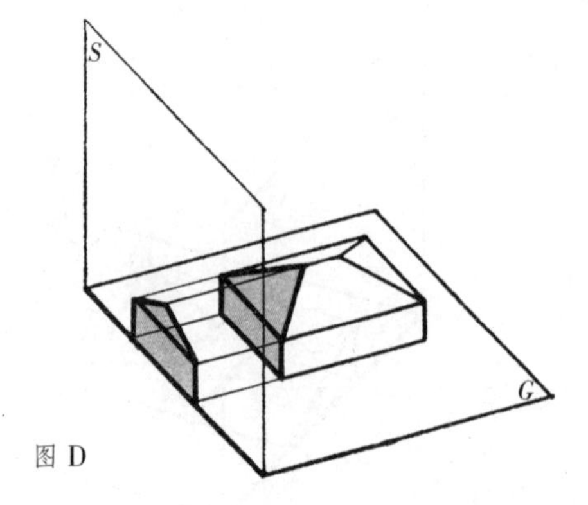


图 D

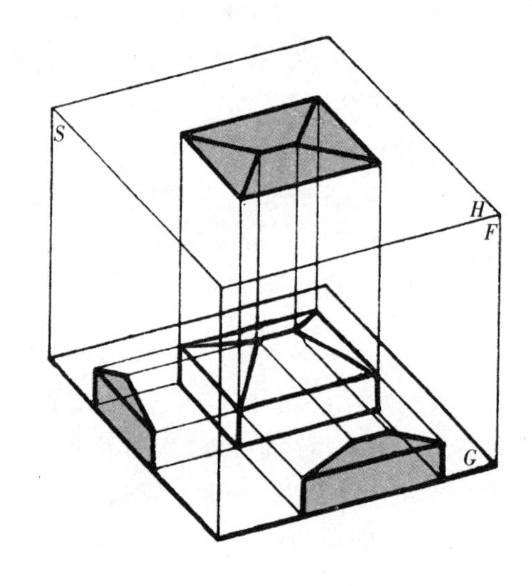


四坡屋面建筑型体的 *H*、*F*、*S* 投形示意图

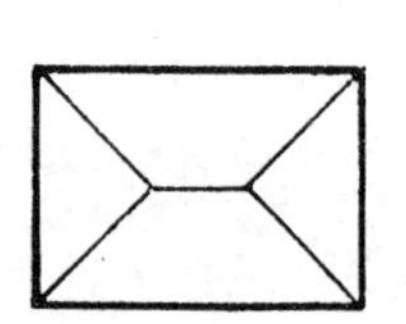

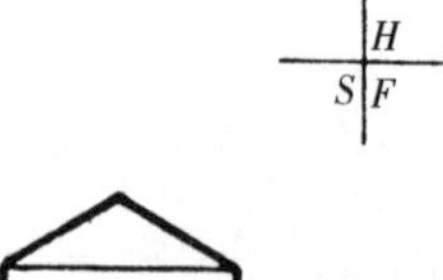


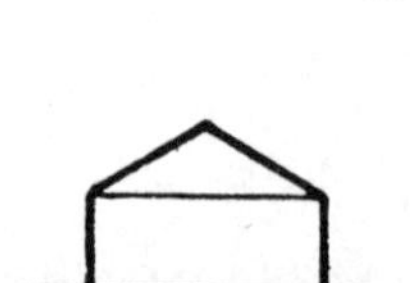

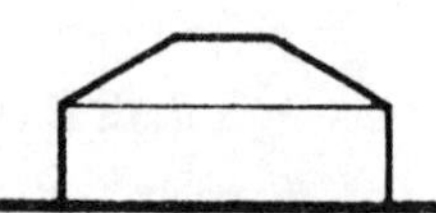

四坡屋面建筑型体的 *H*、*F*、*S* 投形图，因四个坡屋面的坡度相等，所以它们的相交线——斜脊的 *H* 投形为是各屋角作 45°的斜线。

● 建筑单元体Ⅳ的底面 $AB'C'D'$ 为正方形，$AB'B$、$AD'D$、$B'BCC'$，$C'CDD'$ 都垂直于底面 $AB'C'D'$。$ABC \perp AB'B$、$ACD \perp AD'D$。

将建筑单元体Ⅳ放在 $G$ 面上。（图 A）

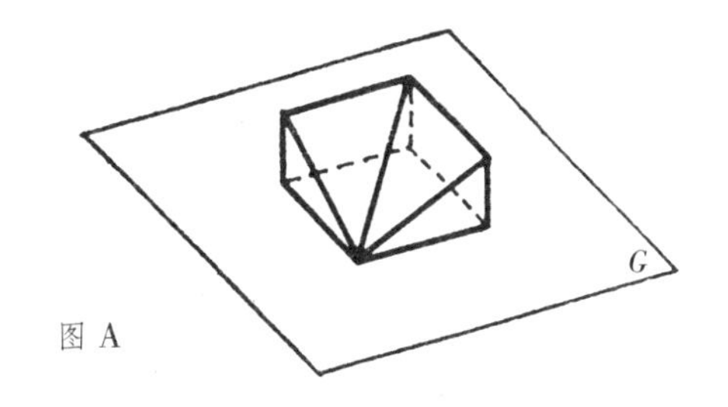


图 A

● ***H* 面投形**（图 B）

看到 $ABC$ 和 $ADC$。$B$ 和 $B'$ 的 $H$ 投形 $B_h$ 和 $B_h'$ 重叠。$D$ 和 $D'$ 的 $H$ 投形 $D_h$ 和 $D_h'$ 重叠。底面 $AB'C'D'$ 的 $H$ 投形 $A_hB_h'C_h'D_h'$ 和 $A_hB_hC_h$、$A_hD_hC_h$ 重叠。$A_hC_h$ 为正方形 $A_hB_h'C_h'D_h'$ 的对角线。

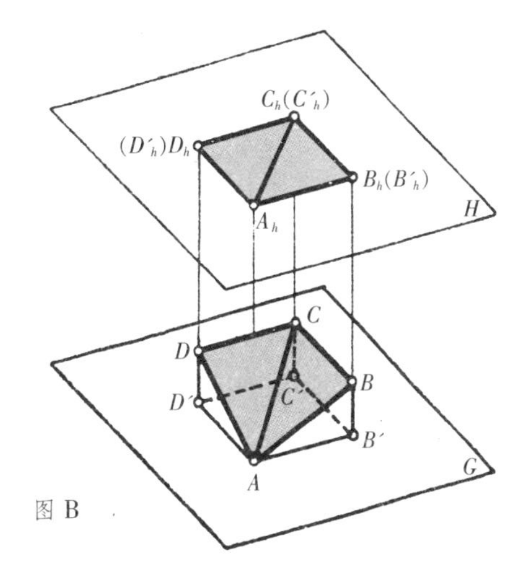


图 B

● ***F* 面投形**（图 C）

看到 $ABB$ 和 $ADC$、$ABB'$ 和 $A_fB_fB_f'$ 全同。$B_f$ 和 $C_f$ 重叠；$ABC$ 面的 $F$ 投形为 $A_fB_f$（$C_f$）。因为 $BB'$ 和 $DD'$ 等高。$DC$ 平行于 $G$ 面，所以 $ADC$ 的 $F$ 投形 $A_fD_fC_f$ 和 $A_fB_fB_f'$ 组成一矩形。$A_fB_f(C_f)$ 为矩形的对角线。

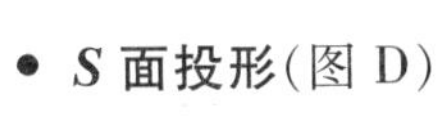

● ***S* 面投形**（图 D）

看到 $ADD'$ 和 $ABC$、$ADD'$ 和 $A_sD_sD_s'$ 全同。$D_s$ 和 $C_s$ 重叠；$ADC$ 面的 $S$ 投形为 $A_sD_s(C_s)$。因为 $BB'$ 和 $DD'$ 等高。$BC$ 平行于 $G$ 面，所以 $ABC$ 面的 $S$ 投形 $A_sB_sC_s$ 和 $A_sD_sD_s'$ 组成一矩形。$A_sD_s(C_s)$ 为矩形的对角线。

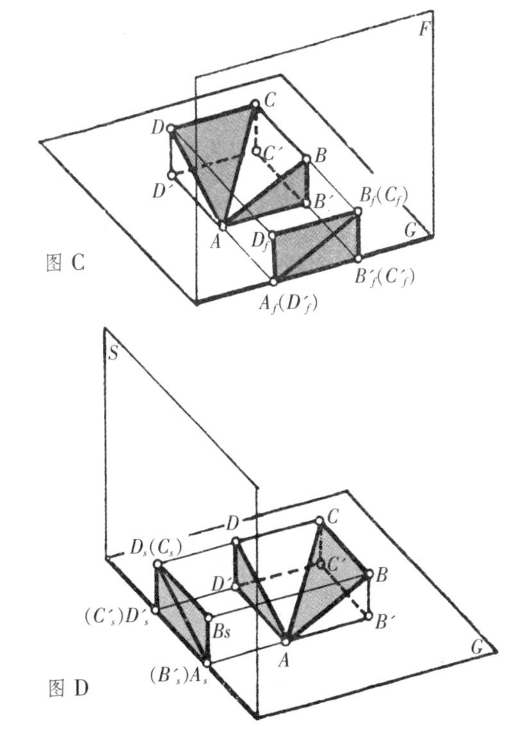


图 C

图 D

图为建筑单元体Ⅳ的 $H$、$F$、$S$ 投形示意图。

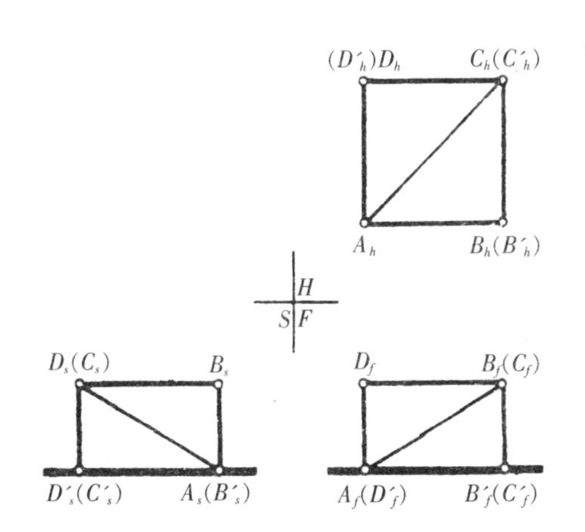


建筑单元体Ⅳ的 $H$、$F$、$S$ 投形图，若斜面 $ABC$ 和 $ADC$ 的斜度相等，则两斜面的交线 $AC$ 的 $H$ 投形 $A_hC_h$ 为正方形 $A_hB_hC_hD_h$ 的对角线。

• 将两个两坡屋面相交的建筑型体放在 *G* 面上。(图 A)

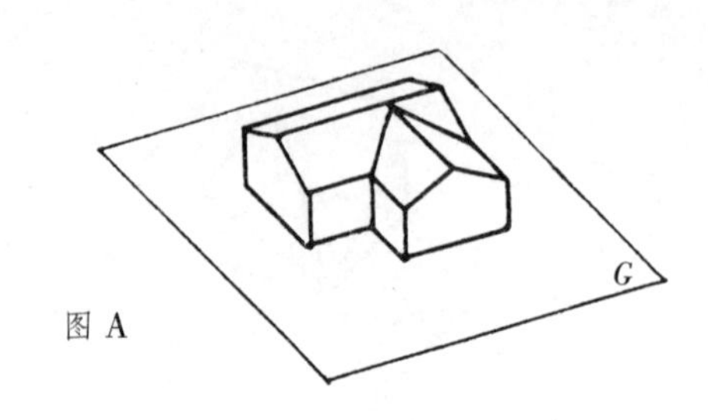

图 A

• ***H* 面投形**(图 B)

看到屋面、屋脊和斜沟,屋脊和屋檐平行于 *H*,它们的 *H* 投形等于实长,山墙屋檐、斜沟和 *H* 倾斜。

各墙面都垂直于 *H*, 它们的 *H* 投形是直线,和屋面投形的外轮廓线重合。

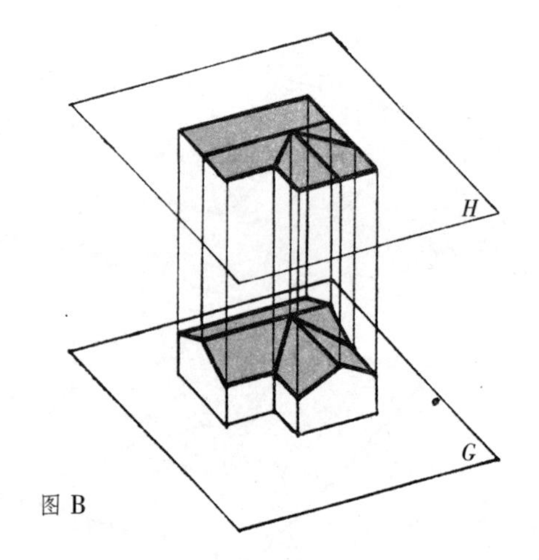

图 B

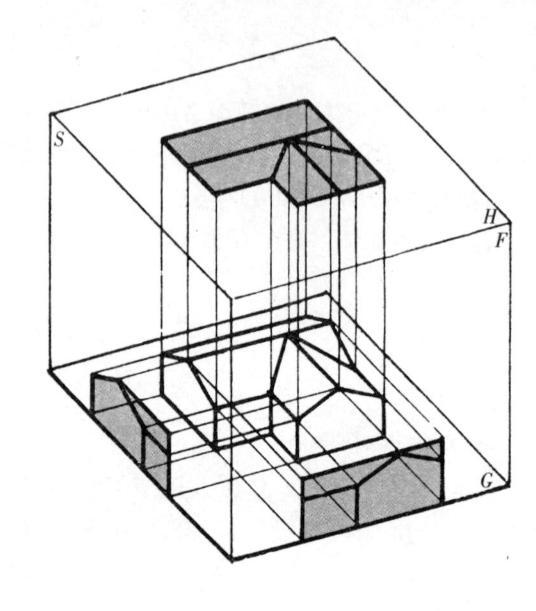

这是由建筑单元体Ⅳ组成的建筑型体的 *H*、*F*、*S* 投形示意图。

• ***F*、*S* 面投形**(图 C)

看到和投形面平行的墙面和面向着投形面的屋面,墙面的投形表示真实形状、平行于投形面的屋脊、屋檐等于实长,并表示距 *G* 面的高度。

垂直于投形面的墙面的投形为垂直线、和平行于投形面的墙面投形的垂边重合。垂直于投形面的屋面的投形为斜线, 它和水平线的交角表示屋面坡度。

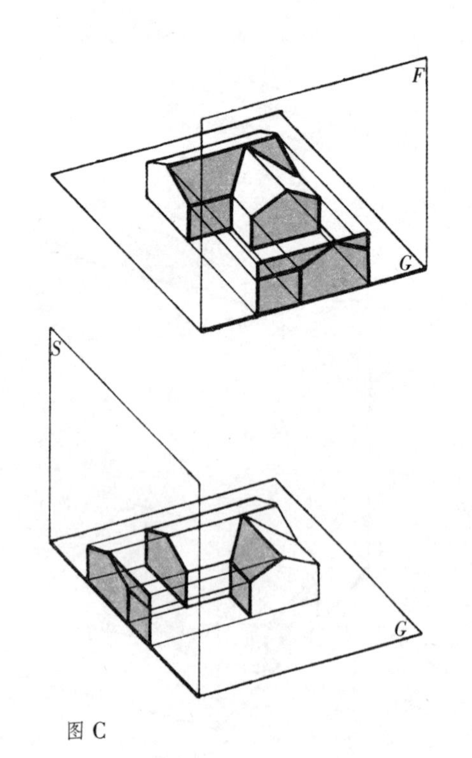

图 C

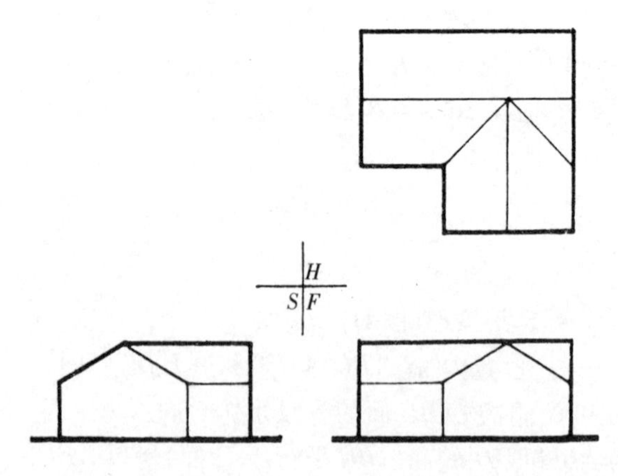

这是建筑型体的 *H*、*F*、*S* 投形图,因为各屋面坡度相等,所以相互垂直的两坡屋面的交线(斜沟)的 *H* 投形为由屋角作 45°斜线。

*H*、*F*、*S* 为三个相互垂直的平面，它们的交线为三条相互垂直的直线，*H* 面与 *F* 面的交线称 *OX* 轴、*H* 面与 *S* 面的交线称 *OY* 轴、*F* 面和 *S* 面的交线称 *OZ* 轴。(图 A)

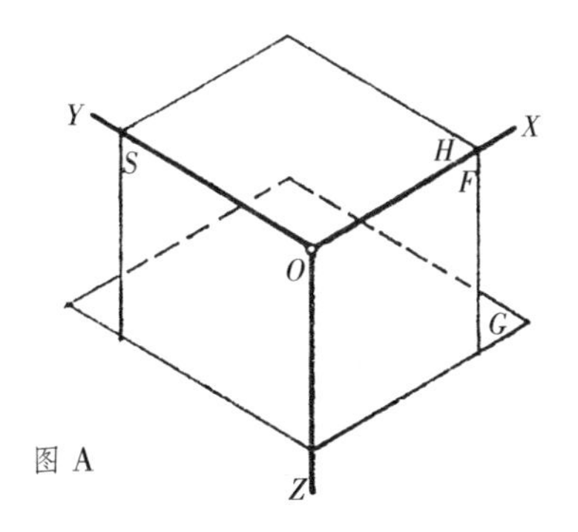


图 A

简单的物体常用 *H* 面和 *F* 面两个投形面来表示它们的空间状况。(图 B)

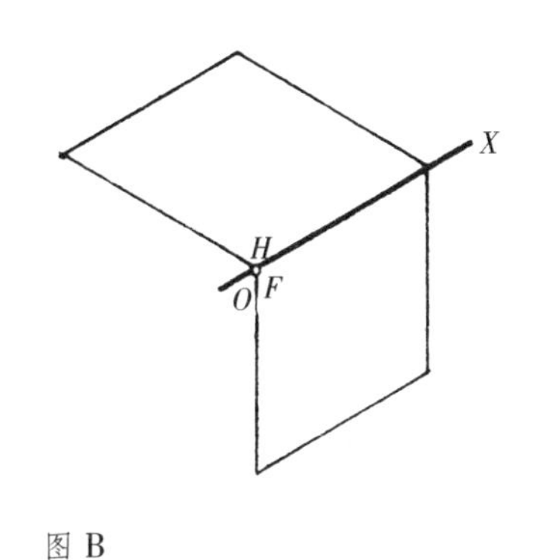


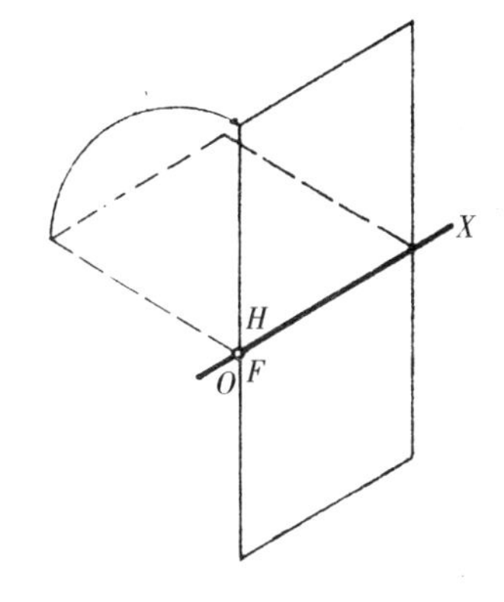


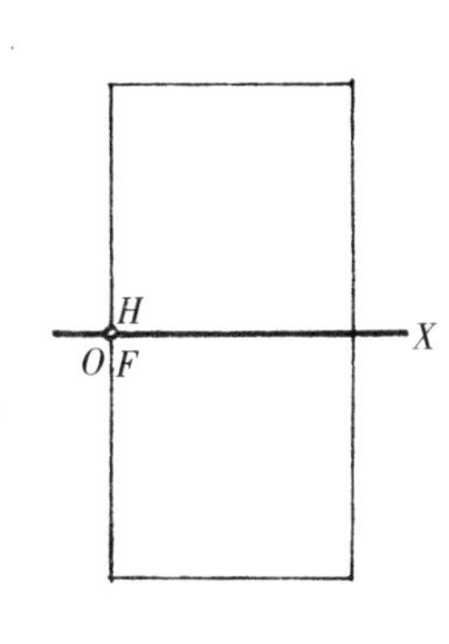


图 B

**● 投形面的展开**

*F* 面不动，*H* 面以 *OX* 为轴，*S* 面以 *OZ* 为轴，各旋转展开到与 *F* 面在一个平面上，便出现了 *OY′* 轴，*OY′*=*OY*，这就是我们通常所说的三视图。(图 C)

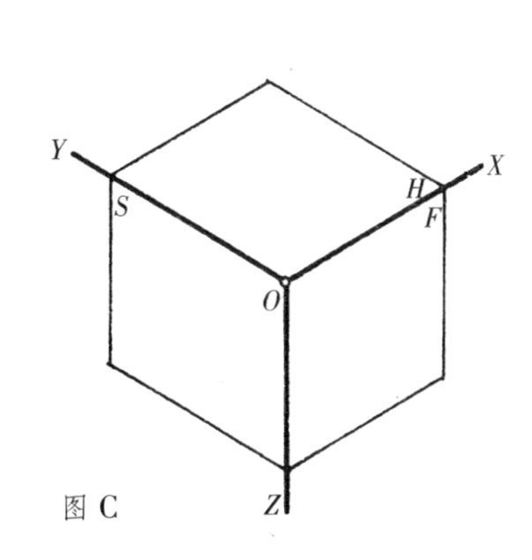


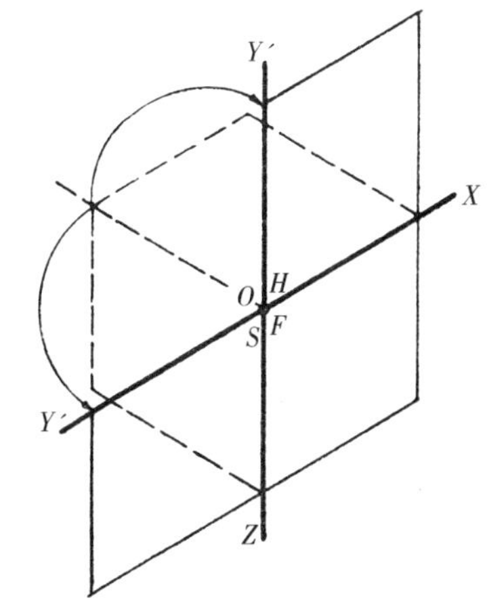


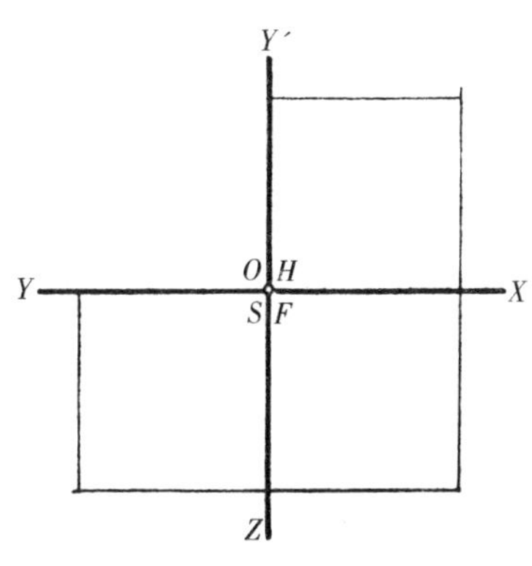


图 C

一般建筑物都由各种几何体组成，体是由面组成的，面与面相交为线，线与线相交为点。所以点是投形中是最基本的，即物体轮廓线的转折点。空间点的位置由 $OX$、$OY$、$OZ$ 三个方向的距离表示。

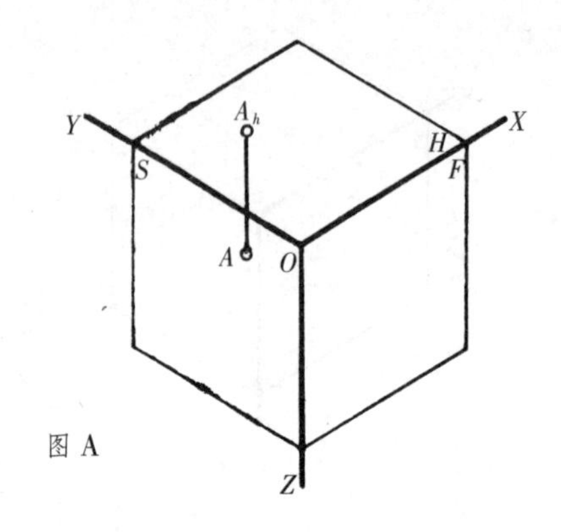


图 A

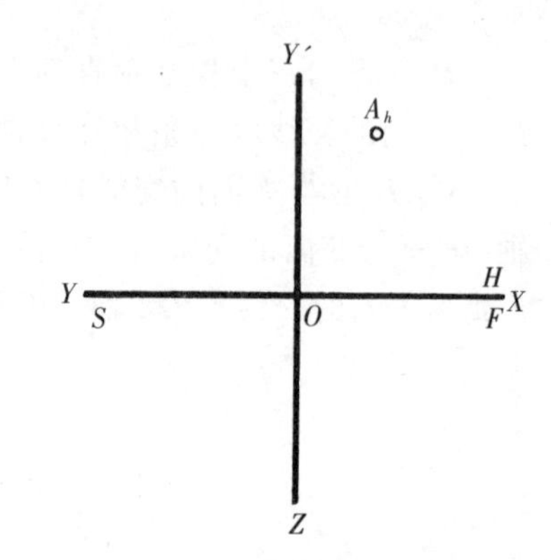


已知空间一点 $A$ 的 $H$ 投形 $A_h$，即可知 $A$ 点必在过 $A_h$ 点的垂线上。(图 A)

已知 $A$ 点的 $H$ 投形 $A_h$ 及 $F$ 投形 $A_f$，则可确定 $A$ 点的空间位置。

在投形面的展开图上：连 $A_hA_f$，为一垂直于 $OX$ 轴的直线，它和 $OX$ 轴相交于 $A_x$。(图 B)

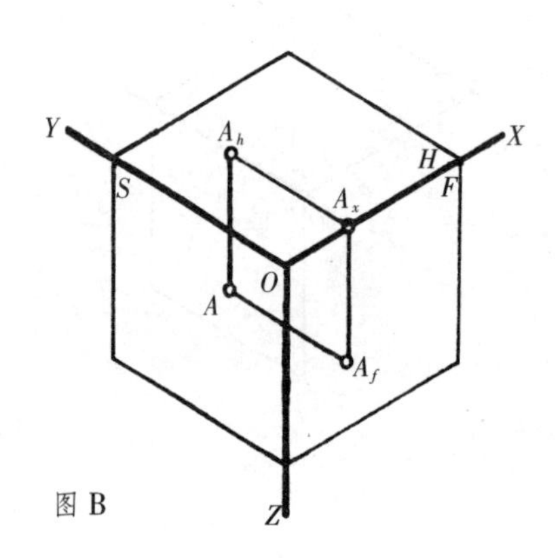


图 B

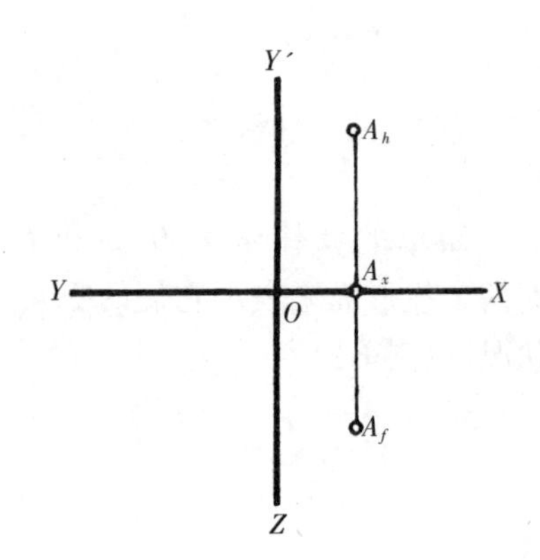


自 $A_h$ 作水平线和 $OY'$ 相交于 $A_y'$，自 $A_f$ 作水平线和 $OZ$ 轴相交于 $A_x$。(图 C)

$OA_x=A_y'$　$A_h=A_zA_f$。它们是 $A$ 点距 $S$ 面的垂直距离。

$OA_y'=A_xA_h$。它们是 $A$ 点距 $F$ 面的垂直距离。

$OA_z=A_xA_f$。它们是 $A$ 点距 $H$ 面的垂直距离。

在 $OY$ 轴上作 $OA_y=OA_y'$，以 $O$ 为圆心，$OA_y'$ 为半径作圆弧和 $OY$ 相交得 $OA_y$，过 $A_y$ 作垂线与 $A_fA_z$ 的延长线相交，得 $A$ 点在 $S$ 面的投形 $A_s$。

或过 $O$ 作 45°引渡线代替过 $O$ 作圆弧。

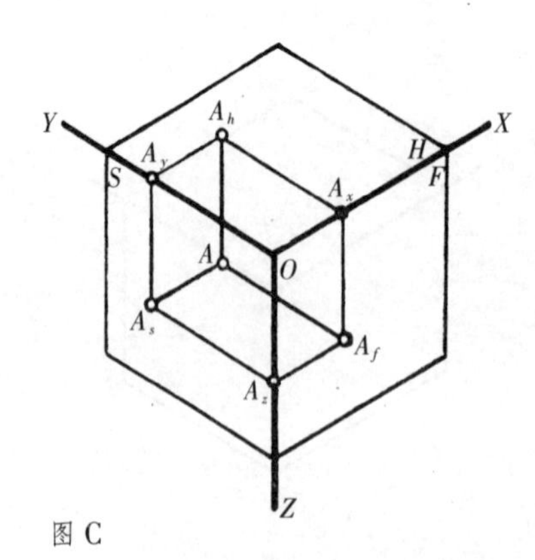


图 C

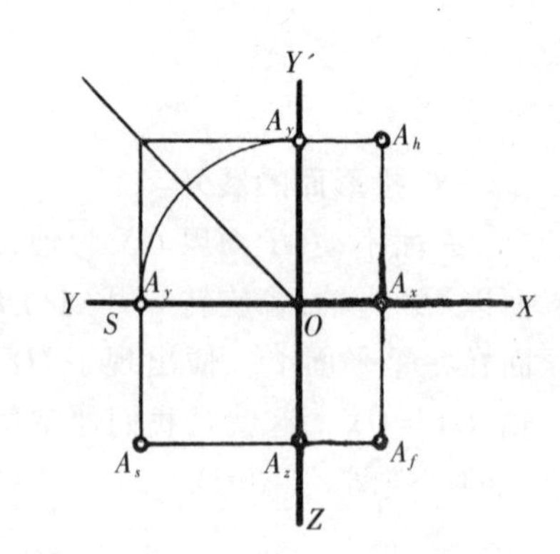

- **平行于 $OX$ 轴直线**(图 A)

直线 $AB$ 平行于 $OX$。

$AB$ 在 $H$ 面的投影 $A_hB_h$ 和在 $F$ 面的投形 $A_fB_f$ 都和 $OX$ 平行，即 $AB$ 和 $H$、$F$ 都平行，$A_hB_h$、$A_fB_f$ 为 $AB$ 的实长。

$AB$ 在 $S$ 面的投形 $A_sB_s$ 相重叠为一点，即 $AB$ 垂直于 $S$。

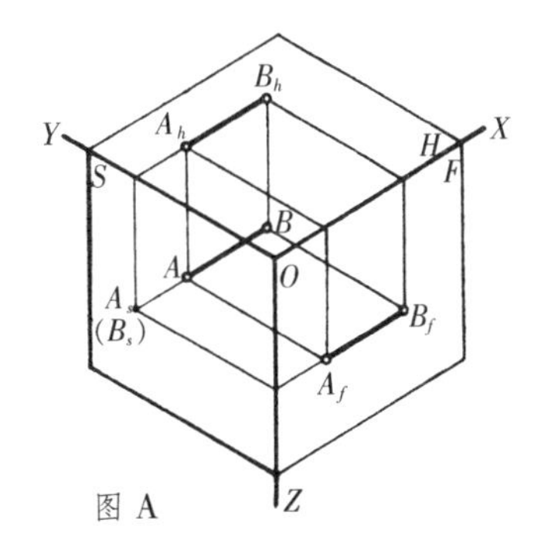

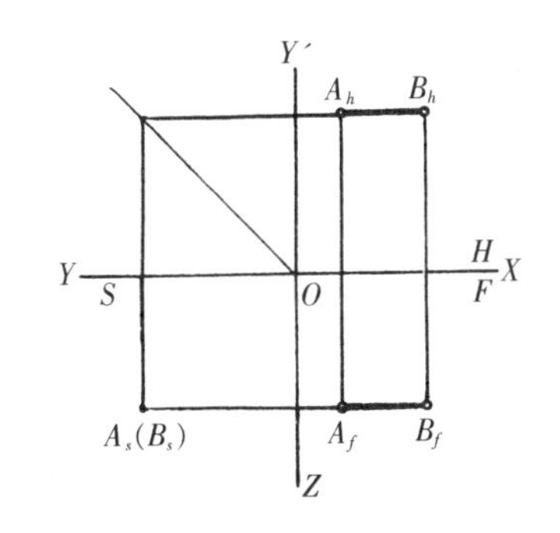

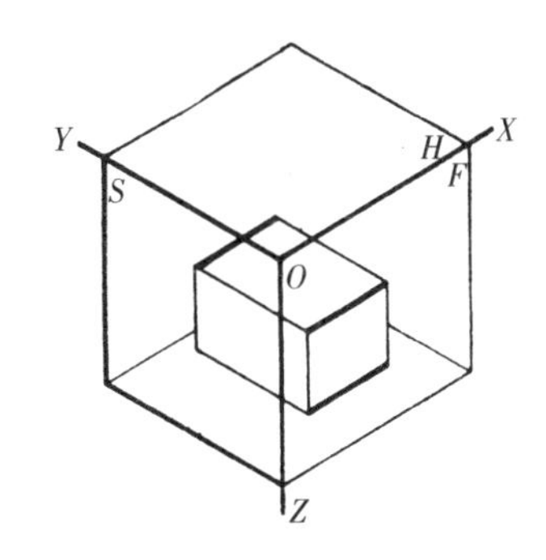


图 A

- **平行于 $OY$ 轴的直线**(图 B)

直线 $AB$ 平行于 $OY$。

$AB$ 在 $H$ 面的投形 $A_hB_h$ 和 $S$ 面的投形 $A_sB_s$ 都和 $OY$ 轴平行。即 $AB$ 和 $H$、$S$ 面都平行，$A_hB_h$，$A_sB_s$ 为 $AB$ 的实长。

$AB$ 在 $F$ 面的投形 $A_fB_f$ 相重叠为一点，即 $AB$ 垂直于 $F$。

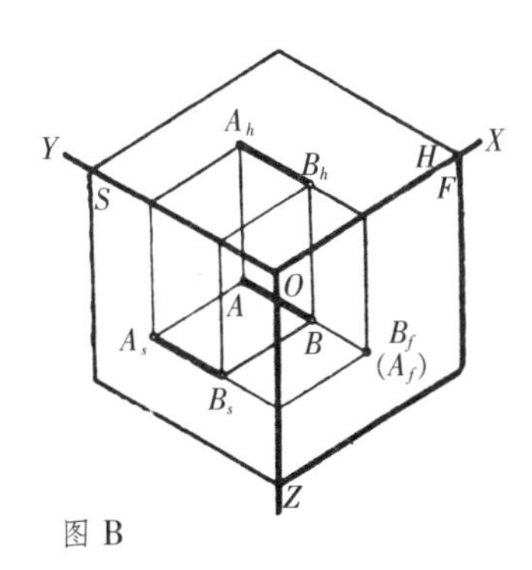

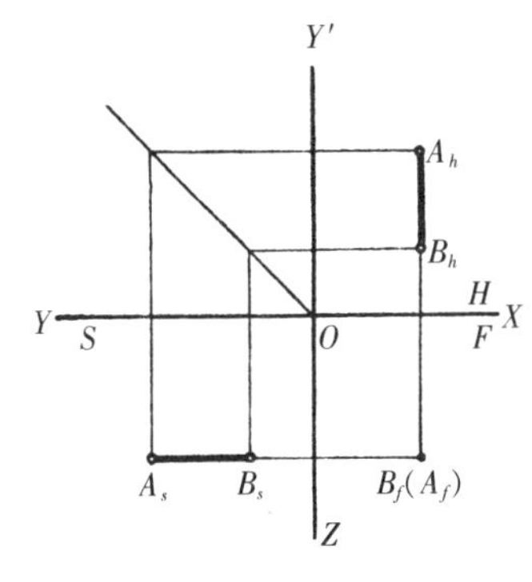

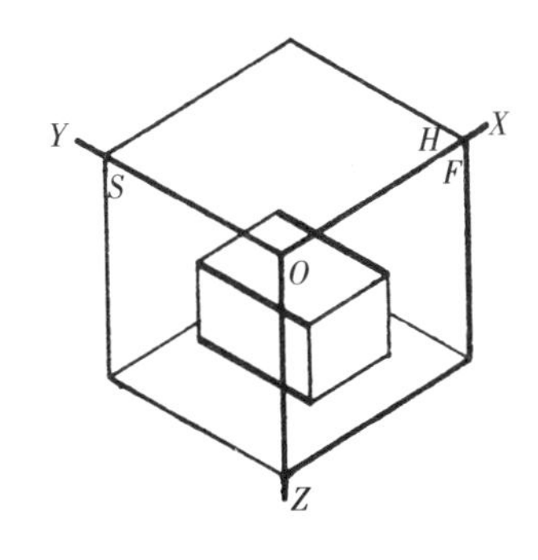


图 B

- **平行于 $OZ$ 轴的直线**(图 C)

直线 $AB$ 平行于 $OZ$。

$AB$ 在 $F$ 面的投形 $A_fB_f$ 和在 $S$ 面的投形 $A_sB_s$ 都和 $OZ$ 轴平行。即 $AB$ 和 $F$、$S$ 都平行，$A_fB_f$、$A_sB_s$ 为 $AB$ 的实长。

$AB$ 在 $H$ 面的投形 $A_hB_h$ 相重叠为一点，即 $AB$ 垂直于 $H$。

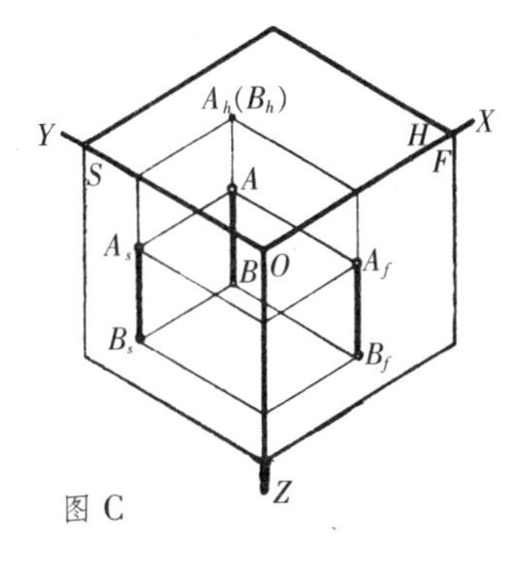

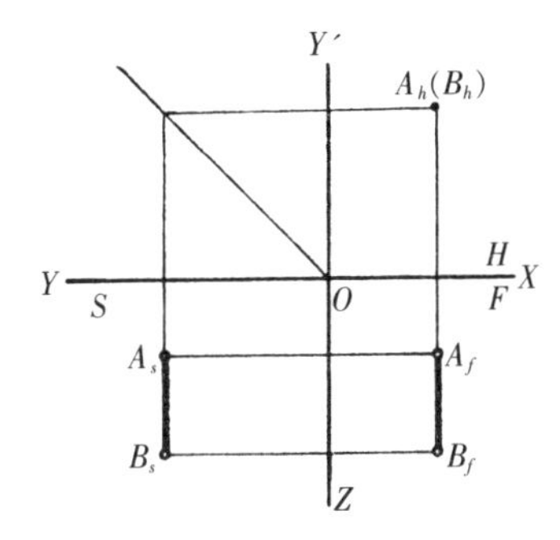

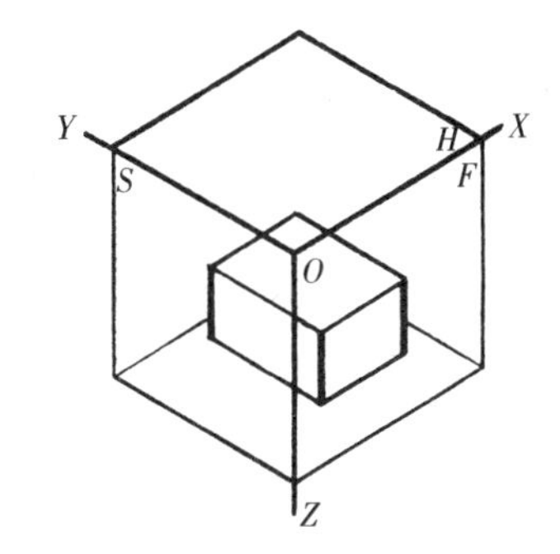


图 C

- **凡平行于轴的直线有以下特点：**

(1)必垂直于该轴所垂直的投形面，平行于另外两个投形面。

(2)在直线所平行的两个投形面上的投形必反映直线的实长。

(3)在直线所垂直的那个投形面上的投形重合为一点。

- **平行于投形面的直线**(图 A)

直线 $AB$ 平行于 $H$,$AB$ 为水平线。

$AB$ 在 $F$、$S$ 面的投形 $A_fB_f$、$A_sB_s$ 都是和 $OX$、$OY$ 相平行的水平线。

$AB$ 在 $H$ 面的投形 $A_hB_h$ 为 $AB$ 的实长。

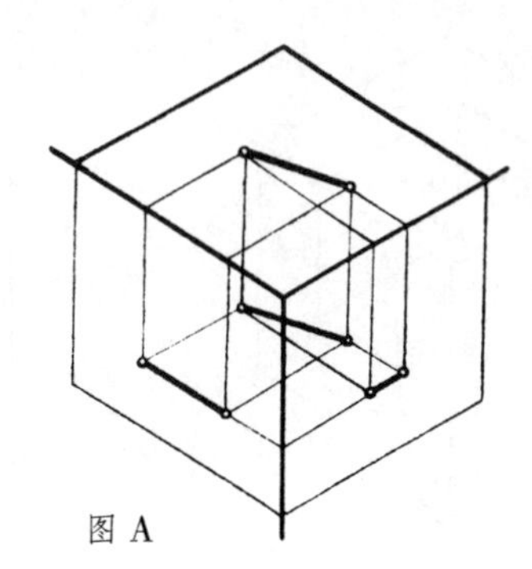

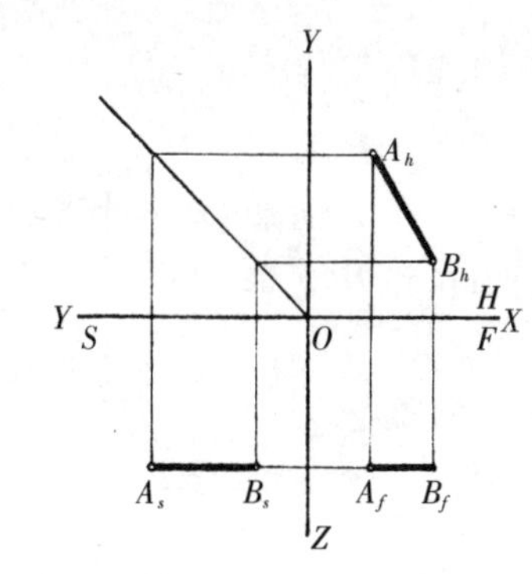


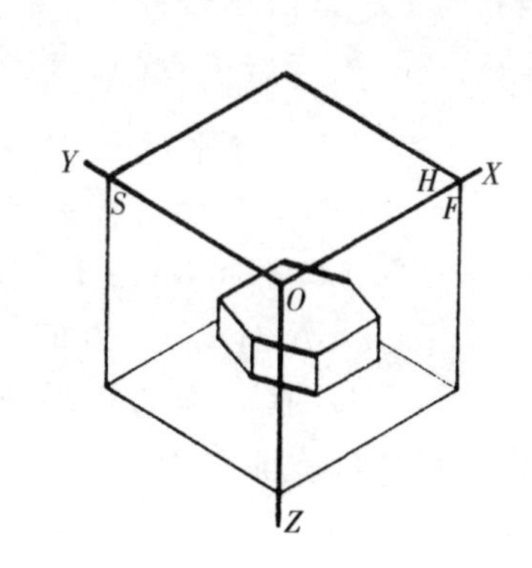


图 A

- **直线 $AB$ 平行于 $S$**(图 B)

$AB$ 在 $H$ 面的投形 $A_hB_h$ 和 $OY$ 平行,$AB$ 在 $F$ 面的投形和 $OZ$ 平行,为垂直线。

$AB$ 在 $S$ 面的投形 $A_sB_s$ 为 $AB$ 的实长。

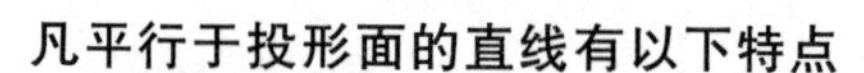

**凡平行于投形面的直线有以下特点**

(1)在直线所平行的投形面上的投形反映实长和实际倾斜度。

(2)直线在另两个投形面上的投形为垂直于该两投形面相交轴的直线。

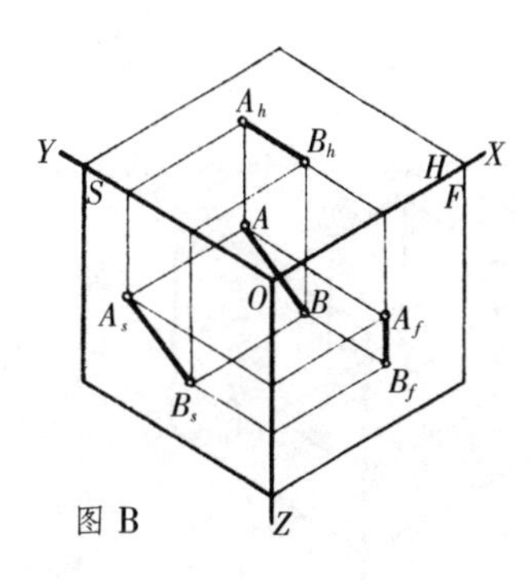


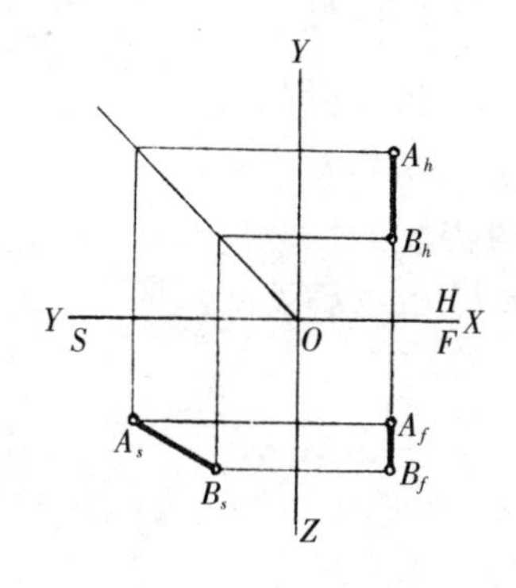


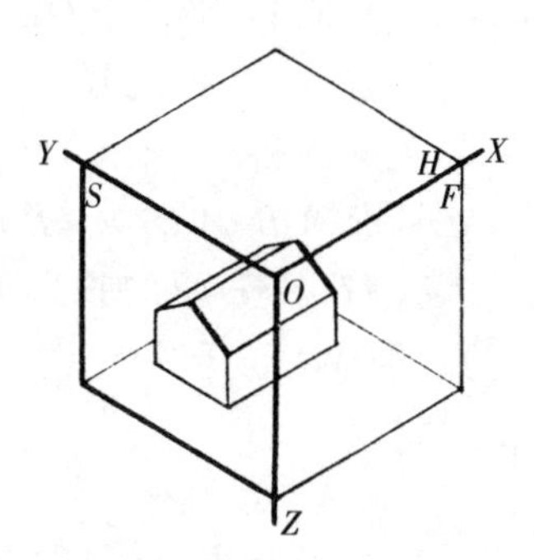


图 B

- **和投形面不平行的直线**(图 C)

直线 $AB$ 和 $H$、$F$、$S$ 都不平行。

$AB$ 在 $H$、$F$、$S$ 面的投形 $A_hB_h$、$A_fB_f$、$A_sB_s$ 是和三轴不平行的直线，它们都不能反映该直线的实长。

凡直线倾斜于 $H$、$F$、$S$，在各投面投形的长度均缩短,$A_hB_h$、$A_fB_f$、$A_sB_s < AB$。

按两点成一线的道理，在作直线的投形图时，应先求得组成直线的两点的 $H$、$F$、$S$ 投形。然后连接同一投形面上的两个投形点，即得直线的投形。

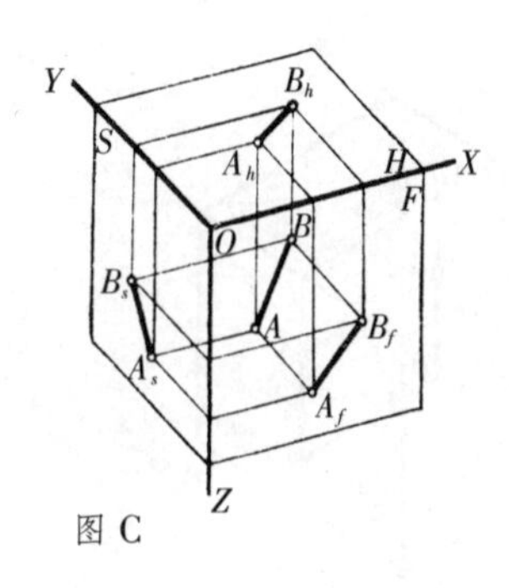


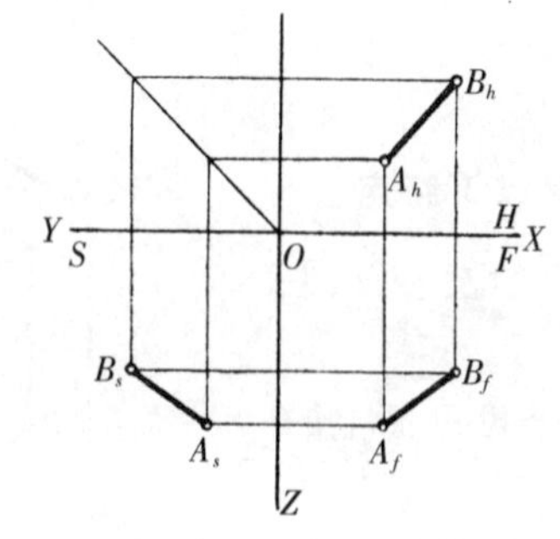


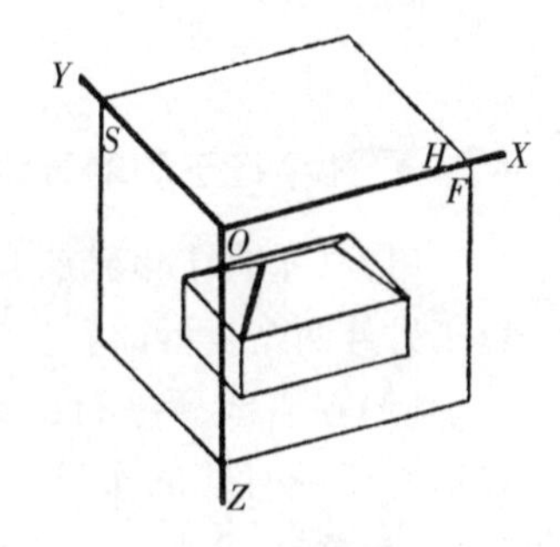


图 C

建筑图都应注明直线的实长，在施工时可按图中所注尺寸放样。有时就需要按图求实长。

- **变更投形面法求实长**

**已知：**

直线 $AB$ 的 $H$、$F$、$S$ 投形。（图 A）

**求作：**

直线 $AB$ 的实长。

**分析：**

根据平行于投形面的直线在该投形面上投形为实长的道理，过 $OZ$ 作垂直面 $V$，使 $V$ 面平行于 $AB$ 线，则 $AB$ 在 $V$ 面上的投形为实长。

**作法：**

1 在 $H$ 投形上，过 $O$ 点作 $A_hB_h$ 的平行线 $OT$。

2 自 $A_h$、$B_h$ 作垂直于 $OT$ 的直线和 $OT$ 分别相交于 $a'$、$b'$；延长 $A_ha'$ 使 $a'A'=aA_f$；延长 $B_hb'$ 使 $b'B'=bB_f$。

3 连接 $A'B'$，则 $A'B'=AB$，即实长。

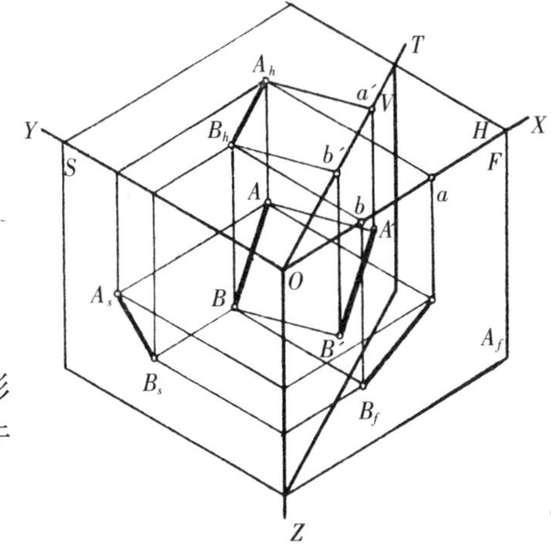


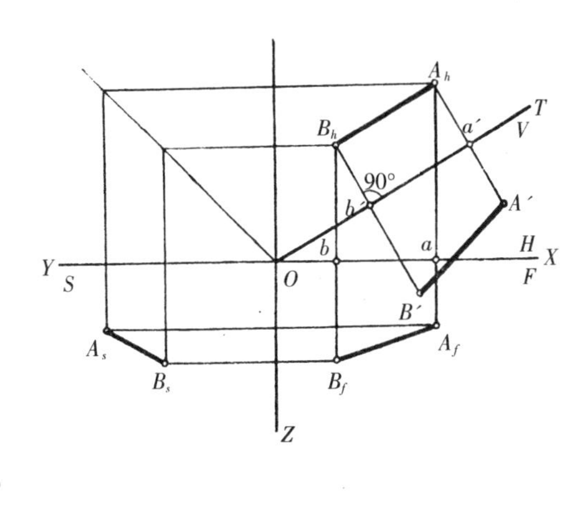


图 A

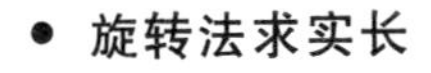

- **旋转法求实长**

**已知：**

直线 $AB$ 的 $A_hB_h$、$A_fB_f$。（图 B）

**求作：**

直线 $AB$ 的实长。

**分析：**

若将 $AB$ 线以 $AA_h'$ 为轴，$A$ 点不动，$B$ 点旋转到 $B'$。使 $AB'$ 平行 $F$ 面，则 $AB'$ 在 $F$ 面上的投形为实长。

**作法：**

1 在 $H$ 面投形上以 $A_h$ 为圆心，$A_hB_h$ 为半径作圆弧，和过 $A_h$ 作 $OX$ 的平行线相交得 $B_h'$。

2 将 $B_h'$ 投到 $F$ 面上得 $B_f'$。

3 连接 $A_fB_f'$，则 $A_fB_f'=AB$，即实长。

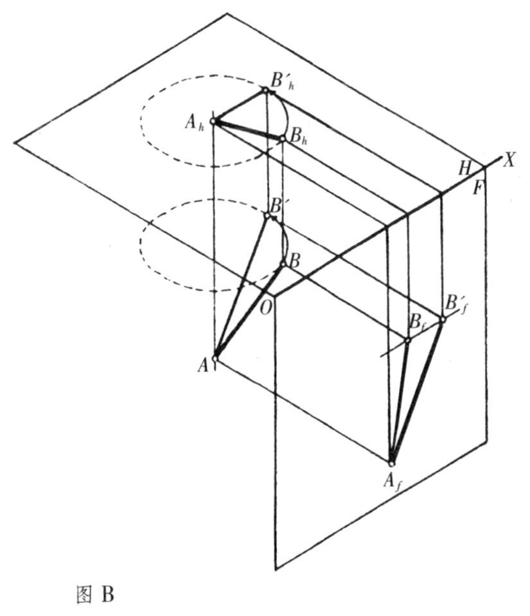


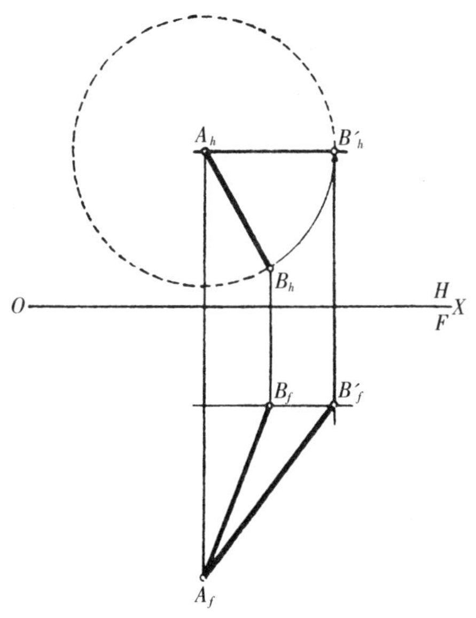


图 B

- **平行于投形面的平面**

△$ABC$ 平行于 $S$。它是一个垂直面。

△$ABC$ 在 $S$ 面的投形 $A_sB_sC_s$ 和△$ABC$ 全同。

△$ABC$ 在 $H$ 面的投形 $A_hB_hC_h$ 是平行于 $OY$ 的直线。

△$ABC$ 在 $F$ 面的投形 $A_fB_fC_f$ 是平行于 $OZ$ 的垂直线。

(以长方体一个垂面为例)

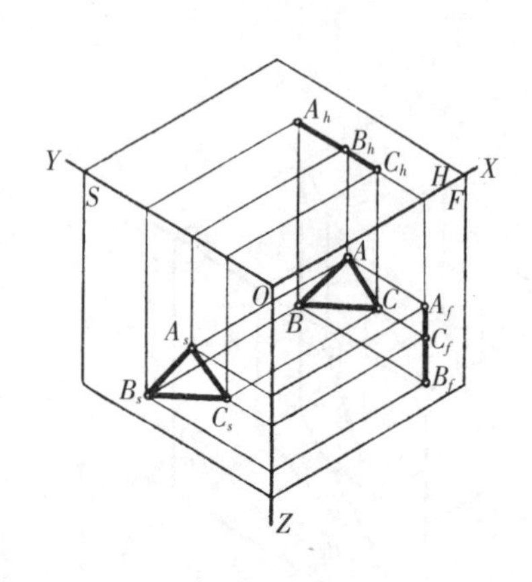


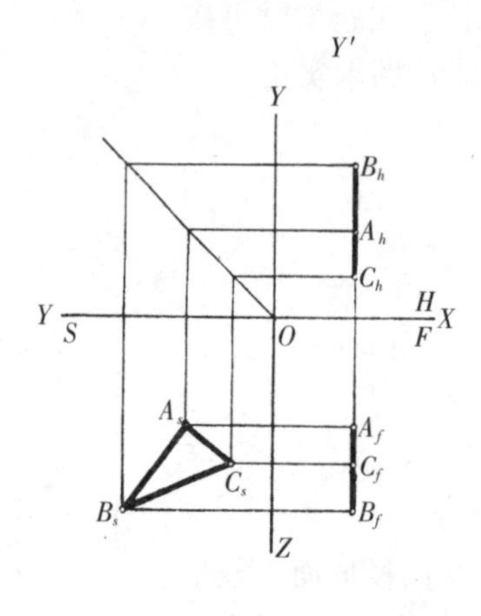


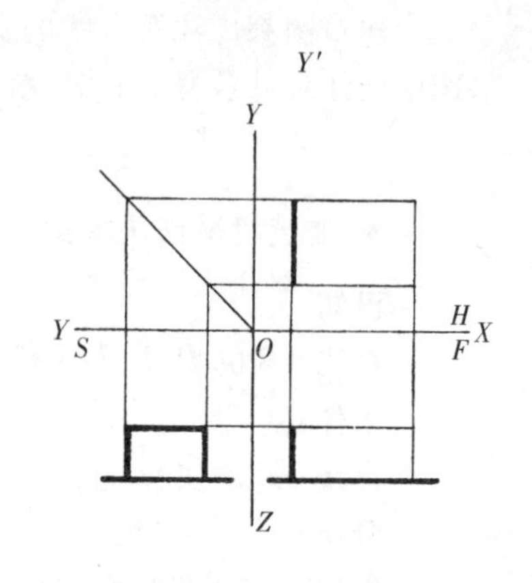


- **垂直于投形面的平面**

△$ABC$ 垂直于 $F$，

△$ABC$ 在 $F$ 面的投形 $A_fB_fC_f$ 为一直线。

△$ABC$ 在 $H$、$S$ 面的投形 $A_hB_hC_h$、$A_sB_sC_s$ 为角形，它不能表现△$ABC$ 的真实形状。

(以四坡屋面一个屋面为例)

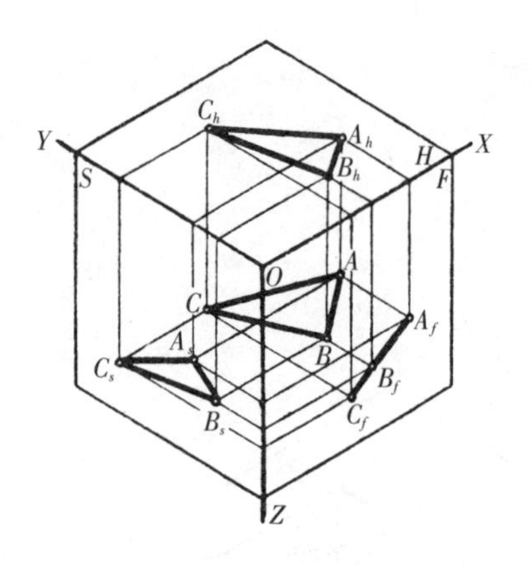


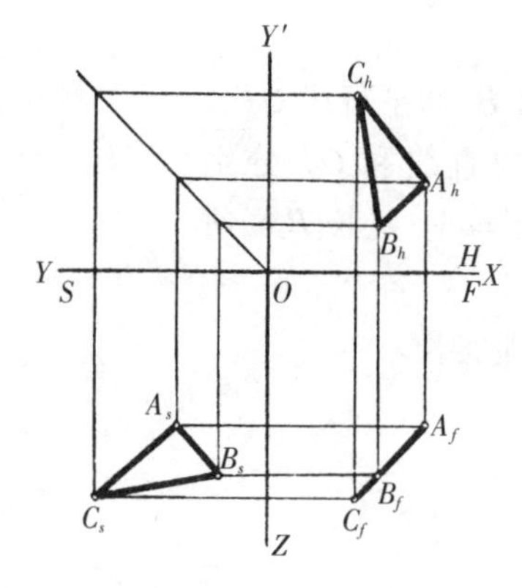


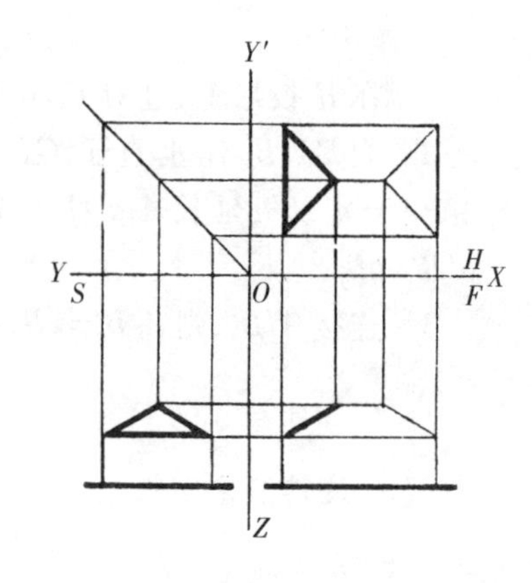


- **和投形面倾斜的平面**

△$ABC$ 和 $H$、$F$、$S$ 面都倾斜，它在 $H$、$F$、$S$ 面的投形 $A_hB_hC_h$、$A_fB_fC_f$、$A_sB_sC_s$ 都是三角形，它们都不能表现△$ABC$ 的真实形状。

(以六角锥尖顶的一个面为例)

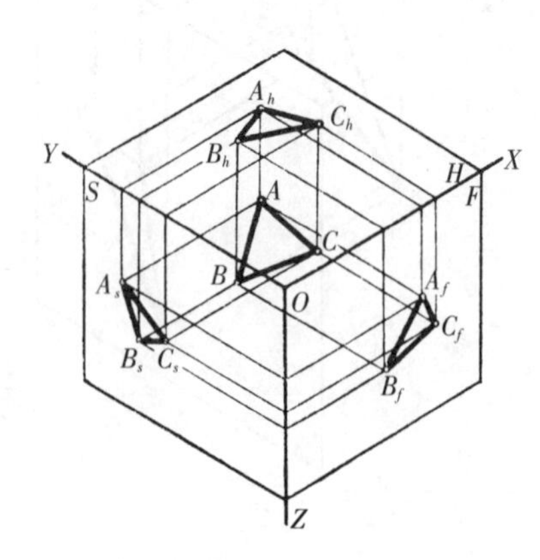


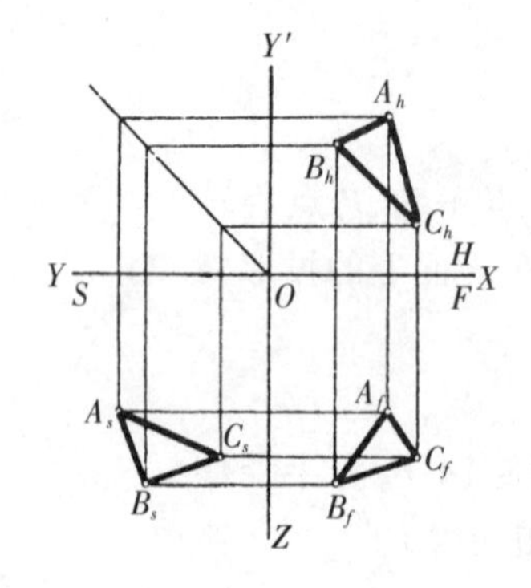


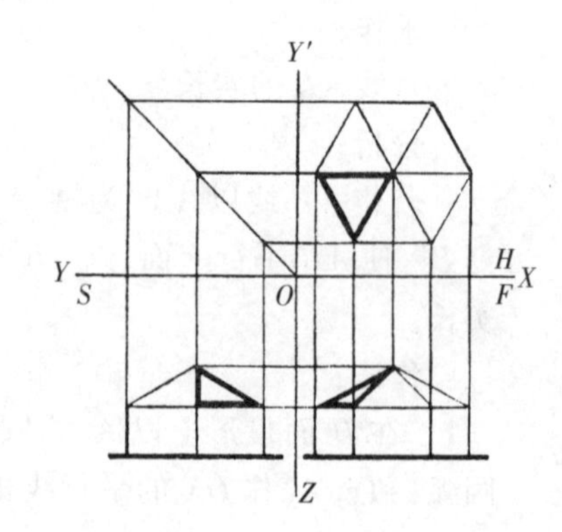

- **在 *H* 投形面的投形为一点**

(1)若它的 *F*、*S* 投形面的投形也是一点，则空间为一点。

(2)若它的 *F*、*S* 投形面的投形各垂直于 *OX*、*OY* 的直线，则空间为一垂直于 *H* 面的直线。

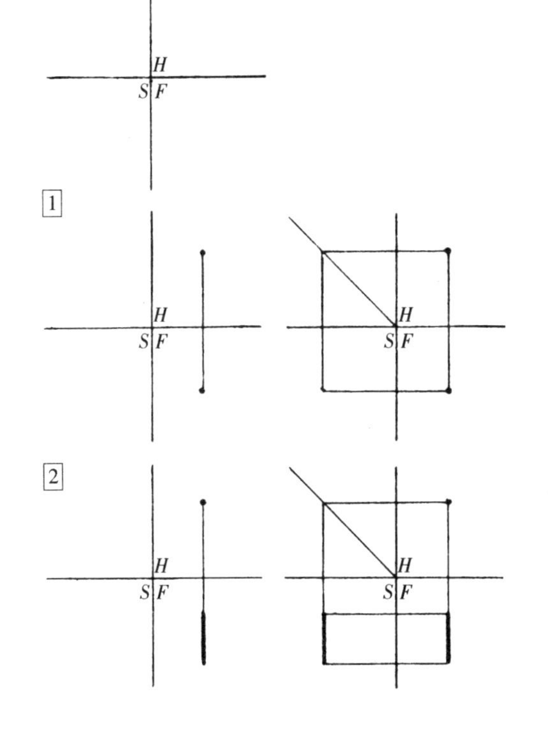


- **在 *H* 投形面的投形为一倾斜于轴线的直线**

(1)若它的 *F*、*S* 投形面的投形各为与轴线倾斜的直线，则空间为一不平行于三投形面的直线。

(2)若它的 *F*、*S* 投形面的投形各为两个平面，则空间为垂直于 *H*，并与 *F*、*S* 倾斜的平面。

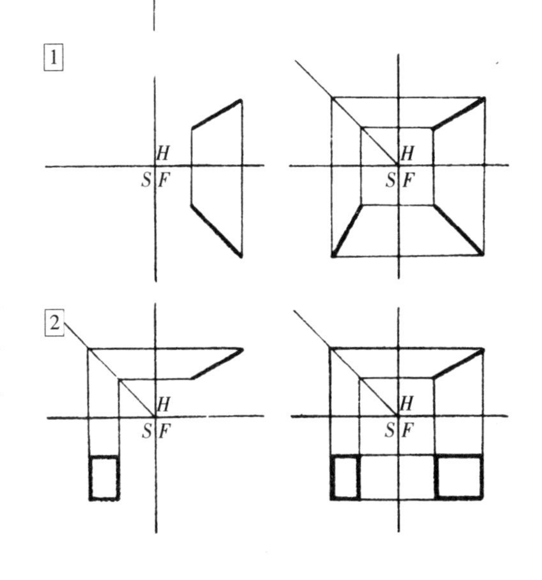


- **在 *H* 投形面的投形为一与 *OY* 轴垂直的直线**

(1)若它的 *F* 投形面的投形为与 *OX* 轴倾斜的直线，它的 *S* 投形面的投形为一与 *OY* 轴垂直的直线，则该直线在空间平行于 *F* 与 *H*、*S* 倾斜。

(2) 若它的 *S* 投形面的投形为与 *OY* 轴垂直的直线：

①它的 *F* 投形面的投形为一直线，则空间为平行于 *F* 投形面的直线。

②在 *F* 投形面的投形为一平面，则空间为一与 *F* 投形面平行的平面。

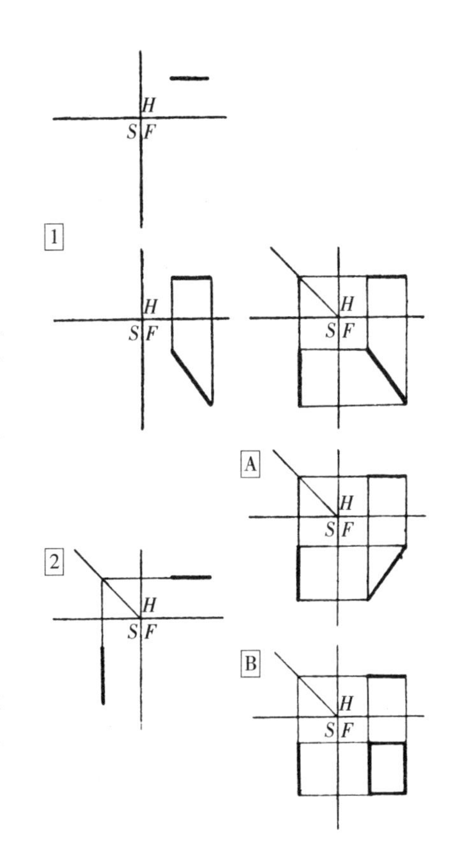


(1)若 *H*、*F*、*S* 投形面的投形都是与 *OX*、*OY*、*OZ* 轴倾斜的直线，则空间为与 *H*、*F*、*S* 投形面倾斜的直线。

(2)若 *H*、*F*、*S* 投形面的投形都是平面，则空间为与 *H*、*F*、*S* 投形面倾斜的平面。

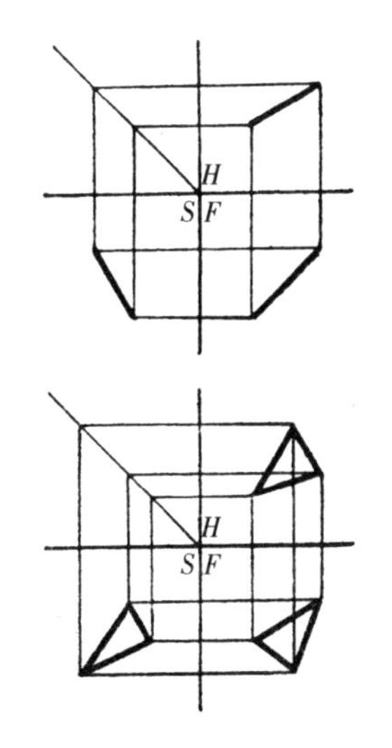

直线 $AB$ 和 $CD$ 的 $H$、$F$、$S$ 投形各互相平行，$A_hB_h /\!/ C_hD_h$；$A_fB_f /\!/ C_fD_f$；$A_sB_s /\!/ C_sD_s$。说明空间直线 $AB /\!/ CD$。

例如四坡屋面的戗脊。

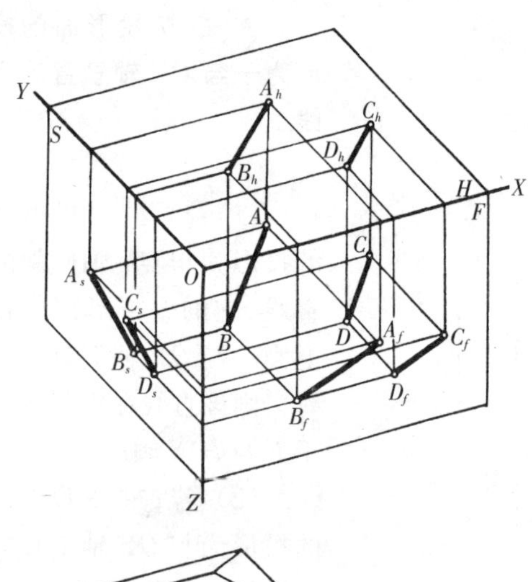


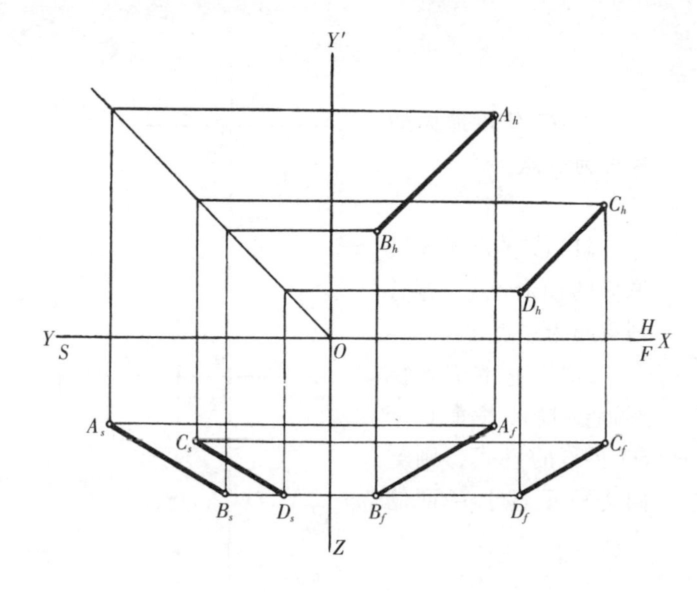


四坡屋面的戗脊

直线 $AB$ 和 $CD$ 的 $H$、$S$ 投形各互相平行，$A_hB_h /\!/ C_hD_h /\!/ OX$；$A_sB_s /\!/ C_sD_s /\!/ OZ$，而 $A_fB_f$ 与 $C_fD_f$ 不平行。说明空间直线 $AB$ 不平行于 $CD$，$AB$ 和 $CD$ 都平行于 $F$ 面，$A_fB_f$ 与 $C_fD_f$ 反映 $AB$ 与 $CD$ 的倾斜度。

例如两个坡度不等的坡屋面。

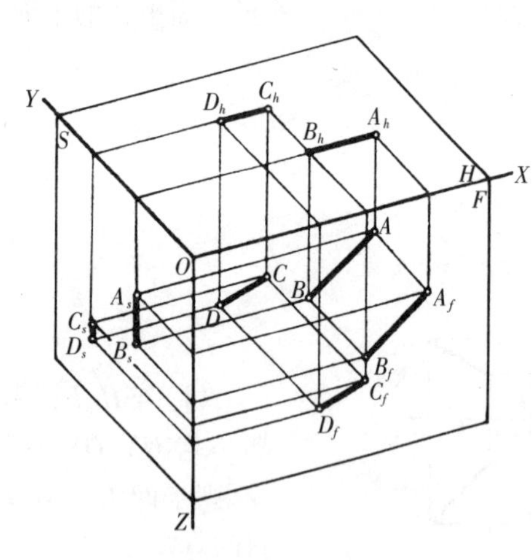


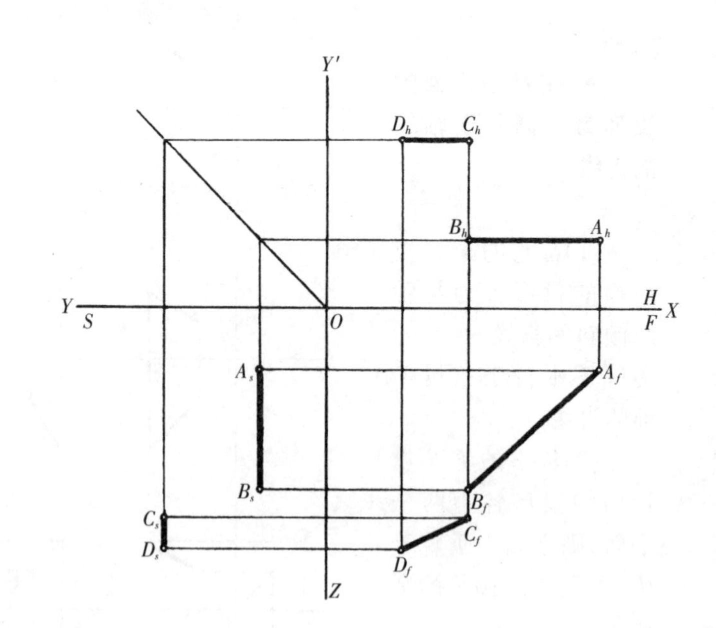


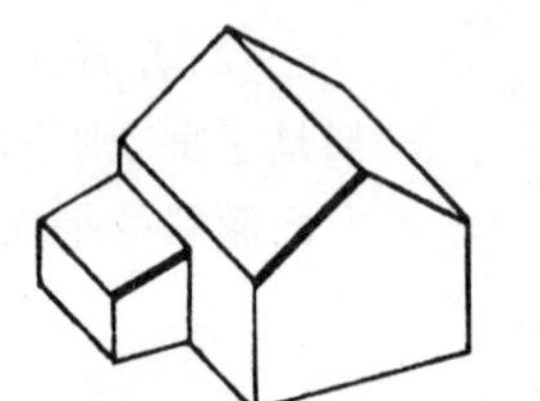

两个坡度不等的坡屋面

● **相交直线的投形**

直线 $AB$ 和 $CD$ 的 $H$、$F$、$S$ 投形都为相交的直线。$A_hB_h$ 和 $C_hD_h$ 相交于 $E_h$，$A_fB_f$ 和 $C_fD_f$ 相交于 $E_f$，$A_sB_s$ 和 $C_sD_s$ 相交于 $E_s$，$E_h$，$E_f$，$E_s$ 为直线 $AB$ 和 $CD$ 的相交点 $E$ 的 $H$、$F$、$S$ 投形。

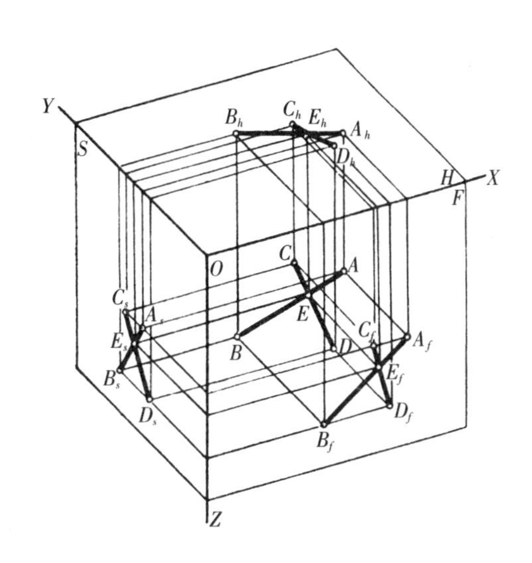


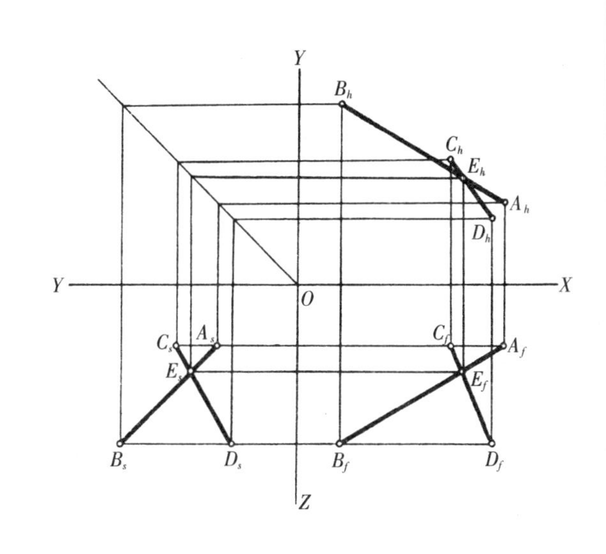


● **空间不相交直线的投形**

直线 $AB$ 和 $CD$ 的 $H$、$F$、$S$ 投形都为相交的直线，由 $A_sB_s$，$C_sD_s$ 的交点和 $A_hB_h$，$C_hD_h$ 的交点不在同一根与 $OY$ 轴垂直的直线上。说明 $AB$ 和 $CD$ 空间不相交。

以门斗坡屋面与围墙为例。

两直线的 $H$、$F$、$S$ 投形均相交，它们不一定是相交的直线，应该由它们 $H$、$F$、$S$ 投形的交点是否为一个点的投形来判断。

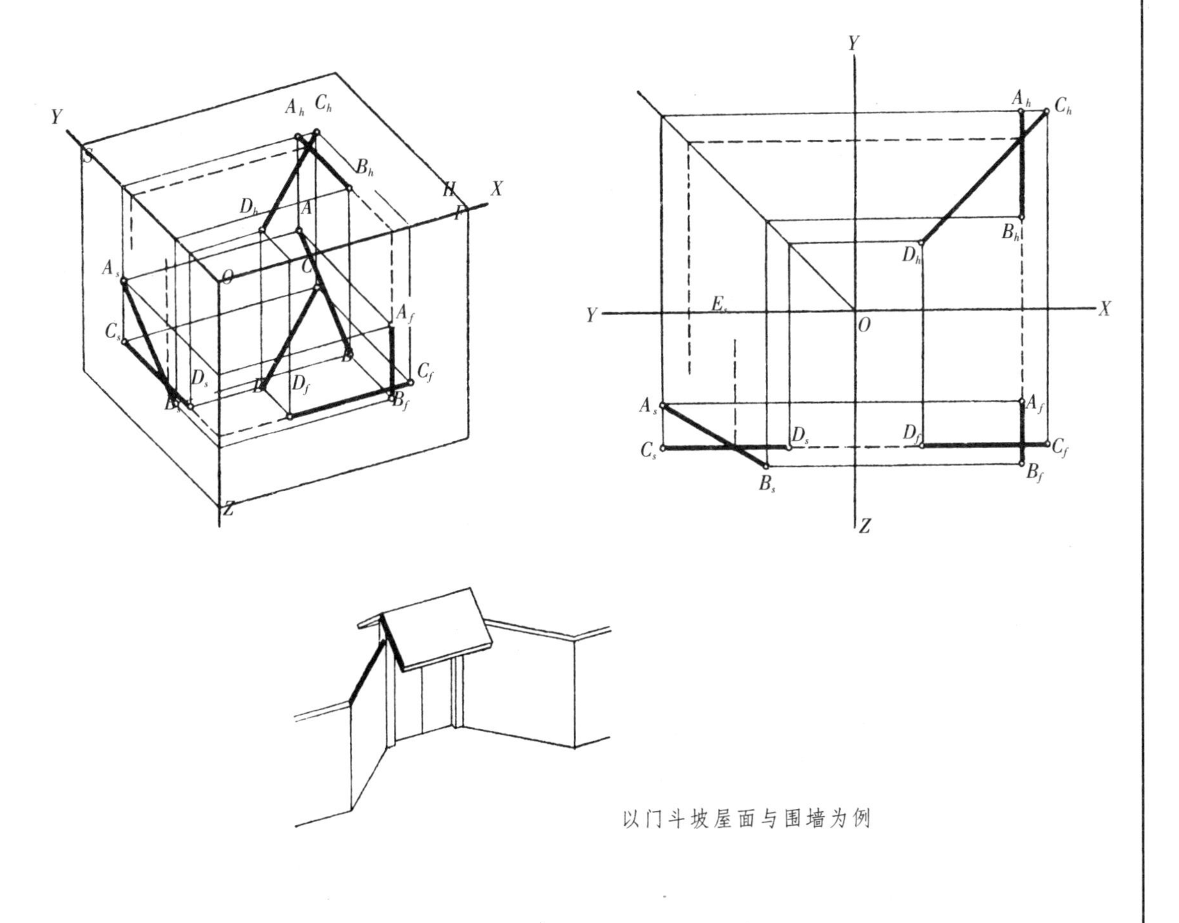


以门斗坡屋面与围墙为例

**已知：**

$\triangle ABC$ 的 $H$、$F$ 投形与其上一点 $P$ 的 $H$ 投形 $P_h$。(图 A)

**求作：**

$P$ 点的 $F$、$S$ 投形 $P_f$、$P_s$。

**分析：**

由 $\triangle ABC$ 的 $H$、$F$ 投形即可得 $S$ 投形，因 $A_sB_sC_s$ 为一直线，可知 $\triangle ABC$ 必垂直于 $S$，则 $\triangle ABC$ 上任意点的 $S$ 投形必在该直线上。

**作法：**

(1)由 $P_h$ 投到 $A_sB_sC_s$ 上，即得 $P_s$。

(2)由 $P_h$ 和 $P_s$ 投到 $F$ 面上即得 $P_f$。

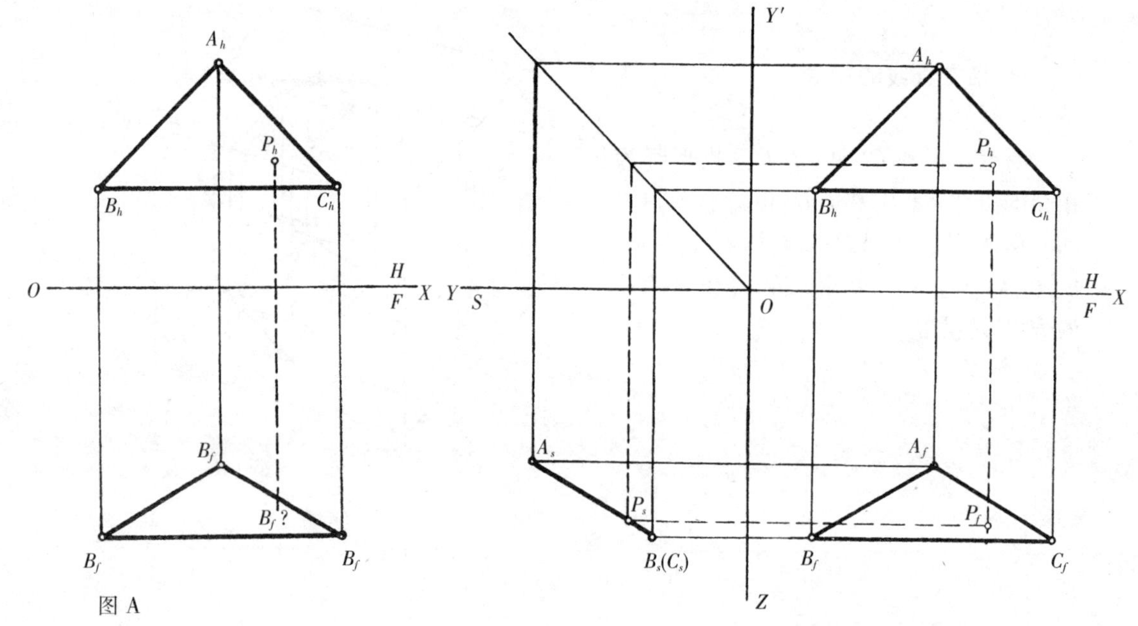


图 A

**已知：**

$\triangle ABC$ 的 $H$、$F$ 投形与其上一点 $P$ 的 $H$ 投形 $P_h$。(图 B)

**求作：**

$P$ 点的 $F$、$S$ 投形 $P_f$、$P_s$。

**分析：**

由 $\triangle ABC$ 的 $H$、$F$ 投形即可求得 $S$ 投形，可知 $\triangle ABC$ 为倾斜于 $H$、$F$、$S$ 的平面，应加辅助线才能求得 $P_fP_s$。

**作法：**

(1)在 $H$ 面上连 $A_hP_h$ 并延长与 $B_hC_h$ 相交于 $D_h$。

(2)由 $A_hD_h$ 即可得 $A_fD_f$ 与 $A_sD_s$。

(3)将 $P_h$ 投到 $A_fD_f$ 上得 $P_f$。

由 $P_h$、$P_f$ 即可得 $P_s$，$P_s$ 必在 $A_sD_s$ 上。因 $AD$ 为 $AP$ 的延长线。

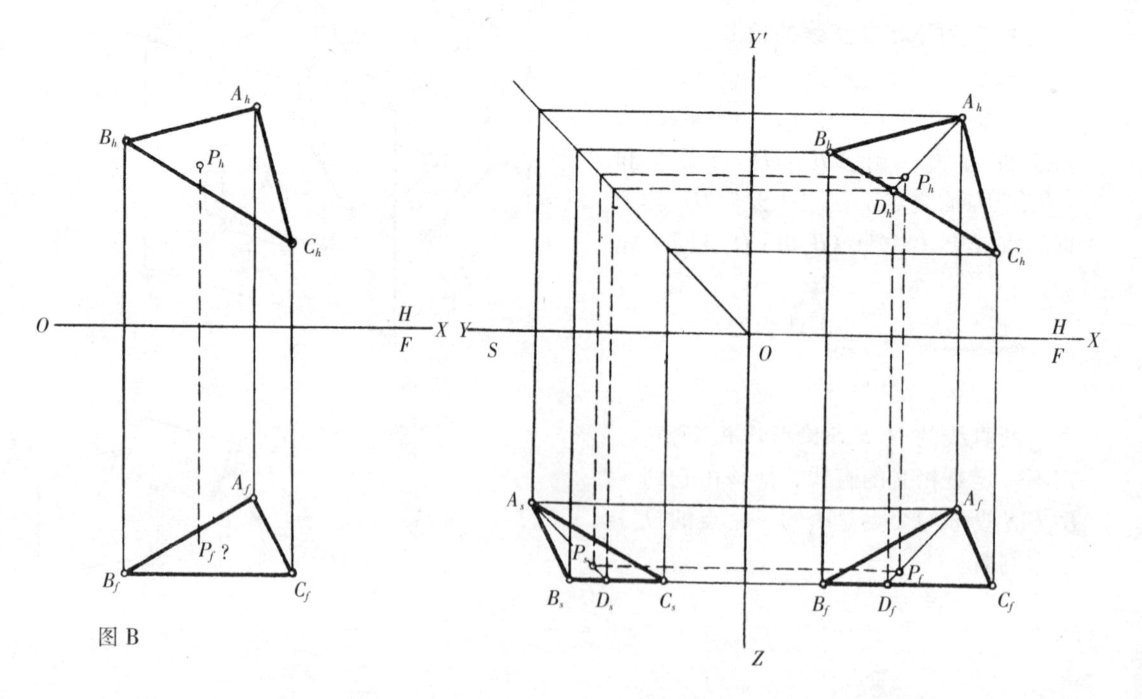


图 B

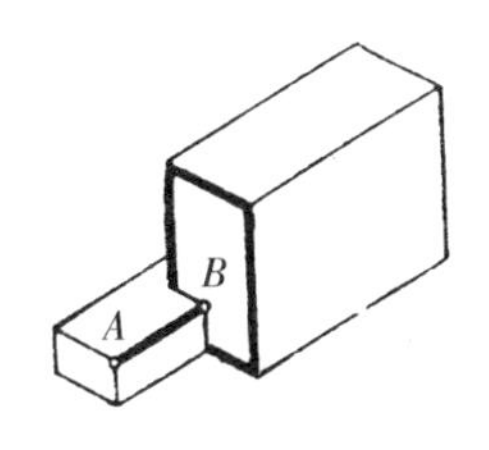


• **水平线与垂直面相交**

**已知：**

一垂直于 $F$、平行于 $S$ 的垂直面的 $H$、$F$、$S$ 投形；平行于 $OX$ 的水平线 $AB$ 的 $H$、$F$ 投形。

**求作：**

$AB$ 和垂直面的交点 $B$ 的 $S$ 投形。

**作法：**

由 $A_hB_h$ 和 $A_fB_f$ 即可求得 $A_sB_s$，因 $AB$ 垂直于 $S$，$A_sB_s$ 必重叠为一点。

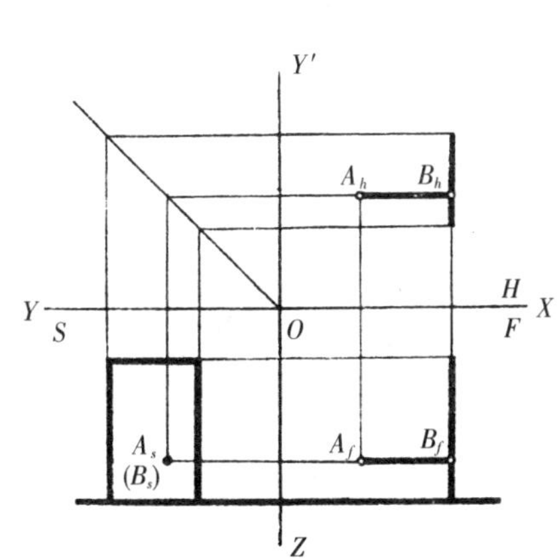


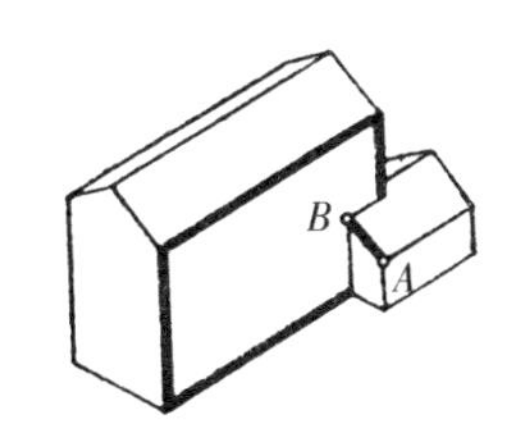


• **倾斜线与垂直面相交**

**已知：**

一垂直于 $S$ 面的垂面的 $H$、$F$、$S$ 投形和平行于 $S$ 的 $AB$ 斜线上 $A$ 点的 $H$、$F$、$S$ 投形及 $AB$ 的倾角。

**求作：**

$AB$ 和垂直面的交点 $B$ 的 $H$、$F$、$S$ 投形。

**作法：**

(1) 在 $S$ 面，由 $A_s$ 作 $AB$ 的倾角斜线和垂直面的 $S$ 投形相交得 $B_s$。

(2) 由 $A_h$ 作和 $OY'$ 的平行线和垂直面的 $H$ 投形相交于 $B_h$。

(3) 由 $B_h$，$B_s$ 即可求得 $B_f$。

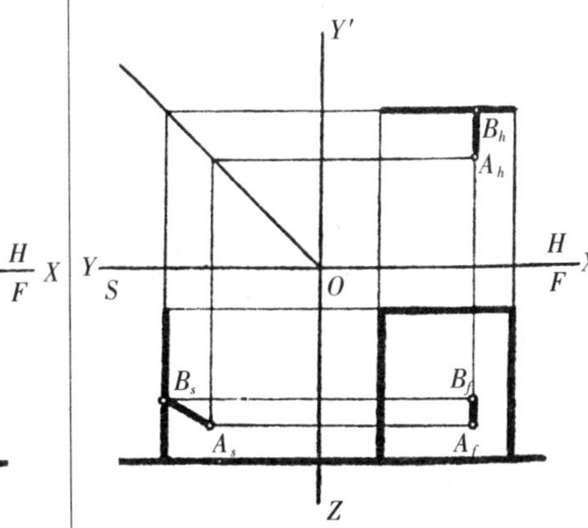


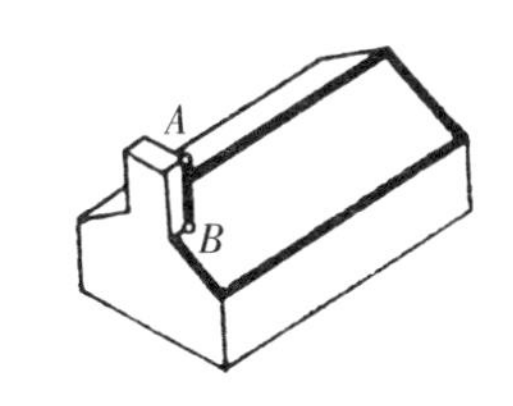


• **垂直线与倾斜面相交**

**已知：**

一垂直于 $S$ 面的倾斜面的 $H$、$F$、$S$ 投形；垂直线 $AB$ 上 $A$ 点的 $H$、$F$、$S$ 投形。

**求作：**

$AB$ 和倾斜面的交点 $B$ 的 $H$、$F$、$S$ 投形

**分析：**

因 $AB$ 垂直于 $H$，所以 $A_hB_h$ 重合为一点。

**作法：**

(1) 过 $A_s$ 作垂直线和倾斜面的投形相交得 $B_s$。

(2) 过 $B_s$ 引水平线和过 $A_f$ 作垂线相交得 $B_f$。

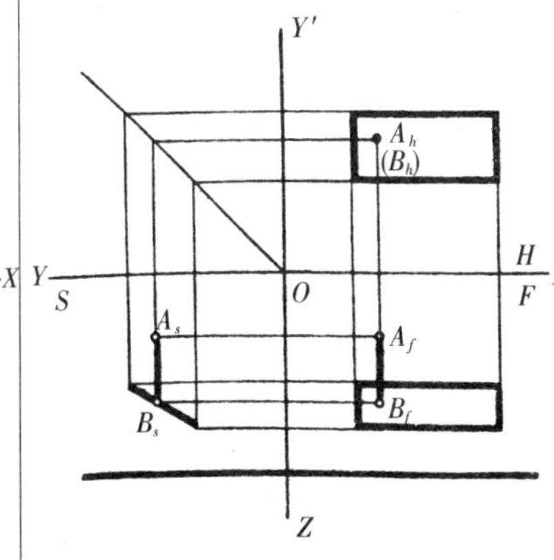


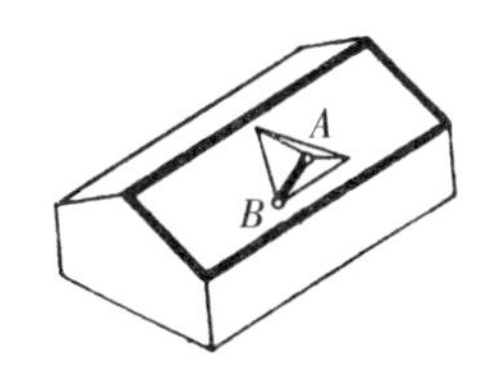


• **倾斜线与倾斜面相交**

**已知：**

垂直于 $S$ 面的倾斜面的 $H$、$F$、$S$ 投形；平行于 $F$ 面的斜线 $AB$ 上 $A$ 点的 $H$、$F$、$S$ 投形及 $AB$ 的倾角。

**求作：**

$AB$ 和倾斜面的交点 $B$ 的 $H$、$F$、$S$ 投形。

**分析：**

因 $AB$ 平行于 $F$，在 $S$ 面的投形为平行于 $OZ$ 的垂直线；倾斜面垂直于 $S$，在 $S$ 面的投形是一倾斜线，交点 $B_s$ 必在该线上。

**作法：**

(1) 由 $A_s$ 作垂线和倾斜面的投形相交得 $B_s$。

(2) 由 $A_f$ 作 $AB$ 的倾斜线和由 $B_s$ 作水平线相交得 $B_f$。

(3) 由 $B_f$、$B_s$ 即可求得 $B_h$。

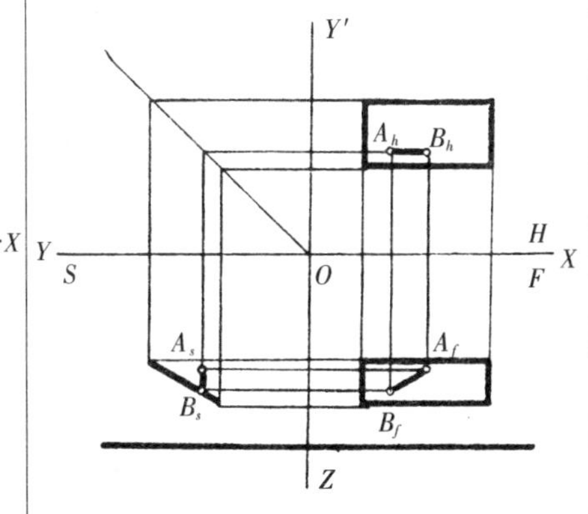

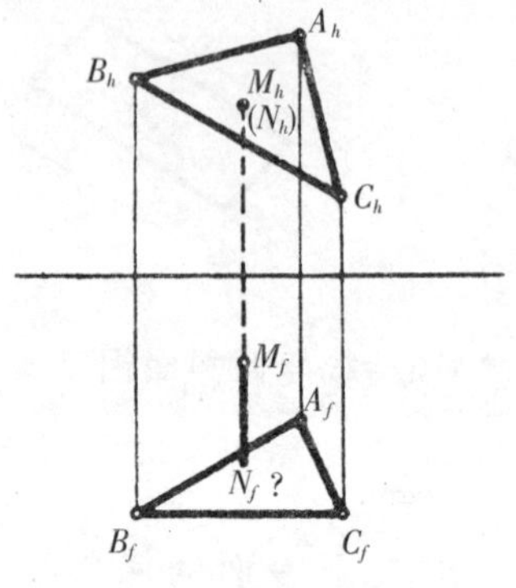


图 A

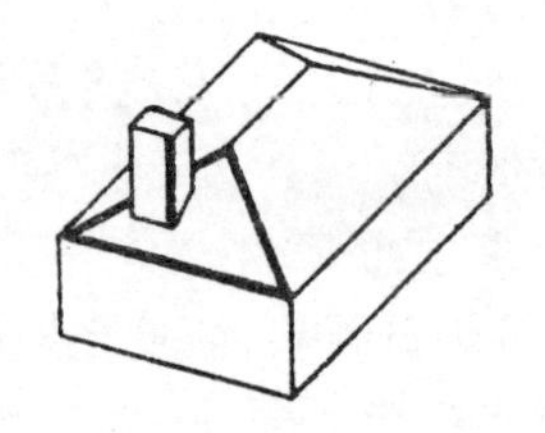

以四坡屋面的烟囱为例

- **与 $H$、$F$、$S$ 倾斜的平面和垂直线相交**

**已知：**

$\triangle ABC$ 的 $H$、$F$ 投形，垂直线 $MN$ 上 $M$ 点的 $H$、$F$ 投形。(图 A)

**求作：**$MN$ 和$\triangle ABC$ 交点 $N$ 的 $F$、$S$ 投形。

**分析：**

因 $MN \perp H$，所以 $M_hN_h$ 重叠为一点。过交点 $N$ 在$\triangle ABC$ 作一直线 $AD$，则交点 $N$ 必在其上。

**作法：**(图 B)

(1)由 $H$、$F$ 投形可作得$\triangle ABC$ 及 $M$ 点的 $S$ 投形。

(2)在 $H$ 面上，作 $A_hN_h$ 延长线与 $B_hC_h$ 相交于 $D_h$。

(3)由 $D_h$ 即可求得 $D_f$、$D_s$。

(4)过 $M_f$、$M_s$ 各作垂线分别和 $A_fD_f$、$A_sD_s$ 相交得 $N_f$、$N_s$。

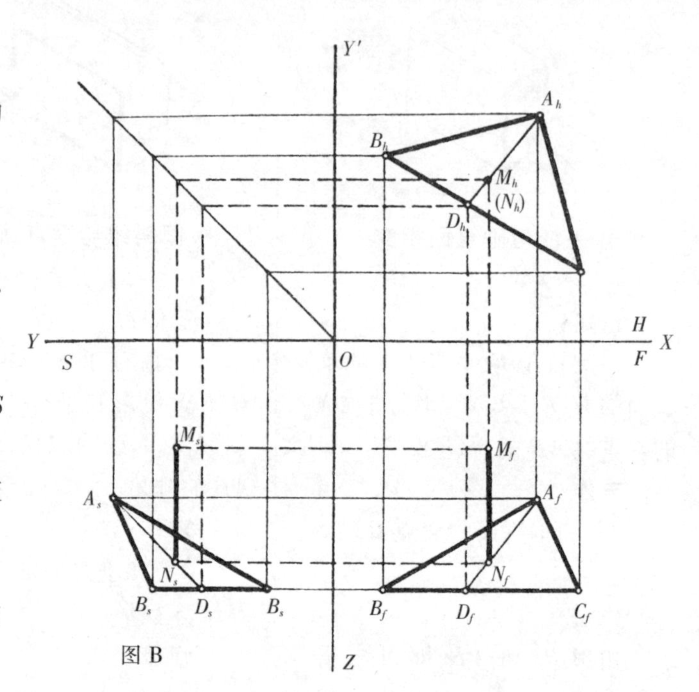


图 B

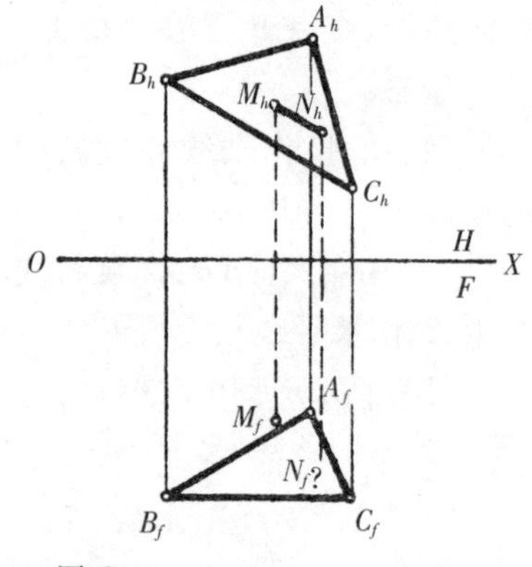


图 C

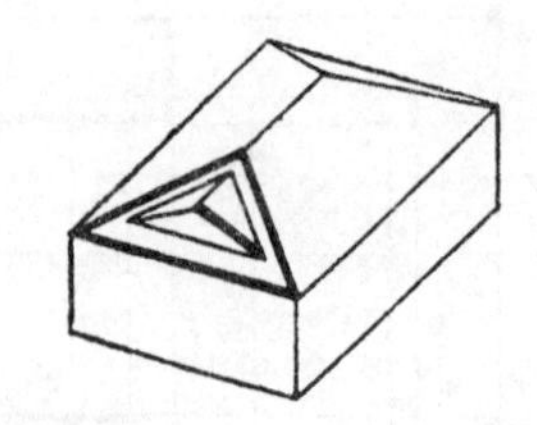

以四坡屋面老虎窗为例

- **与 $H$、$F$、$S$ 倾斜的平面和垂直线相交**

**已知：**$\triangle ABC$ 的 $H$、$F$ 投形，垂直线 $MN$ 上 $M$ 点的 $H$、$F$ 投形；$N$ 点的 $H$ 投形。(图 C)

**求作：**直线 $MN$ 和$\triangle ABC$ 交点 $N$ 的 $F$、$S$ 投形。

**分析：**过 $MN$ 作一垂直面和$\triangle ABC$ 相交于 $DE$，$N$ 点必在 $DE$ 上。(此法为切面法)

**作法：**(图 D)

(1)由 $H$、$F$ 投形，可作得$\triangle ABC$ 及 $M$ 点 $S$ 投形。

(2)在 $H$ 投形图上，延长 $M_hN_h$ 得 $D_hE_h$。由 $D_hE_h$ 即可求得 $D_fE_f$、$D_sE_s$。

(3)由 $H$ 投形图上的 $N_h$ 投到 $F$ 投形图上的 $D_fE_f$ 上得 $N_f$，再由 $H$ 投形图上的 $N_h$ 投到 $S$ 投形图上的 $D_sE_s$ 上得 $N_s$。在 $F$ 投形图上连 $M_fN_f$，在 $F$ 投形图上连 $M_sN_s$，即得直线 $MN$ 和$\triangle ABC$ 相交的 $H$、$F$、$S$ 投形图。

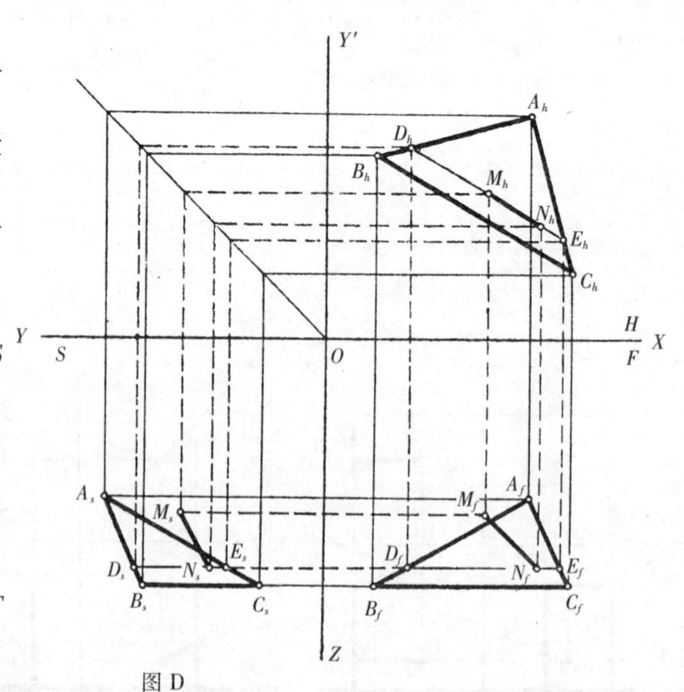


图 D

- **垂直于同一投形面的平面相交**

平面Ⅰ、Ⅱ、Ⅲ均垂直于 $F$，它们的交线必垂直于 $F$。平面Ⅰ和Ⅱ的交线 $CD$ 必垂直于 $F$，在 $F$ 面的投形 $D_f(C_f)$ 为一点。$C_hD_h$ 和 $C_sD_s$ 等于实长。

平面Ⅱ和Ⅲ的交线 $AB$ 必垂直于 $F$，在 $F$ 面的投形 $B_f(A_f)$ 为一点，$A_hB_h$ 和 $A_sB_s$ 等于实长。

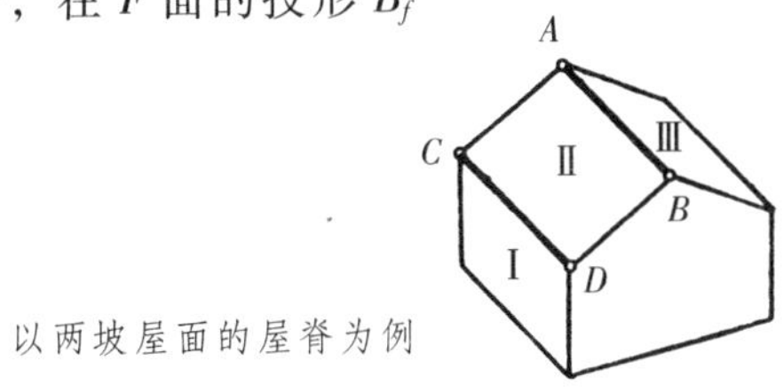

以两坡屋面的屋脊为例

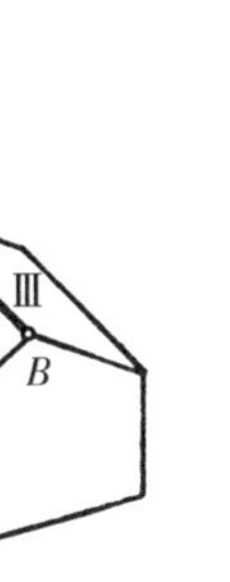

- **已知：**

两坡屋面老虎窗的 $H$、$F$ 投形。屋面的坡度方向如左图所示。屋面的坡度为30°。(图 A)

**求作：**屋面交线。

分析：

由 $H$ 投形 $A_hB_h$，$C_hD_h$，均平行于 $OX$ 轴。则可知平面Ⅰ、Ⅱ、Ⅲ均为垂直于 $S$ 的平面。斜面Ⅰ、Ⅱ在 $S$ 面的投形反映屋面的坡度与方向。因为 $C_hD_h$、$E_hG_h$ 重叠为一线，则可知平面Ⅲ为垂直于 $H$ 的平面。它的 $S$ 投形为一垂线。

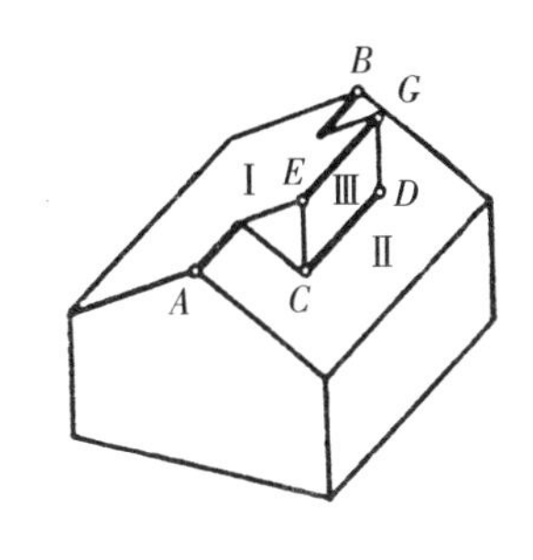

以两坡屋面老虎窗为例

**作法：**(图 B)

(1)由已知 $H$、$F$ 投形，即可作檐高的 $S$ 投形。

(2)在 $S$ 面上由两檐高点各作Ⅰ、Ⅱ屋面的坡度为30°的斜线相交于屋脊 $A_s(B_s)$，投到 $F$ 面上，即得 $A_fB_f$。

(3)在 $S$ 面上延长Ⅰ平面，与由 $H$ 面上的 $E_hG_h$ 投到 $S$ 面上的垂线相交，得 $E_s(G_s)$，由 $E_s(G_s)$，投到 $F$ 面即得 $E_fG_f$。

(4)在 $S$ 面上，由 $E_s(G_s)$ 引垂线与屋面Ⅱ的 $S$ 投形相交于 $C_s(D_s)$ 即得垂直面Ⅲ的 $S$ 投形。由 $C_s(D_s)$ 投到 $F$ 面上得 $C_fD_f$，即可求得各屋面交线的投形图。

凡两个垂直于同一投形面的平面相交，它们的交线必垂直该投形面。

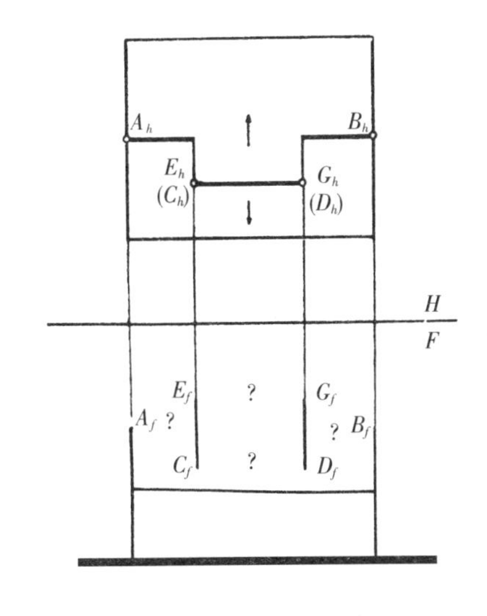

图 A

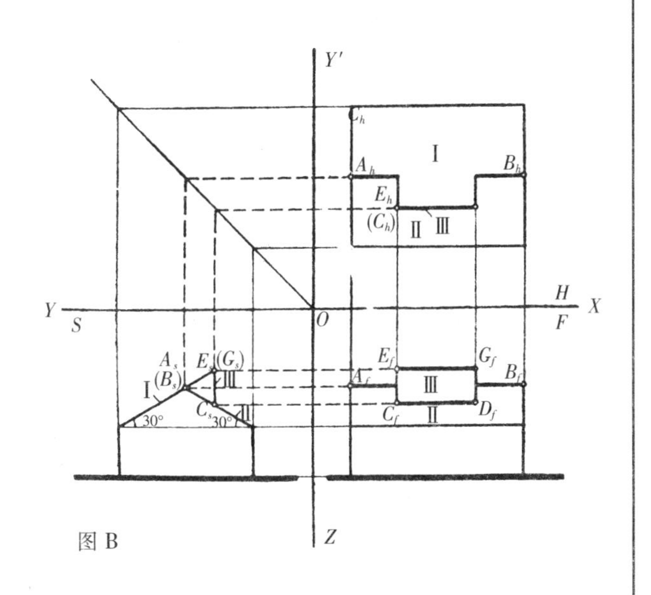

图 B

- **垂直于两不同投形面的两倾斜面相交**

平面Ⅰ垂直于 $S$，平面Ⅱ垂直于 $F$，当 $\alpha=\beta$ 时，平面Ⅰ和Ⅱ的交线 $AB$ 在 $H$ 面的投形 $A_hB_h$ 为正方形的对角线，它和 $OX$、$OY$ 轴的交角为 45°。

平面Ⅰ、Ⅱ的交线 $AB$(阴戗)示意图

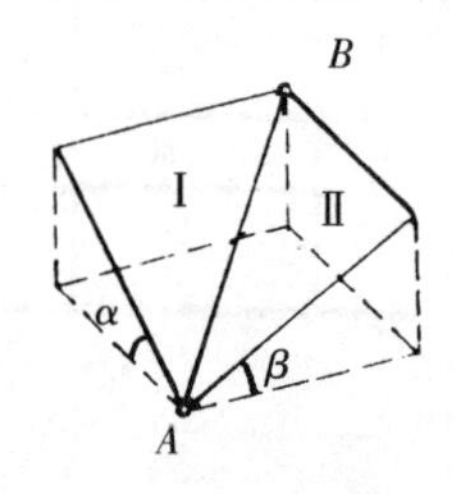


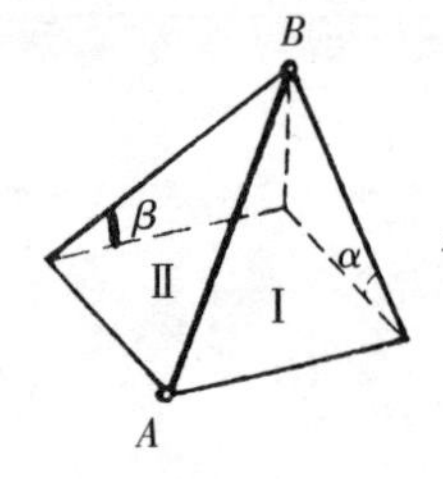


平面Ⅰ、Ⅱ的交线 $AB$(阳戗)示意图

各垂直于两不同投形面的两个倾斜面，当它们的倾斜度相等时，其交线在另一个投形面上的投形与交轴成 45°。

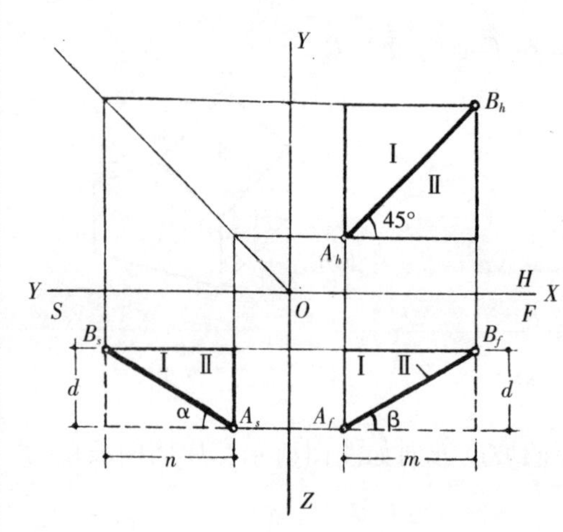


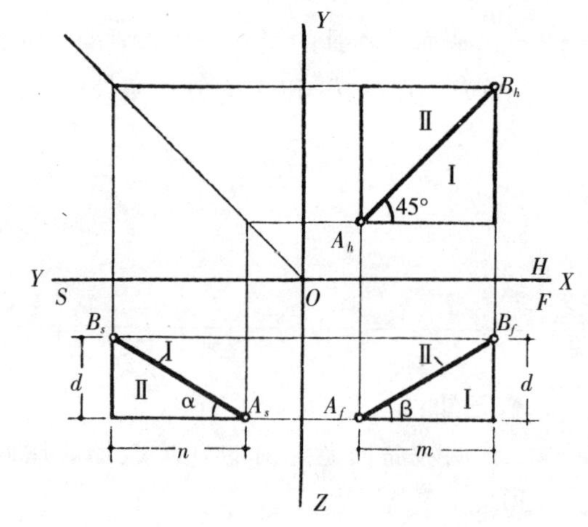


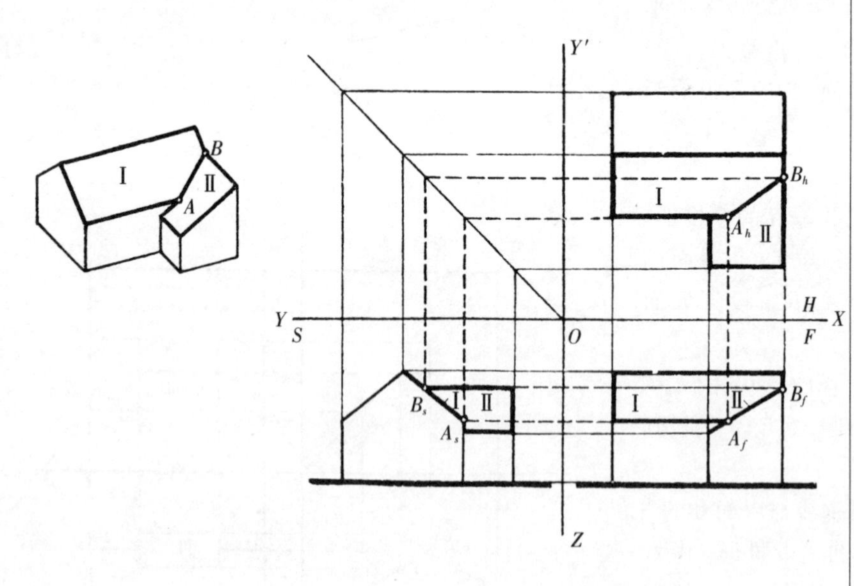


平面Ⅰ垂直于 $S$，平面Ⅱ垂直于 $F$，Ⅰ和Ⅱ的交线 $AB$ 在 $S$ 面上的投形 $A_sB_s$ 与Ⅰ的 $S$ 投形重叠，$AB$ 在 $F$ 面的投形 $A_fB_f$ 与Ⅱ的 $F$ 投形重叠，$AB$ 在 $H$ 面的投形 $A_hB_h$ 可从 $A_fB_f$、$A_sB_s$ 求得。

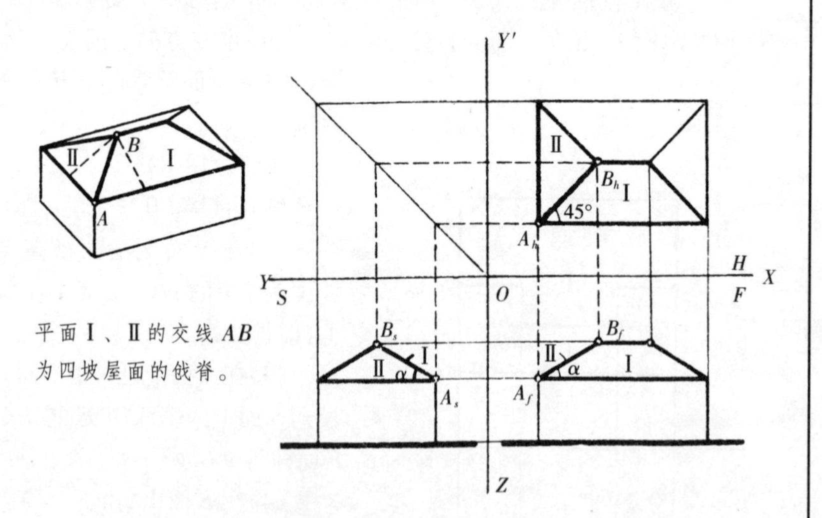


平面Ⅰ、Ⅱ的交线 $AB$ 为四坡屋面的戗脊。

平面Ⅰ垂直于 $S$，平面Ⅱ垂直于 $F$，Ⅰ和Ⅱ的交线 $AB$ 在 $S$ 面上的投形 $AsBs$ 与Ⅰ的 $S$ 投形重叠，并反映Ⅰ平面的倾角 α。$AB$ 在 $F$ 面的投形 $A_fB_f$ 与Ⅱ的 $F$ 投形重叠，并反映Ⅱ平面的倾角 α。Ⅰ和Ⅱ的倾角相等并各垂直于 $S$ 和 $F$，所以它们的交线的 $H$ 投形 $A_hB_h$ 与 $OX$、$OY'$ 轴的交角为 45°。

**已知：**

屋面平面的外轮廓线，$A$、$B$、$C$、$D$、$E$ 为檐口，Ⅰ、Ⅱ、Ⅲ、Ⅳ为山墙屋檐，屋面坡宽为 30°，屋檐等高。(图 A)

**求作：**

两坡屋面的 $H$、$F$、$S$ 投形。

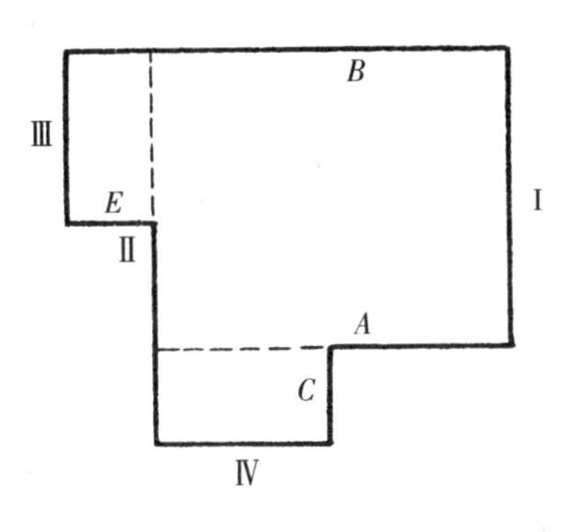


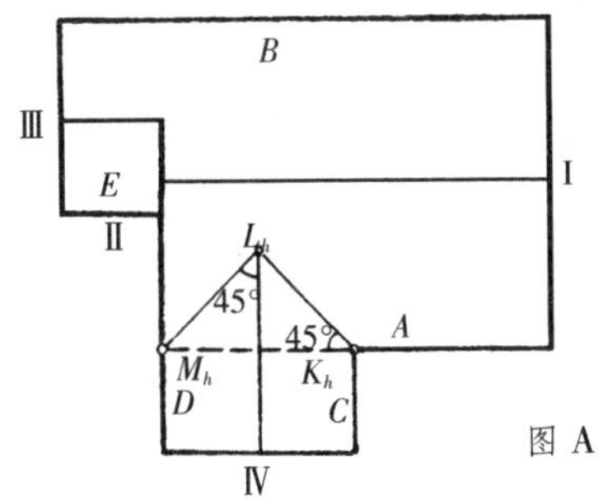


图 A

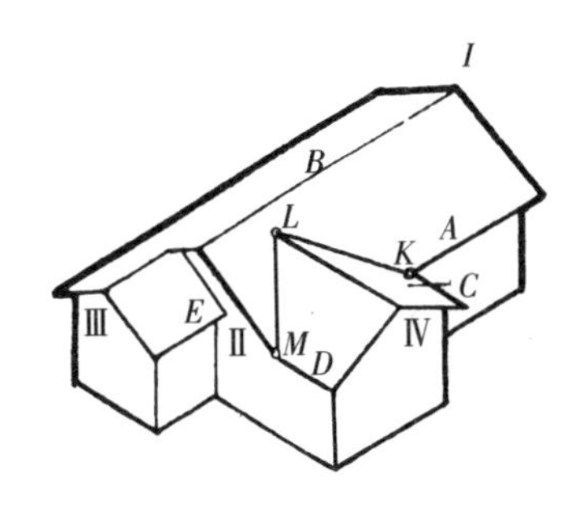


两坡层面相交的示意图

**分析：**

两坡屋面的特点是以建筑物短跨度方向两分屋面，屋脊在中央。若两个屋面都垂直于同一投形面，它们的交线在该投形面的投形为一点。

**作法：**(图 B)

(1)在 $H$ 面，自山墙Ⅰ、Ⅲ、Ⅳ的中点作相应屋檐的平行线，为屋脊。

(2)因为 $A \perp S$，$C \perp F$，所以 $A$ 和 $C$ 的交线的 $H$ 投形为由 $K_h$ 作 45°线与屋脊相交得 $L_h$。

(3)因为 $A \perp S$，$D \perp F$，所以 $A$ 和 $D$ 的交线的 $H$ 投形为由 $L_h$ 作 45°线与 $D$ 檐口相交得 $M_h$。

(4)在 $F$、$S$ 面上自各屋角作屋面坡度 30°线，由 $K_h$、$L_h$、$M_h$ 投到 $F$、$S$ 上即可求得 $K_f$、$L_f$、$M_f$ 和 $L_s$、$M_s$。$M$ 点为 $D$ 檐口和Ⅱ山墙的分点。

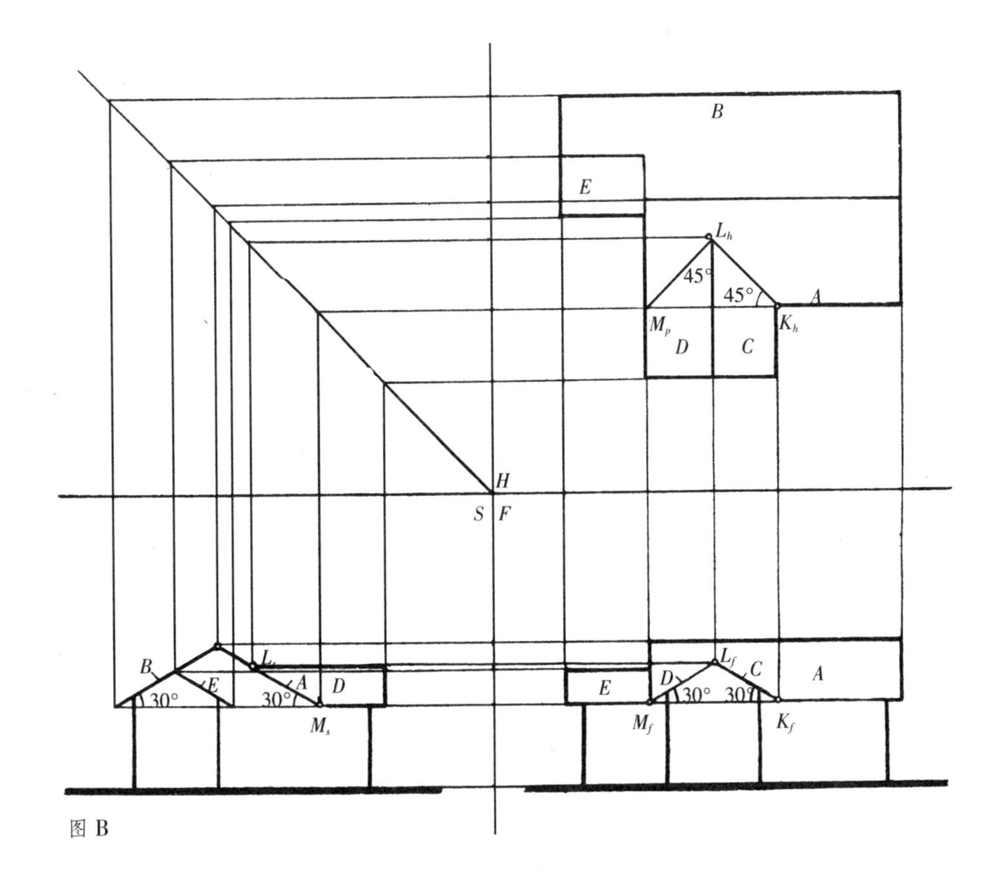


图 B

**已知：**

屋面平面的外轮廓线，$A$、$B$、$C$、$D$、$E$、$G$、$I$、$J$ 表示各檐口线。屋面坡度为 30°，屋檐等高。(图 A)

**求作：**

四坡屋面的 $H$、$F$、$S$ 投形。

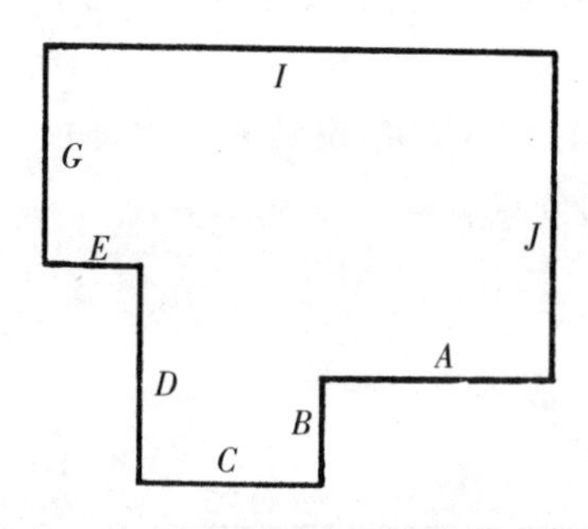


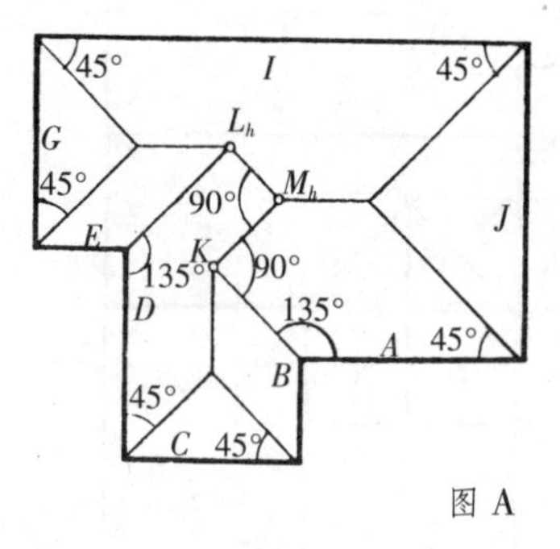


图 A

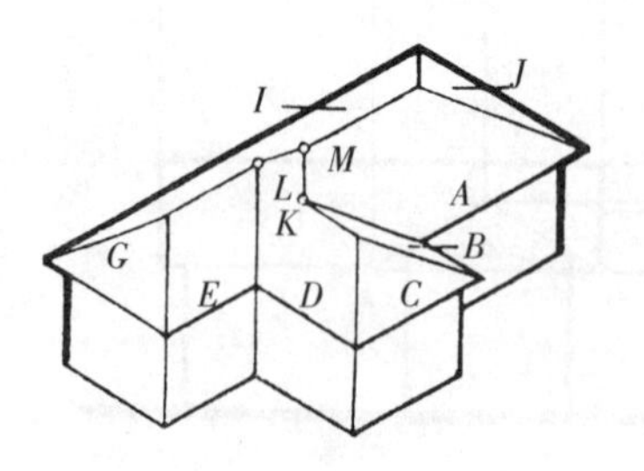


四坡屋面相交的示意图

**分析：**

四坡屋面的特点是每段屋檐有一个屋面，共有 $A$、$B$、$C$、$D$、$E$、$G$、$I$、$J$ 八个屋面。因为每个屋面的坡度相等，所以它们之间的交线是两屋檐交角的分角线。

**作法：**(图 B)

(1)自各段屋檐的交角作分角线，即两屋面的交线，凸角为戗脊，凹角为斜沟。

(2)自戗脊的交点各作屋脊，即垂直于同一投形面的屋面的交线。$B$、$D$ 垂直于 $F$，它们的交线也垂直于 $F$，$A$、I 和 $E$、I 都垂直于 $S$，所以它们的交线也垂直于 $S$。

(3)由 $K_h$ 作与 $OX$ 成 45°角的斜线，与 $A$、I 屋脊相交得 $M_h$。由 $M_h$ 作与 $OX$ 轴成 135°角斜线，与 $E$、I 屋脊相交得 $L_h$。因为 $C /\!/ A$，所以 $A$ 与 $D$ 的交线 $K_hM_h$ 必平行于 $C$ 和 $D$ 的交线。因为 $G /\!/ D$，所以 $D$ 与 I 的交线 $M_hL_h$ 必平行于 $G$ 和 I 的交线。

(4)在 $F$、$S$ 投形上，由各屋角作屋面坡度 30°的斜线。由 $K_h$、$M_h$、$L_h$ 投到 $F$、$S$ 面上即可求得 $K_f$、$M_f$、$L_f$ 和 $K_s$、$M_s$、$L_s$。

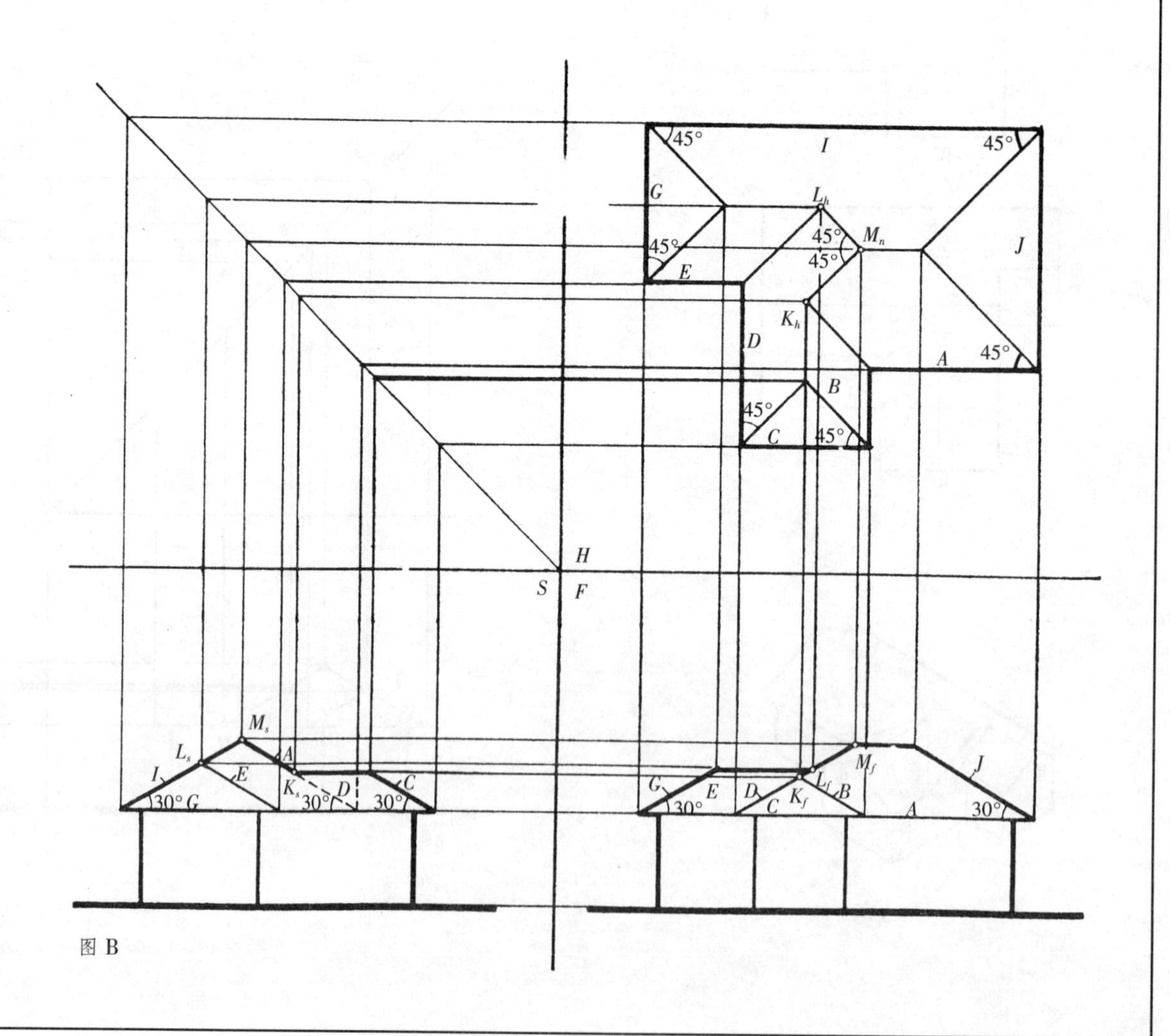


图 B

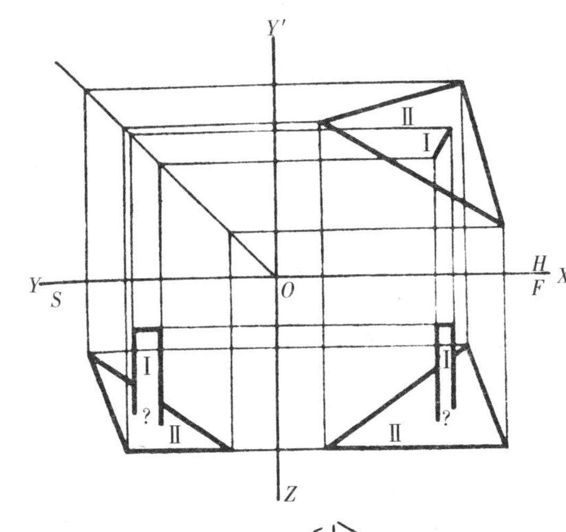


图 A

- **与 $H$、$F$、$S$ 都倾斜的平面和垂直面相交**

**已知：** 平面Ⅱ倾斜于 $H$、$F$、$S$ 的，平面Ⅰ垂直于 $H$，倾斜于 $F$、$S$。(图 A)

**求作：** Ⅰ和Ⅱ的交线。

**分析：** 因为Ⅰ垂直于 $H$，所以在 $H$ 的投形为一直线，若将Ⅰ面延伸，即可求得Ⅰ和三角形两个斜边的交点的 $H$ 投形 $D_hC_h$，再由 $D_hC_h$ 求得 $D_f$、$C_f$，Ⅰ和Ⅱ的交线必在 $DC$ 上。

**作法：**(图 B)

(1)延长 $A_hB_h$ 得 $C_hD_h$。

(2)将 $C_hD_h$ 投到 $F$ 面上得 $C_fD_f$，$A_fB_f$ 在 $C_fD_f$ 上。

(3)自 $A_h$、$B_h$ 引垂线和 $C_fD_f$ 分别相交得 $A_f$、$B_f$。

(4)将 $A_fB_f$ 投到 $S$ 面上即得 $A_sB_s$。

$A_hB_h$、$A_fB_f$、$A_sB_s$ 为Ⅰ和Ⅱ面交线 $AB$ 的 $H$、$F$、$S$ 投形。

此法称平面延伸法。

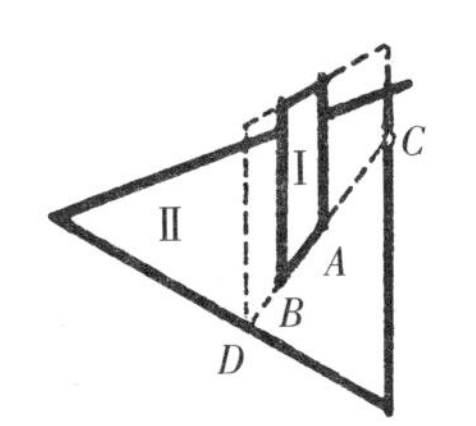


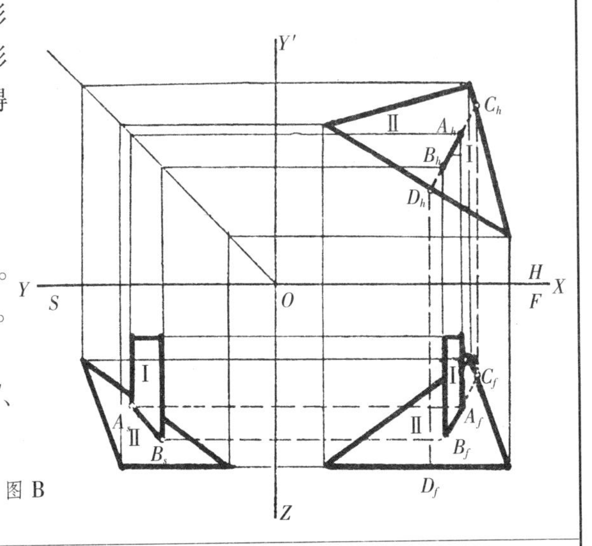


图 B

- **与 $H$、$F$、$S$ 都倾斜的两平面相交**

**已知：** 倾斜于 $H$、$F$、$S$ 的平面Ⅰ、Ⅱ，平面Ⅰ的上下两边都平行于 $H$。(图 C)

**求作：** Ⅰ和Ⅱ的交线。

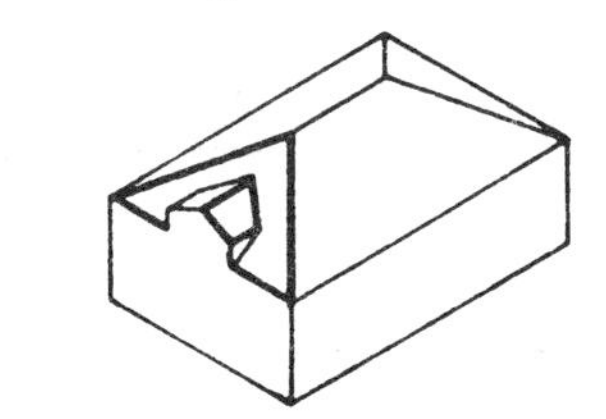

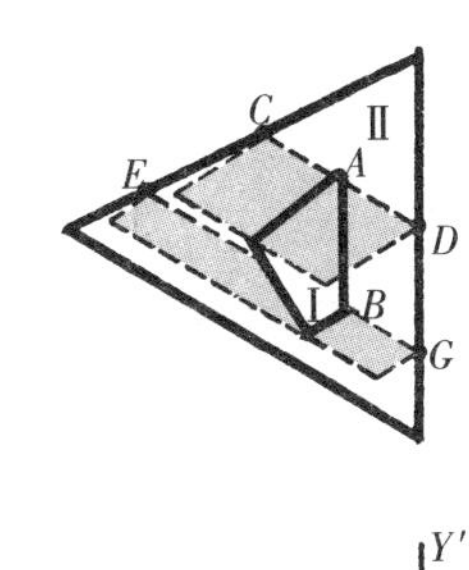


**分析：** 若沿着平面Ⅰ上、下两边作两个平行于 $H$ 的平面，该两个平面与三角形的交线为 $CD$ 和 $EG$，Ⅰ和Ⅱ交线的一端点 $A$ 必在 $CD$ 上，另一端点 $B$ 必在 $EG$ 上，$AB$ 即Ⅰ和Ⅱ的交线。

**作法：**(图 D)

(1)在 $F$ 投形上，沿着Ⅰ面的上、下边各作水平线。(即两个平行于 $H$ 的平面的 $F$ 投形)。与三角形两斜边相交于 $C_fD_f$、$E_fG_f$。

(2)$C_fD_f$、$E_fG_f$ 投到 $H$ 面得 $C_hD_h$ 和 $E_hG_h$。

(3)在 $H$ 投形上，延长Ⅰ的上、下边线，和 $C_hD_h$ 相交于 $A_h$，和 $E_hG_h$ 相交于 $B_h$，连 $A_h$、$B_h$，为Ⅰ和Ⅱ的交线 $AB$ 的 $H$ 投形。

(4)将 $A_hB_h$ 投到 $F$、$S$ 上即得 $A_fB_f$、$A_sB_s$。为Ⅰ和Ⅱ的交线 $AB$ 的 $F$、$S$ 投形。

此法称切面法。

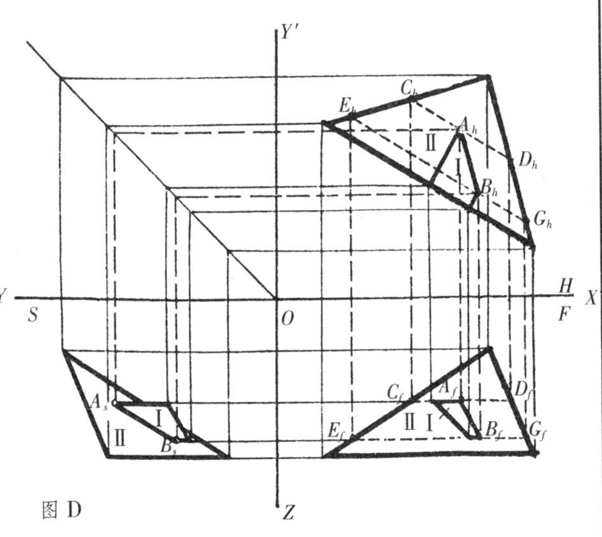


图 D

**已知：**

未完成的两个四坡屋面的$H$、$F$投形(如下图A)。

**求作：**

完成两个四坡屋面的$H$、$F$投形并作出$S$投形。

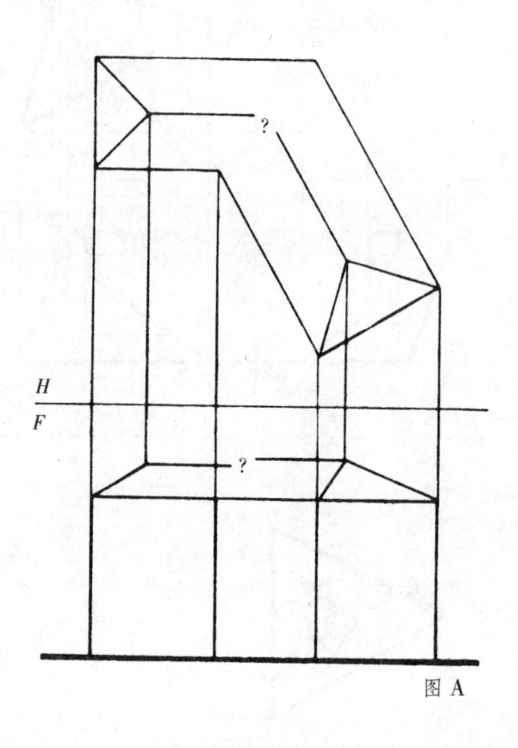


图A

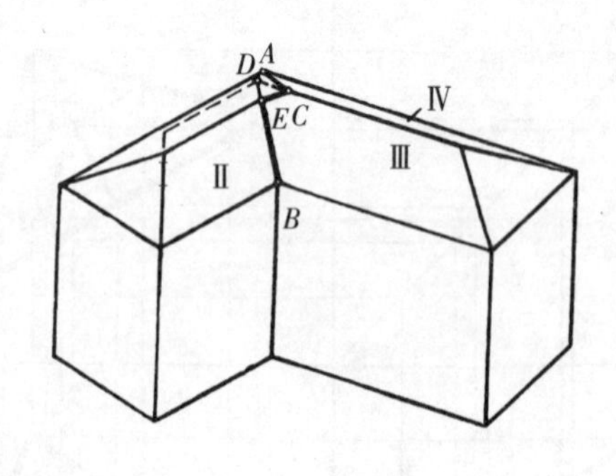


两四坡屋面相交，延伸Ⅱ面示意图

**作法：**(图B)

(1)因为Ⅰ、Ⅱ面垂直于$S$，所以Ⅰ、Ⅱ面的$S$投形反映屋面坡度，即可求得$S$投形。

(2)在$S$投形上延伸Ⅱ面与Ⅲ、Ⅳ屋面的交线(即屋脊)相交于$D_s$。

(3)由$D_s$即可求得$D_h$，连$B_hD_h$与Ⅰ、Ⅱ屋面的交线的$H$投形相交于$E_h$，$B_hE_h$为Ⅱ、Ⅲ屋面的交线。

(4)在$S$投形上延伸Ⅰ面与Ⅲ、Ⅳ屋面的交线(即屋脊)相交于$C_s$。

(5)由$C_s$即可求得$C_h$，连$C_hA_h$，为Ⅰ、Ⅳ屋面的交线。

(6)连$E_hC_h$为Ⅰ、Ⅲ屋面的交线。

(7)由$B_h$、$E_h$、$C_h$投到$F$面上即得$B_f$、$E_f$、$C_f$。

**说明：** 上述作法为平面延伸法。若屋面坡度相等时，则可在$H$投形上直接作Ⅰ和Ⅳ、Ⅱ和Ⅲ屋檐交角的分角线作$\alpha=\alpha'$、$\beta=\beta'$，得$C_h$和$E_h$。其余作法同上。

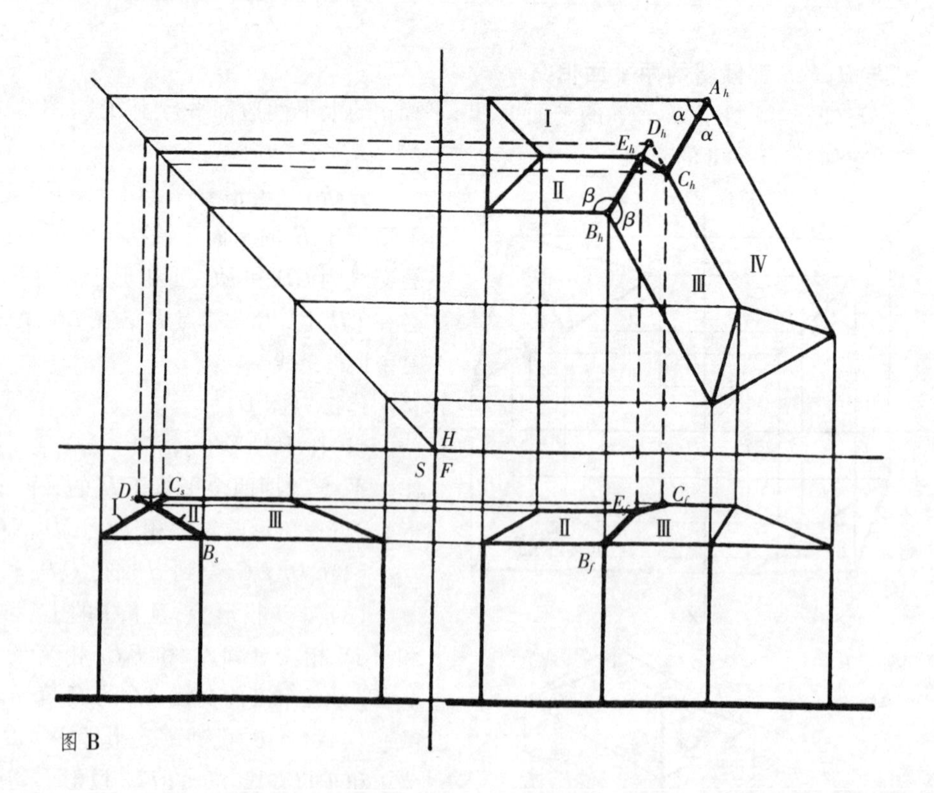


图B

**已知：**

四个两坡屋面坡度相等，互相穿插，其屋脊各平行于 $F$、$S$，$AB // F$、$AD // S$，它们与 $H$ 的交角相等。(如下图 A)

**求作：**

完成 $H$、$F$ 投形，并画出 $S$ 投形。

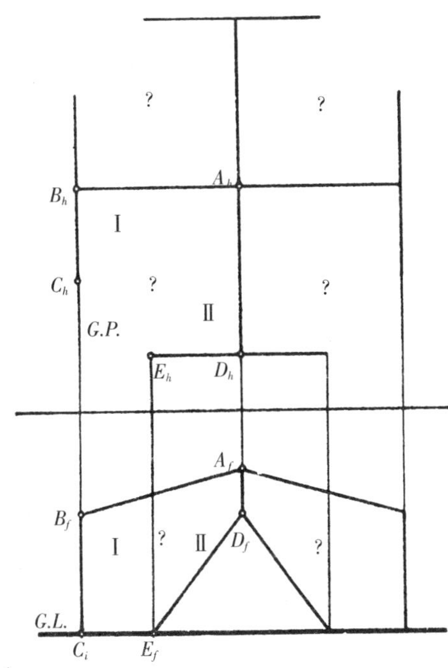


图 A

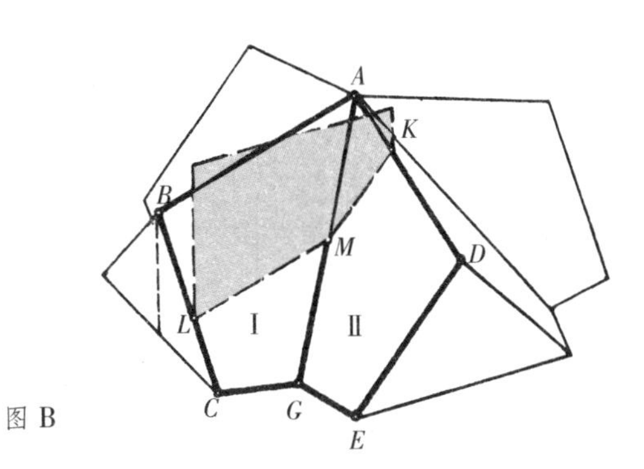


图 B

切面与 I 、II 面的交线 LMK 示意图

**分析：**(图 B)

(1) I 、II 面和 $H$、$F$、$S$ 都倾斜，要用切面法求交线。

(2)因 I 、II 面坡度相等，且屋脊 $AB$、$AD$ 与 $H$ 面的交角相等，所以它们交线的 $H$ 投形为过 $A_h$ 作 $\angle B_hA_hD_h$ 的分角线 $\alpha=\beta$。

(3)若用一平行于 $F$ 的平面切割 I 、II 面，它与 I 面的交线为平行于 $AB$ 的直线，该直线与分角线的交点必为 I 、II 面交线上的点。同样，与 II 的交线为平行于 $ED$ 的直线。(如左下图 B)

**作法：**(图 C)

(1)在 $H$ 面上由 $A_h$ 作 $\alpha=\beta$。

(2)作一平行于 $F$ 的平面切割 I 、II 面，在 $H$ 面为水平线 $L_hM_hK_h$。

(3)由 $L_h$ 转投到 $S$，得 $L_s$，再投到 $F$，得 $L_f$。

(4)过 $L_f$ 作 $A_fB_f$ 的平行线与由 $M_h$ 引垂线相交得 $M_f$。

(5)连 $A_fM_f$ 并延长与 G.L 相交得 $G_f$。

(6)由 $G_f$ 引垂线到 $H$ 面上与 $A_hM_h$ 的延长线相交得 $G_h$。

(7)连 $E_hG_h$、$C_hG_h$ 为 I 、II 面与 G.P. 的交线。

(8)同法完成另三个两坡屋面相交的 $H$、$F$、$S$ 投形。

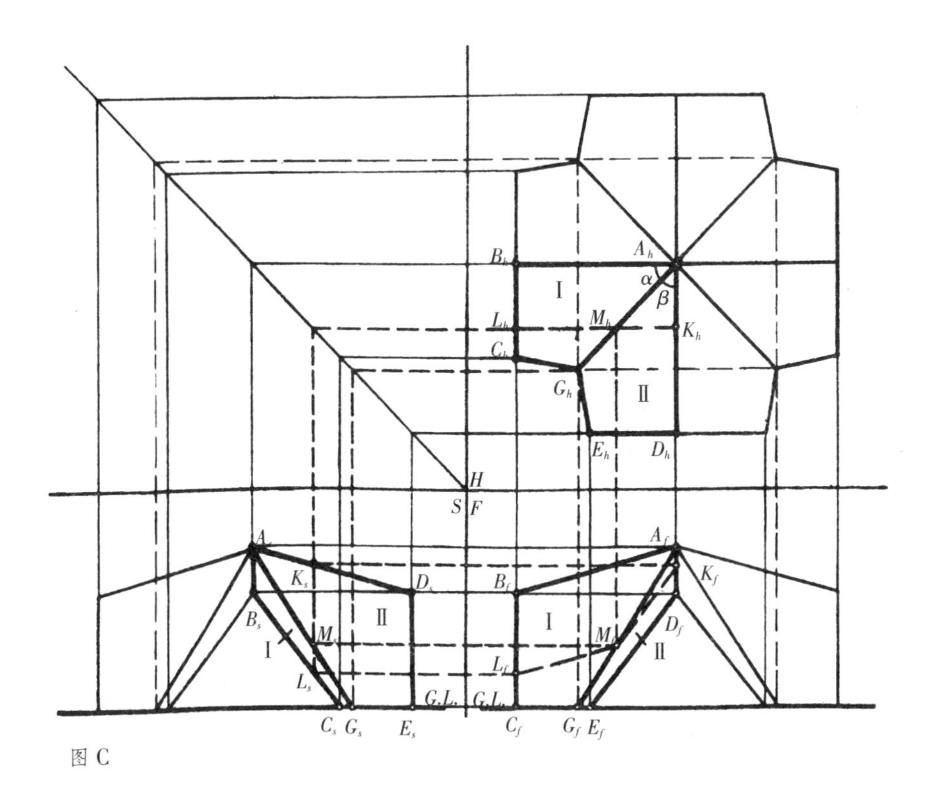


图 C

表现一个建筑物，仅有 $H$、$F$、$S$ 三个投形面是不够的，按照平行于投形面的平面的正投形反映它的真实形状，可选择更多的投形面，将建筑的全部真实形状表现出来。

一般建筑物的墙面都是由垂直于地面并相互垂直的平面组成，$H$、$F$、$S$ 三个投形面仅表现了建筑物的屋面和两个墙面，若再增选 $F'/\!/F$ 和 $S'/\!/S$，则 $F'$ 和 $S'$ 可将建筑物的另两个墙面表现出来，$H$ 面是表示建筑物的屋顶平面，$F$、$S$、$F'$、$S'$ 是表示建筑物的各立面图。

右图为增选了 $F'$、$S'$ 后的投形关系。

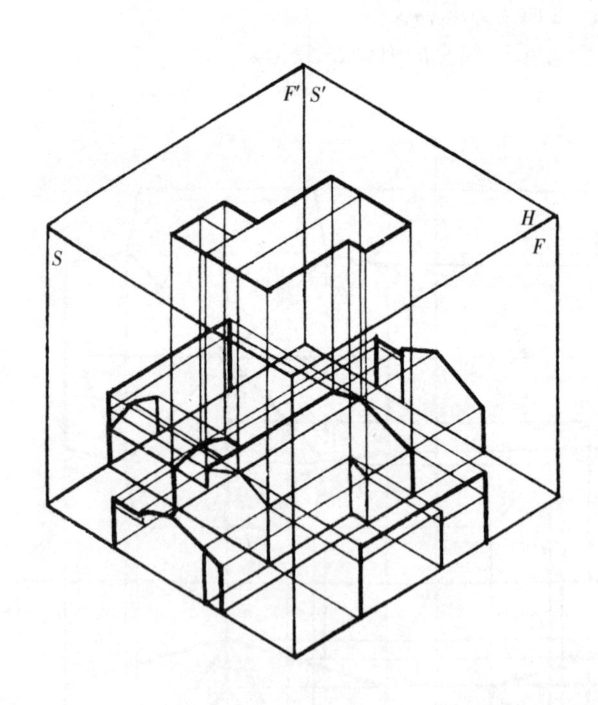


用 $H$、$F$、$S$、$F'$、$S'$ 表示建筑物的屋面和各立面图示意

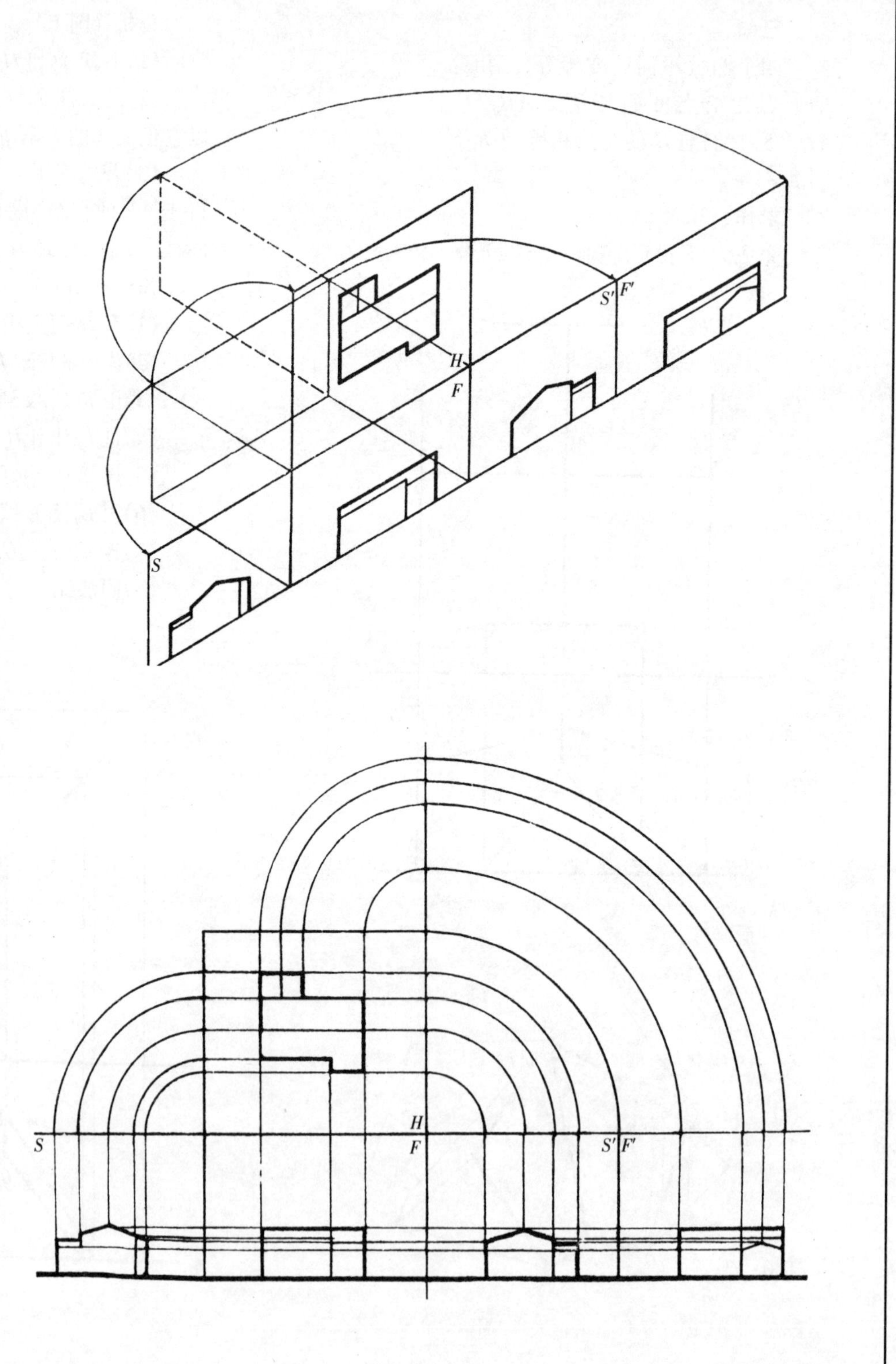

由于地形、朝向等各种条件，有些建筑物的墙面不是互相垂直相交的，有的还出现和 $F$、$S$ 都不平行的墙面，若要表现这些墙面的真实形状，可选择一个和该墙面平行的投形面 $F''$ 来表示。

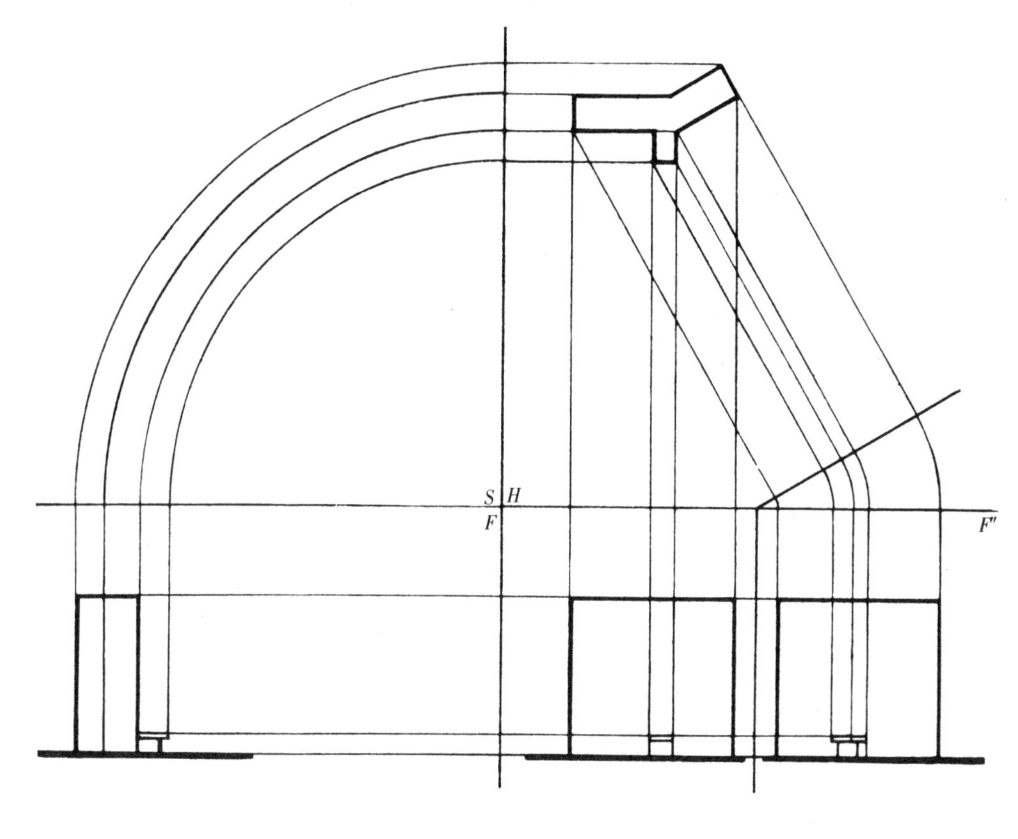


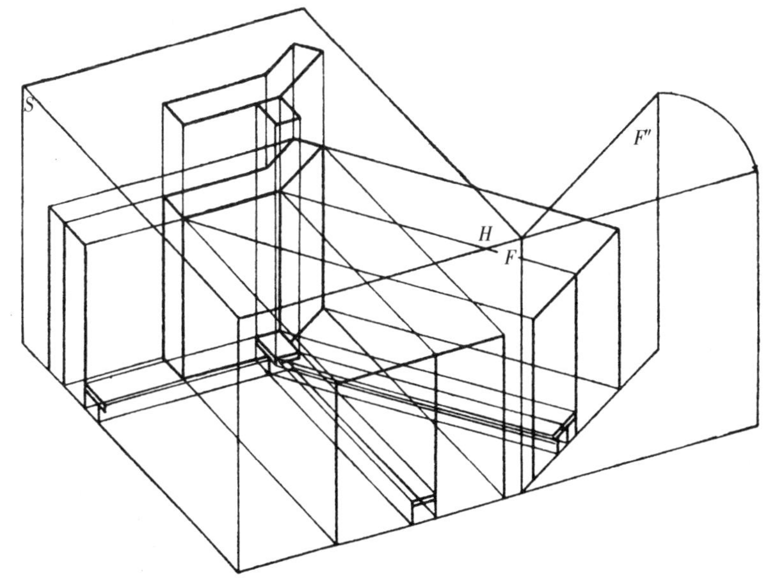


用 $F''$ 表示建筑立面图的示意

建筑物在 $H$ 面的投形是屋顶平面图,屋顶平面图主要表示屋面的外形，天井位置等。

建筑物在 $F$、$S$、$F'$、$S'$ 的投形是立面图,立面图主要表示建筑物的外观,门窗的位置和大小,墙面的材料等。

制图要求线条等级分明。

立面图上地平线用最粗而深的线;外轮廓线用较粗、较深的线;建筑外轮廓内的主要分层次的线用中粗、中深的线,(如柱子;檐口线等)次要分层次的线用较细，较浅的线,(如门窗外框线等),门窗扇线更细、更浅一些;表示墙面材料分划的线用最细、最浅的线。

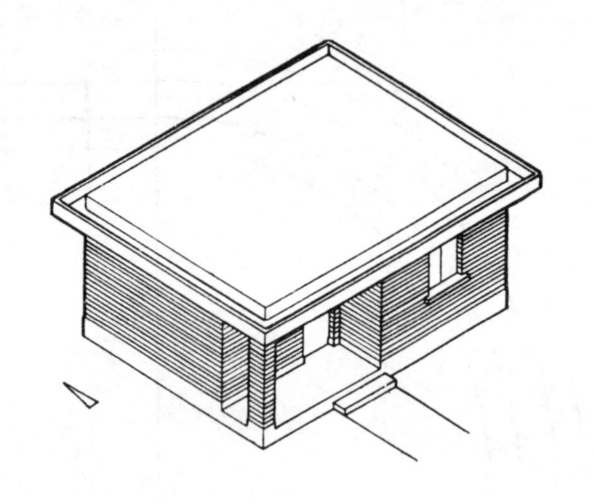

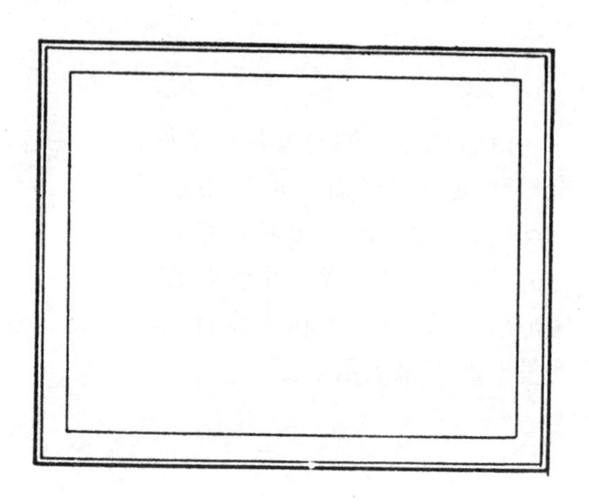

屋顶平面

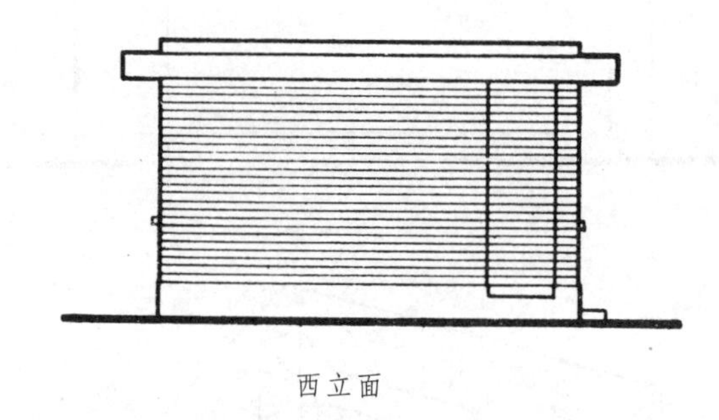

西立面

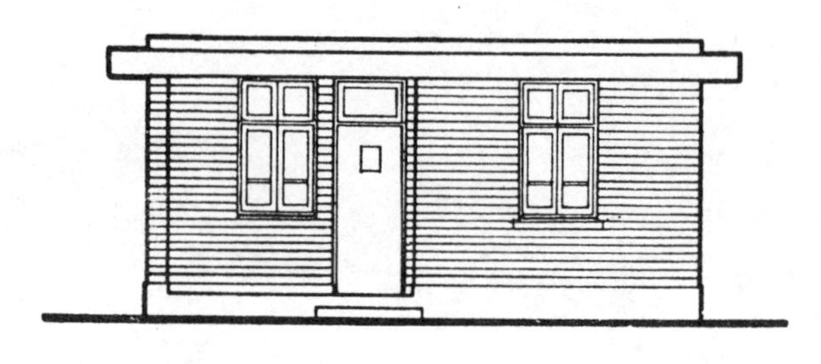

南立面

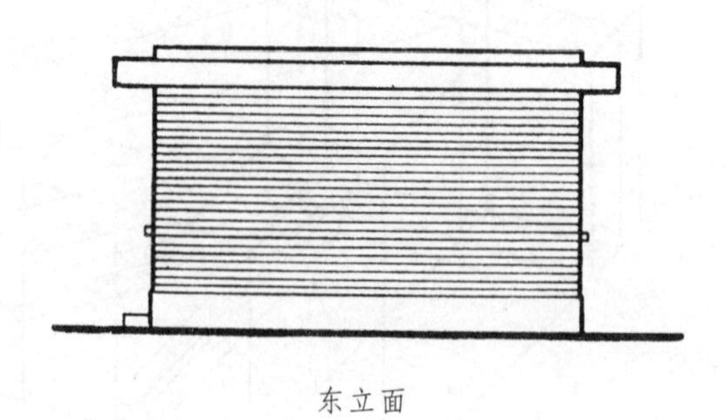

东立面

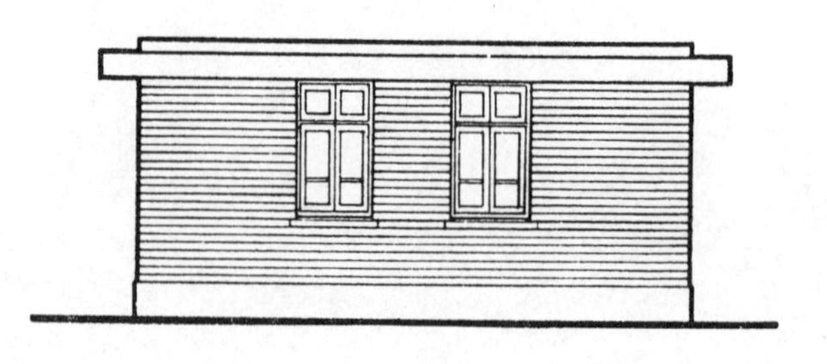

北立面

在建筑设计图中，仅有建筑外形图是很不够的，还必须表示建筑物内部空间的情况。若用一平面将建筑物切开，就可以看到建筑物内部情况，然后再用正投形的方法绘出切开部份的图形。

□ **平面图表示法**

若用一个水平面将建筑物切开，切开后在水平投形面上的正投形是建筑的平面图。在平面图上可以表示建筑物内部各房间的分划和长、宽尺寸，墙体厚度、门、窗位置和宽度等。多层建筑则应分层绘出各层平面图。

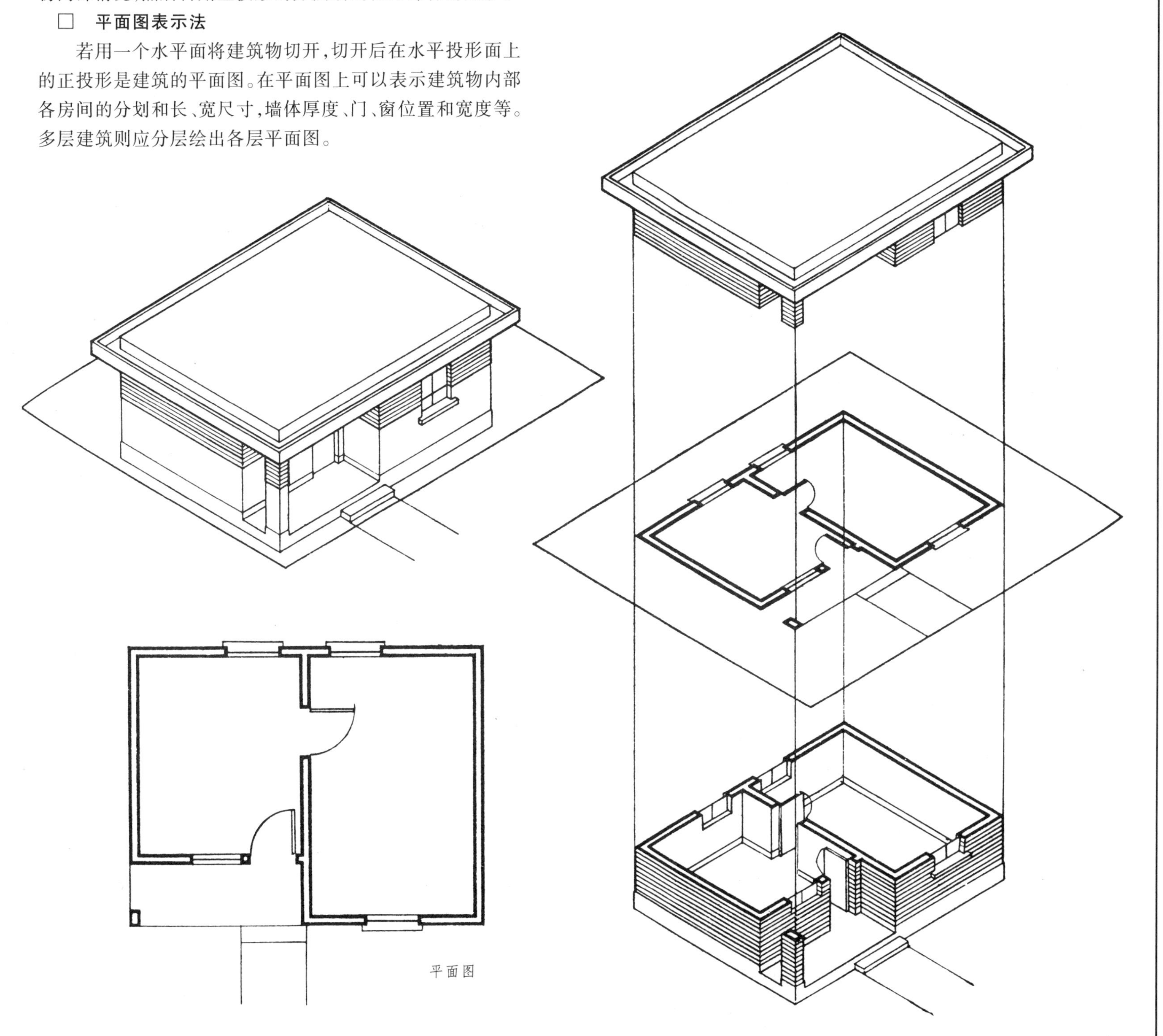

### □ 剖面图表示法

若用一个垂直的平面将建筑物切开（该切面应和切到的墙面垂直），切开后在和切面相平行的垂直投形面 *F* 上的投形是建筑物的剖面图。它表示建筑室内空间的高度、空间分隔、墙厚、门窗高度和窗台、地坪高度等。

简单的建筑物只要用一个剖面图即能表示清楚。而较复杂的建筑，则需要在几处按不同方向将建筑物切开，绘出几个剖面才能表示所设计建筑物的情况。

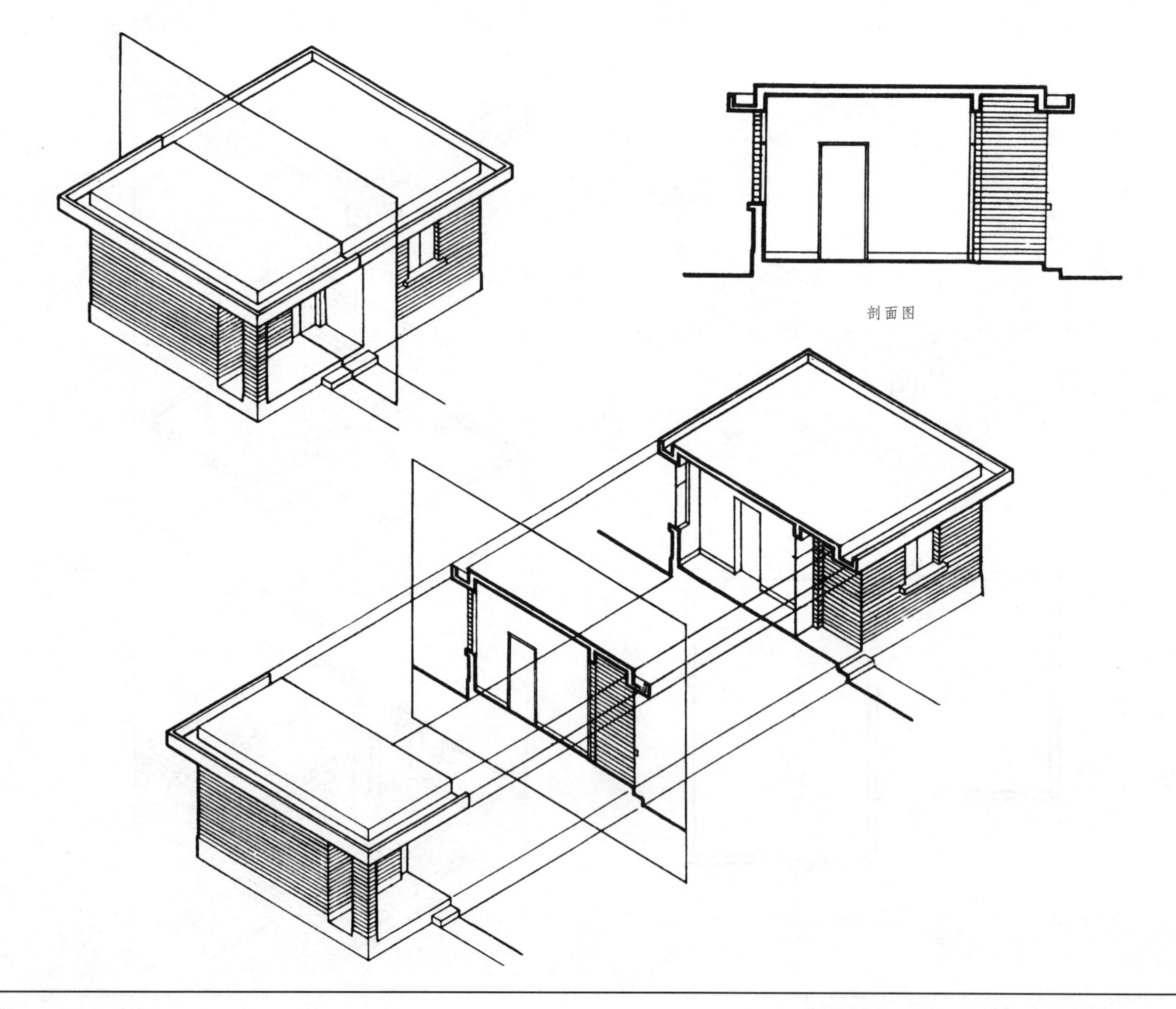

剖面图

□　**平面图作图步骤**

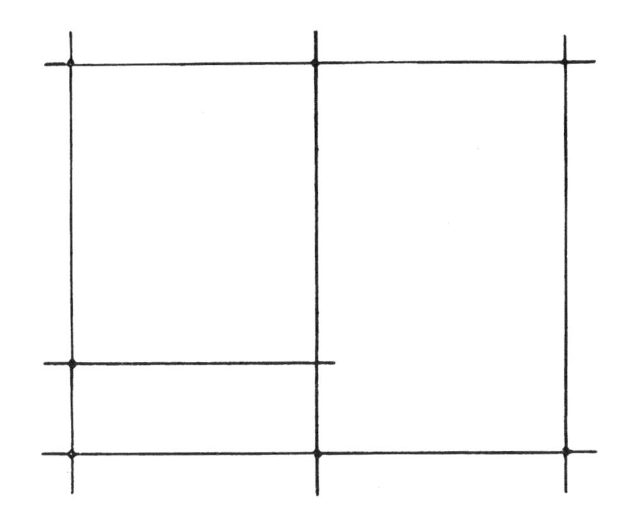

(1)画内外墙中线。

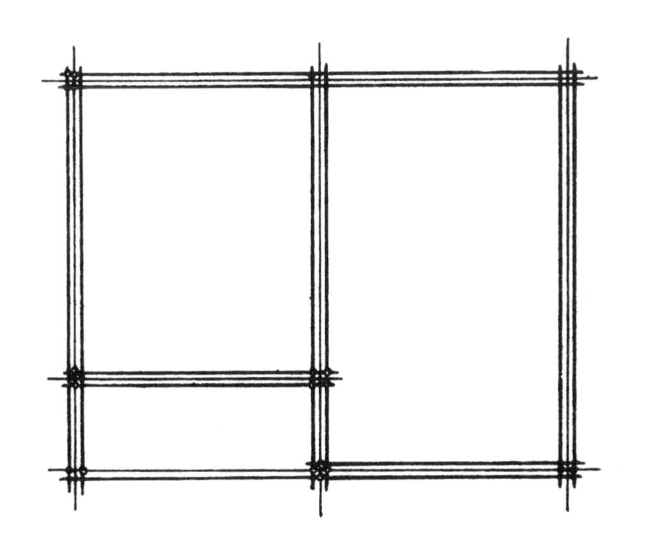

(2)画内外墙厚度。

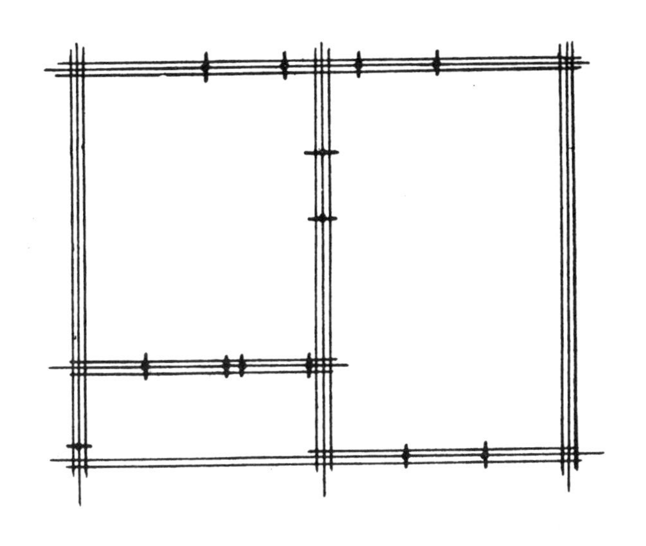

(3)画出门窗位置及宽度(当比例尺较大时,应绘出门、窗框示意)

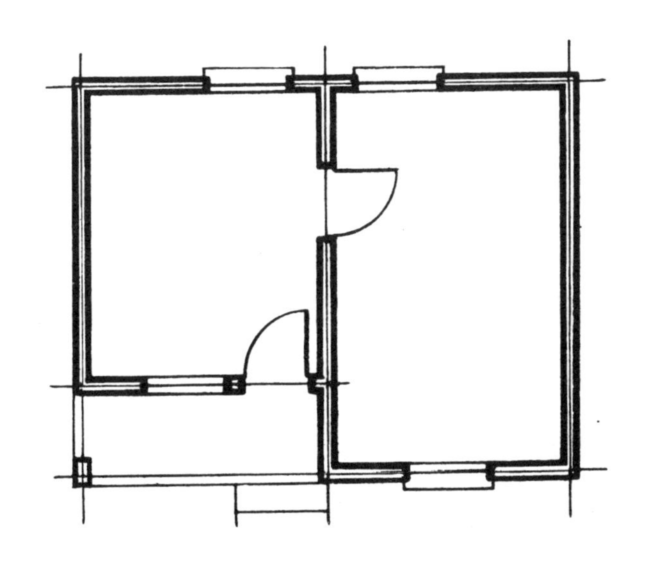

(4)加深墙的剖断线,按线条等级依次加深其他各线,门的开关弧线用最细线。

□ 剖面图作图步骤

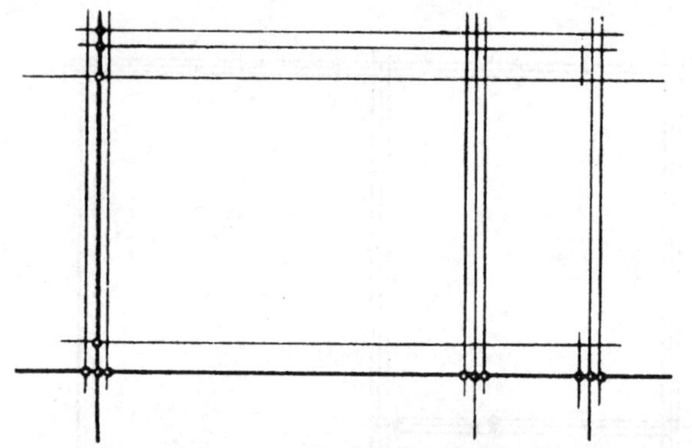

（1）画室内外地坪线，墙体的结构中心线，内外墙厚度及屋面构造厚度。

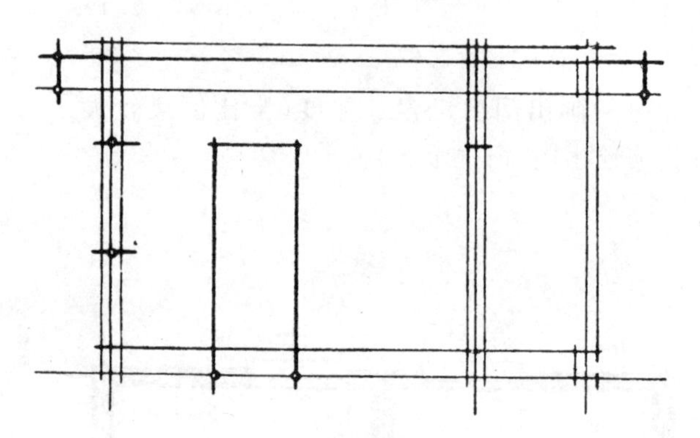

（2）画出门、窗洞高度，出檐宽度及厚度。室内墙面上门的投形轮廓。

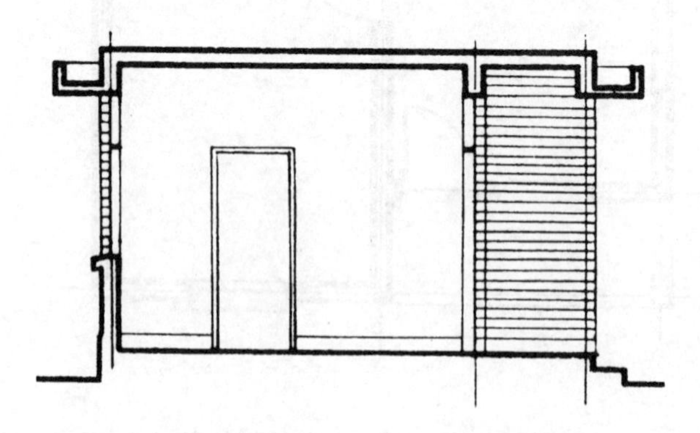

（3）画出剖面部份轮廓线，和各投形线，如门洞，墙面，踢脚线等，并加深剖断轮廓线，然后按线条等级依次加深各线。

□ 立面图作图步骤

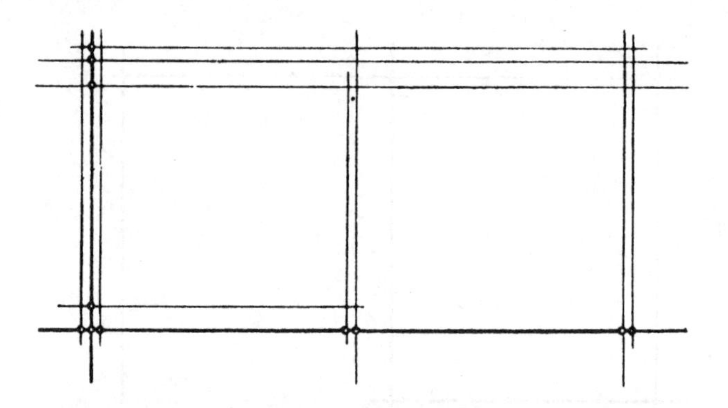

（1）同剖面图的画法，但可省略一些墙的厚度。

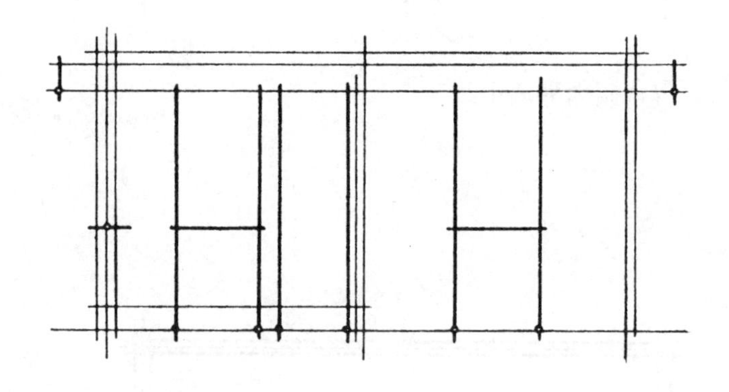

（2）同剖面图的画法。

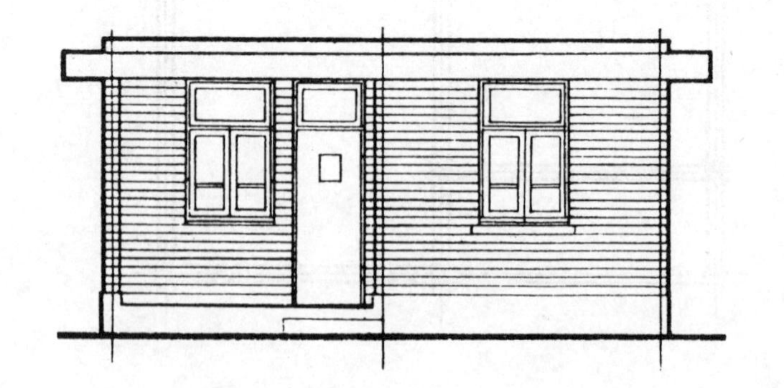

（3）画出门、窗、墙面、踏步等细部的投形线。加深外轮廓线，然后按线条等级依次加深各线。

在投形图中，曲面可以看成是由一条线（直线或曲线）在空间按一定规律运行而形成的。这根运行的线称母线，控制母线运行的线称导线，母线在曲面上任意一停留位置称素线。

- **直母线的曲面**

按曲导线运行的曲面——分单曲面和双曲面两种。

（1）单曲面——特点是该曲面可以展开在一个平面上。

① 柱面：导线是两根平行的曲线，母线垂直于导线所在的平面平行移动，这样形成的曲面称柱面。图 A 的导线是两根圆弧线，图 B 的导线是两根抛物线。

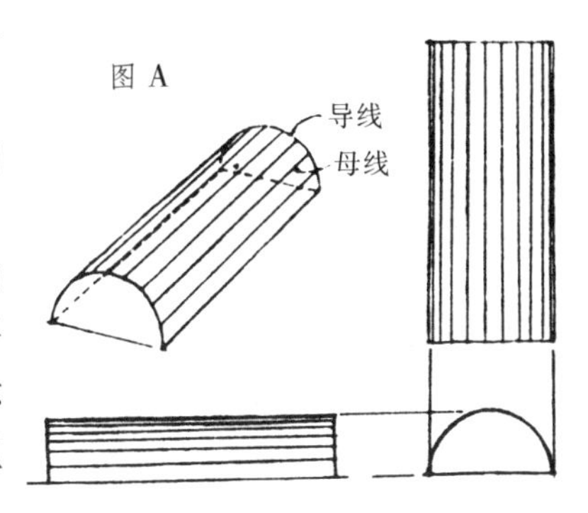

图 A

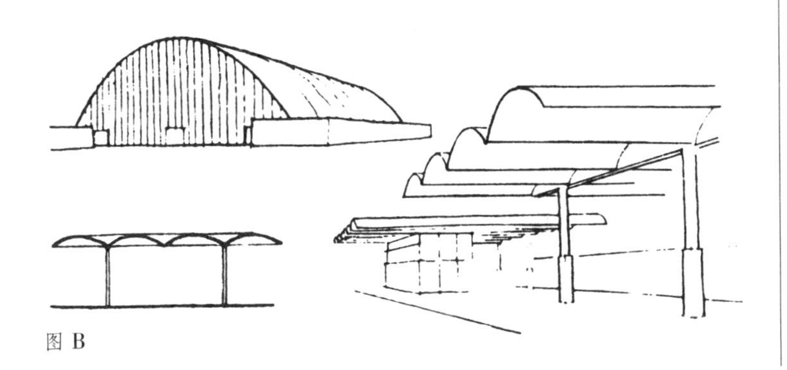
图 B

（2）双曲面——直母线与导线所在平面成一倾斜角平行移动所形成的曲面。

图 D 是直母线以两根平行的抛物线为导线运行所形成的双曲面，若母线和导线所在平面的倾角愈大，曲面的曲率也愈大。

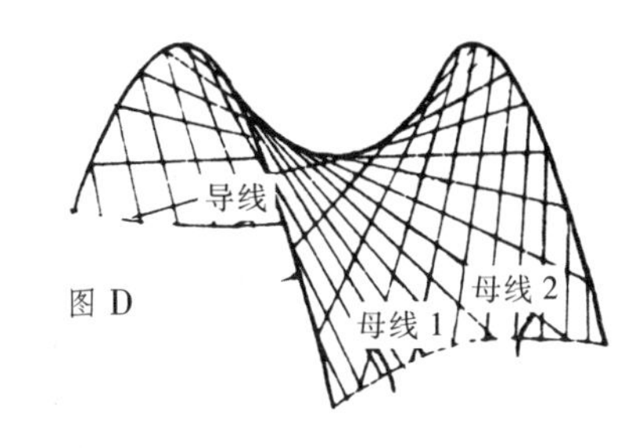

图 D

图 A、B 中两种线的任意一种可形成此种曲面

图 E 是直母线以两个平行的圆弧线为导线运行所形成的双曲面，（图 E-a）

图 E-b 为双曲面的平、立面图。在平面图上与母线 $ab$ 至轴心最短距离为半径作圆，该圆称曲面的喉圆。喉圆直径为立面图上双曲面的最小腰部，所有母线的 $H$ 投形均与喉圆相切。

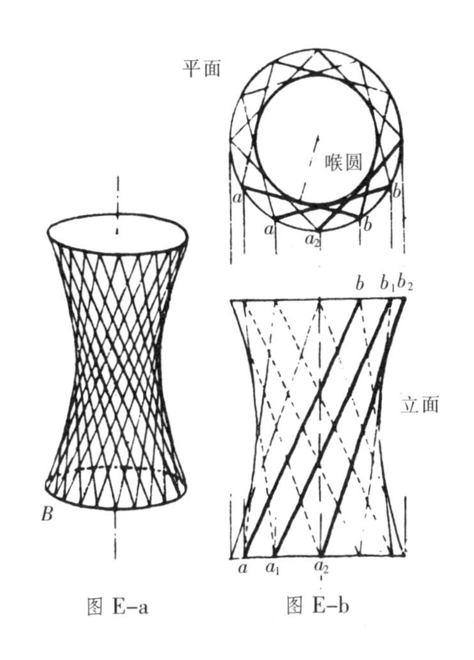

图 E-a 图 E-b

② 锥面：直母线的一端通过一定点，另一端在一平面曲线上运行所形成的曲面称锥面。下图 C

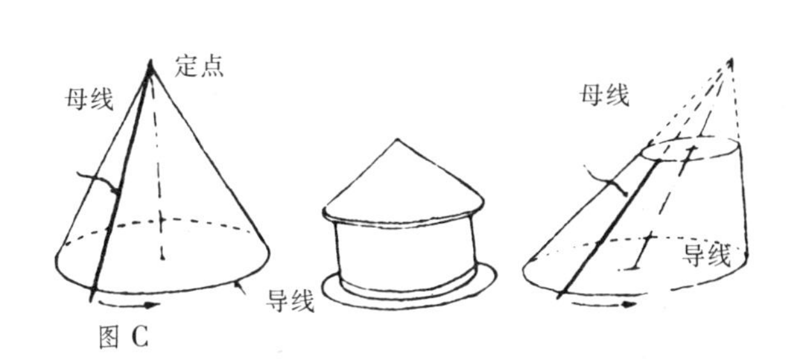

图 C

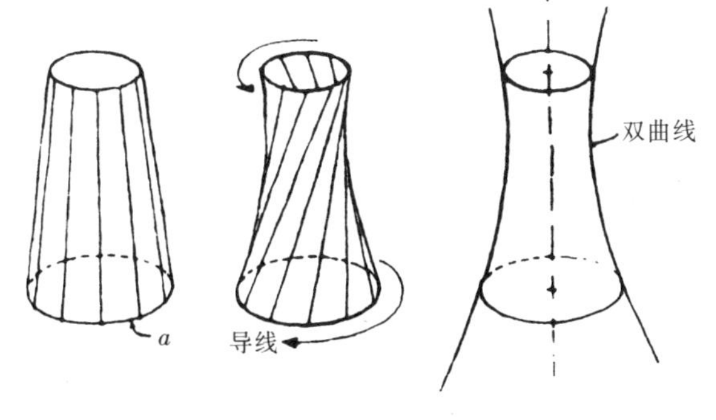

以两个大小不同圆导线 $a$，相反方向扭转形成的扭曲面

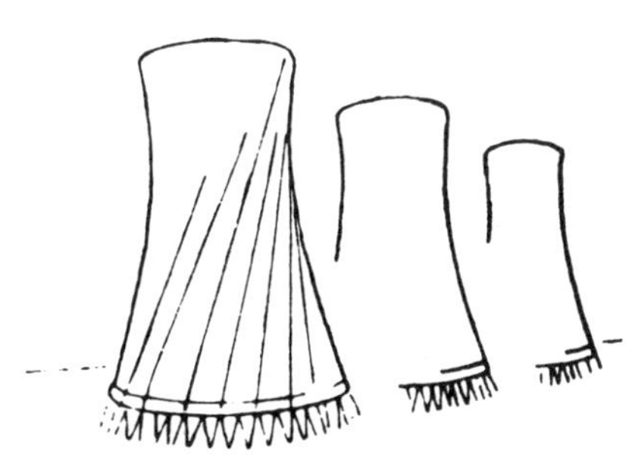
以扭曲面建造的冷却塔

### ● 直导线　直母线曲面的投形

1)按直导线运行的曲面

导线为空间两根不平行的直线（一般采用两根在 $H$ 投形相平行的直线），直母线沿着两根直导线运行所形成的曲面为双曲抛物面，或称直纹扭曲面，素线在 $H$ 面的投形是相互平行的直线。(图 A)

2)直导线、直母线曲面的基本图形分析(图 B)

用水平面将曲面截开，它的截线都是双曲线，所以这种曲面也称抛物面。(图 B–a)

用平行于边线的垂直面将曲面截开，它的截线都是直线(即素线)，居中的为水平线。(图 B–b)

用与对角线平行的垂直面将曲面截开，它的截线都是抛物线，两个不同对角线方向的截线为弯曲方向一正一反的曲线。(图 B–c)

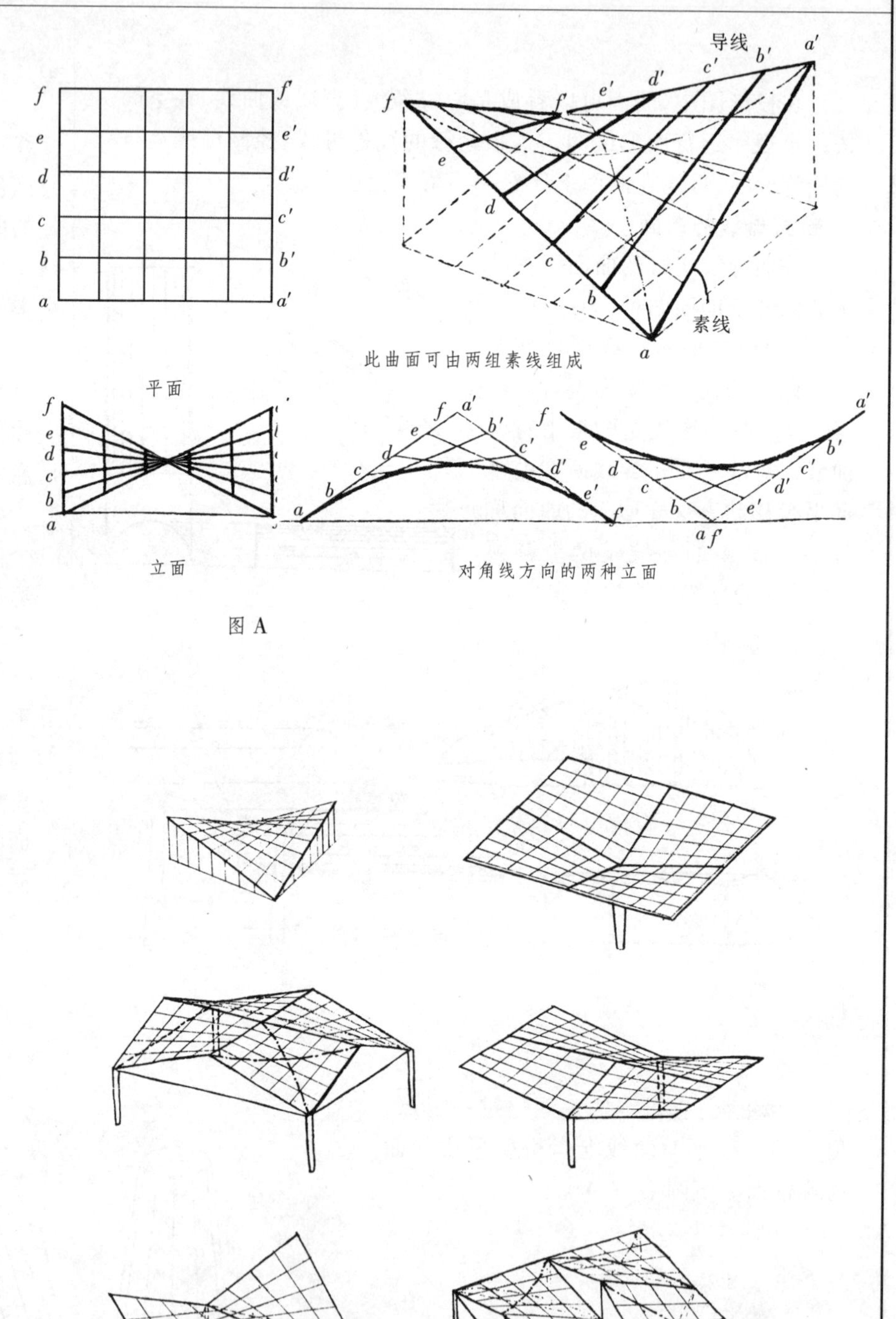

此曲面可由两组素线组成

对角线方向的两种立面

图 A

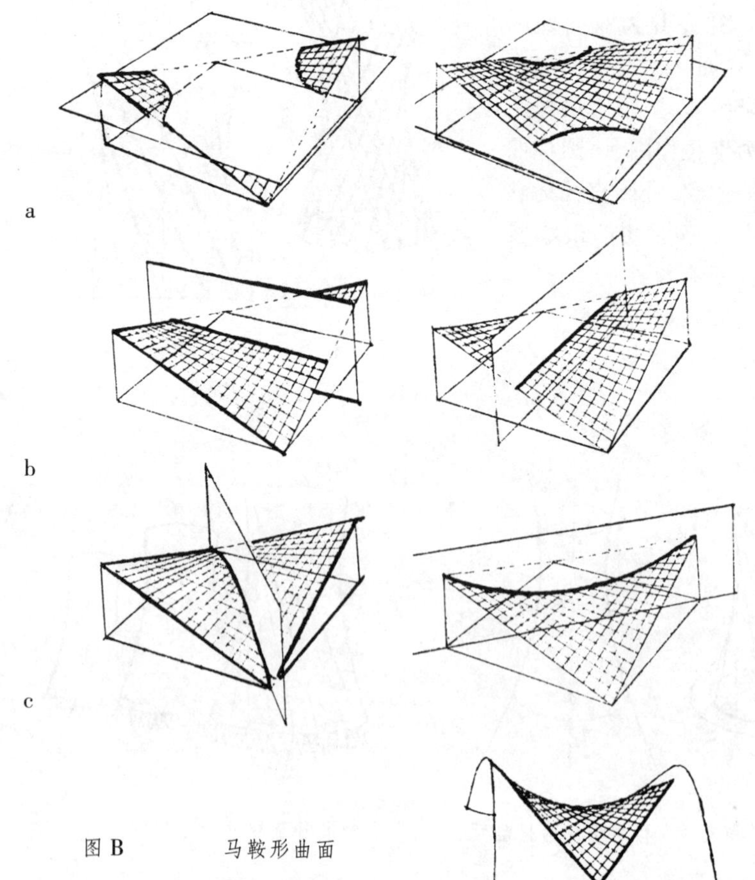


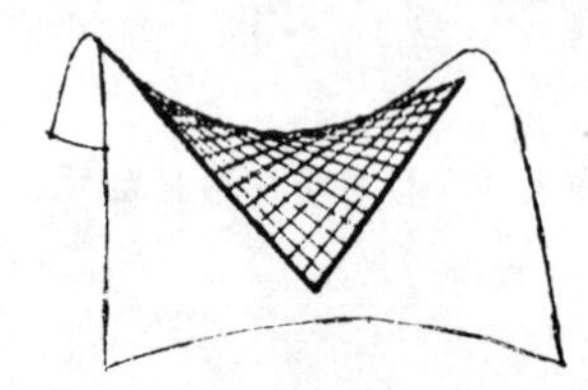

图 B　马鞍形曲面

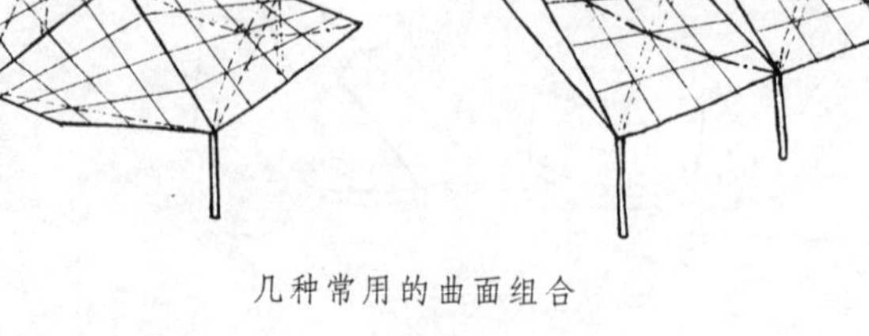

几种常用的曲面组合

- **沿一直导线和一曲导线运行的曲面**

直母线的一端沿着一条水平的直导线,另一端沿一条竖向曲导线运行而形成的曲面,称劈锥面。下图 A 劈椎面的曲导线为抛物线。

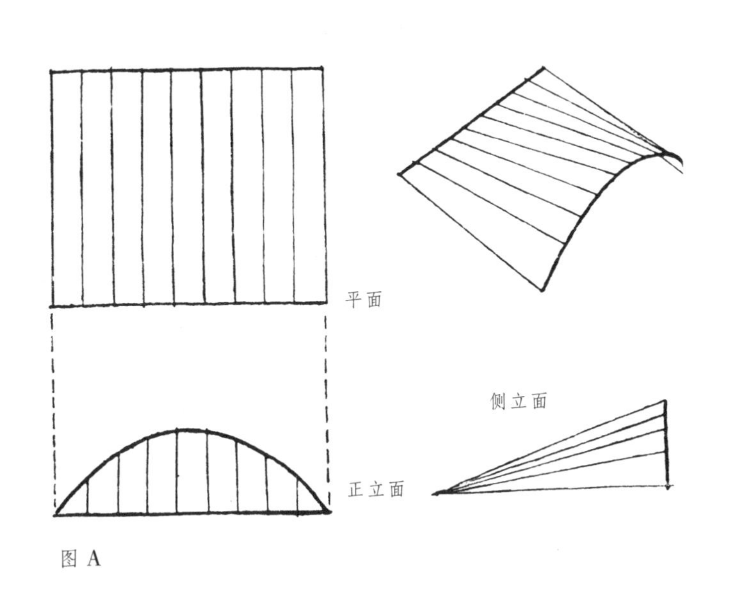


图 A

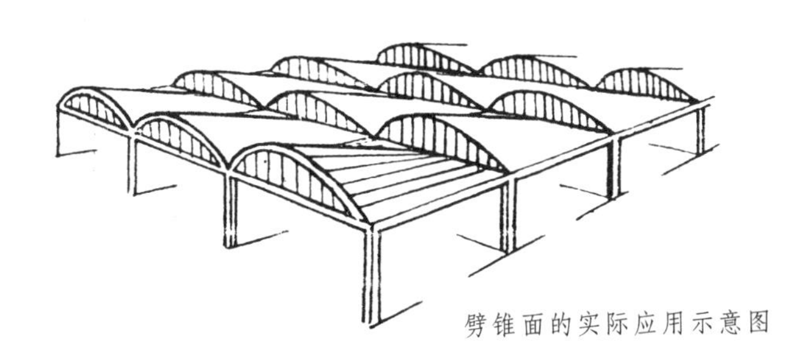

劈锥面的实际应用示意图

**直母线曲面的实用特点**

力学特点:这类曲面可作为薄壳结构使用。

施工特点:这类曲面除导线有曲线外,其他模架及模板均可用直木料,制作较简单,费用节省。

- **曲母线和曲导线所形成的曲面**

旋转曲面——由曲母线绕中心轴旋转而形成的曲面。曲面的形状取决于曲母线,下列各图为各种曲母线所形成的曲面。(图 B)

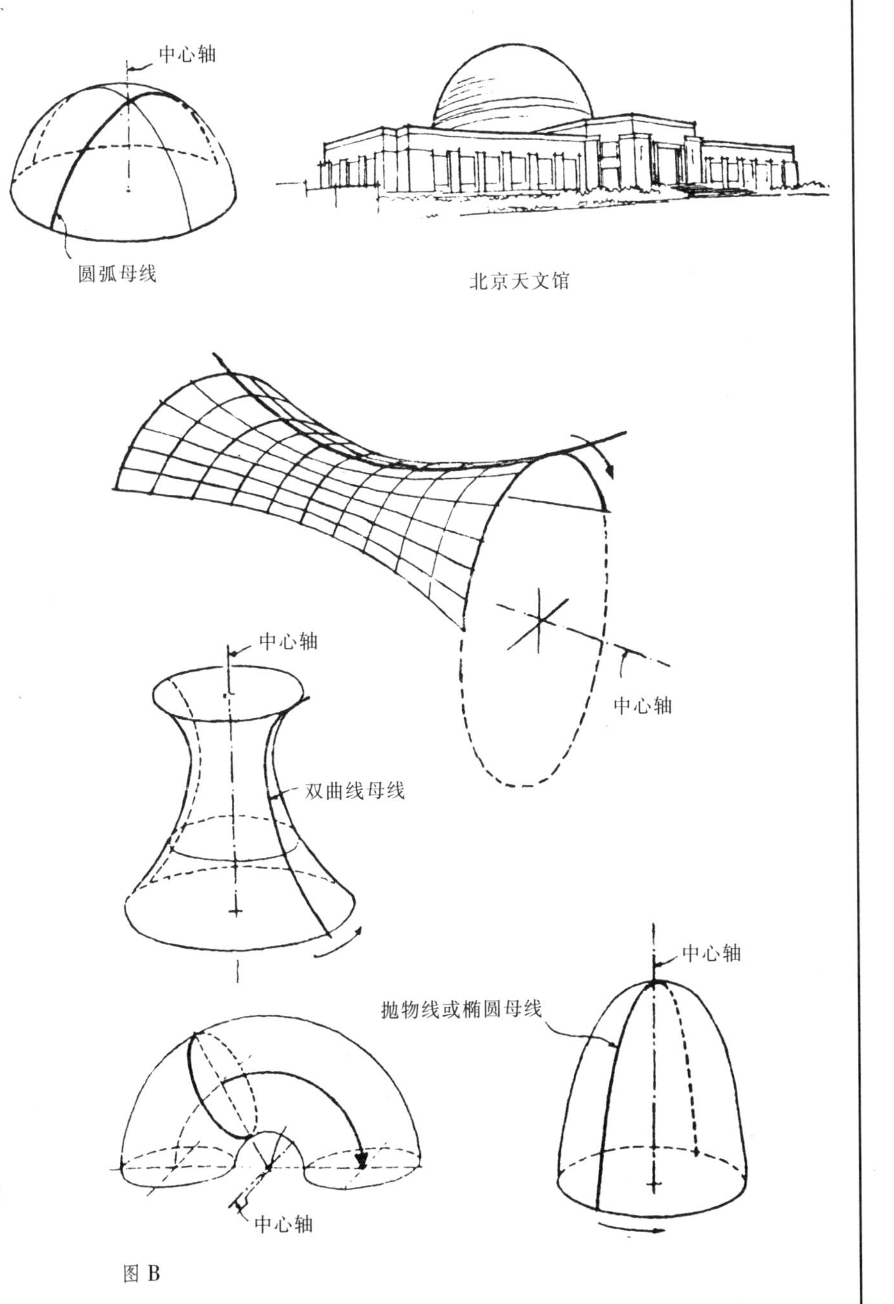


图 B

- **曲母线沿着曲导线运行而形成的曲面**

当曲母线所在平面和曲导线所在平面互相垂直时,曲面形状如下图 A-a.图 A-b。a 图为母线与导线同向弯曲的双曲面,b 图为母线与导线反向弯曲的双曲面。

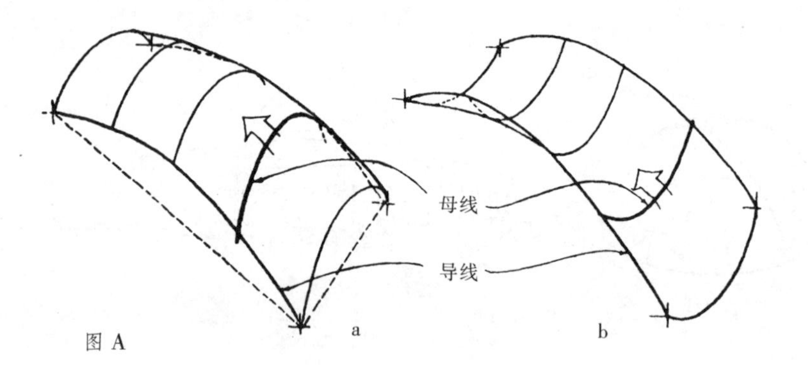

图 A

右图 C-a 是圆弧母线的曲率中心在圆弧导线上平行移动所形成的双曲面而素线互相平行。图 C-b 为方形平面的双曲面,母线和导线的曲率相等,这种曲面常用于薄壳结构,称双曲扁壳,图 D、图 E 为北京火车站广厅和高架候车室屋盖的双曲扁壳及单体示意图。

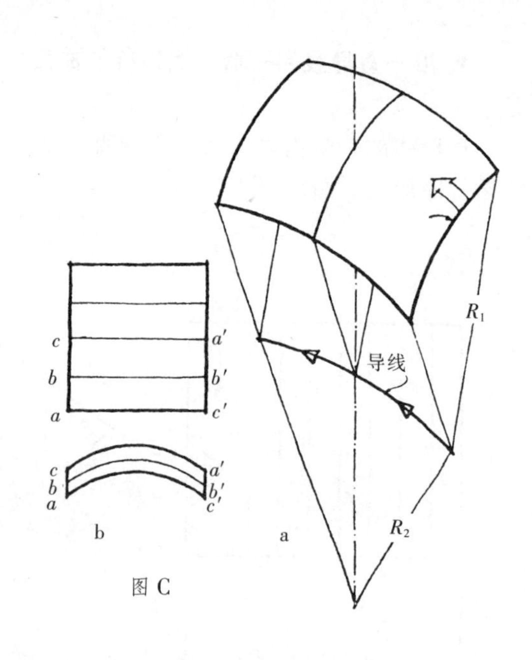

图 C

图 B 是导线为圆弧线的双曲面,这种双曲面适用于母线跨度较小的预制装配结构。南京长江大桥公路桥引桥部分即由此种曲面组成,但导线是抛物线。

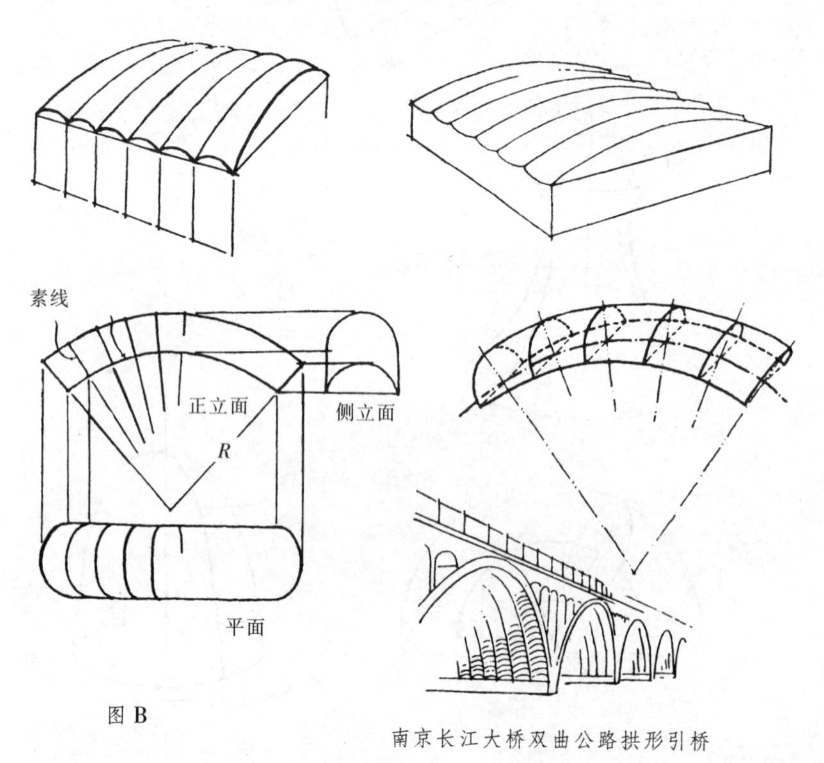

图 B

南京长江大桥双曲公路拱形引桥

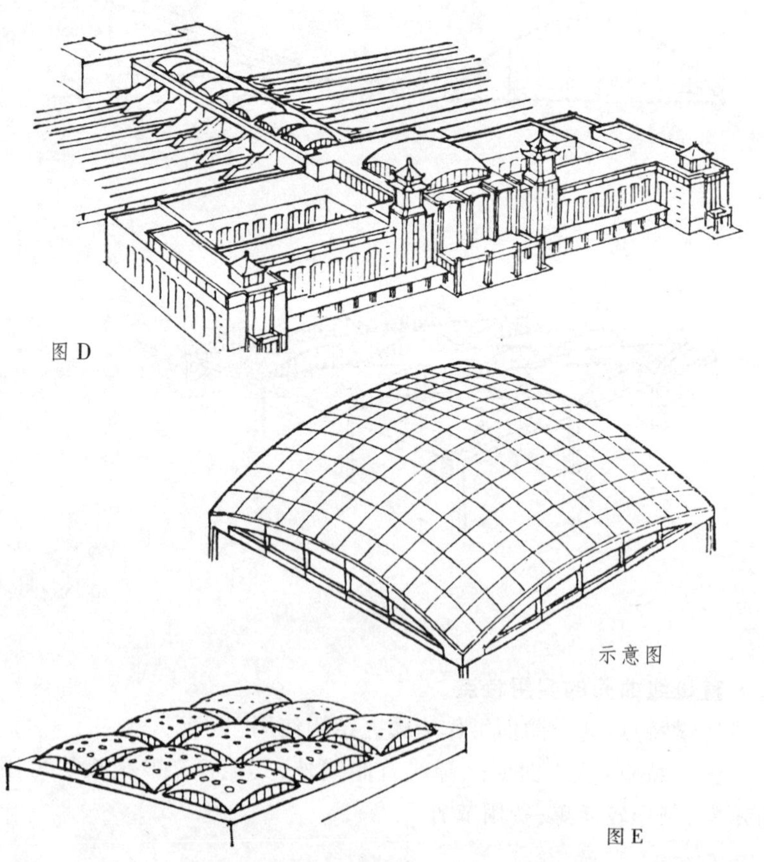
图 D

示意图

图 E

## □ 螺线和螺旋面

### ● 螺线

建筑上常用的螺线，系在圆柱面上一点绕圆柱中心轴等速盘旋升降所形成的曲线。下图 A 为螺线形成展开示意图以及螺线的平立面图、展开图。

螺线的 $H$ 面投形是一个圆，若将圆周 12 等分，并将各等分点 1~12 投到 $F$ 投形图上，与各相应的高度线相交，其交点的连线，即为螺线的 $F$ 面投形。

螺线的展开长度，是底为圆周长 $\pi D$，高为升高值的直角三角形的斜边边长。

图 A

螺线形成与展开图

a　D　周长 $\pi D$　升高

b　平面　螺线　立面　螺线展开　周长 $\pi D$　升高

### ● 螺旋面

平行于基底面的直母线一端以圆柱中心轴为导线，另一端以螺线为导线等速运行所形成的曲面为螺旋面。

### ● 螺旋体

下图 B 为一螺旋楼梯的平面、立面图，平图面上转动一格立面图上即上升一步。这是在建筑上常用的螺旋体实例。

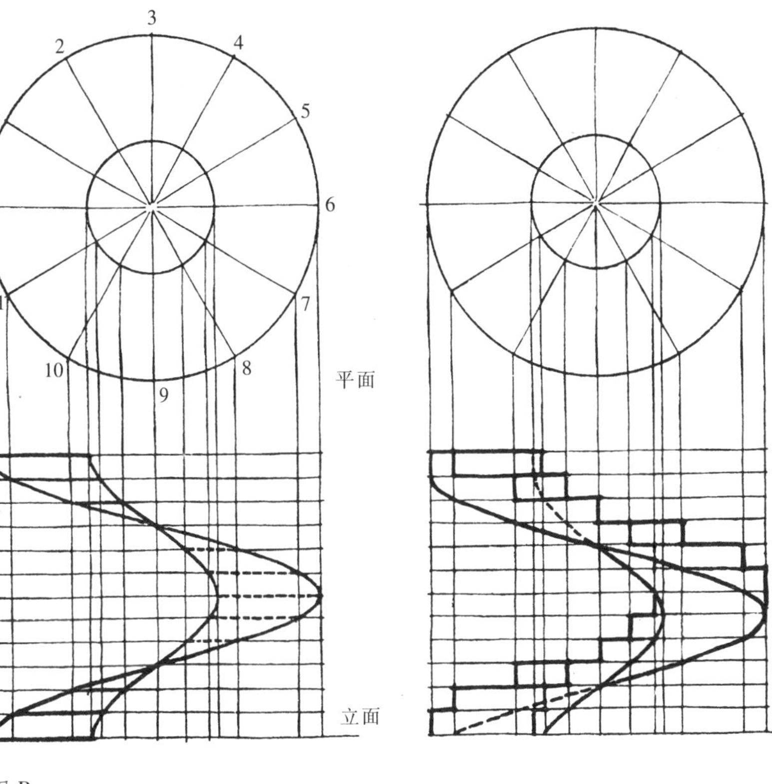


图 B

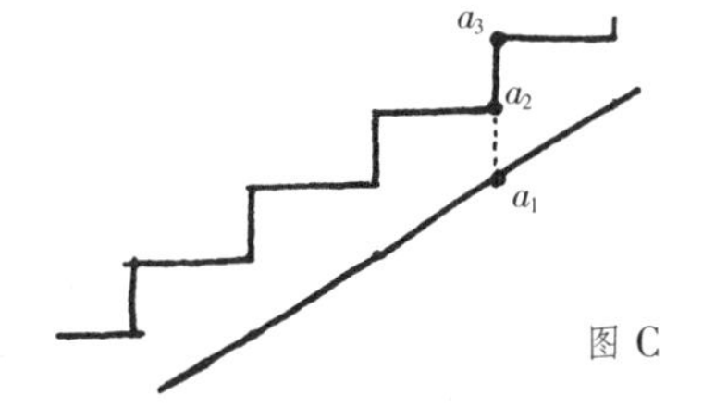


图 C

螺旋梯在平面图上每一点投到立面图上有相应的三个高度点 $a_1a_2a_3$，即每一踏步高度加上结构厚度。（如上图 C）

**已知：**

两个半圆柱面相交，它们的 $H$、$F$、$S$ 投形如右图 A。

**求作：**

$H$ 投形面上两个半圆柱面的相交线。

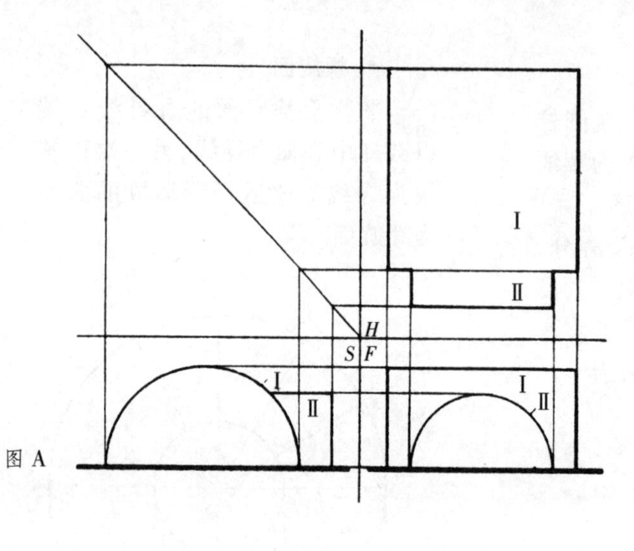


图 A

**分析：**

两半圆柱面各垂直于 $F$ 和 $S$。垂直于 $F$ 或 $S$ 的半圆柱面在 $F$ 或 $S$ 的投形是半圆弧线，它和两半圆柱面的交线相垂叠。

**作法：**

(1)由 $A_f$、$A_f'$、$B_f$ 及 $A_s$、$B_s$ 则可求得 $A_h$、$A_h'$、$B_h$。

(2)在 $F$ 面的相交圆弧上任选对称点 $C_f$、$C_f'$，$D_f$、$D_f'$，$E_f$、$E_f'$，则在 $S$ 面上可求得相应的 $C_s$、$D_s$、$E_s$。

(3)由 $C_f$、$C_f'$和 $C_s$ 投到 $H$ 面上即可求得 $C_h$、$C_h'$。

由 $D_f$、$D_f'$ 和 $D_s$ 投到 $H$ 面上即可求得 $D_h$、$D_h'$。

由 $E_f$、$E_f'$和 $E_s$ 投到 $H$ 面上即可求得 $E_h$、$E_h'$。

(4)连接 $H$ 面上的 $A_h$、$C_h$、$D_h$、$E_h$、$B_h$、$E_h'$、$D_h'$、$C_h'$、$A_h'$各点成一光滑曲线，即两圆柱面相交线的 $H$ 面投形。

图 B

**已知：**

如右图 A 所示，两个曲面立体相交的 $H$、$F$、$S$ 投形图。

**求作：**

两个曲面立体相交线的投形图。

**分析：**

若用平行于 $H$ 面的平面将两个曲面立体截开，截线的 $H$ 投形是一个圆和一个长方形，它们的交点必为两个曲面立体相交线上的点，若用几个平行于 $H$ 的平面去截的话，即可有好几个交点，把这些交点连接成一个光滑的曲线即两曲面立体的交线。（如右图 B）

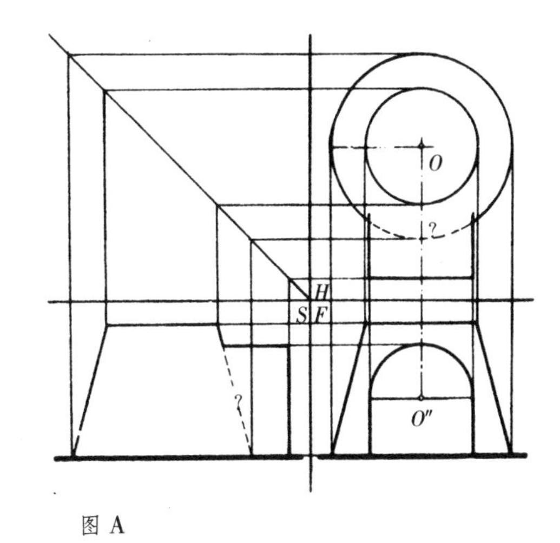


图 A

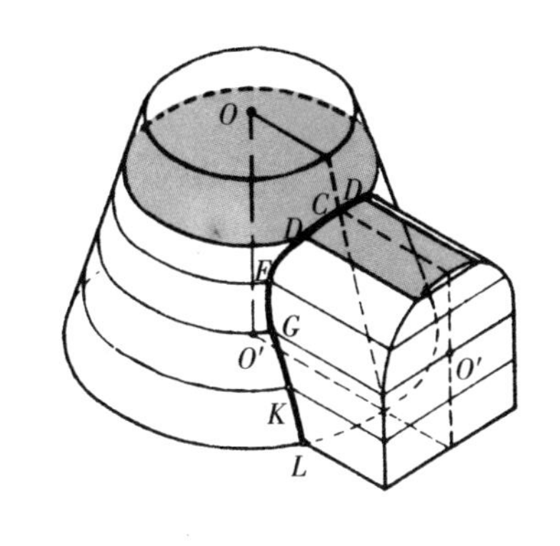


图 B

**作法：**（图 C）

（1）在 $F$ 面上、作平行于 $H$ 面的截面，与两曲面立体各交于 1、2、3、4 和 $D_f$、$E_f$、$G_f$、$K_f$、$D_f'$、$E_f'$、$G_f'$、$K_f'$。

（2）由 1、2、3、4，投到 $H$ 面上作半径为 $O1$、$O2$、$O3$、$O4$，的圆。

（3）由 $D_f$、$D_f'$ 投到 $H$ 面上与圆 1 相交得 $D_h$、$D_h'$。

由 $E_f$、$E_f'$ 投到 $H$ 面上与圆 2 相交得 $E_h$、$E_h'$。同样作法即可得 $G_h$、$G_h'$、$K_h$、$K_h'$。

（4）由 $C_f$ 和 $C_s$ 即可得 $C_h$，连 $C_h$、$D_h$、$E_h$、$G_h$、$K_h$、$L_h$ 及其对称的 $C'_h$、$D_h'$、$E_h'$、$G'_h$、$K_h'$、$L_h'$ 成一光滑曲线，即为两曲面立体相交线的 $H$ 投形图。

（5）由 $D_f$、$D_h$ 即可得 $D_s$，由 $E_f$、$E_h$ 即可得 $E_s$，由 $G_f$、$G_h$ 即可得 $G_s$，由 $K_f$、$K_h$ 即可得 $K_s$。连接 $C_s$、$D_s$、$E_s$、$G_s$、$K_s$、$L_s$ 成一光滑曲线即为两曲面立体相交线的 $S$ 投形图。

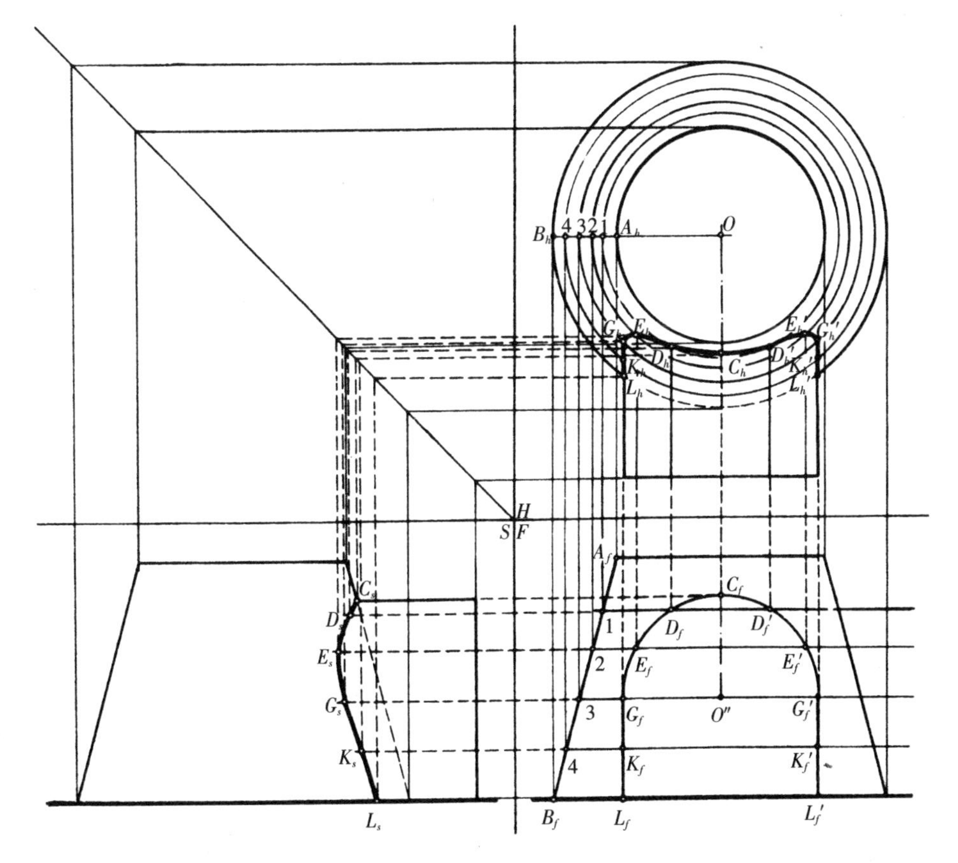


图 C

**当投形线不垂直于投形面时，物体的投形是轴测图**

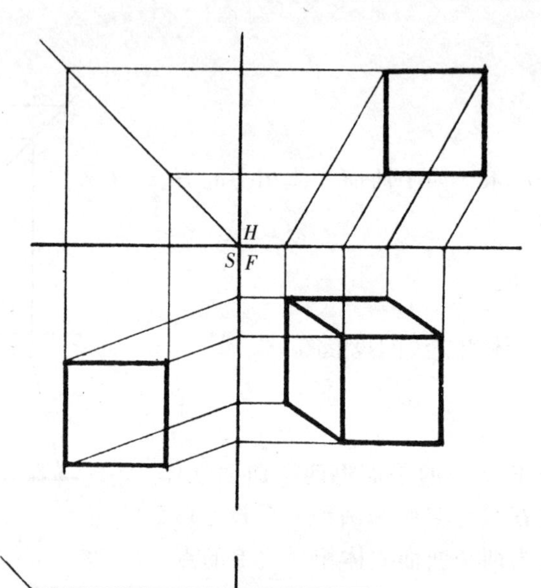


图 A

图 A　投形线不垂直于 F 面的平行线，立方体在 F 面的投形为轴测图。在轴测图上可以看到立方体的三个面，其中一个平行于 F 面的平面，它的投形形状不变，仍为正方形，而其他两个垂直于 F 面的平面，由于投形线的倾斜，在 F 面的投形为平行四边形。

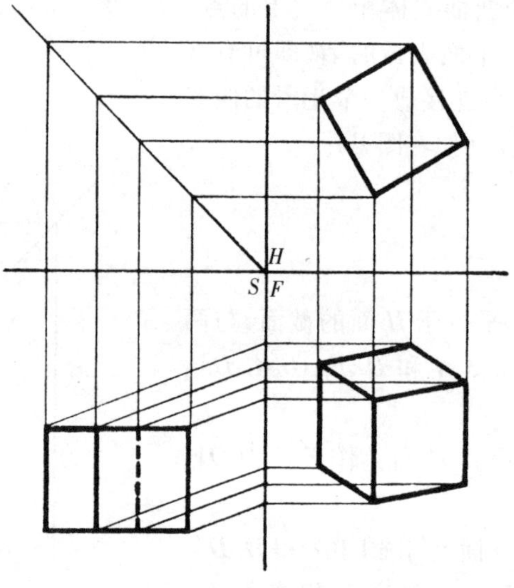


图 B

图 B　立方体的各垂直面均与 F、S 倾斜，投形线不垂直于 F 面、而与 S 面平行的平行线，它在 F 面的投形为轴测图，在轴测图上可以看到立方体的三个面都是平行四边形。

当立方体的三个互相垂直的面都不垂直于投形面时，它在该投形面上的正投形为轴测图。

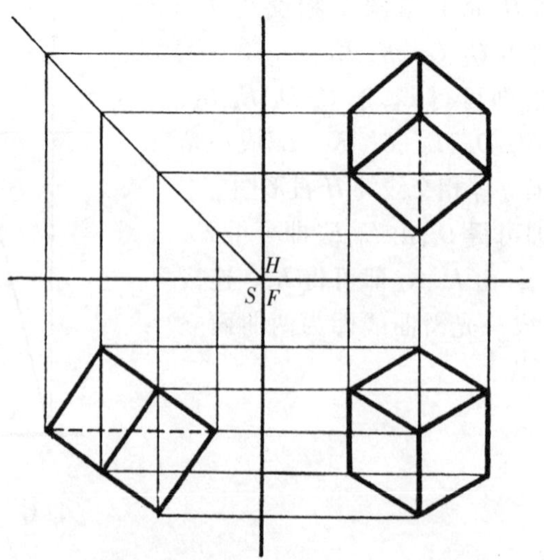


图 C

图 C　立方体的三个互相垂直的面和 H、F 面倾斜，它的 H、F 面的投形是轴测图，在轴测图上可以看到立方体的三个面都是平行四边形。

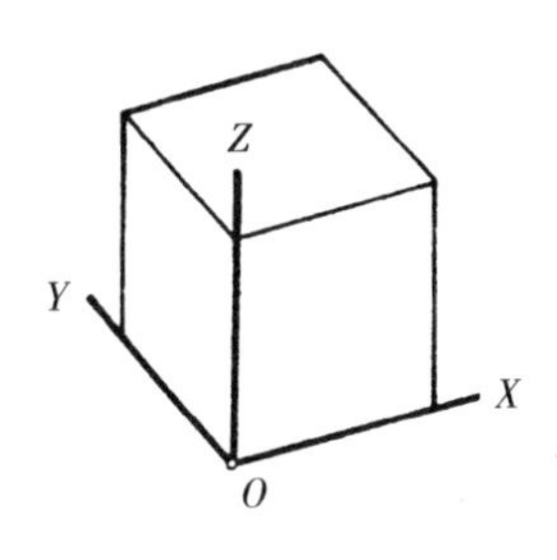


以立方体相互垂直的边为轴，垂直边 *OZ* 轴表示高度，水平边 *OX* 轴表示长度，*OY* 轴表示宽度。(上图)

这是最常用的轴测图的角度，它可以直接用绘图三角板的角度，并且可以按同一比例尺绘制，比例适当，不会失真，绘图方便。

为了作图方便，三轴的交角通常选用三角板和丁字尺易于组成的角度。若 *OX* 和 *OY* 轴的交角较大时，看到立方体的顶面较少，若 *OX* 和 *OY* 轴的交角较小时，看到立方体的顶面较多。

通常绘轴测图时，长、宽、高都采用同一比例，若三轴都用同一比例尺作正立方体的轴测图，则有些角度会使图形变形，为了纠正变形而带来的图形失真现象，可将各轴的长度适当地缩短一些，下图是绘轴测图时不同角度各轴的比例(供参考)。

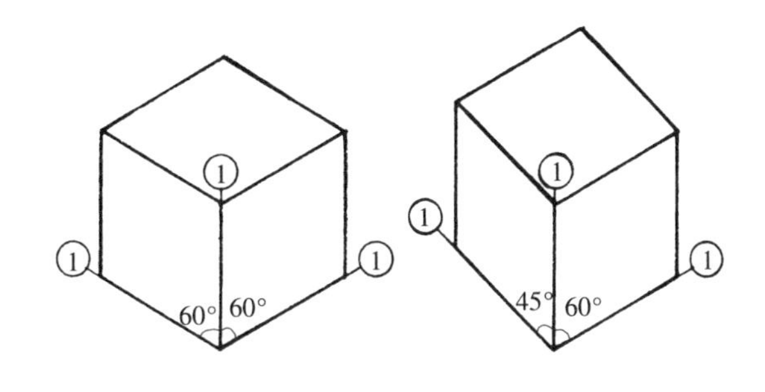


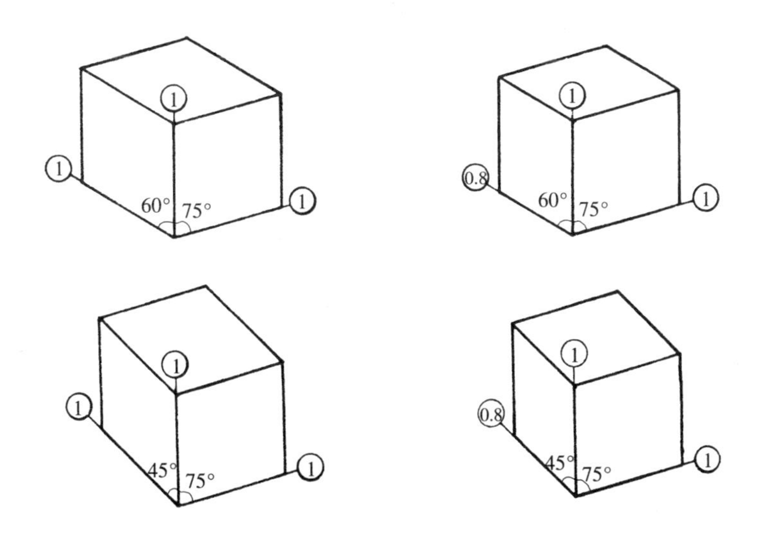


这种角度若用 1:1:1 的比例绘制，则 *OY* 轴方向会显得略宽，可采用 *OX*:*OY*:*OZ*=1:0.8:1 时图形逼真。

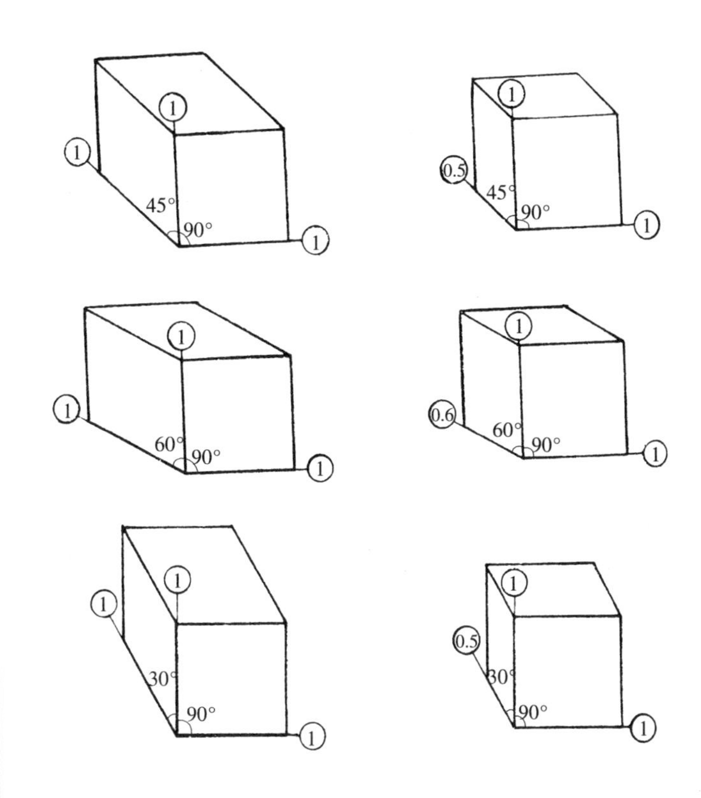


当 *OX* 和 *OZ* 轴的交角等于 90°时，表明投形面与 *OX*、*OY* 轴平行，这种角度若用 1:1:1 的比例绘制，则 *OY* 轴方向会显得很宽而失真，采用:*OX*:*OY*:*OZ*=1:0.6(0.5):1 时图形逼真。

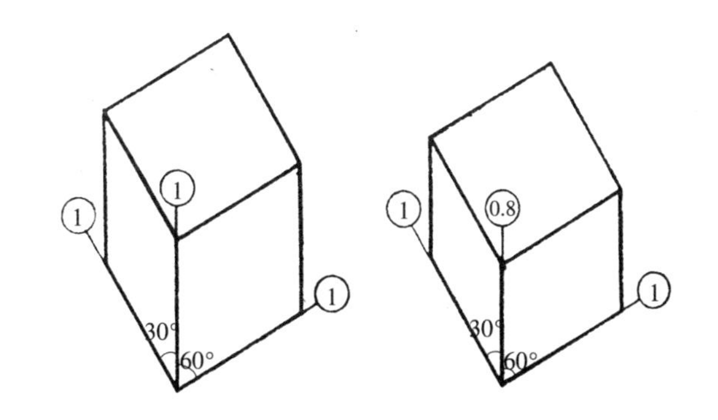


当 *OX* 和 *OY* 轴的交角为 90°时，这种角度若用 1:1:1 的比例绘制，则 *OZ* 轴方向会显得略高了些，采用:*OX*:*OY*:*OZ*=1:1:0.8 时图形逼真。

**已知：**

建筑型体的 $H$、$F$、$S$ 投形。(图 A)

**求作：**

建筑型体的轴测图。

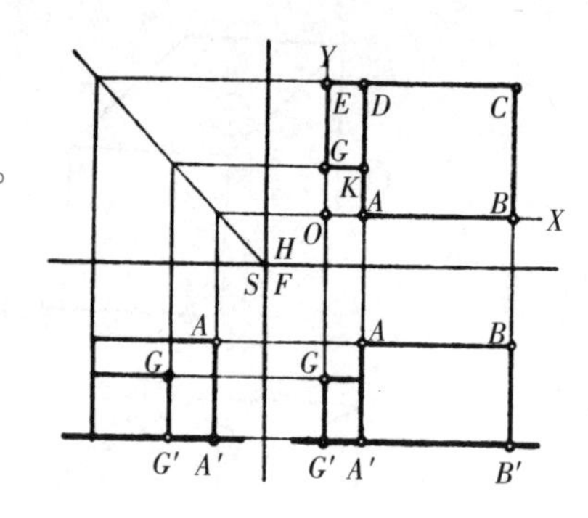

图 A

**作法：**

(1)选择 $OX$、$OY$、$OZ$ 轴的角度。(图 B-a)

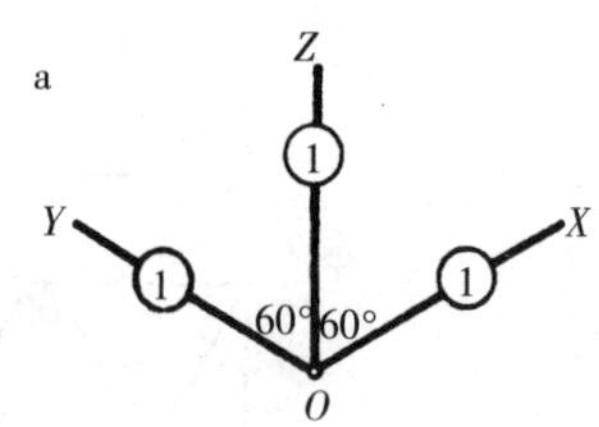


(2)作 $H$ 投形(即平面)的轴测图,将 $A'B'$、$E'G'$分别与轴 $OX$、$OY$ 重叠，在 $OX$ 轴上量出 $OA'$、$A'B'$的长度,在 $OY$ 轴上量出 $OG'$、$G'E'$,自 $A'$、$B'$作 $OY$ 的平行线与自 $G'$、$E'$作 $OX$ 轴的平行线相交于 $K'$、$D'$、$C'$。(图 B-b)

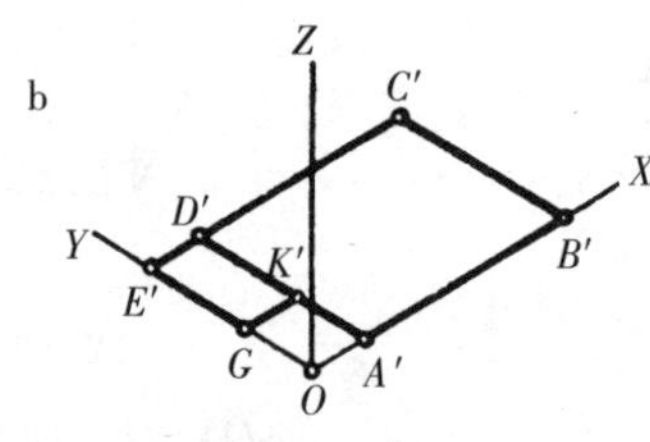


(3)自轴测平面上各直线的交点作垂线,为各垂直面的相交线,量出 $AA'$、$GG'$的高度。(图 B-c)

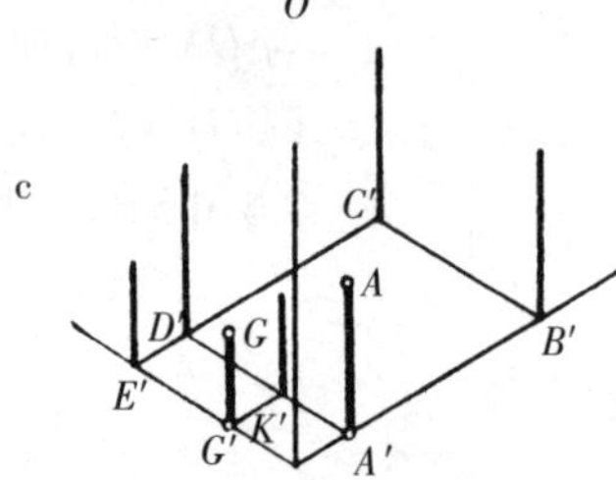


(4)自 $A$ 作直线平行于 $A'B$ 与由 $B'$所作的垂线相交于 $B$，再自 $B$ 作直线平行于 $B'C'$与由 $C'$所作的垂线相交于 $C$。自 $G$ 作直线平行于 $G'E'$与自 $E'$所作的垂线相交于 $E$,由此类推即可完成轴测图的外轮廓线。(图 B-d)

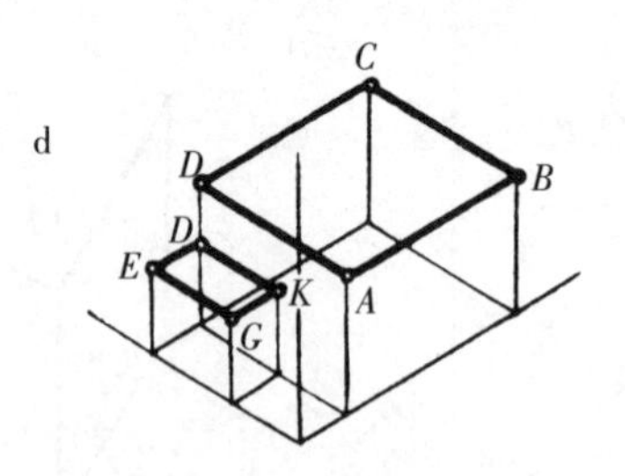


(5)加深各线段,并分明各线条的等级,被遮挡部分的线可以不画。但在必要时可用虚线表示。(图 B-e)

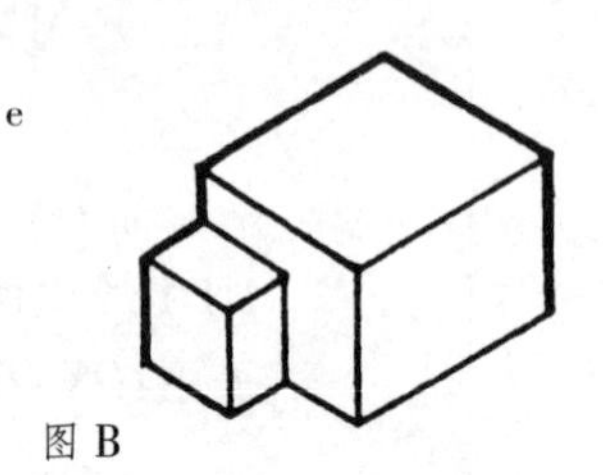

图 B

**已知：**

四坡屋面建筑型体的 $H$、$F$、$S$ 投形。(图 C)

**求作：**

四坡屋面建筑型体的轴测图。

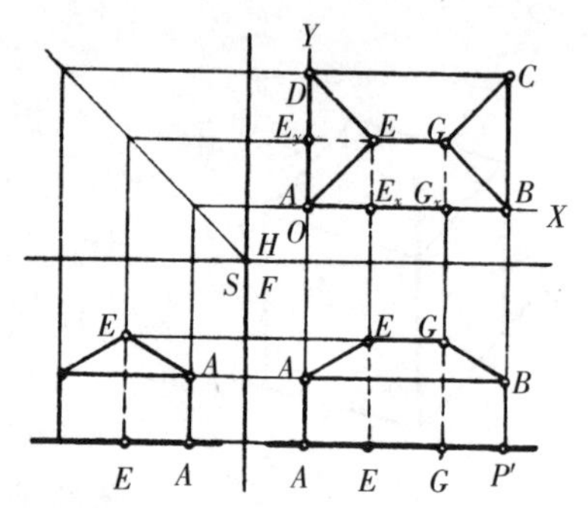

图 C

**作法：**

(1) 选择 $OX$、$OY$、$OZ$ 轴的角度。(图 D-a)

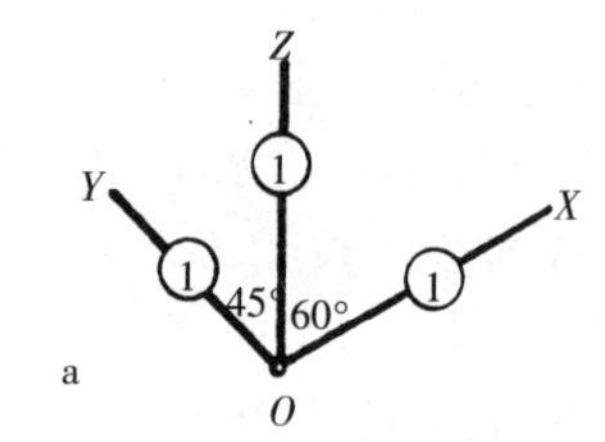


(2)作 $H$ 投形(即平面)的轴测图。将 $A'B'$、$A'D'$与 $OX$、$OY$ 轴重叠，在 $OX$ 轴量 $OE_x=AE_x$ 及 $E_xG_x=EG$、$E_xB'=E_xB$ 的长度，在 $OY$ 轴上量 $OE_y=AE_y$ 及 $E_yD'=E_yD$ 的长度，自 $E_xG_x$ 作 $OY$ 的平行线与自 $E_y$ 作 $OX$ 的平行线相交于 $E'$、$G'$(即四坡屋面屋脊长度的 $H$ 投形),自 $B'$作 $OY$ 的平行线与自 $D'$作 $OX$ 的平行线相交于 $C'$。(图 D-b)

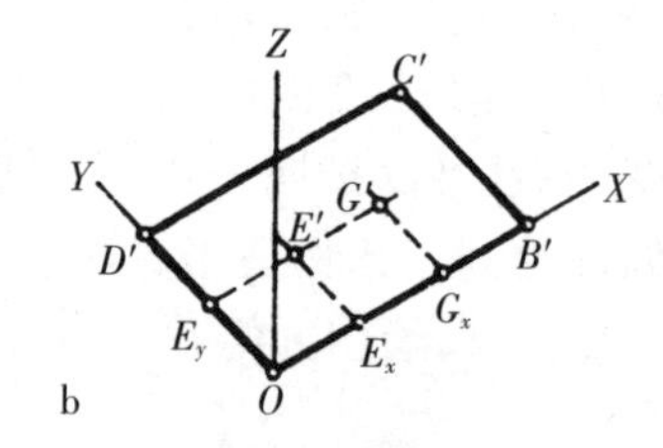


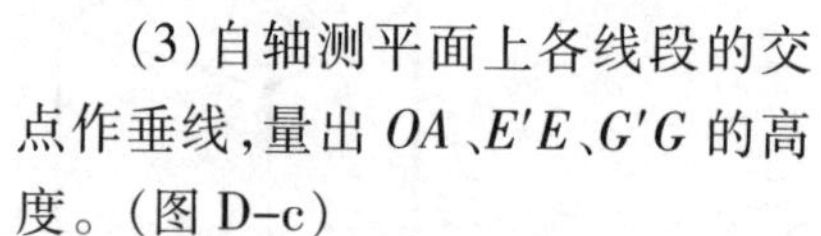

(3)自轴测平面上各线段的交点作垂线,量出 $OA$、$E'E$、$G'G$ 的高度。(图 D-c)

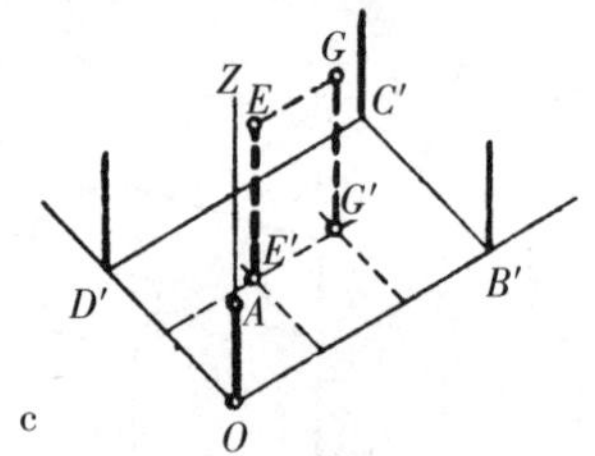


(4)自 $A$ 作 $OX$ 轴的平行线与由 $B'$所作垂线交于 $B$。

自 $A$ 作 $OY$ 轴的平行线与由 $D'$作垂线交于 $D$。

自 $B$ 和 $D$ 各作平行于 $OY$ 和 $OX$ 轴的直线相交于 $C$,连 $AE$、$DE$、$BG$、$CG$ 及 $EG$,即得四坡屋面的轴测轮廓线。(图 D-d)

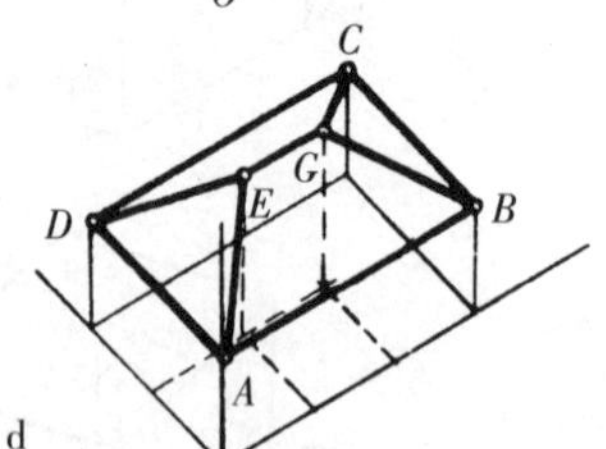


(5)加深各线段,并分明线条等级。(图 D-e)

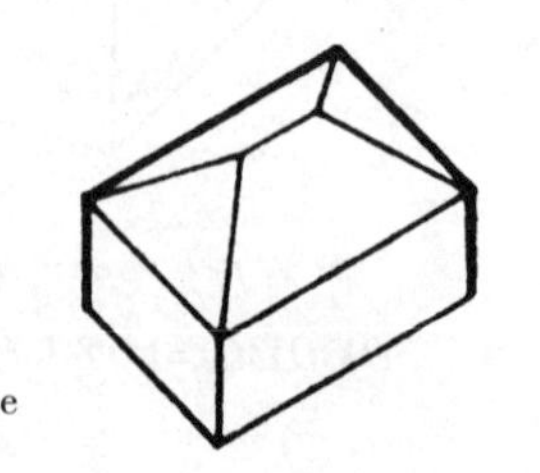

**已知：**

建筑型体的 $H$、$F$、$S$ 投形。

**求作：**

建筑型体的轴测图。

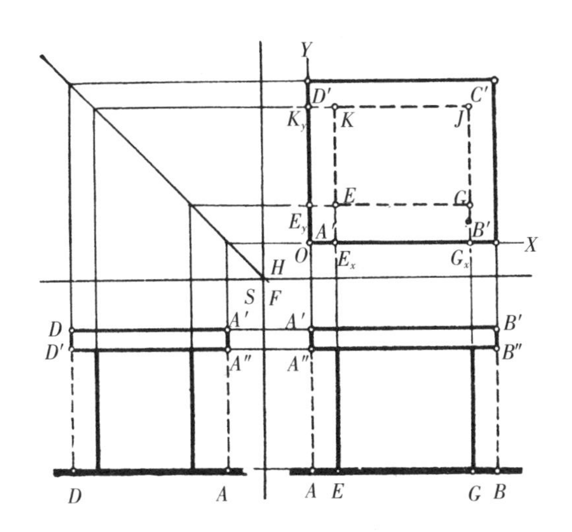


图 A

**作法：**

(1)选择 $OX$、$OY$、$OZ$ 轴的角度。$OX:OY:OZ$=1:0.8:1。(图 B–a)

(2)作平面的轴测图：将 $AB$、$AD$ 各与 $OX$、$OY$ 轴重叠，在 $OX$ 轴上量出 $OB=AB$、$OE_x=AE_x$ 和 $E_xG_x$ 的长度。在 $OY$ 轴上量出 $OD=0.8AD$、$OE_y=0.8AE_y$、$OK_y=0.8AK_y$。

自 $E_x$、$G_x$、$B$ 作 $OY$ 轴的平行线与自 $E_y$、$K_y$、$D$ 作 $OX$ 轴的平行线各相交于 $C$、$E$、$G$、$J$、$K$。(图 B–b)

(3)自各交点 $O$、$B$、$C$、$D$ 引垂线，在 $OZ$ 轴上量得 $OA''$、$A''A'$ 的高度。(图 B–c)

(4)自 $A'$ 作 $OX$ 轴的平行线与由 $B$ 作垂线相交于 $B'$。

自 $A''$ 作 $OX$ 轴的平行线与由 $B$ 作垂线相交于 $B''$。同法自 $A'$、$A''$ 作 $OY$ 轴的平行线即可得 $D'$、$D''$。自 $B'$ 和 $D'$ 分别作 $OX$、$OY$ 轴的平行线相交于 $C'$，即得屋檐部分轴测图。

自 $E$、$G$、$K$ 各作垂线即得建筑型体的轴测图。被遮挡部分可以不画。(图 B–d)

(5)加深各线段，并分明线条等级。(图 B–e)

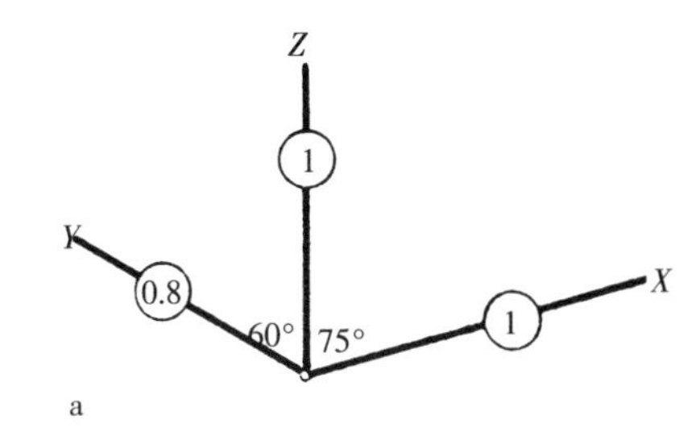


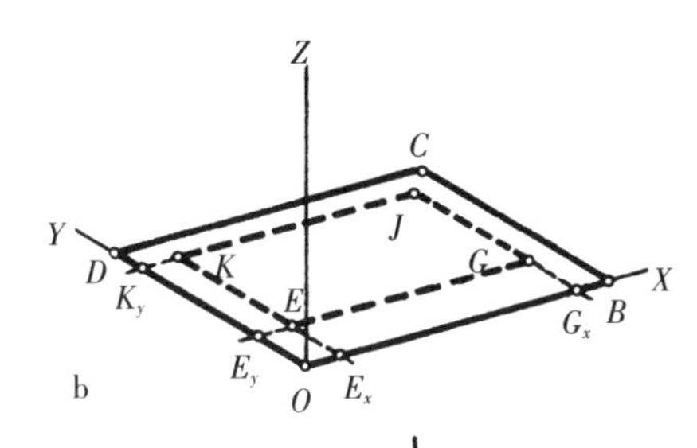


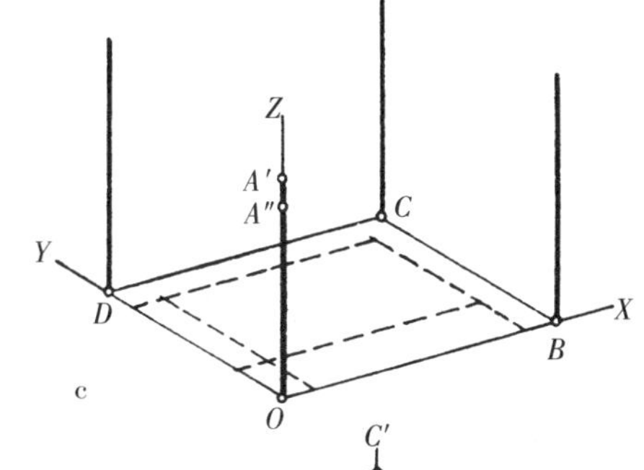


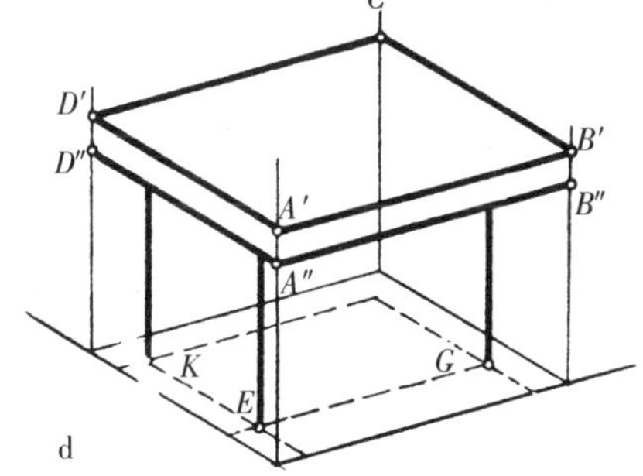


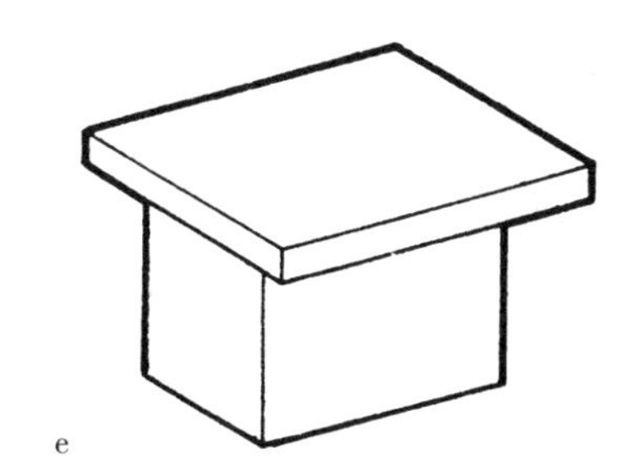


图 B

**已知：**

建筑型体的 $H$、$F$、$S$ 投形。(图 A)

**求作：**

建筑型体的轴测图。

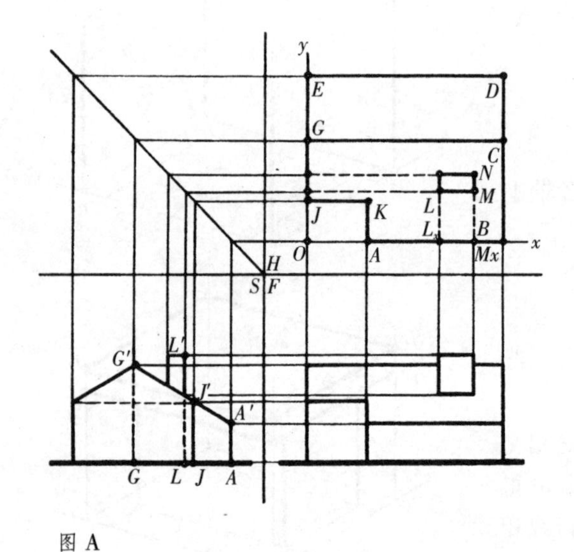


图 A

**作法：**

(1)选择 $OX$、$OY$、$OZ$ 轴的角度，$OX$:$OY$:$OZ$=1:1:1。

(2)作平面的轴测图，作法同前。(图 B-a)

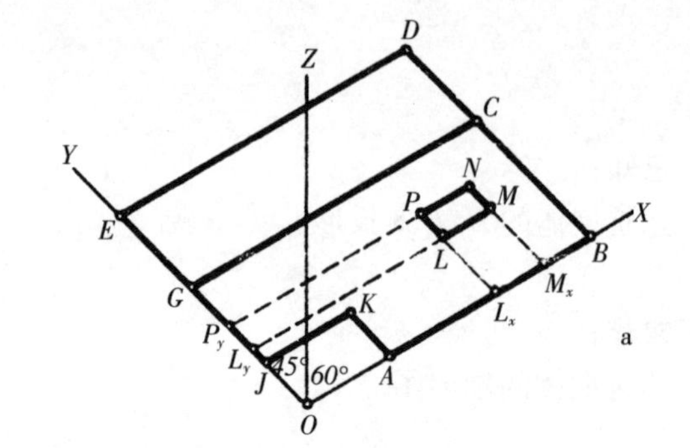


(3)作各垂直面的交线，量出檐高 $AA'$，$JJ'$，屋脊高 $GG'$，烟囱高 $LL'$。(图 B-b)

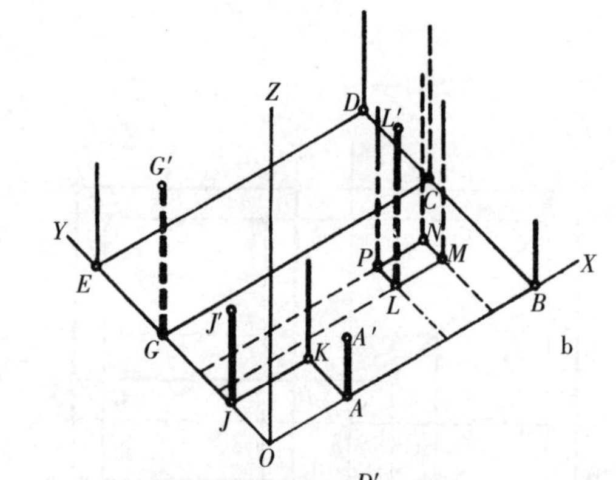

(4)作烟囱顶面轮廓线。

作屋面轮廓线。自 $A'$ 作 $OX$ 轴的平行线得 $B'$，自 $J'$ 作 $OX$ 轴的平行线得 $K'$，自 $G'$ 作 $OX$ 轴的平行线得 $C'$。自 $J'$ 作 $OY$ 轴的平行线得 $E'$ 自 $E'$ 作 $OX$ 轴的平行线，得 $D'$。连接 $J'G'$、$E'G'$、$A'K'$、$B'C'$、$D'C'$ 即得屋面轮廓线。(图 B-c)

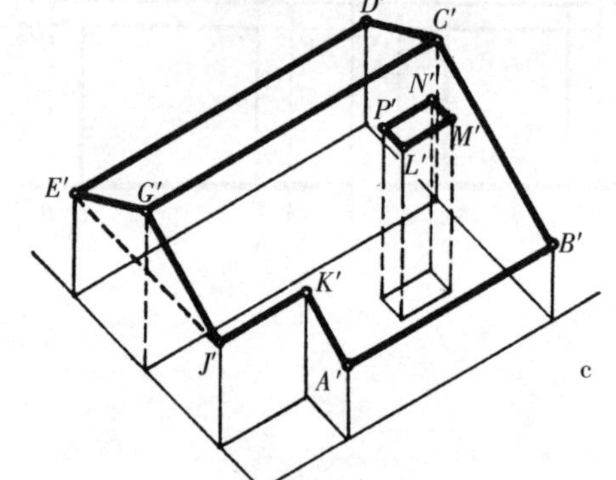


(5)作屋面与烟囱的交线。

在平面轴测图上由 $L_x$、$L_y$ 作垂线得 $L_x'$、$L_y'$，由 $L_x'$ 作 $J'G'$ 的平行线得 $L''P''$。由 $L_y'$ 作 $OX$ 的平行线得 $L''M''$。$L''P''$ 和 $L''M''$ 为坡屋面与烟囱的交线。$L''P'' \parallel J'G'$，$L''M'' \parallel OX$(图 B-d)。

(6)加深各线段，并分明线条等级。(略)

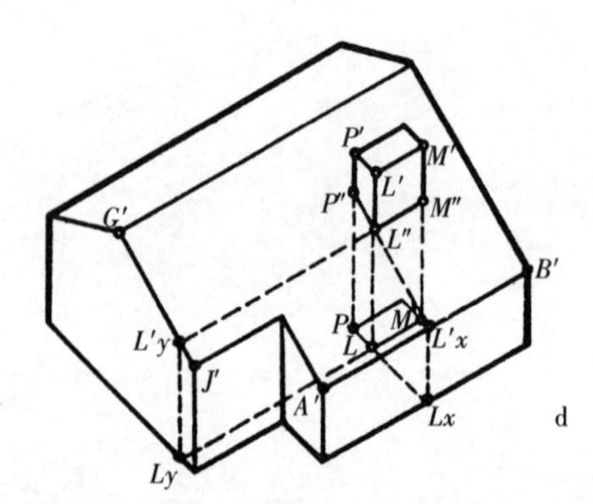


图 B

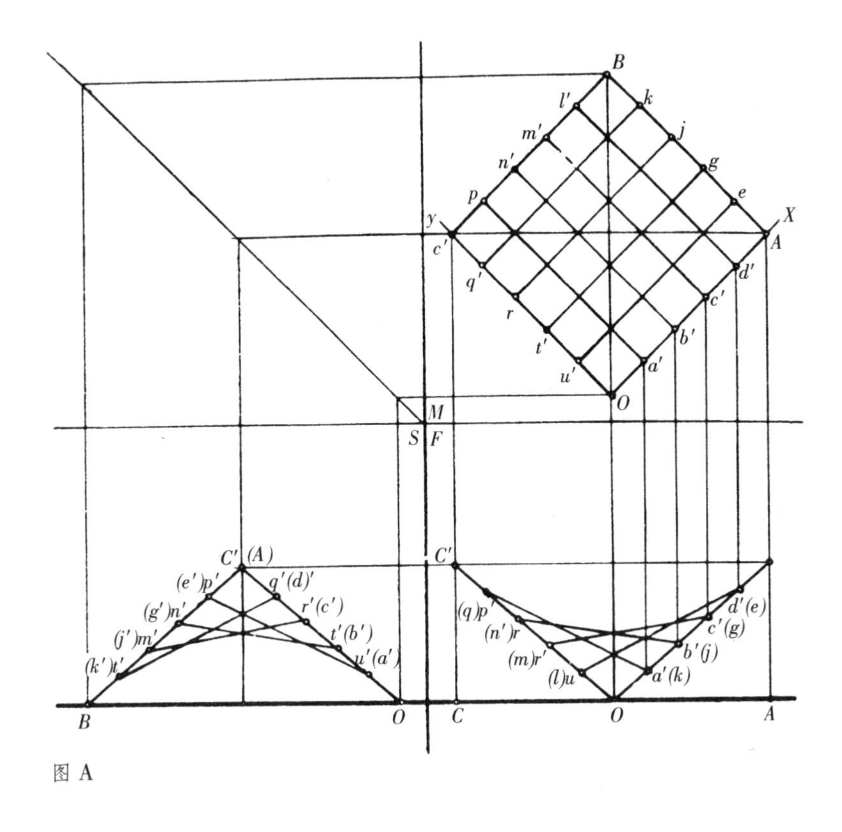


图 A

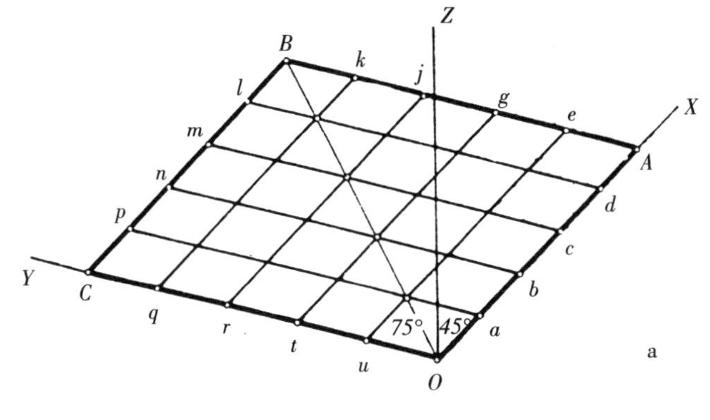


a

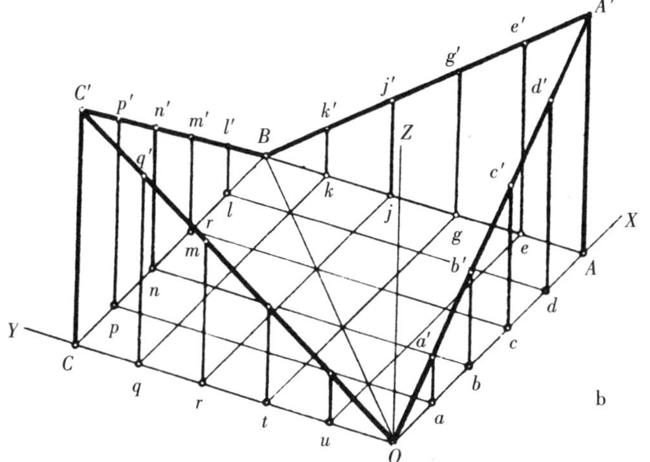


b

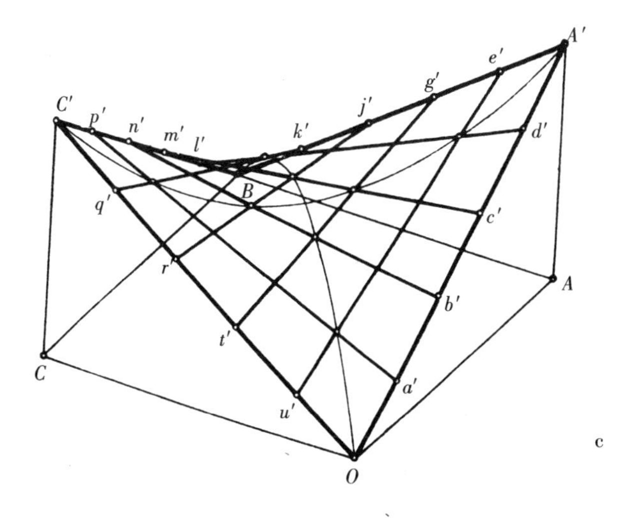


c

图 B

直母线沿着直导线运行而形成的曲面，作轴测图的方法和平面立体的作图方法相同。

**已知：**

直纹扭曲面的 $H$、$F$、$S$ 投形(图 A)。

**求作：**

直纹扭曲面的轴测图。

**作法：**(图 B)

(1)选择 $OX$、$OY$、$OZ$ 的角度，作出扭曲平面的轴测图。

(2)在轴测平面图上量出 $AA'$、$CC'$的高度，并连接 $OA'$、$OC'$、$C'B$、$A'B$。过 $a$、$b$、$c$…$t$、$u$ 各点作垂线，得 $a'$、$b'$、$c'$…$t'$、$u'$各点。

(3)连接 $a'p'$、$b'n'$、$c'm'$、$d'l'$及 $e'u'$、$g't'$、$j'r'$、$k'q'$，然后将各交点连成光滑曲线。

圆的轴测图作法：作圆的轴测图，首先要作出圆的外切正方形的轴测图，然后用坐标法和四心圆近似法作出椭圆即为圆的轴测图。（图 A）

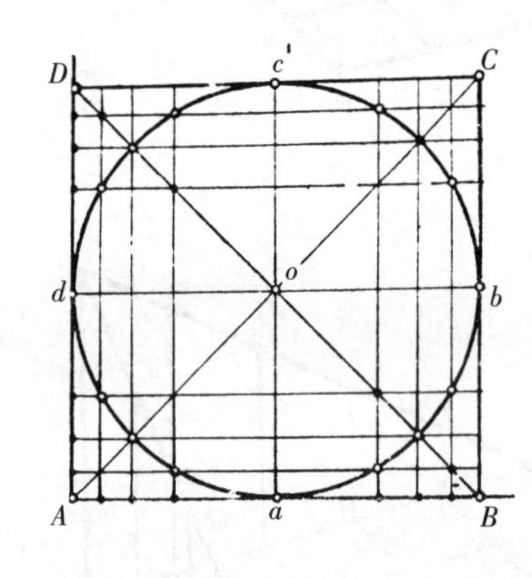

图 A

□ **坐标法**

以圆的外切四边形的两边 $AB$ 及 $AD$ 为轴，定出圆弧上各点在两轴上的坐标，按坐标在轴测平面图上画出圆弧各点的位置，然后用曲线板连各点成一光滑的曲线——椭圆，即为圆的轴测图。这种作法适合画各种角度圆的轴测图，如下图 C 左、右为两种不同角度圆的轴测图。

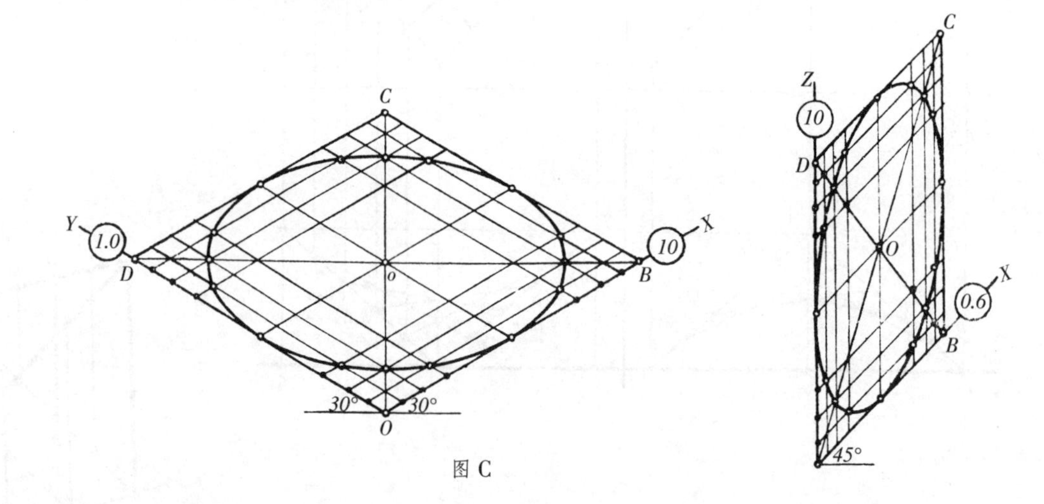

图 C

□ **四心圆近似法**

当两轴线的缩短比例相等时，圆的外切正方形的轴测图为棱形，作棱形四边的中垂线，它们互相的交点是 $O_1$、$O_2$、$O_3$、$O_4$，以 $O_1$ 为圆心作弧 $dc$，以 $O_2$ 为圆心作弧 $ab$，以 $O_3$ 为圆心作弧 $ad$，以 $O_4$ 为圆心作弧 $bc$，即得一椭圆，为圆的轴测图。

当四个圆心都在棱形内时，误差较小，若两个圆心在棱形外，误差较大，就不能用此法。（图 B）

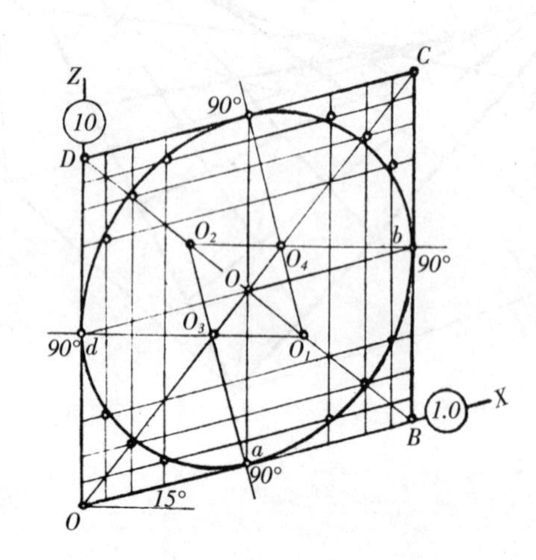

图 B

下图 D：以 $A$ 为圆心 $AB$ 为半径作圆弧与 $AC$ 相交于 $e$，再以 $O$ 为圆心，$oe$ 为半径作圆与 $DB$ 相交下于 $O_1$、$O_2$，然后以 $A$、$C$、$O_1$、$O_2$ 为四个圆心作椭圆，此法误差较小。

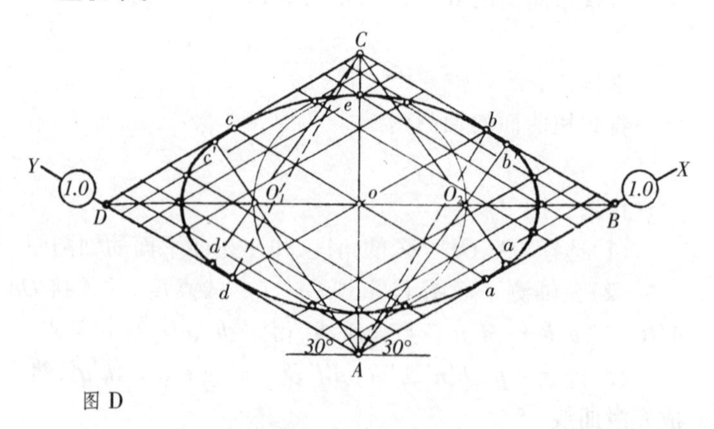

图 D

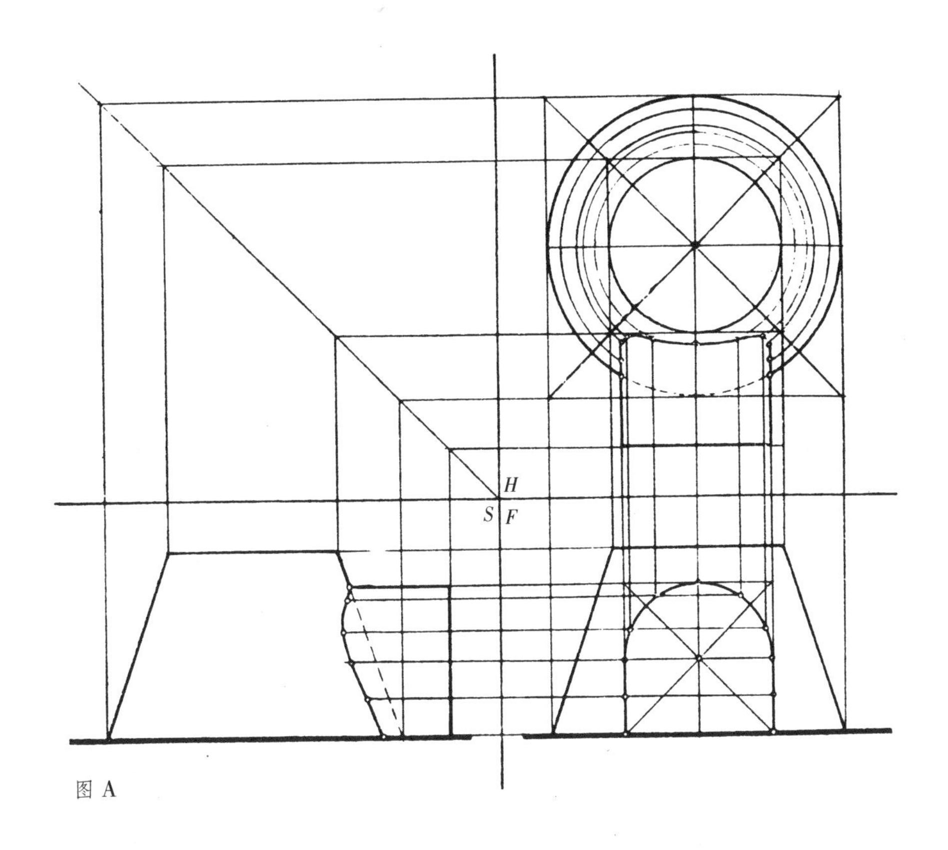


图 A

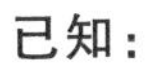

**已知：**

两曲面立体相贯的 $H$、$F$、$S$ 投形。（图 A）

**求作：**

两曲面立体相贯的轴测图。

**作法：**（图 B）

（1）作三个圆弧的外切正方形的轴测图。（图 B-a）

（2）用四心圆法作出三个圆弧的轴测图。（图 B-b）

（3）用四个平行于 $H$ 的平面去切两个曲面立体，每切一片其切断面为一长方形和一圆弧，它们的交点即两曲面立体交线上的一点，$A$ 点为交线的高点，$B$ 点为低点，连 $BGEDCAc'$ 即得两曲面立体交线的轴测图。（图 B-c）

a

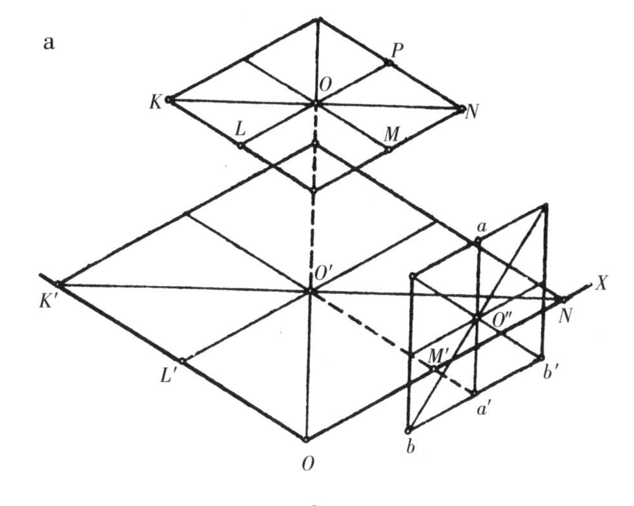


b

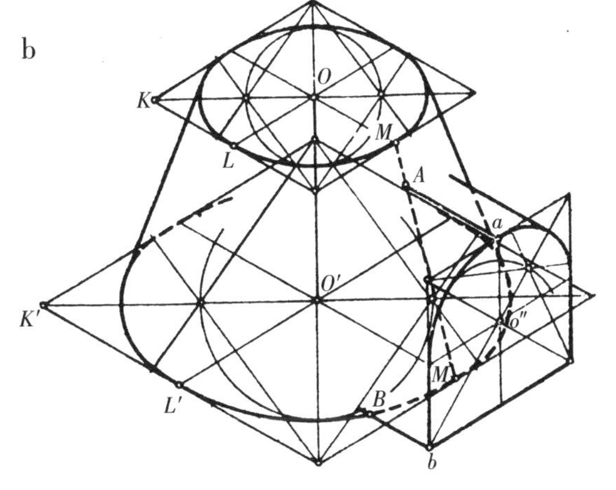


c

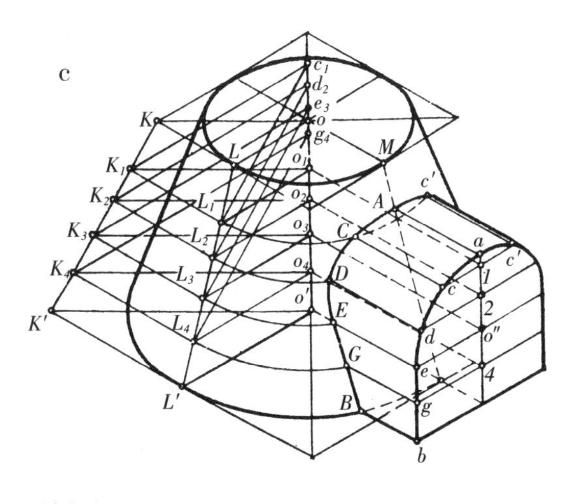


图 B

我们观察建筑物的形象如同照相，从照片中可见：

(1)建筑物上，等高度的柱子，距我们近的则高，远的较低，越远越低，即近高远低。

(2)建筑物上，等距离的柱子，距我们近的柱距疏，远的较密，越远越密，即近疏远密。

(3)建筑物上，等体量的构件，距我们近的体量大，远的体量小，即近大远小。

(4)建筑物上平行的直线，延长后相交于一点。如：$V_1$、$V_2$。

诸此种种，均为透视现象。

透过画面观察物体(图 A),视线与物体上各轮廓线交点的连线和画面相交，其交点有序地相连接而成的图象,即是透视图,它是中心投形图,即投形线(视线)集中于一点(视点)。

**已知:**

建筑物、画面($P.P.$)、视点($E$)的平面图和侧面图。

**求作:**

建筑物的透视图。

**分析:**

由视点 $E$ 看物体，视线和画面的交点相连接而成的图象即物体的透视图。

**作法:**(图 B)

(1)绘出建筑物、画面、视点相应位置的平面($H$)和侧面($S$)。

(2)在平面图上,由视点 $E_h$ 和建筑物上各转角点相连,为视线的 $H$ 面投形图,它和 $P.P_h$ 的交点为该透视点的 $H$ 面投形。

例如:$E_hA_h$ 和 $P.P_h$ 的交点 $a_h$。

(3)在侧面图上,由视点 $E_s$ 和建筑物上各转角点相连,为视线的 $S$ 面投形图,它和 $P.P_s$ 的交点为该透视点的 $S$ 面投形。它决定了建筑物上各转角点的高度。例如 $E_sA_s$ 和 $P.P_s$ 的交点 $a_s$。

(4)将 $P.P_h$ 和 $P.P_s$ 上各相应的透视点转投到 $P.P_f$ 面上,如:自 $a_h$ 作垂线和自 $a_s$ 作水平线相交于 $a$,即 $A$ 点的透视点,其他 $b$、$c$、$c'$、$d$、$d'$、$f$、$f'$ 作法同上。

(5)连各相应的透视点 $abcc'd'df'f$,即得建筑物透视图的轮廓线。

这是作透视图的基本方法,由于建筑物的型体、空间变化甚多,这种方法就十分繁琐,为简化作图,必须从中找出规律,下文再叙。

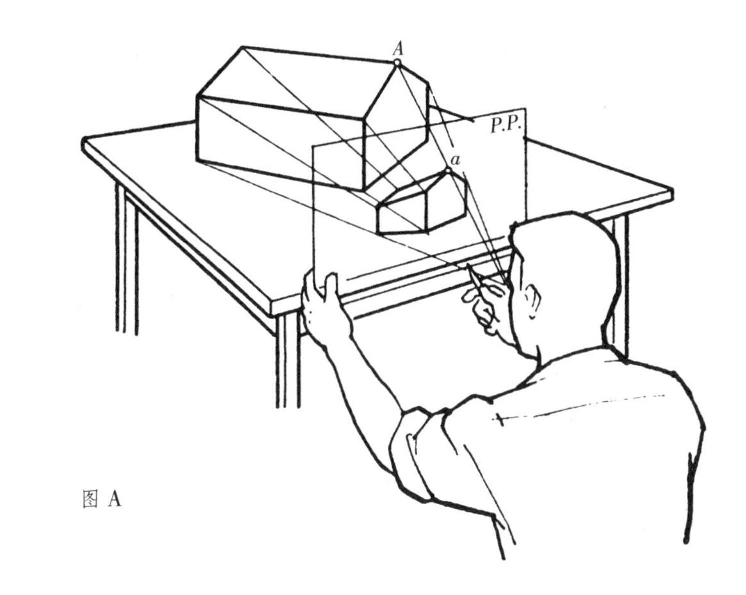


图 A

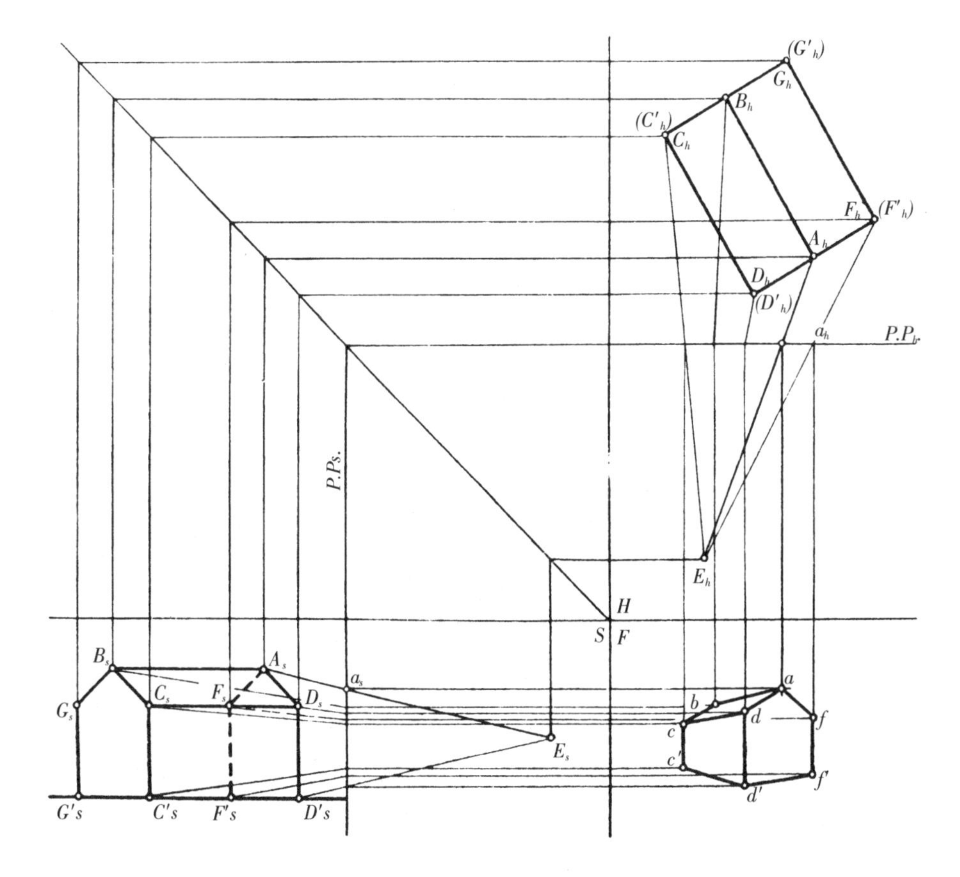


图 B

| | | |
|---|---|---|
| *P.P.* | 画面 | 假设为一透明平面。 |
| *G.P.* | 地面 | 建筑物所在的地平面,为水平面。 |
| *G.L.* | 地平线 | 地面和画面的交线。 |
| *E* | 视点 | 人眼所在的点。 |
| *H.P.* | 视平面 | 人眼高度所在的水平面。 |
| *H.L.* | 视平线 | 视平面和画面的交线。 |
| *H* | 视高 | 视点到地面的距离。 |
| *D* | 视距 | 视点到画面的垂直距离。 |
| *C.V.* | 视中心点 | 过视点作画面的垂线,该垂线和画面的交点。 |
| *S.L.* | 视线 | 视点和物体上各点的连线。 |

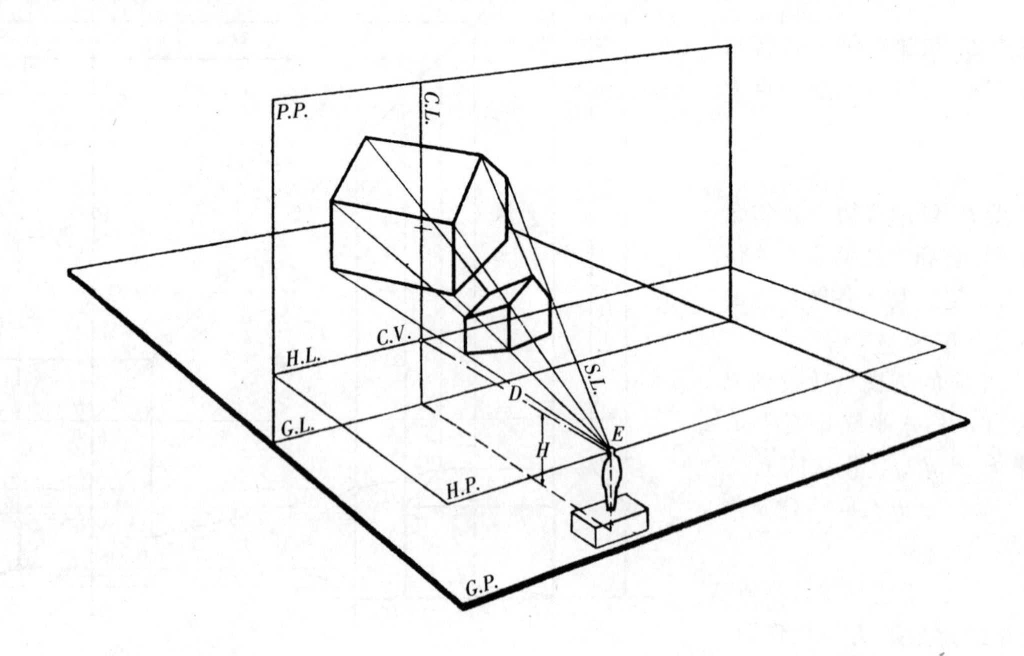

**已知：**

$P.P_h$、$E_h$、$P.P_s$、$E_s$ 的位置以及直线 $AA'$、$BB'$ 等长，垂直于地面，和画面等距。（图 A）

**求作：**

直线 $AA'$、$BB'$的透视。

**作法：**（图 B）

（1）在平面图和侧面图上由 $E_h$、$E_s$ 分别和直线各端点连视线 $E_hA$、$E_hB$、$E_sA$、$E_sA'$。

（2）视线和 $P.P_h$、$P.P_s$ 相交的各相应透视点转投到 $P.P_f$ 上得 $a$、$a'$、$b$、$b'$。

（3）连 $aa'$、$bb'$，即 $AA'$、$BB'$的透视。

**分析：**

（1）从右上角轴测图中可以看出，由视点 $E$ 看 $AA'$、$BB'$的视线形成一方锥体，此方锥体和 $P.P.$的交线即 $AA'$、$BB'$的透视 $aa'$、$bb'$。

（2）因 $AA'$、$BB'$ 垂直于 $G.P.$ 即 $AA'$、$BB'$ 平行于 $P.P.$并和 $P.P.$等距，故矩形 $AA'B'B$ 与 $aa'$、$b'b$ 为平行并相似的矩形。

（3）因 $AA'=BB'$，则 $aa'=bb'$。

**结论：**

（1）凡和画面平行的直线，透视亦和原直线平行。

（2）凡和画面平行等距的等长直线，透视亦等长。

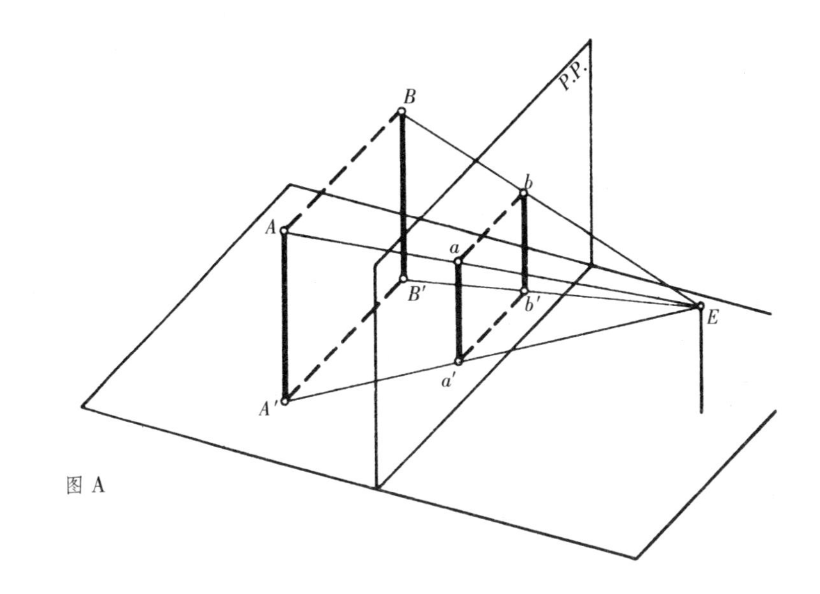


图 A

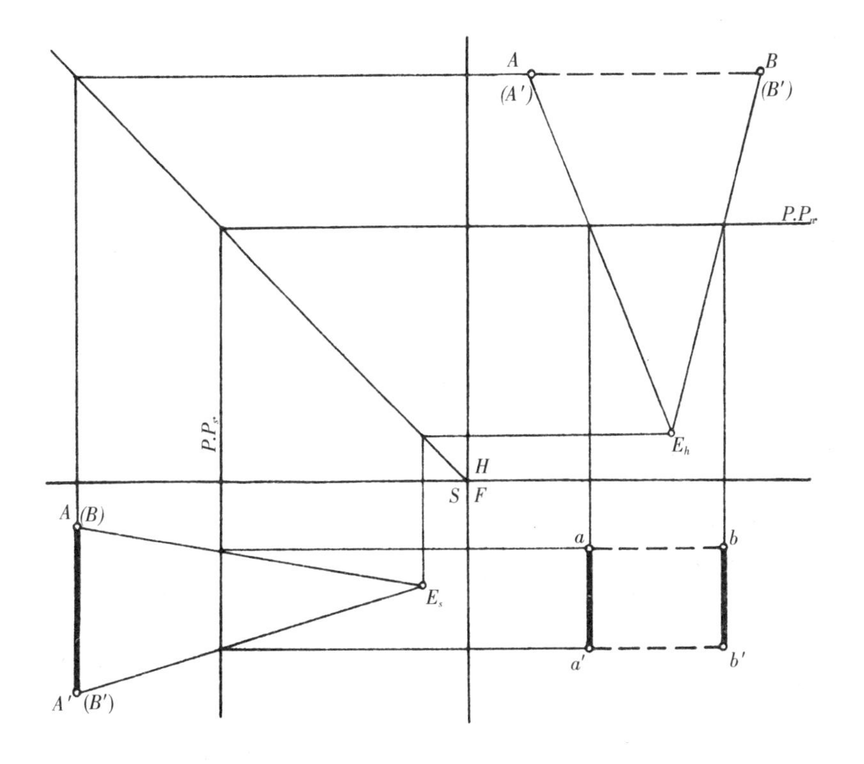


图 B

**已知：**

$P.P_h$、$E_h$、$P.P_s$、$E_s$ 的位置。直线 $AA'$、$BB'$、$CC'$ 等高，垂直于地面，平面位置在一直线上，间距相等。(图 A)

**求作：**

$AA'$、$BB'$、$CC'$ 的透视。

**作法：**(图 B)

(1)在平面图和侧面图上，由视点 $E_h$、$E_s$ 分别和直线各端点连视线。

(2)视线与 $P.P_h$、$P.P_s$ 相交的各相应透视点转投到 $P.P_f$ 上，得 $AA'$、$bb'$、$cc'$，为直线 $AA'$、$BB'$、$CC'$ 的透视。

**分析：**

(1)直线 $AA'$ 在画面上，它的透视与原直线等长。

(2)在侧面图上可以看出，视点 $E_s$ 距直线越远夹角越小，即 $\angle CE_sC' < \angle BE_sB' < \angle AE_sA'$。直线的透视长度距视点越远越短，即 $cc' < bb' < AA'$。

(3)在平面图上可以看出，视点 $E_h$ 与各直线的平面投形点距离越远，夹角越小，$\angle CE_hB < \angle BE_hA$。

(4)在透视图上直线的透视间距，距视点越远，间距越小，$cc'$ 和 $bb'$ 的间距小于 $bb'$ 和 $AA'$ 的间距。

**结论：**

(1)凡在画面上的直线，透视长度等于实长。

(2)当画面在直线和视点之间时，等长相互平行直线的透视长度距画面远的小于距画面近的。

(3)当画面在直线和视点之间时，在同一平面上，等距、相互平行直线的透视间距，距画面远的小于距画面近的。

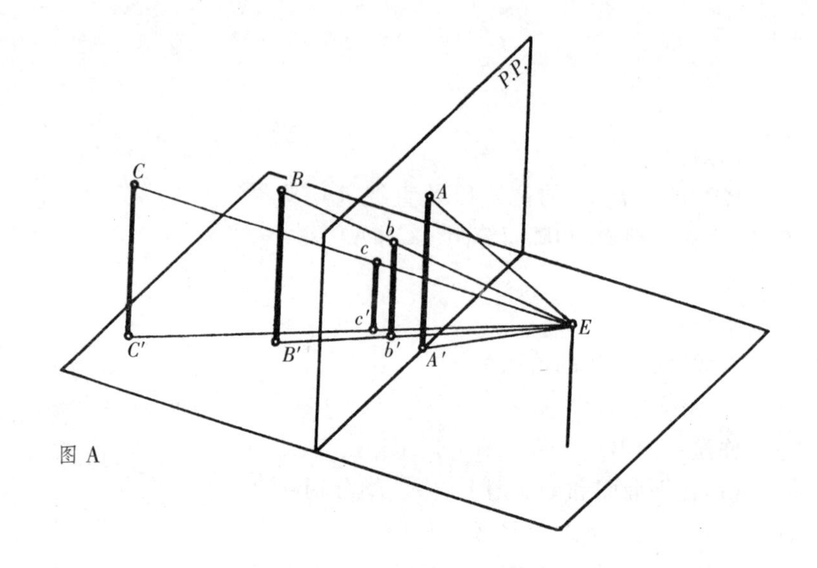

图 A

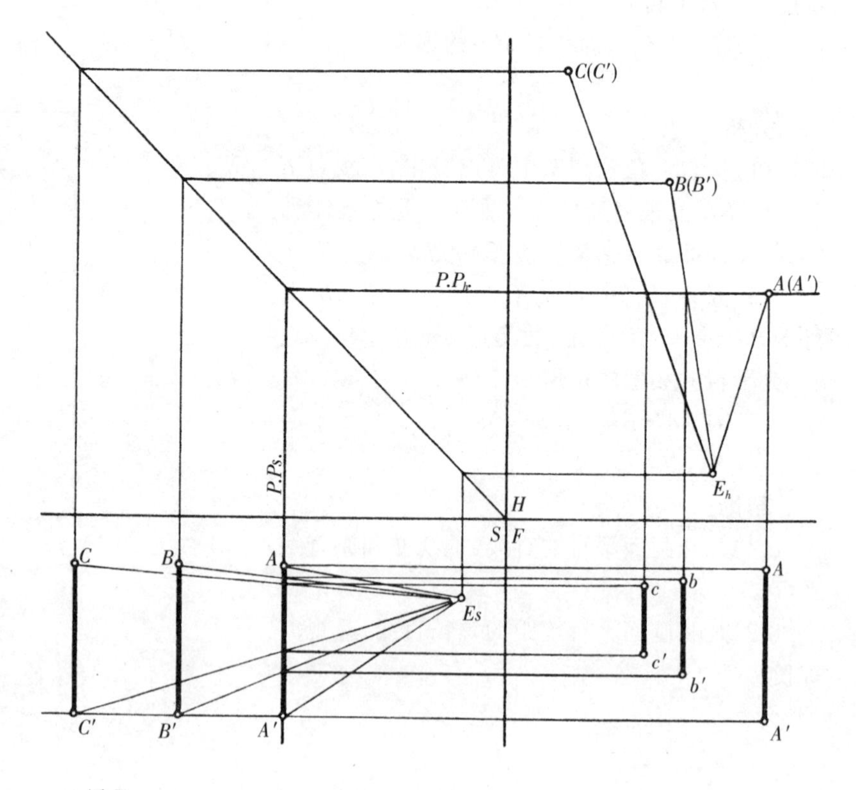

图 B

**已知：**

$P.P_h$、$E_h$、$P.P_s$、$E_s$ 的位置，直线 $AB$、$A'B'$ 相互平行，与画面倾斜并相交于 $A$、$A'$。(图 A)

**求作：**

直线 $AB$、$A'B'$ 的透视。

**作法：**(图 B)

(1)$AA'$ 两点在画面上，透视位置不变，即 $A$、$A'$。

(2)在平面图和侧面图上，连视线 $E_hB$、$E_hB'$ 和 $E_sB$、$E_sB'$。

(3) 视线和 $P.P_h$、$P.P_s$ 相交的各相应透视点转投到 $P.P_f$ 上，得 $b$、$b'$，连 $AB$、$A'b'$ 即 $AB$、$A'B'$ 的透视。

**分析：**

(1)在轴测图中可以看出：若延长 $AB$，视线 $EA$、$EB$、$EC$…分别和直线 $AB$、$AC$、…的夹角 $\theta_1$、$\theta_2$、$\theta_3$ 距视点越远越小。即 $\theta_3<\theta_2<\theta_1$。

(2)当直线延伸至无穷远时，视线和延伸直线的夹角 $\theta$ 趋近于 0°。即视线和直线相互平行。视线和画面的交点为直线延伸至无穷远点的透视点，即直线透视的消失点 $V$。

(3)直线 $A'B'$ 平行于 $AB$，它们消失到同一点 $V$。

**结论：**

(1)和画面不平行的直线透视延长后消失于一点，这一点是从视点作与该直线平行的视线和画面的交点——消失点。

(2)和画面不平行的相互平行直线透视消失到同一点。

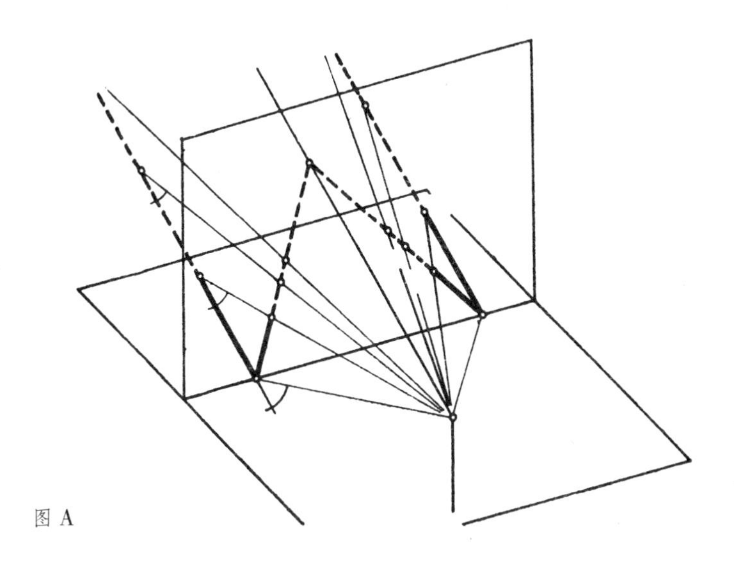

图 A

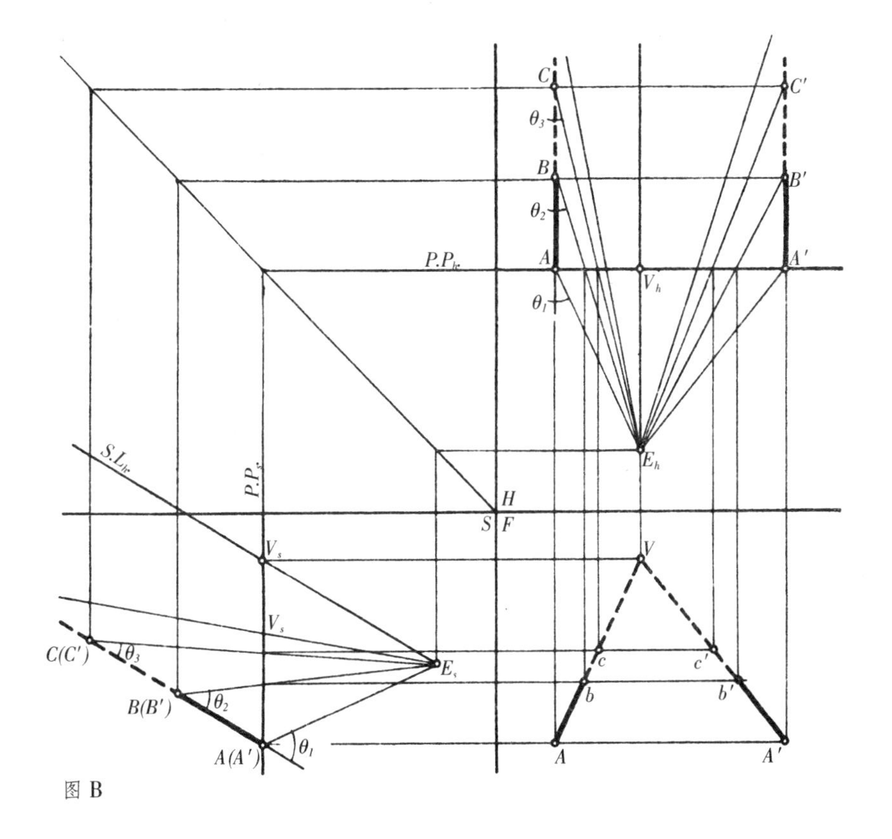


图 B

## 三种透视

设立方体的三个相互垂直的边各为 $OX$、$OY$、$OZ$。$OX$ 和 $OY$ 为两水平边，$OZ$ 为垂直边。

- **一点透视**（图 A）

  当 $OX$ 或 $OY$ 中任一轴与画面垂直，则另两轴平行于画面，作出的立方体透视图只有一个消失点，称一点透视。

- **二点透视**（图 B）

  当三轴中任一轴和画面平行，则其他两轴和画面倾斜，作出的立方体透视图有两个消失点，称两点透视。

- **三点透视**（图 C）

  当画面和地面倾斜时（或 $OX$、$OY$、$OZ$ 三轴和画面倾斜）作出的立方体透视图有三个消失点，称三点透视。

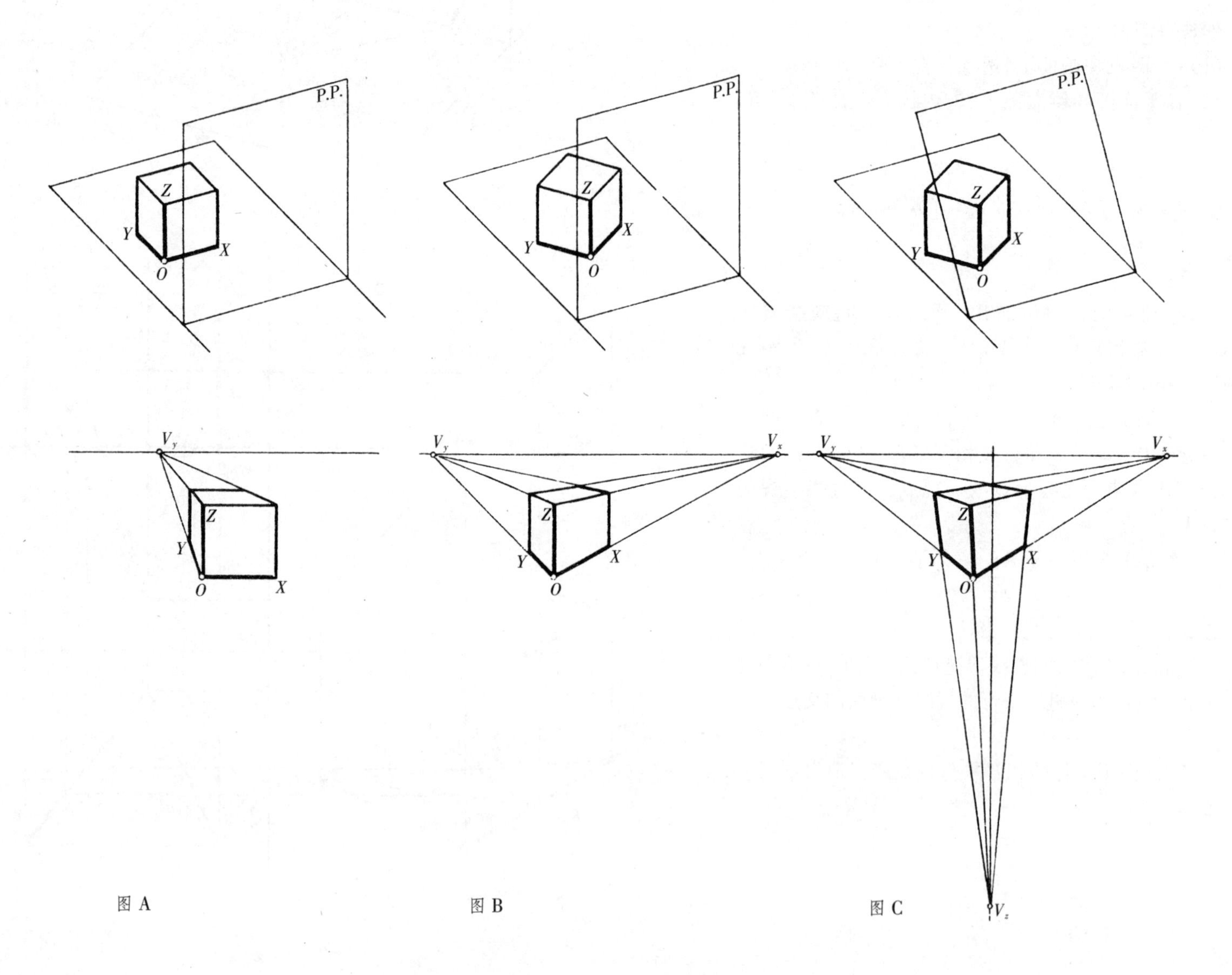


图 A　　图 B　　图 C

**已知：**

立方体、画面和视点的位置（平面、侧面图）。（图 A）

**求作：**

立方体的透视图。

**分析：**

（1）一般建筑物的墙角线都是互相垂直的直线，如同立方体的一角，垂边 $OA$ 为 $OZ$ 轴，表示高度，另外两根水平边 $OB'$ 和 $OD'$ 为 $OX$ 和 $OY$ 轴，表示长和宽。

（2）凡和 $OZ$ 平行的直线透视都是垂直线，和 $OX$、$OY$ 平行的直线的透视各消失于 $V_x$、$V_y$，即过 $E$ 作 $OX$、$OY$ 的平行线与画面相交于 $V_xV_y$，因为 $OX$、$OY$ 是水平线，则 $V_x$、$V_y$ 在视平线上。

**作法：**（图 B）

（1）绘出立方体、画面、视点的平面图和侧面图，并在图纸的下部绘出 $H.L$、$G.L.$，其间距即视高 $H$。

（2）在平面图上，自视点 $E_h$ 作与 $OX$、$OY$ 的平行线，各和 $P.P_h$ 的交点引垂线与 $H.L$ 相交得 $V_x$、$V_y$。

（3）立方体的一垂边 $OA$ 在画面上，透视长度等于实长，自平面图上 $O$ 引垂线和侧面图上 $A$ 所作的水平线相交得 $OA$。

（4）连 $OV_x$、$AV_x$ 为直线 $AB$、$OB'$ 透视的消失方向，在平面图上连视线 $E_hB(B')$ 和 $P.P_h$ 的交点引垂直线与 $AV_x$、$OV_x$ 相交得 $bb'$。

（5）同 4 作法得 $dd'$。

（6）因直线 $DC /\!/ OX$、$BC /\!/ OY$，所以 $DC$ 透视向 $V_x$ 消失，$BC$ 透视向 $V_y$ 消失。连 $dV_x$、$bY_y$ 相交于 $c$。即得 $bc$ 和 $dc$。

（7）连接各相应的透视点，即得立方体的透视图。

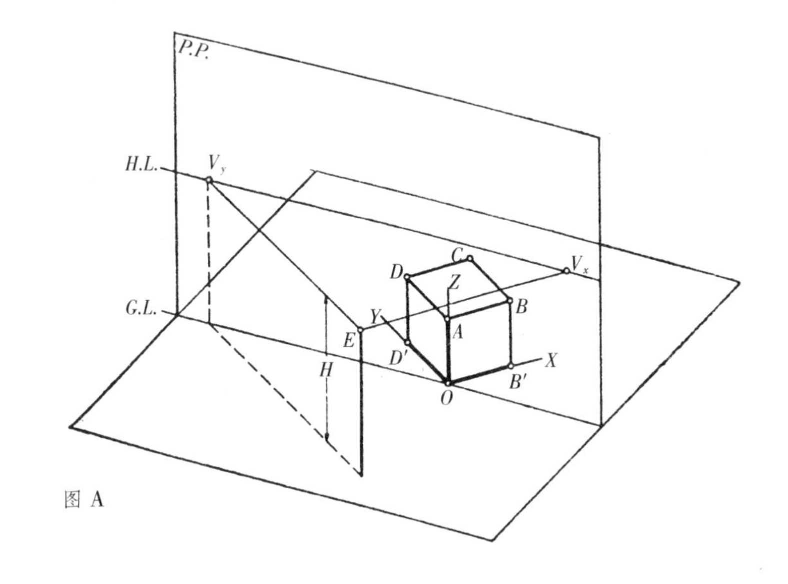


图 A

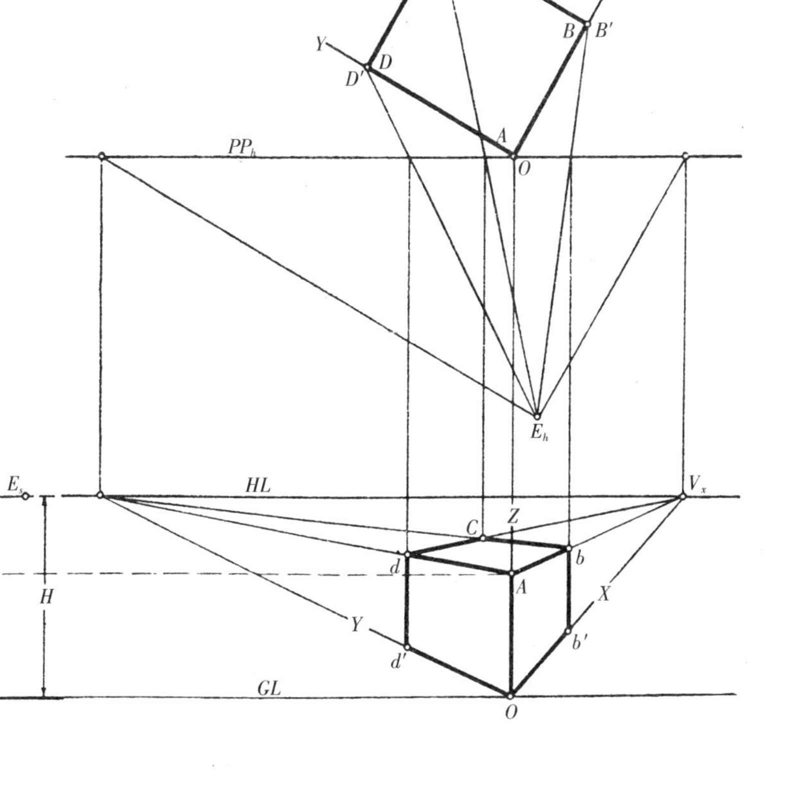


图 B

### □ 量高求垂直线的透视高度

**已知：** 画面、视点、视高以及在 G.P.面上等长垂直线 $AA'$、$BB'$的位置和高度。(右图 A)。

**求作：** 直线 $AA'$、$BB'$的透视。

**作法：**

(1)$AA'$直线在画面上，其透视位置按平面图确定，透视高度等于实长，(或称真高)。

(2)平面图上连 $AB$ 和 $A'B'$为辅助作图线，$A'B'$在 G.P 面上，因 $AA'=BB'$故 $AB$ 和 $A'B'$为相互平行的水平线，它们必须消失于一点。

(3)在平面图上，过 $E_h$ 作和 $AB$ 平行的直线与 P.P 的交点引垂线和 H.L 相交于 $V$，$V$ 为 $AB$、$A'B'$透视的消失点。

(4)在平面图上连 $E_hB(B')$，与 P.P.的交点引垂线和在透视图上的 $AV$、$A'V$ 相交，即 $bb'$，为 $BB'$的透视。

**已知：** 同上。(右图 B)

**求作：** 直线 $AA'$、$BB'$的透视。

**作法：**

(1)$AA'$、$BB'$都不在画面上，连 $AB$ 和 $A'B'$为辅助作图线，和 P.P 相交于 $CC'$，是在画面上的垂直线，它 $AA'$、$BB'$与等长。

(2)从平面图上可确定 $CC'$的透视位置，透视高度等于真高。

(3)作 $AB$ 和 $A'B'$的消失点 $V$(作法同上)。

(4)在平面图上连 $E_hA(A')$、$E_hB(B')$与 P.P 的交点引垂线和在透视图上的 $CV$、$C'V$ 的延长线相交得 $aa'$和 $bb'$，为 $AA'$、$BB'$的透视。

**已知：** 同上。(右图 C)

**求作：** 直线 $AA'$、$BB'$的透视。

**作法：**

连 $AB$ 和 $A'B'$为辅助线，并延长与 P.P.相交，得 $CC'$，$CC'$在画面上的垂直线，透视高度等于真高。与 $AA'$、$BB'$等长，其它作法同上。

**结论：**

(1)在画面上垂直高度等于真高，求任意位置垂直线的透视高度时，可作为量高线 T.H.。如图 A 中 $AA'$和图 B、图 C 中的 $CC'$。

(2)不在画面上，任意位置垂直线透视高度的作法，可自该垂线一端作任意和画面相交的水平线为辅助线，由辅助线和画面的交点引垂线，在透视图上为量高线，由量高线和垂直线组成一矩形，矩形在画面上的垂边是量高线，另一垂边为该垂直线。作辅助线的消失点和在量高线上量得真高。即可求得矩形的透视，其中不在画面上的一垂边即所求直线的透视。

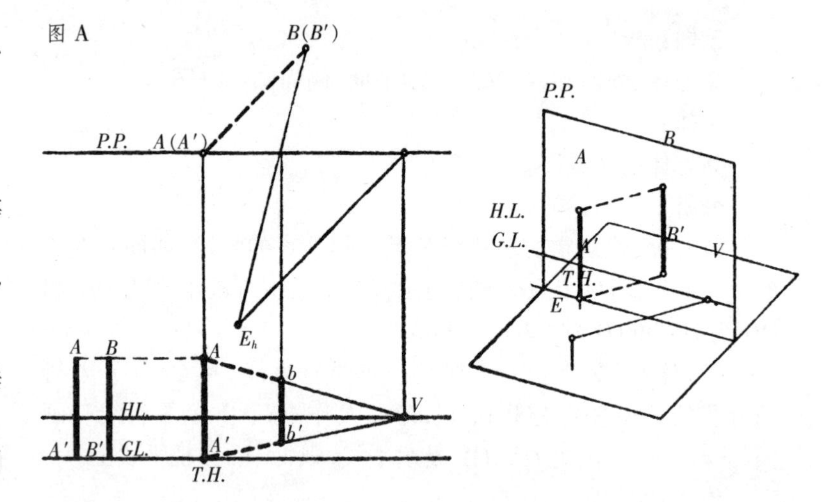


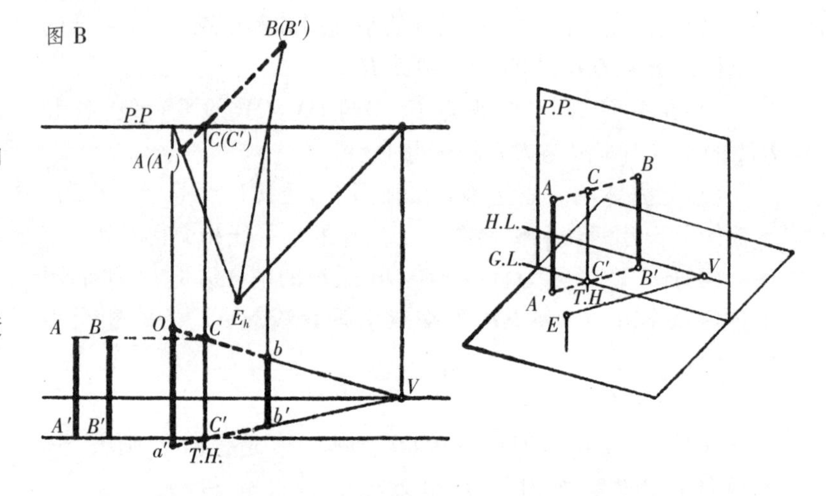


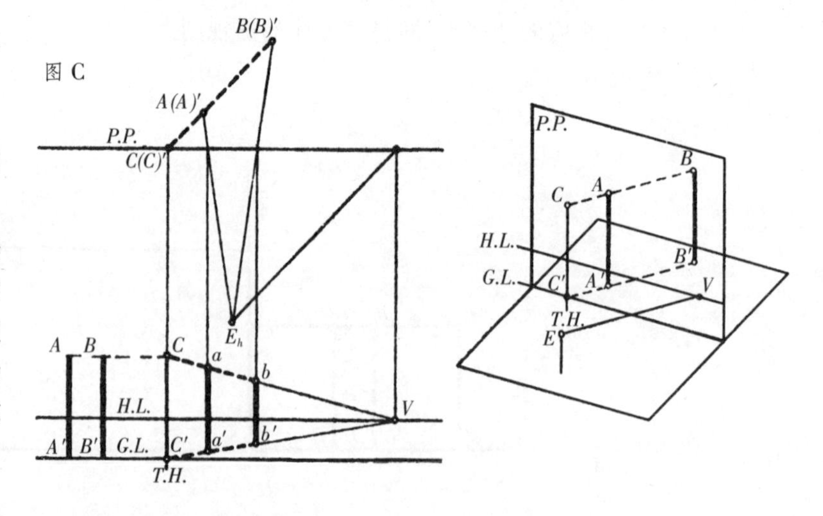

**已知：**

画面、视点的位置，视高和在 G.P 上垂线 $AA'$、$BB'$、$CC'$ 的平面位置及高度。(图 A)

**求作：**

各垂线的透视。

**分析：**

(1)和量高线 T.H.在同一垂面上的垂线，可用同一消失点作出垂线的透视。如：轴测图中 $CC'$、$BB'$ 与量高线 T.H.，在同一垂面上，可用同一消失点 $V_1$，作出 $CC'$、$BB'$ 的透视。

(2)通过量高线 T.H.的各垂面上的垂线，可用各不同的消失点作出垂线的透视。如：轴测图中 $AA'$，用同一量高线 T.H.量高和另一个消失点 $V_2$ 可作出垂线的透视。

**作法：**(图 B)

(1)在平面图上连辅助线 $B'C'$ 与 P.P.相交于 $O$，连 $OA$ 为另一辅助线。

(2)自 $O$ 引垂线到透视图上和 G.L.相交于 $O$，为量高线 T.H.。

(3)在平面图上，自 $E_h$ 各作 $B'C'$ 和 $OA'$ 的平行线，分别与 P.P. 相交，由交点引垂线到透视图中视平线 H.L. 上得 $V_1$ 和 $V_2$。

(4)在量高线 T.H.上量 $OC_0=CC'$，$OB_0=BB'$，$OA_0=AA'$。连 $OV_1$、$C_0V_1$、$B_0V_1$ 与 $OV_2$、$A_0V_2$。

(5)在平面图上连 $E_hA$、$E_hB$、$E_hC$ 和画面 P.P.相交，由交点分别引垂线，相应与 $OV_2$、$A_0V_2$、$OV_1$、$B_0V_1$ 相交得 $aa'$、$bb'$、为 $AA'$、$BB'$ 的透视，相应与 $OV_0$、$C_0V_1$ 的延长线相交得 $cc'$ 为 $CC'$ 的透视。(图 C)

在相互平行的垂直面上的各垂线，可用同一消失点，不同量高线(为该垂直线所在垂面与画面 P.P.的交线)作出垂直线的透视。如：轴测图中 $AA'$ 所在垂面与 $BB'$、$CC'$ 所在垂面相平行，可用同一消失点 $V$ 和不同量高线 $T.H_1$、$T.H_2$，求得各直线的透视(图 D)作法同上。(略)

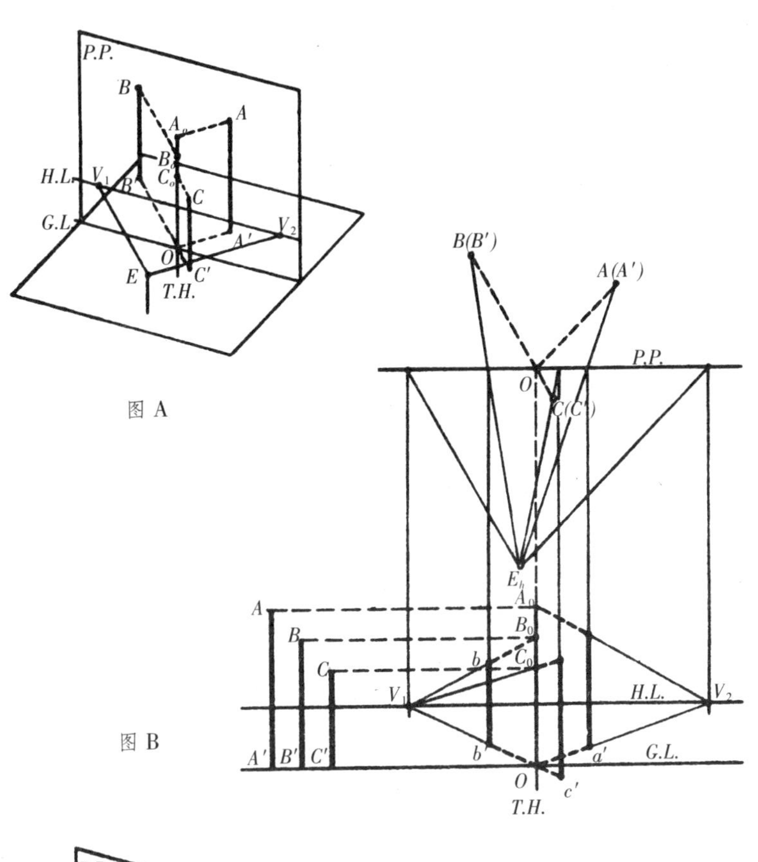


图 A

图 B

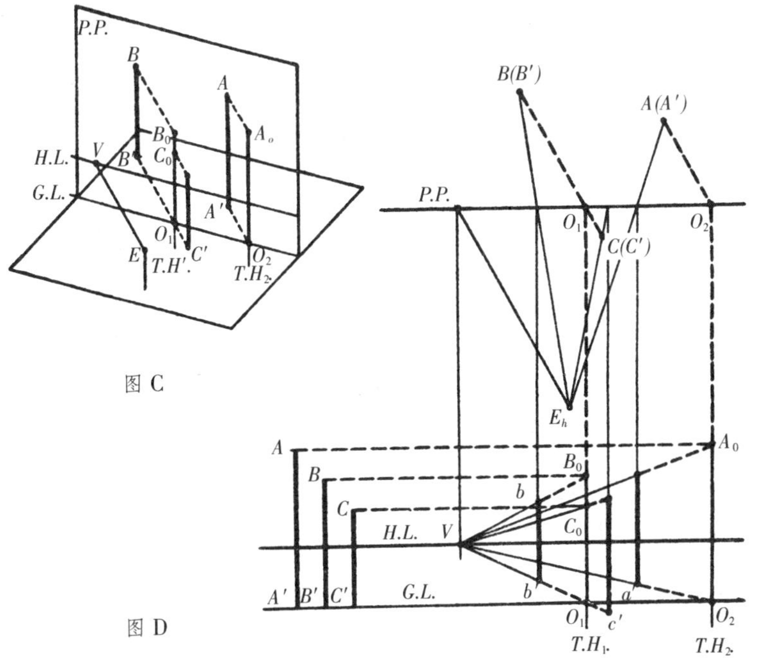


图 C

图 D

**已知：**画面、视点、视高及 G.P.上垂线 $AA'$、$BB'$、$CC'$的平面位置和高度。(图 A)

**求作：**各垂线的透视。

**分析：**

过 T.H.的垂面称为量高面。不在量高面上垂线的透视，可过该垂线作一垂面与量高面相交，先求得其交线上垂线的透视高度，然后再求得垂线所在位置的透视。如：轴测图中过 $AA'$、$CC'$的垂面与 P.P.的交线 T.H.，该垂面为量高面，$BB'$不在量高面上，可过 $BB'$作一平行于 P.P. 的平面，与量高面交于 $B_1B_1'$，可由 T.H.和 V 求得 $B_1B_1'$的透视高度，然后再求得 $BB_1'$的透视。

**作法：**(图 B)

(1)在平面图上连 $A'C'$与 P.P.相交于 O，自 O 引垂线到透视图上为 T.H.。

(2)在平面图上过 $E_h$ 作 $A'C'$的平行线与 P.P.相交，自交点引垂线到 H.L.上得 V。

(3)用 T.H.和 V 即可求得 $AA'$、$CC'$的透视 $aa'$、$cc'$，作法同前。

(4)在平面图上过 $B'$作 P.P.的平行线与 $OA'$相交于 $B_1'$。

(5)在平面图上，连 $E_hB_1$ 与 P.P.相交，自交点引垂线到透视图上与 $B_0V$、$OV$ 相交于 $b_1b_1'$。

(6)在平面图上连 $E_hB$ 与 P.P.相交，自交点引垂线到透视图上与过 $b_1b_1$ 作水平线相交，即得 $bb'$，为 $BB'$的透视。

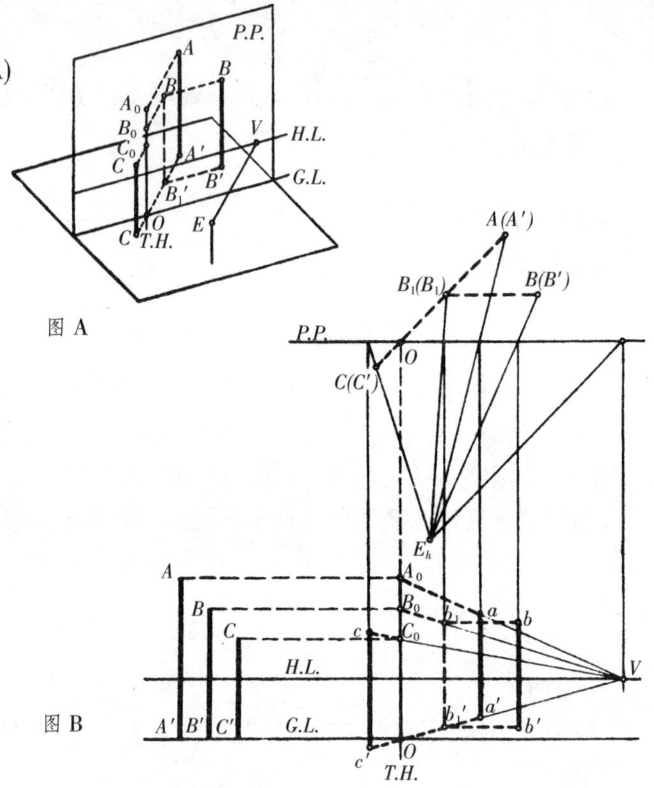


图 A

图 B

**已知：**(图 C)

画面、视点、视高及 G.P.上垂线 $AA'$、$BB'$、$CC'$的平面位置和高度。

**求作：**各垂线的透视。

**分析：**

不在量高面上垂线 $BB'$的透视，可过 $BB'$作一与量高面相交的垂面，如：轴测图中垂面 $BB'A'A$。同上法用 T.H.和 $V_2$ 即求得 $BB'$的透视

**作法：**(图 D)

(1)在平面图上连 $A'C'$，与 P.P.相交于 O，自 O 引垂线到透视图上为 T.H.。

(2)在平面图上过 $E_h$ 作 $A'C'$的平行线与 P.P.相交，自交点引垂线到 H.L.上，得 V。

(3)用 T.H.和 V 即可求得 $AA'$、$CC'$的透视 $aa'$、$cc'$。作法同前。

(4)在平面图上连 $B'A'$并作 $B'A'$的消失点 $V_2$。

(5)由 T.H.量得 $BB'$的真高 $OB_0$，连 $B_0V_1$ 与 $aa'$相交于 $b_1$。

(6)连 $b_1V_2$、$a'V_2$ 并延长与自平面图上 $E_hB$ 与 P.P.的交点引垂线相交得 $bb'$，为 $BB'$的透视。

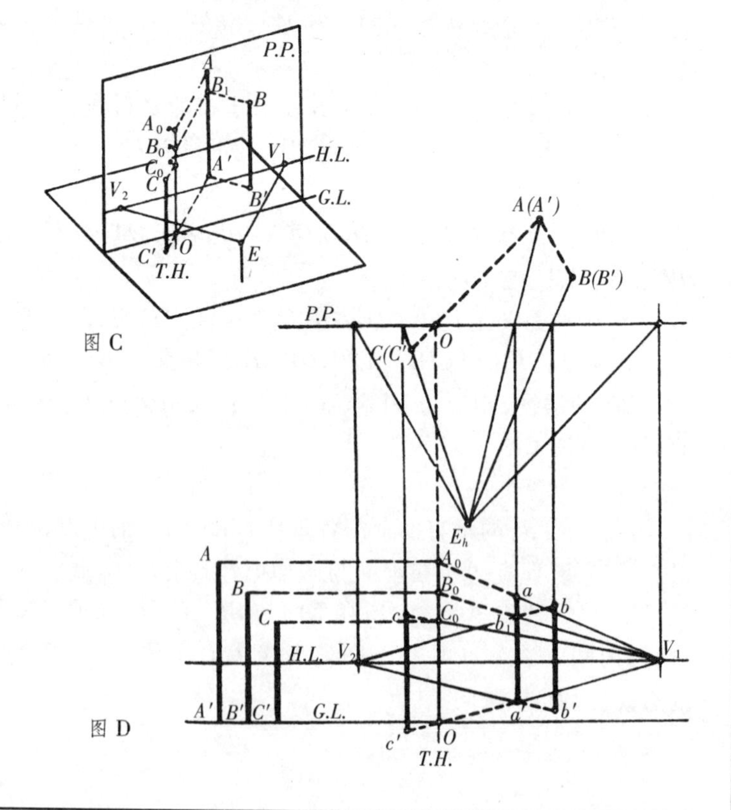


图 C

图 D

**已知：**

如右图 A 所示。

**求作：**

建筑型体的透视图。

**分析：**如轴测图图 B 所示

(1)墙角 $OA_0$ 与 $P.P.$ 相交，可选作量高线 $T.H.$。山墙、檐墙与地面的交线为 $OX$、$OY$。

(2)两檐墙等高，即 $OA_0=BB'=DD'$，可当作一立方体的两垂直面来作透视图。

(3)山墙尖与 $OA_0$、$BB'$ 在同一垂面上，即可在 $T.H.$ 上量得山墙尖的高度 $OF_0$，$FF_0 /\!/ OX$，由 $F_0$ 透视向 $V_x$ 消失的直线即可求得山墙尖 $F$ 的透视高度。

**作法：**(图 C)

(1)消失点 $V_x$、$V_y$。

在平面图上过 $E_h$ 作 $OX$、$OY$ 与平行的直线和 $P.P.$ 相交，由交点引垂线到 $H.L.$ 上，得 $V_x$、$V_y$，各为 $OX$、$OY$ 方向的消失点。

(2)选量高线。

自平面图上 $O$ 引垂线到透视图上和 $G.L.$ 相交于 $O$，为量高线。

(3)在 $T.H.$ 上量檐口真高 $OA_0$，在平面图上连 $E_hB$、$E_hD$ 和 $P.P.$ 相交，由交点引垂线和 $A_0V_x$、$OV_x$、$A_0V_y$、$OV_y$ 分别相交得 $bb'$、$dd'$，即 $BB'$、$DD'$ 的透视。

(4)在 $T.H.$ 上量出山墙尖真高 $OF_0$，在平面图上连 $E_hF$ 和 $P.P.$ 相交，由交点引垂线和 $F_0V_x$ 相交于 $f$，连 $A_0f$、$bf$ 为山墙的透视。

(5)在平面图上连 $E_hG$ 和 $P.P.$ 相交，由交点引垂线和 $fV_y$ 相交于 $g$，为屋脊的透视。连 $dg$ 为屋面的透视。

在同一垂面上各垂线的透视可用同一量高线，同一消失点求得。如 $BB'$ 和 $FF'$ 在同一垂面上，可用 $T.H.$ 和 $V_x$ 求得。

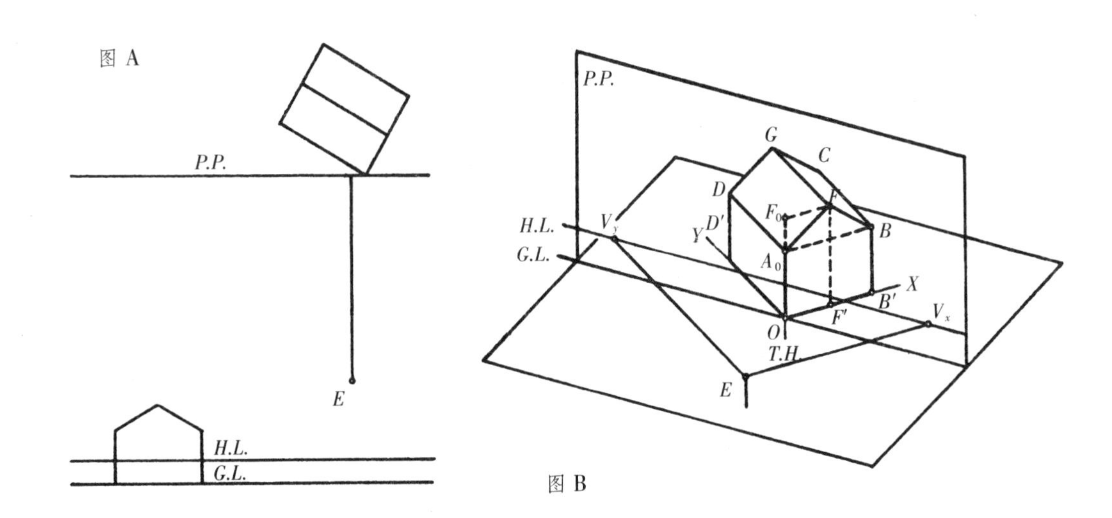


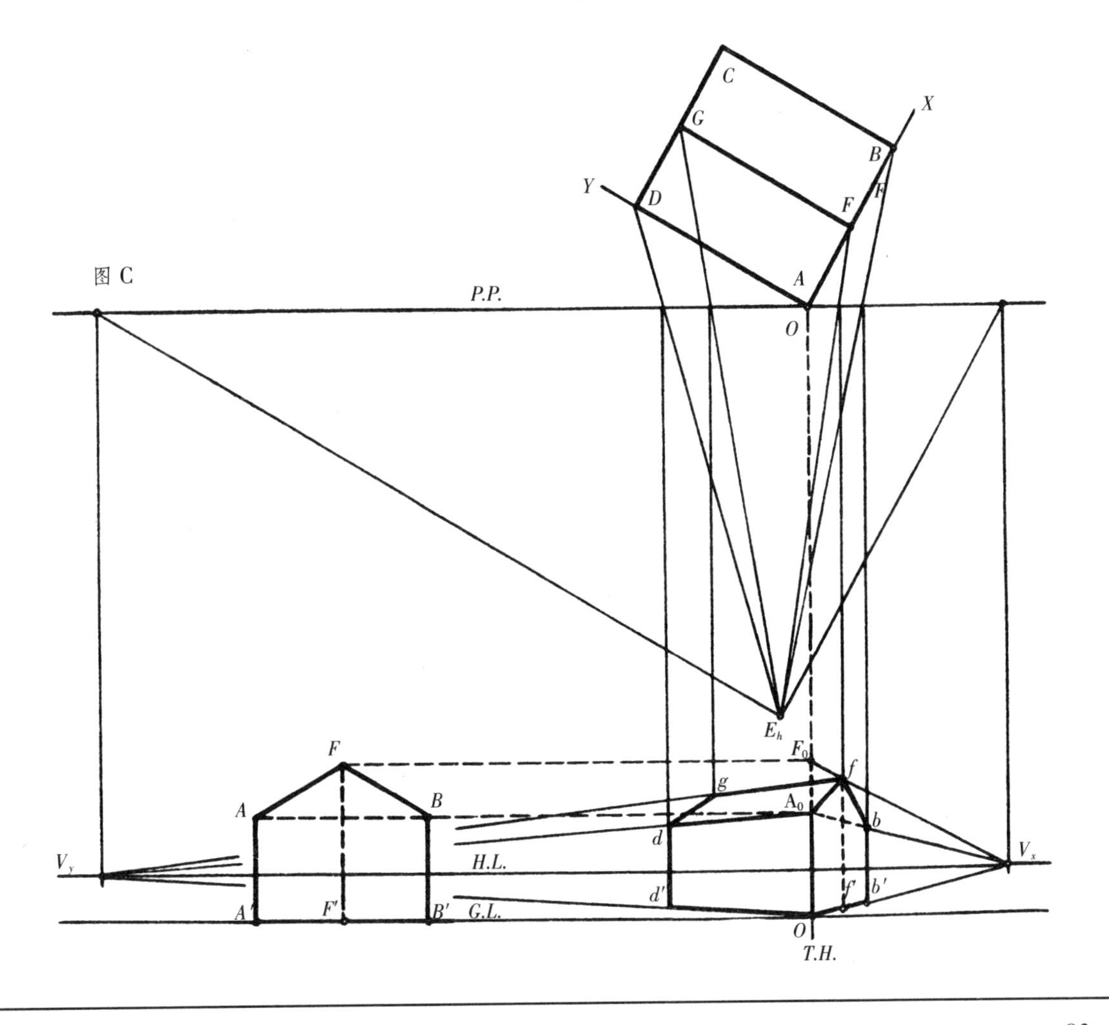

**已知：**

如图A所示。

**求作：**

建筑型体的透视图。

**分析：**(图B)

(1)建筑型体是由立方体Ⅰ和立方体Ⅱ组合而成，立方体Ⅰ的一垂边 $OA$ 与 $P.P.$ 相交，可作为量高线 $T.H.$。

(2)立方体Ⅱ和 $P.P.$ 不相交，可由其一垂边 $BB'$ 和 $T.H.$ 作一垂面，再作该垂面上水平线的消失点 $V_1$，即可用 $T.H.$ 和 $V_1$ 求得 $BB'$ 的透视 $bb'$。

**作法：**(图C)

(1)作立方体Ⅰ、Ⅱ的水平边的透视消失点 $V_x$、$V_y$。

(2)在 $T.H.$ 上量得立方体Ⅰ的真高，用 $V_x$、$V_y$ 即可求得立方体Ⅰ的透视。

(3)在平面图上连 $OB'$，作 $OB'$ 的透视消失点 $V_1$。

(4)在 $T.H.$ 上量得 $OB_0$ 为 $BB'$ 的真高。

(5)在平面图上连 $E_hB$ 和 $P.P.$ 相交，由交点引垂线到透视图中和 $B_0V_1$、$OV_1$ 相交得 $bb'$，为 $BB'$ 的透视。

(6)由 $bb'$ 各向 $V_x$、$V_y$ 消失即可求得立方体Ⅱ的透视。(被立方体Ⅰ遮挡部分可以不画虚线)

通过 $T.H.$ 的各垂面上垂线的透视高度可用同一量高线，不同消失点求得。如：$BB'$ 可用 $T.H.$ 和 $V_1$ 求得其透视 $bb'$。

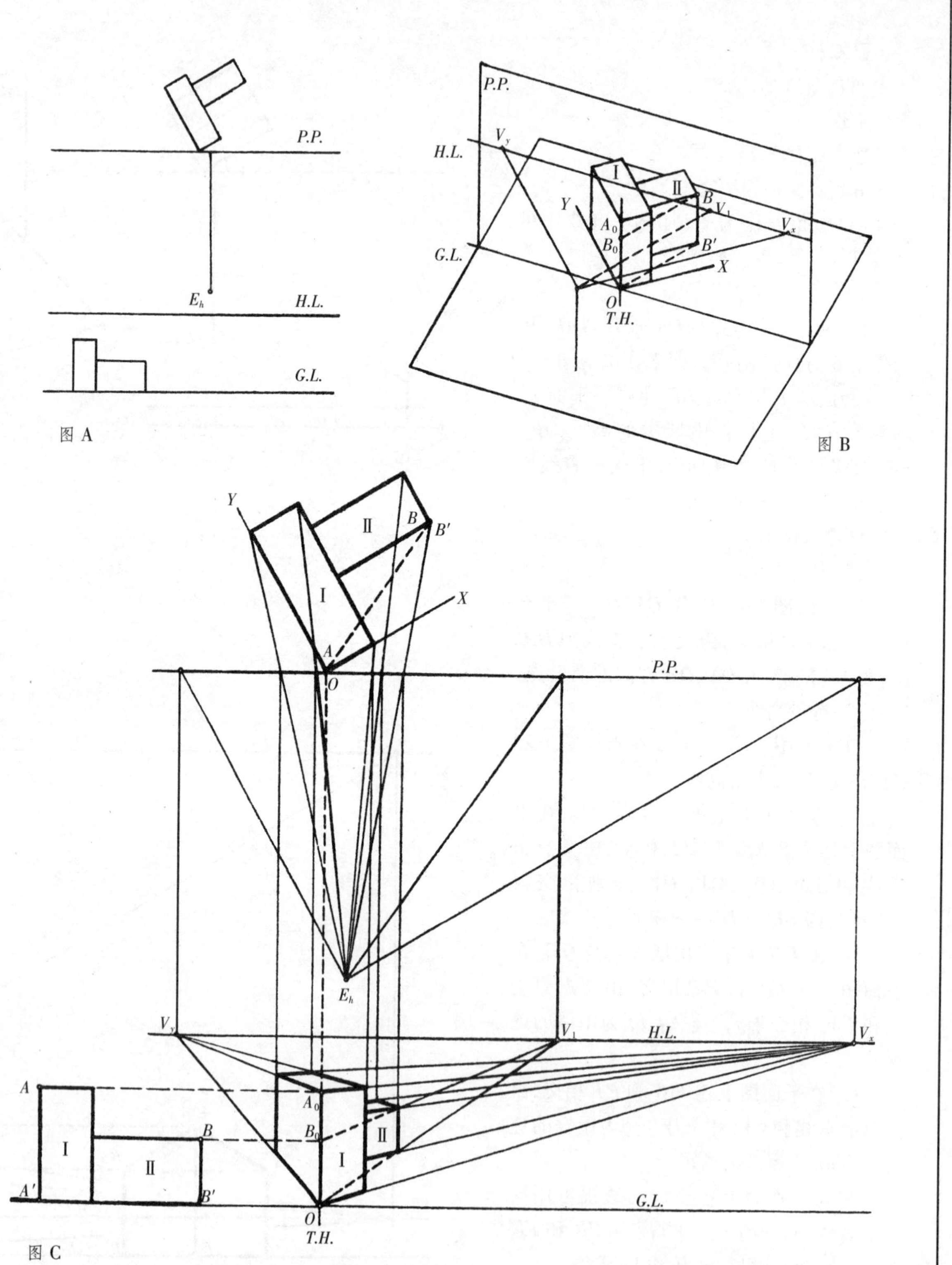

**已知：**

如右上图 $A$ 所示。

**求作：**

型体的透视图。

**分析：**（如轴测图图 B 所示）

(1)该建筑型体由立方体Ⅰ、Ⅱ、Ⅲ组合而成，立方体Ⅰ的一垂面在 $P.P.$ 上，它的透视为实形，其垂边 $O_1A_0$ 为量高线 $T.H_1$，而其它与该垂面相垂直的墙面必垂直于 $P.P$，所以求得的透视图为一点透视。

(2)立方体Ⅱ和立方体Ⅰ相交，其交线 $BB'$ 的透视高度可用 $T.H_1$ 和 $V$ 求得。

(3)过垂边 $CC'$ 作一与 $P.P.$ 垂直的垂面，其交线 $T.H_2$ 为量高线，用 $T.H_2$ 和 $V$ 即可求得立方体Ⅲ的透视高度。

**作法：**(见图 C)

(1)在平面图上，自 $E_h$ 作垂直于 $P.P.$ 的直线，自交点引垂线到透视图中 $H.L.$ 上得 $V$，为垂直于 $P.P.$ 方向直线的透视消失点。

(2)在平面图上自 $O_1$ 引垂线到透视图中为量高线 $T.H_1$。

(3)在 $T.H_1$ 上量 $O_1A_0$ 为立方体Ⅰ的真高，向 $V$ 消失即可得立方体Ⅰ的透视。

(4)在 $T.H_1$ 上量 $O_1B_0$ 为立方体Ⅱ的真高，在平面图上连 $E_hB$ 和 $P.P.$ 相交，自交点引垂线和透视图上 $B_0V$、$O_1V$ 相交得 $bb'$，由 $bb'$ 即可求得立方体Ⅱ的透视。

(5)平面图上过 $C$ 作 $CO_2$ 垂直于 $P.P.$。自 $O_2$ 引垂线到透视图中为量高线 $T.H_2$。

(6)在 $T.H_2$ 上量 $O_2C_0$ 为立方体Ⅲ的真高，在平面图上连 $E_hC$ 和 $P.P.$ 相交，自交点引垂线到透视图中与 $C_0V$、$O_2V$ 相交得 $CC'$、由 $CC'$ 即可求得立方体Ⅲ的透视。(被遮挡部分可省略不画)

在各相互平行垂面上的垂线，其透视高度，可用同一消失点不同量高线求得。各量高线的求法可分别通过各垂线作垂面和 $P.P.$ 相交，其交线为各垂线的量高线。

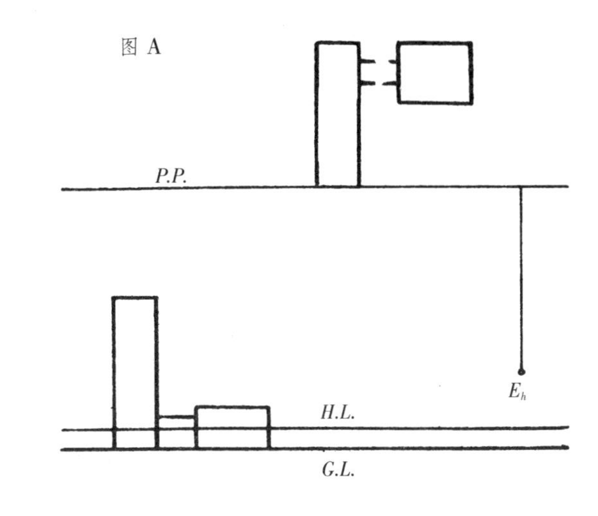

图 A

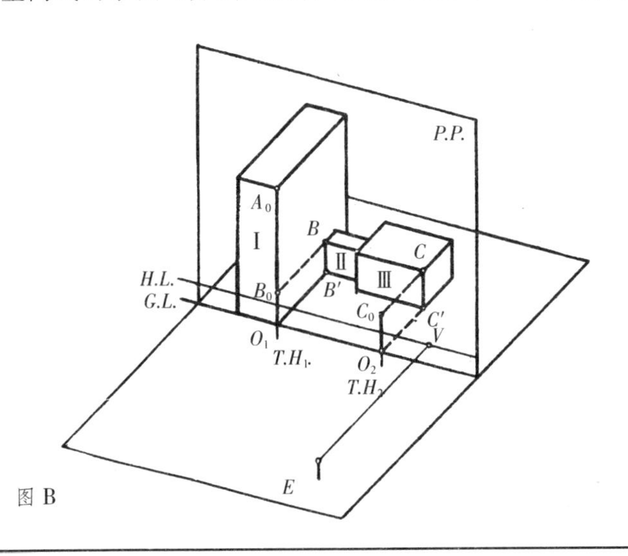

图 B

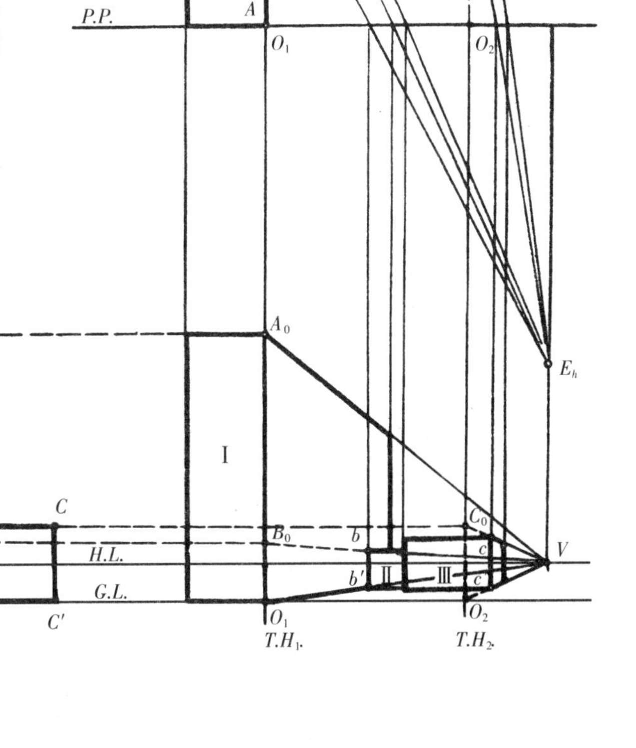

图 C

**已知：**

如左图 A 所示。

**求作：**

四坡屋面建筑型体的透视。

**分析：**

(1)建筑型体一墙角和 P.P.相交，其交线可作墙面的量高线，墙面可当作一立方体来求作透视图。

(2)屋檐檐口和 P.P.的交线可作屋檐的量高线 $T.H_1$。过屋脊 $FG$ 的垂面和 P.P.的交线可作屋脊的量高线 $T.H_2$ 它们都是和 $OY$ 平行的垂面。

**作法：**(图 B)

(1)在 H.L.上，作 $OX.OY$ 方向水平线的透视消失点 $V_x$、$V_y$。

(2)在平面图上，自墙角和 P.P.的交线 $O$ 引垂线到透视图中，为量高线，即可求得各墙面的透视。

(3)在平面图上自檐口和 P.P.的交点 $O_1$，延长屋脊 $FG$ 与 P.P.的交点 $O_2$，分别引垂线到透视图中为量高线 $T.H_1$ 和 $T.H_2$。

(4)在 $T.H_1$ 上量出檐口真高 $O_1B_0'$、$OB_0$，在平面图上连 $E_hB$、$E_hC$ 和 P.P.相交，自交点引垂线到透视图中和 $B_0V_y$、$B_0V_y'$ 相交得 $bb'$、$cc'$、为 $OY$ 方向檐口的透视。连 $bV_x$、$b'V_x'$可求得 $OX$ 方向檐口的透视。

(5)在 $T.H_2$ 上量出屋脊的真高 $O_2F_0$，在平面图上连 $E_hF$、$E_hG$ 和 P.P.相交，自交点引垂线到透视图中和 $F_0V_y$ 相交于 $f$ 和 $g$，为屋脊 $FG$ 的透视，连 $f\,b$、$f\,d$、$gc$ 为四坡屋面的透视。

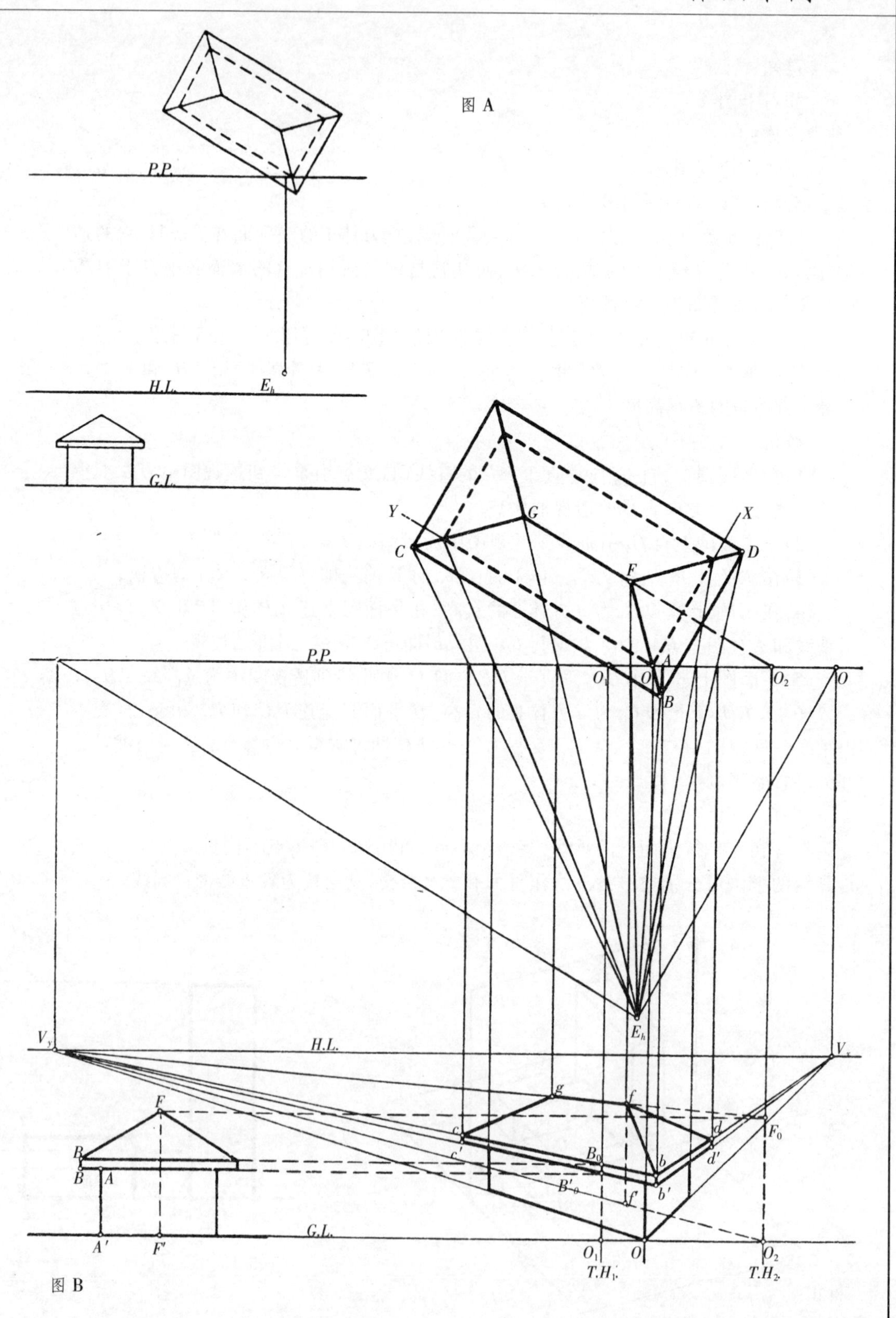


图 B

**已知：**

如右上图 A 所示，地面上任意位置 $A$、$B$、$C$ 三点，视高为 1.2m，人高为 1,7m。

**求作：**

透视图上 $A$、$B$、$C$ 三处人的透视。

**作法：**（见图 B）

(1)任作一垂线 *T.H.*(为了不影响图面整洁，往往将 *T.H.* 放在透视图的外侧)*T.H.* 和 *H.L.* 相交于 $D'$。

(2)用任意比例尺在 *T.H.* 上量 $OD'$ 等于视高 1.2m。$DD'$ 等于 0.5m。$OD'$ 加上 $DD$ 等于人高 1.7m。

(3)在 *H.L.* 上任选一点 $V$，连 $DV$、$OV$ 并延长之。

(4)在透视图中自 $A$、$B$、$C$ 三处分别作水平线与 $OV$ 相交于 $A_0$、$B_0$、$C_0$。自 $A_0$、$B_0$、$C_0$ 引垂线与 $DV$ 相交于 $A_0'$、$B_0'$、$C_0'$。

(5)自 $A_0'$、$B_0'$、$C_0'$ 分别作水平线与透视图中 $A$、$B$、$C$ 三点各作垂线相交于 $A'$、$B'$、$C'$。

(6)$AA'$、$BB'$、$CC'$ 各为 $A$、$B$、$C$ 三处 1.7m 高人的透视。

这是在透视图上画人，画车辆等配景时经常使用的简便方法。

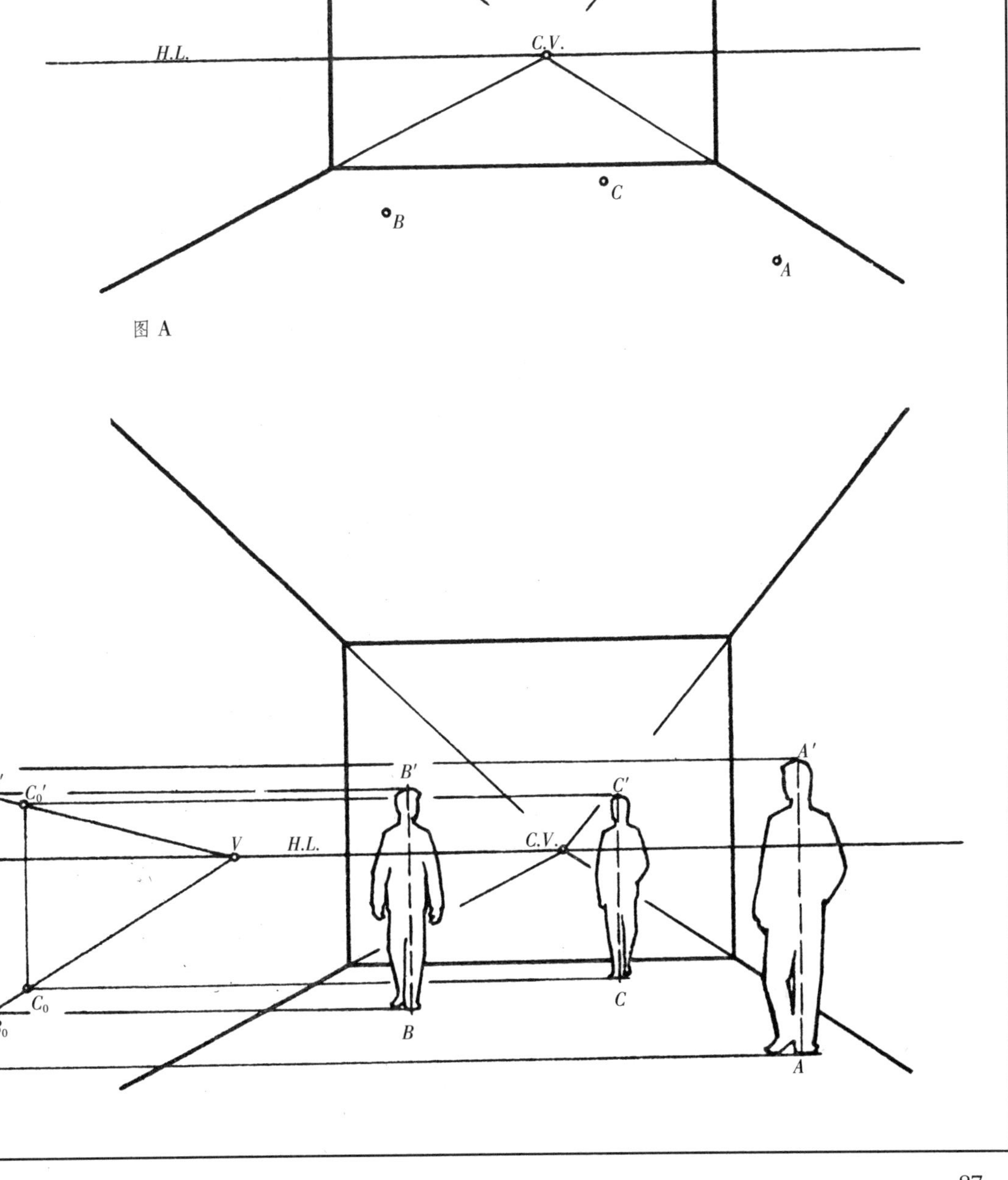

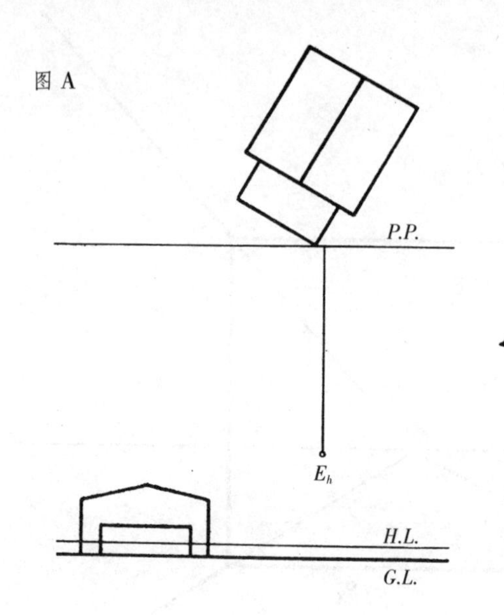


图 B

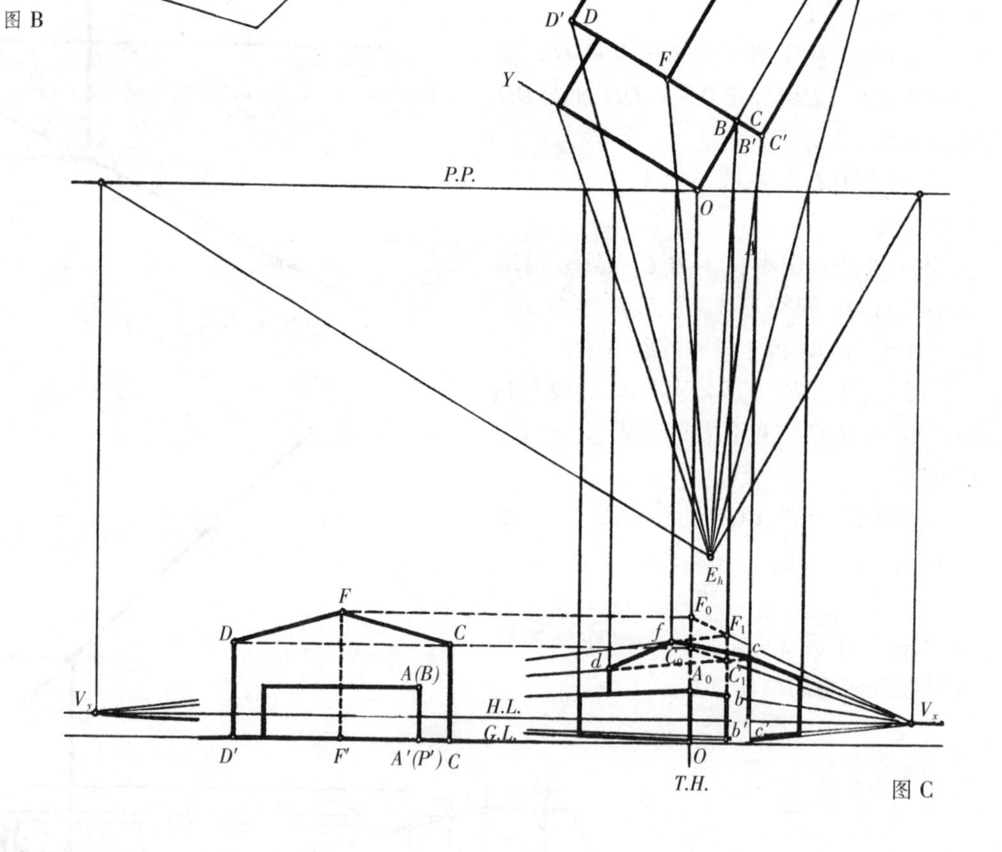


图 C

**已知：**

如上图 A 所示。

**求作：**

建筑型体的透视图。

**分析：**见轴测图。(图 B)

(1)建筑型体由一个两坡顶与一个立方体组合而成，立方体一垂边在 *P.P* 上，该垂边可作量高线 *T.H.*，即可求得立方体的透视图。

(2)两坡顶建筑型体与 *P.P* 不相交，它的透视高度可通过 *T.H.*量高，求得立方体与两坡顶山墙的交线上檐口和屋脊高度的透视 $C_1$、$F_1$，再转到 *C*、*D*、*F* 上，即可求得整个透视图。

**作法：**(图 C)

(1)作 *OX*、*OY* 方向水平线透视的消失点 $V_x$、$V_y$。

(2)在平面图上自 *O* 引垂线到透视图上为量高线 *T.H.*。

(3)过 *T.H.*在 *OX* 方向的垂面为量高面，在 *T.H.*上量高即可求得立方体的透视以及立方体与山墙交线 *BB′*的透视 *bb′*，即量高面与山墙的交线。

(4)在 *T.H.*上，量得两坡顶的檐口真高 $OC_0$，连 $C_0VX$ 与 *bb′*的延长线相交于 $C_1$，连 $C_1V_y$ 并延长即得 *c.d* 为两坡顶的檐高透视。

(5)在 *T.H.*上量得两坡顶的屋脊真高 $OF_0$，连 $F_0V_x$ 与 *bb′*的延长线相交于 $F_1$，连 $F_1V_y$ 即可求得 *f* 为两坡顶屋脊高的透视。

(6)在透视图上连接各相应的透视点，即得透视图。

**已知：**

如右图 A 所示。

**求作：**

建筑型体的透视图。

**分析：**

(1)建筑型体由高层和低层两部分组合而成，高层部分为曲拆形，低层部分为一立方体。高层部分一垂边与 $P.P.$ 相交，其交线可为量高线 $T.H.$。

(2)过 $T.H.$ 的 $V_1$ 方向垂面为量高面，不在量高面上垂线的透视高度可过该垂线作一平行于 $P.P.$ 的垂面与量高面相交，即可求得其交线上的透视高度，再转求得垂线的透视高度。这种量高法在以后量点法作透视图时经常用到。

**作法：**(图 B)

(1)作消失点 $V_1$、$V_2$、$V_3$。

(2)自平面图上自 $A$ 引垂线到透视图上为量高线 $T.H.$。

(3)在 $T.H.$ 上量 $OA_0$ 为 $AA'$ 的真高，连 $OV_1$、$A_0V_1$。

(4)在平面图上作 $BB_1 /\!/ P.P.$，连 $E_hB_1$、$E_hC$ 与 $P.P.$ 相交，自交点引垂线到透视图中和 $OV_1$、$A_0V_1$ 相交于 $b_1'b_1$、$c'c$。

(5)在平面图上连 $E_hB$ 与 $P$、$P$ 相交，自交点引垂线到透视图中和自 $b_1'$、$b_1'$ 作水平线相交得 $bb'$，为 $BB$ 的透视。

(6)在透视图中连，$cV_2$、$c'V_2$ 得 $f$、$f'$，连 $bV_1$ 得 $d$，连 $dV_2$ 得 $g$，而作出高层部分建筑型体的透视图。

(7)在 $T.H$ 上量 $OK_0$ 为 $KK'$ 真高，连 $K_0V_1$。

(8)在平面图上过 $K$ 作 $P.P.$ 的平行线与 $AC$ 交于 $K_1$ 连 $E_hK_1$，$E_hN$ 与 $P.P.$ 相交，自交点引垂线到透视图中与 $OV_1$、$K_0V_1$ 相交于 $K_1'$、$n'$、$n$ 及 $c''$。

(9)在平面图上连 $E_hK$ 与 $P.P.$ 相交，自交点引垂线到透视图中与自 $K_1$、$K_1'$ 所作水平线于 $k$、$k'$。为 $kk'$ 的透视。

(10)在透视图中连 $kV_3$、$k'V_3$，得 $L$、$L'$，连 $c''V_2$ 得 $m$，再连各点，即可求得立方体的透视图，从而完成整个建筑型体的透视图。

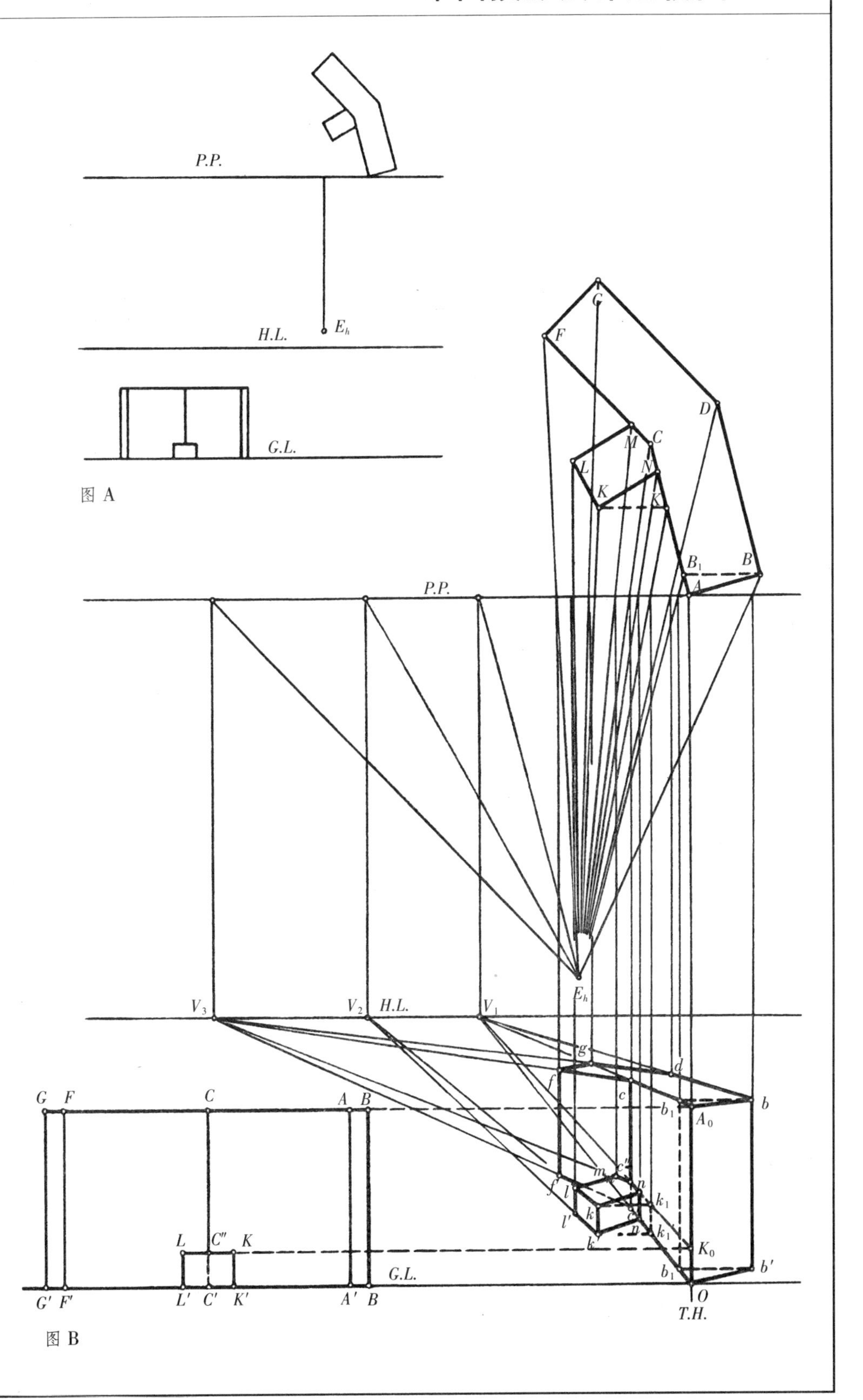

**作透视图有三个要点：**

(1)直线透视的方向

和画面平行的直线，透视和原直线平行。

和画面不平行的直线，透视由近向远消失到一点——消失点。相互平行的直线，透视消失在同一个消失点。

(2)垂直线透视的高度

在画面上的垂直线透视长度，等于真高，可作为量高线，在量高线上量出不同位置各垂线的真高，直接或间接通过量高面作出它所在位置的透视高度。

(3)和画面不平行的水平线的透视长度

用平面投形法求得直线的透视长度，这种方法求得的透视图图面较小，还要放大后才合用。所以平面投形法作透视图，仅是学习作透视图的入门，而不是实用作法，后面叙述用量点法作透视图，将是透视图实用作法的基础。

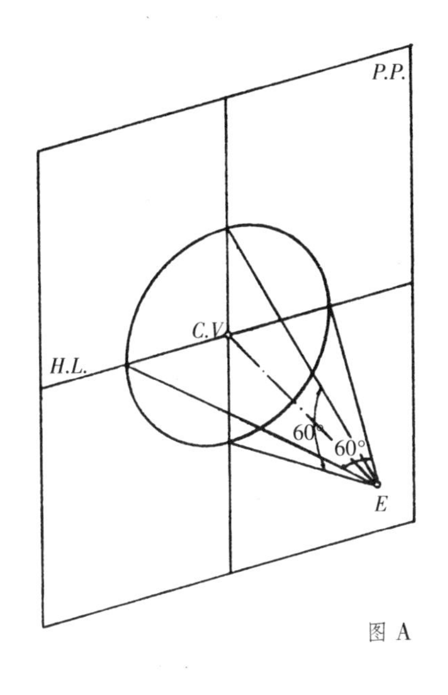


图 A

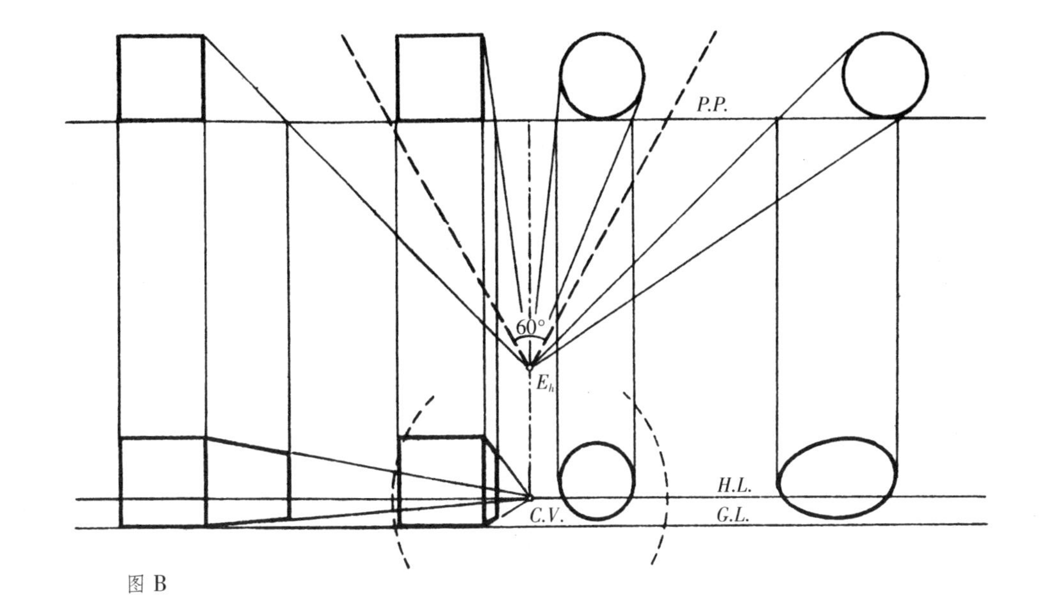


图 B

在画透视图时，人的视野可假设为以视点 $E$ 为顶点的圆锥体，它和画面垂直相交，其交线是以 $C.V.$ 为圆心的圆，圆锥顶角的水平、垂直角为 60°，这是正常视野作的透视图，图形不会失真。有时若有特殊要求，可加阔视野，即扩大视角，使画出的透视图空间显得更宽阔和深远。(图 A)

在平面图上，在视角为 60°范围以内的立方体，球体的透视形象真实，在此范围以外的立方体，球体的透视形象便失真、变形。(图 B)

在侧面图上，若视点过近(即视距过小)过高，物体在视角高度方向 60°范围以外时，立方体底边的透视成了小于 90°的锐角，透视图形便失真、变形。(图 C)

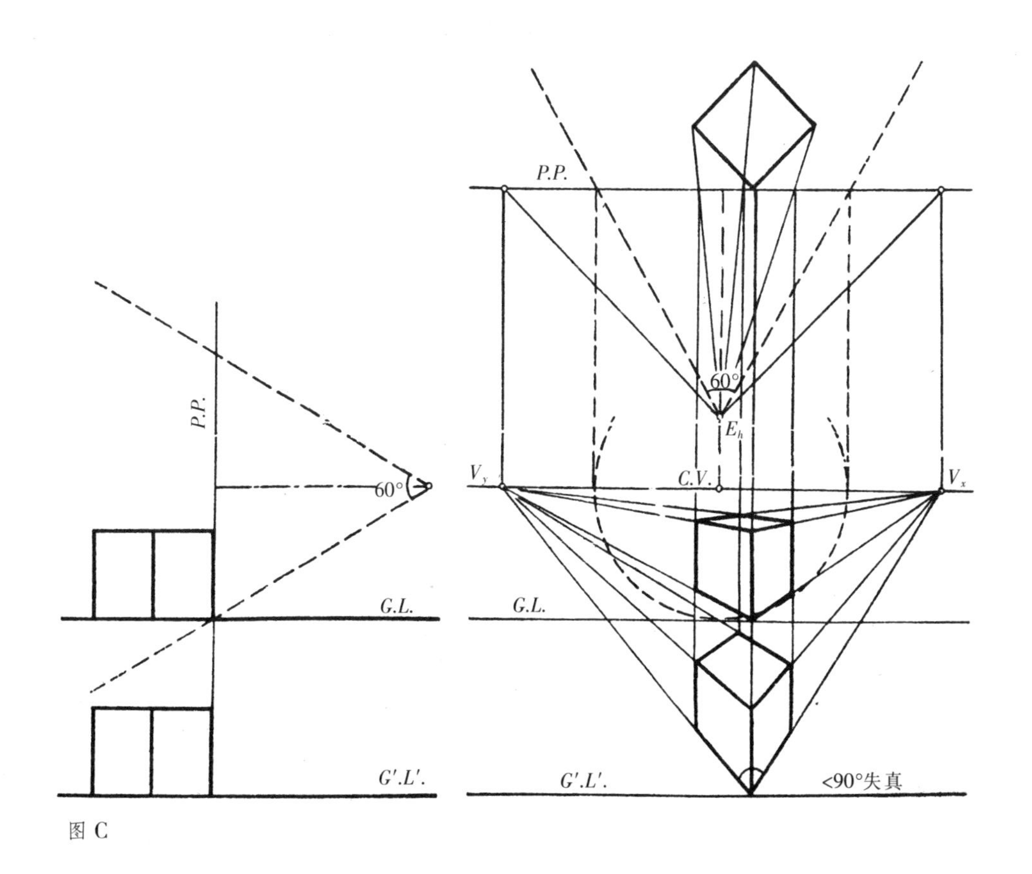


图 C

**建筑物与画面的位置不变，视高已定**

在室内一点透视图中当视距近时($E_h$)，和画面垂直的面的透视较宽于视距远时($E'$)。和画面平行的面的透视当视距近时则较小于当视距远时($E'$)。(图 A)

在立方体的两点透视图中，当视距近时($E_h$)，消失点 $V_x$、$V_y$ 距离较小于当视距远时($E_h'$)的 $V_x'$、$V_y'$。即立方体的两垂直面缩短较多，透视角度显得较陡。(图 B)

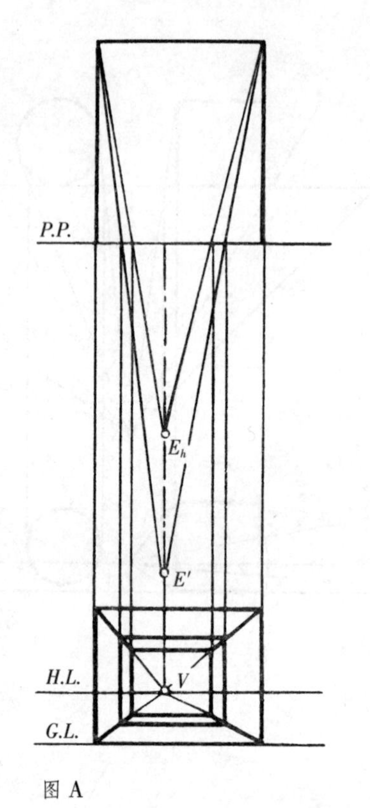

图 A

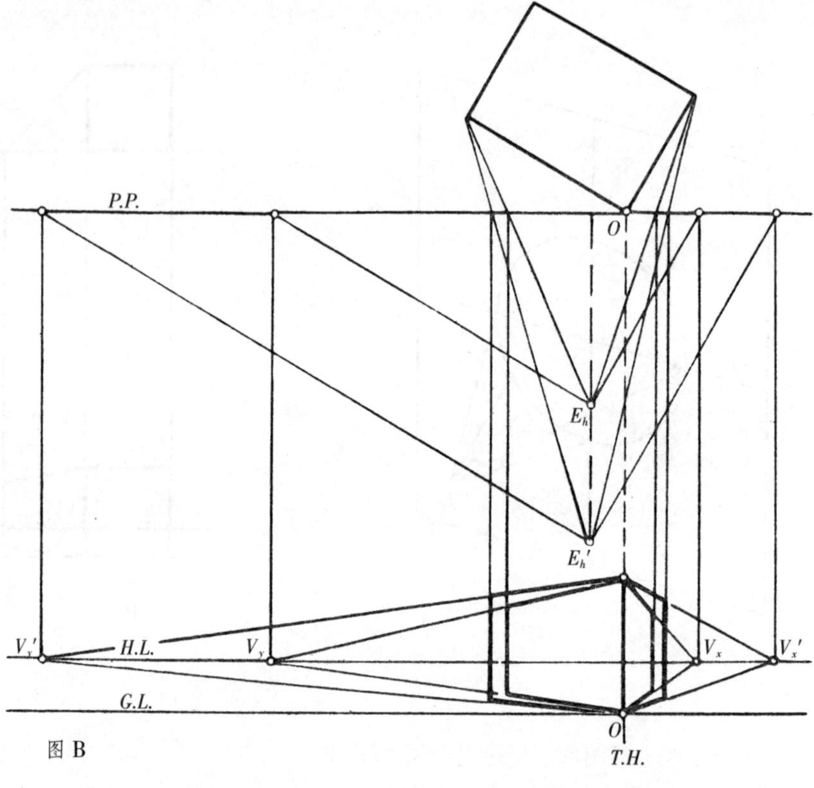

图 B

**建筑物与视点的位置不变，视高已定**

若视距近（$E$ 和 $PP$ 的距离），则两消失点的间距亦小，透视图形小。若视距远($E$ 和 $P'.P'$ 的距离)则两消失点的间距亦大，透视图形大。两图形相似。

所以不论视距远近，透视图都是由同一视点和建筑物各点相连的视线与画面相交所形成的图形，它们是视距近，图形较小，视距远，图形较大的相似图形。(图 C)

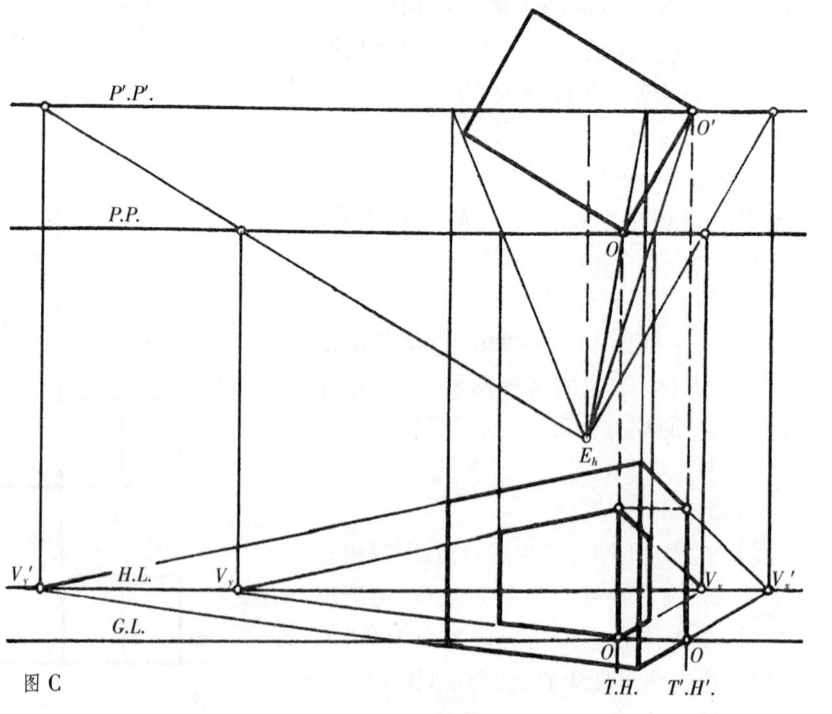

图 C

建筑物、画面、视距不变，视点的高低变化使透视图形产生仰视图，平视图和俯视图。(鸟瞰)

(1)当视平线在地平线以下时，透视图为仰视图，如同我们在山下看山上的建筑物。

(2)当视平线在建筑物高度以下，地平线以上时，透视图为平视图。如同我们经常看到建筑的位置。

(3)当视平线在建筑物高度以上时，透视图形为俯视图或称鸟瞰图。如同我们在山上或高处看下面的建筑物。

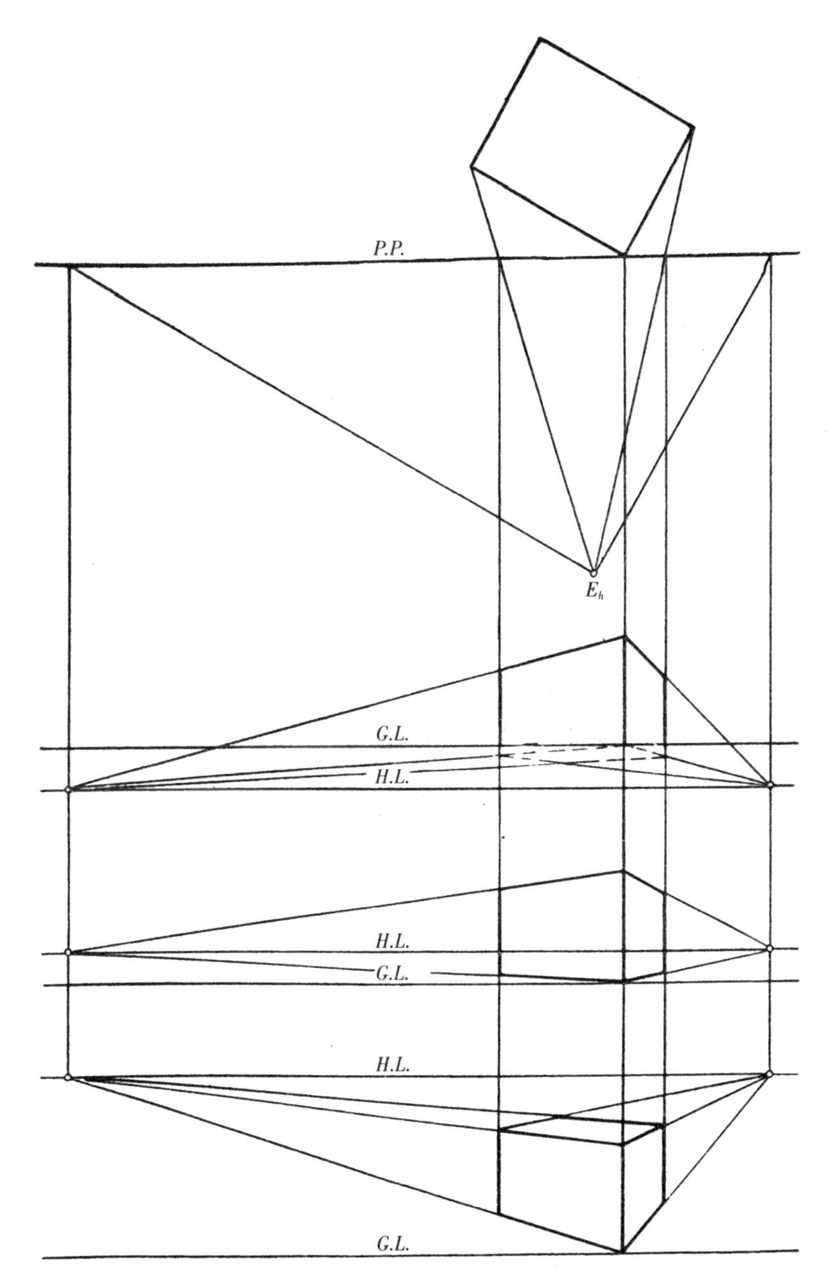


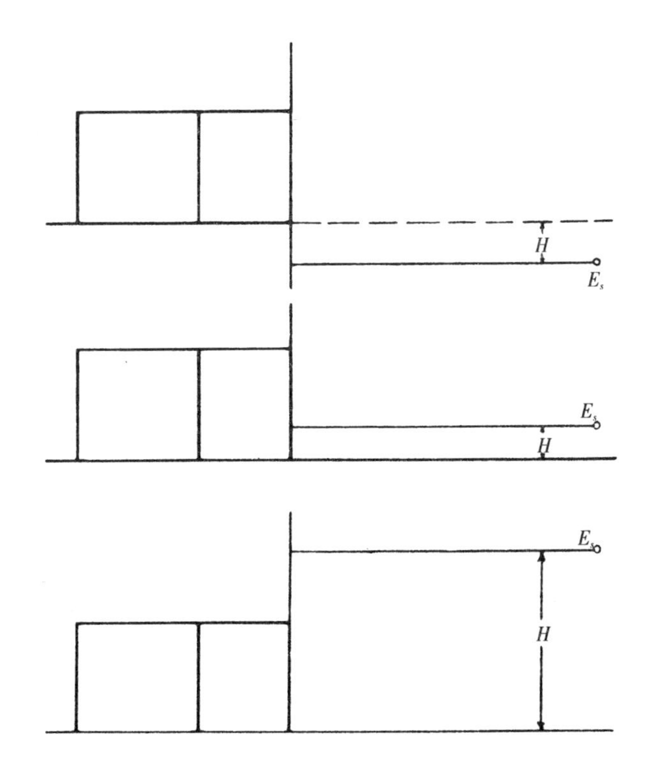

## 4 透视角度

画面、视点的位置不变，立方体绕着它和画面相交的一垂边旋转，每转22.5°时所成的透视图形：

1、5 为立方体的一垂面和画面平行，透视只有一个消失点，是一点透视，在画面垂面的透视为实形。

2、3、4 为立方体的垂面和画面倾斜，透视图有两个消失点，是两点透视。若垂面和画面交角较小时，则透视角度平缓，缩短较少；若垂面和画面交角较大时，则透视角度较陡，缩短较多。

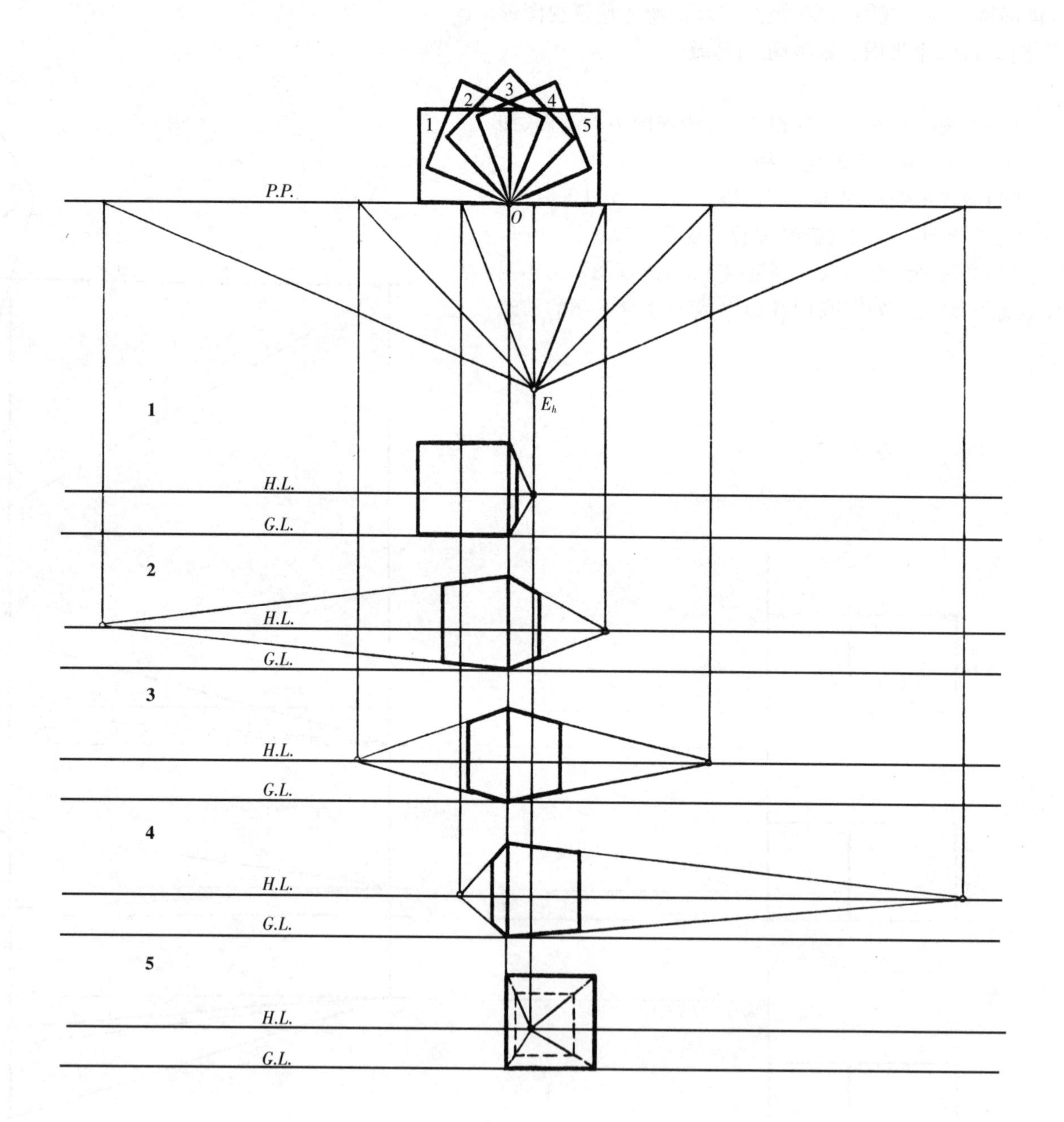

- **和 $P.P.$ 垂直的水平线的透视**

**已知：**$P.P.$、$E$ 的位置，视高 $H$，在 $G.P.$ 上直线 $AB$ 垂直于 $P.P.$ 与 $P.P.$ 相交于 $O$。(图 A)

**求作：**直线 $AB$ 的透视。

**作法：**

(1)平面图上分别由 $A$、$B$ 作与 $P.P.$ 成 45°直线，与 $P.P.$ 相交 $A_0$、$B_0$。即 $OA=OA_0$，$OB=OB_0$，

(2)作 $AB$ 的消失点 $V$，作 $AA_0$、$BB_0$ 的消失点 $M$（为量点）。

(3)在透视图上连 $OV$ 并延长。$G.L.$ 上量 $OA_0=OA$，$OB_0=OB$，连 $A_0M$，$B_0M$，分别与 $OV$ 相交于 $a$、$b$、$ab$ 为 $AB$ 的透视。

这就是一点透视用量点法作图的基本原理，实际上作图时可以不必将平面图放在图纸上方，而只要选定视点后即可在 $H.L.$ 上得 $V$ 和 $M$，因为 $VM=D$（视距）。以下为实际作图步骤。

**作法：**

(1)作 $G.L.$、$H.L.$。在 $H.L.$ 上定一点 $V$(即立面上视点位置)，作 $VM=D$。

(2)自 $V$ 量 $F$，作垂线 $G.L.$ 与相交于 $O$。

(3)在透视图中自 $O$ 分别向左、右各量 $OA_0=OA$，$OB_0=OB$。

(4)连 $A_0M$、$B_0M$，分别与 $OV$ 相交于 $a$、$b$，$ab$ 为 $AB$ 的透视。

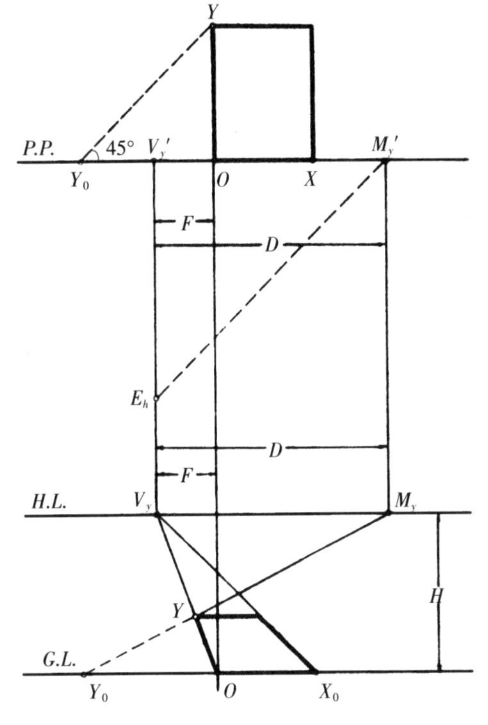


- **用量点法作 $G.P.$ 上作立方体的透视图**（图 B）

(1)在平面图上作 $OY_0=OY$，即 $YY_0$ 与 $P.P.$ 成 45°。

(2)作 $OY$ 的消失点 $V_y$，作 $YY_0$ 的消失点 $M_y$（量点）。

(3)在透视图 $G.L.$ 上由 $O$ 向右量 $OX_0=OX$，向左量 $OY_0=OY$。连 $OV_y$，$X_0V_y$。

(4)连 $Y_0M_y$ 与 $OV_y$ 相交于 $y$。

(5)自 $y$ 作水平线与 $X_0V_y$ 相交，即得立方体在 $G.P.$ 上平面的透视。

**量高**

(1)在透视平面图上，自 $O$ 作垂线 $T.H.$ 为量高线。

(2)$T.H.$ 上量 $OZ_0=ZZ'$ 为立方体的真高，即可作得立方体的透视。(作法同前述)

**实际作法**

(1)若视高 $H$ 较低，为作图正确，可在 $G.L.$ 以下一定距离(任意)作 $G'.L'$。

(2)在 $H.L.$ 上量 $V_yM_y=D$，自 $V_y$ 向右量 $F$，在 $G.L.$ 上得 $O_0$。

(3)作透视平面(作法同上)。

(4)自各角点引垂线到视高等于 $H$ 的透视图上，同前法即可求得立方体的透视图。

图 A

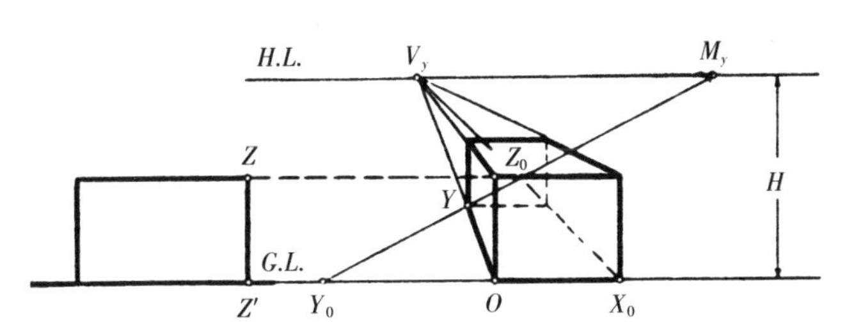


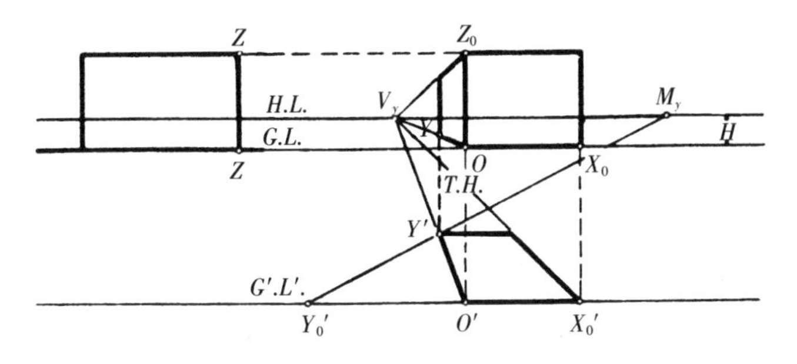


图 B

- **作建筑型体在 $G.P.$ 上的透视平面**

**已知**：建筑型体的平、立面图，$P.P.$、$E$ 的位置和视高 $H$。

**求作**：用一点透视量点法求作建筑型体的透视图。(图 A)

**作法**：

(1)在平面图上由 $E_h$ 引垂线到透视图中 $H.L.$ 上得 $V_x'$。

(2)在平面图 $P.P.$ 上作 $OB_0=AB$、$OK_0=AKx$、$OJ_0=AJ_x$、$OR_0=OR_x$，连 $BB_0$, $K_xK_0$, $J_xJ_0$, $R_0R_x$，则 $BBo /\!/ K_xK_0 /\!/ J_xJ_0 /\!/ R_xR_0$。

(3)作 $BB_0$ 的消失点，得 $Mx'$(为量点)，$V_x'M_x'=D$。

(4)在透视图中 $H.L.$ 上由 $V_x$ 向左量 $D$ 得 $M_x$，向右量 $F$，引垂线到 $G.L.$，上得 $O$。(图 B)

(5) 在透视图中由 $O$ 左量：$OR_0=SR$，$OJ_0'=J_xJ$，$OS'=AS$，$OT'=AT$，$ON_0=J_xN$，$OG'=AG$，右量：$OJ_0=AJ_x$，$OK_0=AK_x$，$OB_0=AB$。

(6)在透视图中连 $OV_x$, $J_0'V_x$, $S'V_x$, $T'V_x$, $N_0V_x$, $G'V_x$。

(7)连 $J_0'M_x$, $K_0M_x$, $B_0M_x$ 分别与 $OV_x$ 相交于 $j_x$、$k_x$、$b'$，其中 $Ob'$ 为 $AB$ 的透视。

(8) 由 $j_x$、$k_x$、$b'$ 分别作水平线与 $J_0'V_x$、$N_0V_x$、$GV_x$ 各相交于 $j'$、$k'$、$l'$、$n'$、$c'$。

(9)连 $R_0M_x$ 并延长与 $OV_x$ 的延长线相交于 $r_x$。

(10)由 $r_x$ 作水平线与 $S'V_x$、$T'V_x$ 的延长线相交于 $r'$、$u'$，即得建筑型体的透视平面。

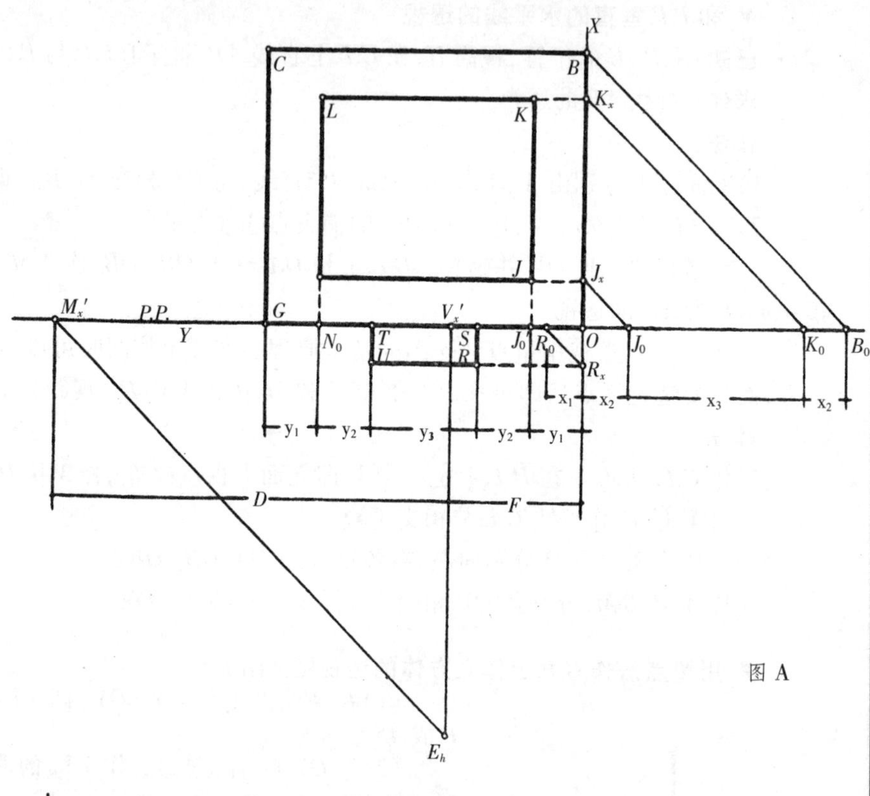

图 A

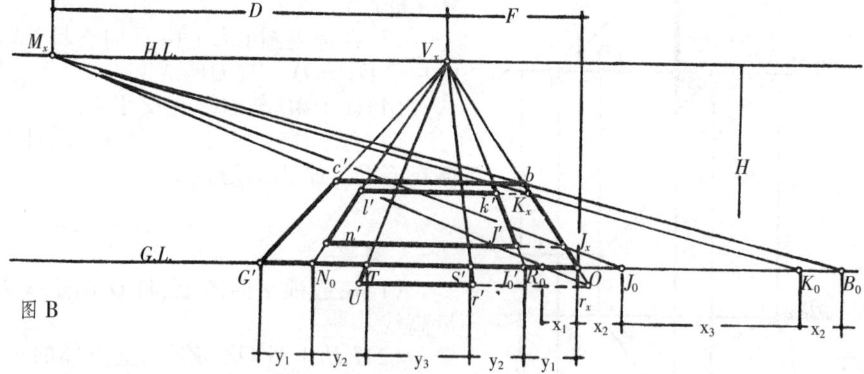

图 B

- **量高，作建筑型体的透视图**

**作法**：

(1)在透视图中由 $G'$ 作垂线为量高线 $T.H.$。(图 C)

(2)量 $GG'$ 的真高，由 $G$ 作水平线与由 $O$ 所作垂线相交于 $A$，量 $G'U_0=U'U$，由 $U_0$ 作水平线与由 $T'$、$S'$ 所作垂线相交于 $t$、$s$。

(3)连 $GV_x$、$AV_x$、$G'V_x$、$OV_x$。

(4)量 $NN'$ 和 $NN''$ 的真高向 $V_x$ 连线，与由 $j'n'$ 延线和 $G'V_x$ 的交点引垂线相交于 $n_1$、$n_1''$。

(5)由 $n_1$、$n_1''$ 作水平线，即得 $n''$、$n$、$j$ 的透视高度。

(6)连 $nV_x$, $j\ V_x$ 与由透视平面中 $l'$、$k'$ 所引垂线相交于 $l$、$k$。

(7)连 $tV_x$, $sV_x$ 并延长之。

(8)在 $T.H.$ 上量 $U'U$ 和 $U'U''$ 的真高为 $G'U_0$ 和 $G'U_0''$。

(9)连 $U_0V_x$, $U_0''V_x$，并延长分别与由透视平面中 $r'u'$ 延线和 $G'V_x$ 延线的交点 $u_1'$ 引垂线相交于 $u_1$、$u_1''$。

(10)由 $u_1$ 作水平线与 $tV_x$, $sV_x$ 的延长线相交于 $u$ 和 $r$。

(11)由 $u_1''$ 作水平线与透视平面中 $u'$ 所作垂线相交于 $u''$。即得建筑型体的透视图。

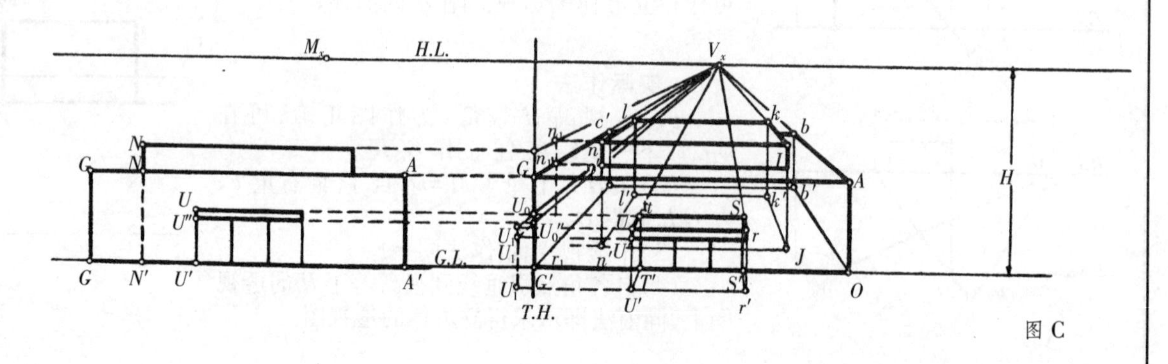

图 C

- **作透视平面图**

**已知:**

如图 A 所示

**求作:**(图 B)

建筑型体的透视图,所有尺寸均放大 $n$ 倍。

**作法:**

(1)将 $G.L.$降低到 $G'.L'$以利于作图清楚。

(2)在已知平面上作 $V'x$、$M'x$ 并选柱子一垂边为$O$。

(3)作放大 $n$ 倍的 $H.L.$及 $G.L.$,在 $G.L.$上任选一点为 $O$,由 $O$ 向左依次量 $nF$、$nD$,并各引垂线在 $H.L.$上得 $Vx$、$Mx$。

(4)由 $O$ 作垂线与 $G'.L'$相交,得 $O'$。

(5)在 $G'.L'$上,由 $O'$向左依次量 $ny_2$、$ny_3$、$ny_4ny_5$ 及 $nx_1$。向右依次量 $nx_2$、$nx_3$、$nx_2$、$nx_1$ 及 $ny_1$。

(6)连 $OVx$ 以及将 $OY$ 方向各标记点与 $Vx$ 相连。

(7)将 $OX$ 方向各标记点与 $Mx$ 相连,连线与 $O'Vx$ 相交,由交点各引水平线,即得透视平面图。

注意:其中 $nx_1$ 为 $OX$ 方向出檐深度,因它突出面画,在反方向量实长(即由 $O$ 向左量 $nx_1$),然后和 $Mx$ 连线并延长与 $O'Vx$ 的延长线相交,由交点作水平线,得突出画面部分的透视平面。凡突出画面部分的透视深度都应反向量实长。

用量高作建筑型体的透视图。

(1)在 $G.L.$上 $O$ 点引垂线为量高线 $T.H.$。

(2)自 $T.H.$上量 $nh_1$ 等于放大 $n$ 倍的柱高,量 $nh_2$ 为放大 $n$ 倍的檐口厚度。

(3)量得各点向 $Vx$ 消失,与由透视平面上各相应的角点作垂线相交,凡平行于画面的直线都作水平线,凡垂直于画面的直线都向 $Vx$ 消失,即可得建筑型体的透视图。

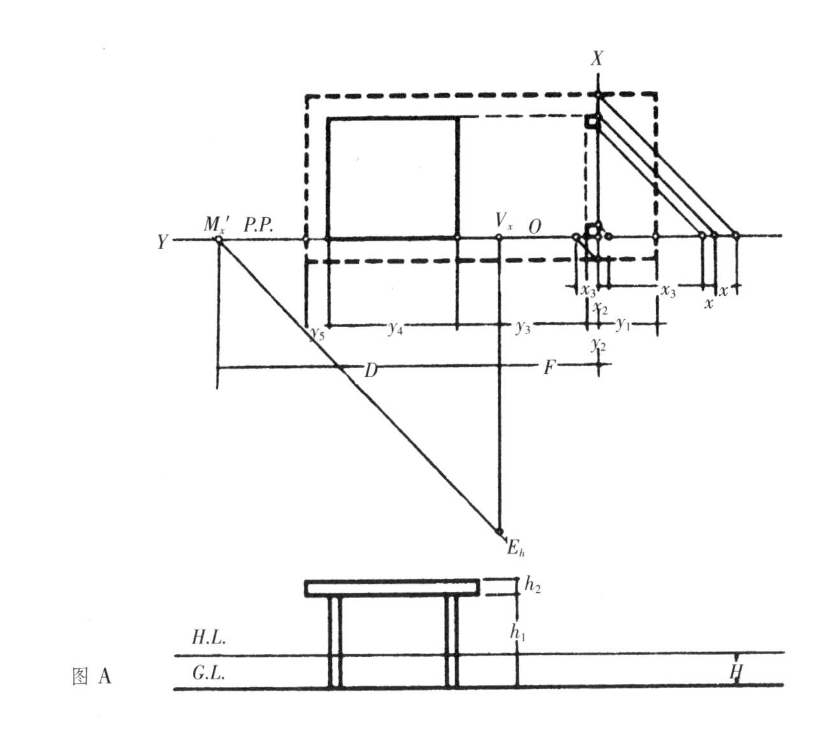


图 A

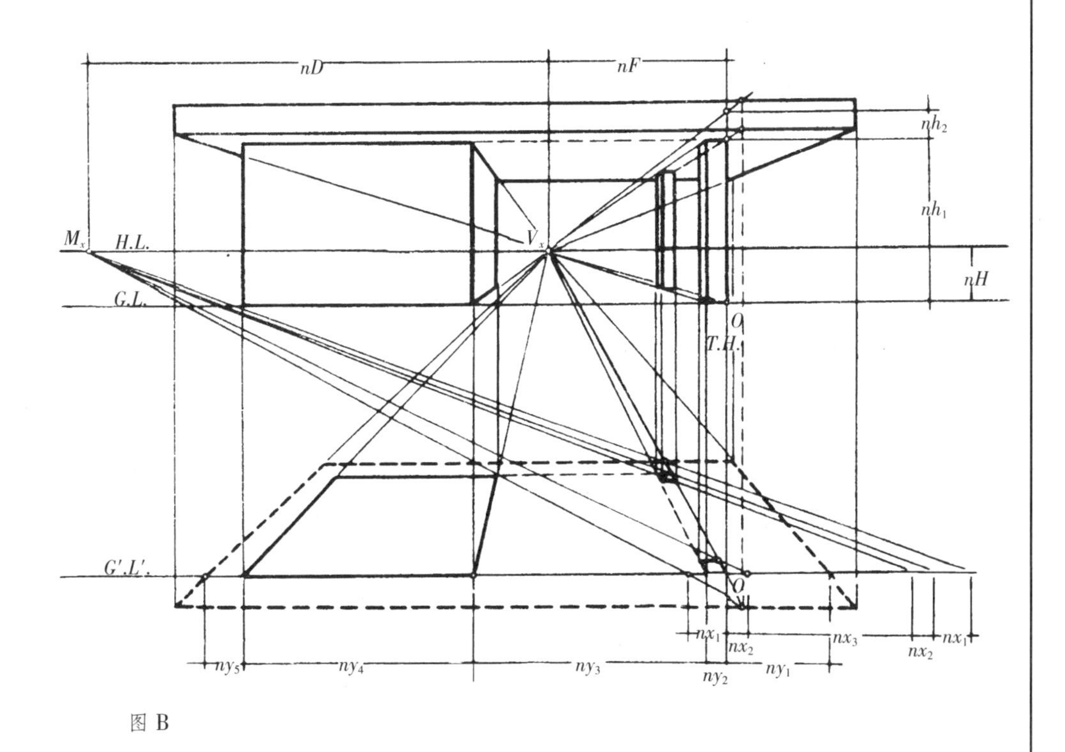


图 B

作室内一点透视时，往往将 P.P.放在距 $E$ 较远处的墙面上，而建筑物的大部分伸在 P.P.的前面，这样作出的透视图图面较大些。

作透视平面图时，伸出 P.P.的 $OX$ 方向直线的透视长度都在 $OX$ 透视的延长线上求得。(设：垂直于 P.P.的直线为 $OX$ 方向，平行于 P.P.的直线为 $OY$ 方向)。

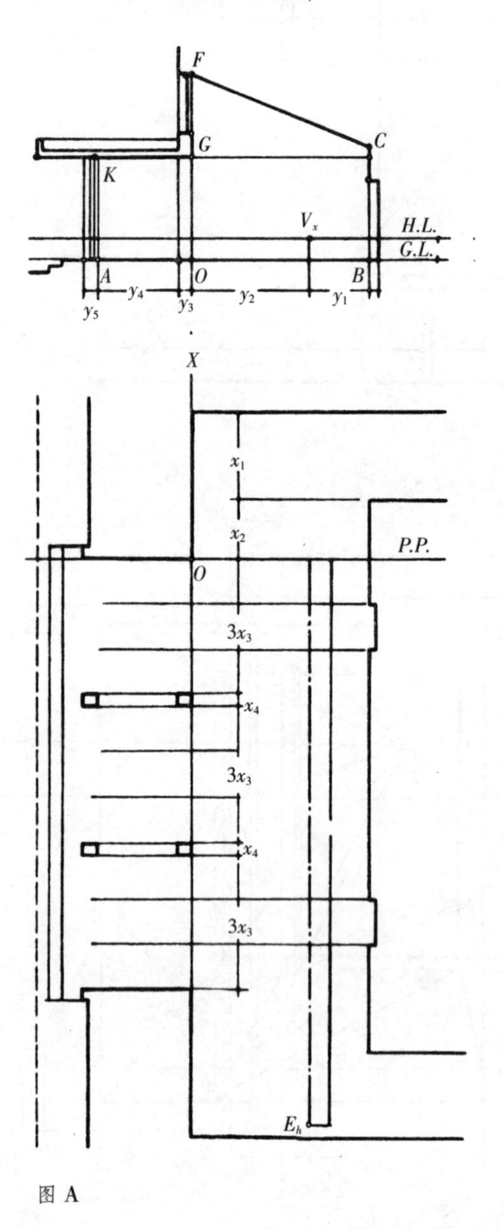


图 A

图 B

**作法：**

(1)在已知平面图上定 P.P.及视点 $E$，剖面图上定 H.L.、G.L.和 $V_x$、$M_x$ 的位置，在 G.L.上定 $O$ 的位置。(图 A)

(2)降低 G.L.到 G'.L'.，并作透视平面。(图 B)

(3)$OY$ 方向的尺寸可从剖面图上引垂线到 G.L.上求得，由各点和 $V_x$ 相连即为 $OX$ 方向直线的透视。

(4)在剖面图上由 $O$ 引垂线和 G'.L'.相交于 $O'$，连 $O'V_x$ 为 $O_x'$ 的透视。

(5)由 $O'$ 向左依次量 $OX$ 方向伸出 P.P.部分的尺寸，由 $O'$ 向右依次量 $OX$ 方向未伸出 P.P.部分的尺寸。在所量得的各点上作出标记。

(6)由量得的各标记点与 $M_x$ 相连，各连线与 $O'V_x$ 的延长线相交，由交点作水平线和相应的向 $V_x$ 方向消失的透视线相交即得在 G'.P'.上的透视平面。

(7)在剖面图上，各角点分别与 $V_x$ 相连并延长之。该连线与透视平面上各相应角点所引垂线分别相交，而作出门厅的室内透视图。

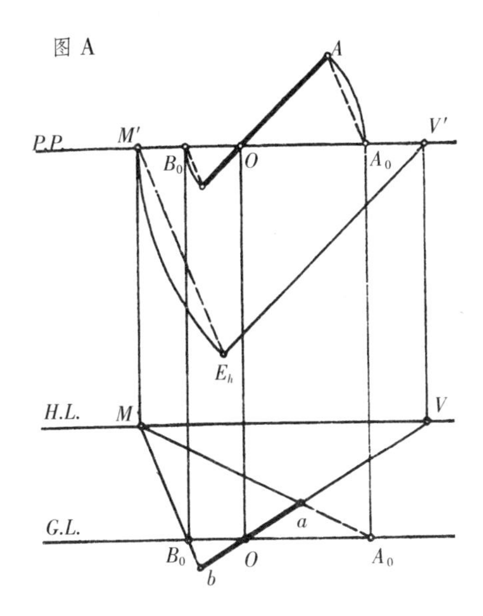

图 A

□ **原理**

**已知：**在 $G.P.$ 上和 $P.P.$ 倾斜直线 $AB$ 以视点、视高。(图 A)

**求作：**直线 AB 的透视。

用量点法作直线 AB 的透视

(1) 作 $AB$ 直线的透视消失点 $V$，连 $OV$ 并延长之，为直线 $AB$ 的透视方向。

(2) 在平面图上作 $OA_0=OA$、$OB_0=OB$ 并引至 $G.L.$ 上，在 $H.L.$ 上作 $A_0A$、$B_0B$ 的透视消失点 $M$，为量点。

(3) 在 $G.L.$ 上连 $A_0M$、$B_0M$ 与 $OV$ 分别相交于 $a$、$b$，$ab$ 线为 $AB$ 的透视。

用量点法求直线的透视长度时，不必用平面图连视线，可先求得 $V$ 和 $M$。在 $G.L.$ 上量出实长与 $M$ 相连而求得。$M$ 可在平面图上以 $V'$ 为圆心，$V'E_h$ 为半径作圆弧与 $P.P.$ 相交于 $M'$，再由 $M'$ 引垂线与 $H.L.$ 相交于 $M$（量点）。

□ **运用**

**已知：**视点、视高及在 $G.P.$ 上的长方体。(图 B)

**求作：**用量点法作长方体的透视。

**分析：**由平面图可知长方体两垂面分别与 $P.P.$ 倾斜，其水平边有两个消失点，即两个量点。设长方体在 $G.P.$ 上和 $P.P.$ 相交两水平边为 $OX$、$OY$。

**作法：**作透视平面。

(1) 作 $OX$、$OY$ 方向直线透视的消失点 $V_x$、$V_y$。

(2)在平面图上，以 $V_x'$ 为圆心 $V_x'E_h$ 半径，作圆弧与 $P.P.$ 相交于 $M_x'$，由 $M_x'$ 引垂线到 $H.L.$ 上得 $M_x$。

(3)在平面图上，以 $V_y'$ 为圆心 $V_y'E_h$ 为半径，作圆弧与 $P.P.$ 相交于 $M_y'$，由 $M_y'$ 引垂线到 $H.L.$ 上得 $M_y$。

(4)在透视图上连 $OV_x$、$OV_y$，分别由 $OX$、$OY$ 方向直线的透视方向。

(5)在 $G.L.$ 上，由 $O$ 向右量 $OX$ 的实长 $OX_0=OX$，连 $X_0M_x$ 与 $OV_x$ 相交于 $x$，$O_x$ 为 $OX$ 的透视长度。

(6)在 $G.L.$ 上，由 $O$ 向左量 $OY$ 的实长 $OY_0=OY$，连 $Y_0M_y$ 与 $OV_y$ 相交于 $y$，得 $OY$ 的透视长度。

(7)连 $xV_y$、$yV_x$，得长方体透视平面。

**作透视图** (图 C)

(1)在 $G.L.$ 上由 $O$ 作垂线 $T.H.$。

(2)在 $T.H.$ 量出长方体的高 $OZ_0=Z'Z$，连 $Z_0V_x$、$Z_0V_y$ 与自透视平面上 $x$、$y$ 引垂线相交，为垂边的透视高度，即可作出长方体的透视图。

若视高较低为作图准确，可在 $G.L.$ 以下任作水平线 $G'.L'.$，在 $G'.P'$ 上作透视平面，再由透视平面上各角点引垂线到已知视高的 $G.L.$ 上而作出透视图。

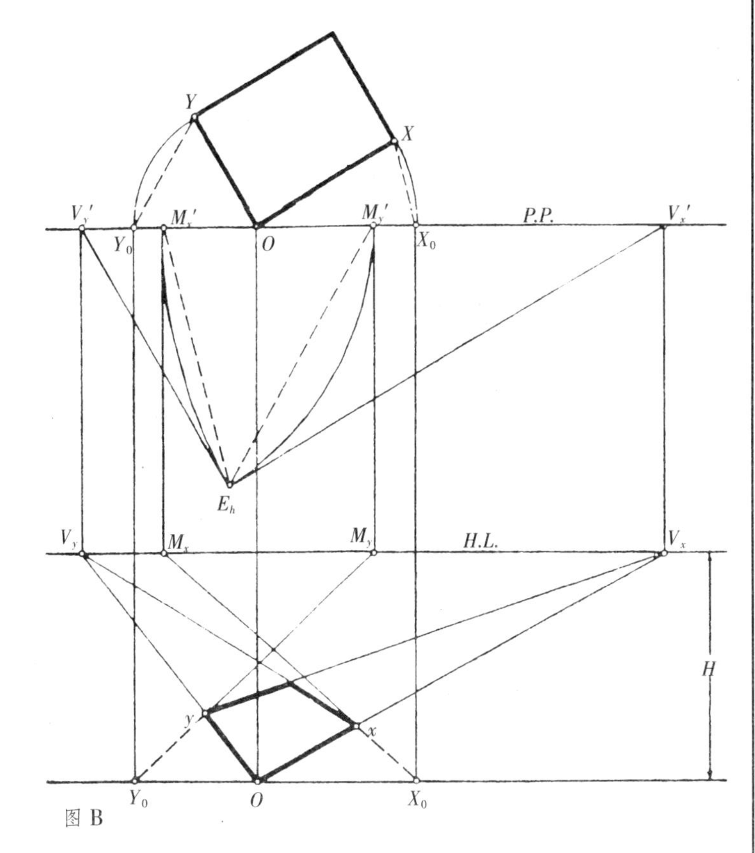

图 B

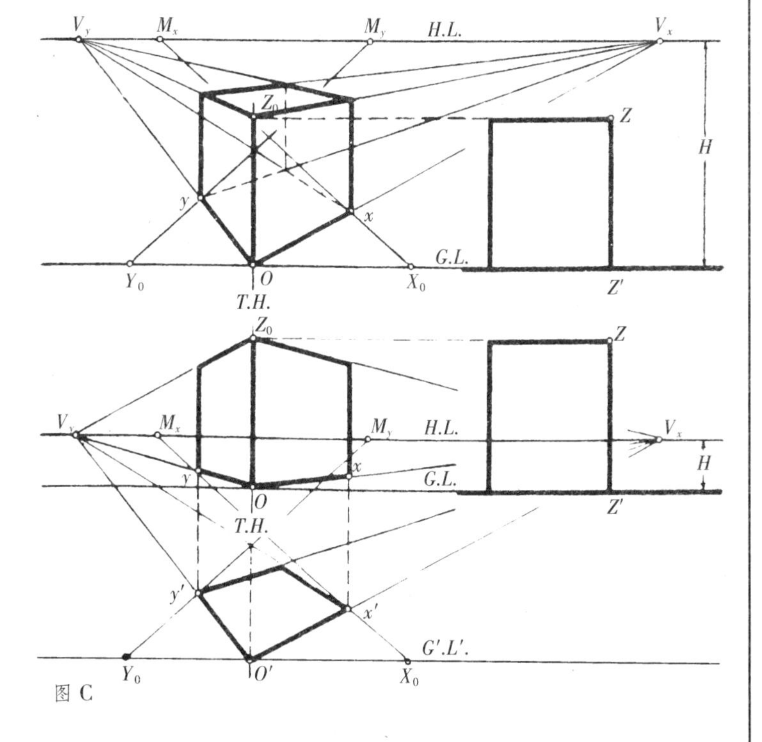

图 C

**已知：**

建筑型体的平、立面图，画面 *P.P.* 视点 $E$ 的位置及视高。(图 A)

**求作：**

用两点透视量点法作建筑型体的透视图。

**作法：**

(1)在 *H.L.* 上作 $V_x$、$V_y$，为 $OX$、$OY$ 方向直线的透视消失点。

(2)在平面图上以 $V_x'$ 为圆心，$V_x'E_h$ 为半径作圆弧和 *P.P.* 相交于 $M_x'$；以 $V_y'$ 为圆心 $V_y'E_h$ 为半径作圆弧和 *P.P.* 相交于 $M_y'$。

(3)$V_y'M_x'=F_1$，$M_x'=F_2$，$OM_y'=F_3$，$M_y'V_x'=F_4$，在 *G.L.* 上定 $O$ 点的位置，按 $F_1$、$F_2$、$F_3$、$F_4$ 的距离依次量到 *H.L.* 上定 $V_y$、$M_x$、$M_y$、$V_x$ 的位置。

(4)在 *G.P.* 上作透视平面。(图 B)

连 $OV_x$、$OV_y$。

自 $O$ 向左依次量 $Y_1$、$Y_2$、$Y_3$、$Y_2$、$Y_1$ 的实长，分别与 $M_y$ 连直线。自 $O$ 向右依次量 $x_2$、$x_3$ 的实长，分别与 $M_x$ 连直线。它们各与 $OV_y$、$OV_x$ 相交，并由各交点分别向 $V_x$、$V_y$ 连直线，得透视平面。

其中 $UR$ 透视的求法，可在平面图上将 $UR$ 延长与 $OX$ 相交于 $R_x$；在 *G.L.* 上自 $O$ 向左量 $OR_0=X_1=OR_x$，连 $R_0M_x$，并延长与 $OV_x$ 的延长线相交于 $r_x$，连 $r_xV_y$ 与 $s'V_x$、$t'V_x$ 的延长线各相交于 $r'$、$u'$，为 $R$、$U$ 的透视。

(5)自 $O$ 引垂线为 *T.H.*，在 *T.H.* 上量高，作各向 $V_x$、$V_y$ 消失的直线，与由透视平面中各角点引垂线分别相交而得建筑型体的透视图。

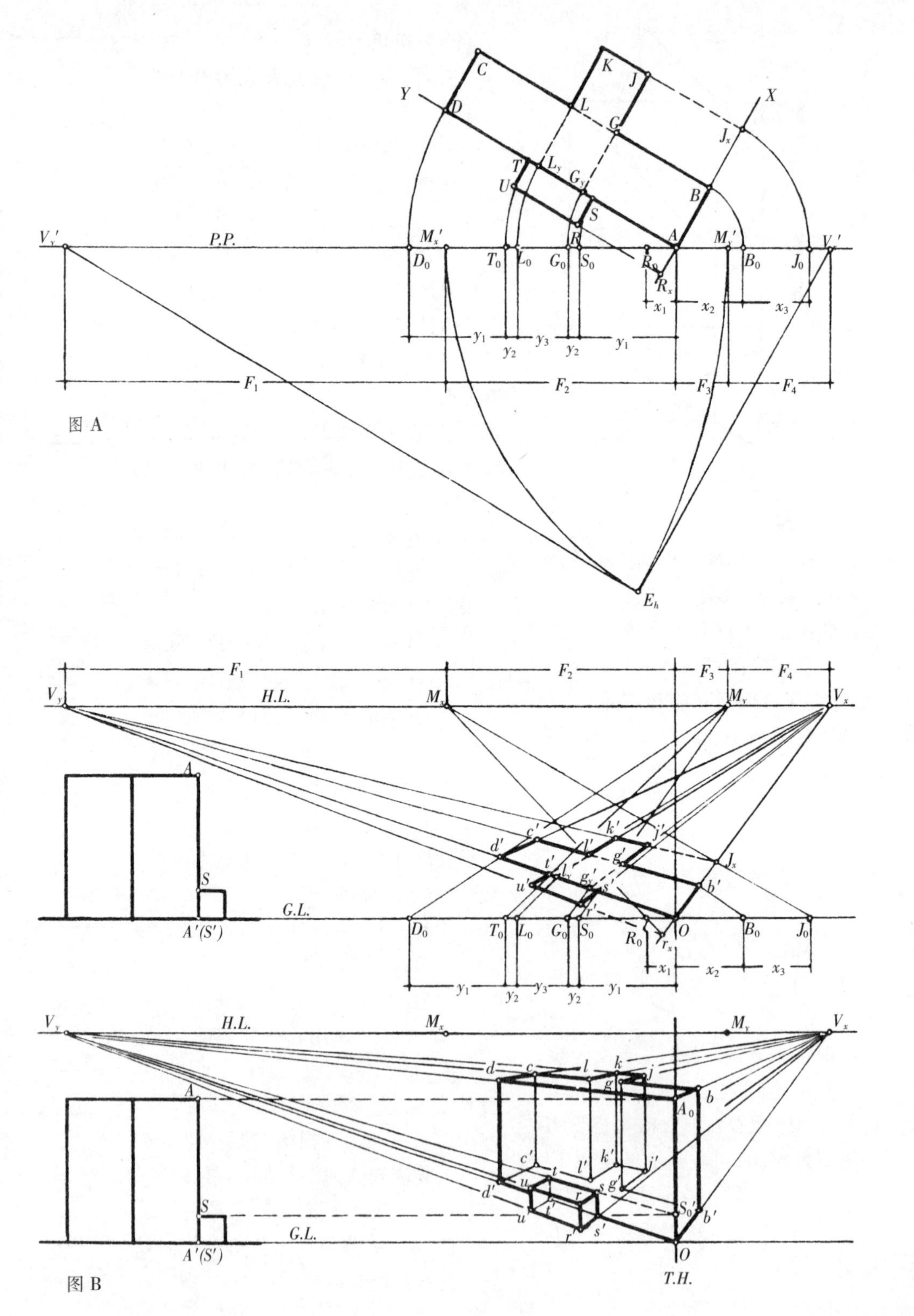

图 A

图 B

**已知：**

如上图 A 所示。

**求作：**

放大 $n$ 倍的建筑透视图。

**作法：**(图 B)

(1)在已知平面、立面图上，作 $V_x'$、$V_y'$、$M_x'$、$M_y'$ 及 $O$ 点。

(2)在透视图中 $H.L.$ 上按 $nF_1$、$nF_2$、$nF_3$、$nF_4$ 的距离，作得 $V_x$、$V_y$、$M_x$、$M_y$ 以及 $G.L.$ 上的 $O$ 点。

(3)在 $G.L.$ 下面一定距离作 $G'.L'.$ 及 $C'$，连 $O'V_x$、$O'V_y$，为 $O'X$、$O'Y$ 的透视。

(4)在 $G'.L'.$ 上自 $O'$ 向左量出 $ny_2$、$ny_3$、$ny_4$、$ny_1$ 及 $ux_1$，自 $O'$ 向右量出 $nx_2$、$nx_3$、$nx_4$、$nx_1$ 及 $ny_1$ 等。自各点分别与 $M_y$、$M_x$ 连直线与 $O'V_y$、$O'V_x$ 分别相交，即可作透视平面图。

(5)由 $O$ 引垂线为量高线 $T.H.$，在 $T.H.$ 上放大 $n$ 倍量出 $nh_1$、$nh_2$、$nh_3$、各与 $V_x$、$V_y$ 连透视线。

(6)自透视平面图中各点引垂线到透视图中相应位置和高度，即得建筑透视图。

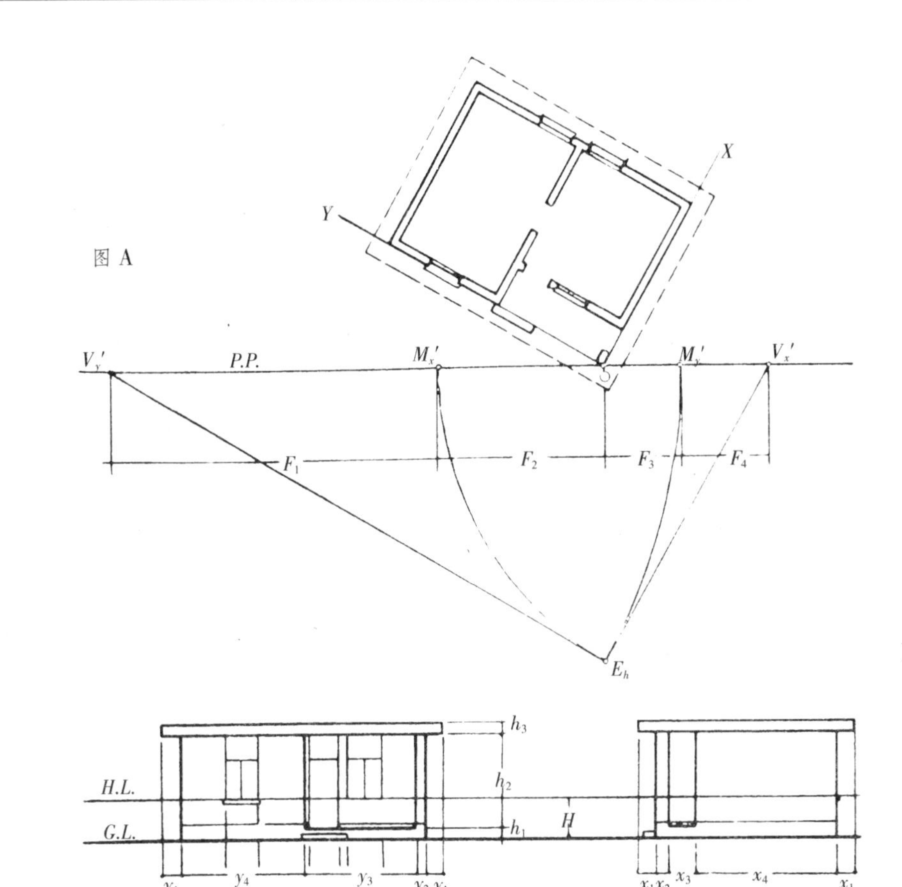

图 A

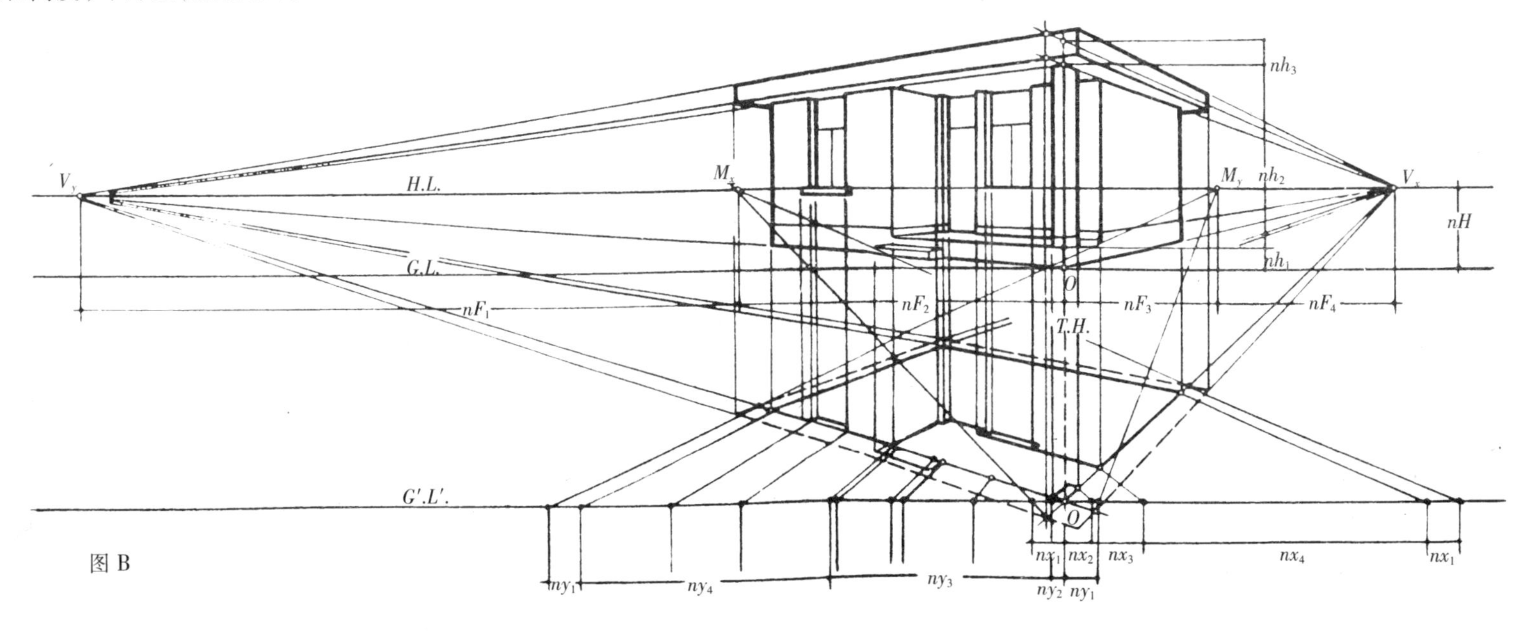

图 B

**已知：**(图 A)

建筑型体的平面、立面图，画面 $P.P$，视点 $E$ 位置及视高。

**求作：**

建筑型体的透视图。

**作法：**(图 B)

(1)在平面图上作 $V_1'$、$V_2'$、$V_3'$，$M_1'$、$M_2'$、$M_3'$和 $O$ 点。

(2)将 $F_1$、$F_2$、$F_3$、$F_4$、$F_5$、$F_6$ 依次量到 $H.L.$上，得 $V_1$、$V_2$、$V_3$，$M_1$、$M_2$、$M_3$ 和 $G.L.$上的 $O$。

(3)$G.P.$上作透视平面图。

自 $O$ 点向左依次量 $ON_0=ON$，$OC_0=OC$；向右量 $OB_0=OB$，连 $N_0M_2$、$C_0M_2$ 与 $OV_2$ 相交得 $n'$、$c'$，连 $B_0M_1$ 与 $OV_1$ 相交得 $b'$。

连 $V_3c'$延长与 $G.L.$ 相交于 $D_0$，自 $D_0$ 向左量 $D_0D_0'=D_0D$，连 $D_0'M_3$ 与 $D_0V_3$ 相交得 $d'$，自 $D_0$ 向右量 $D_0G_0=DG$，连 $G_0V_3$ 与自 $d'$作水平线相交得 $g'$，连 $g'V_3$ 与 $b'V_2$ 相交得 $k'$。

自 $O$ 向左量 $OL_0=NL$，连 $L_0M_1$ 与 $OV_1$，延长线相交于 $L_1$，连 $L_1$，$V_2$ 各与 $c'V_1$、$n_1'V_1$ 的延长线相交得 $m'$、$l'$。

(4)自 $O$ 引垂线为量高线 $T.H.$，在 $T.H.$上量得各部分型体的高度，各向 $V_1$、$V_2$、$V_3$ 消失，与由透视平面上各相应的角点所引垂线相交而得建筑型体的透视图。(图 C)

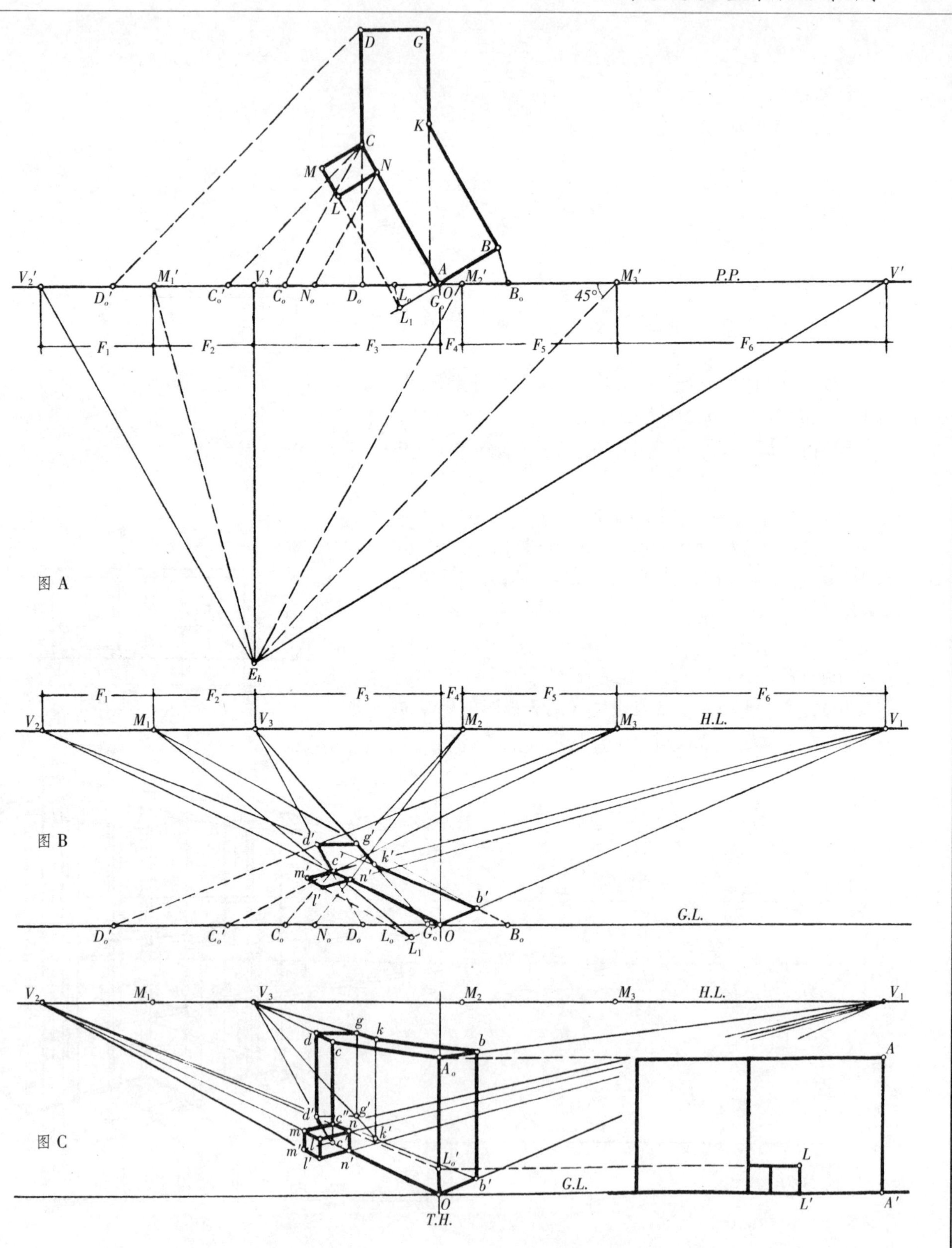

**已知：**

一幢建筑平面、立面、侧面图。(图 A)

**求作：**

放大 $n$ 倍作建筑型体的透视和墙面分划。

**作法：**

在掌握了量点法作透视图之后，可不必先作透视平面再作透视图，而用量点法直接作出透视图。(图 B)

在各型体的真高点上分别作水平面，它和 $G.P.$ 平行，和 $P.P.$ 的交线亦和 $G.L.$ 平行，该线可以量平面上直线的实长，然后用量点来作透视图，此线称量线 $M.L.$。

(1)在已知平面图上作 $V_x'$、$V_y'$、$M_x'$、$M_y'$ 及 $O$ 点，将其间距 $F_1$、$F_2$、$F_3$、$F_4$ 各放大 $n$ 倍，在 $H.L.$ 上即作 $V_x$、$V_y$、$M_x$、$M_y$ 及 $G.L.$ 上的 $O$ 点。

(2)由 $O$ 引垂线为 $T.H.$；在 $T.H.$ 上量出Ⅰ、Ⅱ、Ⅲ型体的真高，$OO_1=nh_1$，$OO_2=nh_2$ 等。

(3)过 $O_1$ 作水平线，为 $M.L_1$，自 $O_1$ 分别依次向左、右量出 $ny_1$、$5ny_1$、$ny_1$。及 $3nx_1$、$nx_2$。

(4)由各尺寸的标记点分别向 $M_y$ 和 $M_x$ 连线，各和 $O_1V_x$、$O_1V_y$ 相交，由各交点引垂线与 $OV_x$、$OV_y$ 相交即得型体Ⅰ的透视。

(5)过 $O_2$ 作水平线，为 $M.L_2$，在 $M.L_2$ 上分别依次向左、右量出型体Ⅱ的平面尺寸，同法可得型体Ⅱ的透视。

(6)型体Ⅲ较低，为了作图准确，可作 $M.L_2$ 量尺寸，作出仰视透视平面，自各角点向下引垂线而得出型体Ⅲ的透视图。

(7)Ⅰ、Ⅱ、Ⅲ之间互相遮挡部分可不画，而作出整个建筑型体的透视图。

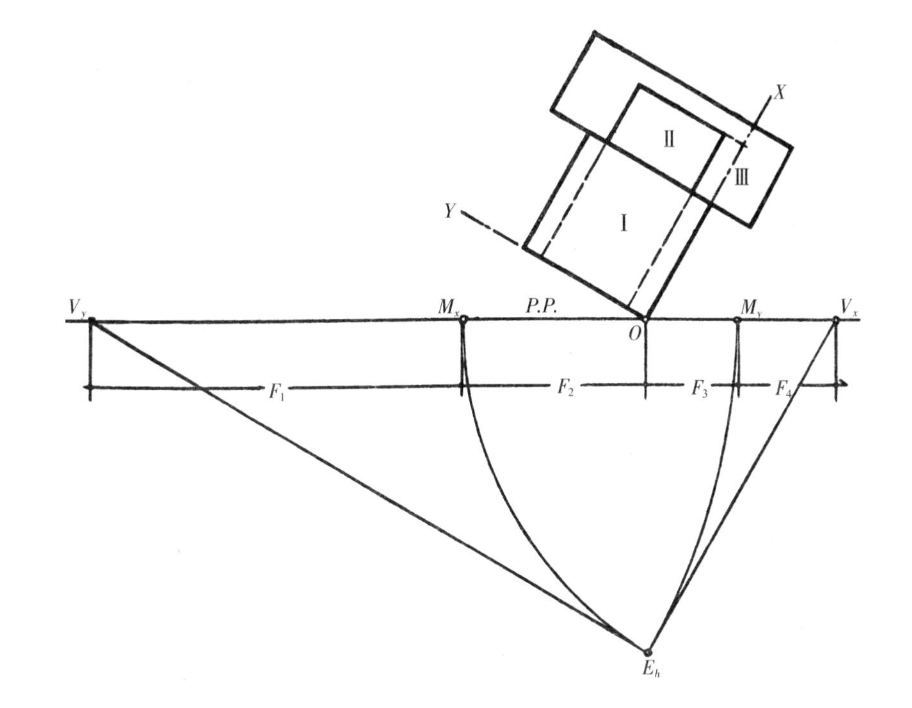


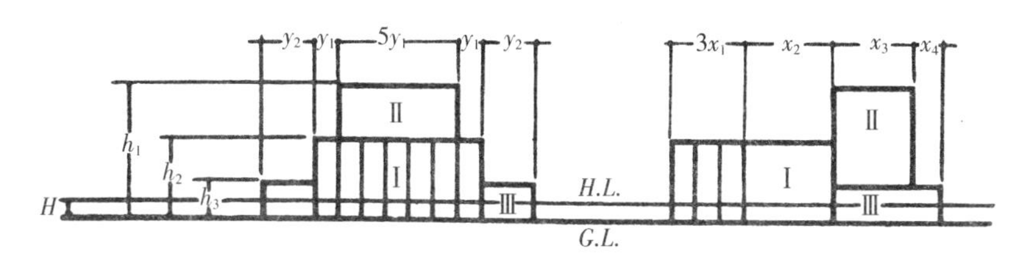


图 A

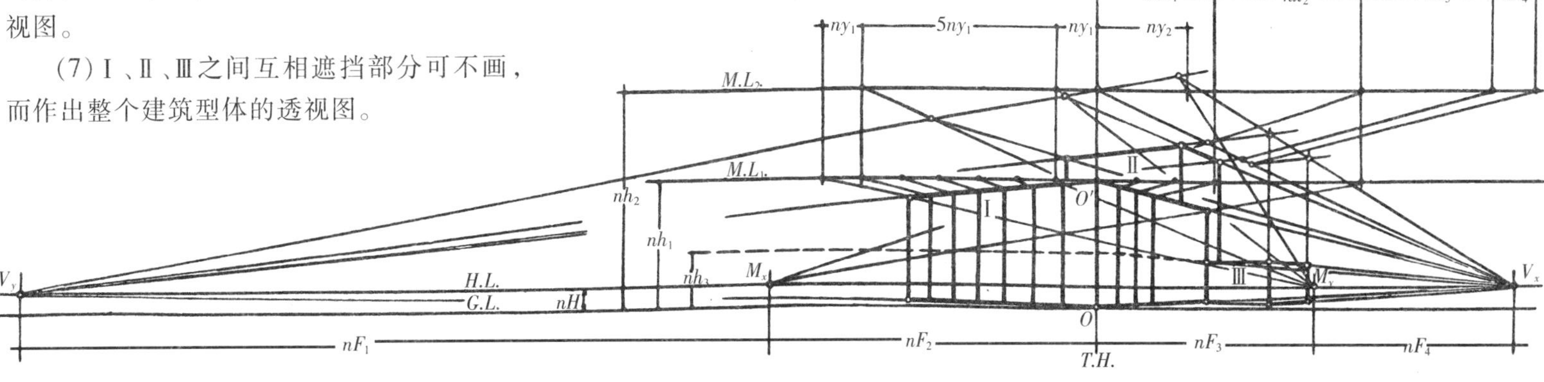


图 B

# 1 平面的透视消失线

水平直线的透视消失点都在视平线 *H.L.* 上。

水平平面上的直线都是水平线，它们的透视消失点都在视平线 *H.L.* 上。即通过视点 *E* 的水平面 *H.P.* 和画面 *P.P.* 的交线 *H.L.* 为水平面的透视消失线。(图 A)

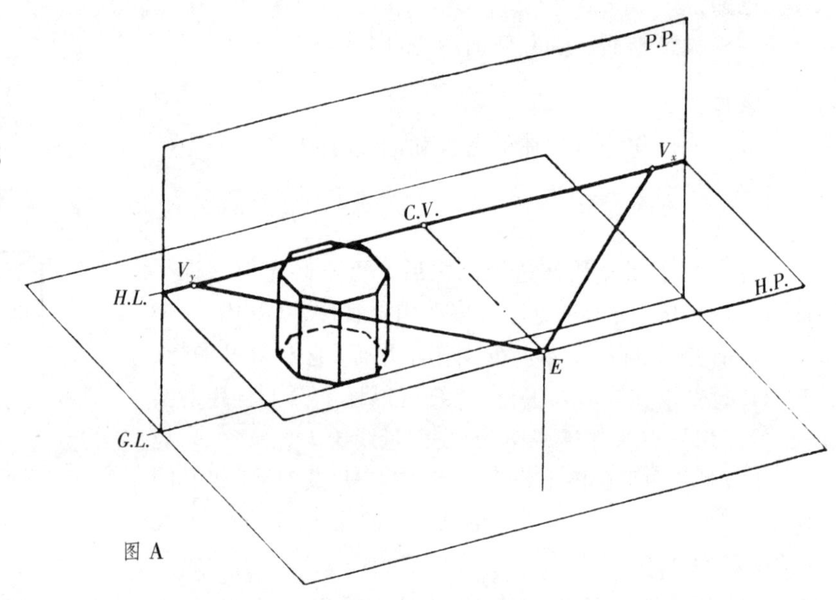


图 A

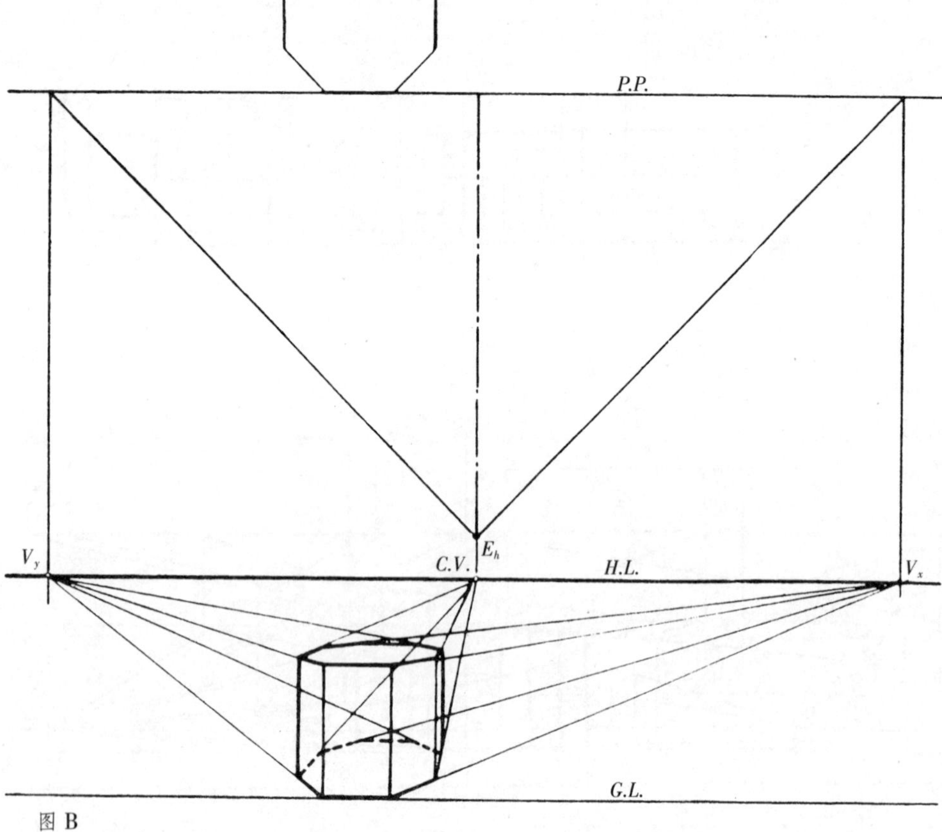


图 B

通过视点的平面和画面的交线是该平面的透视消失线。

凡相互平行的平面，透视消失于同一消失线。

和画面平行的平面的透视没有消失线。(图 B)

建筑型体两山墙面 $ABCDF$、$A'B'C'D'F'$ 是垂直于 P.P. 的垂直面，它透视的消失线是过 $E$ 点作垂直于 P.P. 的垂直面和 P.P. 的交线 V.L.，V.L. 是过 C.V. 的垂直线，亦即视中心线 C.L.。(图 A)

两山墙上斜线 $AB$ 和 $A'B'$ 相平行、$BC$ 和 $B'C'$ 相平行，它们的透视消失点是过 $E$ 点作和 $AB$、$BC$ 的平行线和 P.P. 分别相交于 $V_1$、$V_2$、$EV_1$、$EV_2$ 都在 EV.L. 垂直面上，$V_1$、$V_2$ 在 V.L. 上。$V_1$ 为 $AB$、$A'B'$ 的透视消失点，$V_2$ 为 $BC$、$B'C'$ 的透视消失点。

以 V.L. 为轴，将 EV.L. 垂直面旋转到和 P.P. 相重叠，则 $E$ 和垂直于 P.P. 的直线透视长度的量点 $M$ 相重叠。

在透视图上，过 $M$ 向上作和 H.L. 交角 $\alpha$($AB$ 和水平面的交角)的斜线和 V.L. 相交的交点为 $V_1$；过 $M$ 点向下作和 H.L. 交角为 $\beta$($BC$ 和水平面的交角)的斜线和 V.L. 相交的交点为 $V_2$。(图 B)

**垂直面的透视消失线为一垂线，是过该垂直面上水平线的透视消失点所示的垂线。**如过 C.V. 所作垂线 C.L. 为 $ABCDF$ 和 $A'B'C'D'F'$ 的消失线。

**平行平面上的平行直线的透视消失点在该平行平面的透视消失线上。**如 $AB$、$A'B'$ 的消失点 $V_1$ 在 C.L. 上。

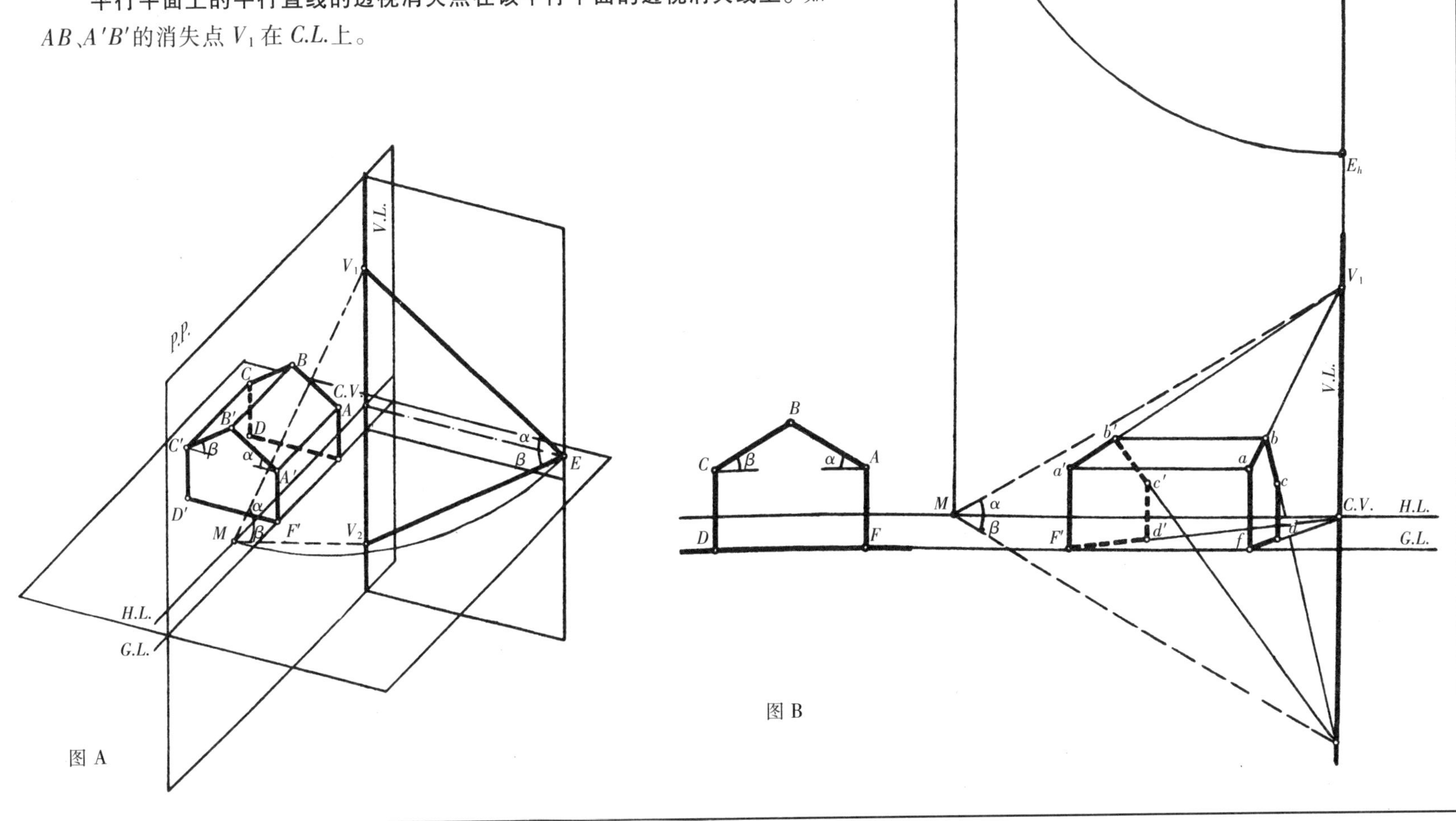


图 A　　图 B

**已知:** 楼梯间的平面图、剖面图及 $P.P.$、$E.$的位置。

**求作:** 楼梯间的透视图。(放大 $n$ 倍)

**作法:**

用楼梯的斜度线,可从踏级的透视高度作出踏面的透视宽度。

(1)按已知条件作出 $H.L.$、$G.L.$,在 $G.L.$上确定 $A$、$B$、$C$、$F$ 点及在 $H.L.$上确定垂直于 $P.P.$的直线和透视消失点 $V_x$ 及其透视长度的量点 $M_x$,垂直于 $P.P.$的垂直面的透视消失线是过 $V_x$ 的垂线 $V.L_x$。

(2)照前一页作法,在垂直于 $P.P.$的垂直面上向上、向下的楼梯斜度线、扶手线等的透视消失点分别是 $V.L_x$ 上的 $L_{1x}$、$L_{2x}$。

(3)在 $T.H_2$ 上,自 $F$ 点向上量出九级踏级的高度,作出在 $P.P.$上的第一级踏级 $CFF'C'$;自 $T.H_2$ 上各踏级高度尺寸点向 $V_x$ 连线和 $F'V_{1x}$ 相交;自各交点向下作垂线,和前一点透视向 $V_x$ 消失的直线相交,作得踏步和墙面的交线;自交线转折点作水平线和 $C'V_{1x}$ 相交,再自各点作垂直及透视向 $V_x$ 消失的直线,作出向上踏步的透视。

(4)在 $T.H_1$ 上,自 $A$ 点向下量出九级踏级的高度,用 $AV_{2x}$、$BV_{2x}$ 作出向下踏步的透视。

(5)在 $C'$、$B$ 点的垂直线上量出栏杆高度,分别向 $V_{1x}$、$V_{2x}$ 连线,为栏杆扶手的透视。(其余作法略)

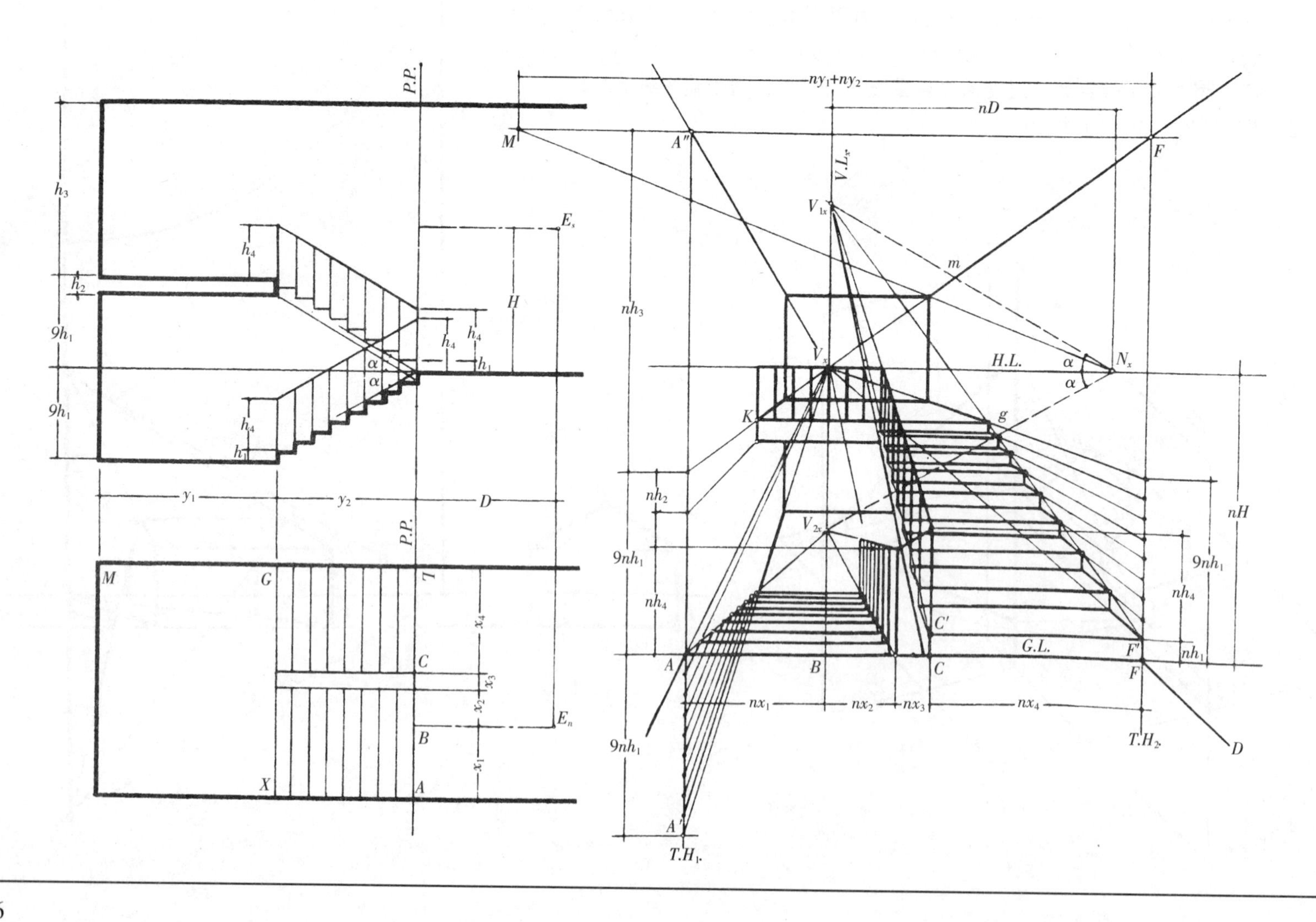

建筑型体两山墙面 $ABCDF$、$A'B'C'D'F'$ 是互相平行的垂直面，它透视的消失线是过 $E$ 点作与之相平行的垂直面和 $P.P.$ 的交线 $V.L_y$，$V.L_y$ 是过 $V_y$（两山墙面上水平线 $FD$、$F'D'$ 的透视消失点）所作的垂直线。

以 $V.L_y$ 为轴，将 $EV.L_y$ 垂直面旋转到和 $P.P.$ 相重叠，则 $E$ 和 $M_y$（和 $EV_y$ 平行的直线透视长度的量点）相重叠。

在透视图上，过 $M_y$ 向上作和 $H.L.$ 交角为 $\alpha$（$AB$ 和水平面的交角）的斜线和 $V.L_y$ 相交于 $V_{1y}$，为 $AB$、$A'B'$ 的透视消失点；过 $M_y$ 向下作和 $H.L.$ 交角为 $\beta$（$BC$ 和水平面的交角）的斜线和 $V.L_y$ 的交点 $V_{2y}$，为 $BC$、$B'C'$ 透视的消失点。

用 $V_{1x}$、$Y_{2y}$ 可直接作得山尖及屋脊的透视 $bb'$ 而不必量高，即连 $aV_{1y}$ 和 $cV_{2y}$ 相交得 $b$，连 $a'V_{1y}$ 和 $bV_x$ 相交得 $b'$。

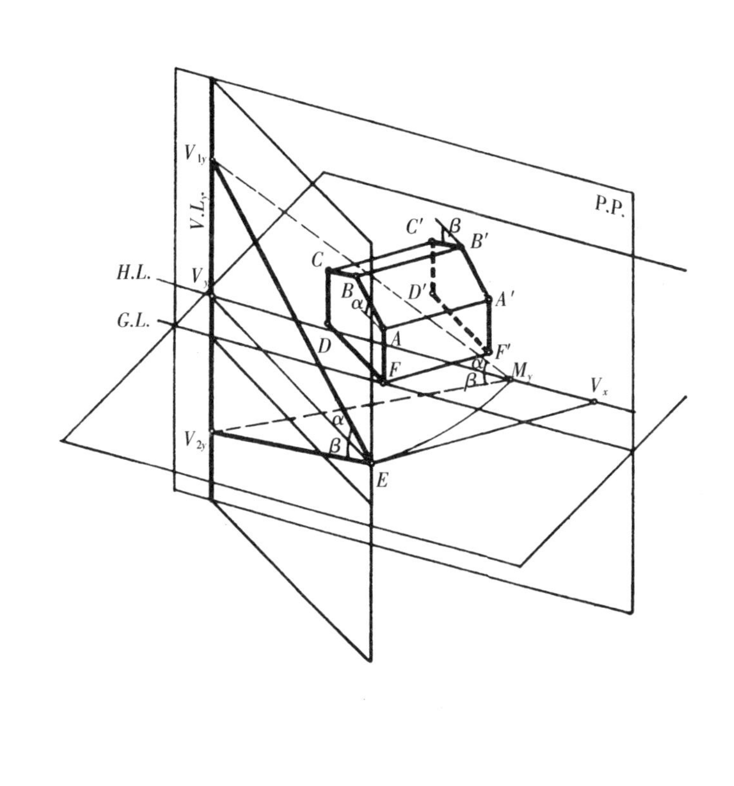


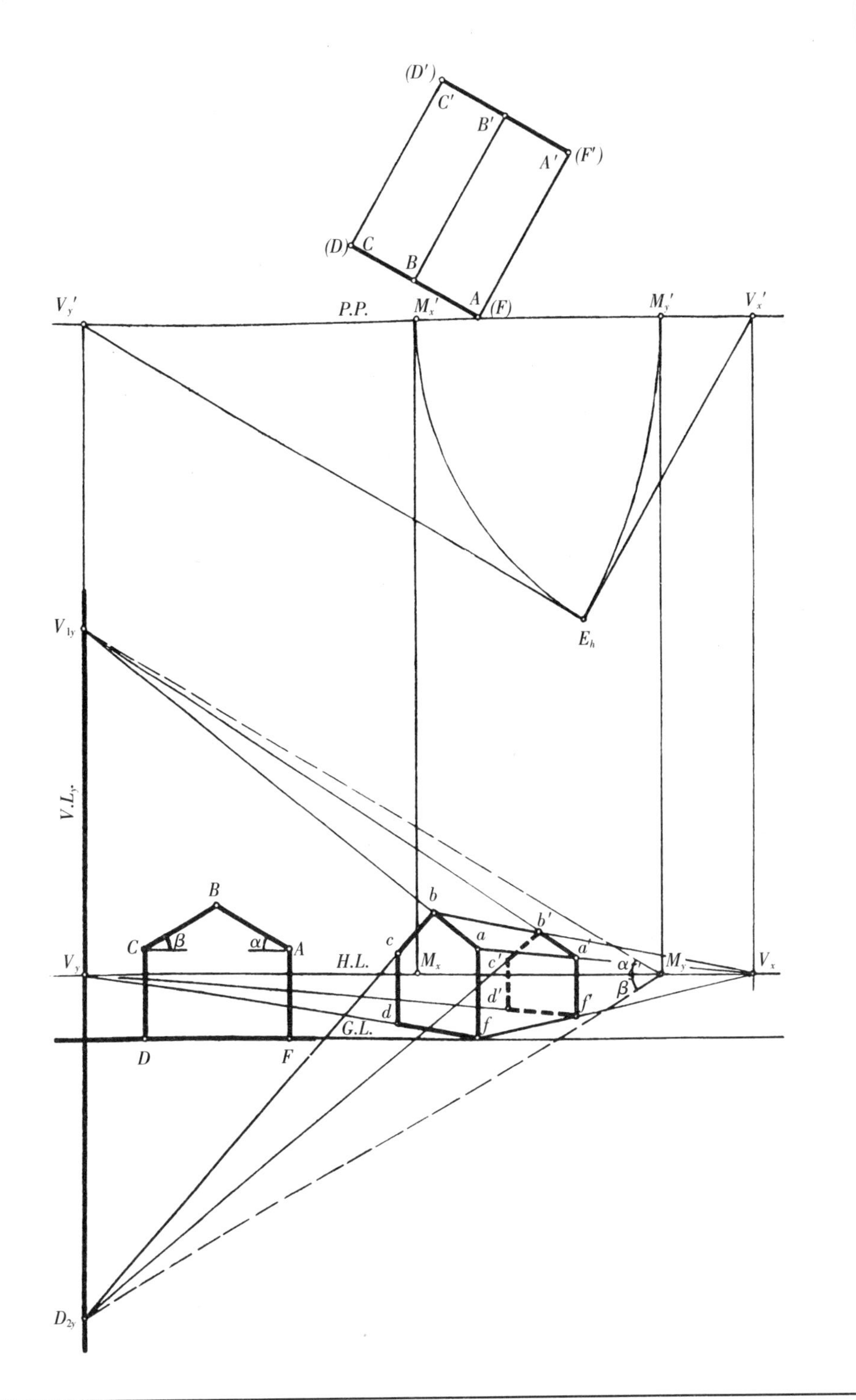

**已知：**

如右图 A。

**求作：**

建筑型体的透视图。(放大 $n$ 倍)

**分析：**

(1)建筑型体的山墙面的透视消失线是过 $V_x$ 的垂直线 $V.L_x$。

(2)山墙出檐斜线和山墙面平行，照“平面的透视消失线 4”的作法，山墙前檐和后檐斜线的消失点分别是 $V.L_x$.上的 $V_{1x}$、$V_{2x}$，当 $\angle\alpha=\angle\beta$ 时，$V_xV_{1x}=V_xV_{2x}$。

(3)烟囱平行于山墙的垂直面和前屋面的交线的透视消失点也是 $V_{1x}$。

作出斜线上一点的透视位置，即可用斜线的透视消失点作出斜线的透视，而不需再量斜线上另一点的透视高度。(图 B)

**作法：**略。

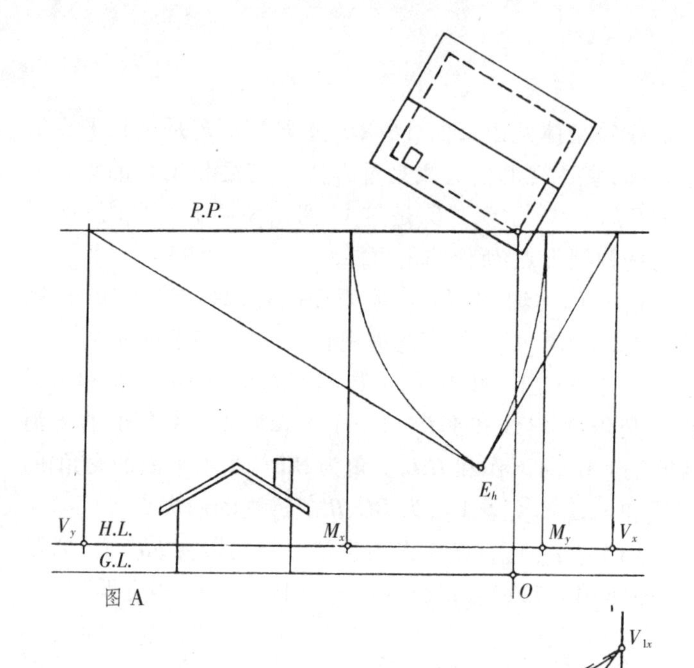

图 A

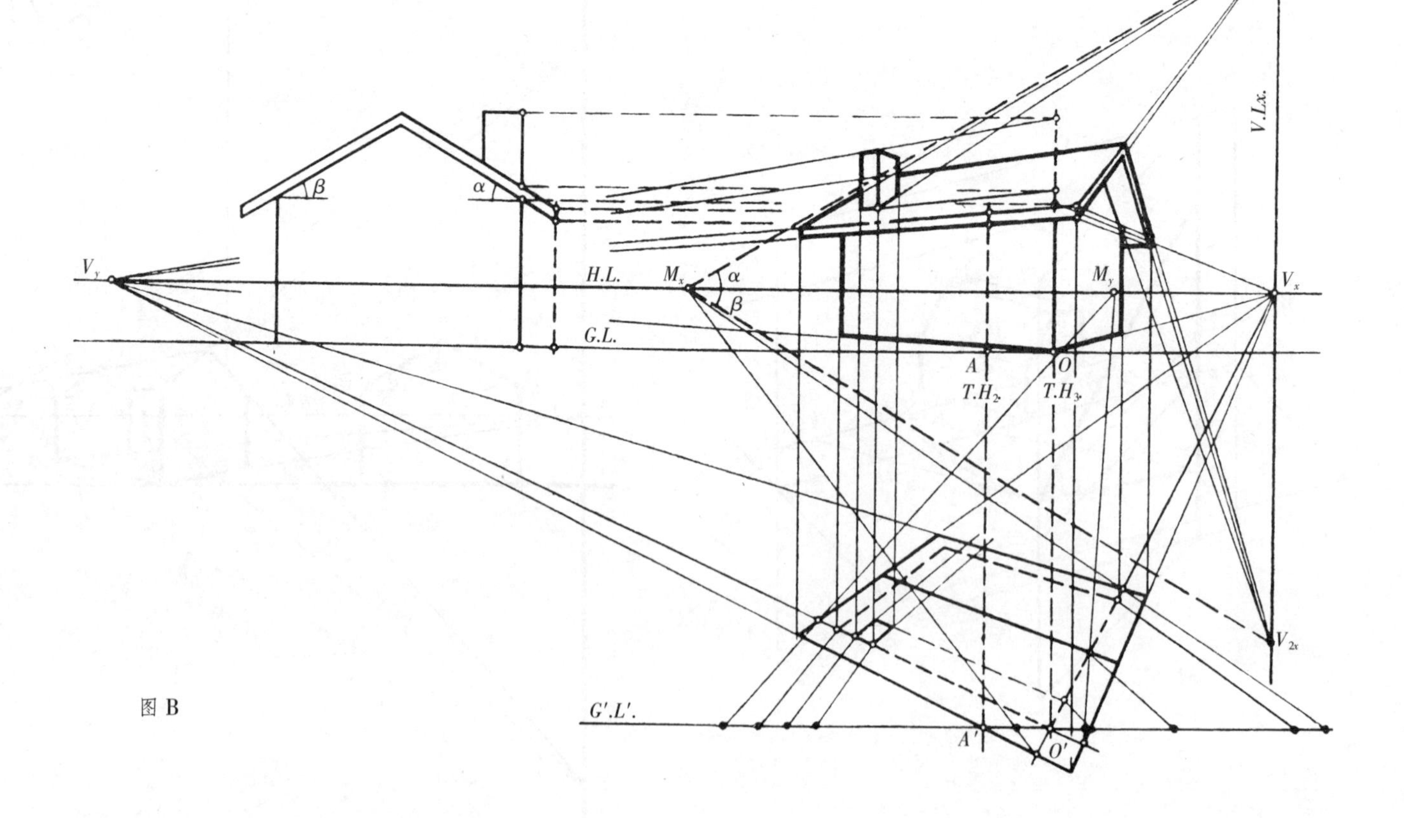

图 B

### 垂直于画面的倾斜面

垂直于画面的倾斜面的透视消失线，是过视点 $E$ 作该倾斜面的平行面和画面 *P.P.* 的交线。它是在画面上过视点中心点 *C.V.* 所作的和倾斜面相平行的直线。

斜面 $ABCD$ 垂直于 *P.P.*，它的透视消失线是在 *P.P.* 上过 *C.V.* 所作的和 $ABCD$ 平行的直线 $V.L_1$，$V.L_1$ 和 *H.L.* 的交角 $\alpha$ 为斜面 $ABCD$ 和水平面的交角。如图 A 所示。

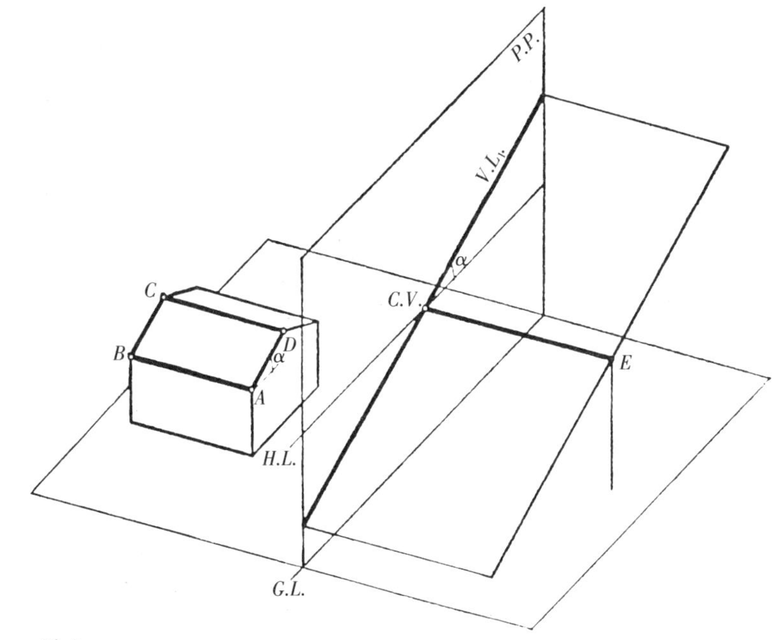


图 A

### 平行于视平线的倾斜面

平行于视平线 *H.L.* 的倾斜面的透视消失线，是过视点 $E$ 作该倾斜面的平行面和画面 *P.P.* 的交线，它是和视平线 *H.L.* 平行的水平线。

斜面 $ABCD$ 和 *H.L.* 平行，$AD$ 是该斜面和垂直于 *P.P.* 的山墙面的交线。与“平面的透视消失线 2”的作法相同，可在过 *C.V.* 的垂直线上作得 $AD$ 的透视消失点 $V_1$，过 $V_1$ 作水平线，为斜面 $ABCD$ 的透视消失线 $V.L_1$，如图 B 所示。

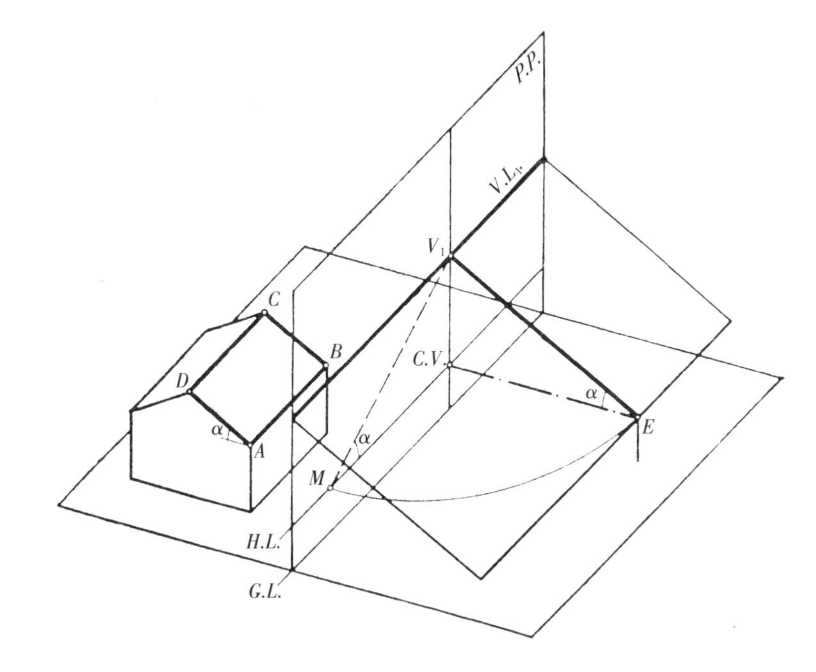


图 B

根据两相交直线形成一平面的几何原理，得：

**在同一平面上两不平行的相交直线透视消失点的连线，是该平面透视的消失线。**

斜面 $ABCD$ 是由两相交直线水平线 $AB$ 及斜线 $AD$ 形成。

水平线 $AB$ 的透视消失点为 $V_y$，

斜线 $AD$ 是斜面 $ABCD$ 和山墙面的交线，该山墙面的透视消失线为过 $V_x$ 所作的垂线。与“平面的透视消失线 4”的作法相同，可在过 $V_x$ 的垂线上求得 $AD$ 的透视消失点 $V_{1x}$，

连 $V_yV_{1x}$，为斜面 $ABCD$ 的透视消失线 $V.L_1$。

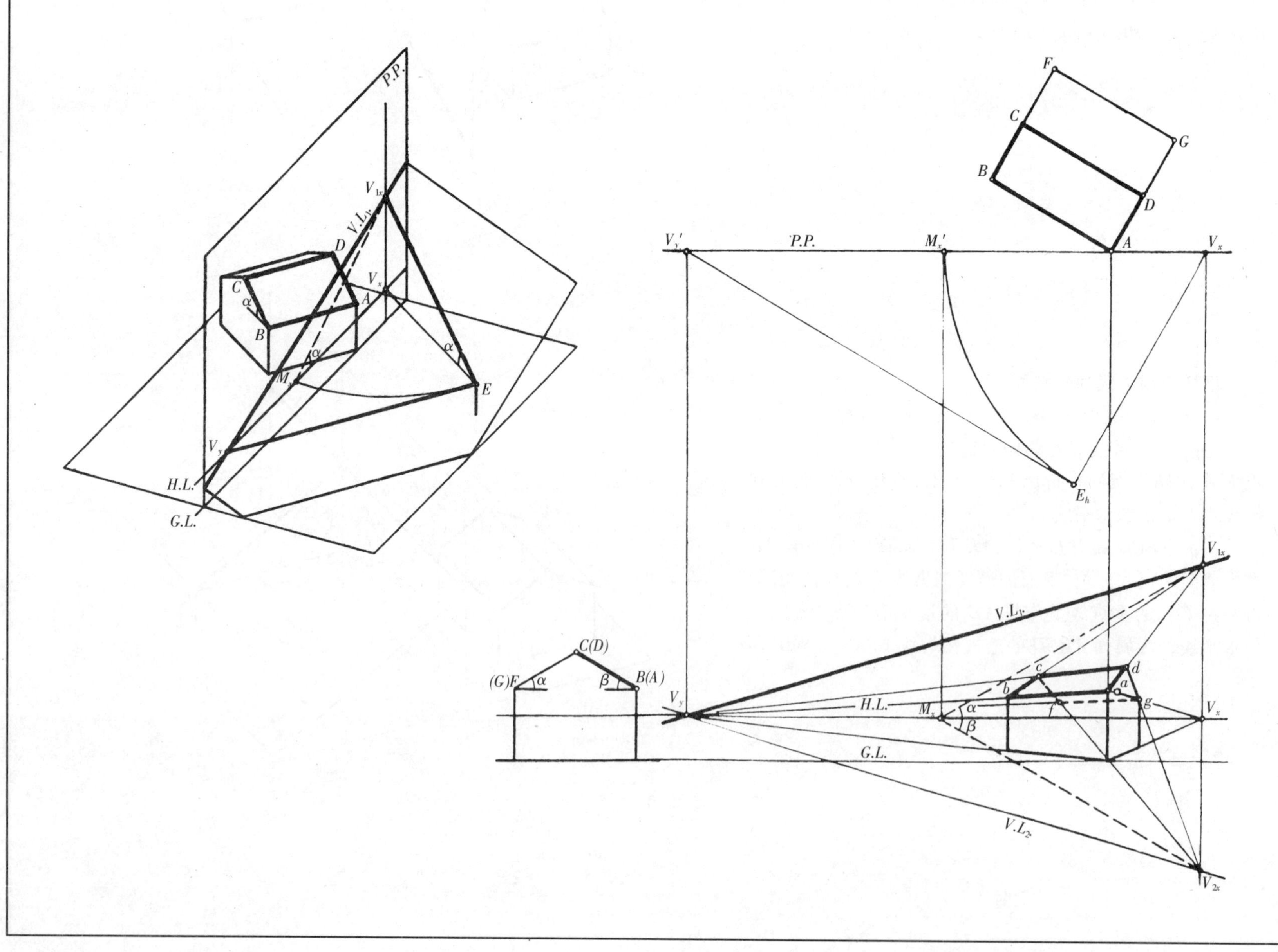

两平面的交线必在两平面上，根据“**一平面上的直线透视的消失点在该平面的透视消失线上**”的原理，两平面交线的透视消失点是两平面的透视消失线的交点。

**四落水屋面的透视** (图 A) (图 B)

斜屋面Ⅰ、Ⅲ和 *H.L.* 平行，其与 *G.P.* 的交角各为 $\alpha_1$、$\alpha_3$；过 $M_x$ 向上作和 *H.L.* 交角为 $\alpha_1$ 斜线，向下作和 *H.L.* 交角为 $\alpha_3$ 的斜线，它们分别和过 $V_x$ 所作的垂线相交于 $V_{1x}$、$V_{3x}$；过 $V_{1x}$、$V_{3x}$ 作水平线 $V.L_1$、$V.L_3$，各为斜面Ⅰ、Ⅲ的透视消失线。

斜屋面Ⅱ，N 垂直于 *P.P.*，各与 *G.P.* 的交角为 $\alpha_2$、$\alpha_4$；过 $V_x$ 分别作和 *H.L.* 交角为 $\alpha_2$、$\alpha_4$ 的斜线 $V.L_2$、$V.L_4$，各为斜面Ⅱ、Ⅳ的透视消失线。

$V.L_1$ 和 $V.L_2$ 的交点 $V_{1\text{-}2}$ 为斜面Ⅰ和Ⅱ交线 *BG* 的透视消失点。$V.L_1$ 和 $V.L_4$ 的交点 $V_{1\text{-}4}$ 为斜面Ⅰ和Ⅳ交线 *AG* 的透视消失点。$V.L_2$ 和 $V.L_3$ 的交点 $V_{2\text{-}3}$ 为斜面Ⅱ和Ⅲ的交线 *CG* 的透视消失点。$V.L_3$ 和 $V.L_4$ 的交点 $V_{3\text{-}4}$ 为斜面Ⅲ和Ⅳ的交线 *FG* 的透视消失点。

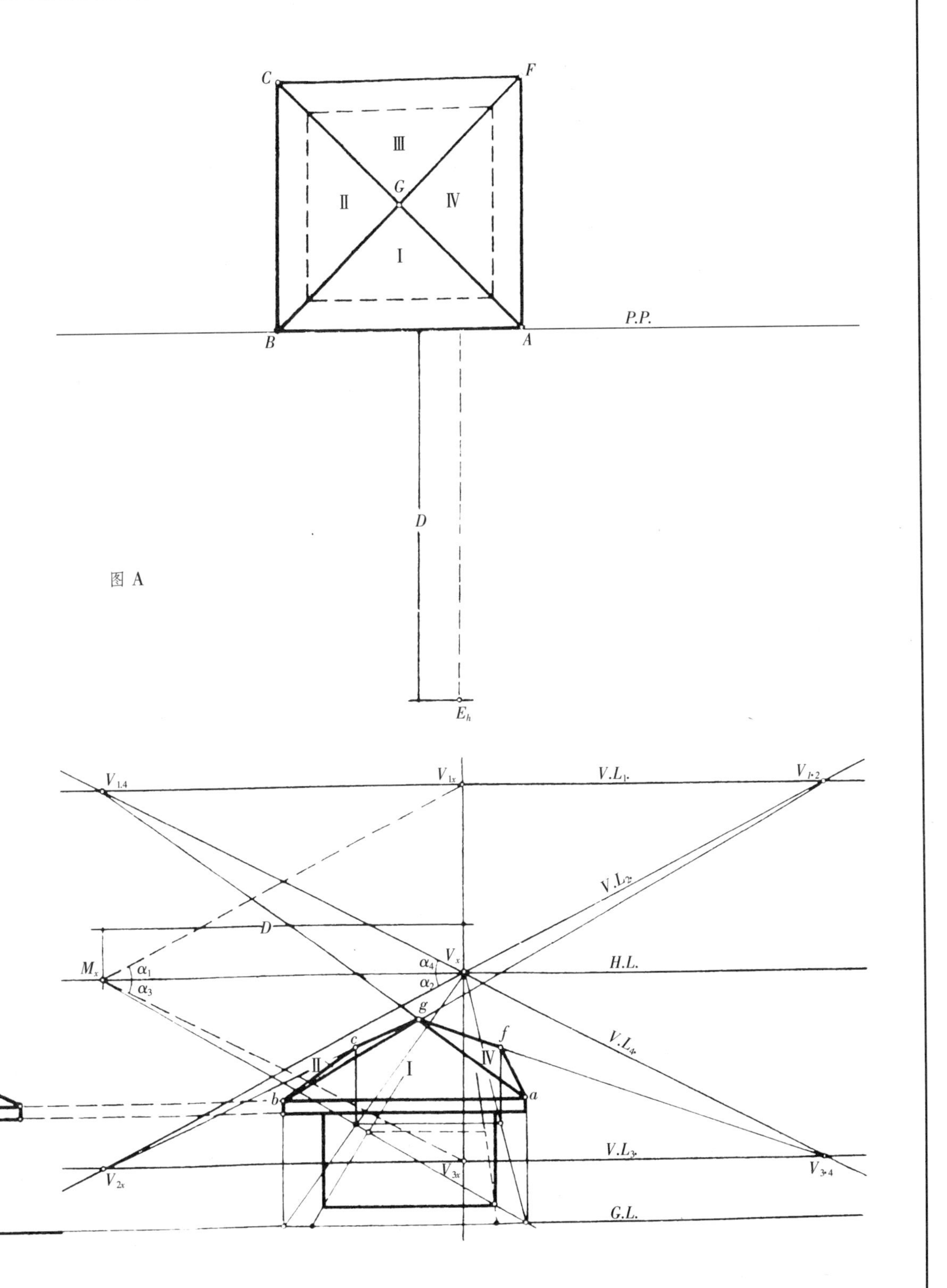


图 A

图 B

**已知：**

建筑平面、立面及屋面斜度，如右上图 A 所示。

**求作：**

建筑型体的透视图。

**分析：**

四落水屋面有四个不同方向的斜面，与"平面的透视消失线 7"的作法相同，作得各斜面的透视消失线，(图 B)

$AFKLG$ 面和 $DCJ$ 面平行，它的透视消失线是 $V_x$、$V_{1y}$ 的连线 $V.L_1$，

$ABG$ 面和 $DFKJ$ 面平行，它的透视消失线是 $V_y$、$V_{3x}$ 的连线 $V.L_3$，

$BGLN$ 面的透视消失线是 $V_x$、$V_{2y}$ 的连线 $V.L_2$，

$CJKLN$ 面的透视消失线是 $V_y$、$V_{4x}$ 的连线 $V.L_4$。

根据："两平面交线的透视消失点是两平面的透视消失线的交点"原则，作得各屋面相交线的透视消失点：

$AG$、$FK$、$DJ$ 的透视消失点是 $V.L_1$，和 $V.L_3$ 的交点是 $V_{1\cdot3}$，

$CJ$、$KL$ 的透视消失点是 $V.L_1$ 和 $V.L_4$ 的交点是 $V_{1\cdot4}$，

$BG$ 的透视消失点是 $V.L_2$ 和 $V.L_3$ 的交点是 $V_{2\cdot3}$，

$GL$ 的透视消失点是 $V_x$，$JK$ 的透视消失点是 $V_y$。

**作法：**

(1)用量点法作出建筑型体的墙面、屋檐的透视。

(2)用各屋面相交线的透视消失点作屋面的透视。

连 $cV_{14}$ 和 $dV_{13}$ 相交得 $j$；连 $f\,V_{13}$ 和 $j\,V_y$ 交相得 $k$；连 $A_0V_{13}$ 和 $bV_{23}$ 延长相交得 $g$；连 $gV_x$ 和 $kV_{14}$ 相交得 $l$。

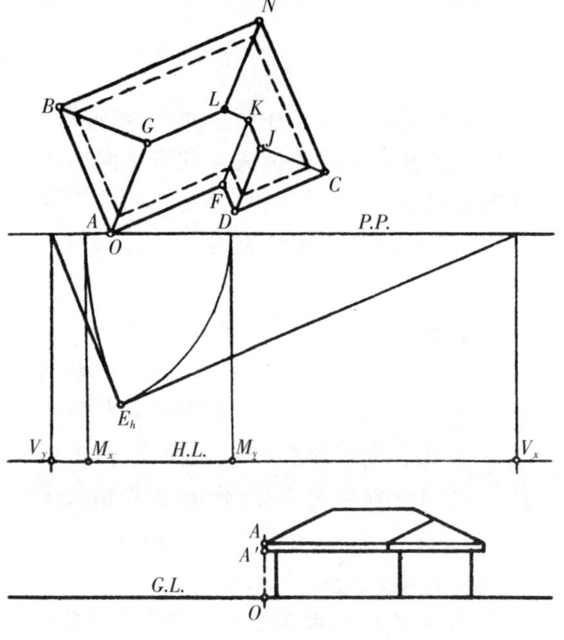

图 A

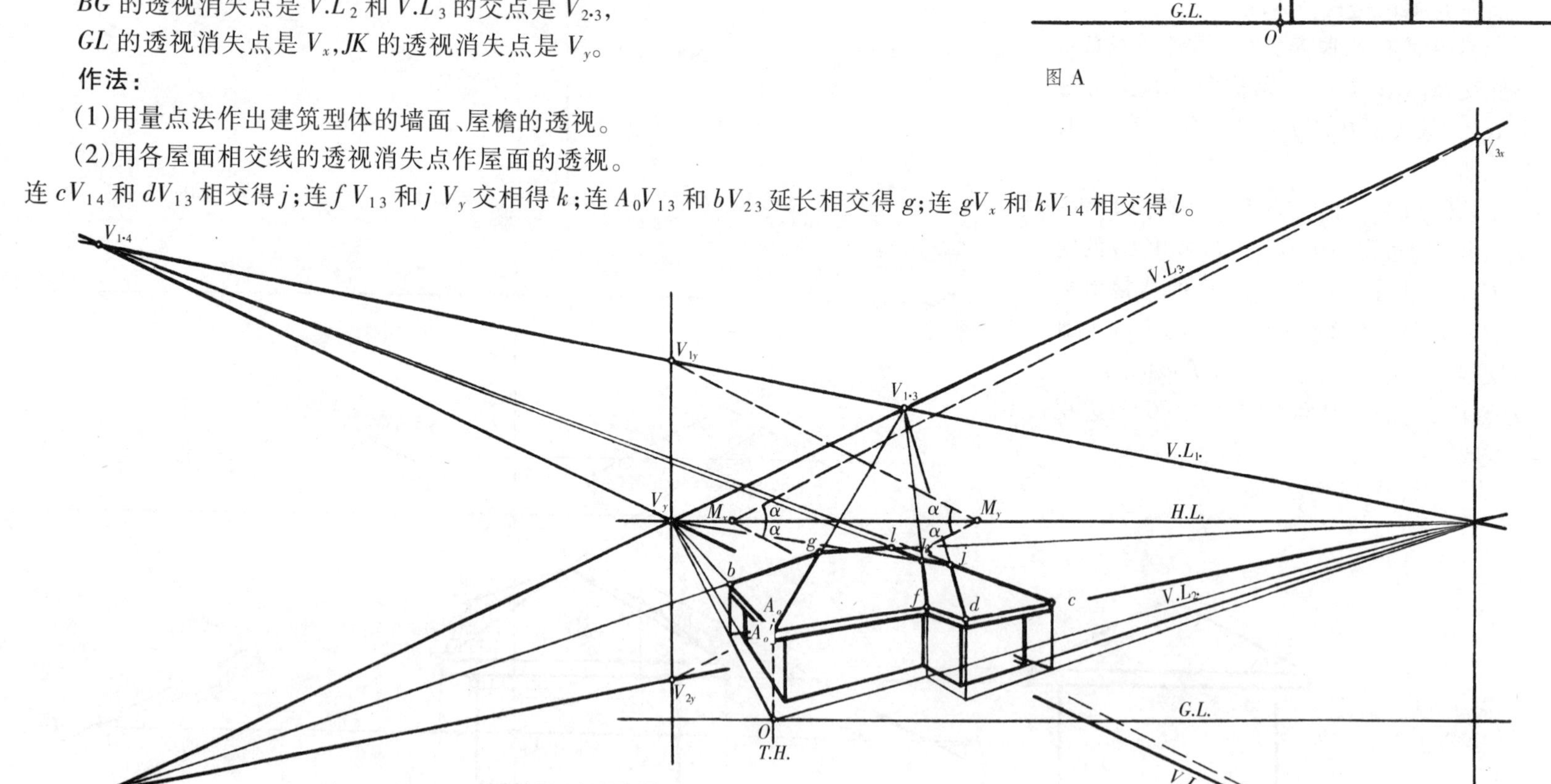

图 B

**已知：**

*T.H.*、*G.L.*、*T.H.* 上已知高度 $AB$、$AC$、$AD$ 以及由 $B$ 由 $V_1$ 消失的透视线（$V_1$ 在图板外 *H.L.* 上）。见图 A

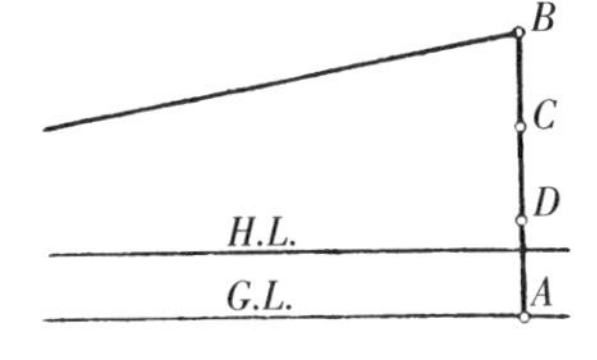


图 A

**求作：**

$A$、$C$、$D$ 各向 $V_1$ 方向消失的透视线。

**分析：**

(1)$BV_1$ 和 $AV_1$、$CV_1$、$DV_1$ 都是在同一垂面上的水平线。

(2)若在 $AV_1$ 和 $BV_1$ 之间任作一垂线 $ab$，$ab$ 为 $AB$ 的透视高度，也是和 $AB$ 等高的垂线 $A'B'$ 的透视高度。连 $Aa$ 并延长，必相交于 $V_1$。(图 B)

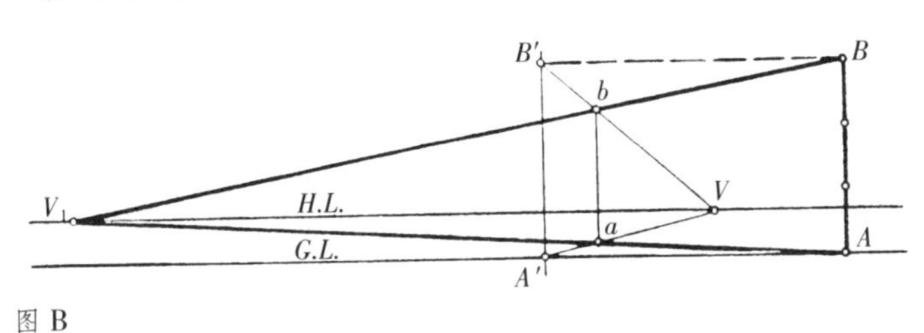


图 B

**作法：**

(1)在 *G.L.* 上任作一垂线 $A'B'=AB$，在该垂线上量 $A'C'=AC$，$A'D'=AD$。(图 C)

(2)在 *H.L.* 上任选一点 $V$，连 $B'V$、$C'V$、$D'V$、$A'V$。

(3)由 $B'V$ 和 $BV_1$ 的交点 $b$ 引垂线与 $C'V$、$D'V$、$A'V$ 相交于 $c$、$d$、$a$。

(4)连 $Cc$、$Dd$、$Aa$，它们为各向 $V_1$ 方向消失的透视线。

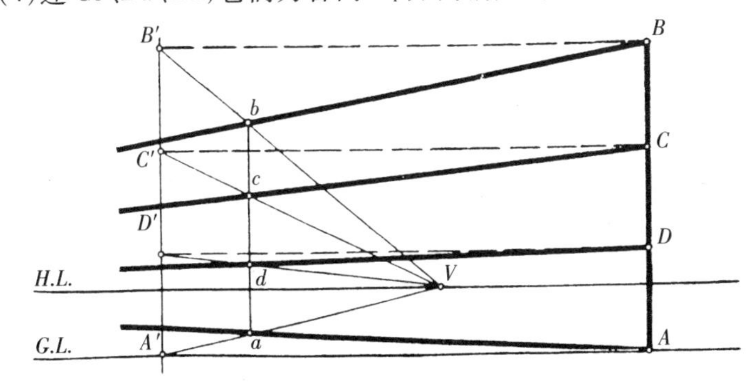


图 C

**已知：**

*H.L.*、*G.L.*、*T.H.* 上已知高度 $AB$、$AC$、$AD$ 以及由 $B$ 向 $V_1$、$V_2$ 方向消失的透视线（$V_1$、$V_2$ 在图板外 *H.L.* 上）。见右图 D

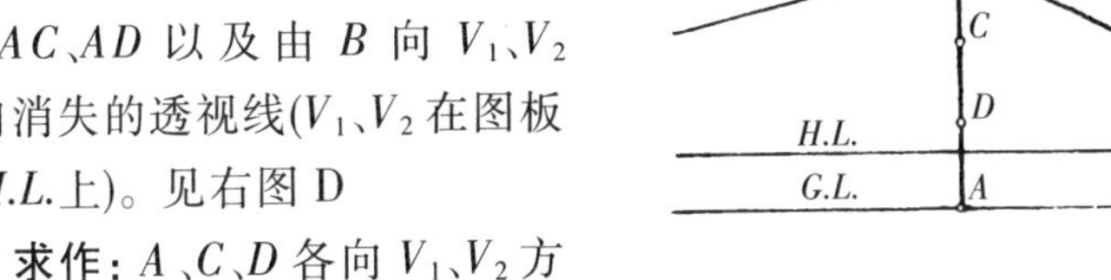


图 D

**求作：**$A$、$C$、$D$ 各向 $V_1$、$V_2$ 方向消失的透视线。

**分析：**

(1)$ab$ 为 $AB$ 的透视高度。

(2)$ab=a_1b_1=a_2b_2$ 它们与 *P.P.* 等距和 $AB$ 等长直线的透视高度，所以连 $Aa_1$ 并延长必相交于 $V_1$，连 $Aa_2$ 并延长必相交于 $V_2$。(图 E)

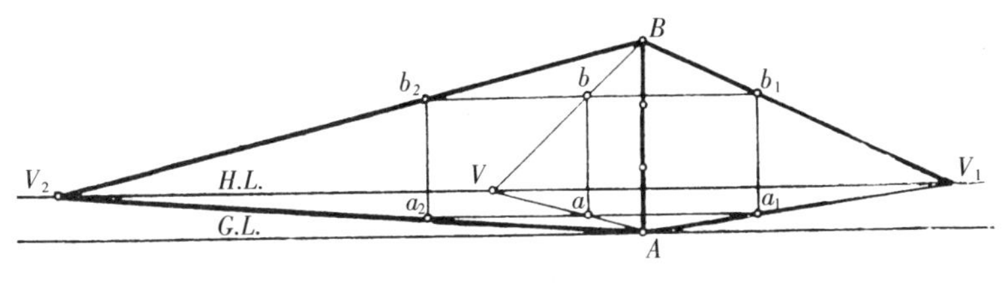


图 E

**作法：**

(1)在 *H.L.* 上任选一点 $V$，连 $AV$、$BV$、$CV$、$DV$。(图 F)

(2)在 $AV$、$BV$、$CV$、$DV$ 间任作一垂线，分别相交于 $a$、$b$、$c$、$d$。

(3)过 $b$ 作水平线与 $BV_1$、$BV_2$ 各相交于 $b_1$、$b_2$。

(4)过 $b_1$、$b_2$ 分别作垂线与由 $a$、$d$、$c$、各作水平线相交于 $a_1$、$a_2$，$d_1$、$d_2$，$c_1$、$c_2$。

(5)连 $Cc_1$、$Dd_1$、$Aa_1$、，分别延长必相交于 $V_1$；连 $Cc_2$、$Dd_2$、$Aa_2$，分别延长必相交于 $V_2$。

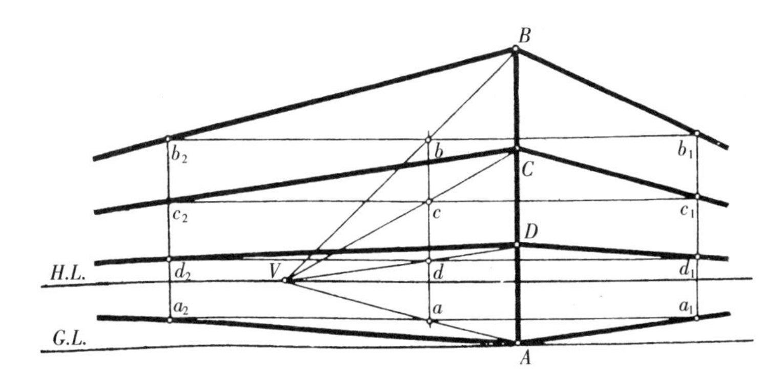


图 F

### □ 用弧线板作透视图

将圆弧形木片的圆心落在 H.L.上，(圆心在图板外)圆心即为消失点 $V_y$，丁字尺的端木即可沿着弧形木片滑动，作出向 $V_y$ 方向消失的透视线。(图 A)

用弧线板作透视线时，应将丁字尺的尺面安装在端木的中点，和端木成 90°，见下右图 B。

因消失点的远近不同，变化很多，需作不同半径($r_1$、$r_2$、$r_3$、…)的弧形木片或调整 $AV_x$ 的距离 $S$，才能作出各相应的透视线。

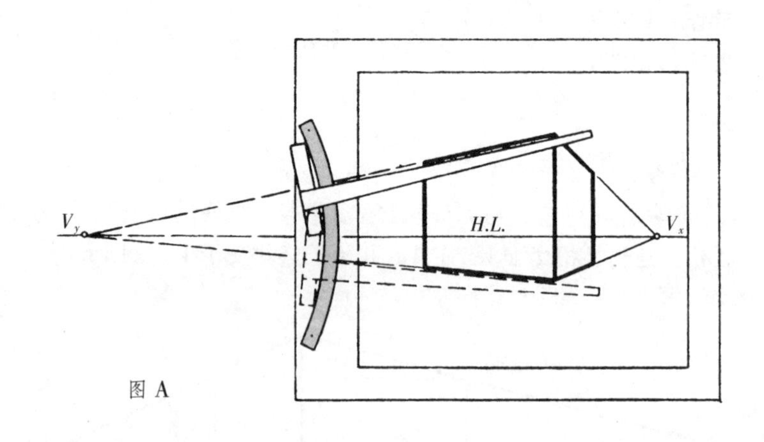

图 A

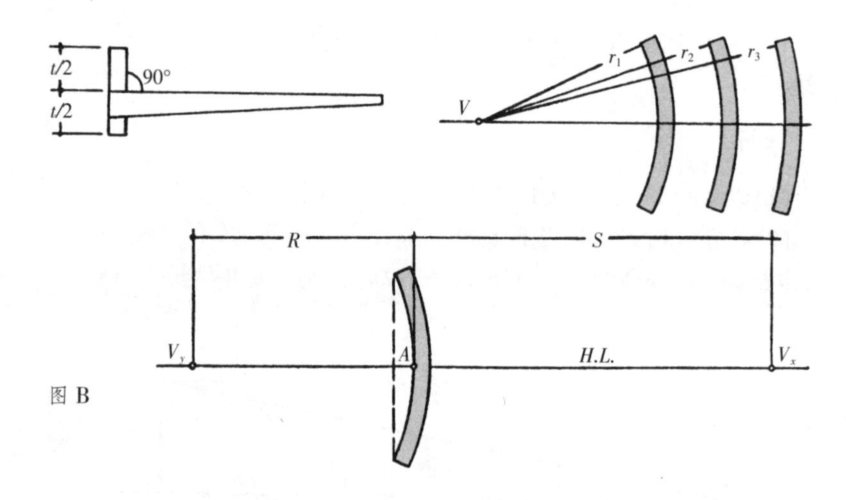

图 B

### □ 用折线板作透视线

将小木片拼成折线来代替弧线板，作得的透视线不是相交在一点，而是一小段线。所以这是一种近似作法，它比弧线板制作和使用都为方便，并且作出的透视图并无失真现象，因此是常用的简便方法。(图 C)

使用方法　(图 D)

将两木片用图钉或其它小钉子固定在图板上，使其与 H.L.上、下两夹角相等。若丁字尺尺面不在端木的中点时，也可运用此法作图，但与 H.L.上、下两夹角略不相等。

若已知 H.L.和向 V 方向消失的一透视线作图时，在靠近 H.L.的一端先钉好两木片，使木片的另一端可绕着钉好的一端转动，以调整丁字尺和木片的关系，然后将丁字尺尺面和已知透视线对齐，调节木片和移动丁字尺的端木，使之校准确后，再固定木片的另一端。作图时将丁字尺在两木片间滑动，即可如意地作出向 V 方向消失的透视线。

木片厚度应小于丁字尺端木的厚度。

当 α 角较小时，消失点较近；当 α 角较大时，消失点较远。

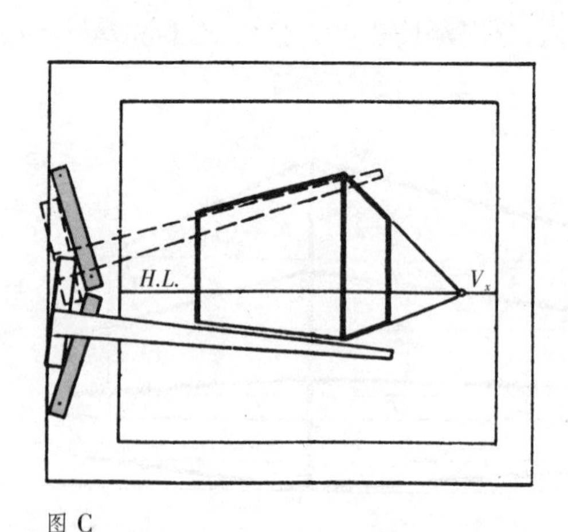

图 C

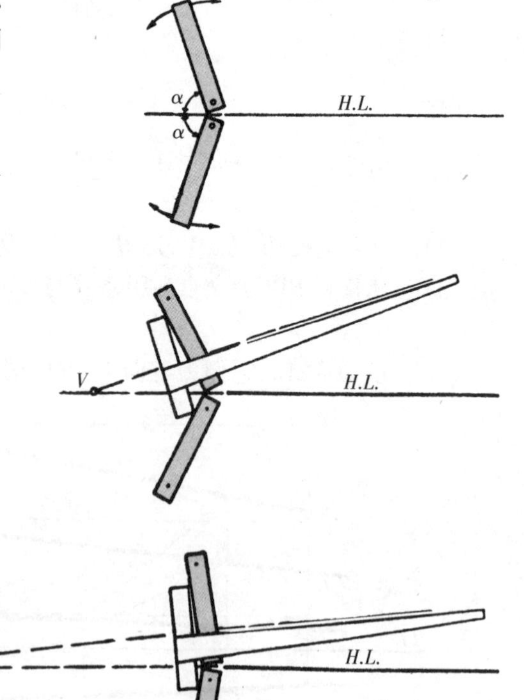

图 D

□ **消失点在图板外作量点**(图 A)

因建筑墙角常为 90°,透视图中 $V_x$、$V_y$ 为相垂直的两水平线透视的消失点,平面图上 $E_hV_x' /\!/ OB$、$E_hV_y /\!/ OC$,所以 $\angle V_x'E_hV_y'$ 是 90°。

根据几何定理,半圆的内接角是 90°,故 $E_h$ 必在以 $V_x'V_y'$ 为直径的圆弧上。

在透视图中,若已知 $V_x$、$V_y$ 和 $C.V.$,则可将 $H.L.$ 当作平面图上的 $P.P.$,以 $V_x$、$V_y$ 为直径作半圆,经过 $C.V$ 作垂线与半圆弧相交,得 $E_h$。由 $E_h$、$V_x$、$V_y$ 即可求得 $M_x$、$M_y$。

图 A

**作图:**如下图 B。

**已知:**

$H.L.$、$G.L.$、$C.V.$、$TH.$、$AV_x$、$AV_y$ 以及立方体的长、宽、高。($V_x$、$V_y$、在图板外 $H.L.$ 上)。

**求作:**

立方体的透视。

**作法:**

(1)在 $AV_xAV_y$ 之间任作一水平线与 $AV_x$、$AV_y$ 相交于 $V_x'$、$V_y'$。

(2)以 $V_x'$、$V_y'$ 为直径作半圆。

(3)连 $AC.V.$ 与 $V_x'$、$V_y'$ 相交于 $C'.V'$。

(4)过 $C'.V'$ 作垂线与半圆相交于 $E_h'$。

(5)以 $V_x'$ 为圆心 $V_x'E_h'$ 为半径作弧与 $V_x'V_y'$ 相交于 $M_x'$;连 $AM_x$ 并延长与 $H.L.$ 相交,得 $M_x$。

(6)以 $V_y'$ 为圆心 $V_y'E_h'$ 为半径作弧与 $V_x'V_y'$ 相交于 $M_y'$,连 $AM_y'$ 并延长与 $H.L.$ 相交,得 $M_y$。

(7)由 $M_x$、$M_y$,用量点法即可求得立方体的透视。

**证明:**如左下图 $C$ 所示

$V_x'$、$V_y'$、$E_h'$ 为 $V_xV_y$、$E_h$ 的相似缩小图,在缩小图上作出 $M_x'$、$M_y'$。小图和大图的关系是 $\triangle TV_x'V_y' \backsim \triangle TV_xV_y$,$\triangle TM_x'M_y' \backsim \triangle TM_xM_y$,所以 $M_x'M_y' : M_xM_y = V_x'V_y' : V_xV_y$。

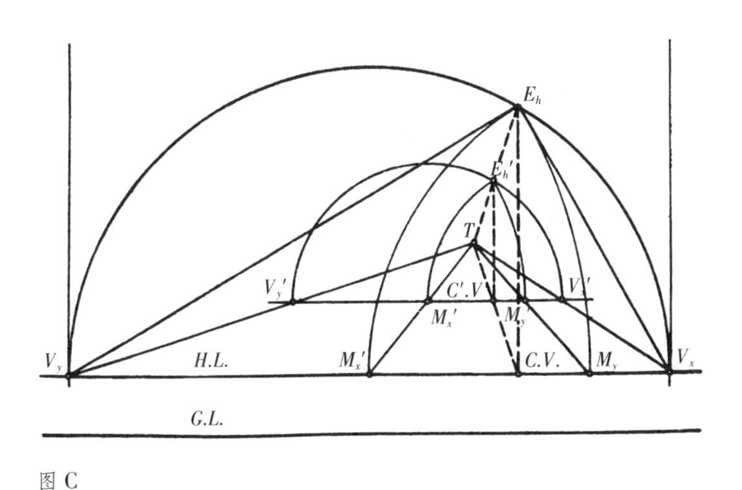

图 C

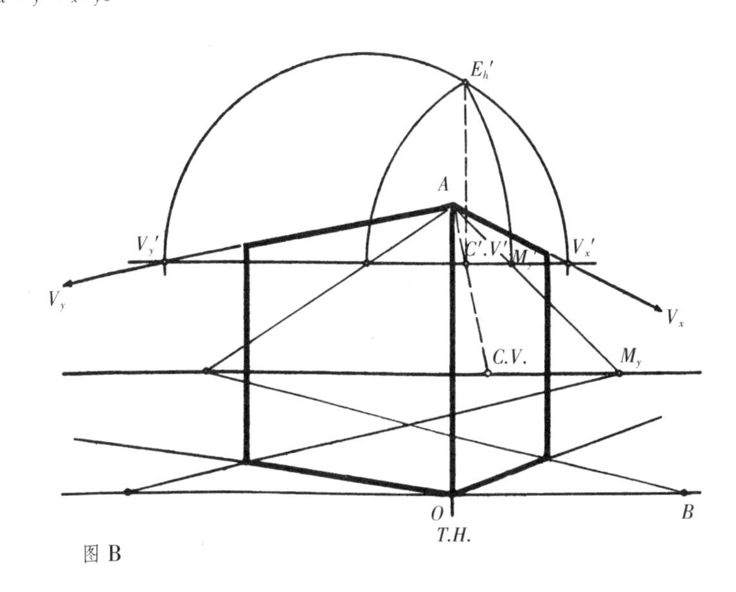

图 B

### □ 量点在图板外作图法

作透视图时不仅消失点往往在图板外，量点有时也会在图板外，下面介绍量点也在图板外的作图法。

**已知：**H.L.、C.V.、T.H.立方体的高 OA，宽 x，长 y，以及 $AV_x$、$AV_y$、$OV_x$、$OV_y$（$V_xV_y$ 在图板外 H.L.上）。（图 A）

**求作：**

立方体的透视图。

**作法：**

（1）为作图准确，可在图纸的上部任取一点 T，作 $TV_x$、$TV_y$。见图 B(与前消失点在板外作透视线法同)。

（2）在 $TV_x$、$TV_y$ 之间作一水平线 $V_x'V_y'$，以 $V_x'V_y'$ 为直径作半圆。

（3）连 T、C.V.，与 $V_x'V_y'$ 相交于 C'.V'。由 C'.V' 作垂线与半圆相交于 $E_h'$。

（4）以 $V_x'$ 为圆心，$V_x'E_h'$ 为半径作圆弧与 $V_x'V_y'$ 相交于 $M_x'$。以 $V_y'$ 为圆心 $V_y'E_h'$ 为半径作圆弧与 $V_x'V_y'$ 相交于 $M_y'$。

（5）连 $TM_x'$，并延长与 H.L.相交得 $M_x$、但 $M_x$ 已在图板之外，无法求得。下面为使 $M_x$ 在图板内的作法。

（6）取 $M_x'V_x'$ 的中点 $1/2M_x'$。

（7）连 T、$1/2M_x'$，并延长与 H.L.相交得 $1/2M_x$。利用 $1/2M_x$，即可求得 $V_x$ 方向透视线段的长度。

（8）在 M.L.上量 $AB'=1/2AB$，连 $B'1/2M_x$ 与 $AV_x$ 相交于 b，Ab 为 AB 的透视。

（9）同理 $M_y$ 在图板外时，则可取 $V_y'M_y'$ 的 2/3 分点为 $2/3M_y'$，连 T、$2/3M_y'$，并延长与 H.L.相交得 $2/3M_y$。

（10）在 H.L.上量 $AC'=2/3AC$，连 C'、$2/3M_y$ 与 $AV_y$ 相交于 c，Ac 即为 AC 的透视长度。

**证明：**

$\triangle ABb \backsim \triangle V_xM_xb$，若过 b 作一直线与 $ABV_xM_x$ 相交，其交点 B' 分隔 AB，$1/2M_x$，分隔 $V_xM_x$ 则 $AB':B'B=V_x1/2M_x:1/2M_xM_x$。

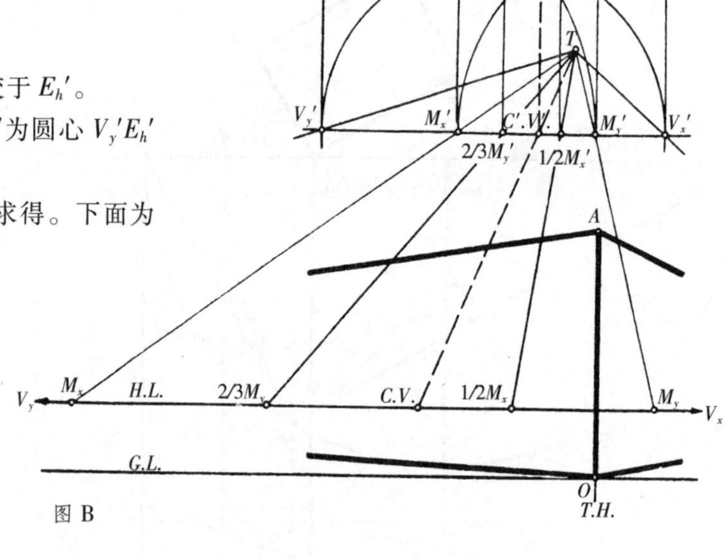

图 B

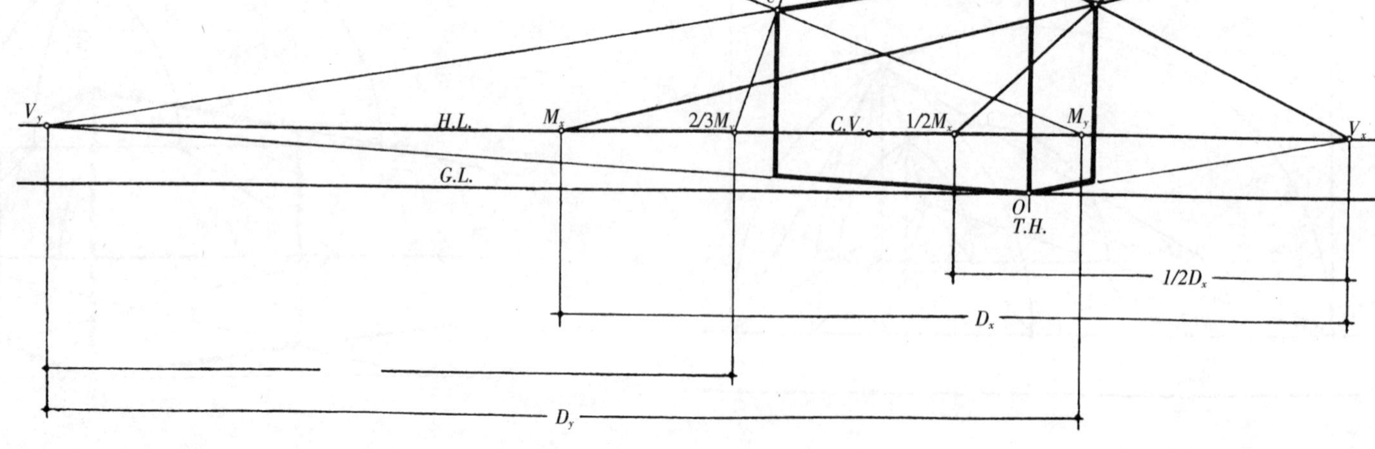

图 A

**原理：**

建筑物墙角为直角时，$V_x$、$V_y$ 为相互垂直的两水平线透视的消失点，在平面图上 $E_h$ 必在以 $V_xV_y$ 为直径的半圆弧上。

以一个立方体的透视为例。（下图 A）

立方体和 P.P.相交的一垂边 $OA$ 位置不变，当 $V_x$、$V_y$ 确定后，不论 $E$ 点在半圆上任何位置，都有一个相应的立方体的位置，如 $E_1$ 立方体的位置为 1；$E_2$ 立方体的位置为 2；$E_3$ 立方体的位置为 3…，$OX$、$OY$ 方向两垂面透视的形状亦随之变化，若 $OX$ 方向垂面透视较宽时，则 $OY$ 方向垂面透视较狭，反之亦如此。

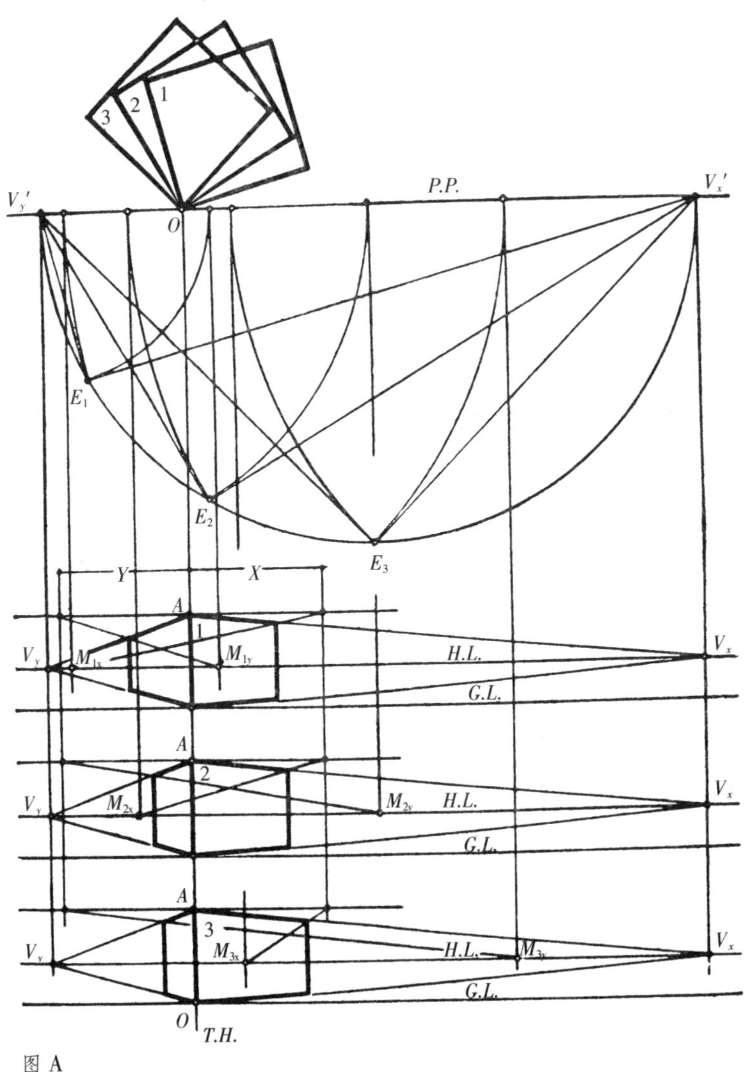

图 A

从左图 A 可知一立方体一垂面透视宽、狭，可根据视点位置不同而改变，若已知立方体一垂面的透视宽度，则可反求出视点 E，再求出另一垂面的透视宽度，作法如下图 B。

**已知：**

H.L.$V_x$、$V_y$ 立方体的长 $x$、宽 $y$、高 $OA$ 在 P.P.上，以及立方体的 $OX$ 方向透视面宽 $L_x$（即 $OAbb'$ 垂面）。

**求作：**

立方体 $OY$ 方向的透视面。

**作法：**

(1) 过 $A$ 作水平线为 M.L.，在 M.L.上自 $A$ 向右量 $AB=x$，连 $Bb$，并延长和 H.L.相交于 $M_x$。

(2) 以 $V_xV_y$ 为直径作半圆。

(3) 以 $V_x$ 为圆心，$V_xM_x$ 为半径作圆弧与半圆相交于 $E_h$。

(4) 以 $V_y$ 为圆心，$V_yE_h$ 为半径作圆弧与 H.L.相交于 $M_y$。

(5) 在 M.L.上自 $A$ 向左量 $AC=y$，连 $CM_y$ 和 $AV_y$ 相交于 $c$。

(6) 过 $c$ 作垂线与 $OV_y$ 相交于 $c'$，$OAcc'$ 为立方体 $OY$ 方向垂面的透视。

作图时，可按较理想的透视角度的草图，先确定主要面的透视长度，再求出另一面的透视宽度，可不必为了选择合适的透视角度而多次反复。但确定主要面的透视宽度时应防止失真的图形产生，一般透视图形在 $M_x$ 和 $M_y$ 之间时透视图形较正常。如左图 $E_2$ 正常，$E_1$、$E_3$ 图形失真。

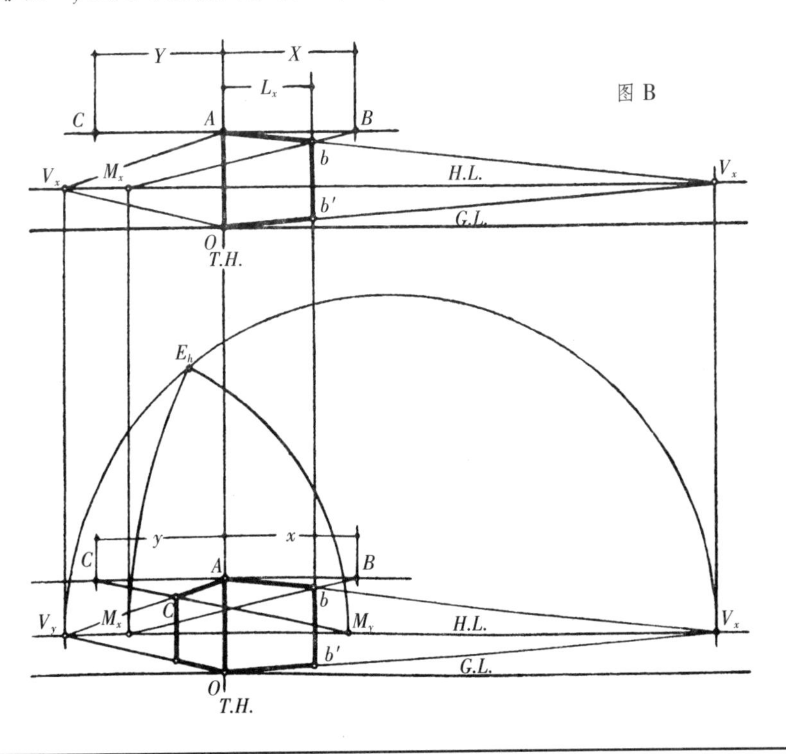

图 B

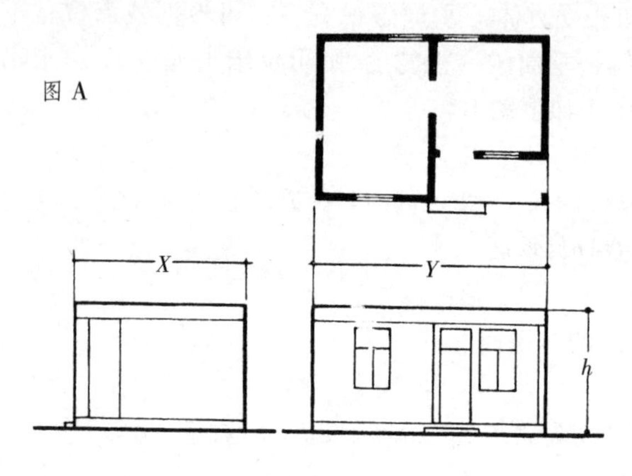


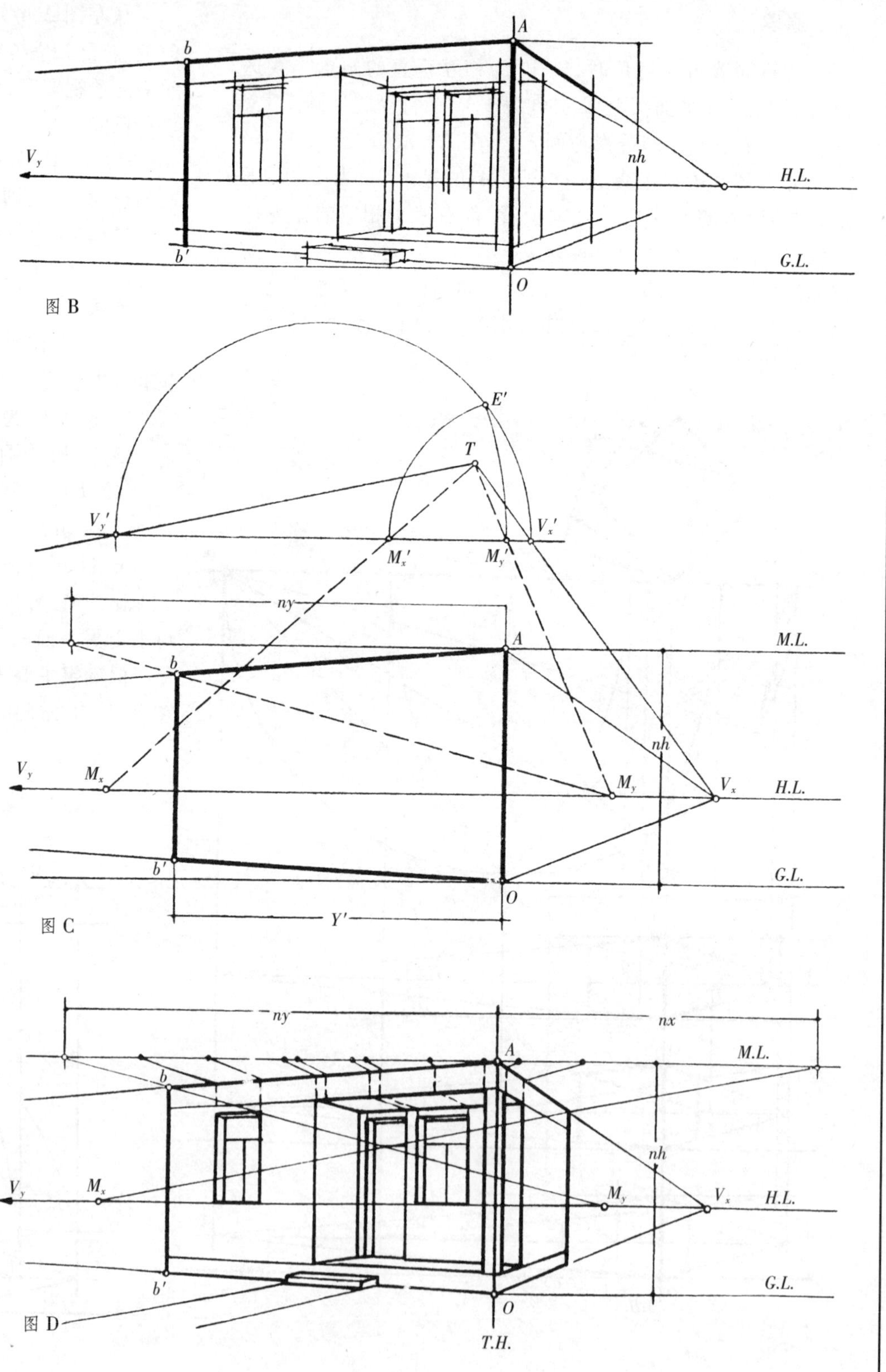


**已知：**

建筑平面，立面及侧面图，如上图 A。

**求作：**

建筑物的透视图。

**作法：**

(1)按 $n$ 倍的建筑高度作理想角度的建筑透视草图。如右上图 B 所示。

(2)根据理想角度的透视草图，找出 $H.L.$、$T.H.$(即 $OA$ 所在垂线)$AV_x$、$AV_y$ 的透视方向(其中 $V_y$ 在图板外 $H.L.$上)和 $AV_y$ 上的 $b$ 点。(图 C)

(3)过 $A$ 作水平线 $M.L.$在 $M.L.$上自 $A$ 向左量 $ny$与 $b$ 点相连，并延长和 $H.L.$相交于 $M_y$。

(4)在 $A$ 点上部任选一点 $T$，作 $TV_x$、$TV_y$。

(5)在 $TV_x$、$TV_y$ 之间任作一水平线 $V_x'V_y'$，再以 $V_x'V_y'$为直径作半圆。

(6)连 $TM_y$ 与 $V_x'V_y'$相交于 $M_y'$，以 $V_y'$为圆心 $V_y'M_y'$为半径作圆弧与半圆相交于 $E'$。

(7)以 $V_x'$为圆心 $V_x'E'$为半径作圆弧与 $V_x'V_y'$相交 $M_x'$。连 $TM_x'$，并延长与 $H.L.$相交于 $M_x$。

(8)在 $M.L.$上，自 $A$ 向左、右分别量出正立面和侧面的尺寸，在 $T.H.$上量出各部分的高度，用 $M_x$、$M_y$ 即可求得建筑物的透视图。作法与前述量点法作图同。(图 D)

**已知：**

建筑的平面图和剖面图。(图 A)

**求作：**

室内两点透视。

**作法：**

(1)作 $OA=h$ 的理想角度草图(如图 B),小草图上找出 $H.L.$、$V_x$ 及向 $V_y$ 方向消失的 $bA$($Vy$ 在图板外 $H.L.$上)。

(2)将小草图上的 $OA$ 放大 $n$ 倍,为 $T.H.$,确定放大 $n$ 倍的 $V_x$、$bA$,小草图中的 $Ab$ 和大图中 $Ab$ 平行。(图 C)

(3)在 $AV_x$、$AV_y$ 之间任作一水平线 $V_x'$、$V_y'$,并以其为直径作半圆。

(4)过 $A$ 点作水平线为 $M.L.$,在其上自 $A$ 向右量 $AB=ny$。

(5)连 $bB$ 并延长与 $H.L.$相交于 $M_y$。再连 $AM_y$ 与 $V_x'V_y'$相交于 $M_y'$。

(6)以 $V_y'$为圆心 $V_y'M_y'$为半径作圆弧与半圆相交于 $E$。

(7)以 $V_x'$为圆心,$V_x'E$ 为半径作圆弧与 $V_x'V_y'$相交于 $M_x'$。连 $AM_x'$,并延长与 $H.L.$相交于 $M_x$。

(8)在 $M.L.$上自 $A$ 向右量 $OY$ 方向各分隔长度,向 $M_y$ 连线,而求得 $OY$ 方向各分隔的透视。

(9)在 $M.L.$上自 $A$ 向左量 $OX$ 方向各分隔长度,向 $M_x$ 连线,在 $AV_x$ 的延长线上求得 $OX$ 方向分隔的透视。

(10)在 $T.H.$上量得各部分的高度而求得室内透视。(图 D)

**注意**　所有尺寸都应与 $nh$ 比例相同,放大 $n$ 倍。

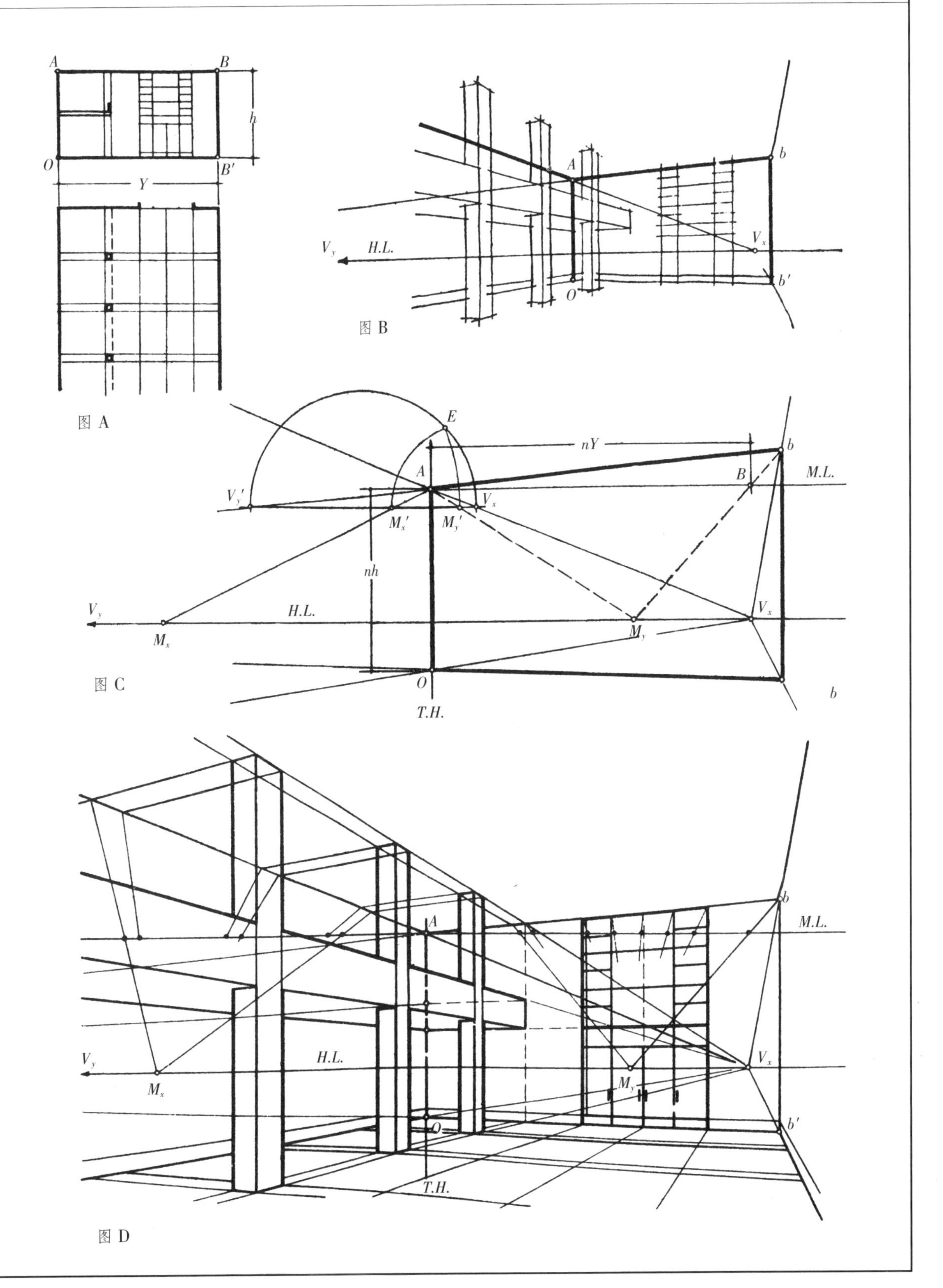


图 A

图 B

图 C

图 D

### 一点透视网格法

用网格法作透视图是经常用到的方法，尤其对于平面形状复杂，如曲线、曲面更为适用。作图时先绘出在水平面上等边正方形网格的透视，再在透视网格上求出透视平面，然后量高，作出透视图。

网格的 *OX* 方向的平行线和 *P.P.*平行，它们的透视为平行的水平线。*OY* 方向的平行线和 *P.P.*垂直，它们的透视消失点为 *C.V.*。正方格的对角线和 *P.P.*的交角为 45°，对角线的透视消失点为 *M*，即一点透视的量点 *V.V.M.*=*D*（*D* 为视距）。

**作法：**

（1）定 *H.L.*、*G.L.*，在 *H.L.*上任选一点 *C.V.*，取 *C.V.*　*M*=*D*，即得 *M*。（图 A）

（2）在 *G.L.*上按比例作等距点，与 *C.V.*连直线。

（3）连 *OM* 和向 *C.V.*消失的各透视相交，自交点作水平线，即得一点透视的方格网。

（4）在 *G.L.*上任选一点 *O*，引垂线为量高线 *T.H.*，在 *T.H.*上量高应和 *OX* 方向作等距点的比例尺相同。

若 *M* 在图板外，可取 *C.V.*1/2*M*=1/2*D* 或 *C.V.*1/3*M*=1/3*D*，然后以 1/2*M* 或 1/3*M* 作出 1:2 或 1:3 矩形网格的透视，连 *O* 与 *X*=2，*Y*=2 的交点或 *X*=3，*Y*=3 的交点。得正方形对角线的透视，即可求得正方形网格的透视。（图 B、图 C）

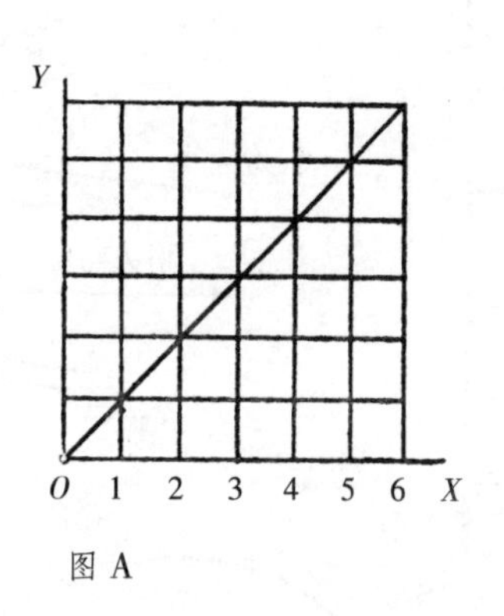


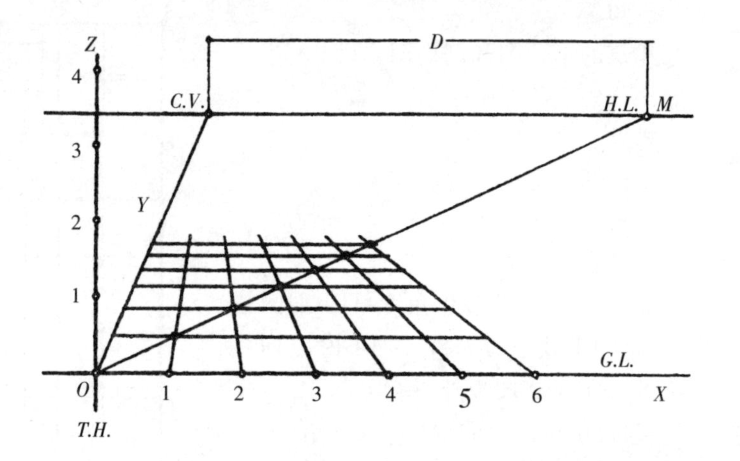


图 A

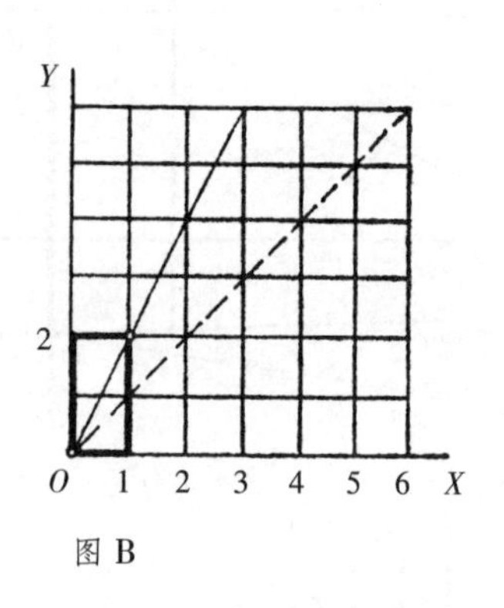


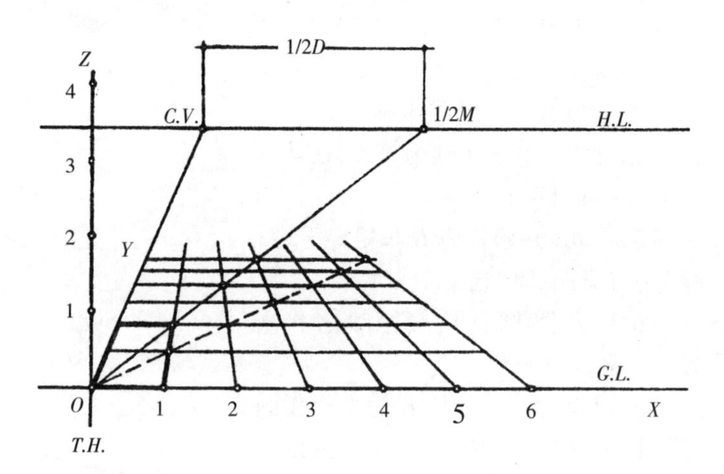


图 B

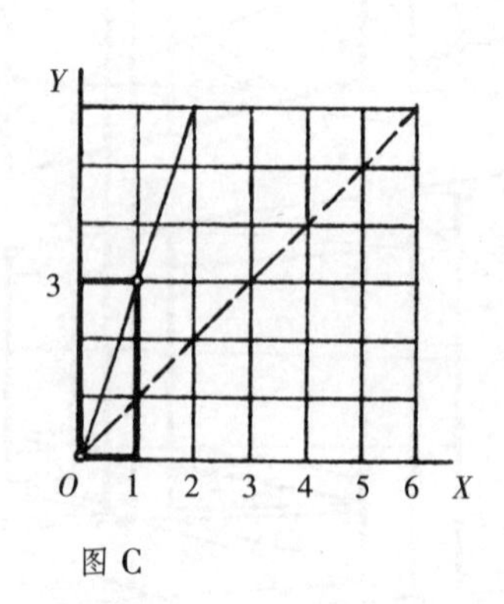


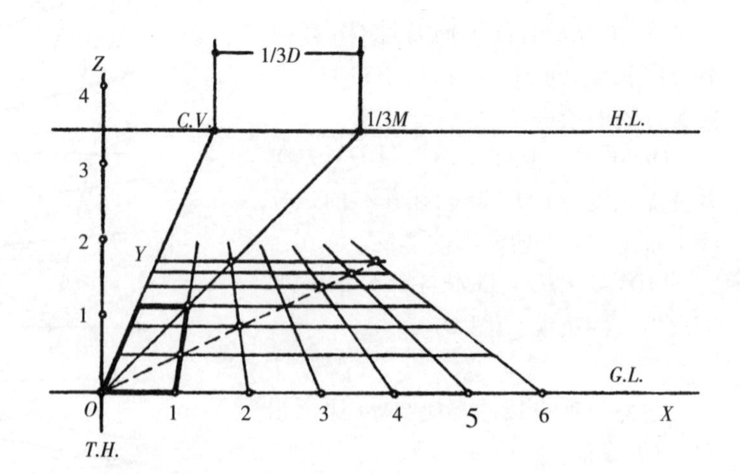


图 C

**已知：**

一居室的平面图、剖面图，*P.P.*、*E* 及视高 *H*，如下图 A 所示。

**求作：**居室的一点透视图。

**作法：**

(1)将居室的开间宽 *W* 分成 6 格，每格宽为 1/6*W*。

(2)放大 *n* 倍作出 *G.P.* 上方格网的透视，并在相应位置上将家俱及门的位置画出。(图 B 下)

(3)在剖面图上按切断轮廓线放大 *n* 倍，(如右上图虚线所示)定出 *H.L.*、*G.L.*、*C.V.*、*M*。

(4)以一墙面与 *P.P.* 的交线为 *T.H.*，在 *T.H.* 上量出各家俱相等的高度，向 *C.V.* 连线，并与透视平面上各相应位置引垂线相交而得室内一点透视的大轮廓。

(5)用目估画各细部，求出室内透视。(图 B 上)

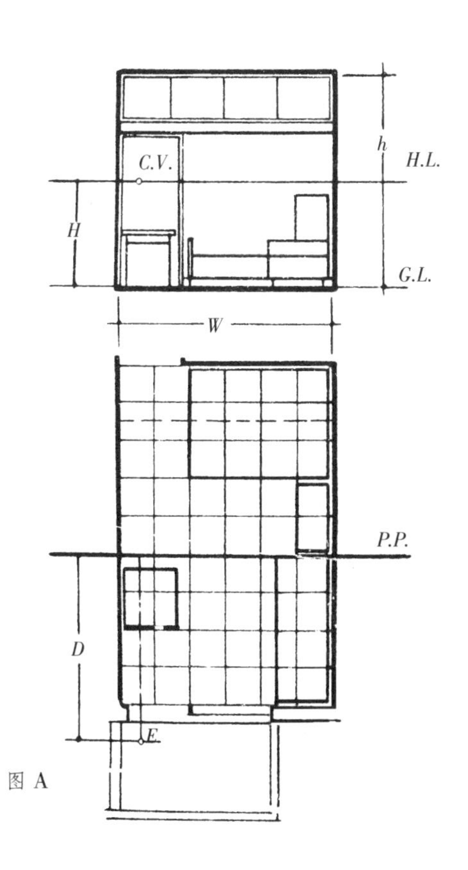

图 A

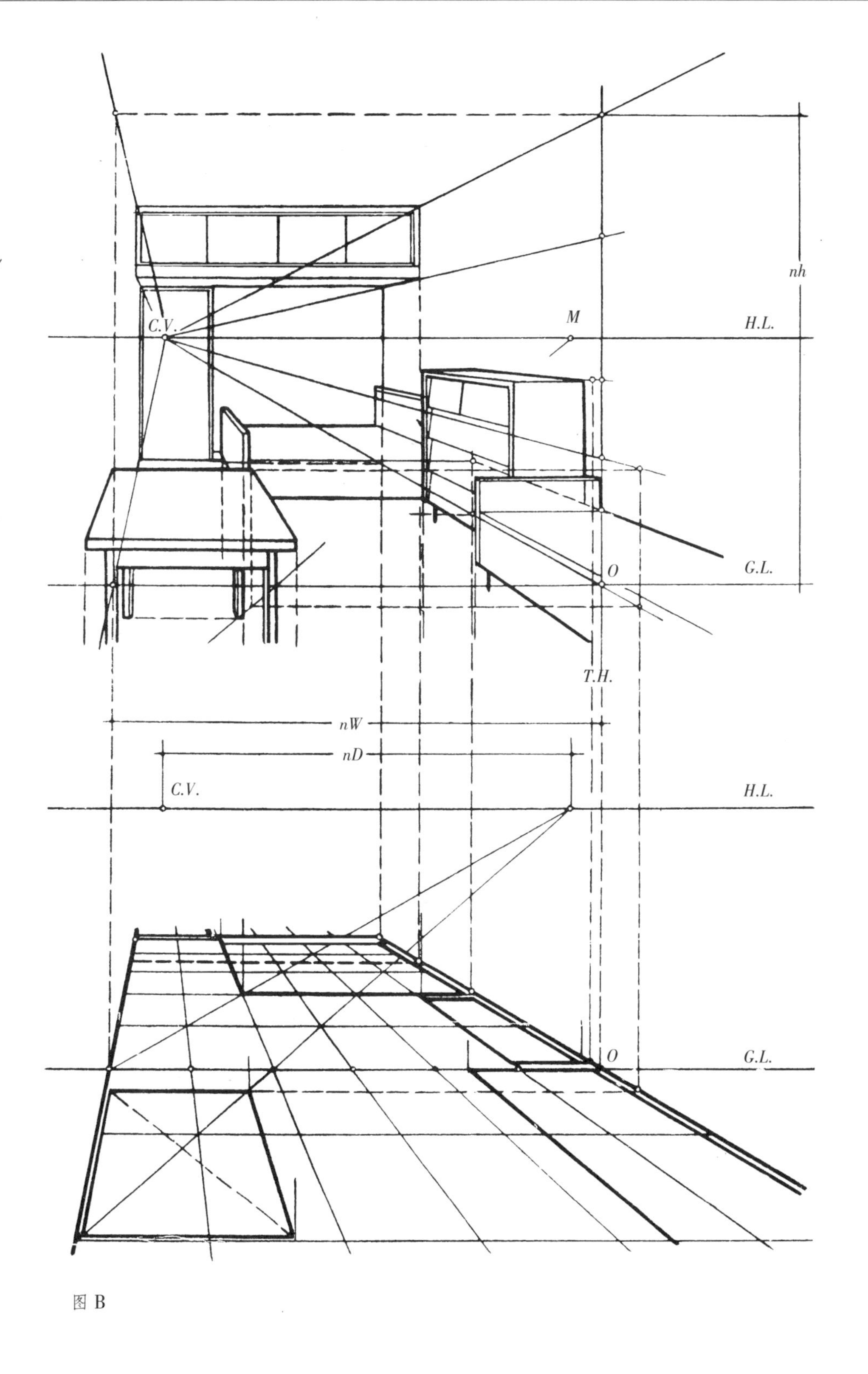

图 B

**已知：**

建筑平面图、立面图、*P.P.E* 视高 *H*，如左下图 A。

**求作：**

建筑型体的透视。

**作法：**

(1)在已知平面图上作与 *P.P.*平行的方格网。

(2)在 *G'.P'* 上放大 *n* 倍作一点透视方格网，如右下图 B 所示。

(3)在透视平面网格上将建筑平面各端点位置相应地标出，并连接成建筑的透视平面。

(4)在透视图中将 *T.H.*定在图面的一侧，这不但可以使作图准确，而且不影响图面整洁。过 *T.H.*的垂面为量高面，量出建筑各部份的高度，同前述量高法求得建筑型体的透视图。

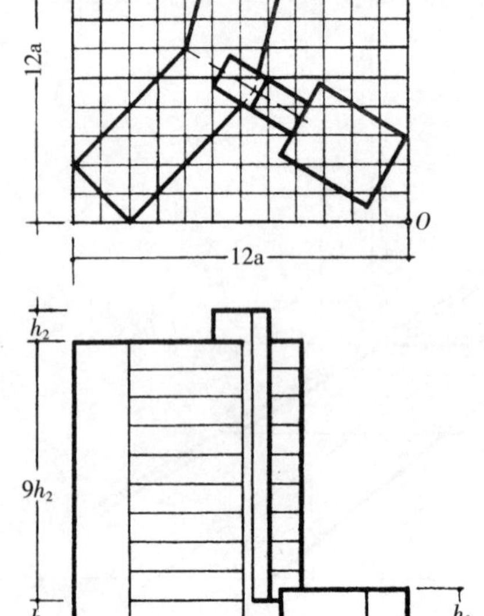


图 A

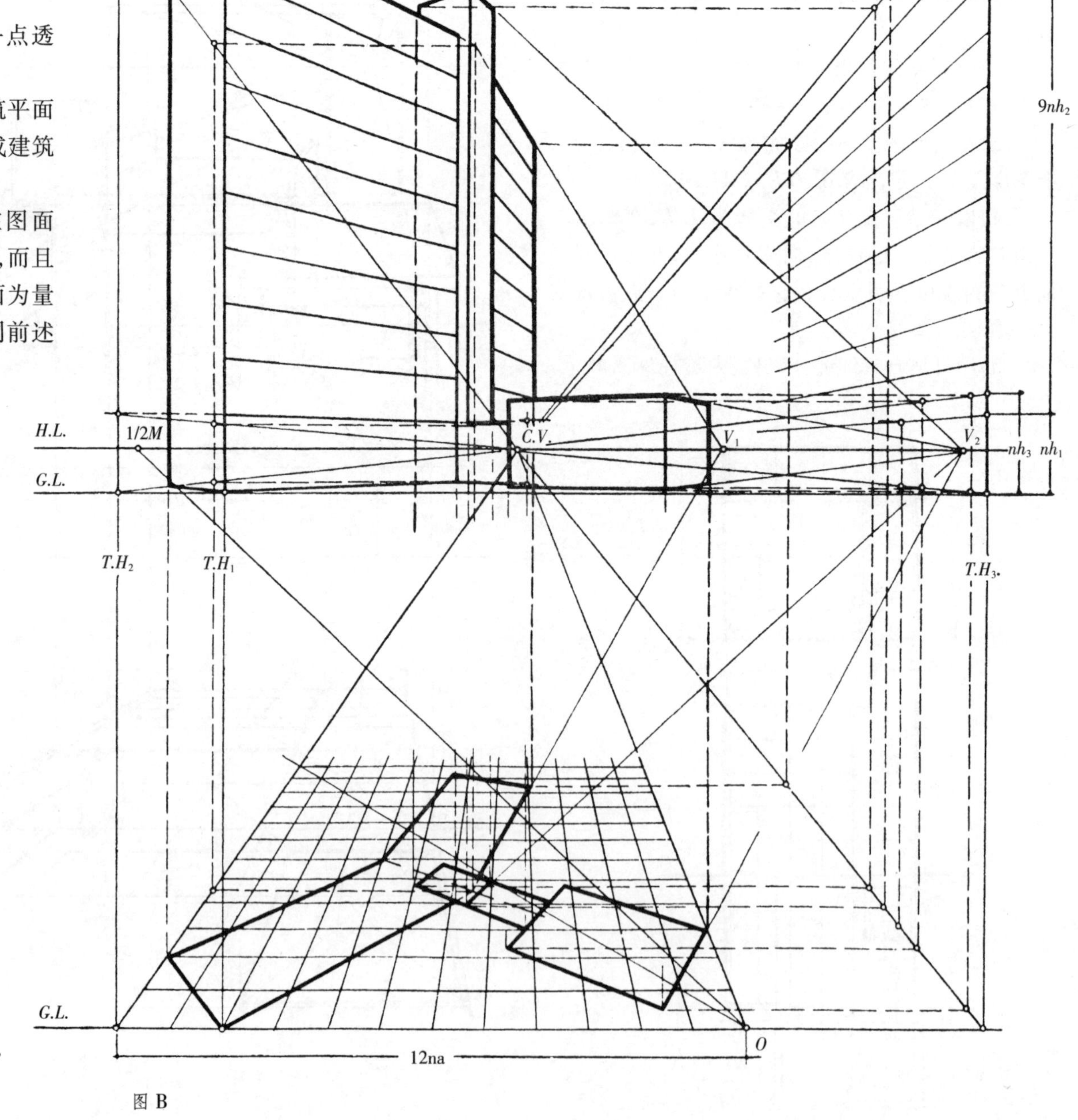


图 B

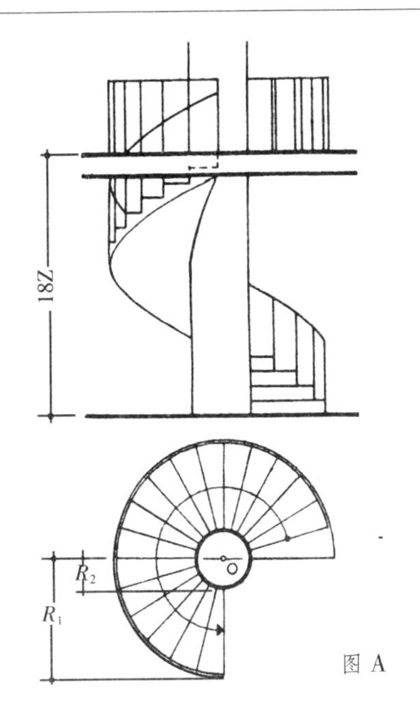


图 A

一点透视网格法亦可求各种复杂的曲线透视。现以螺旋线为例,作透视图。

**已知:**

一螺旋梯的平面图、立面图,如上图 A 所示。

**求作:**

放大 $n$ 倍螺旋梯的透视图。

**作法:**

(1)平面图上过各踏步端点作平行和垂直于 *P.P.* 的直线,形成网格。

(2)放大 $n$ 倍作平面网格透视,因 $M_x$ 在板外,所以用 $1/2M_x$ 作图。(图 B)

(3)过 $O$ 引垂线为 *T.H.*,在 *T.H.* 上放大 $n$ 倍量出各踏面的高度,因每一踏步有三个不同的高度,为了图面整洁和作图准确,在图面一侧 $O_1$ 引垂线 $T.H_1$,过 $T.H_1$ 的垂面为量高面,在量高面上作出各踏步、栏杆等的透视高度。

(4)由量高面上踏步、栏杆等的透视高度与由透视平面上相应位置各点引垂线相交而得螺旋梯的透视图。

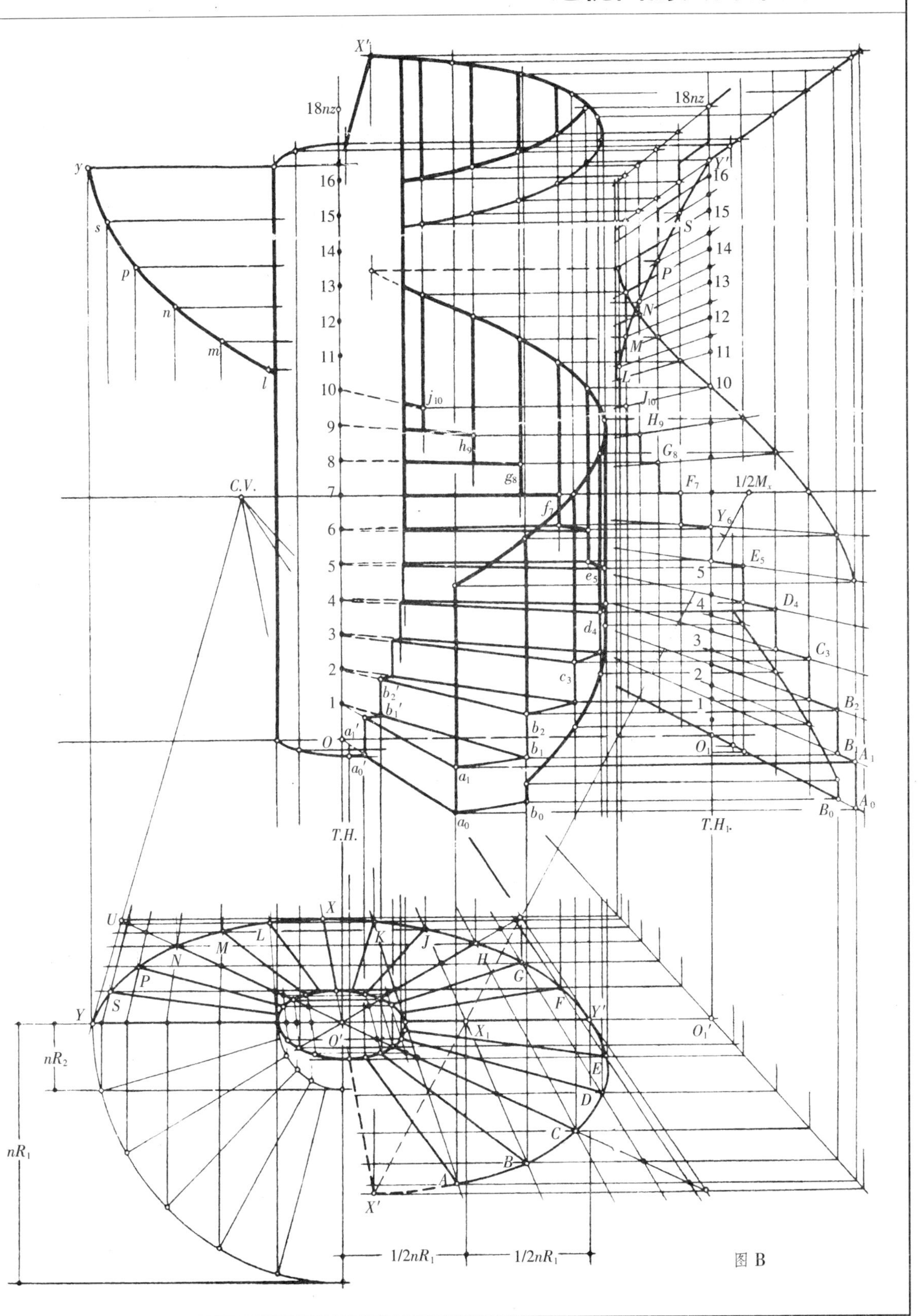


图 B

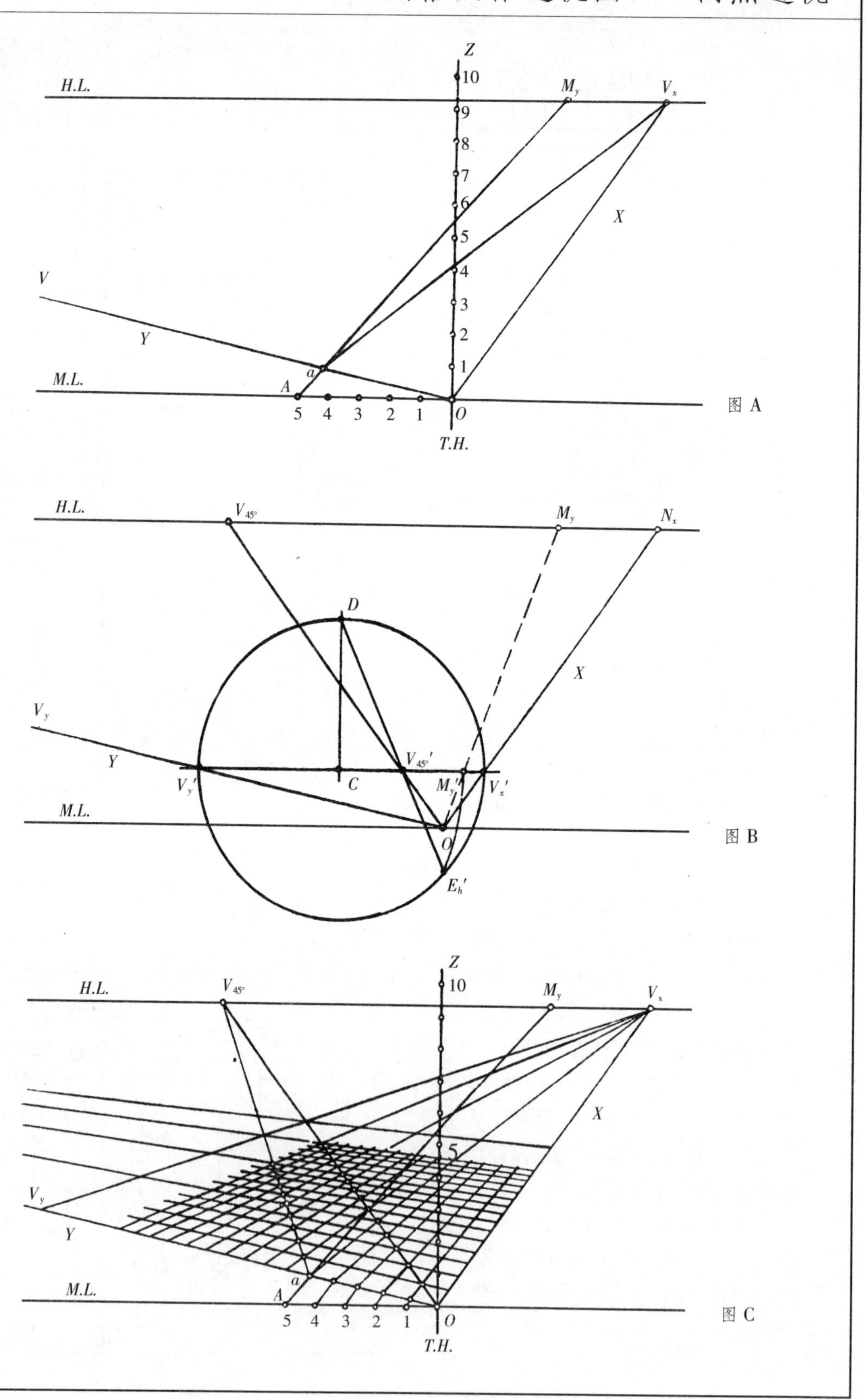


**两点透视网格法**

**作法：**

如右上图 A 所示，定出 H.L.、G.L.、$V_xV_y$（$V_y$ 在图板外 H.L.上），T.H.与方格的每格实长，过 $O$ 作水平线为 M.L.，在 M.L. 上由 $O$ 向左量 5 格为透视 $Oa$ 在 M.L.上的实长 $OA$，连 $Aa$ 并延长与 H.L.相交于 $M_y$。

如右图（图 B）所示：在 $OV_x$、$OV_y$ 之间作任意水平线得 $V_x'$、$V_y'$、以 $V_x'$、$V_y'$为直径作圆，圆心为 $C$，过 $C$ 引垂线与圆周相交于 $D$，连 $OM_y$ 和 $V_x'V_y'$相交于 $M_y'$，以 $V_y'M_y'$为半径，$V_y'$为圆心作弧和圆相交于 $E_h'$，连 $DE_h'$与 $V_x'V_y'$相交于 $OV_{45°}'$连 $OV_{45°}'$，并延长与 H.L.相交于 $V_{45°}$，即为方格对角线的透视消失点。

如右下图 C 所示，连 $OV_{45°}$，$aV_{45°}$，各与向 $Vx$ 消失的透视线相交。连相应的交点必向 $V_y$ 消失，而得两点透视方格网。

**已知：**

建筑型体的平面图和立面图，如右图 A 所示。

**求作：**

建筑型体的鸟瞰透视图。

**作法：**

(1)在已知平面上作与建筑物主要墙面平行的方格网，若能与平面图模数一致更好。使建筑的墙线落在方格网上，这样作图更方便。

(2)放大 $n$ 倍作出在 $G.P.$ 的方格网透视。

(3)将建筑平面上各角点位置在方格网透视上标出相应位置点，并连接而成透视平面图。

(4)在图面的一侧作一的垂线，为量高线 $T.H.$

(5)在 $T.H.$ 上量出建筑各部分的高度，过 $T.H.$ 的垂面为量高面，用量高面作出建筑型体的透视图。(图 B)

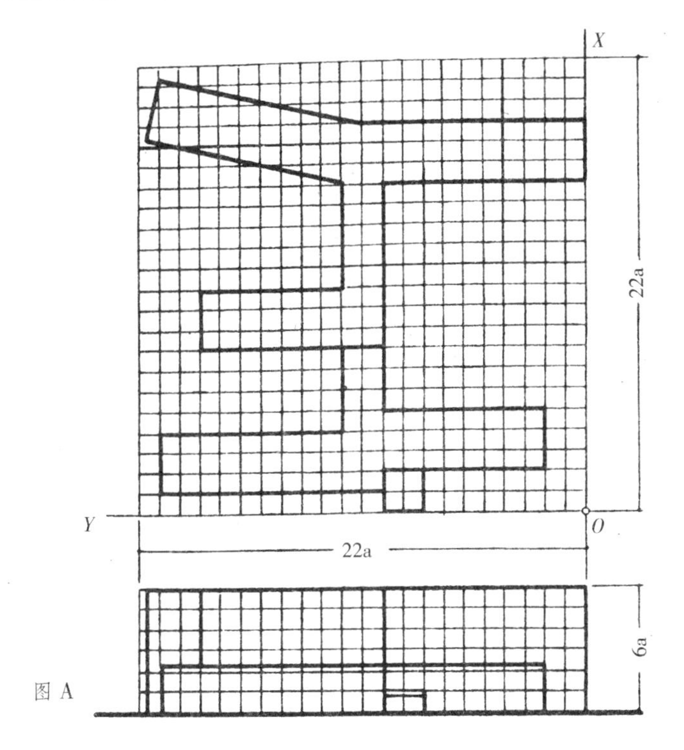

图 A

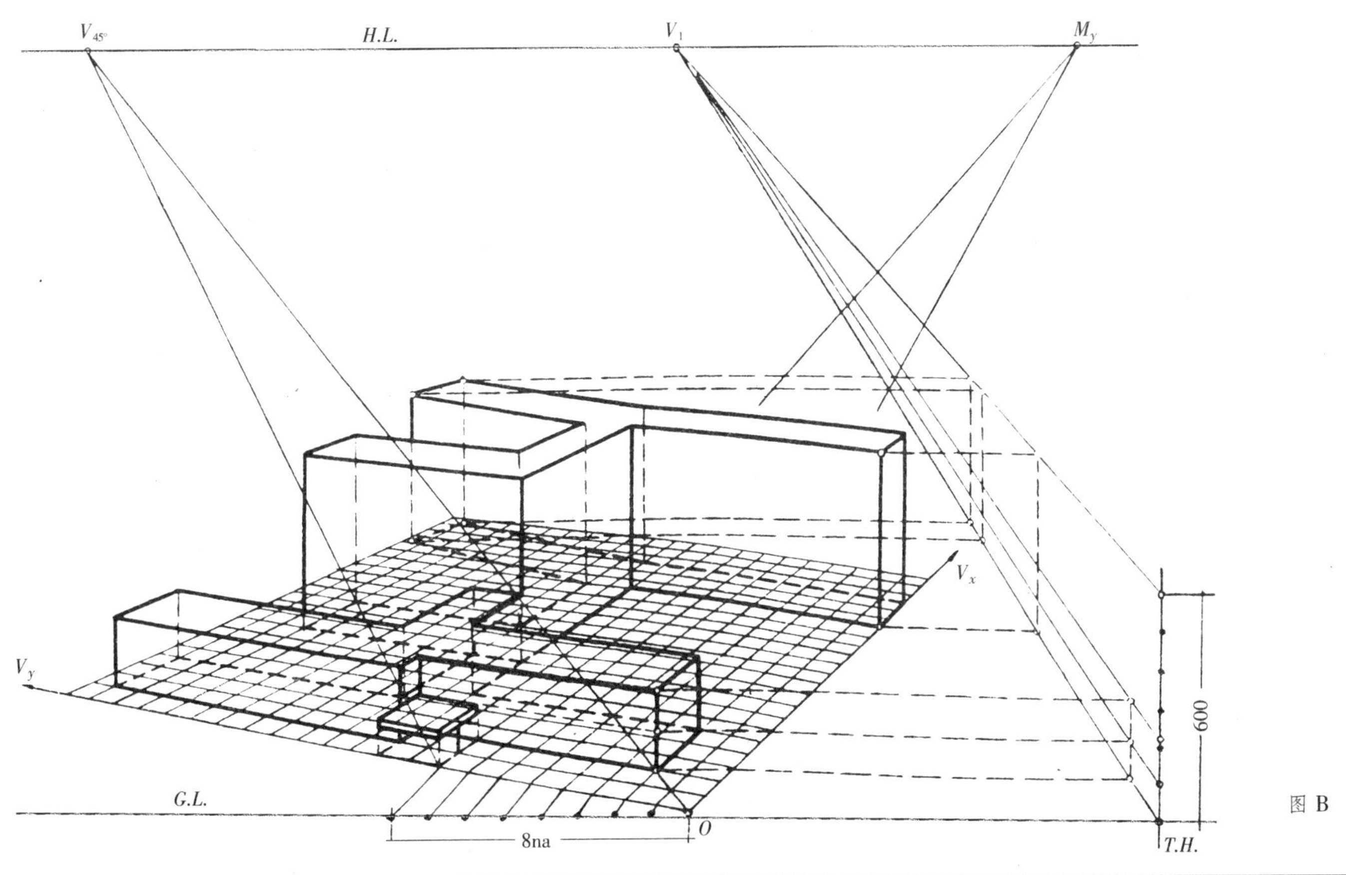

图 B

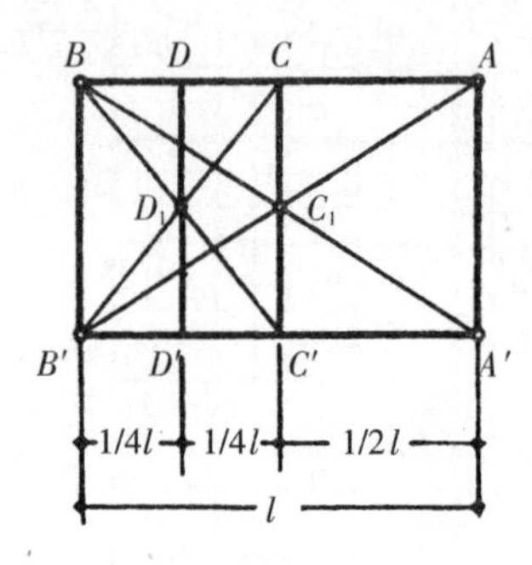

□ 垂直矩形透视面的双数等分分划

过矩形对角线的交点作垂线必分矩形为两等分如上图所示由 $C_1$ 引垂线分矩形 $AA'B'B$ 两等分；由 $D_1$ 引垂线则分矩形 $AA'B'B$ 四等分，以此类推可得双数等分分划。

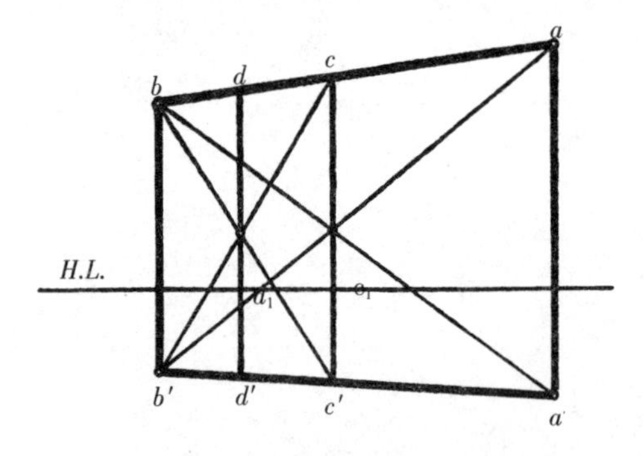

垂面矩形透视面的对角线交点引垂线必分矩形透视面两等分，如上图所示，由 $c_1$ 引垂线分矩形透视面 $aa'b'b$ 两等分。由 $d_1$ 引垂线则分矩形透视面 $aa'b'b$ 四等分，以此类推即可得双数等分分划垂直矩形透视面。

**● 垂直矩形透视面的垂直分划**

**已知：**矩形垂面的立面垂直分划如图A所示。透视面 $aa'bb'$，$ab$ 和 $a'b'$ 透视向 $V_y$ 消失（$V_y$ 在图板外）。

**求作：** 按立面比例分划透视面

**作法一**

(1) $aa'$ 与 H.L.的交点为 $V$。

(2)在 $aV$、$bV$ 之间任意比例尺的立面长度，$AB$ 作水平线 $a_0b_0$。

(3)在 $a_0b_0$ 间用同一比例尺标出立面分划 $c_0$、$d_0$、$e_0$ 各点。连 $c_0V$、$d_0V$、$e_0V$ 并各延长与 $ab$ 相交于 $c$、$d$、$e$。

(4)自 $c$、$d$、$e$ 各引垂线即为透视面 $aa'b'b$ 的垂直分划。

**作法二** （图B）

(1)在 $aa'$ 上自 $a$ 向下按任意比例尺量立面图上 $ACDEB$ 的分划点 $c_0$、$d_0$、$e_0$、$b_0$。再连 $b_0V_y$ 与 $bb'$ 相交于 $b_1$。

(2)连 $ab_1$ 和 $c_0V_y$、$d_0V_y$、$e_0V_y$ 各相交于 $c_1$、$d_1$、$e_1$。

(3)由 $c_1$、$d_1$、$e_1$ 引垂线与 $ab$、$a'b'$ 各相交于 $cc'$、$dd'$、$ee'$ 为透视面 $aa'b'b$ 的垂直分划。

**● 由局部透视面求作整体透视面**

**已知：**上列矩形面的一间透视 $aa'c'c$，$ac$ 和 $a'c'$ 向 $V_y$ 消失。

**求作：**按上列立面所示矩形面 $AA'B'B$ 的透视面和分划。

**作法三** （图C）

(1)取 $aa'$ 与 H.L.的交点 $V$，连 $cV$。

(2)在 $aV$、$cV$ 之间用任意比例尺作立面 $AC$ 长度 $a_0c_0$ 的水平线，并延长之。

(3)在 $a_0c_0$ 的延长线上用同一比例尺作已知立面上的分划点 $d_0$、$e_0$、$b_0$

(4)连 $Vd_0$、$Ve_0$、$Vb_0$，并延长与 $ac$ 的延长线相交于 $d$、$e$、$b$。

(5)由 $d$、$e$、$b$ 引垂线和 $a'c'$ 延线相交于 $d'$、$e'$、$b'$，得整个矩形透视面的垂直分划。

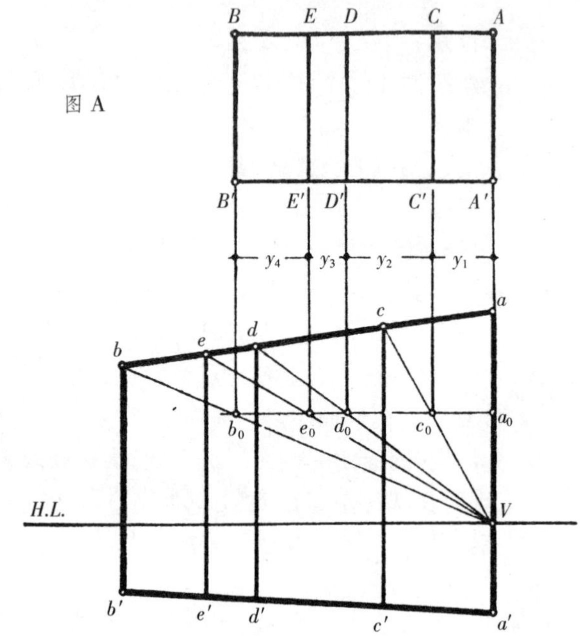

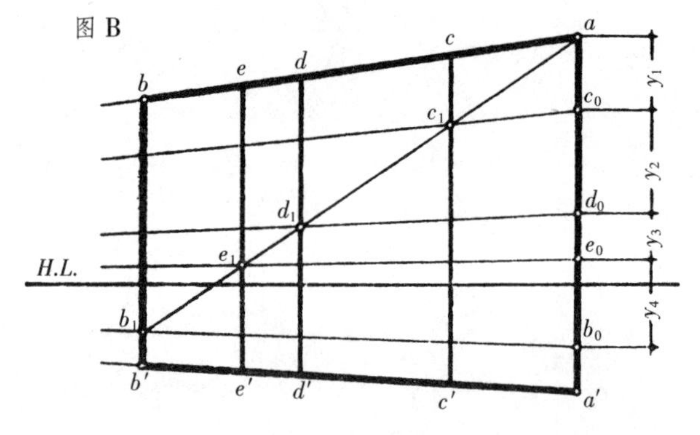

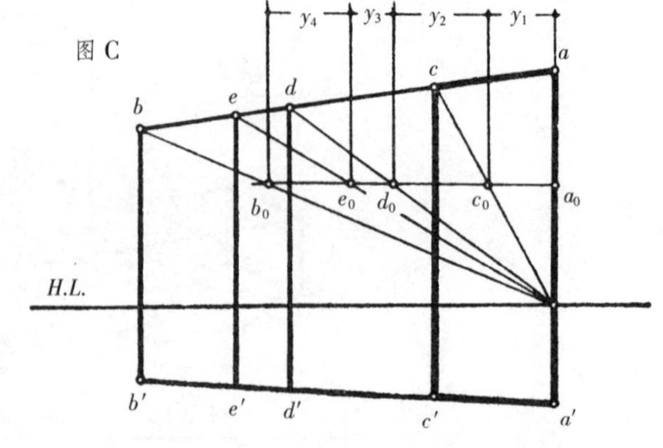

**已知：**

建筑的正立面图，侧立面图以及建筑型体外轮廓的透视图。(图 A)

**求作：**(图 B)

建筑透视图中各墙面划分。

**作法：**

(1)以 $aa'$ 为 $T.H.$，作出建筑物各墙面的水平分划透视线。

(2)作 $cc'd'd$ 墙面的垂直分划：过 $c$ 作水平线，用任意比例尺量出侧立面上 $CD$ 线段的垂直划分尺寸 $cd_0$ 间 9 等分点，连 $d_0d$，并延长与 $H.L.$ 相交于 $V_1$，自 $cd_0$ 间各等分点与 $V_1$ 连线与 $cd$ 相交，由各交点引垂线即 $cc'd'd$ 透视面的垂直分划。

(3)作 $aa'b'b$ 墙面的垂直分划：由于该建筑物二层以上共六层层高相等，而垂直分划为 18 间，所以可先分成 6 等分，再将每间 3 等分，而得 18 等分。连 $a_1b_1$ 与各分层线相交，由各交点引垂线，即得 6 等分。再在每间内以三层高度作对角线与分层透视线相交，由各交点引垂线而得 18 等分。

(4)作 $a'ae$ 墙面的垂直分划：过 $f$ 引垂线，使 $fg_0=x_1$，$g_0f_0=x_2$，连 $af_0$ 与 $g_0V_x$ 的延长线相交于 $g_1$，由 $g_1$ 引垂线与 $ae$ 相交于 $g$，即得 $a'ae$ 墙面的垂直分划。

以上三种垂直分划透视墙面的方法是经常用到的，可根据不同情况灵活运用。

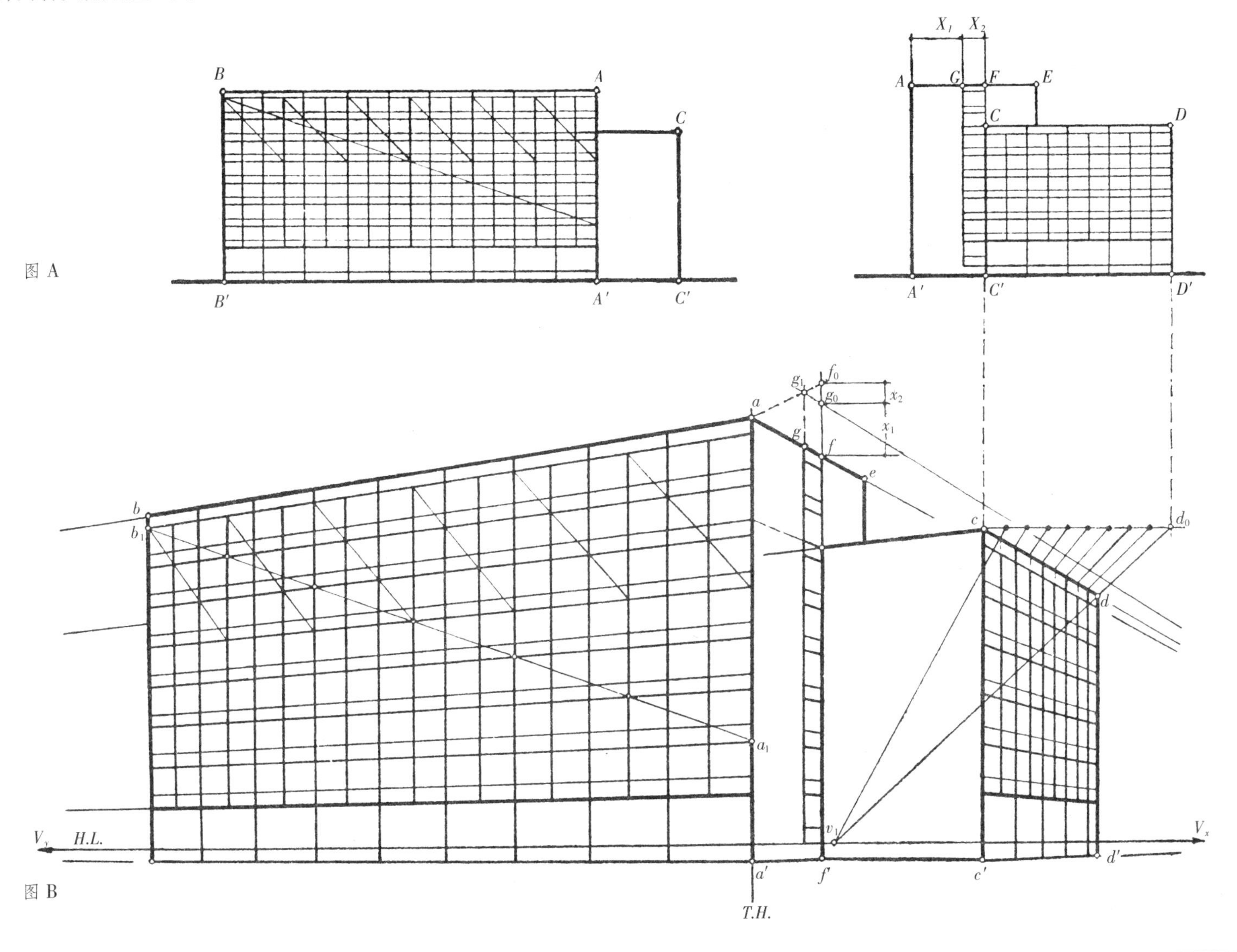

**已知：**

地下铁道车站的纵、横剖面图，*H.L.*、*C.V.*以及*P.P.*之前一间的透视面 $aa'b'b$。

**求作：**地下铁道车站的室内一点透视图。

**作法：**

(1)$bb'$在*P.P.*上，为*T.H.*，按$bb'$的高度画出纵剖面轮廓线(图中以虚线表示)。

(2)$bb'$和*H.L.*的交点$V_0$，连$aV_0$。

(3)在$aV_0$和$bV_0$的延长线之间作宽度为$F$的水平线为*M.L.*。

(4)在*M.L.*上，由和$bV_0$延长线的交点分别向左、右用与$F$同比例尺量出各开间、柱宽的尺寸。并分别与$V_0$相连，各连线与$aC.V.$相交，由各交点引垂线即得各开间、柱宽的透视，即可作出车站的透视图。

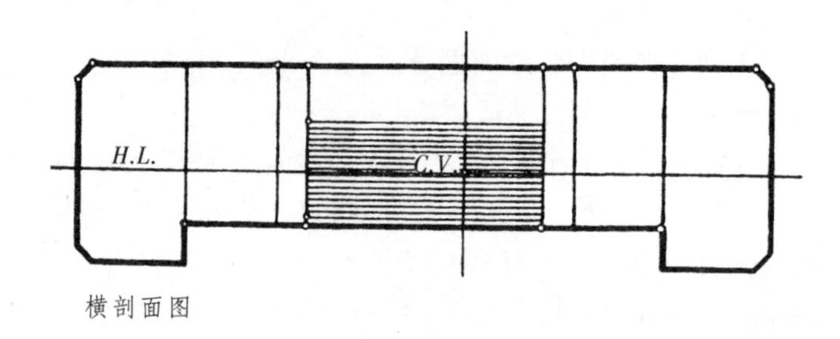

横剖面图

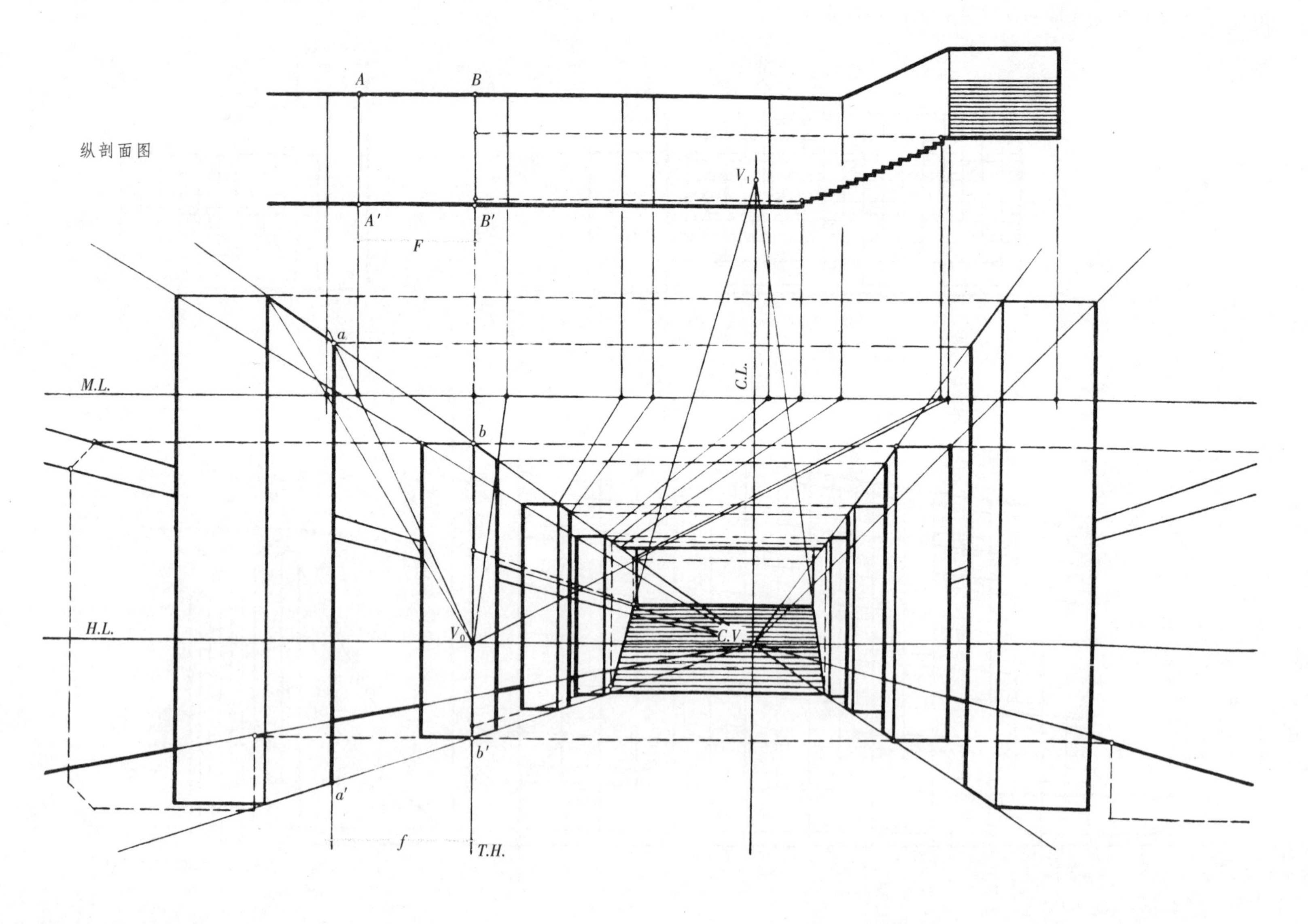

我们所看到的建筑物或照片上的建筑物，其垂直的墙角线，往往不是垂线而是倾斜的，这是倾斜画面的透视现象。

以一个立方体的透视为例：$P.P.$ 和 $G.P.$ 的交角为 $\theta$，$\theta$ 大于 90°，立方体的 $OY$、$OZ$ 轴与 $P.P$ 不平行，$OX$ 轴平行于 $P.P.$。

(1)在平面图上 $H.L.$ 和 $G.L.$ 不重合，而求得的透视图应该是画面的正视图，故应将 $P.P.$ 上各透视点以 $G.L.$ 为轴(在侧面图上以 $O$ 为圆心)转到垂直的 $P.P.$ 上。

(2)在侧面图上，过 $E_s$ 的水平面 $H.P.$ 与 $P.P.$ 不垂直。过 $E_s$ 作与 $OY$ 的平行线和 $P.P.$ 相交于 $V_y'$($C.V.$)。过 $E_s$ 作垂线与 $P.P.$ 相交于 $V_x'$。

(3)以 $V_y'$ 为圆心，$V_y'E_s$ 为半径作弧与 $P.P.$ 相交于 $M_y'$，以 $V_x'$ 为圆心 $V_z'E_s$ 为半径作弧与 $P.P.$ 相交于 $M_z'$。

(4)以 $O$ 为圆心将 $V_y'$、$V_z'$、$M_y'$、$M_z'$ 旋转到垂直的 $P.P.$ 上，得 $V_y''$、$V_z''$、$M_y''$、$M_z''$。

(5)在平面图上由 $E_k$ 引垂线与 $H.L.$ 相交于 $V_y'$($C.V.$)，在透视图中为视中心线 $C.L.$。$OY$ 和 $OZ$ 方向的直线消失点必在 $C.L.$ 上。

(6)将侧面图上 $V_y''$、$V_z''$、$M_y''$、$M_z''$ 作水平线投到透视图中 $C.L.$ 上得 $H.L.$、$V_y$($C.V.$)、$V_z$、$M_y$、$M_z$。为 $OY$ 和 $OZ$ 方向的直线消失点及量点。

(7)在平面图上，由 $E_k$ 作 45°线，与 $H.L.$ 相交于 $M_y'$，自 $M_y'$ 引垂线到透视图中 $H.L.$ 上得 $M_y$。

$M_x$ 为量高量点，当 $\theta$>90°时为鸟瞰图，当 $\theta$<90°时，为仰视图。

- **立方体透视图的作法。**

求出各消失点 $V_y$($C.V.$)、$V_z$，量点 $M_y$、$M_z$。

(1)在透视图中过 $O$ 点作垂线为 $T.H.$。

(2)用 $H.L.$ 上的 $M_y$，作在 $G.P.$ 上的透视平面。作法同一点透视量点法(略)。或在 $T.H.$ 上量 $OY_0$=$OY$，用 $C.L.$ 上的 $M_y$，连 $Y_0M_y$ 与 $OV_y$ 相交于 $y$。

(3)在 $T.H.$ 上量立方体的高 $OZ_0$，连 $M_xZ_0$，并延长与 $V_xO$ 的延长线相交于 $z$，$O_z$ 为方立体高 OZ的透视高度。

(4)连 $V_xy$ 并延长与 $zV_y$ 相交，即得立方体的透视。

实际作图，可按理想角度作草图，先决定 $V_y$($H.L.$ 和 $C.L.$ 的交点)、$V_z$ 及一个量点 $M_y$，$V_y$($C.V.$)$M_y$=$D$。然后以 $V_zV_y$ 为直径作半圆，以 $V_y$ 为圆心，$V_yM_y$ 为半径作弧与半圆相交于 $E_s$，以 $V_z$ 为圆心，$V_zE_s$ 为半径作弧与 $C.L.$ 相交于 $M_z$，为立方体高度方向 $OZ$ 的量点。

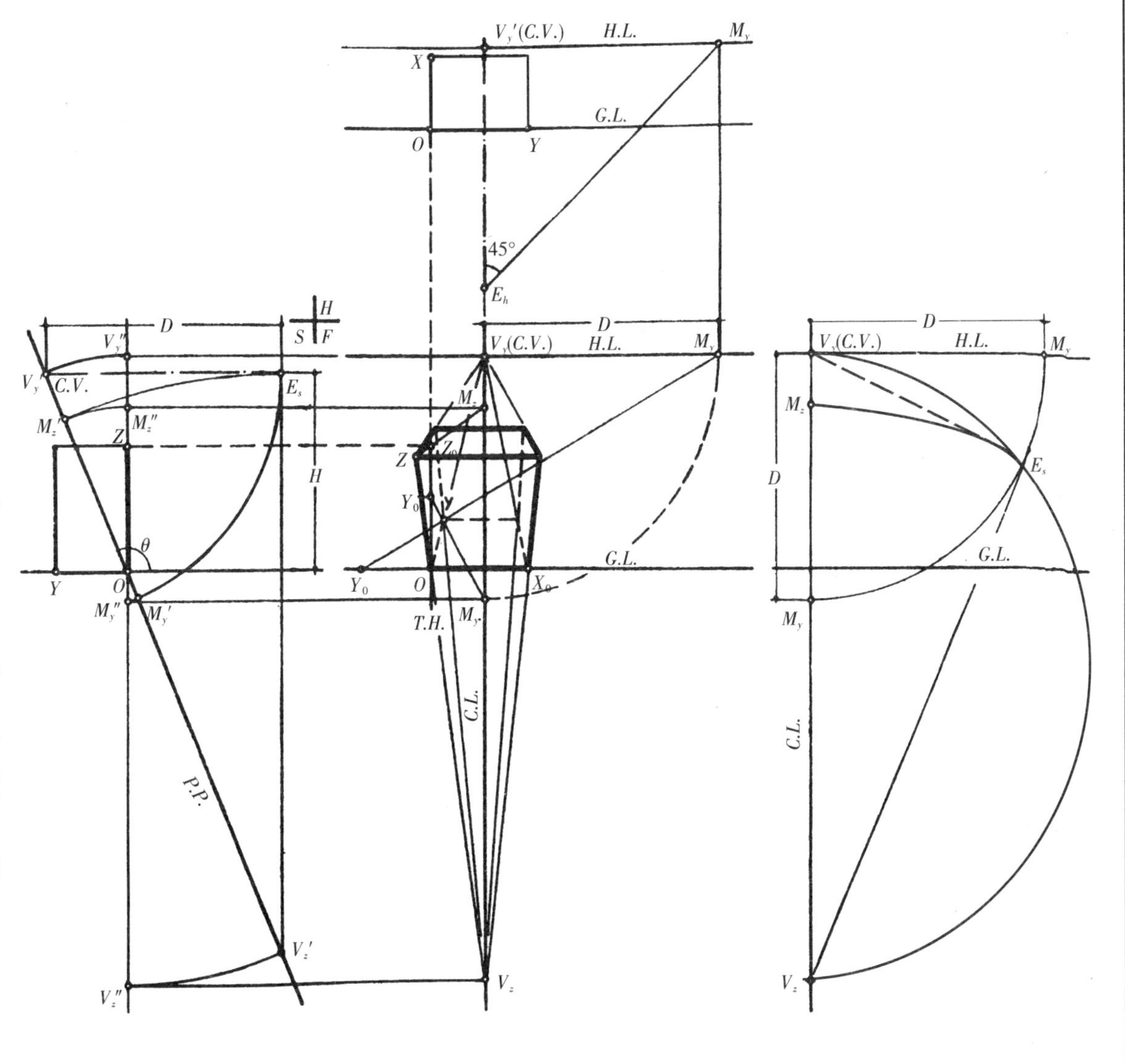

**已知：**

建筑型体的平面图和立面图，如左下图A。

**求作：**

建筑型体的俯视透视图。(*P.P.*和*G.P.*不相垂直)

**作法：**(图B)

(1)作*H.L.*、*G.L.*、*C.L.*定*C.V.*，$1/2M_xC.V=1/2D$。

(2)在*H.L.*和*G.L.*之间一侧任选一点*T*，连*TC.V.*和$TV_z$($V_z$在*C.L.*上，可按理想角度草图选择)。

(3)在*TC.V.*和$TV_z$之间任作一垂线，得$C'.V'$和$V'_z$。

(4)以$C'.V'.V_z'$为直径作半圆。

(5)过$C'.V'$.作水平线$H'.L'$.与连$T1/2M_x$相交于$1/2M'$；在$H'.L'$.上取$1/2M_x'M_x'=C'.V'.\cdot 1/2M_x'$即得$M_x'$。

(6)以$C'.V'$.为圆心$C'.V'.M_x'$为半径作圆弧与半圆相交于$E_s'$。

(7)以$V_z'$为圆心，$V_z'E_s'$为半径作圆弧与$C'.V'.V_z'$相交于$M_z'$。

(8)连$TM_z'$并延长与*C.L.*相交于$M_z$，$M_z$为建筑高度方向即*OZ*方向的量点。

(9)在*G.P.*上用$\frac{1}{2}M_x$作建筑型体的透视平面图。(作法同前)

(10)在图面右侧*G.L.*上任选一点$O'$，过$O'$作垂线为*T.H.*。

(11)连$O'V_z$，在*T.H.*上量得$O'B_0$和$O'A_0$为建筑型体高度和雨篷高度。连$B_0M_z$和$A_0M_z$并延长与$O'V_z$相交于$A_1$、$B_1$。

(12)连$A_1C.V.$和$B_1C.V.$为量高面，用量高面的方法即可求得建筑型体各部分的高度。

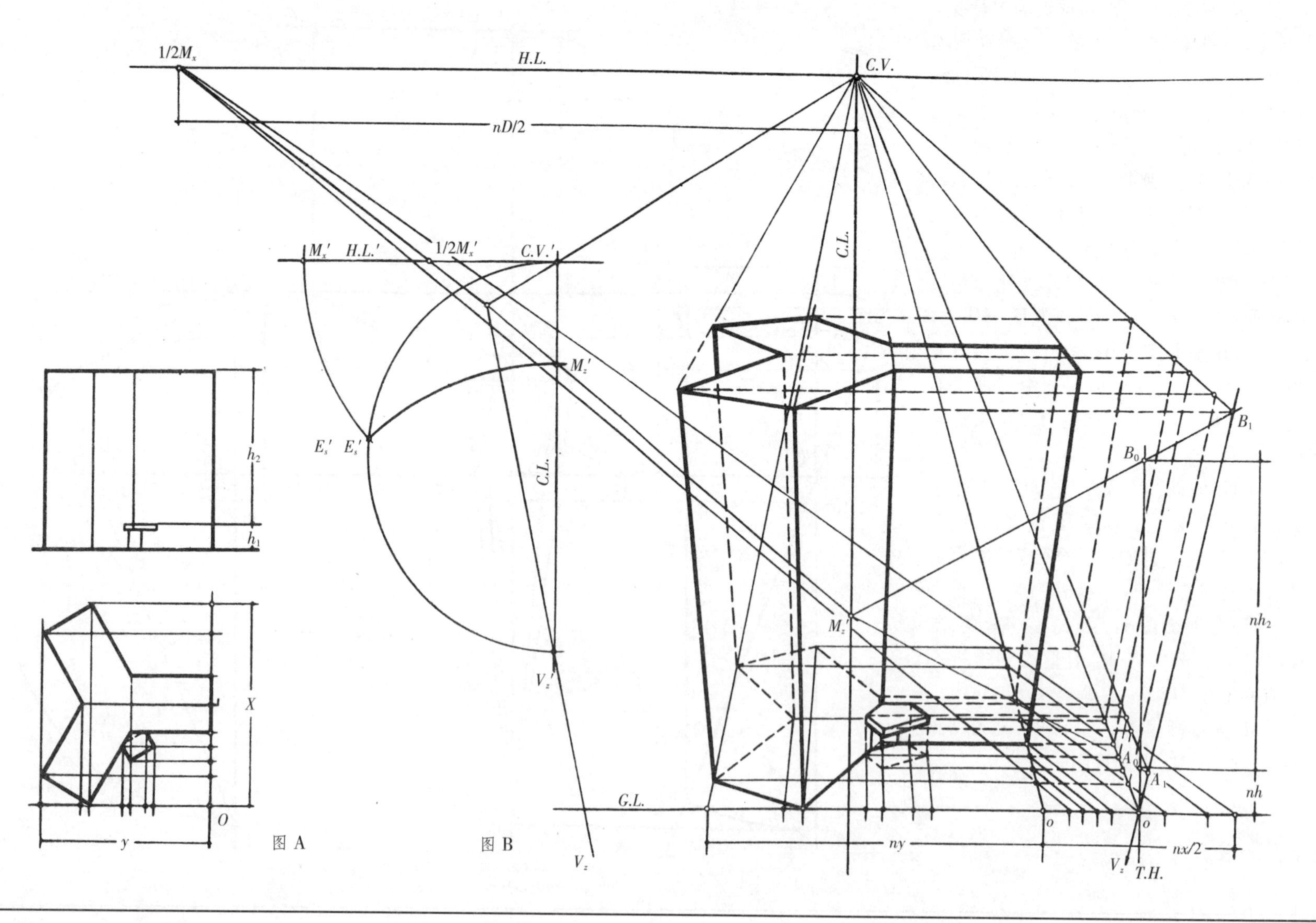


图A　图B

当 $P.P.$ 和 $G.P.$ 的夹角 $\theta<90°$ 时，为仰视。立方体 $OX$，$OY$ 和 $OZ$ 与 $P.P.$ 都不平行，作出的透视图有三个消失点。

**作法：**

(1)按侧面图可作出平面图上 $H.L.$ 和 $G.L.$、$E_h$ 和 $C'.V'.$、$V_x'$、$V_y'$、$M_x'$、$M_y'$。

(2)在透视图上作出$GL.$、$H.L.$、$C.L.$、$C.V.$、$V_x$、$V_y$、$M_x$、$M_y$ 以及在 $G.L.$ 上 $O$ 点引垂线为 $T.H.$。

(3)在侧面图上过 $E_s$ 作垂线与 $P.P.$相交于 $V_z'$，以 $O$ 为圆心 $OV_z'$为半径作弧与 $OZ$ 的延长线相交于 $V_z''$。过 $V_z''$作水平线到透视图中与 $C.L.$ 相交得 $V_z$。($V_z$ 为高度 $OZ$ 方向的消失点)。

(4)在侧面图上以 $V_z'$为圆心 $V_z'E_s$ 为半径作圆弧与 $P.P.$ 相交于 $M_z'$。以 $O$ 圆心 $OM_z'$为半径作弧与 $OZ$ 相交于 $M_z''$。过 $M_z''$作水平线到透视图中与 $C.L.$相交得 $M_z$。($M_z$ 为高度 $OZ$ 方向的量点)。

(5)用 $M_x$、$M_y$ 在 $G.P.$上作透视平面图。(作法同前)

(6)过 $O$ 作垂线为 $T.H.$，在 $T.H.$上量立方体的高度 $OZ_0$，连 $Z_0M_z$ 与 $OV_z$ 相交于 $z$。

(7)连 $zV_x$、$zV_y$ 与 $xV_x$、$yV_x$ 相交即得立方体的透视图。

实际作图时可按理想角度徒手草图选确定 $H.L.$、$C.L.$、$V_x$、$V_y$、$V_z$ 以及 $C.V.$。然后以 $V_xV_y$ 为直径作半圆，和 $C.L.$相交于 $E_k$，即得 $M_x$、$M_y$。再以 $C.V.V_z$ 为直径作半圆和以 $C.V.$为圆心，$C.V.E_k$ 为半径的圆弧相交于 $E_s$，以 $V_z$ 为圆心 $V_zE_s$ 为半径作圆弧与 $C.L.$相交于 $M_z$，用 $M_x$、$M_y$、$M_z$ 三个方向的量点即可求得方立体的二点透视图。

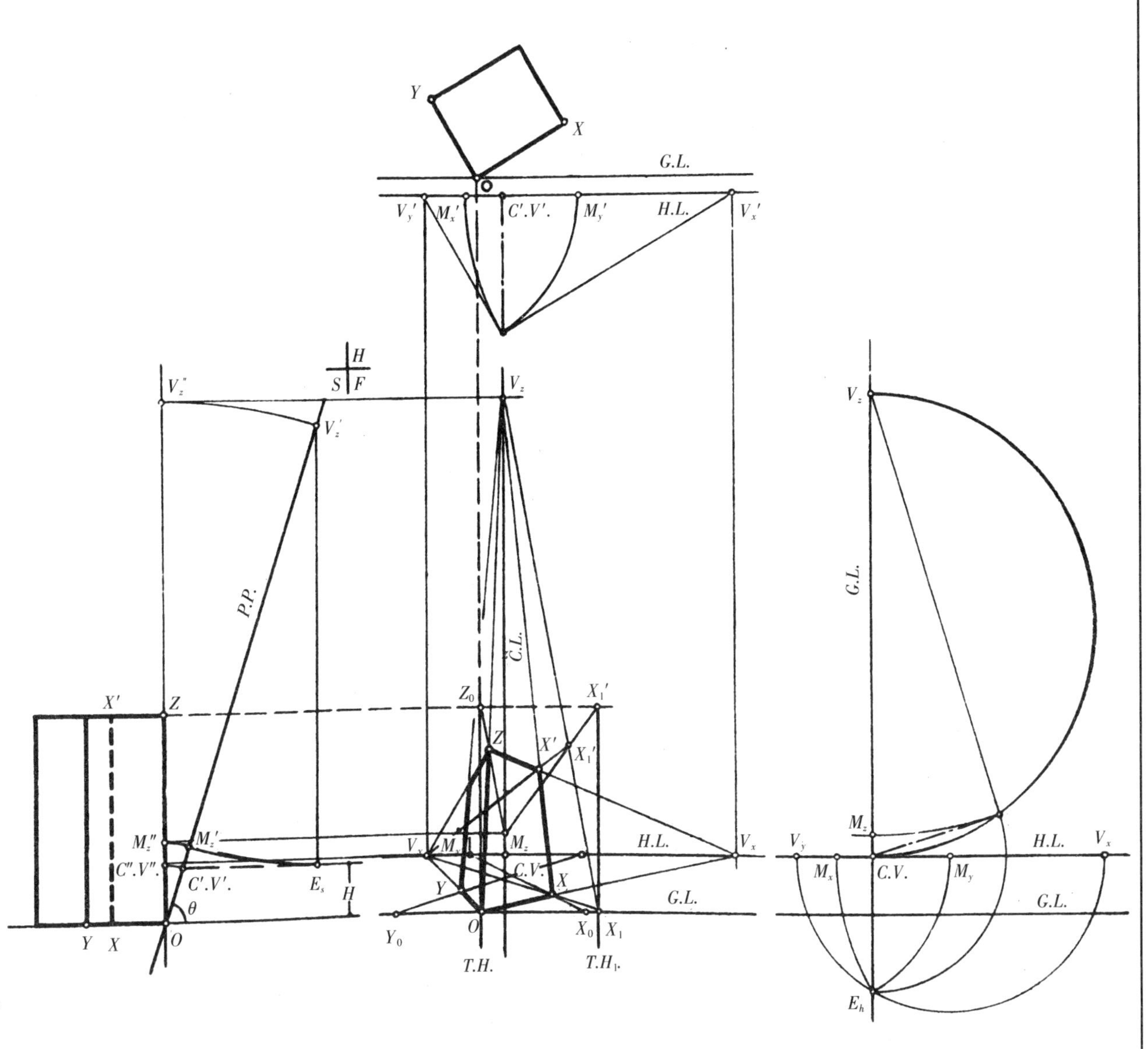

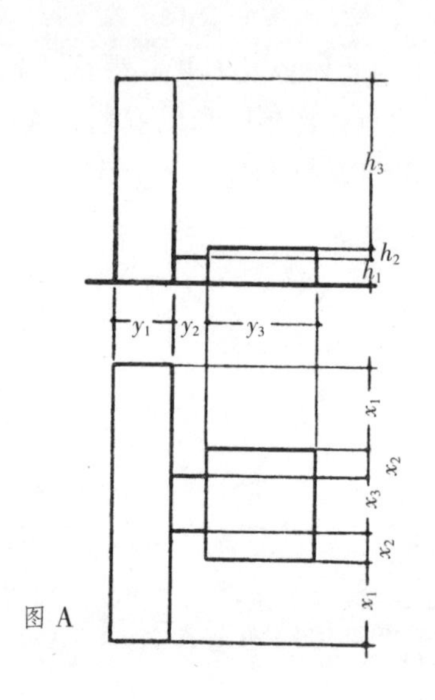


图 A

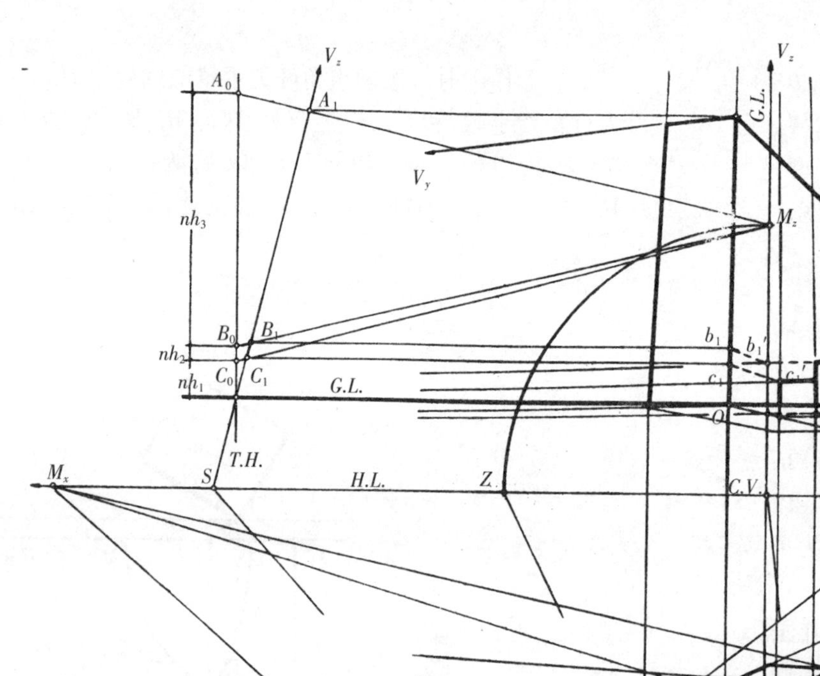

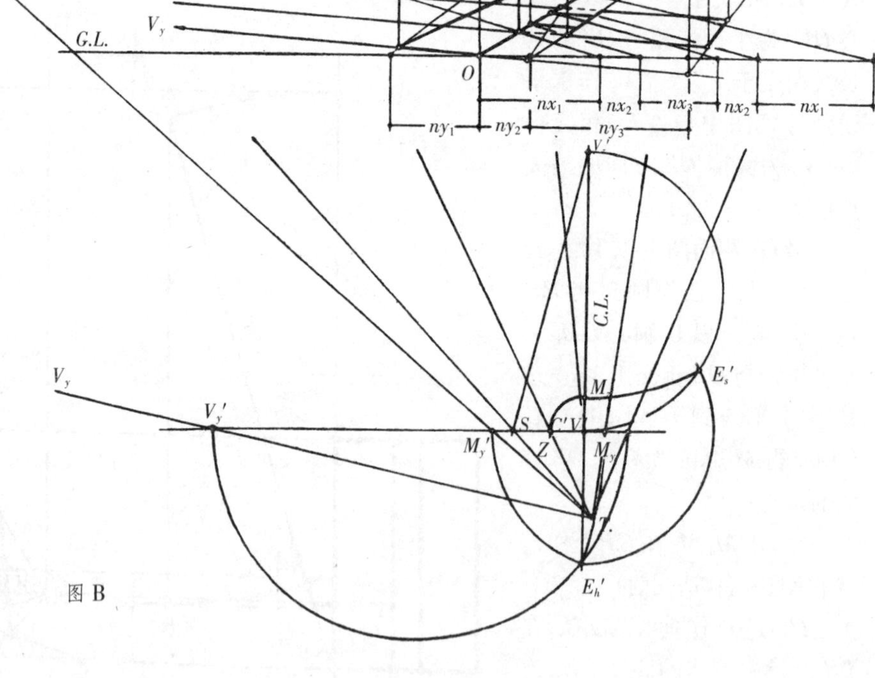

图 B

**已知：**

建筑型体的平面图和立面图，如上图 A 所示。

**求作：**

建筑型体的透视（*P.P.*和 *G.P.*倾斜角 $\theta<90°$为仰视）。

**作法：**(图 B)

(1)按理想草图的角度确定 *H.L.*、*G.L.*、*C.L.*以及 $V_x$、$V_y$、$V_z$、*C.V.*($V_z$ 和 $V_y$ 在图板外)

(2)在图面下部任选一点 *T*，连 *TC.V.*和在 $TV_x$、$V_y$ 之间任作一水平线 $V_x'V_y'$相交于 *C.'V'.*，过 *C.'V'.*作垂线为 *C.'L'.*，以 $V_x'V_y'$为直径作半圆，作得 $M_x'$、$M_y'$。连 $TM_x'$、$TM_y'$并延长与 *H.L.*相交，得 $M_x$、$M_y$。用 $M_x$、$M_y$ 在 *G'.P'.*上作透视平面图。

(3)在 *H.L.*上任选一点 *S*，连 $SV_z$、*TS.*，*TS* 与 $V_x'V_y'$相交于 *S'*，过 *S'*作 $SV_z$ 的平行线与 *C'.L.*相交于 $V_z'$，以 $C'.V'.V_z$ 为直径作半圆和以 *C'.V'.*为圆心 $C'.V'.E_h$ 为半径作弧相交于 $E_s'$，以 $V_z'$为圆心 $V_z'E_s'$为半径作弧与 *C'.L'.*相交于 $M_z'$。以 *C'.V'.*为圆心，$C'.V'.M_z'$为半径作弧与 $V_x'V_y'$相交于 *Z'*。连 *TZ'*并延长与 *H.L.*相交于 *Z*。

(4)以 *C.V.*为圆心，*C.V.Z* 为半径作弧与 *C.L.*相交于 $M_z$。在 *G.L.*上任一点 $O_1$ 作垂线为 *T.H.*。用 $M_z$ 即可求得建筑型体 *OZ* 方向的透视高度。

(5)由 *G'.P'.*上的透视平面各角点引垂线到 *G.P.*上作得透视平面，再向 $V_z$ 连线，即可求得建筑型体的三点透视图。

### □ 前提与原则

此作图法以量点法为依据，量点法的基本原理从略

**原则**

(1)图 A，在平面关系上，视点 $S$ 灭点 $V_L$,$V_R$ 不动，平移建筑平面的位置，并与画面 $PP$ 的成角不变，得三种位置，如 $A$、$B$、$C$，由此可得出三种不同的透视效果。

(2)为简化作图，令矩形建筑平面与画面成 30°和 60°角，因 45°角的透视效果较呆板，而小于 30°角则可能使一灭点远在图板外。

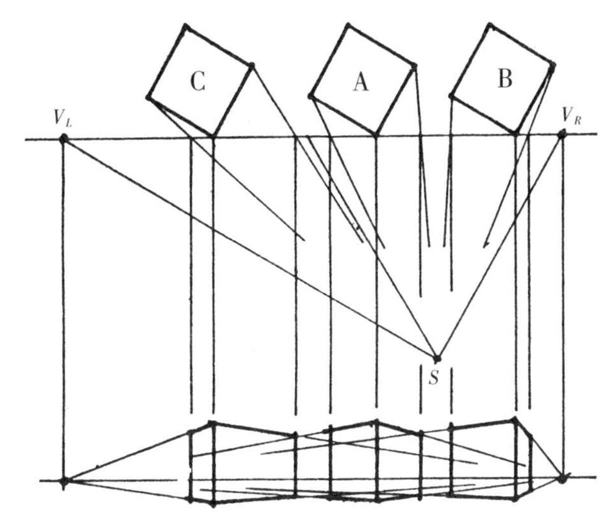


图 A

图 B 中一量点必然在 $V_LV_R$ 的中点。

而 $M_LM_R$=0.27$L$，$\angle V_RSM_R$ 为 60°，符合不变形的正常视角。

即在画面 $PP$ 上，出现在 $V_RM_R$ 范围内的透视效果均属正常。图 A 中的 $C$ 因在正常视角范围外，形象已严重歪曲。视角 60°指对建筑本身而言，画幅则更为宽广，往往可达到摄影镜头 35°以上的广角。

如将图 2$V_L$、$S$、$V_R$ 的平面关系左右翻转，可得另一角度的透视效果。

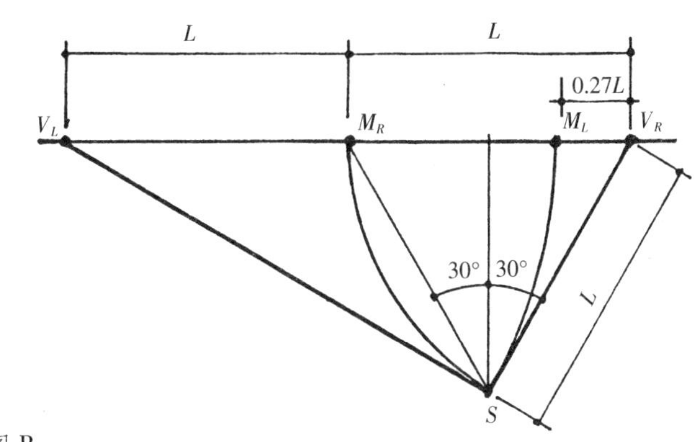


图 B

### □ 实用作图法

(1)在图板上先定出 $V_L$、$V_R$ 的位置。(图 C)

(2)如透视图欲置于图板右侧，则 $V_LV_R$ 的中点即为 $M_R$ 而 $V_RM_L$=0.27$V_RM_R$。

(3)将真高线——即建筑与画面接触处的垂直线——按所需的比例尺和视高置于 $V_RM_R$ 中你认为最理想的位置，作主要的透视轮廓线 $TV_L$ 及 $TV_R$。

(4)于 $T$ 点作水平线，量出两个面的真宽 $TA$ 及 $TB$ 于 $A$,$B$ 两点联相关的量点，与 $TV_L$ 及 $TV_R$ 相交即得两个面的透视宽度。

如 $T$ 点离视平线较低，则 $AM_L$ 与 $TV_L$ 的交点不明确。

可在 $TT'$ 的延线的上方或下方定任意点 $t$，作水平线，并定真宽 $at$ 及 $bt$，其余作法同上，如此可得 $aM_L$ 与 $tV_2$ 的明确交点。

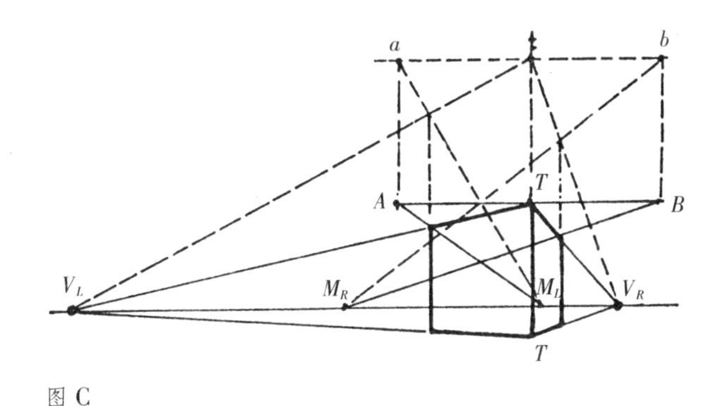


图 C

□　**实用作图简法一**

(1)一般用视高较高的透视网格,即鸟瞰网格,先在画幅上部作视平线 $H.L.$,接前简法图 A 定出 $V_L$,$M_R$,$M_L$,$V_R$ 等点,见图 A。图中,$V_L$ 至 $M_L$ 的垂线范围内,即为不变形的正常视角范围。

(2)根据需要定出真高线的位置及视高 $GO$,于 $G$ 点作水平线并量出每格实长的等分点,于这些等分点与相关的量点作连线,这些线与 $GV_L$ 及 $GV_R$ 相交即得透视分格点。由此又可得出一组基本网格。

(3)网格的扩展。作透视基本网格的对角线 $GV_{45}$,$V_{45}$ 即一组对角线的灭点。在基本网格的边端点 $a'$ 及 $b'$ 作 $a'V_{45}$ 及 $b'V_{45}$,并与两组灭线得若干交点,于这些交点作相应的灭线,这些灭线与 $a'V_{45}$ 及 $b'V_{45}$ 相交又得新的交点。

如此重复可得无穷尽的透视网格。

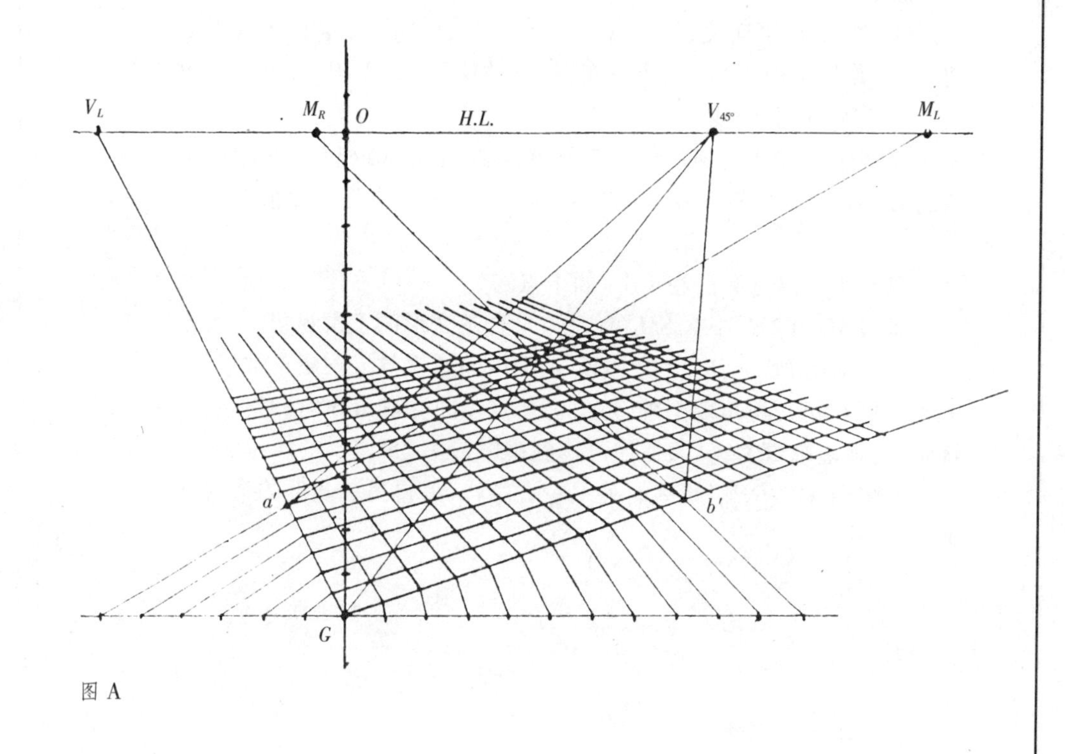


图 A

□　**实用作图简法二**

此法特别适用于作不规则平面的透视图,可以圆筒体为例。(见 135 页图 B)

(1)按平面网格,在透视网格上画出圆的透视平面。

(2)取一张半透明纸罩于图纸上,先描上视平线 $HL$,再在其上定任意点 $O'$,然后作 $GO'$、$G'O'$、$AO'$、$BO'$、$CO'$。$G$ 为透视网格上量高线的基点(接地点),$GO'$ 为作透视图的基线。$G'$ 为欲求透视图的基点(接地点),$G'O'$ 为筒体透视的视高。$A$,$B$,$C$ 为筒体的水平分划线的实际高度,$C'C$ 为筒体真高。

(3)拿开半透明纸,在原图的透视圆弧上任意定若干点,再于这些点作垂直线。

(4)罩上已作 $GO$ 至 $CO$ 等线的半透明纸,在其视平线与底图视平线始终重合的原则上,水平移动半透明纸,当 $GO'$ 与底图透视圆弧上的所定点相遇时,此点的垂直线与 $G'O'$,$AO'$,$BO'$,$CO$ 相交点的各点用针刺一下。同样,使半透明纸上的 $GO'$ 与弧线上的其他各定点相遇,可得若干组针刺点,连接相应的得点,即得圆筒体的透视图。

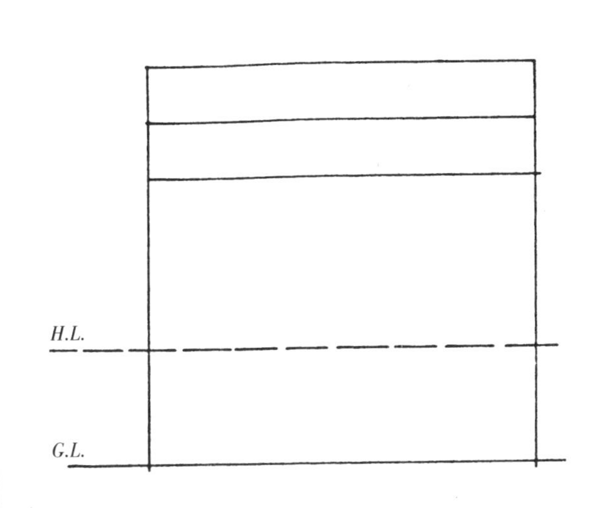


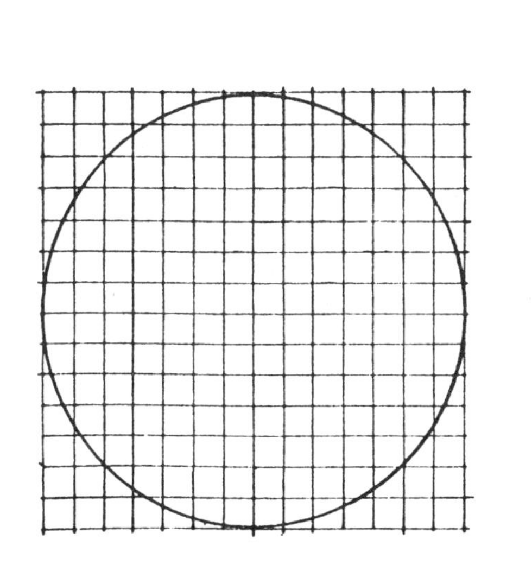

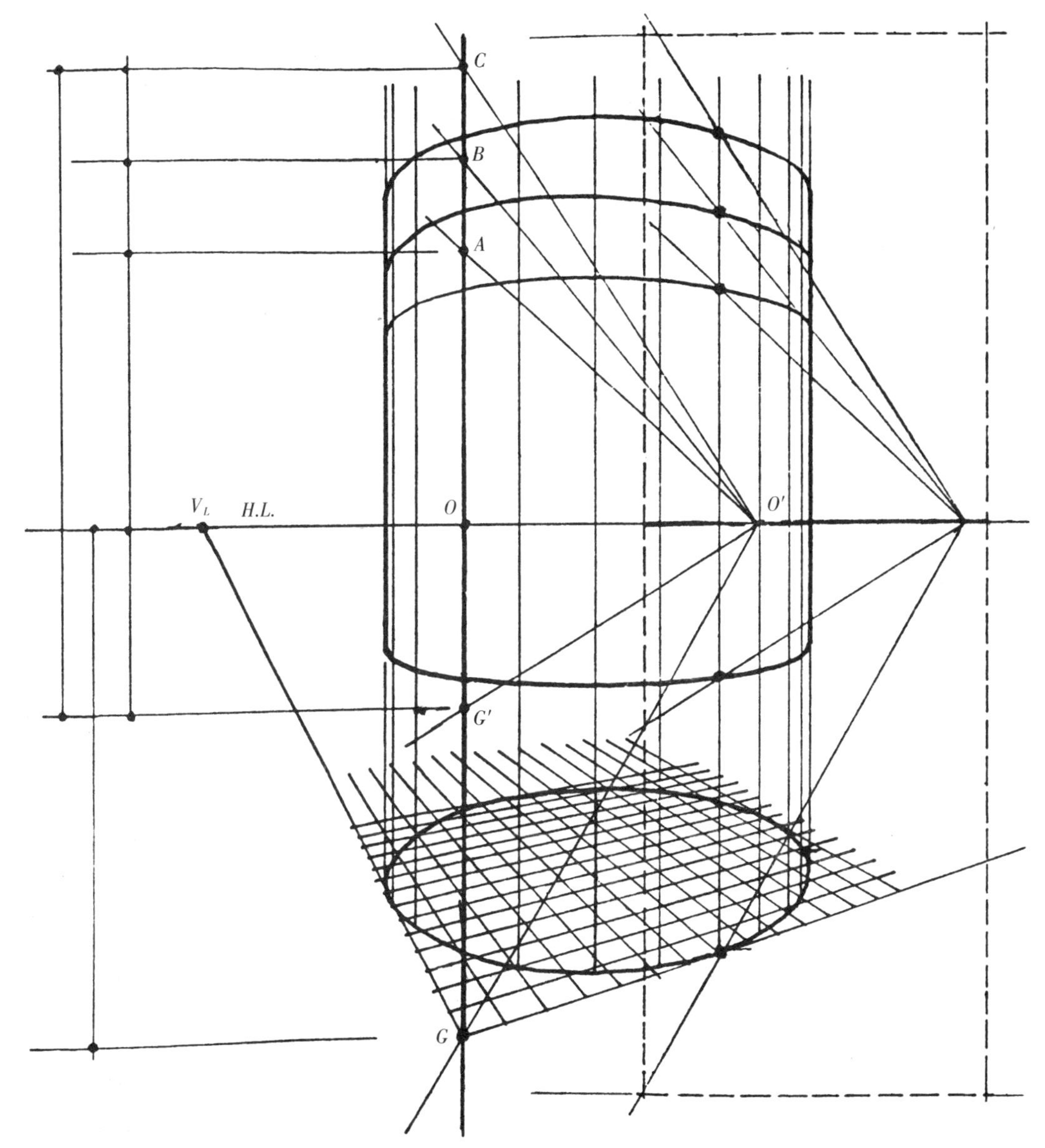


图 B

### □ 实用作图简法三

首先，在小画幅内用小比例尺由平面上的视点，视线观察物体，在画面 *P.P.* 上留下的迹点直接作图，先求得大体块的轮廓，不必画任何细部。待作出现理想的体块透视图后，再用大比例尺整个放大，包括 $V_L$、$M_R$、$M_L$、$V_R$ 的相对位置。面的细分：一竖向分划

各个面可分别处理如图 A 中的 *A*、*B* 面。

**作图:**（图 B）

（1）*A* 面过高，*B* 面过矮，可于任意适中位置，加一至 $V_L$ 的灭线①，将 *B* 面的两竖边向上延伸与①灭线成一新面。

（2）由每个面近视点的竖边与视平线的交点，与①线和别一竖边的交点作联线②。

（3）用任意比例尺的各面的立面总宽，一端靠于近处的竖边，水平地标出另一端的位置③，然后于此点作垂线与斜线②相交，得水平线④。在④线上按所选比例尺标出立面竖分的各分点。

（4）由 $O_1$、$O_2$ 点过④线上的各分点作连线交①线，即得透视面上的竖分点。

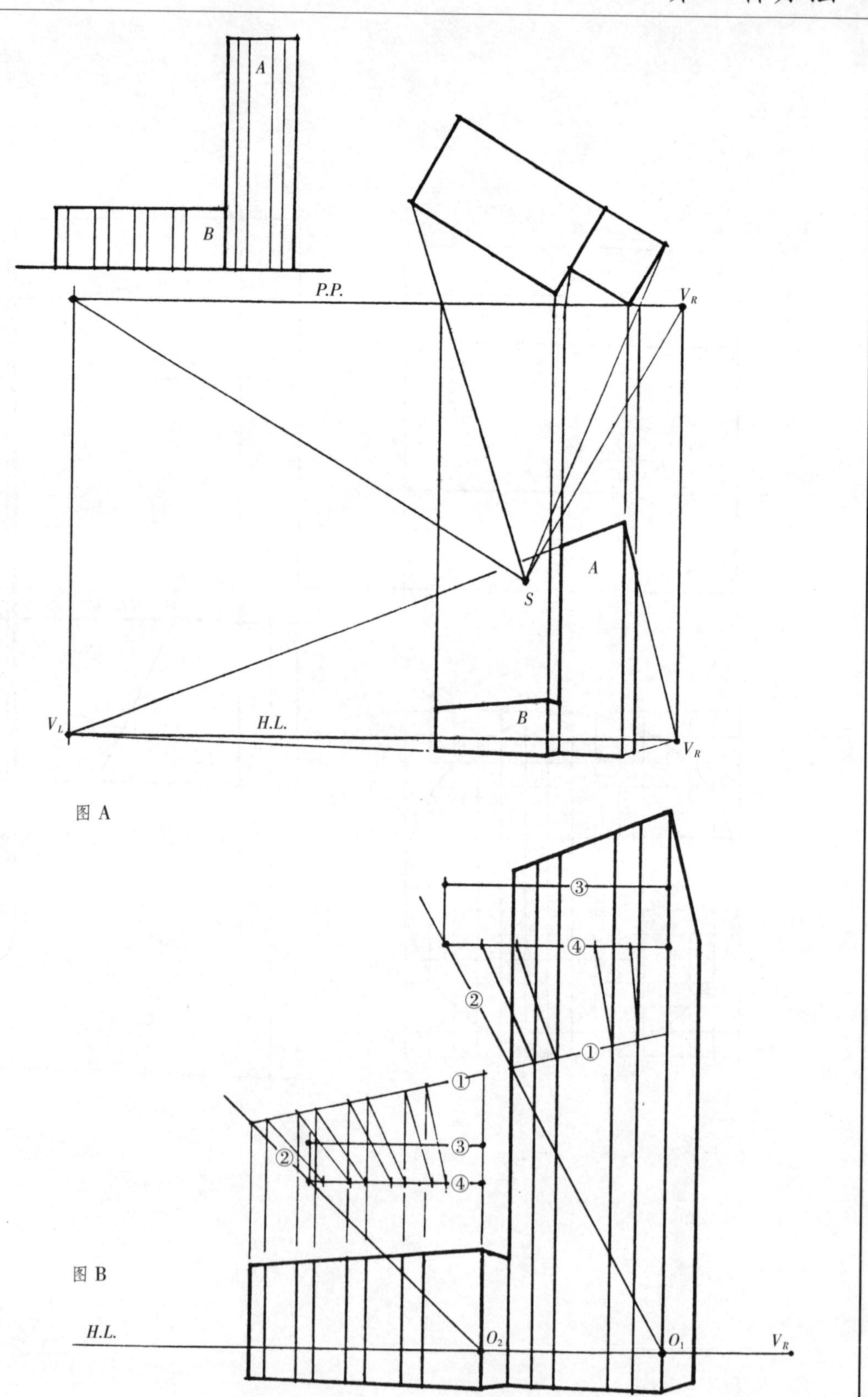


图 A

图 B

### □ 建筑阴影

在阳光照射下，建筑物有明显的阴影轮廓线。本节所述是在阳光照射下的建筑物透视图阴影轮廓线的作法。

假设阳光为平行光线，可看作是平行的直线。

光线的透视和平行直线的透视相同。当阳光自上向下照射时，光线 $L$ 和水平面的交角是光线的高度角；光线在水平面的正投形 $L_h$ 和画面 P.P.的交角是光线的水平角。

### ● 阳光的透视有三种情况

如图 A 所示：光线 $L$ 和 P.P.平行，$L$ 的透视为平行线，$L$ 和 H.L.的交角是光线的高度角：$L_h$ 和 H.L.平行，透视为水平线。

如图 B 所示：光线 $L$ 和 P.P.不平行，照向 P.P.前面。$L$ 的透视消失于一点，是通过视点 $E$ 的光线 $L$ 和 P.P.的交点 $L_l$，$L_h$ 透视的消失点是过 $V_l$ 作垂线和 H.L. 的交点 $V_{lh}$，$V_l$ 在 $V_{lh}$ 之下。在平面图上，$L_h$ 和 P.P.的交角是光线的水平角。以 $V_{lh}'$ 为圆心，以 $V_{lh}'E_h$ 为半径作圆弧和 P.P. 交于 $E_h'$ 自 $E_h'$ 引垂线和 H.L.相交于 $E'$，$V_lE'$ 和 H.L.的交角是光线的高度角。

如图 C 所示：光线 $L$ 和 P.P.不平行，照向 P.P.后面。$L$ 的透视消失点通过视点 $E$ 的光线 $L$ 和 P.P. 的交点 $V_l$，$L_h$ 透视的消失点是过 $V_l$ 作垂线和 H.L.的交点 $V_{lh}V_l$ 在 $V_{lh}$ 之上。在平面图上，$L_h$ 和 P.P.的交角是光线的水平角，以 $V_{lh}'$ 为圆心，以 $V_{lh}'E_h$ 为半径作圆弧和 P.P.交于 $E_h'$，自 $E_h'$ 引垂线和 H.L.相交于 $E'$，$V_lE'$ 和 H.L.的交角是光线的高度角。此时光线为逆光。

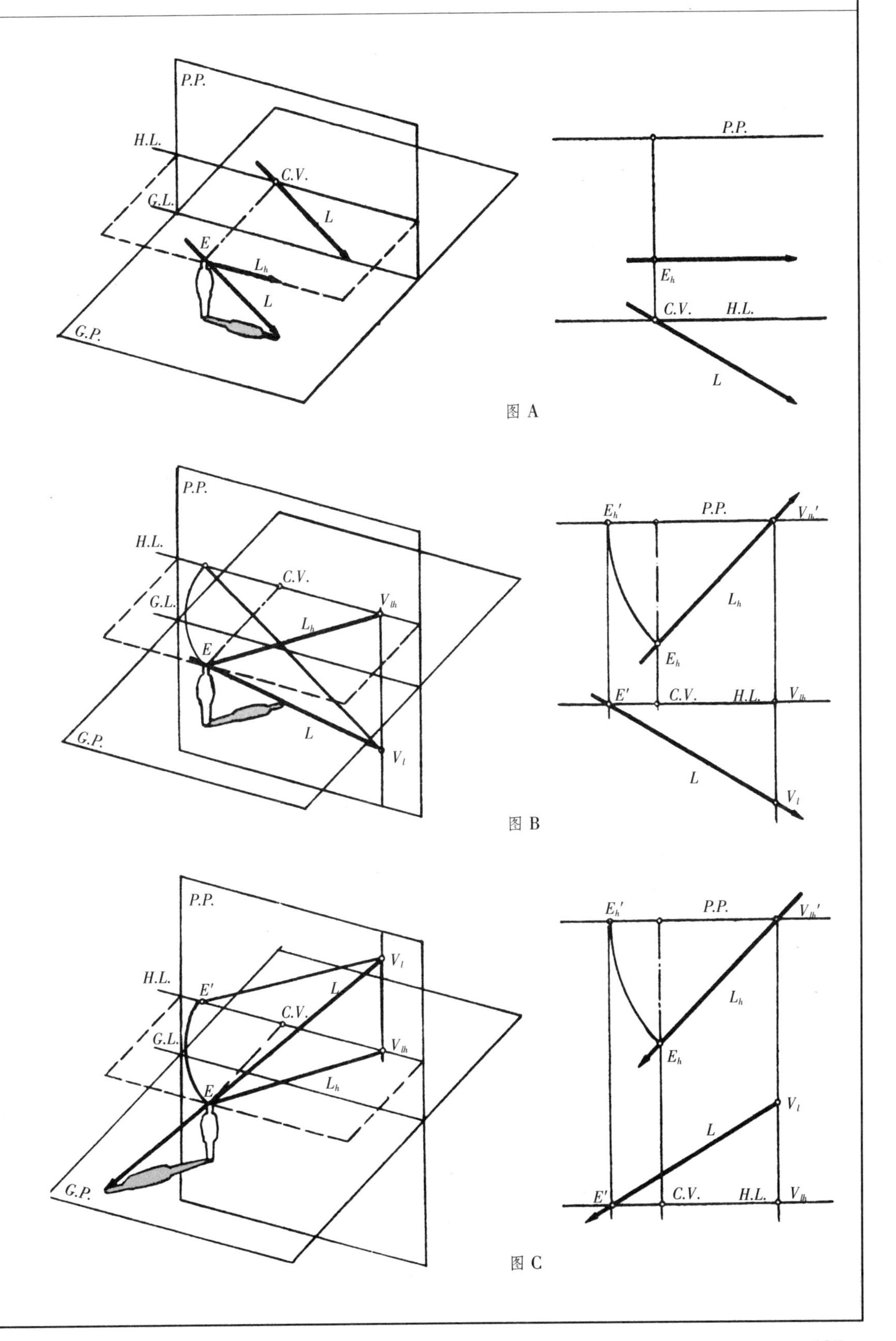

以一个立方体的两点透视为例。

- 光线和画面平行，为侧光。光线 $L$ 的透视为平行线，立方体透视图上两垂面一面受光、一面背光。（图 A）
- 阳光照向画面前面，为正光。光线 $L$ 透视的消失点 $V_l$ 在 H.L.之下，当 $V_{lh}$ 在 $V_x$ 和 $V_y$ 之间，立方体透视图上两垂面都受光为正光。$V_{lh}$ 在 $V_y$ 和 $V_{45°}$ 之间时，右边垂面较亮，$V_{lh}$ 在 $V_x$ 和 $V_{45°}$ 之间时，左边垂面较亮，如图 C 中图所示，当 $V_{lh}$ 在 $V_x$ 和 $V_y$ 之外，立方体透视图上两垂面一面受光、一面背光，为正侧光。$V_{lh}$ 在 $V_x$ 之右，则左边垂面受光，$V_{lh}$ 在 $V_y$ 之左，则右边垂面受光。（图 B）
- 阳光照向画面后面，为逆光。光线 $L$ 透视的消失点 $V_l$ 在 H.L.之上；当 $V_{lh}$ 在 $V_x$ 和 $V_y$ 之间，立方体透视图上两垂面都背光，为正逆光。（图 B）当 $V_{lh}$ 在 $V_x$ 和 $V_y$ 之外，立方体透视图上两垂面一面受光、一面背光，为侧逆光。$V_{lh}$ 在 $V_x$ 之右，右边垂面受光；$V_{lh}$ 在 $V_y$ 之左，左边垂面受光。（图 C 下）

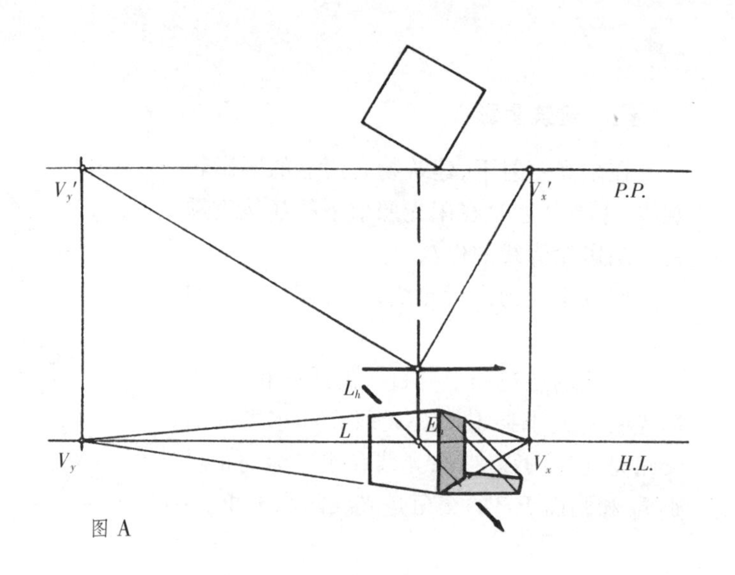

图 A

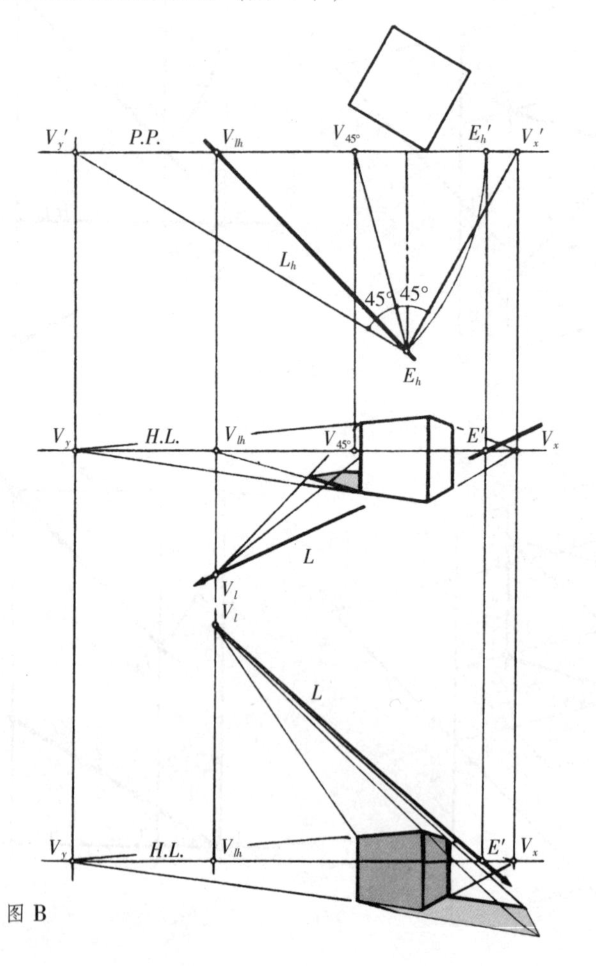

图 B

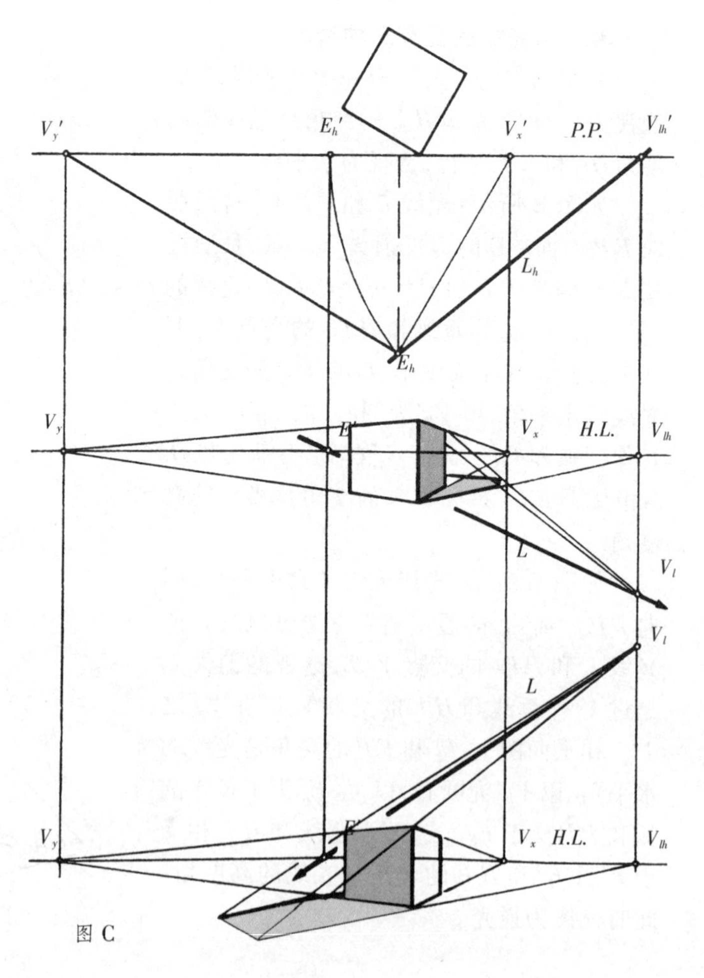

图 C

垂线 $AB$ 和水平面 $G.P.$ 相交于 $B$，$AB$ 在 $G.P.$ 上的落影是通过 $AB$ 线上的光线和 $G.P.$ 相交形成的。即：$AB$ 和 $L$ 形成的垂直面和 $G.P.$ 的交线，它和 $L$ 在水平面上的正投形 $L_h$ 相平行。

在垂线 $AB$ 的透视图上作 $AB$ 在 $G.P.$ 上的落影。

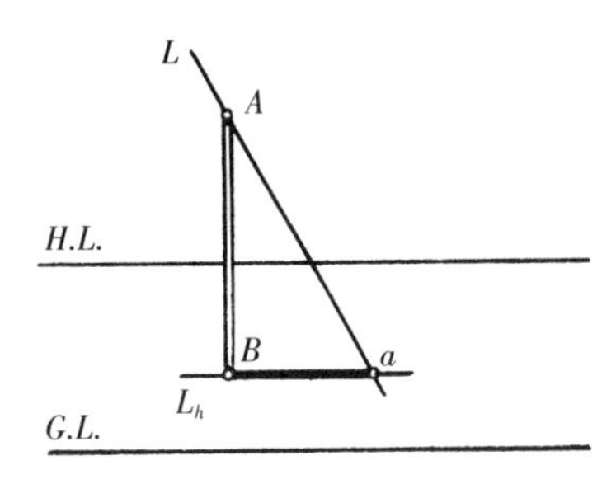


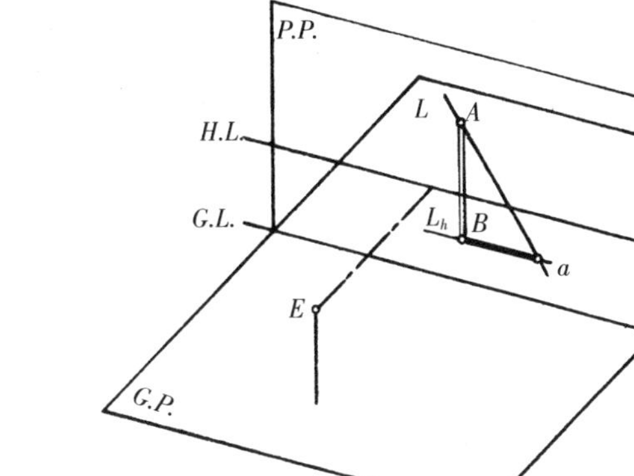


图 A

**$L$ 和 $P.P.$ 平行**

$L$ 的透视是平行线，它和 $H.L.$ 的交角为光线的高度角；$L_h$ 和 $H.L.$ 平行，透视是水平线。过 $A$ 作 $L$ 和过 $B$ 作 $L_h$ 相交于 $a$，$a$ 为 $A$ 点在 $G.P.$ 上的落影；连 $aB$ 为 $AB$ 在 $G.P.$ 上的落影，如右上图 A 所示。

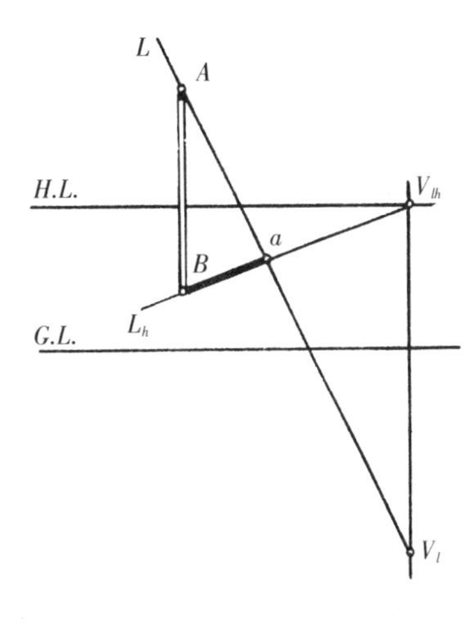


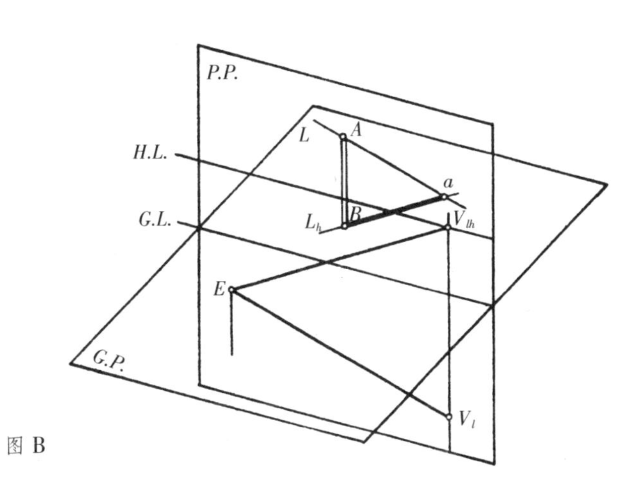


图 B

**$L$ 和 $P.P$ 不平行**

可先按光线的水平角在 $H.L.$ 上定 $L_h$ 透视的消失点 $V_{lh}$；过 $V_{lh}$ 作垂线，在此垂线上按光线的高度角定 $L$ 透视的消失点 $V_l$，正光时 $V_l$ 在 $H.L.$ 之下，逆光时 $V_l$ 在 $H.L.$ 之上。过 $A$ 作 $L$（连 $AV_l$）和过 $B$ 作 $L_h$（连 $BV_{lh}$）相交于 $a$，$a$ 为 $A$ 点在 $G.P.$ 上的落影；连 $aB$ 为 $AB$ 在 $G.P.$ 上的落影，如右图 B、图 C 所示。

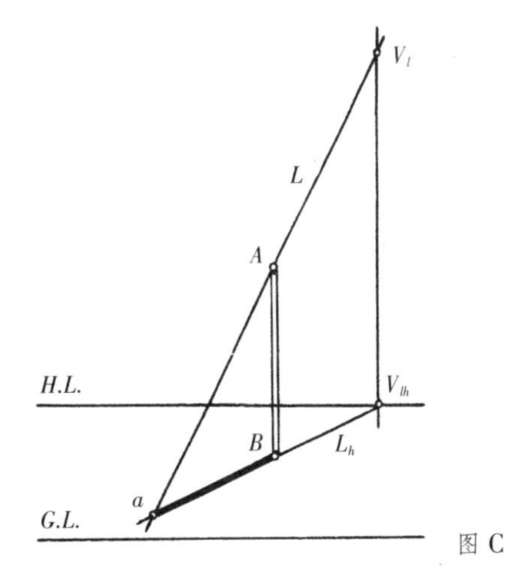


图 C

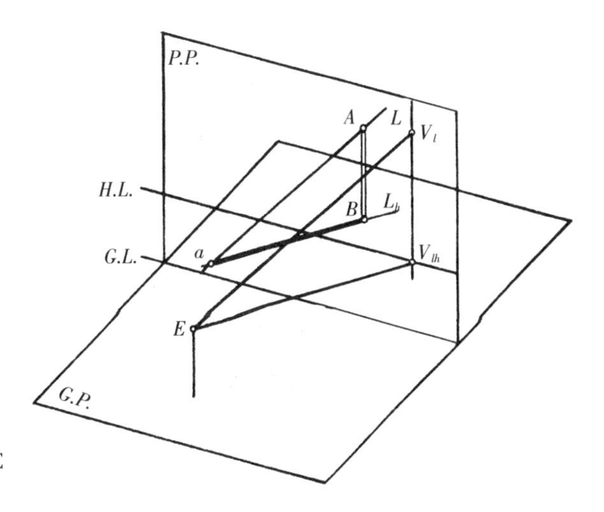


**结论**

垂直线在水平面上的落影是和光线 $L$ 在水平面的投影 $L_h$ 相平行的直线。

直线的落影，是该直线和光线形成的光面和落影面的交线。

□ **作在水平面 G.P.上的一个立方体透视图的阴影**

• $L$ 和 P.P.平行，$L$ 高度角为45°，自左上方照下。（图 A）

（1）根据光线的照射方向，为侧光。立方体 $A'ABB'$、$B'BCC'$两垂面为阴面，明暗交界线为 $A'ABCC'$。

（2）作垂边 $AA'$、$BB'$、$CC'$在 G.P.上的落影，过 $A'$、$B'$、$C'$作 $L_h$(水平线)和过 $A$、$B$、$C$ 作 $L$(和 H.L.成45°的平行线)分别相交于 $a$、$b$、$c$，为 $A$、$B$、$C$ 各点在 G.P.上的落影。

（3）连 $A'abcC'$，为立方体在 G.P.上的落影轮廓线。

• $L$ 和 P.P.不平行，已确定 $V_L$ 和 $V_{lh}$ 的位置，如下图 B 所示。

（1）根据光线的照射方向、为正光。立方体 $B'BCC'$、$C'CDD'$两垂面为阴面，明暗交界线为 $B'BCDD'$。

（2）连 $B'V_{lh}$、$C'V_{lh}$、$D'V_{lh}$ 和 $BV_l$、$CV_l$、$DV_l$ 分别相交于 $b$、$c$、$d$。

（3）连 $B'bcdD'$，为立方体在 G.P.上的落影轮廓线。

因为 $BC$∥G.P. 由 $BC$ 和 $L$ 形成的光面和 G.P. 的交线 $bc$ 和 $BC$相行。$bc$ 和 $BC$ 透视同消失于一点 $V_y$、用这个原理作上述立方体的透视阴影：过 $A'$作 $L_h$ 和过 $A$ 作 $L$ 相交于 $a$，连 $aV_x$ 和过 $B$ 作 $L$ 相交于 $b$，连 $bV_y$ 和过 $C$ 作 $L$ 相交于 $c$，连 $A'abc$ 及过 $c$ 作 $L_h$，得立方体在 G.P.上的落影轮廓线。

**结论**

水平直线在水平面上的落影是和原直线平行的直线；透视消失于同一点。

直线在与之相平行的平面上的落影是和原直线平行的直线。透视消失于同一点。

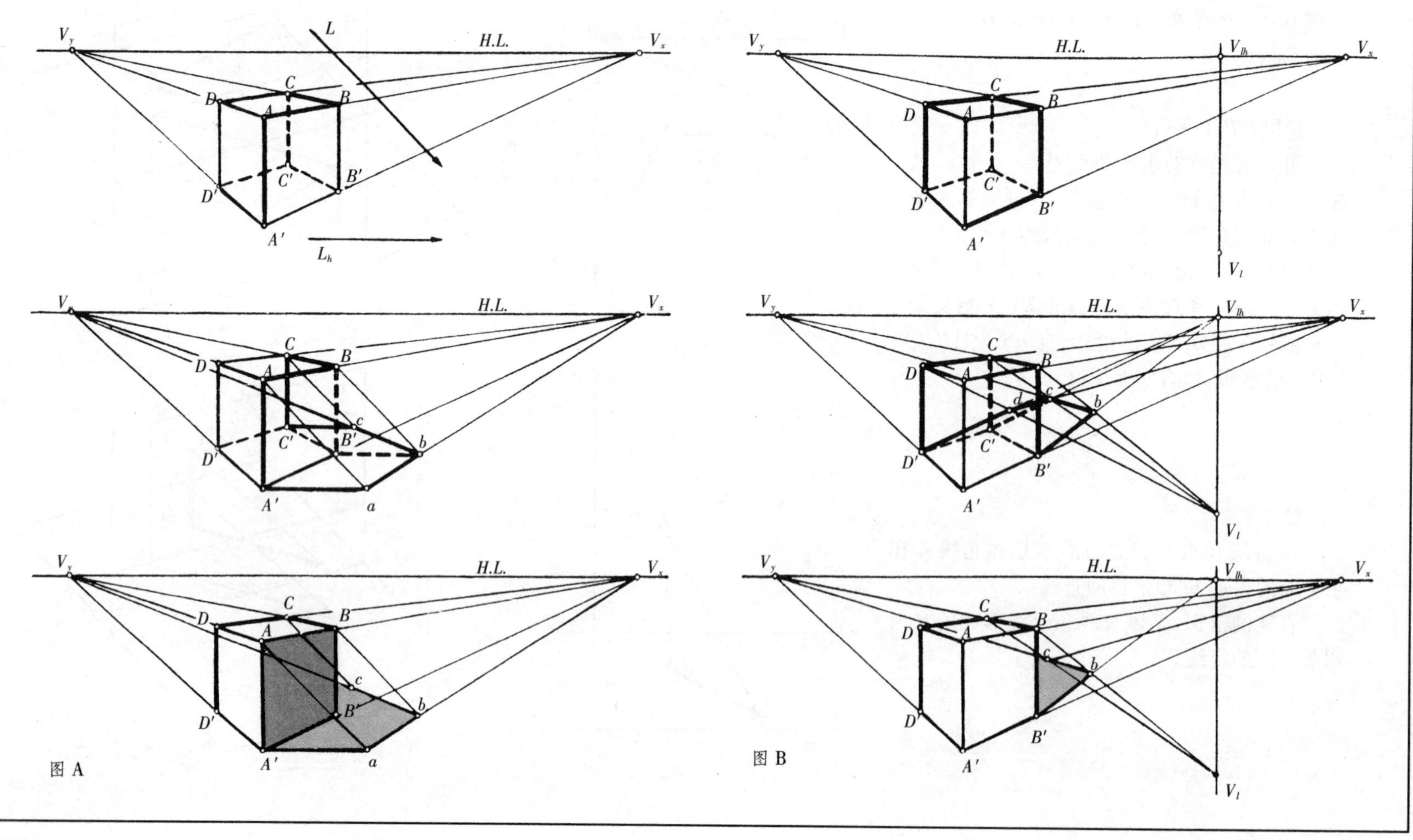


图 A

图 B

垂直线在垂直面上的落影，可看作光线和垂直线形成的光面(是垂直面)和落影垂直面的交线。两垂直面的交线是垂直线。即:垂直线在垂直面上的落影是垂直线。

**作在水平面 *G.P.* 上的垂直线 *AB* 和垂直面 *V.P.* 透视图上的阴影**

过 $A$ 作 $L$ 和过 $B$ 作 $L_h$ 相交于 $a'$，$a'B$ 为 $AB$ 在 *G.P.* 上的落影；$a'B$ 和 $OV$(*V.P.* 和 *G.P.* 的交线)相交于 $c$，说明 $a'c$ 段落影被 *V.P.* 所遮挡而落在 *V.P.* 上，故过 $c$ 作垂线和过 $A$ 作 $L$ 相交于 $a$，$Bca$ 为垂直线在 *G.P.*、*V.P.* 上的落影。(如右图所示)

若过 $c$ 作 $L$ 和 $AB$ 相交于 $C$，垂线 $AC$ 段的落影在垂面 *V.P.* 上，为 $ac$；垂线 $BC$ 段的落影在水平面 *G.P.* 上，为 $Bc$。

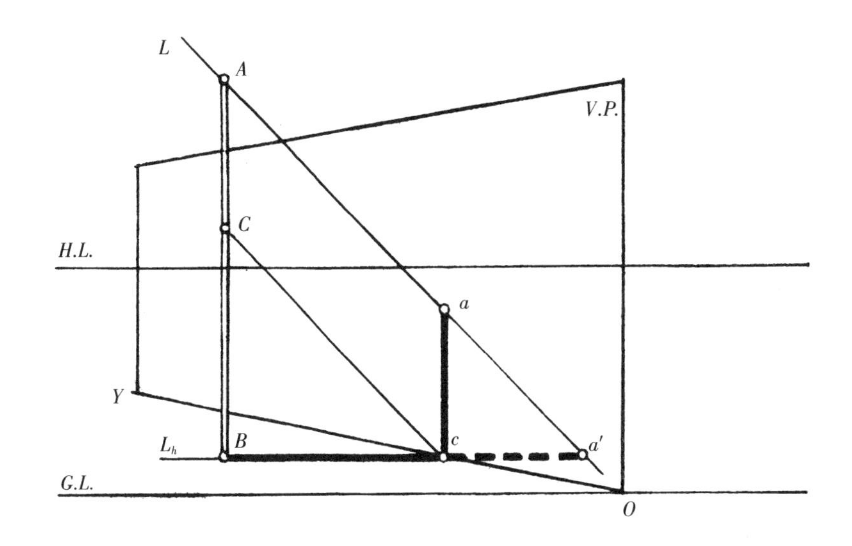


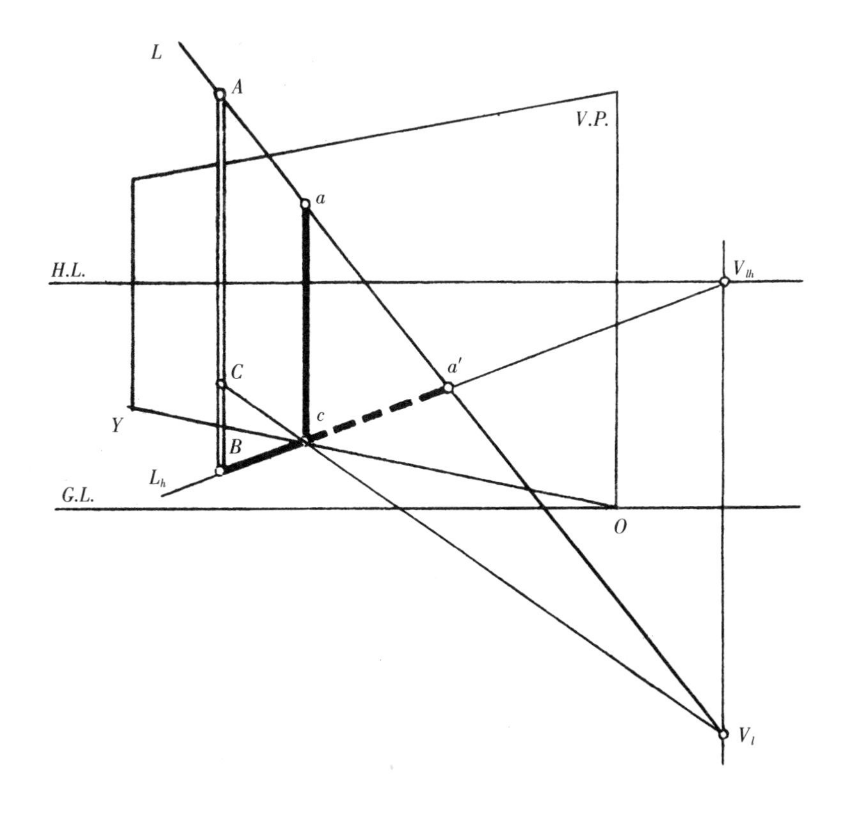

- **例 1** (图 A)

**已知**：建筑型体的透视图，$L /\!/ P.P.$如右上图所示。　　**求作**：建筑型体的阴影。

**作法**：

(1)根据光线的照射方向，为侧光。建筑型体 $ABB'A'$、$CDD'C'$、$DEE'D'$垂直面为阴面，明暗交界为 $A'AB$、$C'CD$、$EE'$。

(2)过 $C'$、$D'$作 $L_h$ 和过 $C$、$D$ 作 $L$ 分别相交于 $c$、$d$，连 $C'cdV_x$，为 $C'CDE$ 在 $G.P$ 上的落影。

(3)过 $A'$作 $L_h$ 和 $B'C'$交于 $a$，自 $a'$作垂线和过 $A$ 作 $L$ 相交于 $a$，$A'a'a$ 为 $A'A$ 落影。

(4)连 $aB$ 为 $AB$ 的落影。

- **例 2** (图 B)

已知：建筑型体透视图，$L /\!/ P.P.$如图 B 所示。

求作：建筑型体的阴影。

作法：

(1)根据光线的照射方向，为侧光，雨篷 $G_1F_1A_1$ 及 $A_1AB$ 面为阴面，$G_1F_1A_1AB$ 为明暗交界线。

(2)墙面在 $G.P.$上的落影作法同例 1。

(3)垂直线 $AA_1$ 可当作例 1 中的一段，同例 1 的作法。延长 $AA_1$ 和 $G.P.$交于 $A'$，过 $A'$作 $L_h$ 和 $C'B'$交于 $a'$，自 $a'$作垂线和过 $A$、$A_1$ 作 $L$ 分别相交于 $a$、$a_1$，$aa_1$ 为 $AA_1$ 的落影。

(4)$A_1F_1$ 平行于垂直面 $BCC'$，$A_1F_1$ 在 $BCC'$上的落影和 $A_1F_1$ 相平行，透视都消失于 $V_x$。连 $a_1V_x$ 和过 $F_1$ 作 $L$ 相交于 $f_1$。

(5)连 $Baa_1f_1G_1$ 为 $BAA_1F_1G_1$ 落影轮廓线。

因 $L_h$ 和 $C'B'$的交角较小，为作图更准确，可在降低的 $G'P'$面上作出相应的平面透视图（它常是在作透视图时现存的），用作垂直线 $AA_0$、$F_1F_0$ 在垂面 $BCC_0$ 上落影的方法，即过 $A_0$、$F_0$ 作 $L_h$ 和 $C_0G_0$ 分别相交于 $a_0$、$f_0$，自 $a_0$、$f_0$ 作垂线和过 $A$、$A_1$、$F_1$ 作 $L$ 分别相交于 $a$、$a_1$、$f_1$ 而求得落影。

根据直线的落影是光线和该直线形成的光面和落影面的交线的原理，$AB$ 在 $BCC'$上的落影是 $AB$ 和 $L$ 形成的光面和的交线。

依两平面交线透视的消失点是两平面透视消失线的交点的原理，$AB$ 和 $L$ 形成的光面透视的消失线是过 $AB$ 透视的消失点 $V_y$，$L$，$BCC'$面透视的消失线是过 $V_x$ 作垂直线，它们相交于 $V_{lx}$。所以 $AB$、$F_1G_1$ 在 $BCC'$上的落影，$aB$、$f_1G_1$ 延长必相交于 $V_{lx}$。

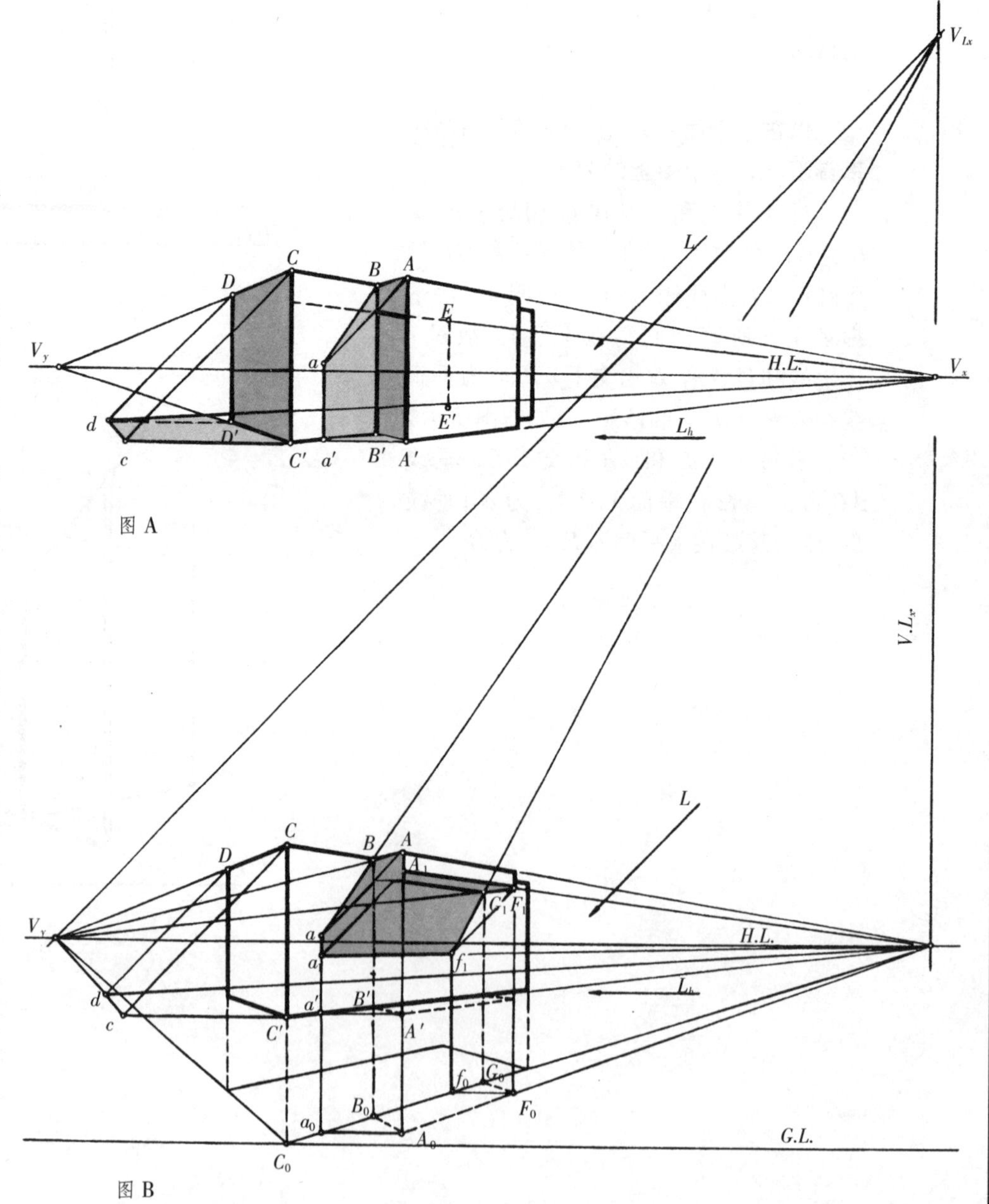


图 A

图 B

**已知：**

建筑型体的透视图，$V_l$ 及 $V_{lh}$。

**求作：**

建筑型体的阴影。

**作法：**

(1)根据光线的照射方向为正光。明暗交界线为 $A_1B_1BCDD_1A_1$ 及过 $G$、$F$ 点的垂线。

(2)连 $A'V_{lh}$ 和 $EF$ 相交于 $a'$，自 $a'$ 作垂线和连 $A_1V_l$ 相交于 $a$，$a$ 为 $A_1$ 在 $EF$ 上的垂直面的落影。

(3)连 $aV_x$ 和过 $F$ 点的垂线相交于 $n$，连 $nV_l$ 延长和 $A_1B_1$ 相交于 $N$、和 $FV_{lh}$ 相交于 $n'$，$an$ 为 $A_1N$ 在 $EF$ 上垂直面的落影，$Fn'$ 为 $Fn$ 在地面上的落影。

(4)连 $B'V_{lh}$ 和连 $BV_l$ 和 $B_1V_l$ 分别相交于 $b$、$b_1$，$n'b_1$ 为 $NB_1$ 在地面上的落影，$b_1b$ 为 $B_1B$ 在地面上的落影。

(5)连 $bV_y$ 为 $BC$ 在地面上的落影。

(6)连 $EV_{lh}$ 延长和 $A'D'$ 相交于 $M'$，自 $M'$ 作垂线和 $A_1D_1$ 相交于 $M$，连 $MV_l$ 和过 $E$ 的垂线相交于 $m$，$m$ 为 $M$ 点的落影；连 $ma$ 为 $MA_1$ 在 $EF$ 上的垂直面的落影，连 $mV_y$ 和过 $G$ 点的垂线相交于 $g$，$mg$ 为 $A_1D_1$ 在 $EG$ 上的垂直面的落影。

(7)连 $k'V_{lh}$ 延长和 $A'D'$ 相交于 $K'$，自 $K'$ 作垂线和 $A_1D_1$ 相交于 $K$，连 $KV_l$ 和过 $K'$ 点的垂线相交于 $k$，$k$ 为 $K$ 点的落影。连 $hk$ 及 $kV_y$ 延线，为 $A_1D_1$ 在凹入的垂直面上的落影。

$EF$ 上的垂直面和 $Hk'$ 上的垂直面相平行，它们的透视消失线是过 $V_x$ 的垂直线 $V.L_x$，$A_1D_1$ 和 $L$ 所形成的平面的透视消失线是过 $A_1D_1$ 的透视消失点 $V_y$ 作 $L$，即 $V_yV_l$，延长 $V_yV_l$ 和 $V.L_x$ 相交于 $V_{ly}$，$hk$、$ma$ 延长应相交于 $V_{ly}$。若先作出 $V_{ly}$，可连 $aV_{ly}$ 延长得 $m$，连 $hV_{ly}$ 得 $k$。

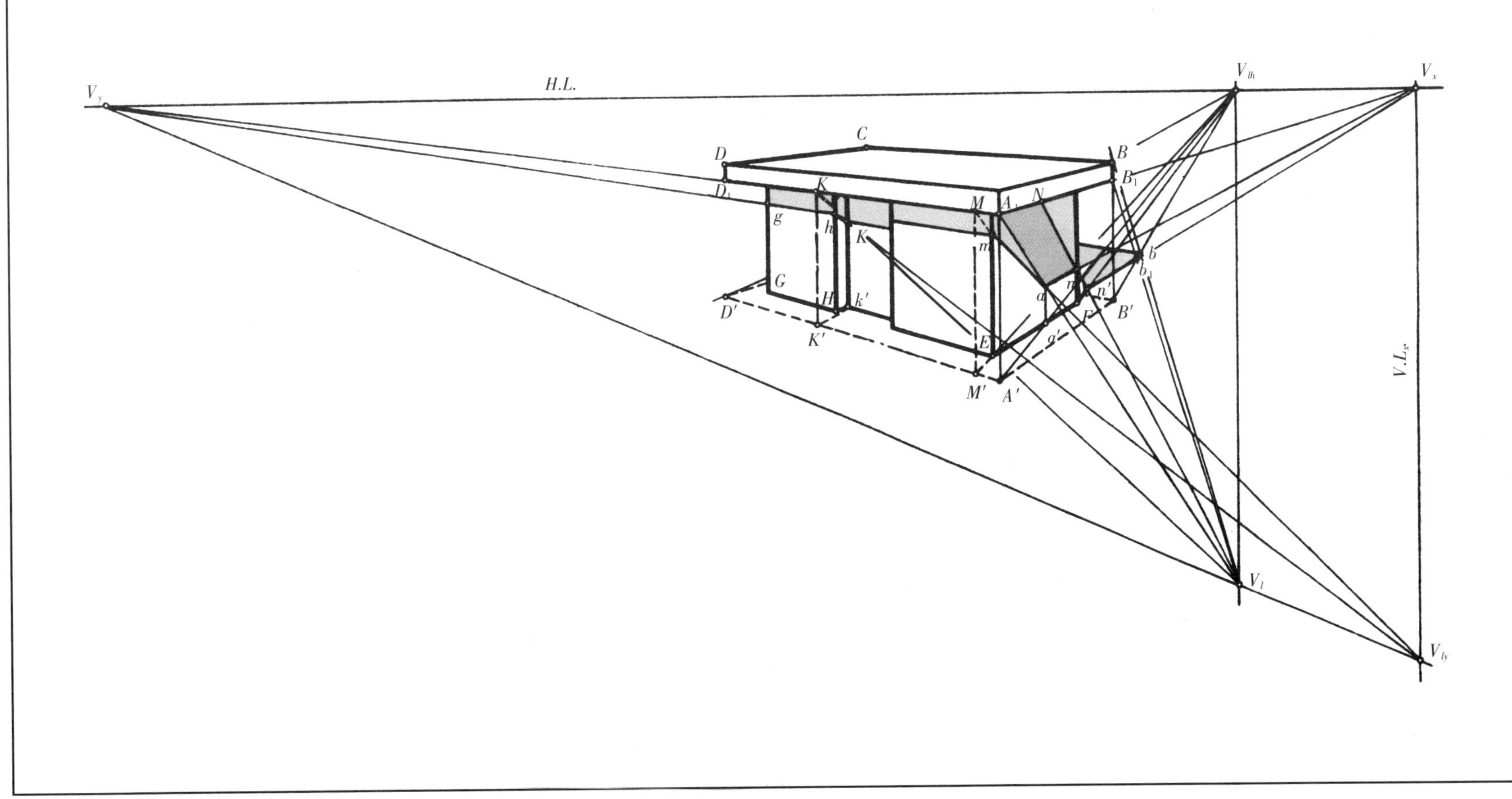

**已知：**

建筑型体的透视图，$L//P.P.$如图所示。

**求作：**

建筑型体的阴影。

**作法：**

(1)根据光线的照射方向为侧光。明暗交界线为 $E_1F_1A_1ABCDE_1$ 及过 $M$ 点的垂线。

(2)过 $A'$、$B'$、$C'$作 $L_h$ 和过 $A_1$、$A$、$B$、$C$ 各作 $L$ 分别相交于 $a_1$、$a$、$b$、$c$，连 $a_1abc$ 为 $A_1ABC$ 的落影。连 $cV_x$ 为 $CD$ 的落影。

(3)过 $M$ 作 $L_h$ 和连 $a_1V_x$ 相交于 $g'$，过 $g'$作 $L$ 和过 $M$ 点的垂线交于 $g'$，和 $A_1F_1$ 交于 $G_1$，连 $a_1g_1$ 为 $A_1F_1$ 的落影，连 $g'M$ 为 $g'M$ 的落影。

(4)连 $g'V_x$ 和过 $F_1$ 作 $L$ 相交于 $f$，$g'f$ 为 $G_1F_1$ 的落影。

(5)过 $K$ 作 $L_h$ 和 $F'V_y$ 相交于 $H'$，自 $H'$作垂线和 $F_1E_1$ 相交于 $H_1$，过 $H_1$ 作 $L$ 和过 $K$ 点的垂线相交于 $h$，连 $fh$ 为 $F_1H_1$，的落影。

过斜线 $AB$、$F_1E_1$ 透视的消失点 $V_{1y}$ 作 $L$，和 $H.L.$、$V.L_x$ 分别相交于 $V_{1l}$、$V_{1l'}$，$V_{1l}{}^1$ 为 $AB$ 在水平面上的落影 $ab$ 透视的消失点；$V_{1l'}$为 $F_1E_1$ 在 $MK$ 上垂面的落影 $fh$ 透视的消失点；过斜线 $BC$ 透视的消失点 $V_{2y}$ 作 $L$，和 $H.L.$相交于 $V_{2l}$，$V_{2l}$ 为 $BC$ 在水平面上落影 $bc$ 透视的消失点。

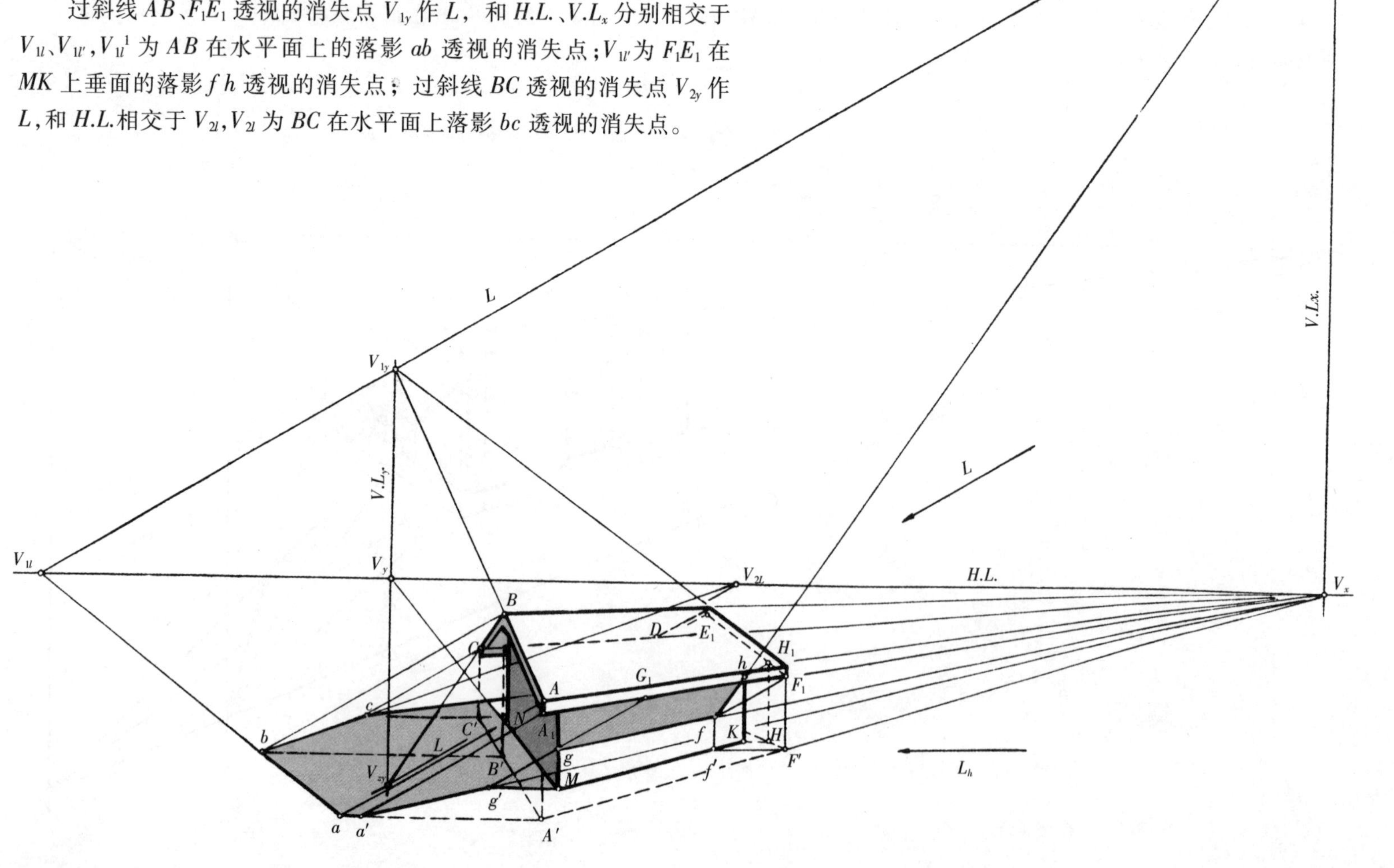

**已知：**

建筑型体的透视图、$V_l$ 及 $V_{lh}$。

**求作：**

建筑型体的阴影。

**分析：**

(1)根据光线的照射方向，为正光。明暗交界线为 $CBAA'$、$FEDD'$、$JHGG'$ 及建筑型体左右两垂边。

(2)斜线 $AB$、$DE$、$GH$ 透视的消失点为 $V_{1x}$，斜线 $BC$、$EF$、$HJ$ 透视的消失点为 $V_{2x}$，他们和透视消失在 $V_{1x}V_{2x}$ 消失线的垂直面相平行，这些斜线在此垂直面上的落影和原直线平行，透视亦分别消失于 $V_{1x}$、$V_{2x}$。

(3)斜线 $BC$、$EF$、$HJ$ 在透视消失于 $V.L_y$ 消失线的垂直面上落影的消失点是连 $V_{2x}V_l$ 延长和 $V.L_y$ 的交点 $V_{2l}$。

用落影线透视的消失点，可直接在透视图上作出落影轮廓线。

**作法：**

(1)连 $CV_{2l}$ 和过 $k_0$ 点的垂线交于 $k$，连 $kV_{2x}$ 延长和 $BV_l$ 相交于 $b$；连 $bV_{1x}$ 延长和 $AV_l$ 相交于 $a$，自 $a$ 作垂线和连 $A'V_{lh}$ 相交于 $a'$（$a'$应在垂面和地面的交线上）。

(2)连 $Ckbaa'A'$，为 $CBAA'$ 的落影。

其余二开间作法相同。

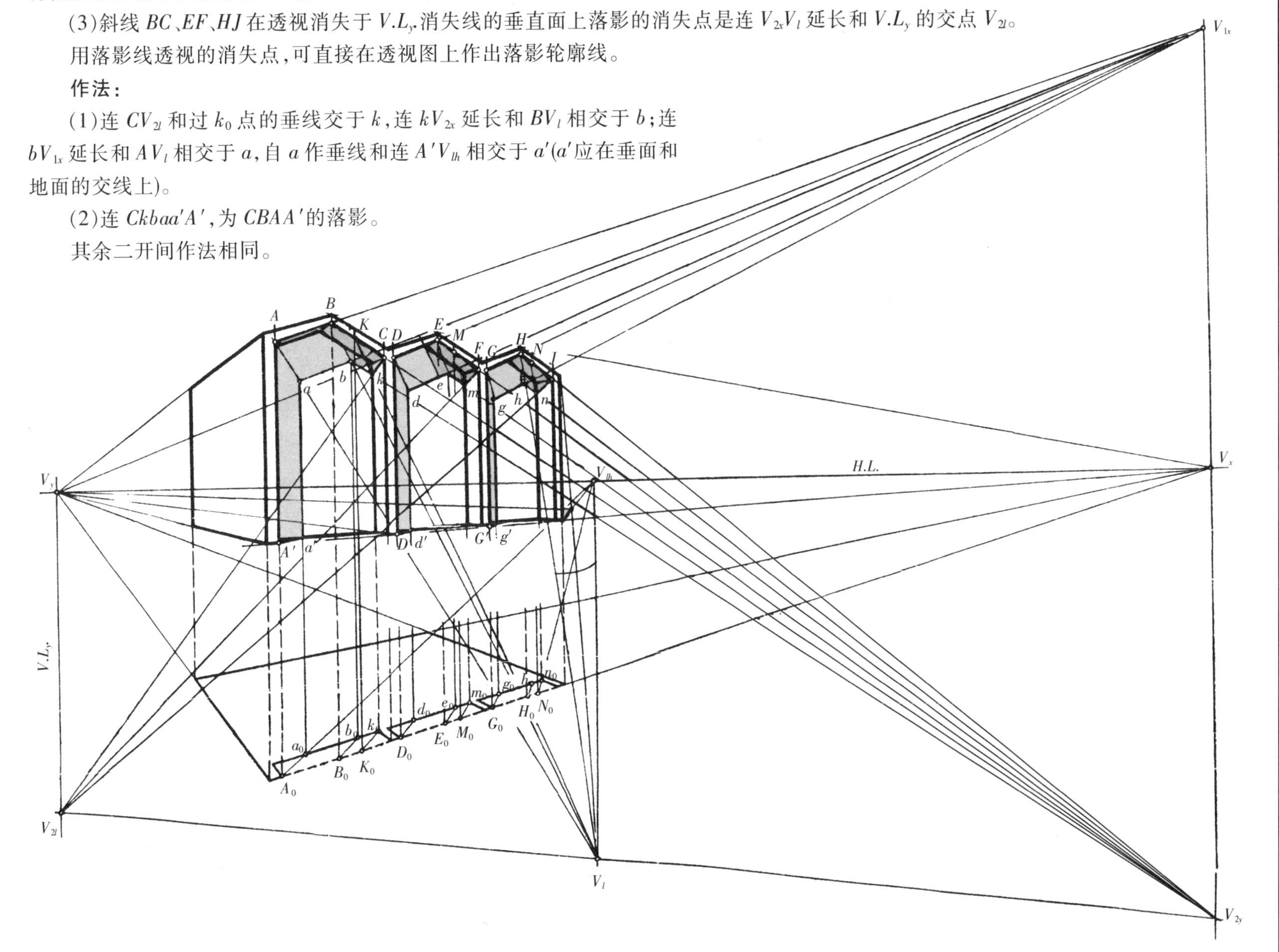

**已知：**

建筑型体的透视图、$V_l$ 及 $V_{lh}$

**求作：**

建筑型体的阴影

**作法：**

(1)根据光线照射方向，为正侧光，明暗交界线为 $V_1V_y$、$CV_y$ 屋檐、$A_1ABC$、$D'DEG$ 及过 $J$ 点的垂线。

(2)连 $V_lV_{1x}$、$V_lV_{2x}$ 和 $H.L.$分别相交于 $V_{1l}$、$V_{2l}$，各为斜线 $AB$、$BC$ 在水平面上落影透视的消失点。

(3)连 $D^{\prime}V_{lh}$ 和 $D'V_l$ 相交于 $d$；连 $dV_x$ 和 $EV_l$ 相交于 $e$；连 $D'deV_y$，为 $D'DFG$ 在地面的落影。

(4)连 $JV_{lh}$ 和 $D'F'$ 相交于 $h_1'$、并延长和 $A'V_y$ 相交于 $H'$ 自 $H'$ 作垂线和 $A_1V_y$ 相交于 $H_1$，连 $H_1V_t$ 和过 $J$ 点的垂线相交于 $h$，并延长和自 $h_1$ 作垂线相交于 $h_1$，连 $h_1V_y$ 延长和 $A_1V_l$ 相交于 $a_1$，自 $a_1$ 作垂线和 $AV_l$ 相交于 $a$。连 $Jh_1'h_1a_1a$，为 $Jh$ 及 $H_1A_1A$ 的落影，连 $HV_y$，为 $H_1V_y$ 屋檐的落影。

(5)连 $A'V_{lh}$ 和 $AV_l$ 相交于 $a'$，连 $a'V1l$ 和 $BV_l$ 相交于 $b$，连 $bV_{2l}$ 和 $CV_l$ 相交于 $c$，连 $a'bc$ 和 $cV_y$，为 $ABC$ 在 $CV_y$ 在地 面上的落影。

(6)作到这一步，可见直线 $AB$ 两端点的落影 $a$、$b$ 不在同一面上，这说明直线 $AB$ 的落影不在同一面上。$a'b$ 和 $de$ 相交于 $m'$，$a'm'$ 段落影不在地面上。连 $m'V_l$ 延长和 $DE$ 相交于 $m$，$m$ 为直线 $AB$ 在直线 $DE$ 上的落影点；$DEGF$ 为水平面，$AB$ 在 $DEGF$ 面上落影的透视消失点是 $V_{1l}$，连 $mV_{1l}$ 延长和 $DF$ 相交于 $n$，连 $anm$ 及 $m'b$，为 $AB$ 的落影。

(7)明暗交界线 $mEC$ 在影子里，无落影。地面上的落影轮廓线应为 $D'dm'bcV_y$ 的连线。

或伸展 $DD'F'F$ 垂面和 $AB$ 相交，其交点为自 $A'V_x$ 和 $D'F'$ 的交点 $K'$ 作垂线和 $AB$ 的交点 $K$，连 $aK$ 和 $DF$ 相交于 $n$，(此处作法用虚线表示)，连 $nm$ 即得。

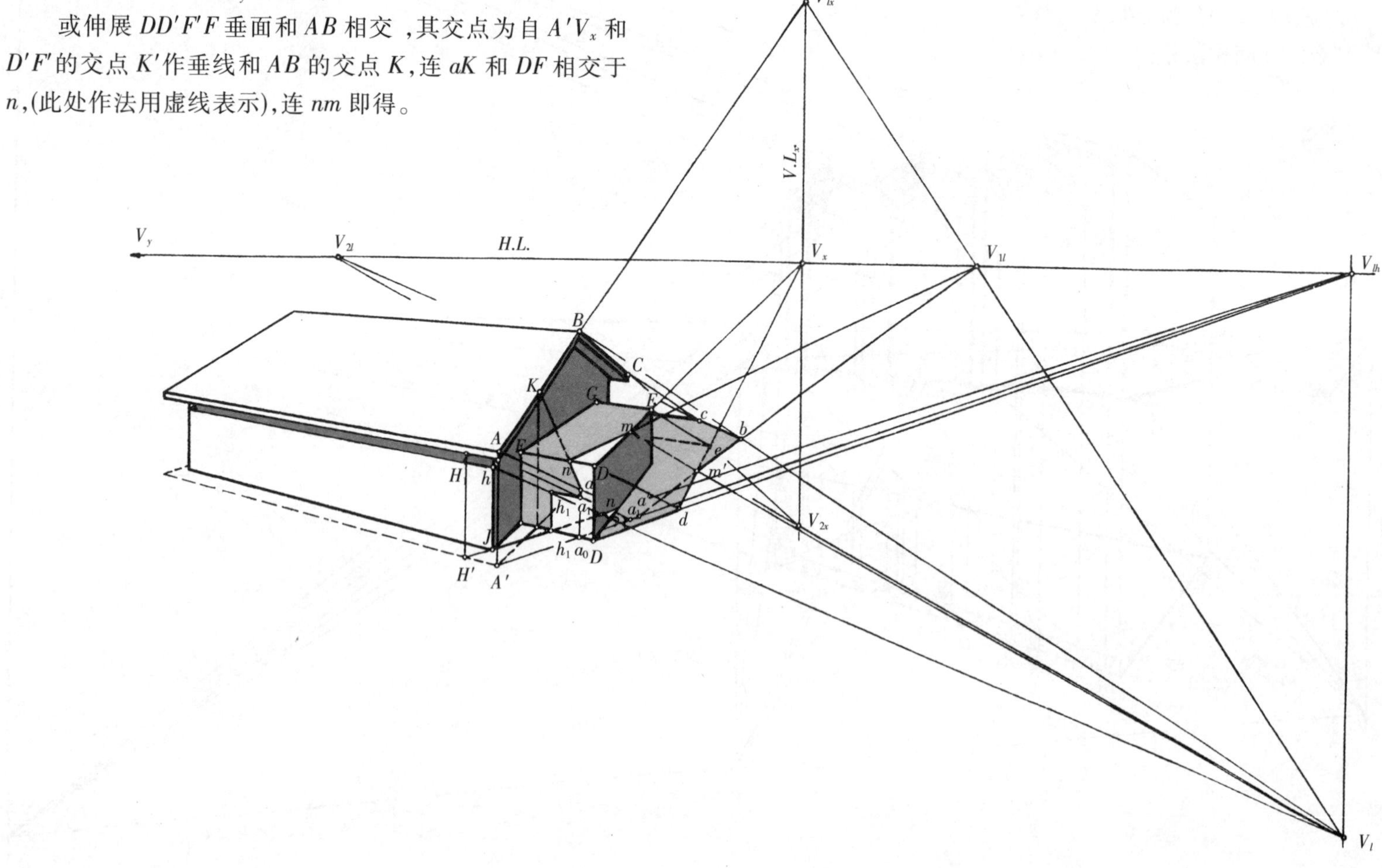

### □ 作垂线在斜面上的落影

直线的落影是该直线和光线形成的光面和落影面的交线。垂线在斜面上的落影，是该垂线和光线形成的垂直光面和落影斜面的交线。

● $L$ 和 $P.P.$ 平行

$L$ 和 $AB$ 形成的垂直光面和 $P.P.$ 平行，它和斜面 $S$ 的交线透视和 $S$ 面透视的消失线 $V.L.$ 相平行。

过 $B$ 作 $V.L.$ 的平行线和过 $A$ 作 $L$ 相交于 $a$，连 $aB$，为 $AB$ 在 $S$ 面上的落影，如右图 A 所示。

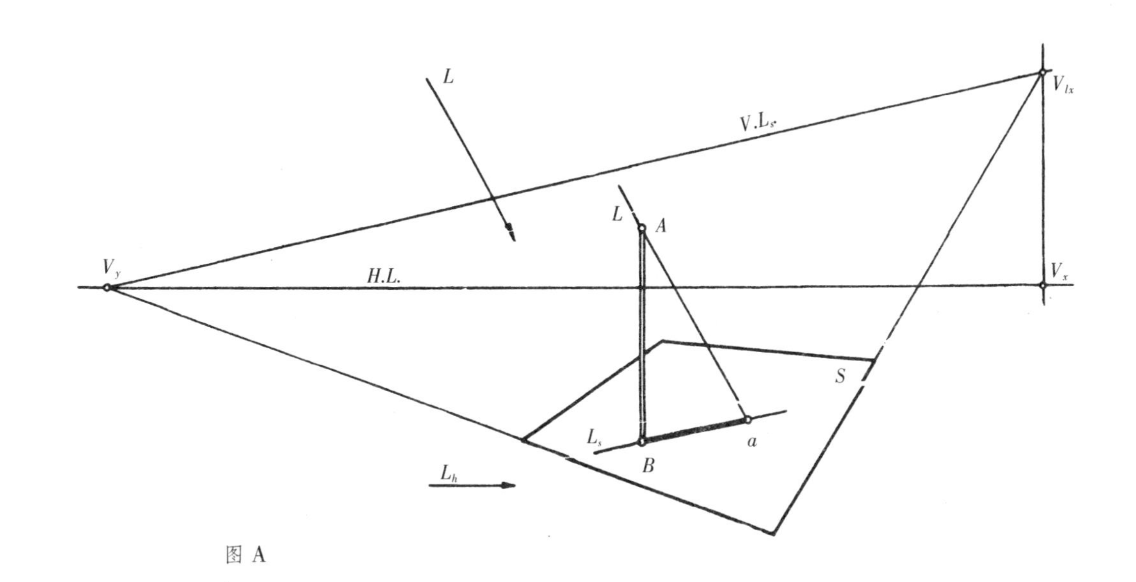

图 A

● $L$ 和 $P.P.$ 不平行

两平面交线的透视消失点是两平面透视消失线的交点。

$AB$ 和 $L$ 形成的垂直光面的透视消失线是 $V_l$、$V_{lh}$ 连线，它和 $S$ 面的透视消失线 $V.L.$ 的交点 $V_{ls}$ 是 $AB$ 和 $L$ 形成的垂直光面和 $S$ 面交线的透视消失点。

连 $BV_{ls}$ 和 $AV_l$ 相交于 $a$，连 $aB$，为 $AB$ 在 $S$ 面上的落影。如右图 B 所示。

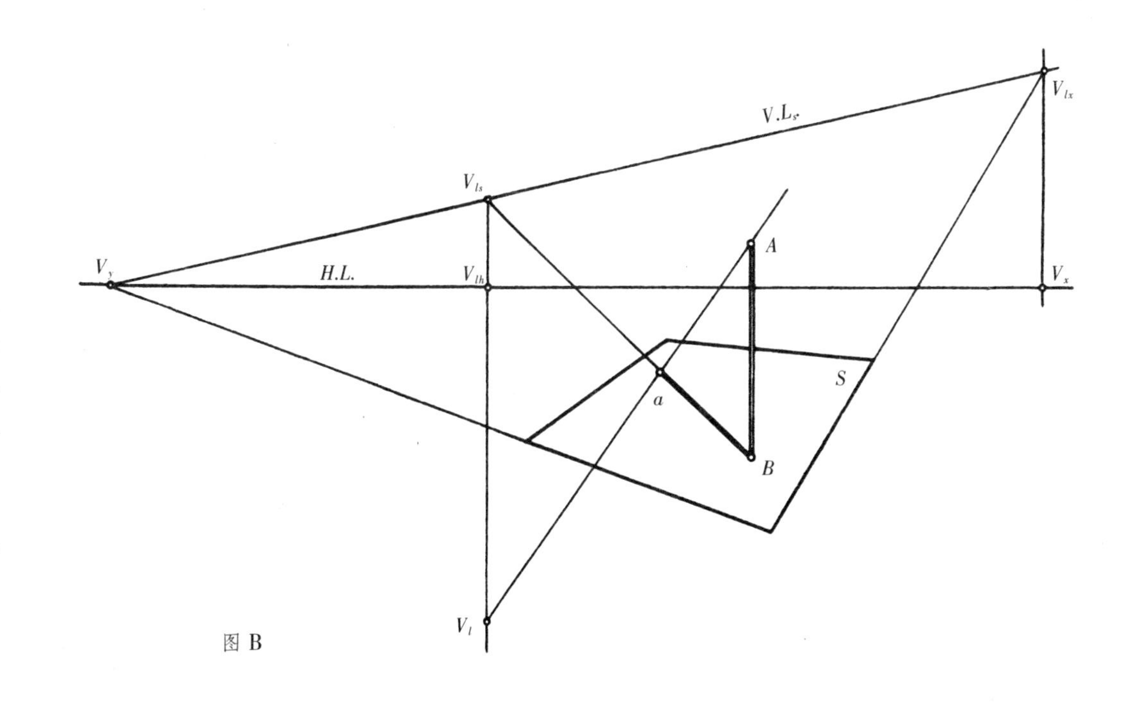

图 B

□ **作水平线在斜面上的落影 1**

透视图上垂线 $AB$ 和过 $CF$ 的水平面相交于 $B$，在相应的平面透视图上，垂线 $AB$ 为一点 $A'$，它的落影是过 $A'$ 作 $L_h$ 直线($A'V_{lh}$ 直线)，$A'V_{lh}$ 和 $C'F'$ 相交于 $g'$、和 $D'E'$ 相交于 $h'$。

自 $g'$、$h'$ 作垂线和 $CF$、$DE$ 分别相交于 $g$、$h$，$gh$ 连线为垂线 $AB$ 延长线在 $CDEF$ 面上的落影。

连 $gh$ 和 $AV_l$ 相交于 $a$；连 $agB$，为 $AB$ 的落影。$Bg$ 延长应交于 $V_{lh}$。

$ga$ 必消失于 $V_{ls}$，$V_{ls}$ 为 $V.L_s$ 和 $V_lV_{lh}$ 延长线的交点。

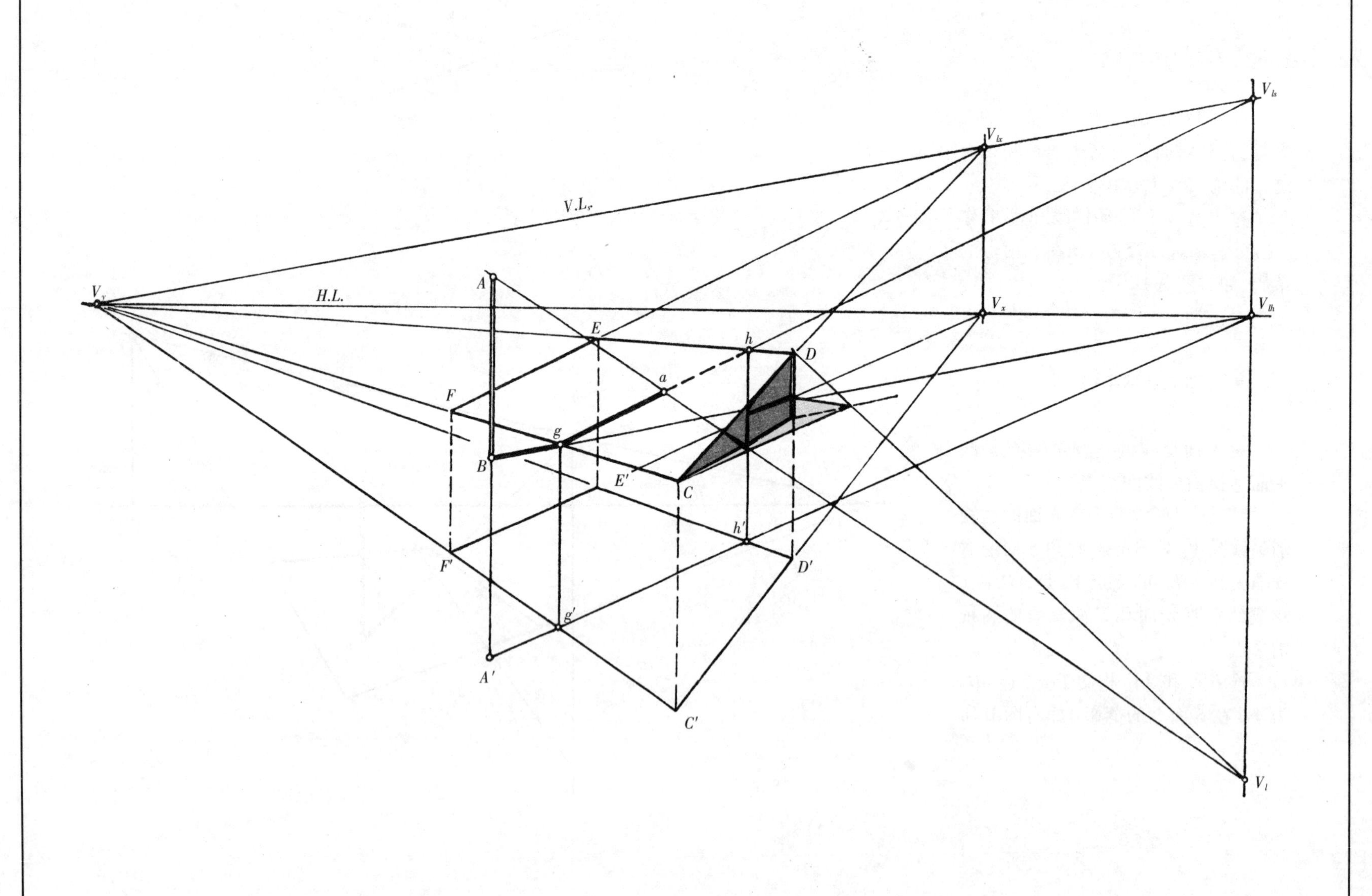

### □ 作水平线在斜面上的落影 2

在图 A 透视图上 $L$ 和 $P.P.$平行，明暗交界线是 $A'ADC$。落影斜面透视的消失线 $V.L_{s}$。

(1)过 $A'$ 作 $V.L_{s}$的平行线和过 $A$ 作 $L$ 相交于 $a$，连 $aA'$为垂直线 $AA'$在斜面上的落影。

或延长 $AA'$和过 $GF$ 的水平面相交于 $A_0$（延长 $BA'$和 $GF$ 交于 $a_0$，连 $a_0V_x$ 和 $AA'$延长线相交得 $A_0$）；过 $A_0$ 作 $L_h$ 和 $GF$ 交于 $a'$，连 $A'a'$和过 $A$ 作 $L$ 相交得 $a$。

(2)水平线 $AD$ 和落影斜面平行，$AD$ 在此斜面上的落影和 $AD$ 平行，透视向 $V_y$ 消失。连 $aV_y$ 和过 $D$ 作 $L$ 相交于 $d$，$ad$ 为 $AD$ 在斜面上的落影。

(3)连 $dC$ 为 $DC$ 在斜面上的落影。

过水平线 $DC$ 透视的消失点 $V_x$ 作 $L$ 和 $V.L_{s}$ 相交于 $V_l$，$V_{lx}$ 为 $DC$ 在斜面上的落影 $dC$ 透视的消失点。(图 A)

在右下图 B 透视图上 $L$ 和 $P.P.$ 不平行，根据 $V_l$、$V_{lh}$ 确定明暗交界线是 $A'AB$。

水平线 $AB$ 透视的消失点为 $V_x$，连 $V_lV_x$ 延长和 $V.L_{s}$ 相交于 $V_l$，$V_{lx}$ 为 $AB$ 在斜面上落影透视的消失点。

连 $BV_{ls}$ 延长和连 $AV_l$ 相交于 $a$，连 $A'aB$，为 $A'AB$ 在斜面上的落影。

或作垂直线 $A'A$ 向上的延长线，它在水平面 $ABC$ 上的落影为 $AV_{lh}$ 连线，$AV_{lh}$ 和 $CB$ 延长线(是水平面 $ABC$ 和落影斜面的交线)相交于 $a_1$，连 $A'a_1$ 和 $AV_l$ 相交得 $a$，连 $AaB$ 为 $A'AB$ 的落影。

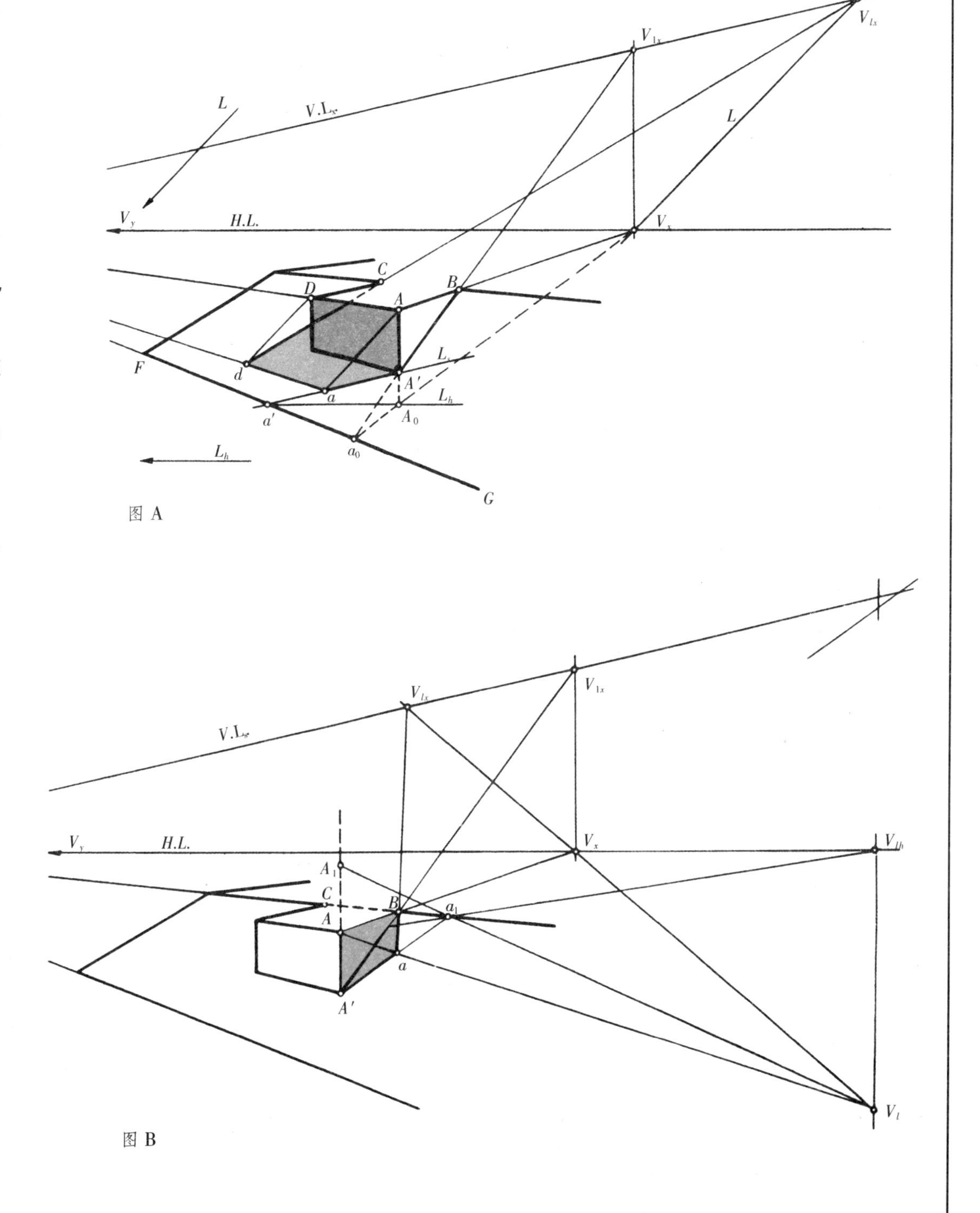

**已知：**

建筑型体的透视图，$V_l$ 及 $V_{lh}$。

**求作：**建筑型体的阴影。

**作法：**

(1)根据光线的照射方向为正侧光，确定明暗交界线。明暗交界线 $A_0ABC$ 在斜面上的落影作法如下。(其余落影作法略)

(2)在相应的仰视平面透视图上，作 $A'V_{lh}$ 和 $D'G'$、$D'F'$、$D'E'$ 分别相交于 $a_1'$、$a_2'$、$a_3'$；自 $a_1'$、$a_2'$、$a_3'$ 作垂线和 $DG$、$DF$、$DE$ 分别相交于 $a_1$、$a_2$、$a_3$，连 $a_1a_2a_3$ 作 $AV_l$ 和 $a_2a_3$ 相交于 $a$，连 $a_1a_2a$，为 $A_0A$ 在斜面上的落影。

(3)同法，在相应的仰视平面透视图上，作 $B'V_{lh}$、$C'V_{lh}$ 和 $D'F'$、$D'E'$ 分别相交于 $b_2'$、$b_3'$、$c_2'$、$c_3'$；自 $b_2'$、$b_3'$、$c_2'$ 作垂线和 $DF$、$DE$ 分别相交于 $b_2$、$b_3$、$c_2$，连 $b_2b_3$ 和 $BV_l$ 相交于 $b$，为 $B$ 点在斜面上的落影，连 $ab$，为 $AB$ 在斜面上的落影。连 $C_1C_2$ 和 $CV_l$ 相交于 $C$，为 $C$ 点在斜面上的落影，$cC_1$ 为垂线 $CC_1$ 在斜面上的落影。

(4)水平线 $AB$ 和落影面 $DEF$ 平行，$AB$ 在 $DEF$ 面上的落影 $ab$ 和 $AB$ 的透视都向 $V_y$ 消失，连 $aV_y$ 和 $BV_l$ 相交亦可作出 $B$ 点在斜面的落影 $b$。

(5)$b$、$c$ 两点不在同一面上，说明 $BC$ 落影不在同一面上。水平线 $BC$ 和落影面 $DFHG$ 平行，$BC$ 在 $DFHG$ 面上落影和 $BC$ 平行，透视都向 $V_x$ 消失。连 $cV_x$ 延长和 $DF$ 相交于 $d_2$，连 $bd_2c$、为 $BC$ 在两斜面上的落影。

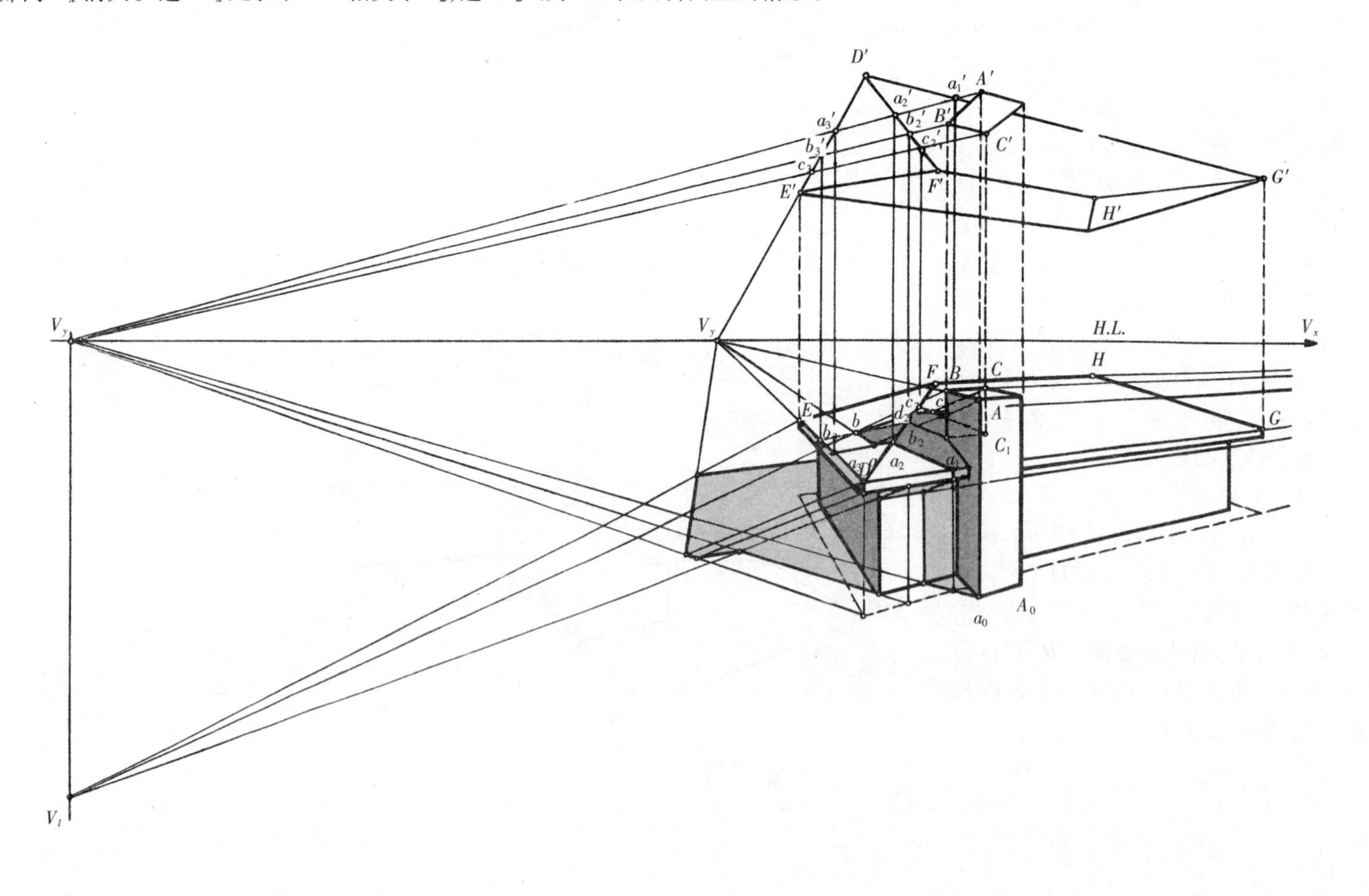

**已知**:建筑型体透视图和相应的平面透视图,$L//P.P.$,如图所示。 **求作**:建筑型体的阴影。

**作法**:

(1)根据光线的照射方向为侧光,确定明暗交界线。明暗交界线 $ABC$ 的落影作法如下(其余落影作法略)。

(2)过 $A'$ 作 $L_h$ 和过 $A_1$、$A$ 作 $L$ 分别相交于 $a_1$、$a$,连 $a_1$、$a$ 为 $A_1A$ 在地面上的落影。

(3)垂直面 $DD_1E_1E$ 在相应的平面透视图上为直线 $D''E''$,过 $E''$ 作 $L_h$ 和 $A''B''$ 相交于 $K''$,自 $K''$ 作垂线和 $AB$ 相交于 $K$,过 $K$ 作 $L$ 和垂线 $EE''$ 相交于 $k$,$k$ 为 $AB$ 上 $K$ 点在垂直面 $DD_1E_1E$ 伸展面上的落影。在平面透视图上,自 $D''E''$ 和 $A''B''$ 的交点 $R''$ 作垂线和 $AB$ 交于 $R$,$R$ 为垂直面 $DD_1E_1E$ 伸展和 $AB$ 的交点,连 $R_k$ 和 $DE$、$D_1E_1$ 分别相交于 $m$、$n$,连 $mn$ 为 $AB$ 在 $DD_1E_1E$ 面上的落影。

(4)过 $E'$ 作 $L_h$ 和过 $E$、$E_1$ 作 $L$ 分别相交于 $e$、$e_1$,连 $ee_1$ 为 $EE_1$ 在地面上的落影,连 $e_1V_y$ 和过 $n$ 作 $L$ 相交于 $n'$,连 $e_1n'$ 为 $E_1n$ 在地面上的落影,连 $an'$ 为 $AB$ 在地面上的落影。

(5)斜线 $AB$ 和斜面 $DEFG$ 平行,$AB$ 在 $DEFG$ 面上的落影和 $AB$ 平行,透视都消失于 $V_{1x}$,连 $mV_{1x}$ 和过 $B$ 作 $L$ 相交于 $b$,连 $mb$ 为 $AB$ 在 $DEFG$ 面上的落影。

(6)斜线 $BC$ 在斜面 $DEFG$ 上落影透视的消失点是过 $BC$ 的透视消失点 $V_{2x}$ 作 $L$(即过 $BC$ 光面的消失线)和 $DEFG$ 面透视的消失线 $V.L_s$ 的交点 $V_{2l}$,连 $bV_{2l}$ 和 $FG$ 相交于 $t$,连 $bt$ 为 $BC$ 在 $DEFG$ 面上的落影。

或:连 $R_1V_{1x}$ 和 $BC$ 延长线相交于 $S$,连 $bS$ 和 $FG$ 相交于 $t$。

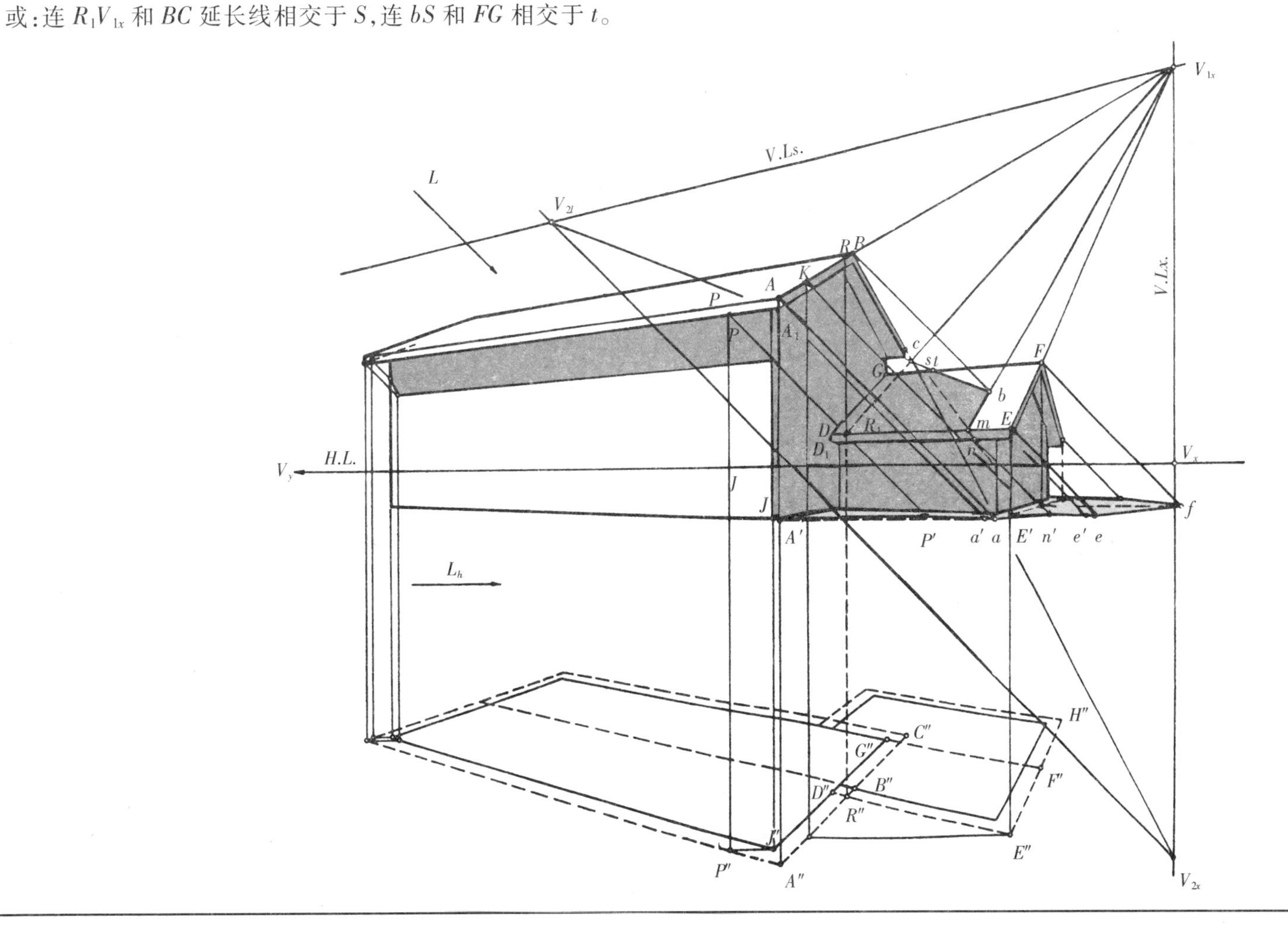

**已知**:建筑型体的透视图和相应的平面透视图,$V_l$ 及 $V_{lh}$。 **求作**:建筑型体的阴影。

**作法**:

(1)根据光线的照射方向,确定明暗交界线。明暗交界线 $OAB$、$OCD$ 及 $B_1C_1$ 的落影作法如下(其余落影作法略)。

(2)作过 $A$ 点的垂直线在 $OBC$ 斜面上的落影:在平面透视图上连 $A'V_{lh}$ 和 $O'B'$、$O'C'$ 分别相交于 $g'$、$f'$,自 $g'$、$f'$ 作垂线和 $OB$、$OC$ 分别相交于 $g$、$f$,连 $gf$ 为过 $A$ 点的垂线在 $OBC$ 面上的落影,连 $AV_l$ 和 $gf$ 相交于 $a$,$a$ 为 $A$ 点在 $OBC$ 面上的落影,连 $OaB$,为 $OAB$ 在 $OBC$ 面上的落影。

(3)用同样方法,在平面透视图上连 $C'V_{lh}$ 和 $O'D'$、$O'E'$ 的延长线分别相交于 $k'$、$h'$,自 $k'$、$h'$ 作垂线和 $OD$、$OE$ 分别相交于 $k$、$h$,连 $kh$ 为过 $C$ 的垂线在 $ODE$ 伸展面上的落影,连 $CV_l$ 和 $kh$ 相交于 $c$,$c$ 为 $C$ 点在 $ODE$ 伸展面上的落影,连 $Oc$ 为 $OC$ 在 $ODE$ 面上的落影。$CD$ 的落影在 $ODE$ 面之外。

(4)在 $B_1C_1$ 上任取一点 $R$,自 $R$ 作垂线和平面透视图上 $B'C'$ 相交于 $R'$,连 $R'V_{lh}$ 和 $O'C'$、$O'D'$ 分别相交于 $P'$、$q'$,自 $P'$、$q'$ 作垂线和 $O_1C_1$、$O_1D_1$ 分别相交于 $p$、$q$,连 $pq$ 和 $RV_l$ 相交于 $r$,连 $C_1r$ 并延长,为 $C_1B_1$ 在 $O_1C_1D_1$ 面上的落影。

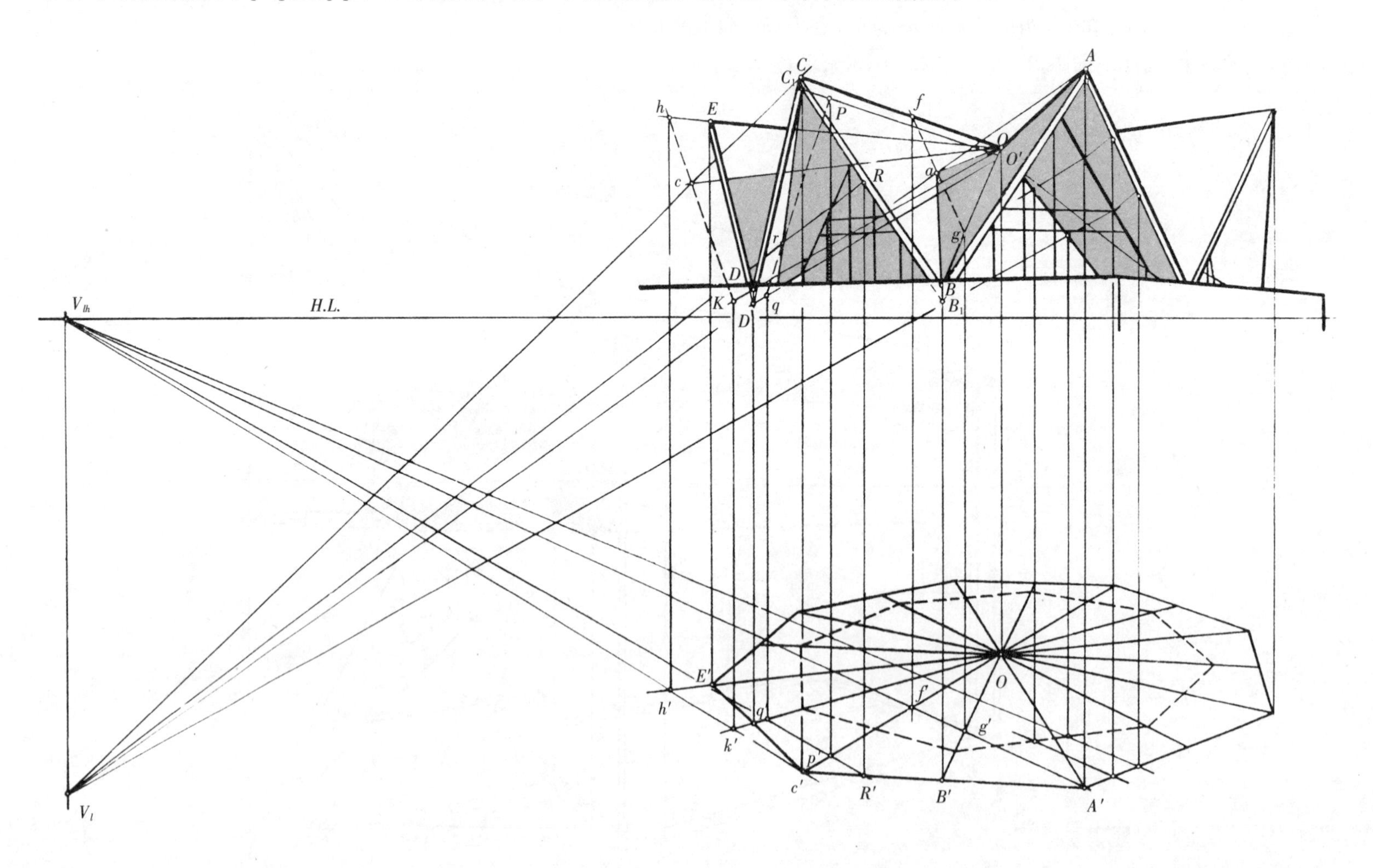

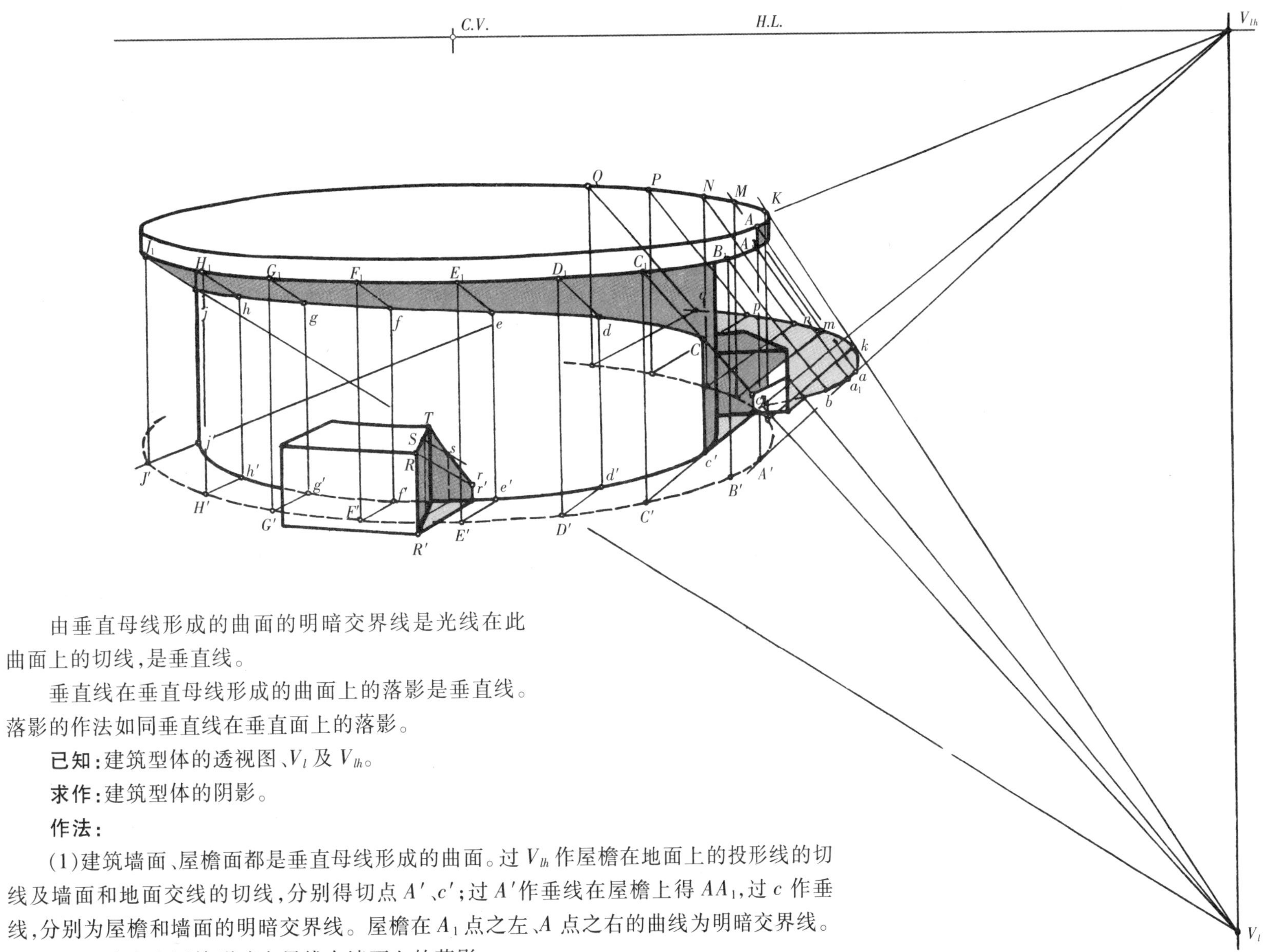


由垂直母线形成的曲面的明暗交界线是光线在此曲面上的切线，是垂直线。

垂直线在垂直母线形成的曲面上的落影是垂直线。落影的作法如同垂直线在垂直面上的落影。

**已知：**建筑型体的透视图、$V_l$ 及 $V_{lh}$。

**求作：**建筑型体的阴影。

**作法：**

(1)建筑墙面、屋檐面都是垂直母线形成的曲面。过 $V_{lh}$ 作屋檐在地面上的投形线的切线及墙面和地面交线的切线，分别得切点 $A'$、$c'$；过 $A'$ 作垂线在屋檐上得 $AA_1$，过 $c$ 作垂线，分别为屋檐和墙面的明暗交界线。屋檐在 $A_1$ 点之左、$A$ 点之右的曲线为明暗交界线。

(2)$A_1$ 点之左屋檐明暗交界线在墙面上的落影。

延长 $V_{lh}c'$ 和屋檐在地面上的投形线相交 $C'$，自 $C'$ 作垂线和屋檐明暗交界线相交 $C_1$，连 $C_1V_1$ 和过 $c'$ 的垂线相交于 $c$，$c$ 为 $C_1$ 在墙面上的落影。屋檐 $C_1A_1$ 线段落影不在墙面上。

在屋檐明暗交界线上任取一点 $D_1$，过 $D_1$ 作垂线和屋檐在地面上的投形相交于 $D'$，连 $D'V_{lh}$ 交墙面和地面交线于 $d'$，自 $d'$ 作垂线和连 $D_1V_1$ 相交于 $d$，$d$ 为 $D_1$ 在墙面上的落影。

用同样方法，可作出屋檐明暗交界线上 $E_1$、$F_1$、$G_1$、$H_1$、$J_1$ 等各点在墙上的落影 $e$、$f$、$g$、$h$、$j$，用曲线连各点，为屋檐在墙面上的落影。

(3)屋檐 $C_1A_1$ 及 $AQ$ 在垂直面、水平面上的落影和 $RJ$ 在墙面上的落影。都要在线段上取若干点作出它的落影点，用曲线连各点。(作法略)

一直线在和它相平行的直线形成的曲面上的落影是和原直线平行的直线。

**已知：**圆拱门的透视、$V_l$ 及 $V_{lh}$。

**求作：**圆拱门的阴影。

**分析：**

(1)圆拱是由透视消失于 $V_x$ 的直线为母线所形成，透视消失于 $V_x$ 的直线在此圆拱上的落影必是透视消失于 $V_x$ 的直线。

(2)圆拱上的半圆弧 $E'M$ 和 P.P.平行，和透视消失于 $V_x$ 的直线相垂直。透视消失于 $V_x$ 的直线在过 $E'M$ 圆弧的垂直墙面上的落影是 $V_xV_l$ 的连线 $L_y$，$L_y$ 和 P.P.平行，透视为平行线。

**作法：**

(1)在圆弧 $E'M$ 上作切线 $L_y$，切点为 $A$，圆弧 $AM$ 及垂直线 $MN$ 为明暗交界线。

(2)在圆弧 $AM$ 上任取一点 $B$，过 $B$ 作 $L_y$，为在 $B$ 点上透视消失于 $V_x$ 的直线在过 $E'M$ 圆弧的垂直面上的落影，它和圆弧相交于 $B'$，连 $B'V_x$，为在 $B$ 点上透视消失于 $V_x$ 的直线在圆拱面上的落影，连 $BV_l$ 和 $B'V_x$ 相交于 $b$，$b$ 为 $B$ 在圆拱面上的落影。

(3)用同样方法，过 $E'$ 作 $L_y$ 和圆弧 $AM$ 相交于 $E$，连 $EV_l$ 和 $E'V_x$ 相交于 $e$，$e$ 为 $E$ 点的落影。圆弧 $AE$ 段的落影在 $E'V_x$ 以上的圆拱面上。

(4)垂直线 $K'E'$ 和水平线 $E'V_x$ 形成的垂直面和透视消失于 $V_x$ 的直线平行，透视消失于 $V_x$ 的直线在此垂直面上的落影透视亦消失于 $V_x$。过 $K'$ 作 $L_y$ 和圆弧 $AM$ 相交于 $K$，连 $KV_l$ 和 $K'V_x$ 相交于 $k$，$k$ 为 $K$ 点的落影。

(5)在圆弧 $BK$ 间选若干点 $C$、$D$、$F$、$G$、$H$、$J$，分别作出各点的落影 $c$、$d$、$f$、$g$、$h$、$j$，连 $M_l$ 和 $NV_k$ 相交于 $m$，$m$ 为 $M$ 在地面上的落影。

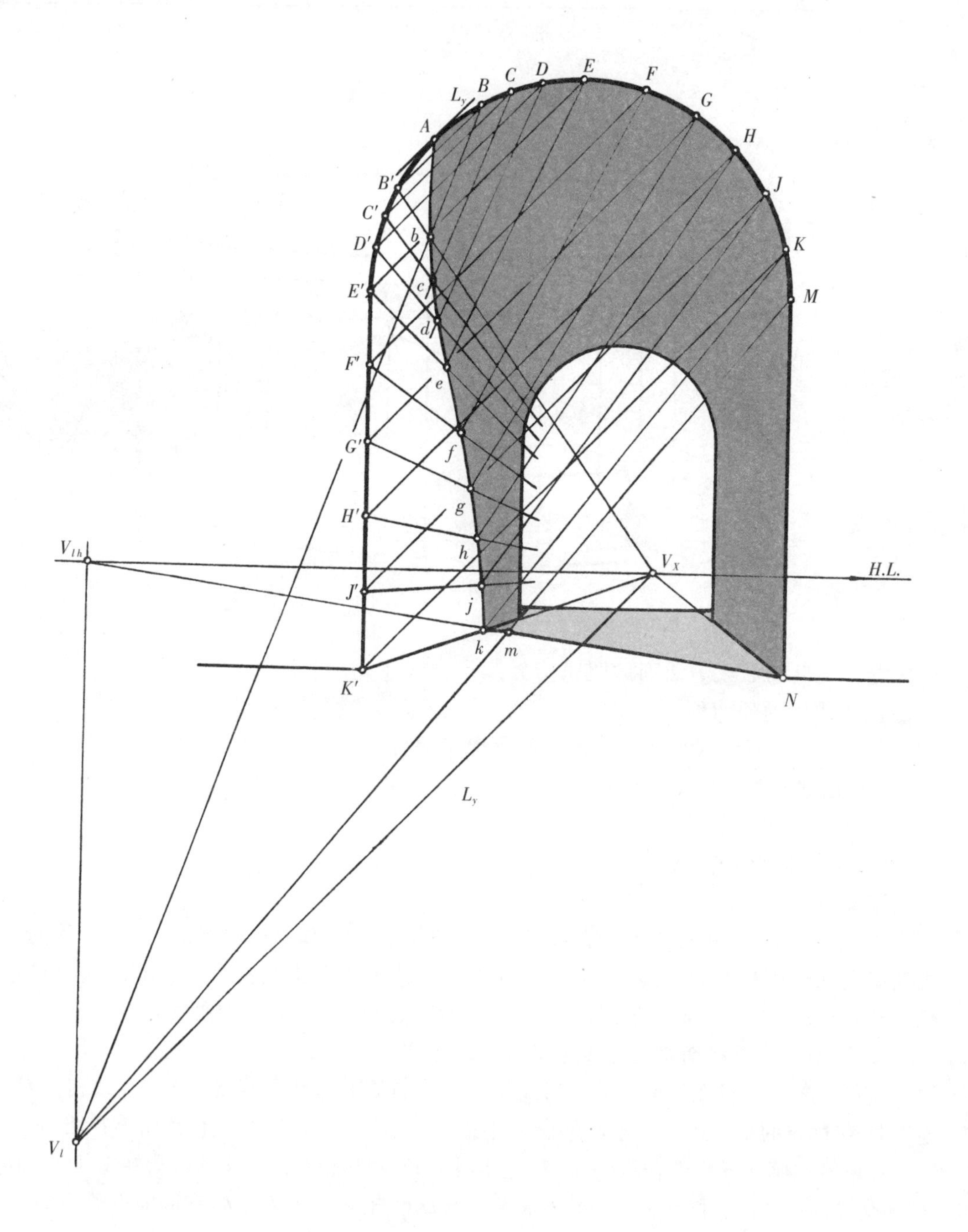


(6)用曲线 $Abcdefghjk$ 及 $km$，为圆弧 $AM$ 的落影，连直线 $mN$，为垂线 $MN$ 的落影。

光线和垂直线形成的垂直面在平面图上直线 $L_h$，该垂直面和建筑型体相交，可通过相应的建筑型体平面透视图在建筑型体的透视图上作出该垂线和明暗交界线的交点及落影面的交线。在此垂面上可作出明暗交界线上的一点的落影。用此法作若干光线和垂直线形成的垂直面和建筑体型相交，作出明暗交界线上若干点的落影，连各落影点即明暗交界线的落影。

**已知：**

一个天文台建筑体型的透视图，$L$ 和 $P.P.$ 平行，高度角为 45°

**求作：**

建筑型体的阴影。

**分析：**

光线和垂直线形成的垂直面和画面平行，该垂直面和球面的交线透视是圆弧线。

**作法：**

(1)在透视图上，自球面外轮廓线上 $A$、$B$ 作垂线到透视平面图上得相应点 $A'$、$B'$，在平面透视图上连 $A'B'$(为 $L_h$)和相应的明暗交界线相交于 $C'$，自 $C'$ 作垂线到透视图上和明暗交界线相交于 $C$，过 $C$ 作 $L$ 和球面透视的外轮廓相交于 $c$，$c$ 为 $C$ 点在球面上的落影。

在透视图上以 $L$ 作球面透视的外轮廓线的切线，切点 $d$ 是球面明暗交界线上的一点。

(2)在透视平面图上再作 $L_{h1}$，和球面外轮廓线相交于 $A_1'$、$B_1'$，和相应的明暗交界线相交于 $C_1'$，自 $A_1'$、$B_1'$、$C_1'$ 作垂线到透视图上得相应的 $A_1$、$B_1$、$C_1$ 以 $A_1B_1$ 为直径作圆弧和过 $C_1$ 作 $L$ 相交于 $c_1$，$c_1$ 为 $C_1$ 在球面上的落影。

以 $L$ 作直径为 $A_1B_1$ 的圆弧的切线，切点 $d_1$ 是球面明暗交界线上的一点。

(3)用同样的方法，再作若干光线和垂直线形成的垂直面 2、3、4 和建筑型体相交，在建筑型体的透视图上作出明暗交界线上各点在球面上的落影点 $c_2$、$c_3$、$c_4$ 及球面明暗交界线上的各点 $d_2$、$d_e$、$d_4$，用曲线连 $cc_1c_2c_3c_4$ 延长及 $dd_1d_2d_3d_4$ 并延长，作出球面上的落影和自影。

其余部分阴影作法同例 10

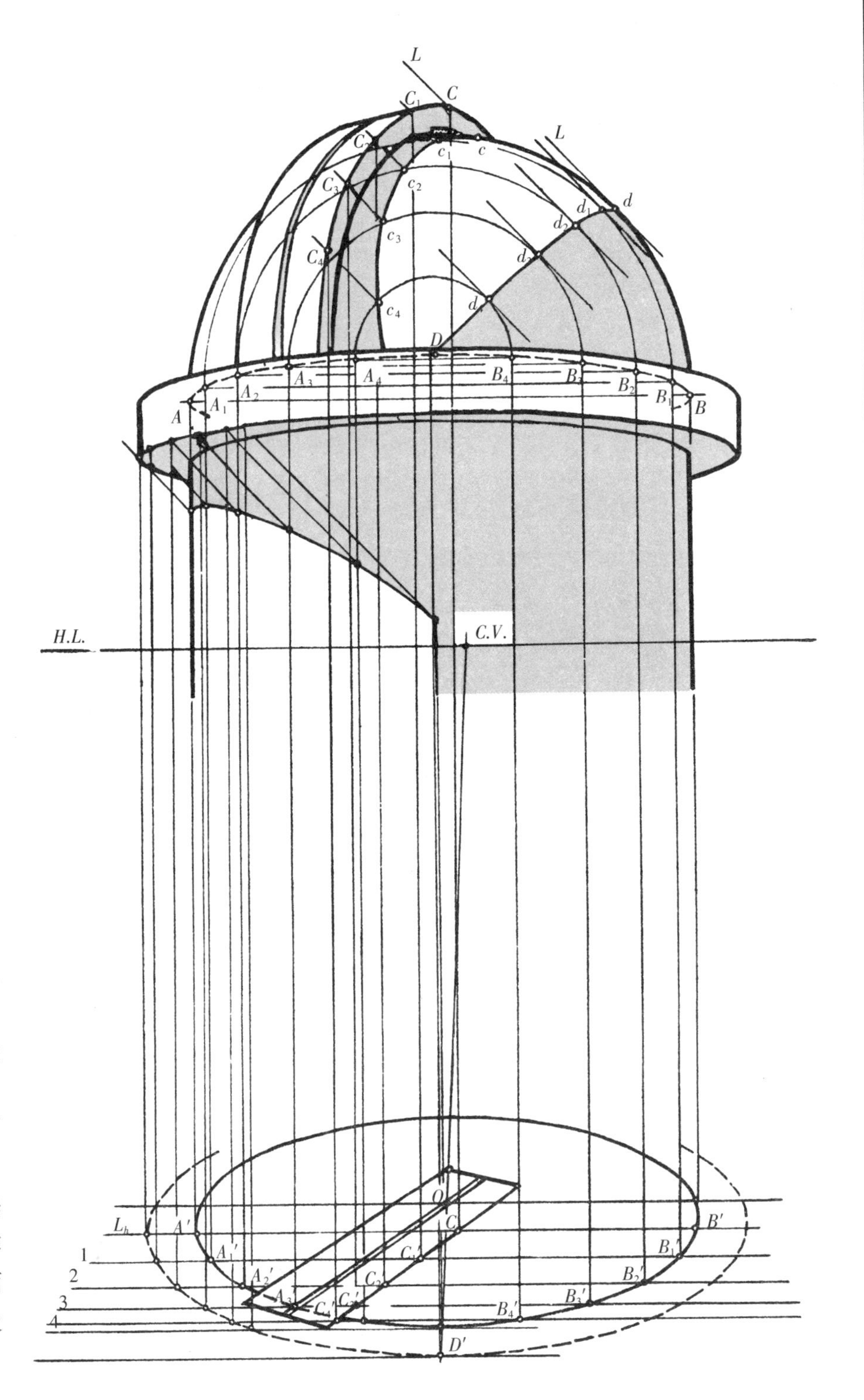

□ **作倾斜画面的透视阴影 1**

倾斜画面建筑透视阴影的作法和垂直画面建筑透视阴影的作法基本相同，其差别是 $L$ 和 $L_h$ 的透视略有不同，在作图时，垂直线的透视不是垂直线而是向 $V_z$ 消失的直线。

$L$ 和 *P.P.*不平行时，$V_l$、$V_{lh}$ 和 $V_Z$ 在一直线上。若已确定 $V_l$，连 $V_ZV_l$ 延长和 *H.L.*相交，其交点为 $V_{lh}$。

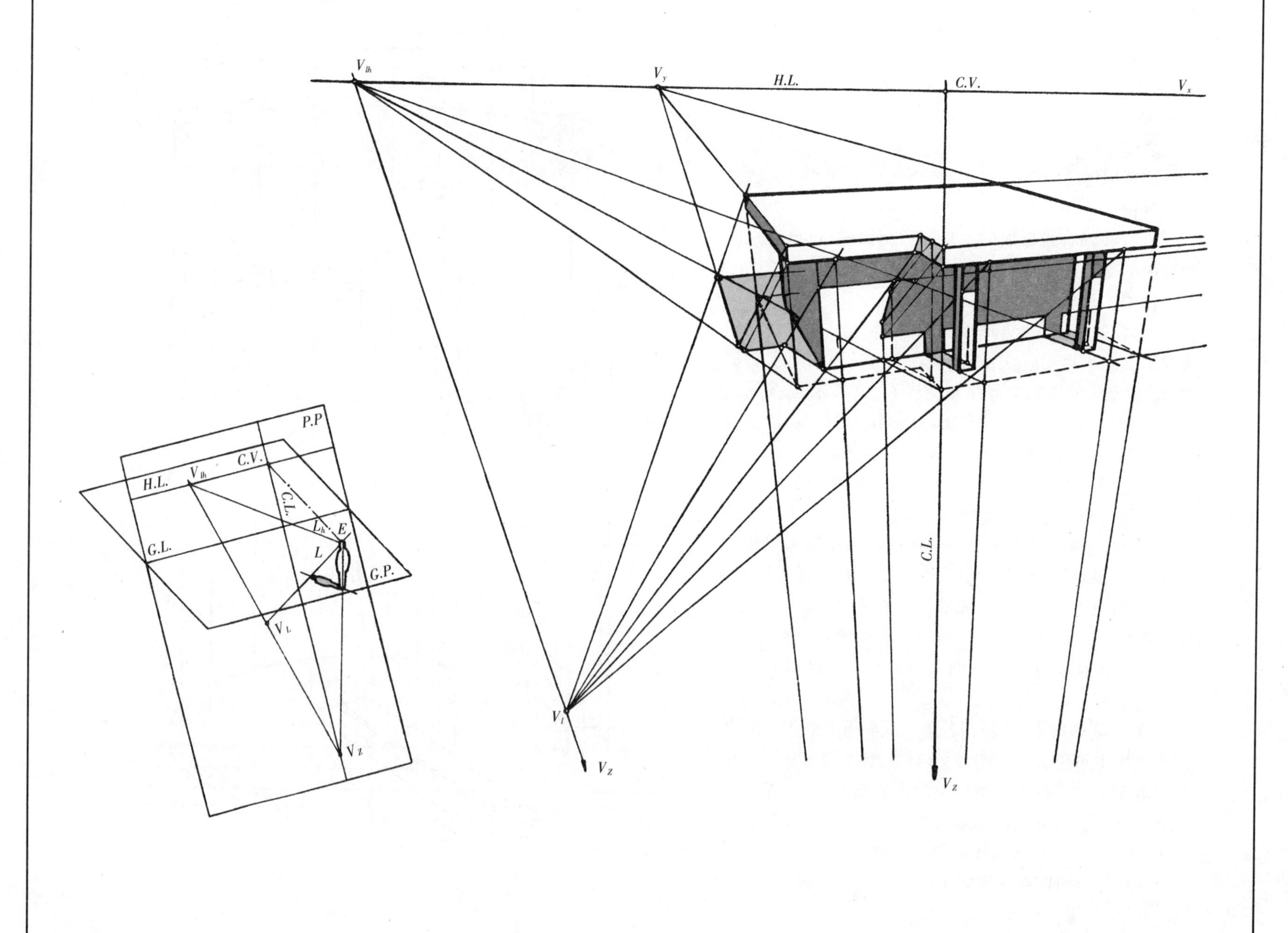

### □ 作倾斜画面的透视阴影 2

当 $L_h$ 和 *P.P.*平行时，*L* 和 *P.P.*不平行。*L* 透视的消失点 $V_l$ 在过 $V_Z$ 的水平线上。
作透视图的阴影时，$L_h$ 是和 *H.L.*平行的水平线，*L* 是向 $V_l$ 消失的直线。作法同前。

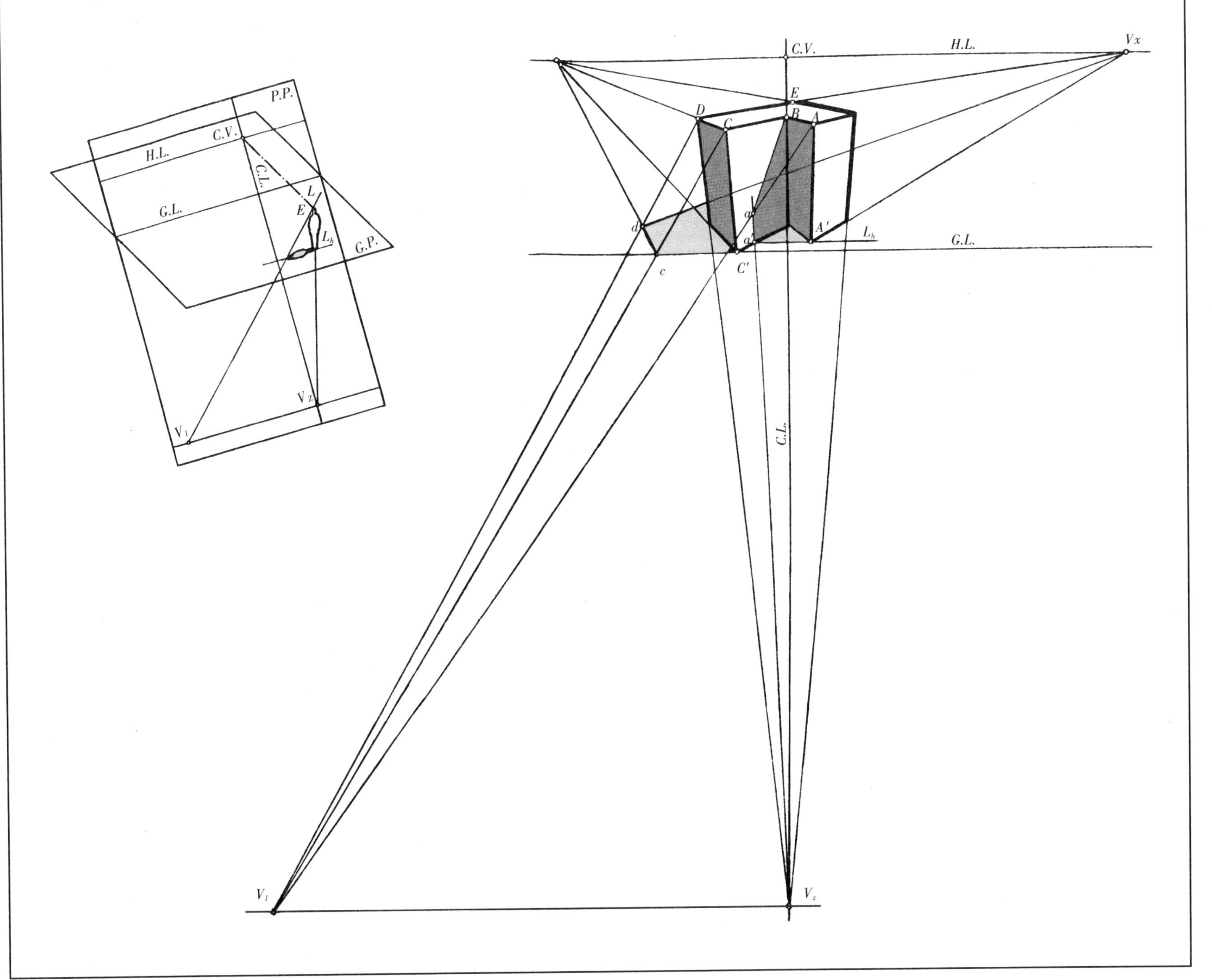

□ **作倾斜画面的透视阴影 3**

$L$ 和 $P.P.$平行时,$L_h$ 和 $P.P.$不平行。$L_h$ 透视的消失点 $V_{lh}$ 是过 $V_Z$ 作 $L$ 和 $H.L.$的交点。

若 $V_Z$ 在图板外不易过 $V_Z$ 作 $L$,可用缩小图作出 $V_{lh}'$,再作出 $V_{lh}$。作法如下:

在 $H.L.$上任选一点 $S$,在 $C.L.$上任选一点 $T$,在 $C.V.$和 $T$ 之间任作一水平线和 $G.L.$相交于 $C'.V'.$、和 $ST$ 相交于 $S'$,过 $S$ 作透视向 $V_Z$ 消失的直线 $SV_Z$,过 $S'$作与 $SV_Z$ 相平行的直线和 $C.L.$相交于 $V_Z'$,此为缩小图。过 $V_Z'$作 $L$ 和 $C'.V'.S'.$延长线相交于 $V_{lh}'$,连 $TV_{lh}'$和 $H.L.$相交得 $V_{lh}$。

作透视图的阴影时,$L$ 是平行线,$L_h$ 是向 $V_{lh}$ 消失的直线。

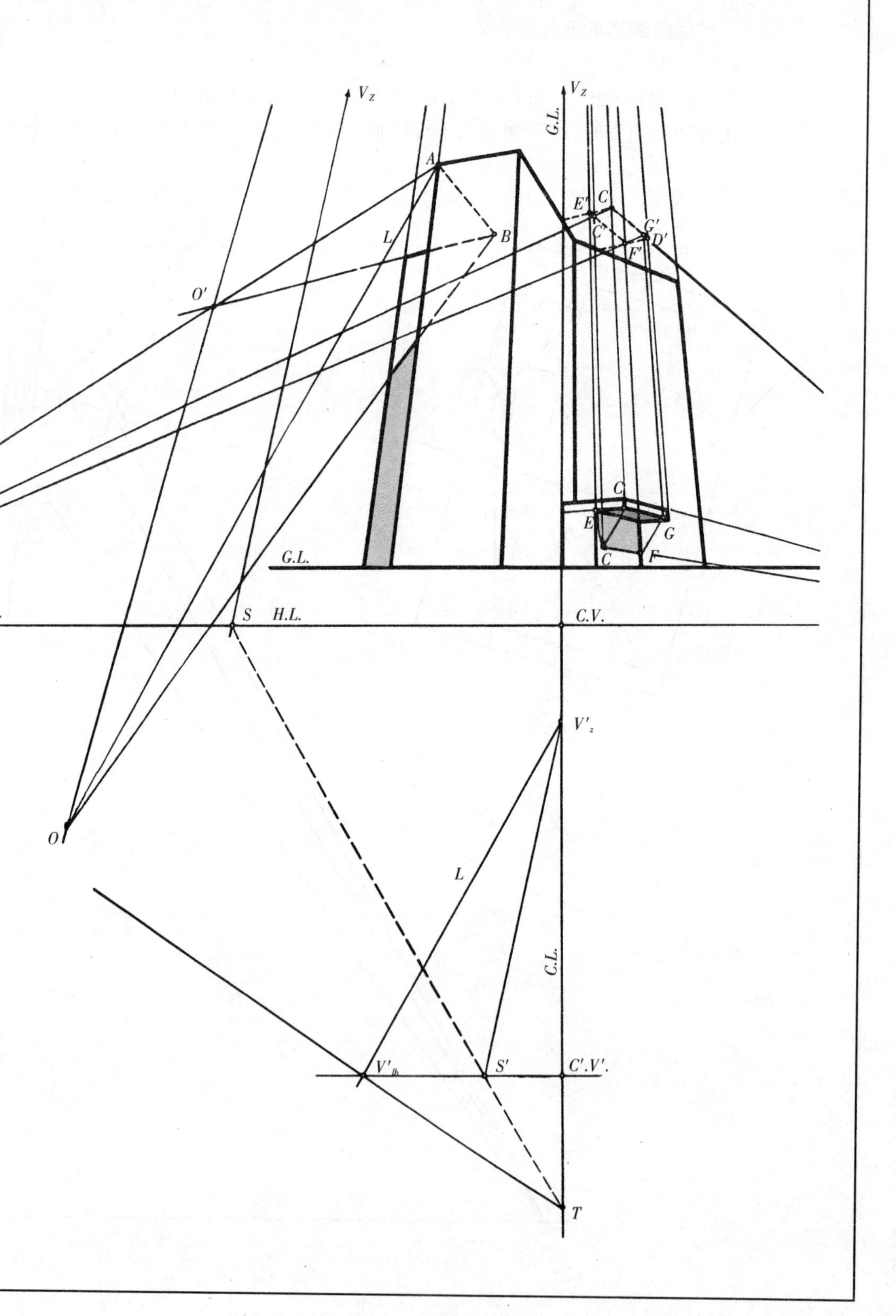

# 建筑师语言的基本训练

## ——关于建筑制图教学的一些看法——

本文原载于南京工学院学报(建筑学专刊)1981年第二期。文中介绍30年前编写本书时一段探索过程,这次借改版之机,将该文附此,使读者了解当时课程改革思考过程,便于读者对书中内容的理解。

王文卿 1999年1月于石头城

### 一、语言与语法

人们常把图样比做工程师的语言,而建筑师的语言因有审美的要求而区别于一般工程语言。正像做文章一样,不但要求通顺、明白,还应注意润色和修词。这种独特的“语言”还有自己的“语法”。如果说工程语言的“语法”是画法几何,那么建筑语言的“语法”应增添阴影和透视学。依仗独特的“语法”把“语言”结构严密地组织起来,使世界各国的同行都懂,成为万国皆通的“国际语”。

培养一个建筑师首先要进行建筑语言的基本训练,这种训练应该非常严格。它应包括两方面的内容:一是建筑制图技巧的训练,如:器械画、徒手画、渲染画等等;二是制图的原理,即画法几何、阴影和透视学。这两部分犹如语言之与语法一样,是不可分割的有机组成部分,只有掌握了制图原理,才能使图样表达正确;有了熟练的制图技巧,方能使图样表现得尽善尽美。以往由于对这两者的关系认识不够明确,以致对这门课程的改革不够有力,效果也就不甚显著。不少学生,学完了画法几何、阴影和透视学,在做设计题时,还需要由设计教师进一步辅导,重新讲授一些实用画法,常为画一张透视图而感到困难重重,尤其在透视角度的选择、透视阴影的作法等更是陌生。这是由于把“语法”和“语言”分隔开来进行教学的后果,化费不少学时,却收效甚微。20世纪60年代初我们将画法几何、阴影和透视学与建筑初步的制图基本技术训练,紧密地结合起来,并按照建筑语言基本训练的要求,对教学内容、方法、教材等进行系统的更新与充实。把制图技巧的训练与制图原理的关系看作写作中“语言”与“语法”关系一样,制图教师不仅兼教建筑初步,还经常参加一些设计课的教学和做一些建筑设计,从设计图样和学生作业中吸取养分,丰富和不断更新教学内容,把枯燥无味的“语法”教学搞得生动活跃起来。同时建筑初步教师也参加“语法”教学,可以更熟悉和精通“语法”,从而进一步提高“语言”的表达能力。通过这些改革,教学内容结合专业,贯彻少而精原则,在学时的安排上得到了合理的调配,以致在一年级上学期仅用30~35学时的讲课和60~65学时做作业的时间,完成了画法几何、阴影和透视学的教学内容,并在课内、外用270学时完成建筑初步的教学内容,这样在一年级下后半学期即可开始做起小建筑设计题了,这些设计题又进一步巩固和提高建筑语言的基本训练,这对于四年制的教学安排非常有利。另外在教学质量上与以往相比较也有较显著的提高,据高年级设计教师反映:“学生制图能力提高了”,“现在学生画透视图时很少问如何求这求那,而经常碰到的问题是为了更好地表现设计意图,研究如何选择恰当的透视角度。”这样不仅提高了设计的图面效果,更重要的是可以把节省下来的画图时间,用来研究设计问题,相应地为建筑设计教学质量的提高创造了条件。

### 二、投形和投影

关于建筑制图的假设依据,目前我国都采用“投影”。这是根据法国学者蒙惹(Monge1746–1818)提出的影像画法,即用三个互相垂直相交的投影面,将空间划分成八个角,然后将物体置于一角中,对投影面用正投影法和中心投影法等作投影图。现在世界各国对于建筑制图或工程制图的假设依据不仅用角不一,而且假设也不同。如英国在1969年为建筑师和施工人员修订的“英国标准”(公业制),BS1192关于建筑制图推荐的是第一角;1964年BS308工程制图为第一、第三角通用,在美国假设依据也有所不同。所以我们应考虑一下,从建筑学专业制图要求出发,采用怎样的假设依据更为妥当。

目前我国采用的这种“投影”的假设依据,在一般制图书中都描述为来自光影,物体在假设的光线照射下,在投影面上的成影,应是物体背阴部的外轮廓线,并看不见物体表面上的形象。如图1所示物体的H.V.W.投影,只能表示物体底面的外轮廓线,而底面上的物体和它们的交线并不能表示清楚,还必须对来自光影的假设进行再假设,如图2所示,假设物体被光线照射部分的点和线对,投影面的正投影,才能在各投影面上反映物体的实际形状。

现在让我们从人类作画的发展过程来分析一下,使建筑制图的假设依据更加简单明了又切合实际。古时候人类将看到的事物描绘成画,刻在岩壁或其他物体上,形象表达感情和记录形迹,这就是视觉写真画法。这些图样中,已能见到先人对简单透视现象的认识。对于绘画中透视现象的解释,古代希腊哲学

# 附文 2

家安那克萨哥拉(Anaxagoras 公元前 500—约前 428)曾有过这样一段描述“……在绘画时，图上线条应按自然的比例描绘，它相当于以眼睛作为固定视点，当视线穿过假设平面时，观察物体上各点所描绘的图样。”可见绘画的透视原理当时已经弄明白了。欧洲文艺复兴时期著名雕刻家丢勒(Albrecht Dürer 1471—1528)和大师达·芬奇(Leonardo da Vinci 1452-1519)等对透视学理论都作了精彩的分析，但在相当长的一段时期中，无论中外都是用这种视觉写真画法来绘制工作图样的。我国古代很早就掌握了制图知识，公元 11 世纪宋代李诫(?—1110)所著《营造法式》一书，是我国最早的一本附有建筑图的著作，书中图样描绘精致、丰富多样，有平面图、立面图、侧面图、轴测图和透视图。现列选数幅如图 3 所示。

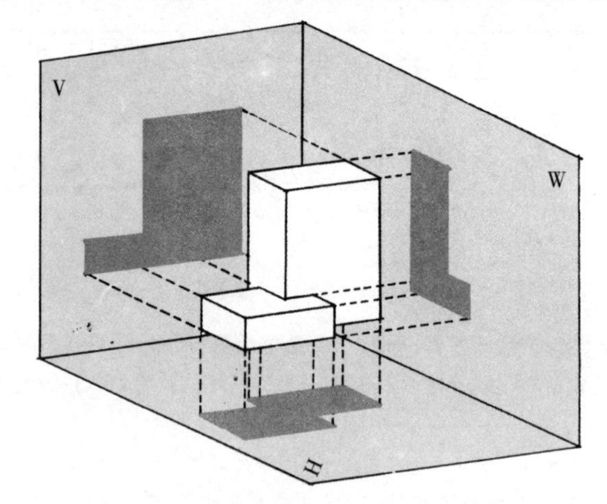

图 1　来自光影的“投影”假设

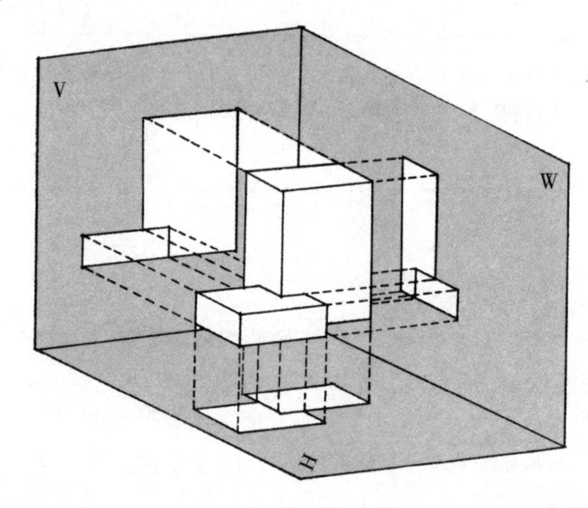

图 2　来自光影的“投影”假设的再假设

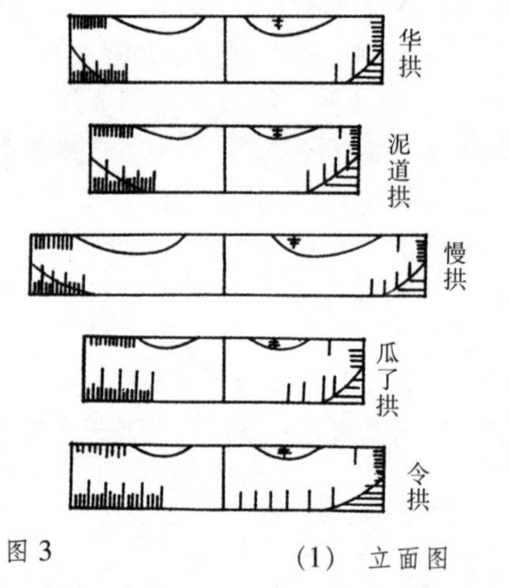


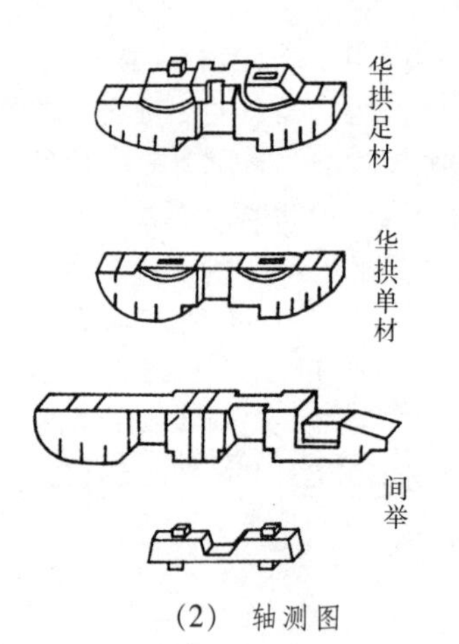


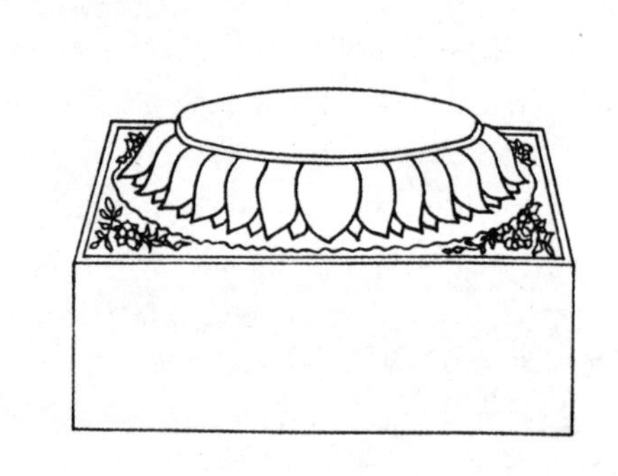


图 3　(1)　立面图　(2)　轴测图　(3)　透视图

值得注意的是书中大部分图样，画的虽是立面图或侧面图，却都带有透视感觉，使人看了虽然也能一目了然，可是都存在着一些弊端，即它们即不能像立面图那样易于度量，又不如透视图的形象逼真。(图 4)(图 5)

同时书中也有正确的立面图和透视图，那么怎么会出现这种非驴非马的图样呢?这是因为当时并没有系统的透视学和画法几何学理论，以致建筑“语言”并不十分严密所致。但从这些图中能知道这样一点：那就是即使画出正确的立面图也只是由视觉写真画法加以改进而绘制成的，因此这些图样是由透视图向立面图的过渡形式。

随着生产力和工程技术的发展，工程测量与制造工艺等要求日趋精密复杂，对图样形象的正确与可度量性要求更为迫切，即要求在图样中可以精确地确定点、线、面的关系，并可按制造要求，简洁地测定和标注线段和形体尺寸的制图方法。18 世纪末，蒙惹总结了前人和当时的各种画法，提出了作图假设和几何学原理，于 1975 年发表第一本画法几何学著作，为工程语言建立了独特的“语法”，使制图“语言”更严密完整，它很快就被广大工程技术人员采用，从而促进了现代科学技术的发展。由于建筑语言的特殊需要，接着又产生了建筑阴影学(Architecture Shadow projection)。从上所述，可知人类作画是先从感知视觉写真法画透视图开始，继而产生透视学(Perspective Projection)，然后再发展产生了画法几何学(Deseriptive Geometry)。如果将建筑制图的假设依据与人类作画

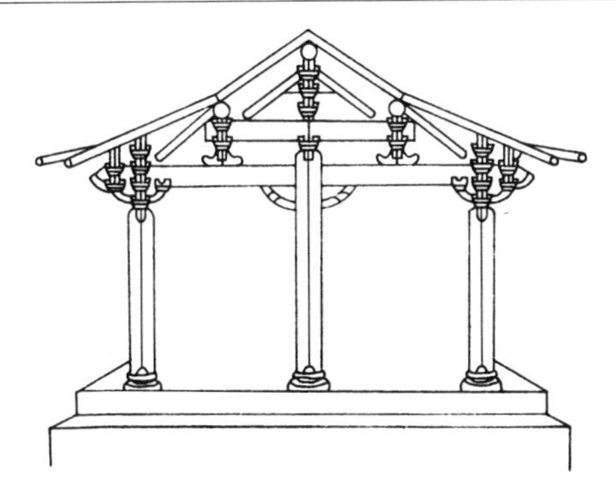

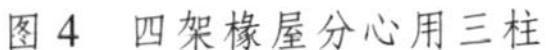

图4 四架椽屋分心用三柱

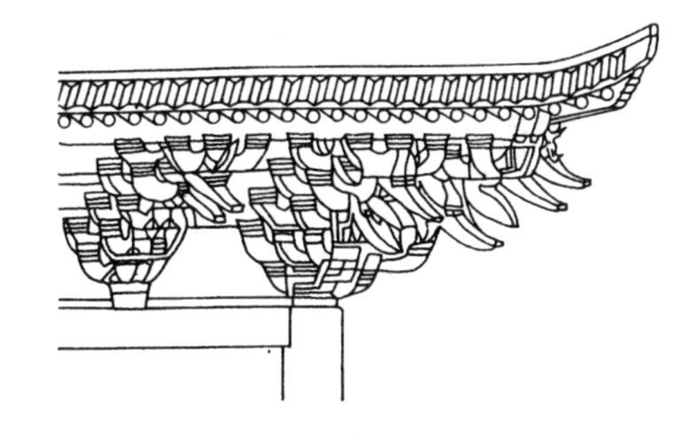

图5 转角八铺作重拱正样

的方法相结合，即以视觉写真法为基础，把物体置于一个假设的透明盒内，盒壁透明的平面为画面，当视线垂直于画面时，作各面的视图为正视图，当视线集中于一点——视点，所作出的视图为透视图。以这种方法作为建筑制图的假设依据，称为“投形”，它与“投影”的概念不相同，它不必对物体再假设，因而简单明了、切合实际，又不会与建筑阴影学的概念相混淆。其实“投影”的假设也并非来自光影，它同样是以视觉写真法为基础的，只是画面的位置放在物体之后，而“投形”的假设是把画面的位置放在物体和视点之间。几年来我们都以“投形”的概念进行教学，在教学中感到概念明确，易于被学生掌握。1978年南京工学院建筑系印发的《建筑制图》一书，即以此为假设依据编写的。如图6所示在透过透明平面——画面(投形面)看物体时，若视线(投形线)垂直于画面，视线与画面的交点相连而成的图形为正投形图，它能表示物体的真实形状并便于度量，这就是正投形法，用此法可绘制准确的建筑平、立、剖面图。

当透过一透明平面——画面，看物体时，视线集中于一点E(视点)。视线与画面(p.p.)的交点相连而成的图形为透视图，这如同写生画和照相一样，虽能表示物体的直观形象，但不能度量实际尺寸，这就是中心投形法，用此法可绘制透视图。(图7)

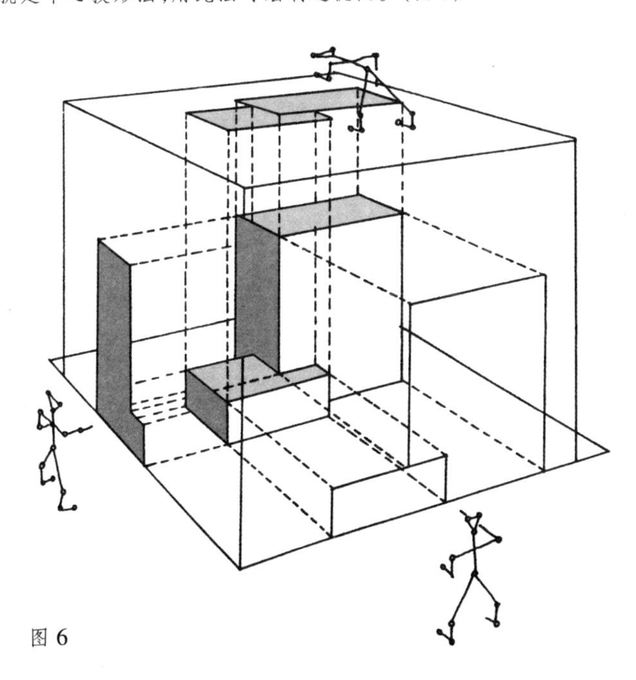

图6

建筑阴影学的假设依据是来自光影，当物体在光线照射下产生阴部(Shades)，由阴部的轮廓线对落影面的落影，即产生影(Shadow)，这与“投形”的概念有明显的区别。(图8)

美国用这种假设而写的建筑制图书和教科书较多，如：美国爱荷华州立大学建筑学专业用的《建筑制图》教科书 (Architecture Drawing by Parten and Rogness Iowa State University)中，明确说明透视如同照相一样，若将一般照相机的光学原理加以改造后，拍出的照片就没有透视效果，如同立面图一样，以此来说明“正视图”也类同照相。用正投视法画的图样能表示和度量物体的实际尺寸，并以此作为建筑制图的假设依据。

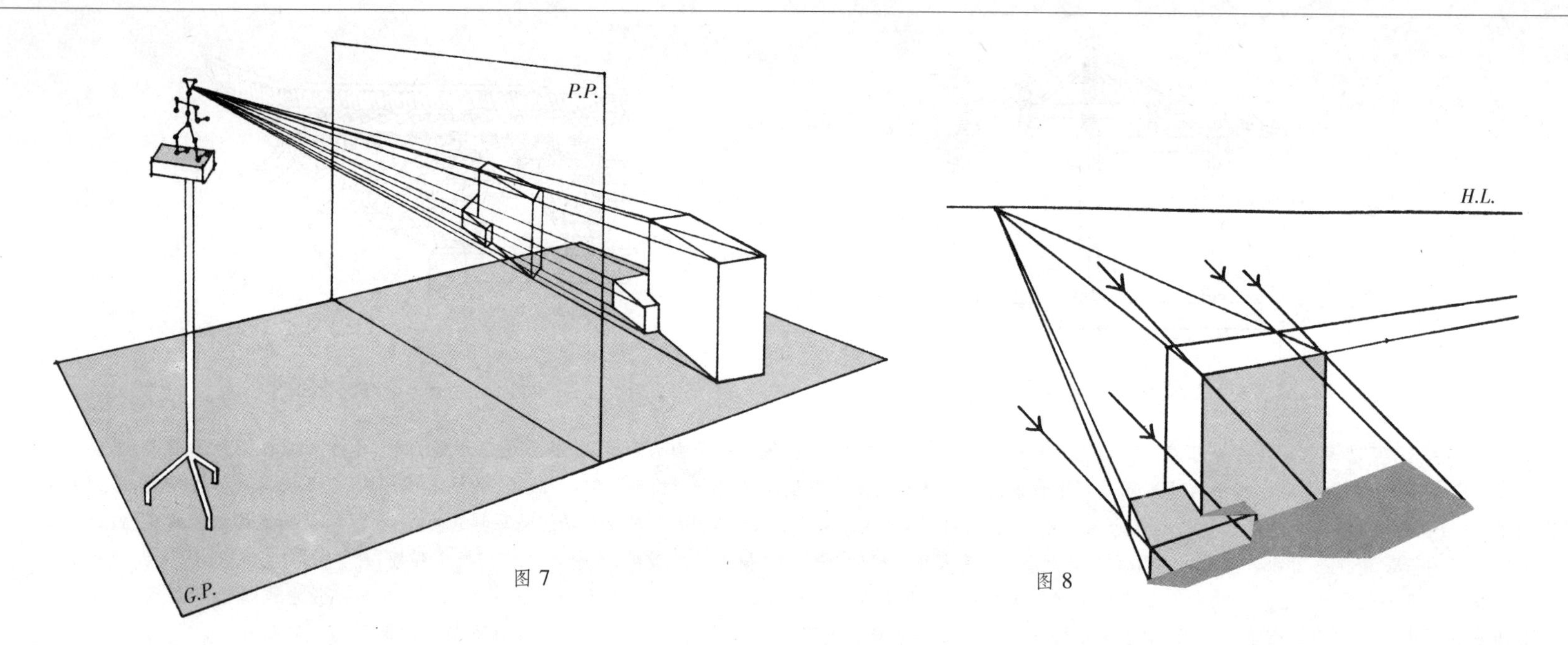

图 7

图 8

西南交通大学朱育万先生在 1951 译《透视学》一书时在序中曾提到:"'Projection'一词代替'投影'而译作'投形',因为译者认为所投射者为物体之形状而非影子的缘故",可见朱先生也有此意。另外对于画法几何书中英语"Orthographie Projection or Orthographic View"的中译应为"正投形图"或"正投视图"为宜。它应与"Shadow Projection"的中译意"投影"有所区别。

## 三、透视阴影与立面阴影

建筑阴影学为建筑语言增添了光彩,在设计图上如涂出阴影,使图样更显得立体和真实。建筑平、立面图一般是建筑设计的主要图纸,它们必须和剖面图配合才能表达空间形体。在初步设计时,平、立面图上也可涂上阴影,以增加立体感,但这毕竟不如透视图上涂阴影的真实性强,尤其当建筑造型和空间复杂时,更须藉助透视图、模型、照片等才能表达完善。因此目前做初步设计时大量是画透视图的渲染,可我们知道在立面图上作阴影时,空间光线的假设只有一个方向和一个角度,若掌握了"透视阴影"作图原理作图时,光线的方向和角度假设可运用自如,可以画逆光、侧逆光,也可画一侧受光或两面受光,甚至还能表现早晨、傍晚或正午的阳光角度,烘托出图面的气氛。为了更好地提高建筑语言的表现力,应该加强透视阴影作图能力与基本概念的训练。近年来在国外、尤其美国的这类教科书中,都加强和增添了透视阴影的内容。我们通过几年的教学实践也觉得这样做是必要的,由于提高了透视阴影的作图能力,也就丰富了透视图的表现效果,在学生设计作业图中已有明显的反映。

## 四、抽象思维与形象教学

小学和初中都有美术课,高中有立体几何课,工科大学有制图课,这些课程都是培养学生空间概念和表达能力,但在中、小学阶段所培养的空间概念尚是初级阶段,即空间形象在图纸上的再现。大学制图课所培养的空间概念是将三次元的空间形体,用二次元的平面图来表示,同时又能用二次元的平面图来了解和研究空间物体的形象,这是空间的抽象思维能力的训练,反之又能以简单明白的图解法来解决空间物体的相对关系,这就是空间形象的表达能力的训练,二者缺其一即不足以表明空间概念的建立。这种二次元和三次元之间互变的空间抽象思维能力的训练,对于初学者常常会感到困难而"头痛",以往为了便于学生理解,常用模型配合图形讲解,这种形象化教学法对于初学者来说是有一定用处,但副作用是容易依赖模型。对于教师来说结合模型讲解,学生往往会影响自己独立思维,以致妨碍空间抽象思维能力的训练,使空间概念的培养仍然停留在初级阶段,造成学生看了模型就"懂",到了图纸就"糊"的不良后果。例如:以往我们在用旋转法或投形面改造法求直线实长,用切面法求立体相贯等都做了模型,以及透视及透视阴影中平面的消失线,空间光线的消失点及光面的消失线等都用模型讲解,教师虽省了在黑板上画图和讲解的口舌,同学看了模型听了讲解就懂,其实这是一种假象,在图纸上作习题时就"糊"了。为了更好地培养学生空间概念和抽象思维能力,应尽量少用或不用模型,宁愿在讲课或课后辅导时多费些事,多费口舌,多用立体形象的徒手草图来协助分析讲解,同时要求学生在解题是多思考,多用这种草图来分析问题和解决问题,这看起来似乎多费了功夫,实际上在整个教学过程中,这种多用图来"谈话"的教学法,对于培养学生空间思维能力和表现能力,远比用模型的"形象化"教学法收益更大而速度更快。

# 思 考 习 题

注:下面思考习题前加"•"者,表示后面有该题解答,并注明题解所在页码。

# 投形　1

1.**已知**　A 点的 X=2,Y=3,Z=2.5。
**求作**　A 点的 H.F.S 投形,A 点距
H=(　　),F=(　　),
S=(　　)

2.**已知**　A 点的 X=0,Y=2,Z=1.5。
**求作**　A 点的 H.F.S 投形,A 点距
H=(　　),F=(　　),
S=(　　)

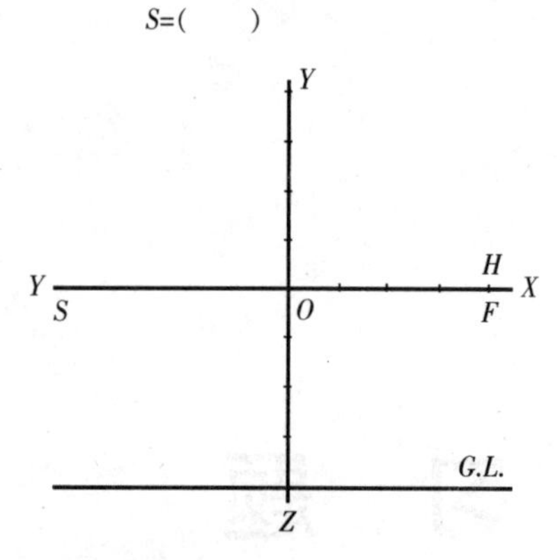


3.**已知**　A 点的 X=0,Y=3,Z=0。
**求作**　A 点的 H.F.S 投形,A 点距
H=(　　),F=(　　),
A 点在(　　)上。

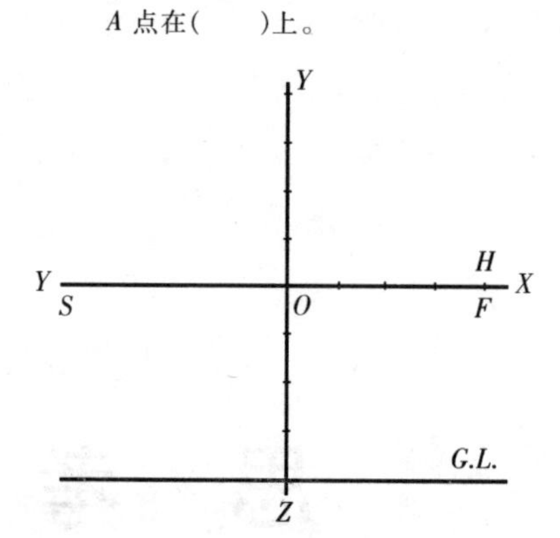


4.**已知**　A、B、C,三杆在 G 面上,A 杆高2,B杆高 1,C 杆高 3。
**求作**　A.B.C 三杆的 H.F.S 投形

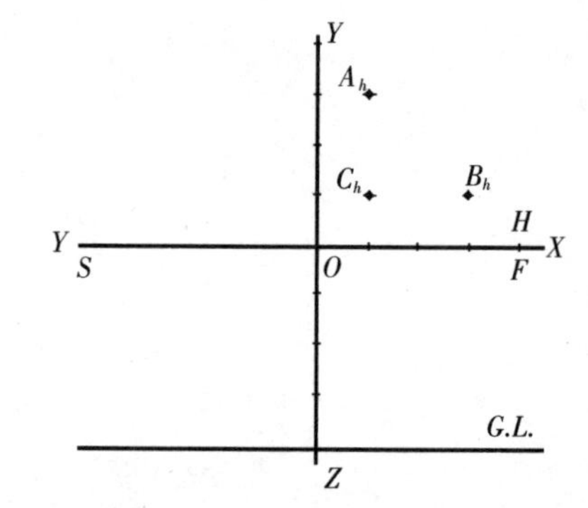


5.**已知**　AB 直线的 A 点 X=2,Y=3,Z=0,B 点 X=2,Y=0,Z=3。
**求作**　△AB 线的 H.F.S 投形，并说明 AB 线与 H.F.S 的关系。

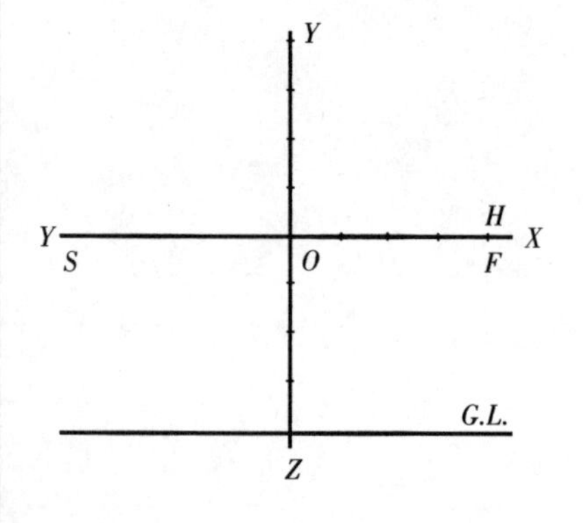


6.**已知**　AA、CD 线的 H.F 投形。
**求作**　AB、CD 线的 S 投形，并说明两直线的空间关系。

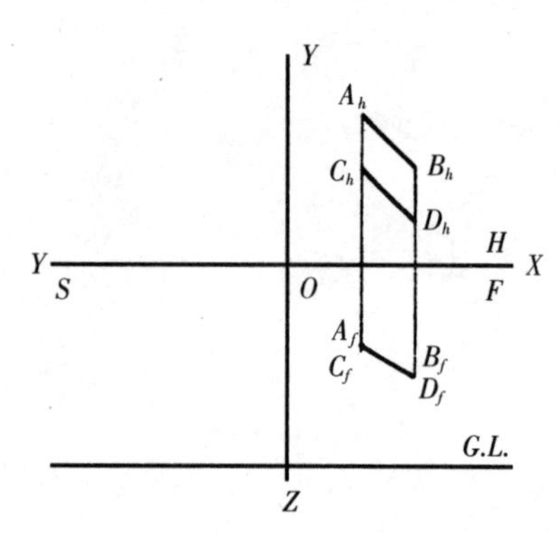


7.**已知**　△ABC 的 A(2、0、0),B(0、3、0),C(0、0、2.5)。
**求作**　△ABC 的 H.F.S 投形

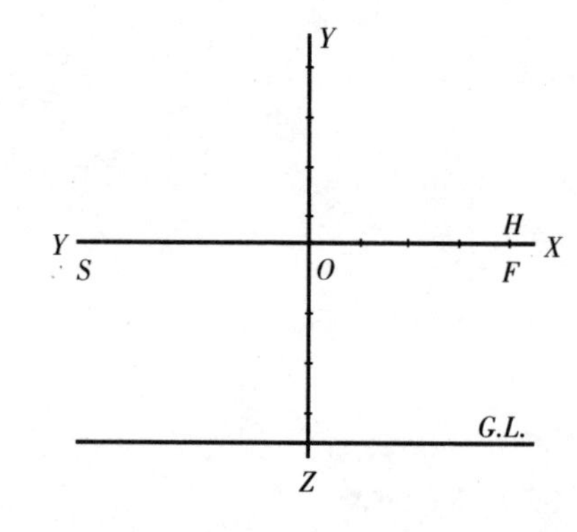


8.**已知**　直线 AB 和 CD 的 H.S 投形。
**求作**　直线的 F 投形及倾斜直线的实长。

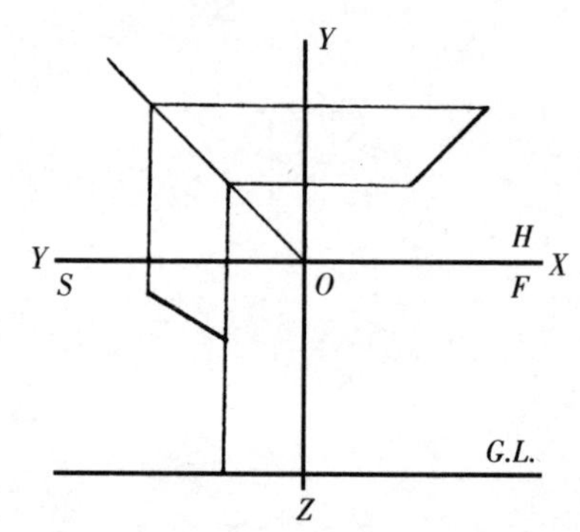
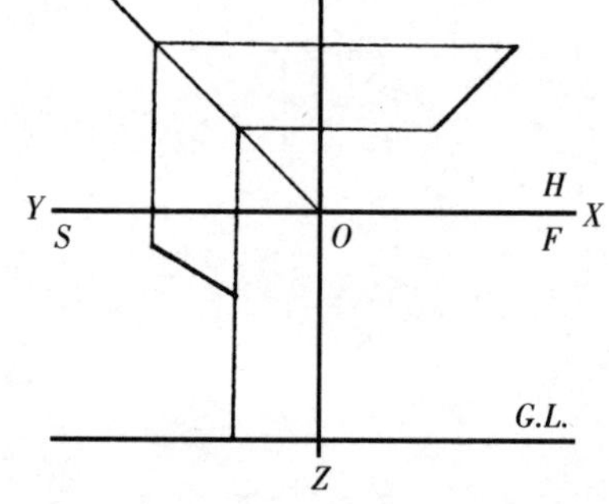


9.**已知**　直线的 H.F.投形。
**求作**　直线的 S 投形及倾斜直线的实长。

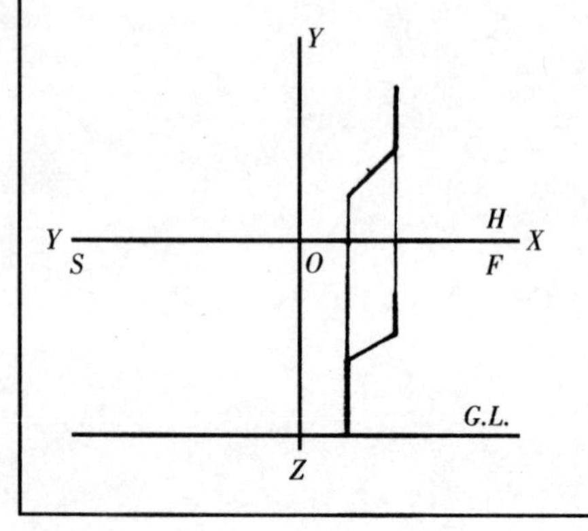


10. **已知**　△ABC 的 A (1、1、3),B(2、1、2.5),C(3、1、3)。
**求作**　△ABC 的 H.F.S 投形。

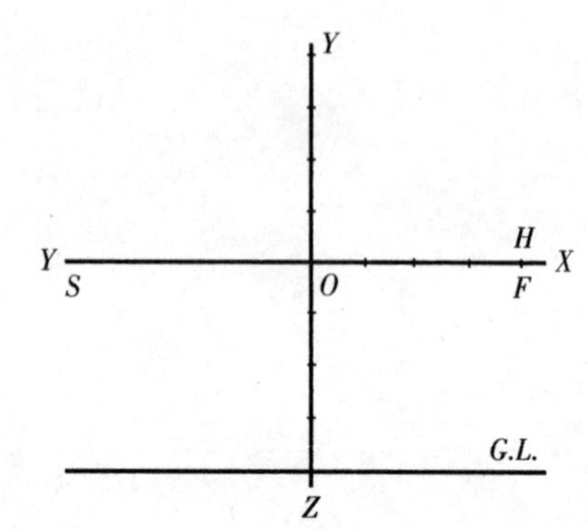


• 11.**已知** 正方形的 F 投形及一对角线 AC 垂直于 S 面。
**求作** 正方形的 H.F.S 投形。(P174)

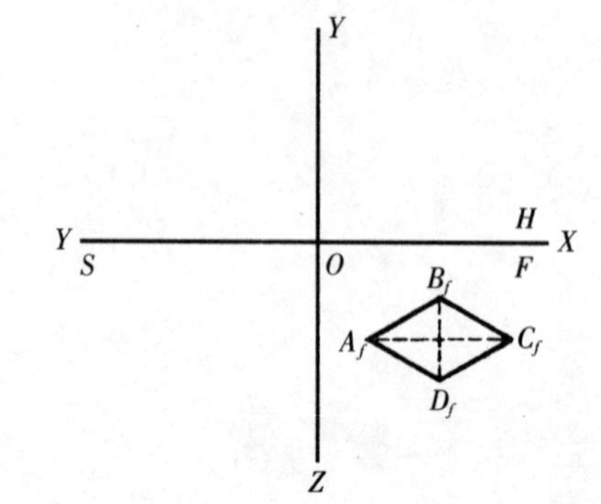


• 12.**已知**　平面图形的 F.S 投形。
**求作**　平面图形的 H 投形，并用纸片剪出实形。(P174)

1.已知 建筑型体的 $H.S$ 投形图。
求作 建筑型体的 $F$ 投形图。

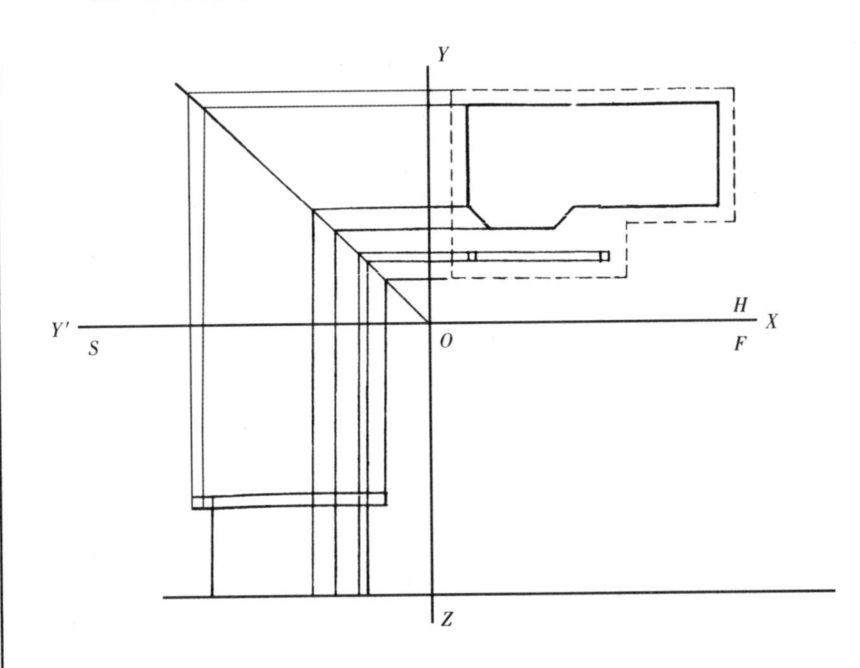


2.已知 建筑型体的 $H$ 投形图及屋面坡度为30°。
求作 建筑型体的 $S$ 投形图并完成 $F$ 投形图。

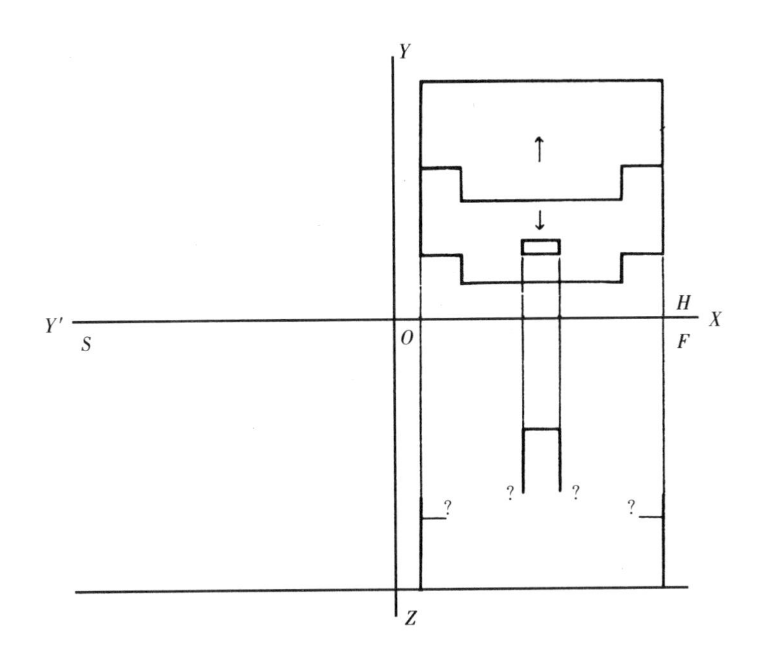


3.已知 屋面的 $H$ 投形图,(虚线表示外墙面,实线表示屋面外轮廓线)屋面坡度为 30°,檐口高度为 $h$。
求作 用两坡屋面作建筑型体的 $F$、$S$ 投形图,$H$ 投形图,并作模型。

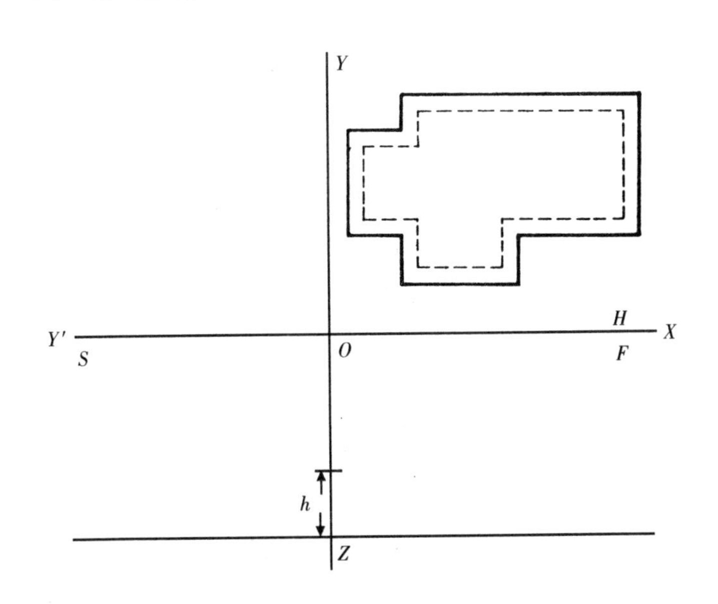


4.已知 屋面的 $H$ 投形图,(虚线表示外墙面,实线表示屋面外轮廓线)屋面坡度为 30°,檐口高度为 $h$。
求作 用四坡屋面作建筑型体的 $F$、$S$ 投形图,$H$ 投形图,并作模型。

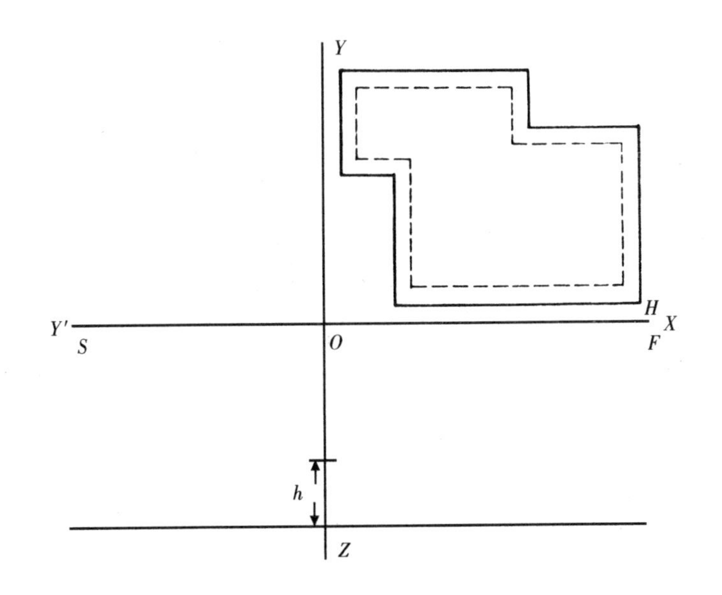

- 1.已知　建筑型体的 *H.F* 投形图。
  求作　建筑型体的 *S* 投形图并完成 *F* 投型图。(P175)

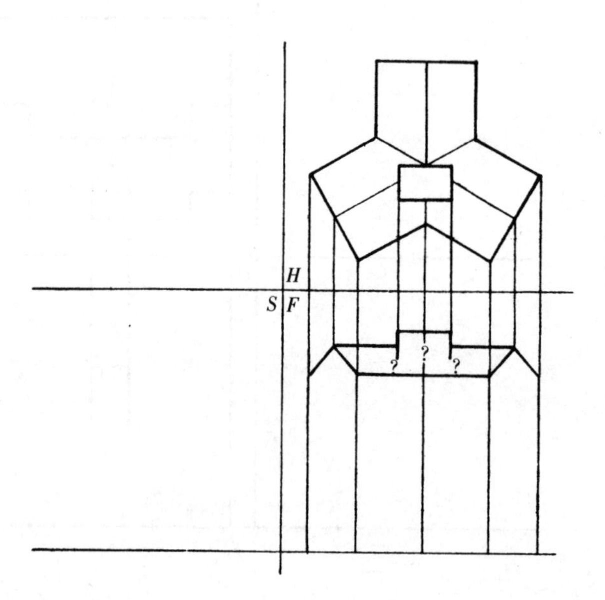


- 2.已知　建筑型体的 *H.F* 投形图,屋面坡度为30°。
  求作　建筑型体的 *S* 投形图并完成 *F* 投型图。(P176)

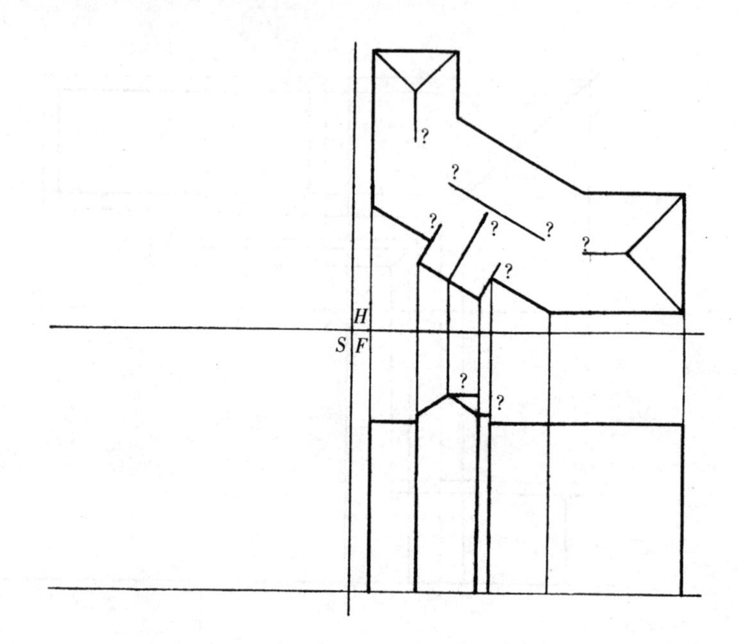


3.已知　屋面平面的外轮廓线,屋面坡度为 30°,两坡屋面坡向及檐口高度见立面图。
求作　完成屋面平图面及各立面图。

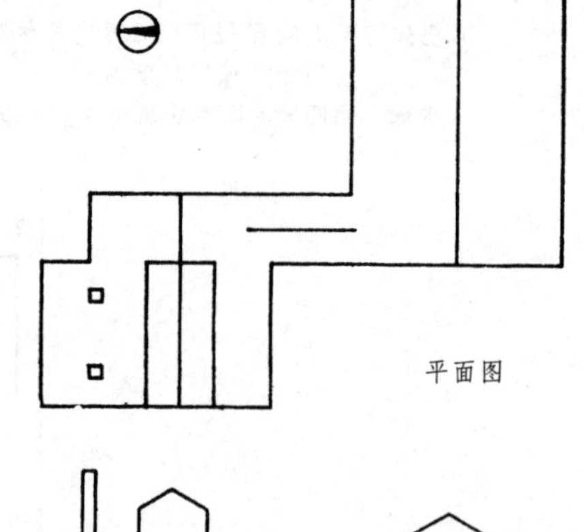


- 4.用 1:50 比例尺绘出平面图、立面图和对角线方向的立面图。(P179)

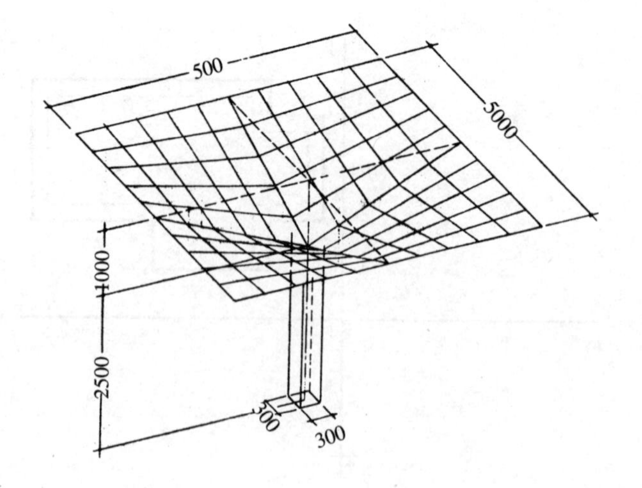

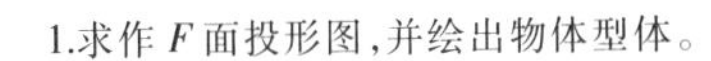

1.求作 *F* 面投形图，并绘出物体型体。

• 3.求作 *H* 面投形图，并绘出物体型体。（P177）

• 2.求作 *S* 面投形图，并绘出物体型体。（P177）

4.绘出物体型体。

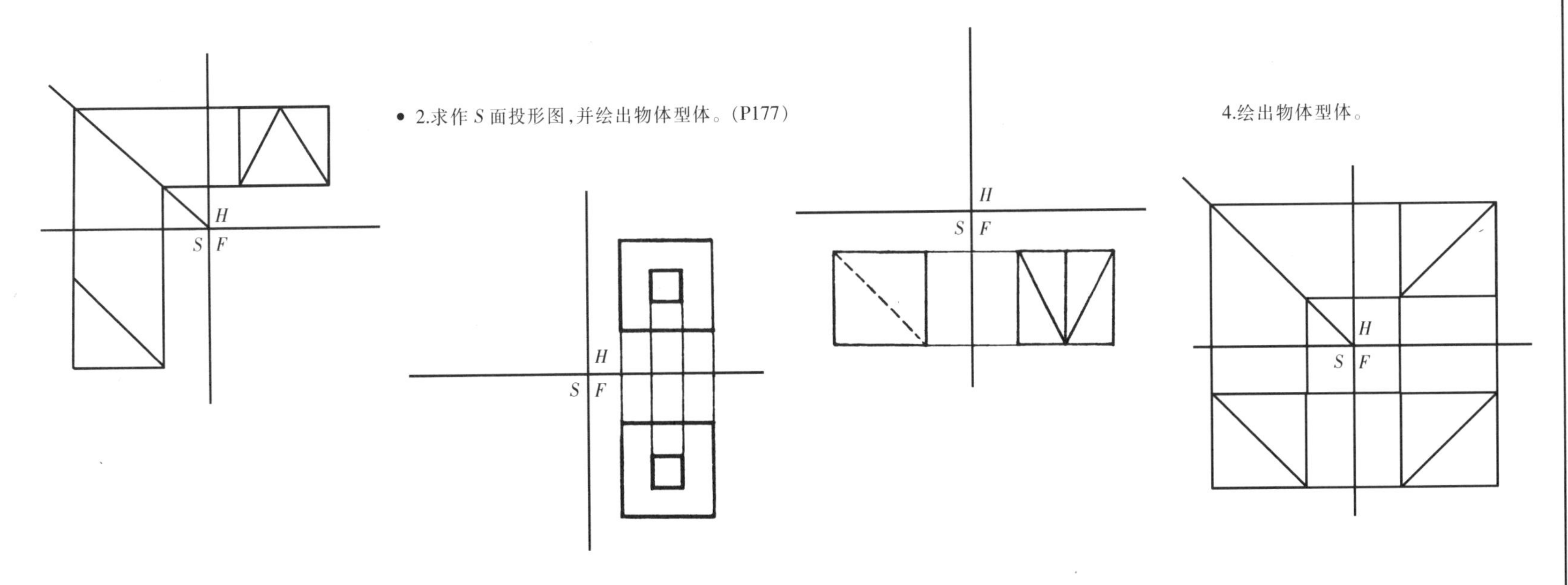


5.按下图作轴测图。

• 7.按下图作轴测图。（P178）

6.按下图作轴测图。

• 8.按下图作轴测图。（P178）

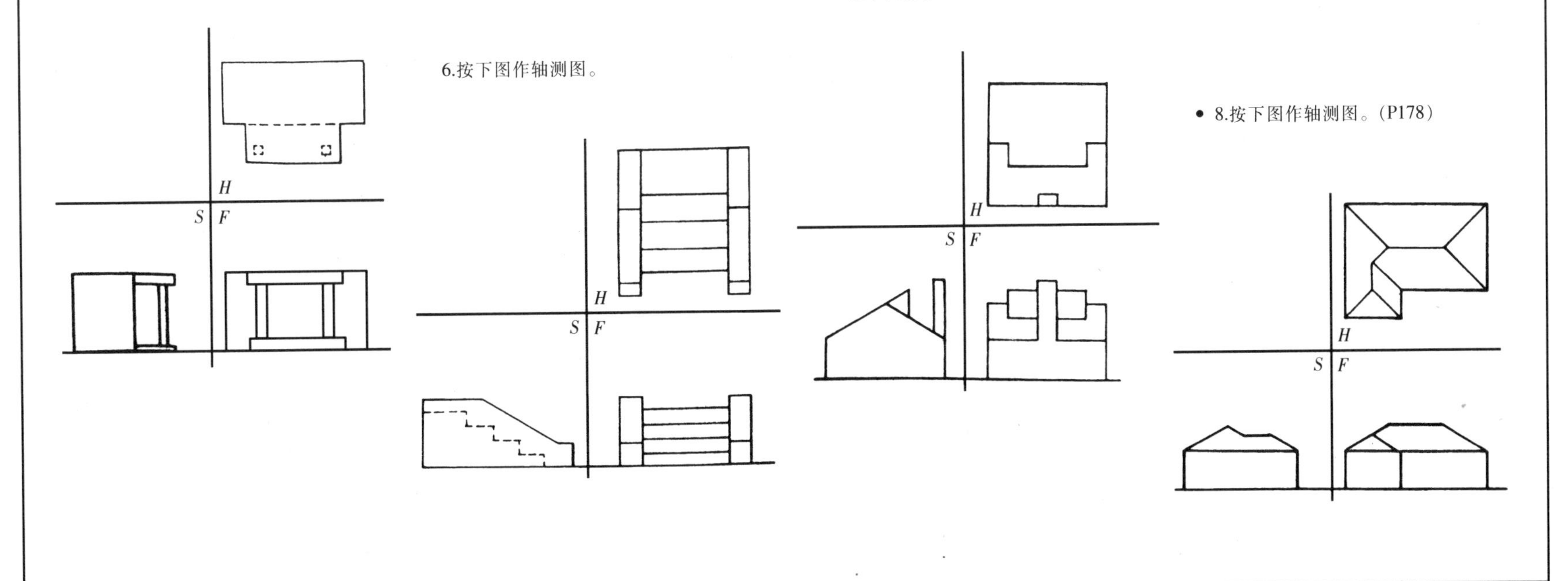

- 1.**已知** 板式转梯平面图每一踏面高为 $h$,板厚等于 $h$。
  **求作** 转梯立面图。(P180)

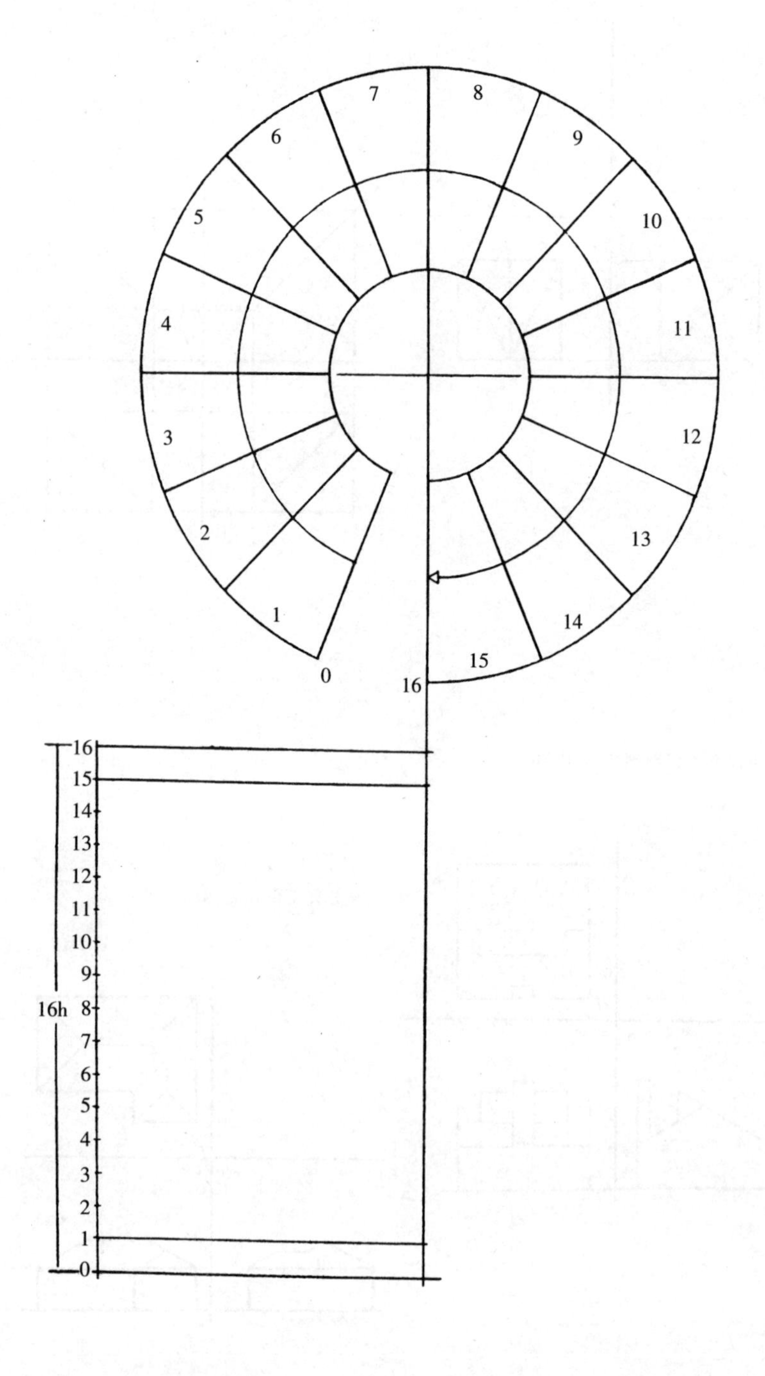


- 2.按图作出模型。(P181)
  图中底面 *GHJKMNQRTU* 是正十边形,
  *ABCDE*、*AIJKL*、
  *BLMNP*、*COQRS*、
  *DSTUF*、*EFGHI*
  是相同的正五边锥体。

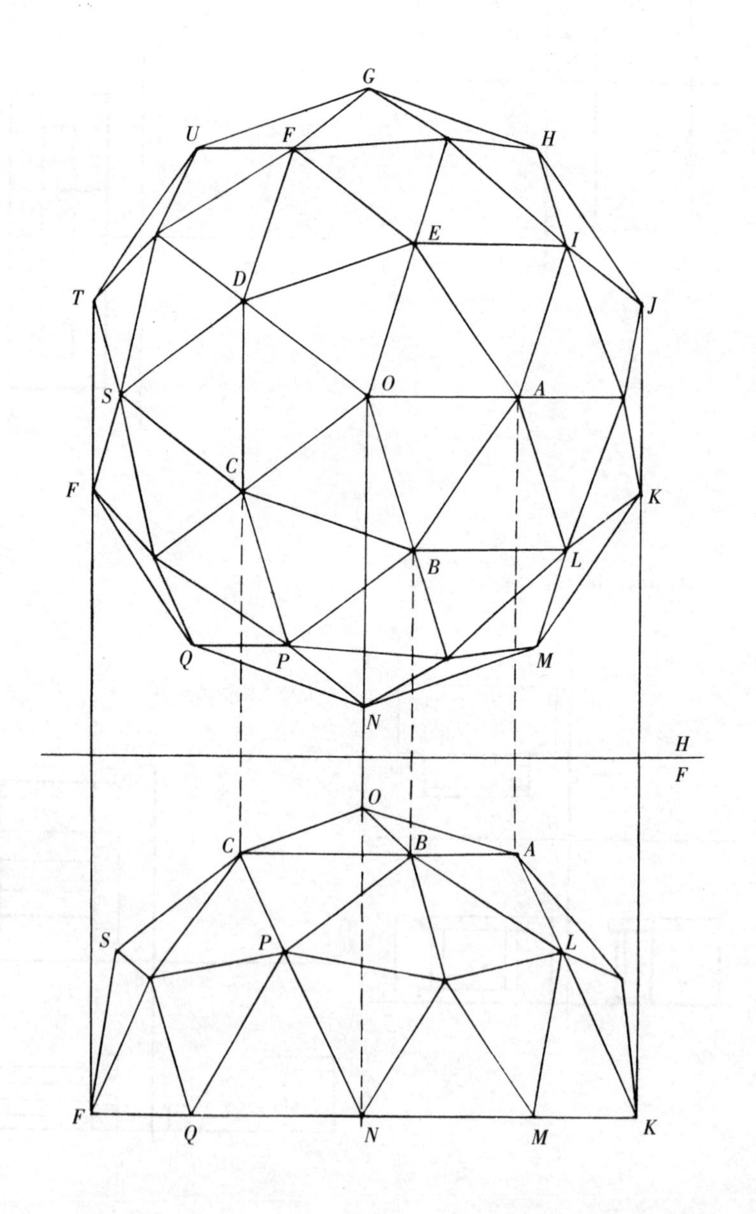

1.求作建筑型体的透视图。

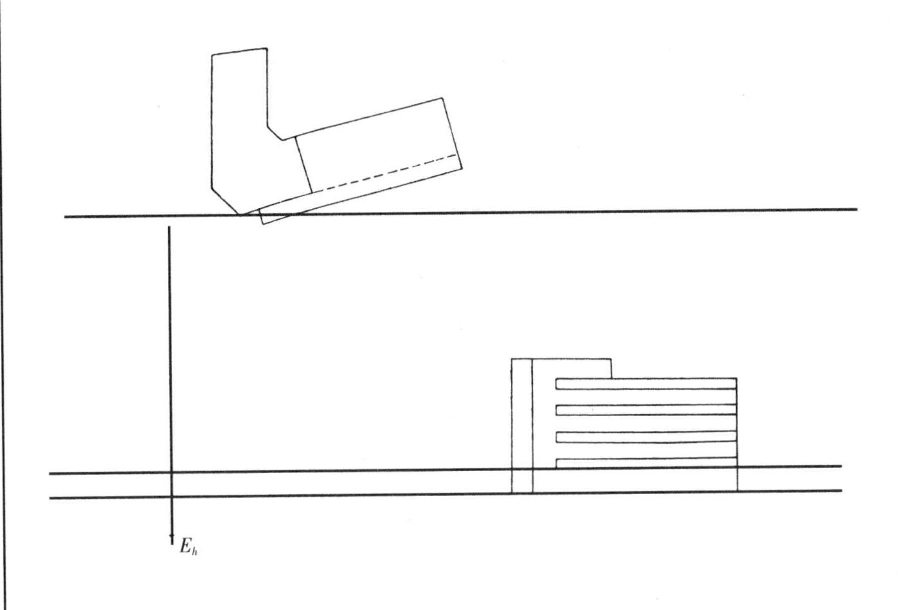


2.求作建筑型体在 $G.P_1$ 和 $G.P_2$ 上的透视图。

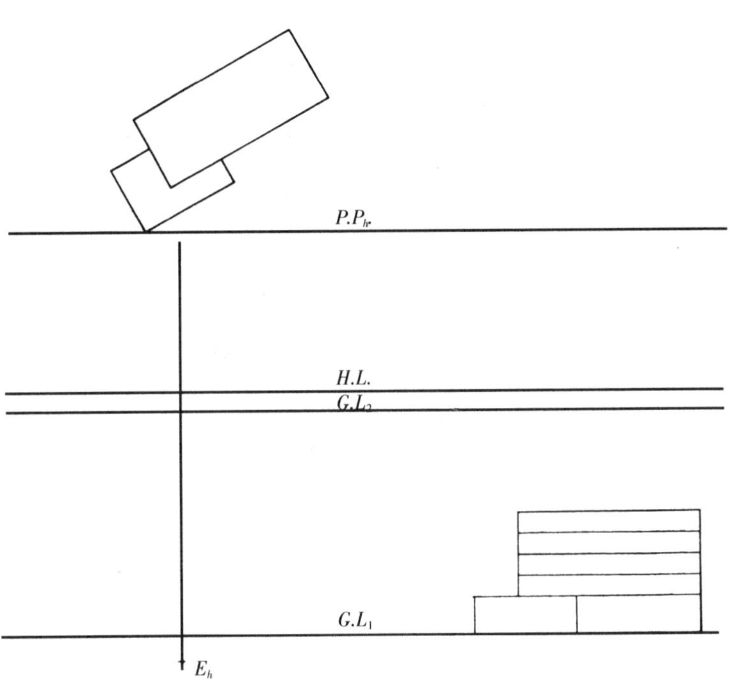


• 3.求作建筑型体在 $G.P_1$ 和 $G.P_2$ 上的透视图。
(P182,P183)

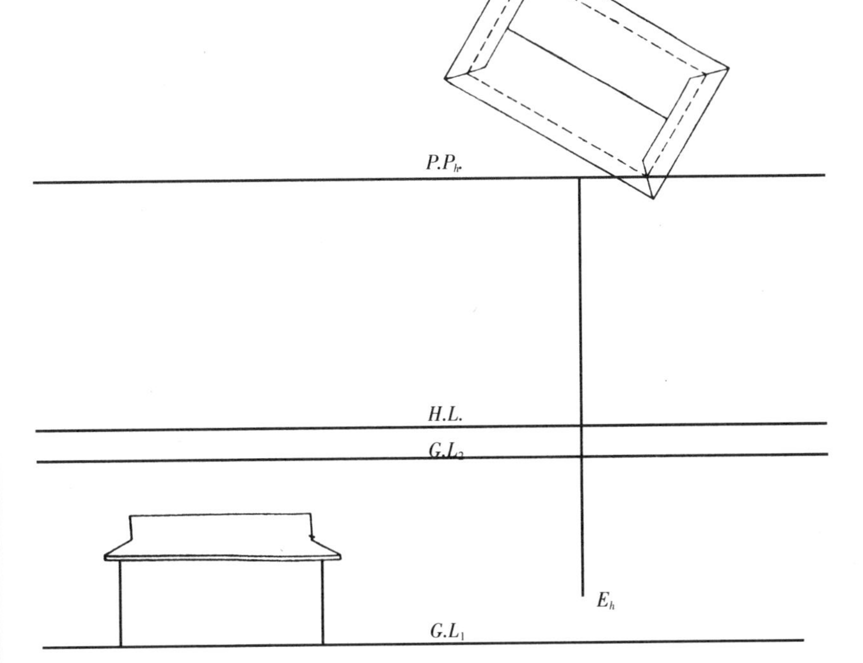


4.求作建筑型体的透视图,所有尺寸均按比例放大一倍。

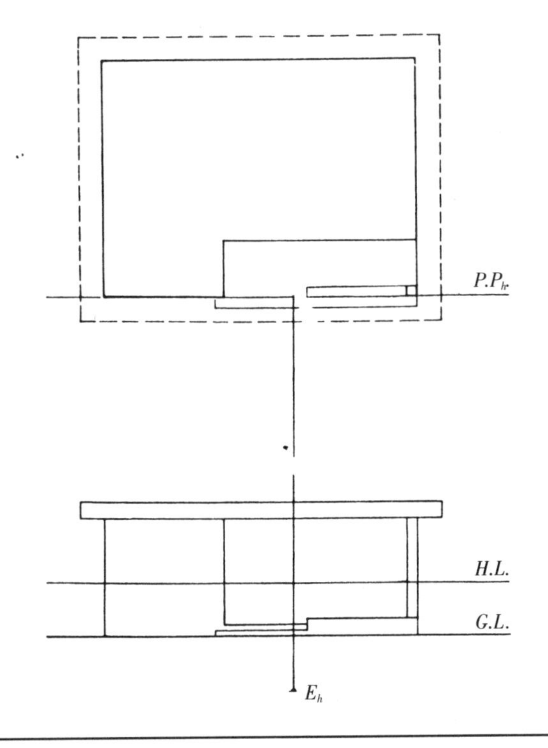

# 透视 2

• 1.求作建筑室内的透视图，所有尺寸均按比例放大一倍。(P184，P185)

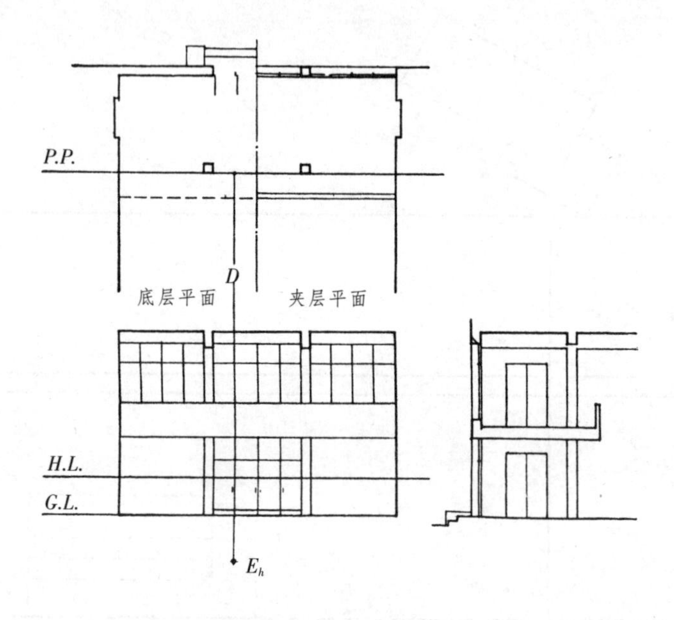


2.用量点法求作透视图，所有尺寸均按比例放大一倍。

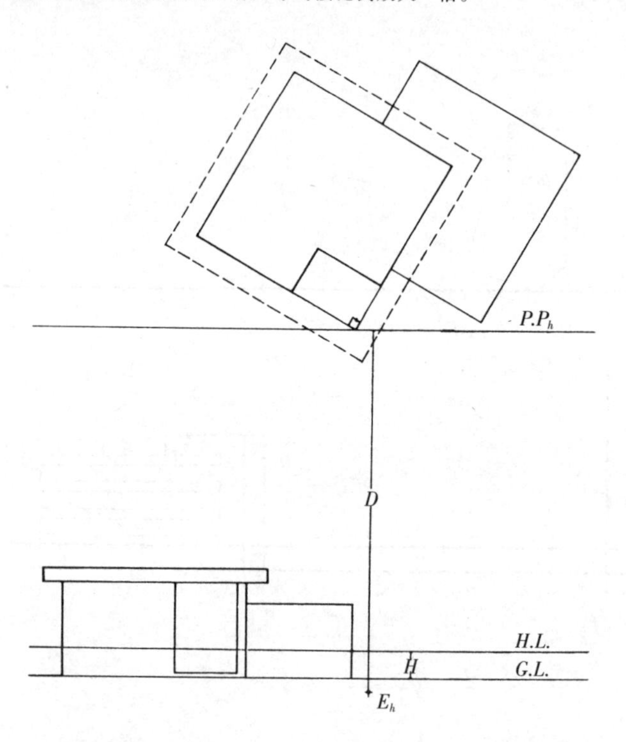


• 3.用一点透视网格法求作透视图，所有尺寸均按比例放大一倍。(P186，P187)

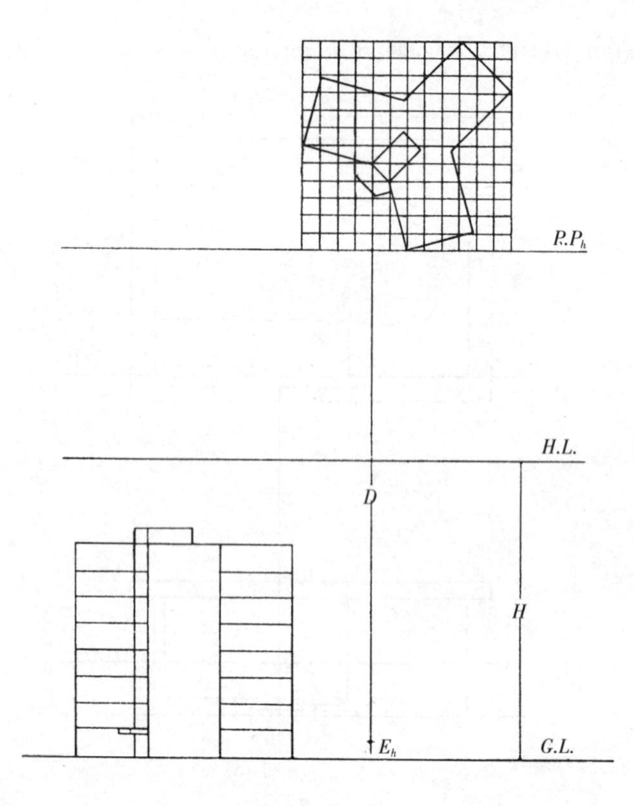


• 4.用量点法求作透视图，所有尺寸均按比例放大一倍。(P188，P189)

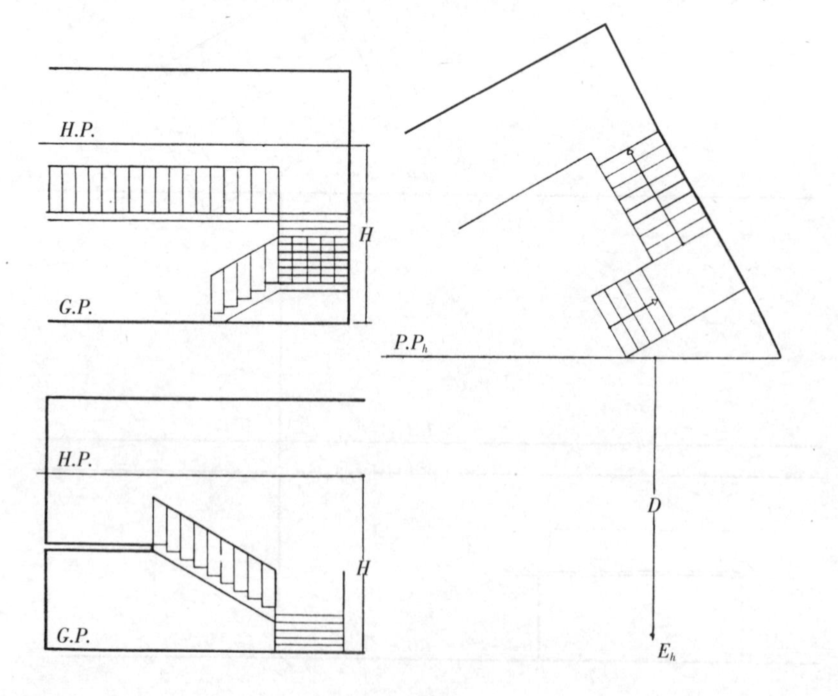

1.自选视点,用量点法求作透视图,所有尺寸均按比例放大一倍。

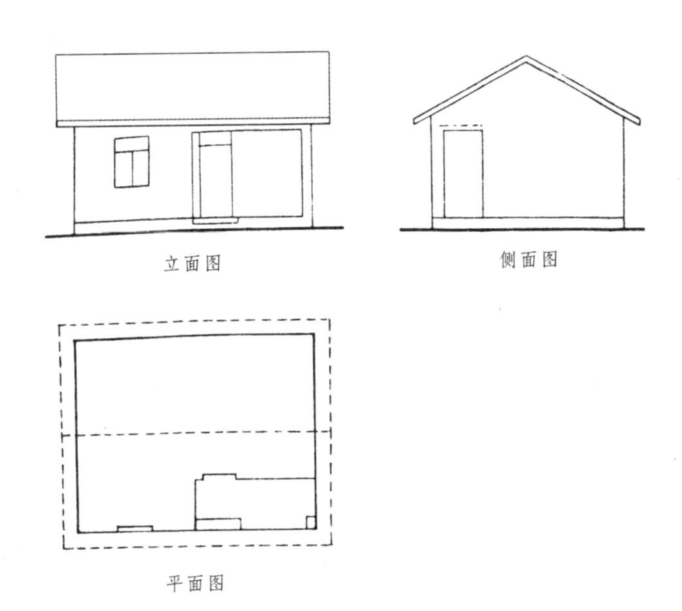


• 2.自选视点,用量点法求作透视图,所有尺寸均按比例放大一倍。(P190,P191)

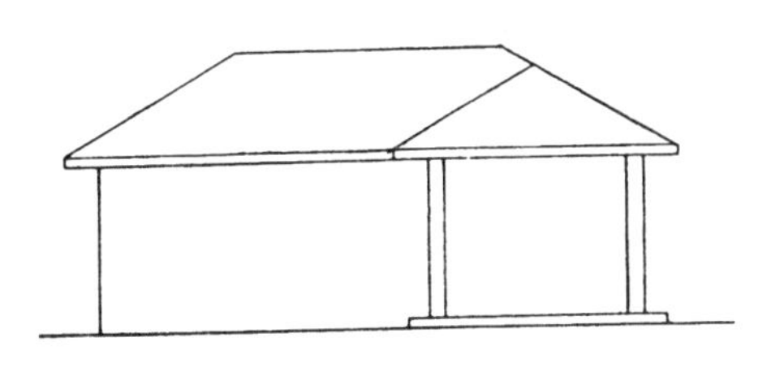

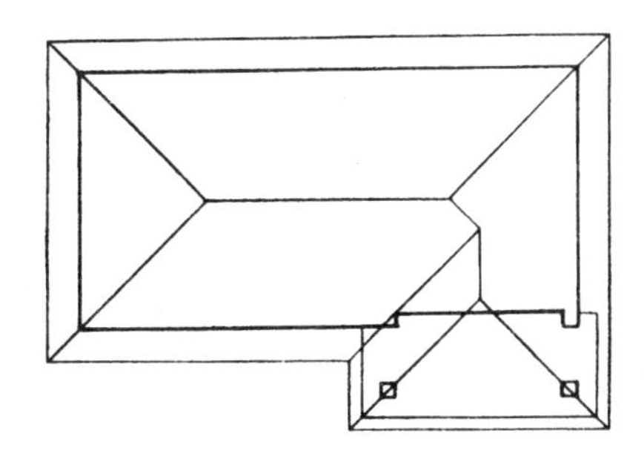

• 3.自选视点,用量点法求作透视图,所有尺寸均按比例放大一倍。(P192,P193)

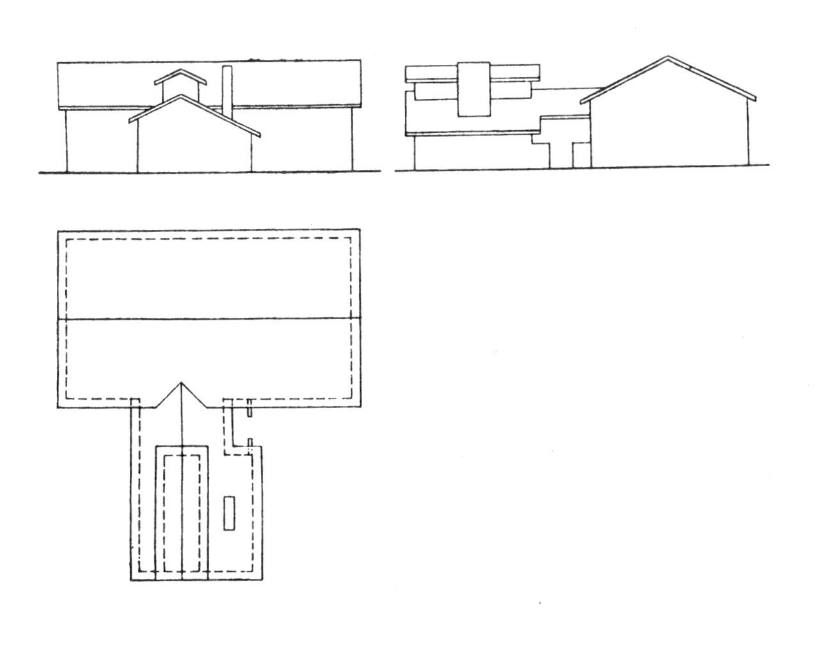

• 4.自选视点,用量点法,求作透视图,所有尺寸均按比例放大一倍。(P194,P195)

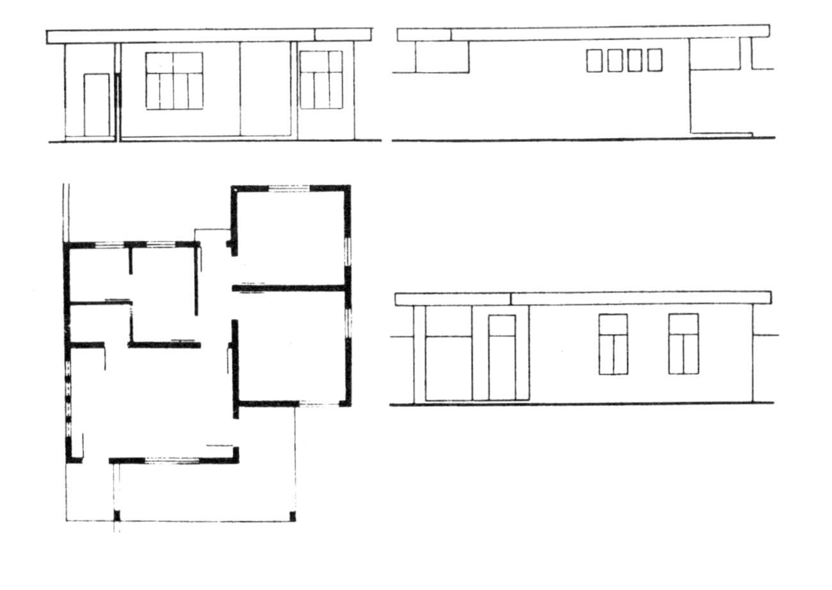

# 透视 4

- 1.按 $L$、$L_h$ 求作透视图的阴影。(P194,P195)

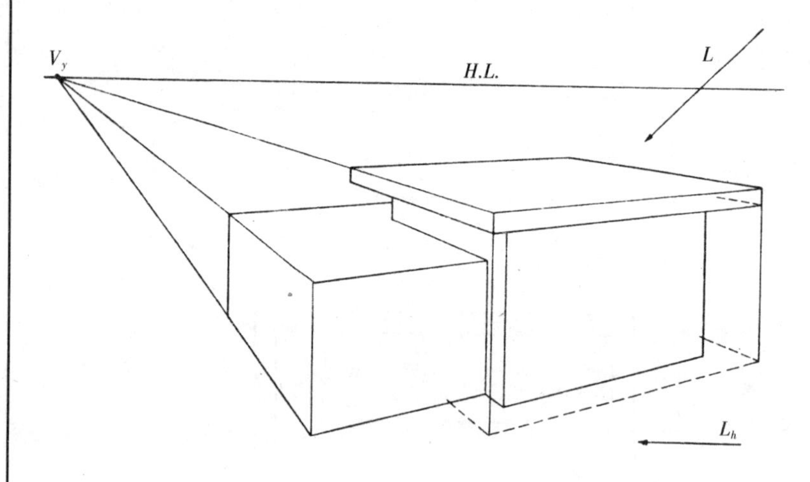


- 2.自选阳光角度,求作透视图的阴影。(P196,P197)

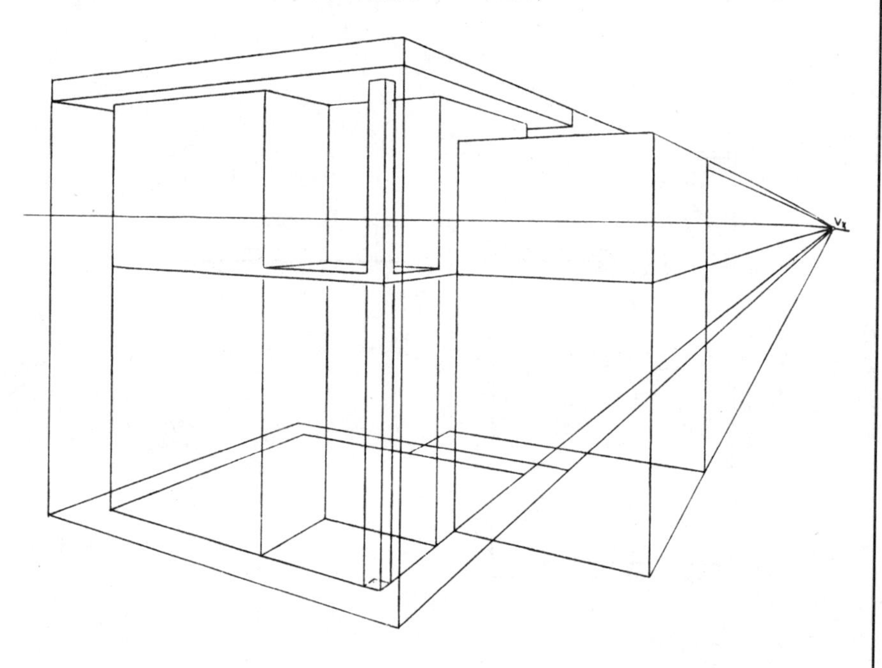

- 3.自选阳光角度,求作透视图的阴影。(P198,P199)(P200,P201)

- 4.自选视点和阳光角度,求作透视图及阴影,所有尺寸均按比例放大一倍。(P202,P203)

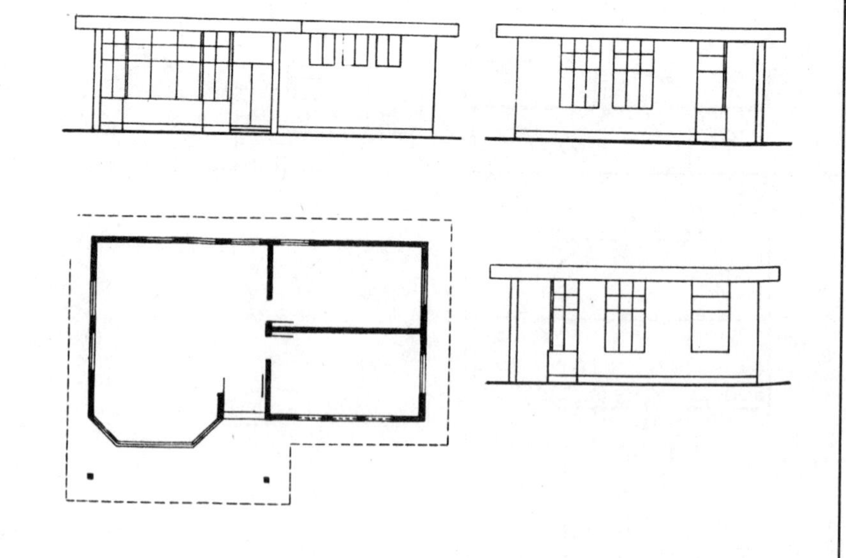

# 习 题 解 答

# 投形　1

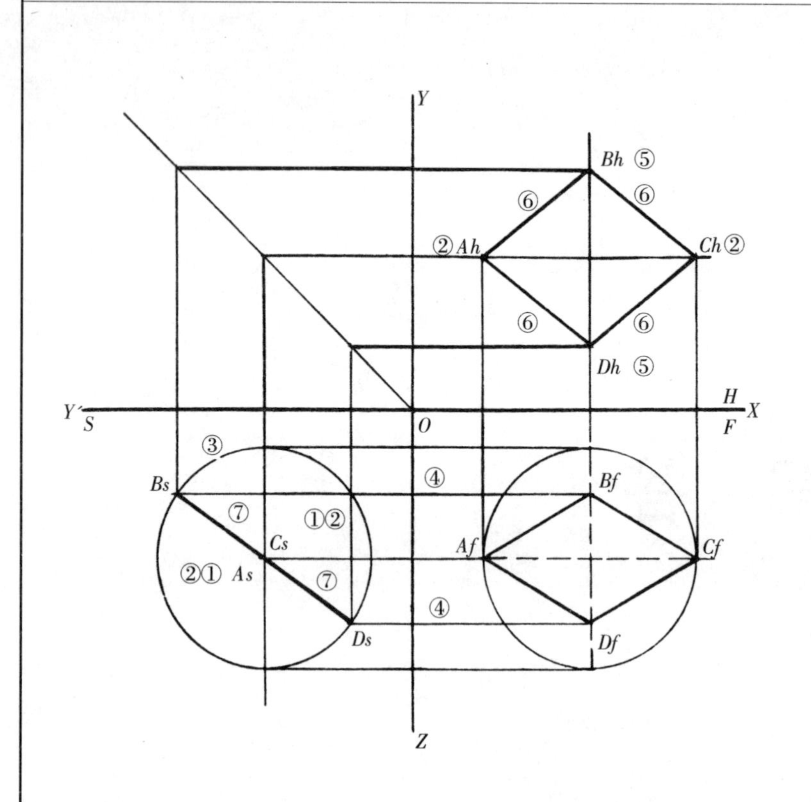


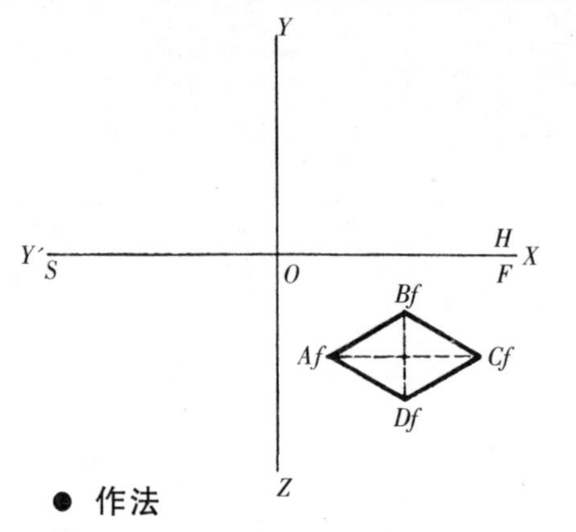


**已知**

正方形 *ABCD* 的 *F* 投形及对角线 *AC* 垂直于 *S* 面，*AC* 与 *F* 面的距离等于与 *H* 面的距离。

**求作**

正方形 *ABCD* 的 *H*、*S* 投形。

● **作法**

① 由已知 *AC* 垂于 *S*，故 $A_s$、$C_s$ 为一点。

② 由已知 *AC* 与 *F* 的距离等于与 *H* 的距离，即得 *AC* 的 *H* 投形 $A_hC_h$ 及 *AsCs*。

③ 以 $A_sC_s$ 为圆心作圆。

④ 由 $B_f$、$D_f$ 作水平线与圆周相交分别交于 $B_sD_s$。

⑤ 由 $B_sD_s$ 及 $B_fD_f$ 即可求得 $B_hD_h$。

⑥ 连 $A_hB_hC_hD_h$ 即得□ABCD 的 *H* 投形。

⑦ 连 $A_sB_sC_sD_s$ 即得□*ABCD* 的 *S* 投形为一直线，可知□*ABCD* 垂直于 *S* 面。

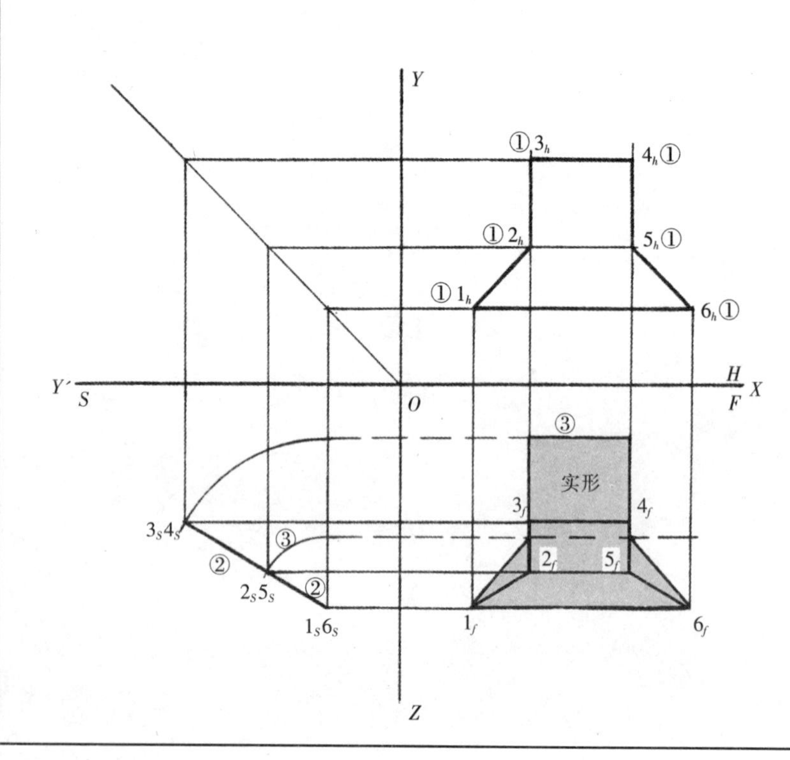


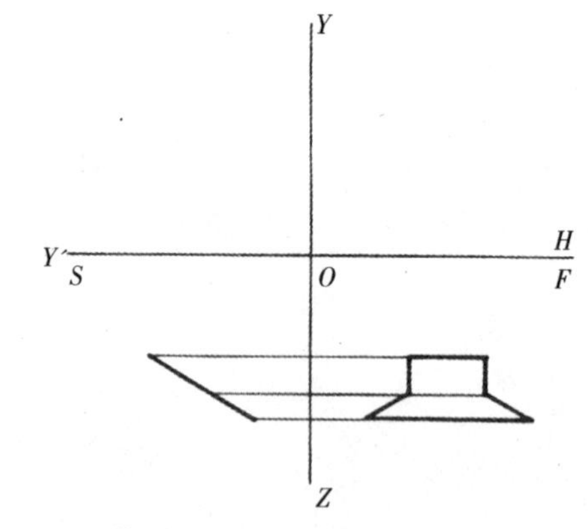


**已知**

平面图形的 *F*、*S* 投形。

**求作**

平面图形的 *H* 投形，并用纸片剪出或画出实形。

● **作法**

① 由 $1_f$ $2_f$ $3_f$ $4_f$ $5_f$ $6_f$ 及 $1_s$ $2_s$ $3_s$ $4_s$ $5_s$ $6_s$ 即可求得 $1_h$ $2_h$ $3_h$ $4_h$ $5_h$ $6_h$。连 $1_h$ $2_h$ $3_h$ $4_h$ $5_h$ $6_h$ 即为平面图形的 *H* 投形。

② 因 $1_s$ $2_s$ $3_s$ $4_s$ $5_s$ $6_s$ 为一直线，可知平面图形与 *S* 面垂直。

③ 以 $1_s$ $6_s$ 为圆心轴，将 $2_s$ $5_s$ 及 $3_s$ $4_s$ 旋转到平行于 *OZ* 轴（即平行于 *F* 面）投到 *F* 面，在 *F* 面上则表现其实形。

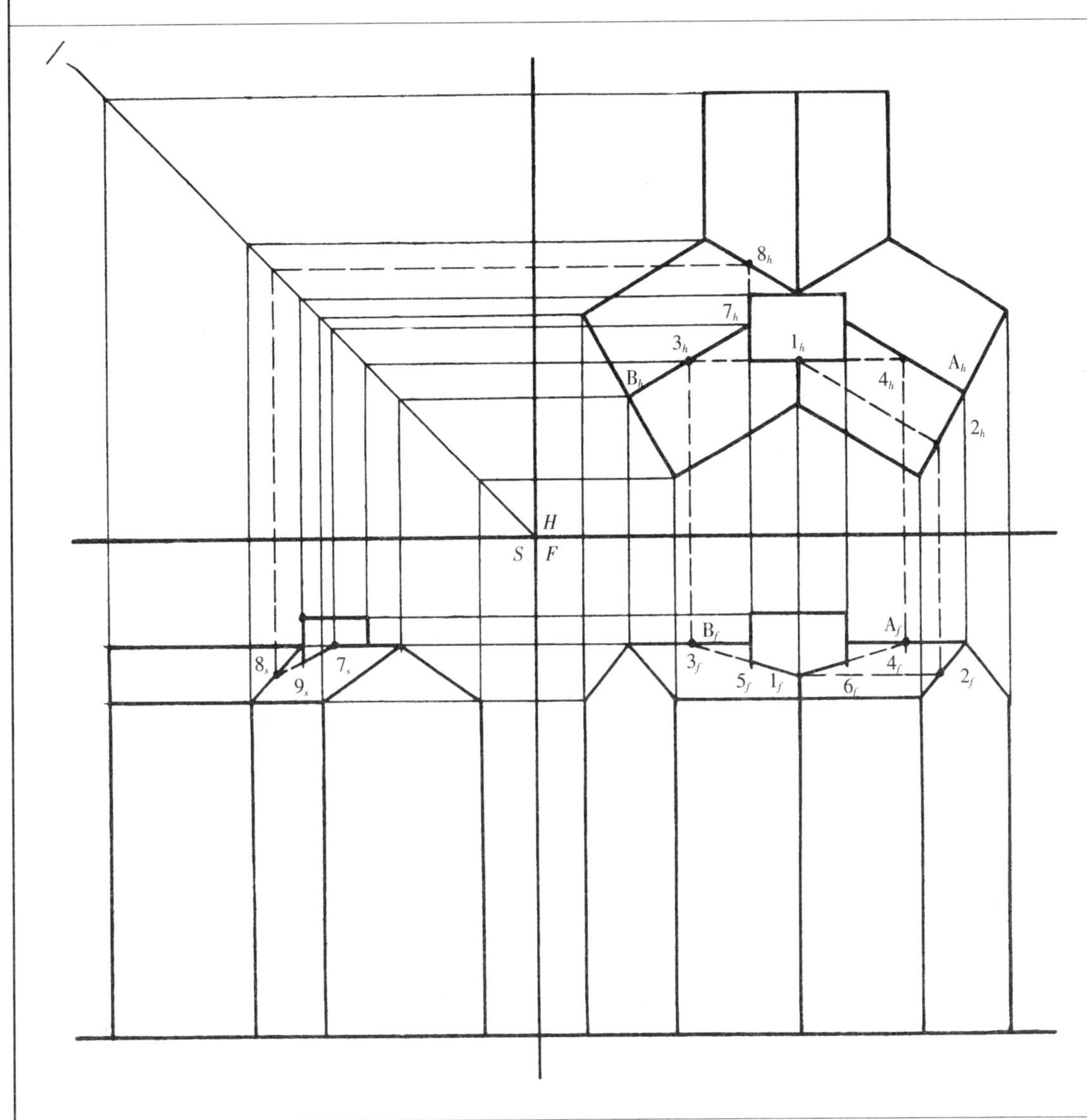


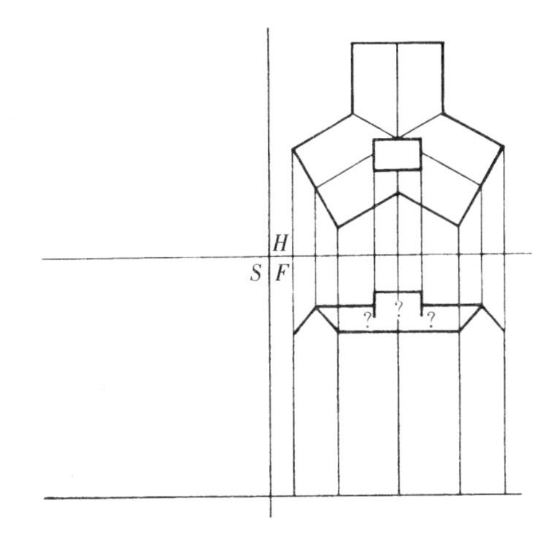


**已知**

建筑形体的 $H$、$F$ 投形图。

**求作**

建筑形体的 $S$ 投形图，并完成 $F$ 投形图。

**分析**

从已知的 $H$、$F$ 投形图中，可知该建筑形体为三个两坡屋面成 120°方向相交，在中间有一个立方体相贯，从未完成的 $F$ 面上三个未知点，要求出立方体和坡屋面的相贯线。

● **作法**

① 在 $H$ 面上 $1_h$ 作辅助线 $1_h$、$2_h$ 与屋脊 $A_h$ 平行，由 $2_h$ 投到 $F$ 面上得 $2_f$，在 $F$ 面上由 $2_f$ 作水平线得 $1_f$。

② 在 $H$ 面上过 $1_h$ 作水平线与屋脊 $A_h$、$B_h$ 相交于 $3_h$、$4_h$。

③ 在 $H$ 面上 $3_h$、$4_h$ 投到 $F$ 面上与 $A_f$、$B_f$ 相交于 $3_f$、$4_f$。

④ 在 $F$ 面上，连 $3_h$、$4_h$ 和 $3_f$、$1_f$ 得 $5_f$、$6_f$，即完成 $F$ 投形图。

⑤ 在 $H$ 面上 $7_h$ 投到 $S$ 面上得 $7_s$。

⑥ 在 $H$ 面上由 $7_h$ 作垂线得 $8_h$。

⑦ 由 $8_h$ 投到 $S$ 面上，得 $8_s$。

⑧ 连 $7_s$ $8_s$ 与立方体的一个垂边相交得 $9_s$，连 $9_s$ $7_s$ 即得立方体的一个面与坡屋面的交线。

⑨ 用上述方法即可完成建筑型体的 $F$、$S$ 投形图。

# 投形 3

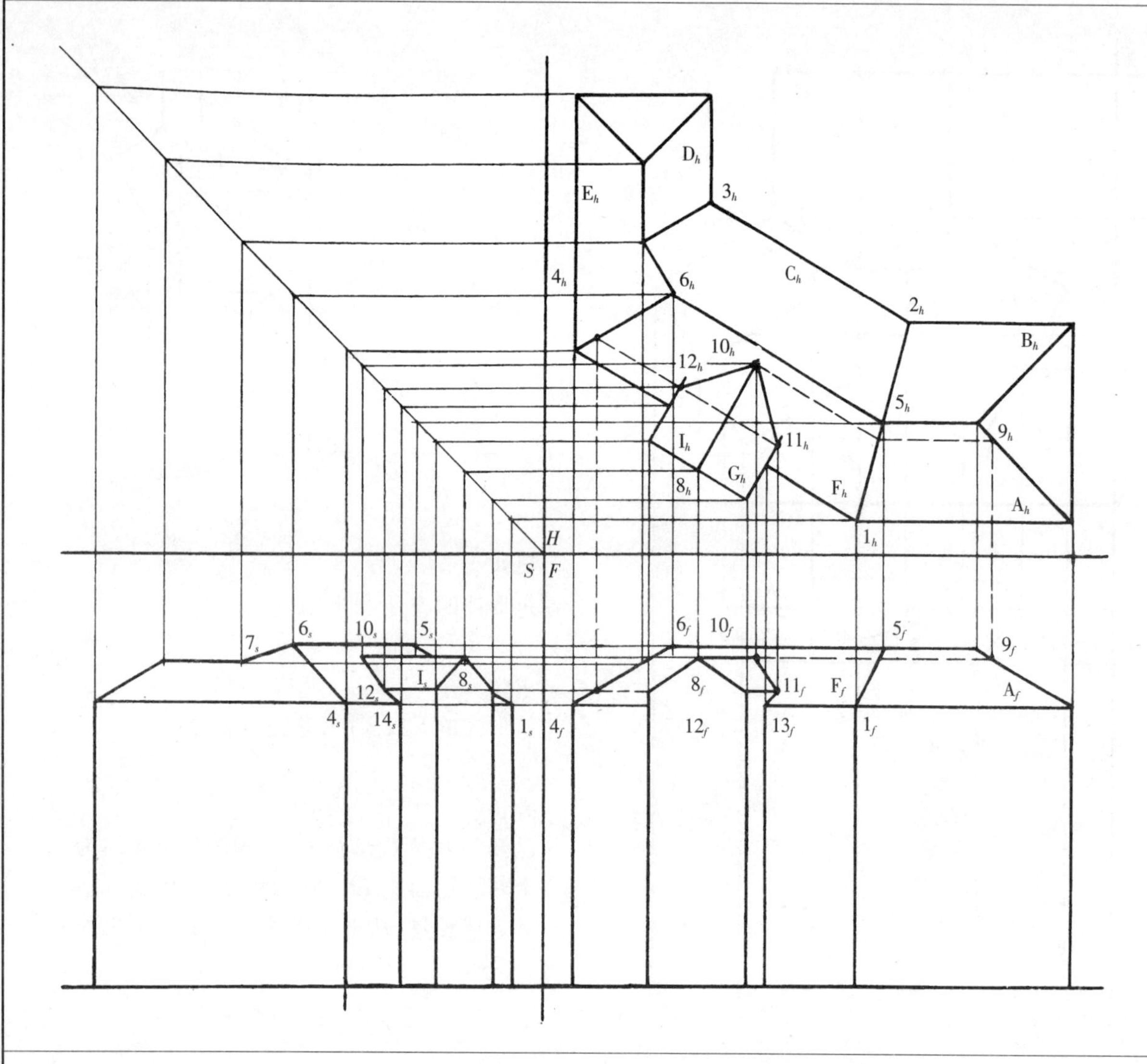


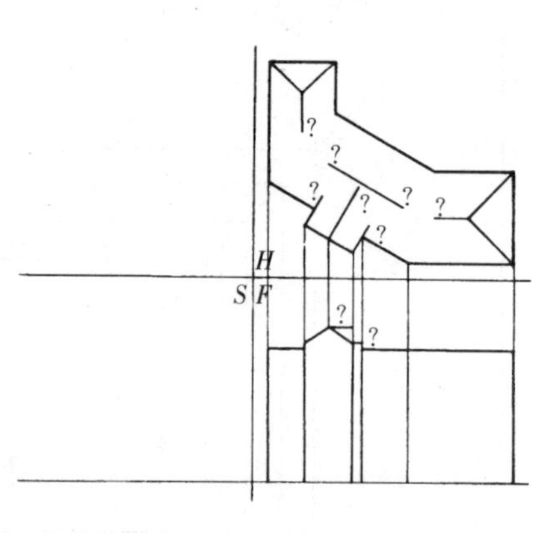


**已知**

建筑形体的 $H$、$F$ 投形图，屋面坡度为 30°。

**求作**

建筑形体的 $S$ 投形图，并完成 $F$ 投形图。

● **作法**

① 因屋面坡度为 30°(均相等)，所以在 $H$ 面上 $1_h$ $2_h$ $3_h$ $4_h$ 各作 $A_hF_h$、$B_hC_h$、$C_hD_h$ 和 $E_hF_h$ 屋面檐口交角的分角线与各屋脊相交于 $5_h$、$6_h$ 和 $7_h$ 投到 $F$、$S$ 面，即得 $5_f$、$6_f$ 和 $5_s$、$6_s$ 和 $7_s$。

② 在 $F$ 面上过 $8_f$ 屋脊作水平线与戗脊交于 $9_f$。

③ 由 $9_f$ 投到 $H$ 面上得 $9_h$。

④ 由 $9_h$ 作檐口的平行线得 $10_h$。

⑤ 过 $10_h$ 作 $8_h$、$10_h$ 屋脊的 45°线，与 $G_h$、$I_h$ 檐口相交于 $11_h$ 和 $12_h$，即为 $F$、$G$ 屋面与 $F$、$I$ 屋面的交线的 $H$ 投形。

⑥ 由 $11_h$ 和 $12_h$ 转投到 $F$、$S$ 面，得 $11_f$ 和 $12_f$。

⑦ 在 $F$ 面上连 $11_f$ 和 $13_f$，即得墙面与 $F$ 屋面的交线的 $F$ 投形。

⑧ 在 $S$ 面上连 $10_S$ 和 $14_S$ 即得墙面与 $F$ 屋面的交线的 $S$ 投形。

⑨ 由 $H$、$F$ 投形即可求得墙身的 $S$ 投形。

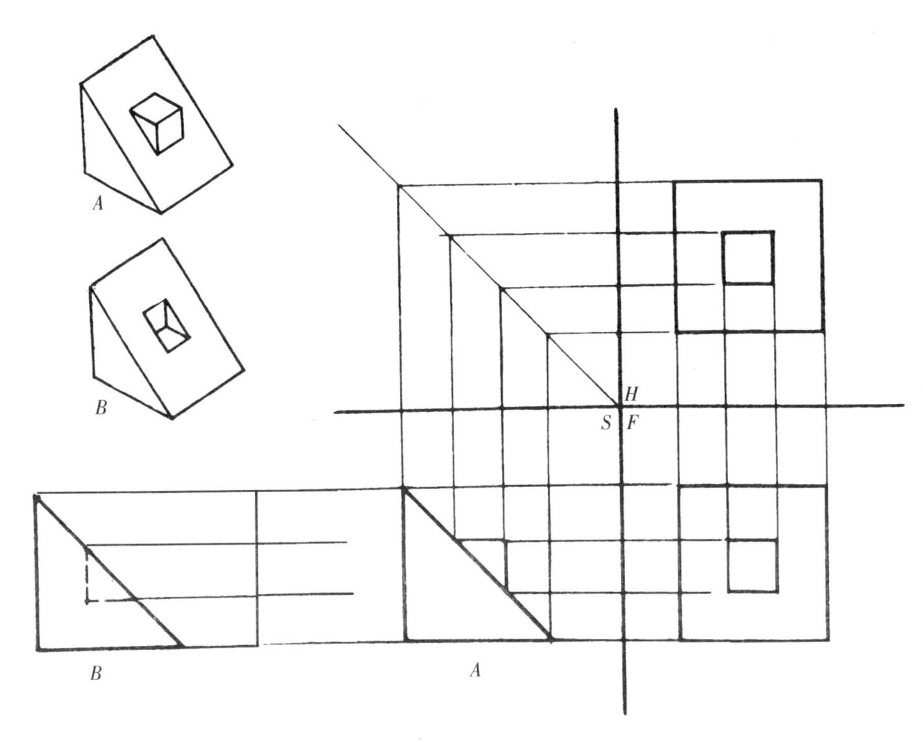


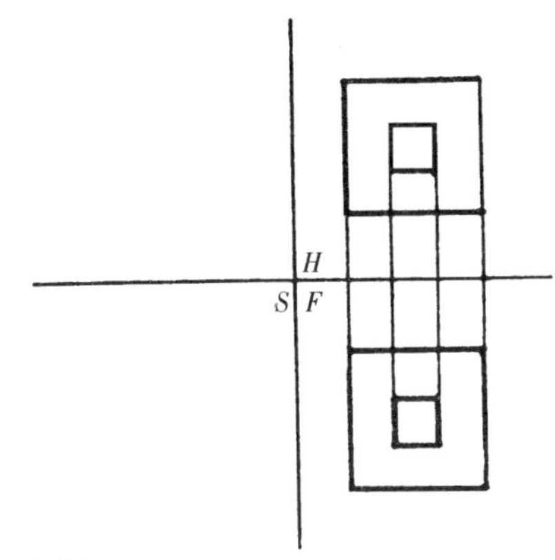


**已知**

物体的 $H$、$F$ 投形图。

**求作**

完成物体的 $S$ 面投形，并绘出物体空间形象。(此题有多解，重在培养空间想象能力)

**分析**

按已知 $H$、$F$ 投形图先想象物体空间形象，然后作出物体的 $S$ 投形图，再根据 $H$、$F$、$S$ 投形图，画出物体的空间立体图。

● **作法**

① 按 $H$、$F$ 投形，可想象外框正方形为一直角三角形体，而内框正方形可能为一个突出或凹入的三角形体。

② 按①的想象即可画出物体的 $S$ 投形，A 或 B。

③ 再画出立体图 A 或 B。

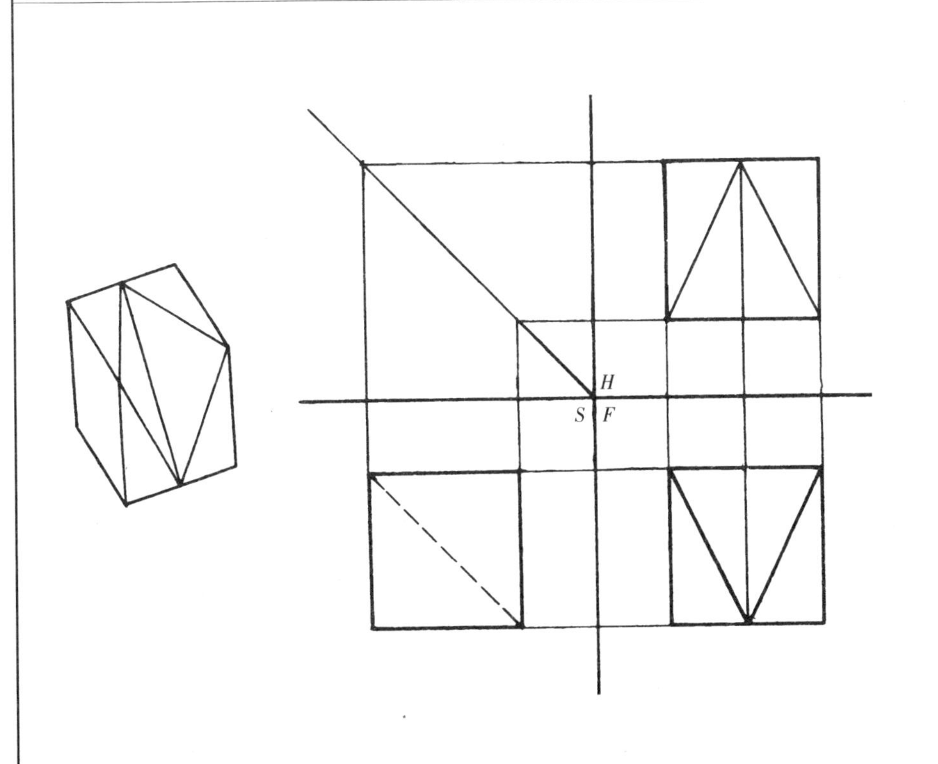


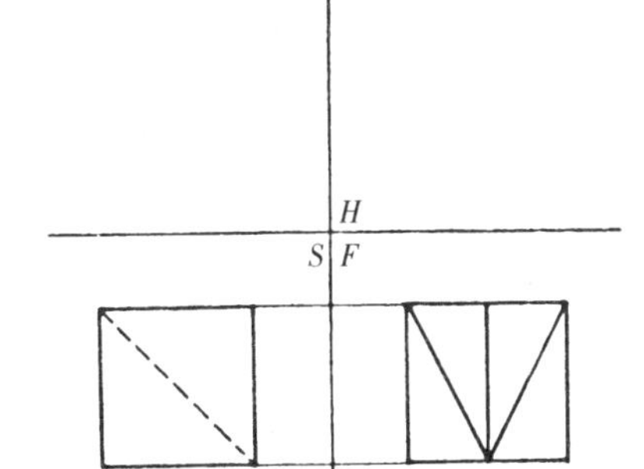


**已知**

物体的 $F$、$S$ 投形。

**求作**

物体的 $H$ 投形图，并绘出物体的立体形体图。(本题可有多解，请发挥空间想象能力)

**分析**

从 $S$ 面中正方形的对角线为虚线，可以想象物体为一个正方体，经过向内切割形成的物体。

● **作法**

① 按分析的方法即可作出物体的 $H$ 投形图。

② 按 $H$、$F$、$S$ 图，想象空间形象并绘出物体空间立体图。

③ 本题可有多解，可以培养学生想象能力。

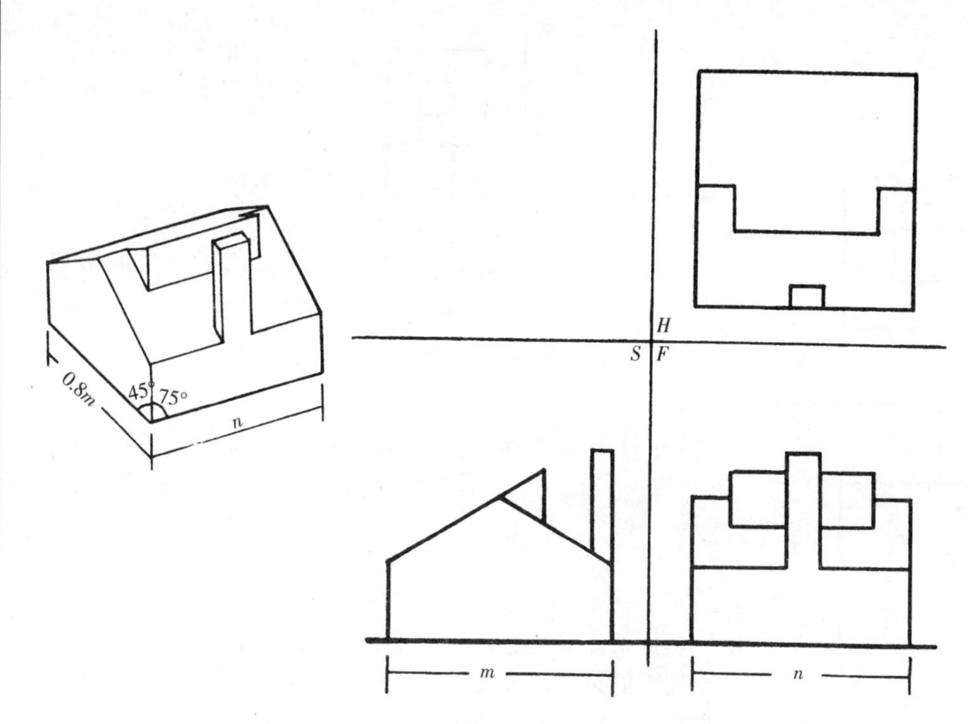


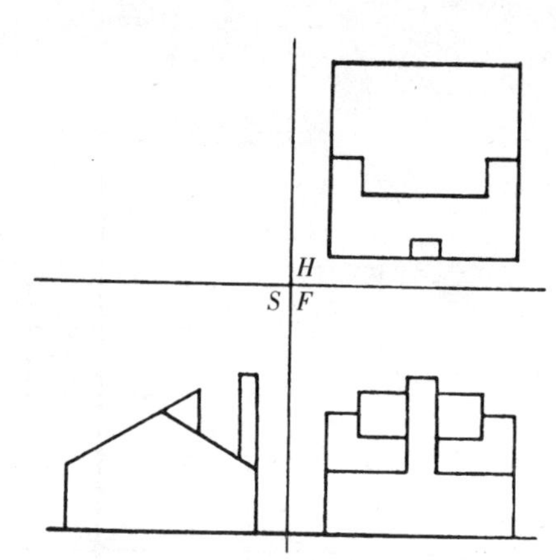


**已知**

建筑形体的 $H$、$F$、$S$ 图。

**求作**

建筑形体的轴测图。

● **作法**

① 为了清楚地表现建筑形体和使轴测图形象不失真，选择 $OX$ 方向夹角为 75°，$OY$ 方向为 45°。故在 $OY$ 方向的长度在轴测图中缩短 0.8。

② 作物体的轴测平面图。($OY$ 方向长度缩短 0.8)。

③ 在轴测平面图中各个位置上量高，即可绘出建筑形体的轴测图。

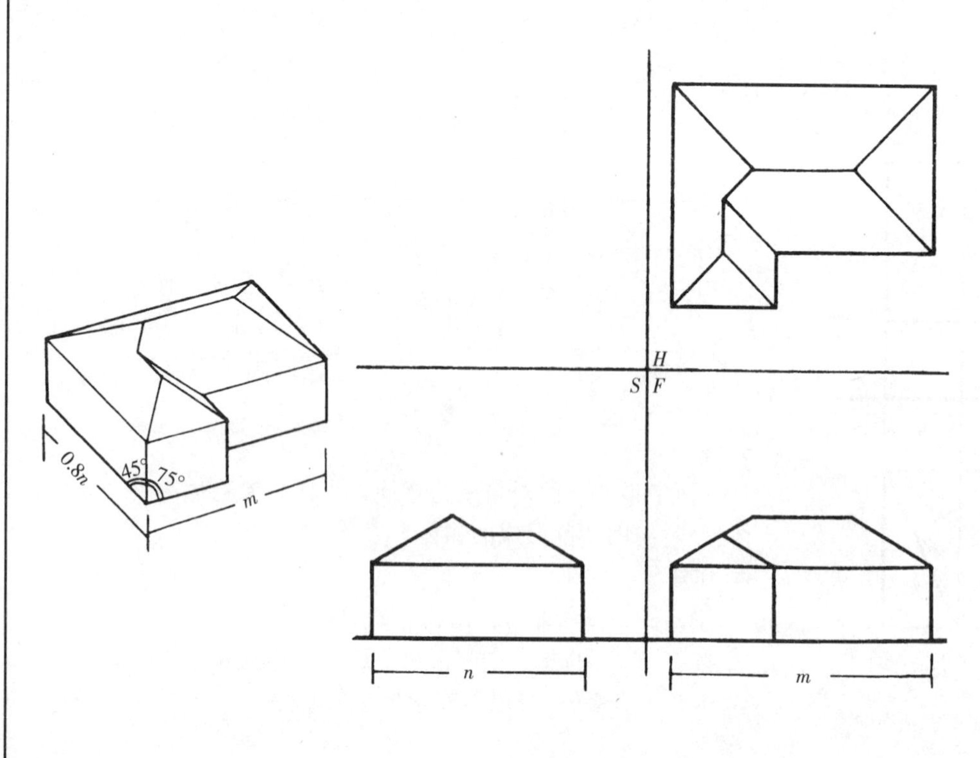


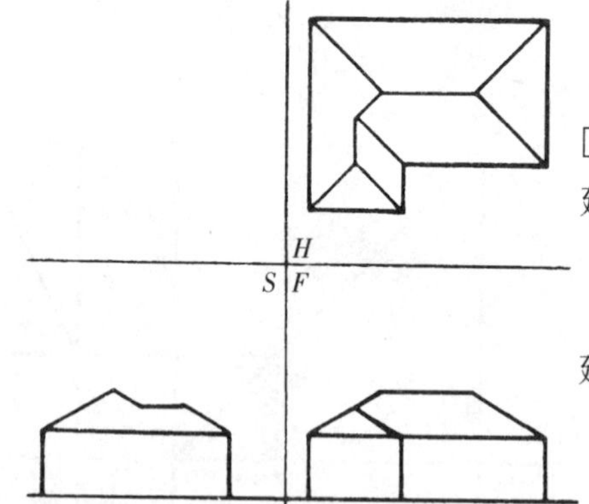


□**已知**

建筑形体的轴测图。

**求作**

建筑形体的轴测图。

● **作法**

① 选择 $OX$ 方向的夹角为 75°，$OY$ 方向夹角为 45°，则 $OY$ 方向长度在轴测图中为 $0.8n$，$OX$ 方向长度仍为 $m$。

② 作出建筑形体的轴测平面图。

③ 在轴测平面图上各位置量高，即可绘出建筑形体的轴测图。

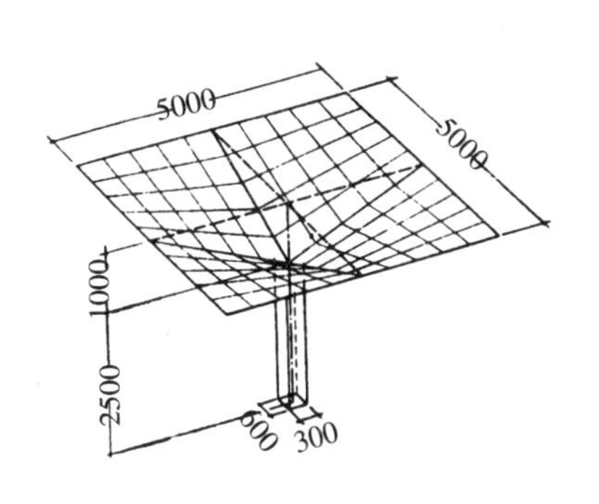


**已知**

建筑形体的轴测图。

**求作**

建筑形体的平面图、立面图以及对角线方向的立面图。(用 1:75 绘图)

**分析**

从已知轴测图可知,该建筑形体是由一个扭曲面的屋顶和一根方柱子组成,扭曲面屋顶是由四个直异线、直母线的扭曲面组成,而方柱体和扭曲面的交线必为直线,是扭曲面中一根母线中的一小段直线,它既在曲面上又在柱面上。

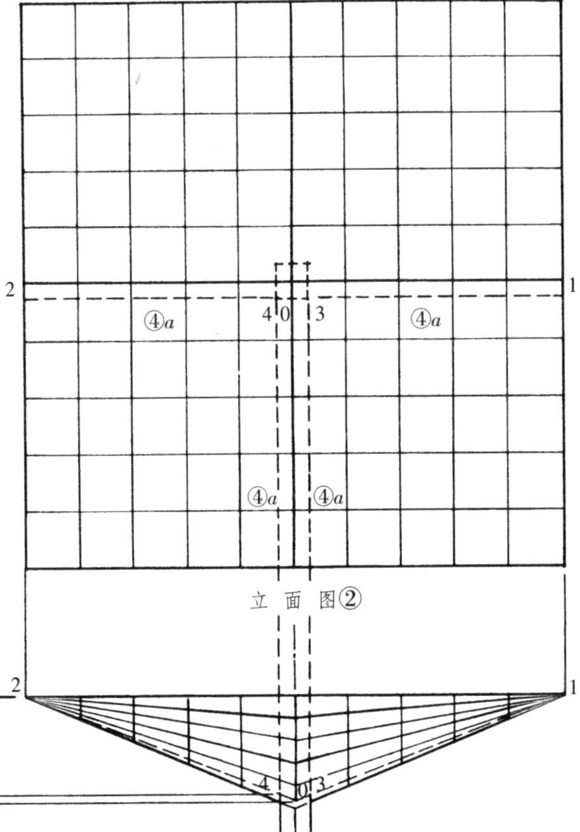


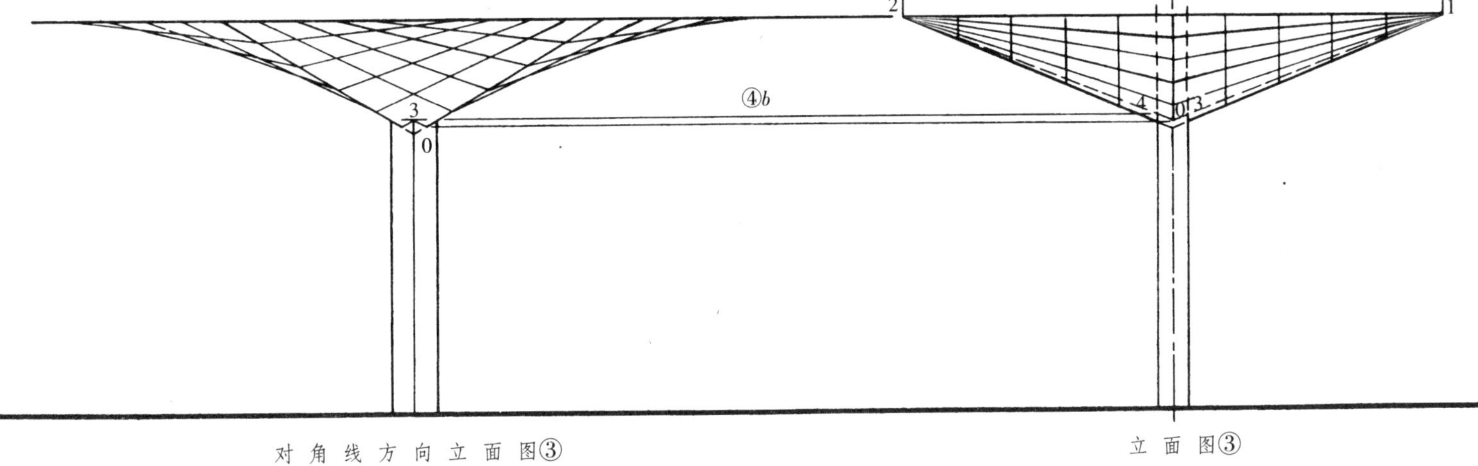


● **作法**

① 按已知尺寸和 1:50 的比例尺画出平面图,虚线表示柱子的投形。

② 画出扭曲面屋面和柱子的立面图和对角线方向立面图。

③ 求扭曲面和柱子的交线:

*a*、在平面图上沿着柱面作辅助母线 01 和 02,并投到立面图上与柱面垂线相交得 03、04,即为柱面和扭曲面交线的立面投形。

*b*、将立面图上的 03 或 04,投到 45°方向立面图中的 03 或 04 位置,即为柱面和扭曲面交线的对角线方向的投形。

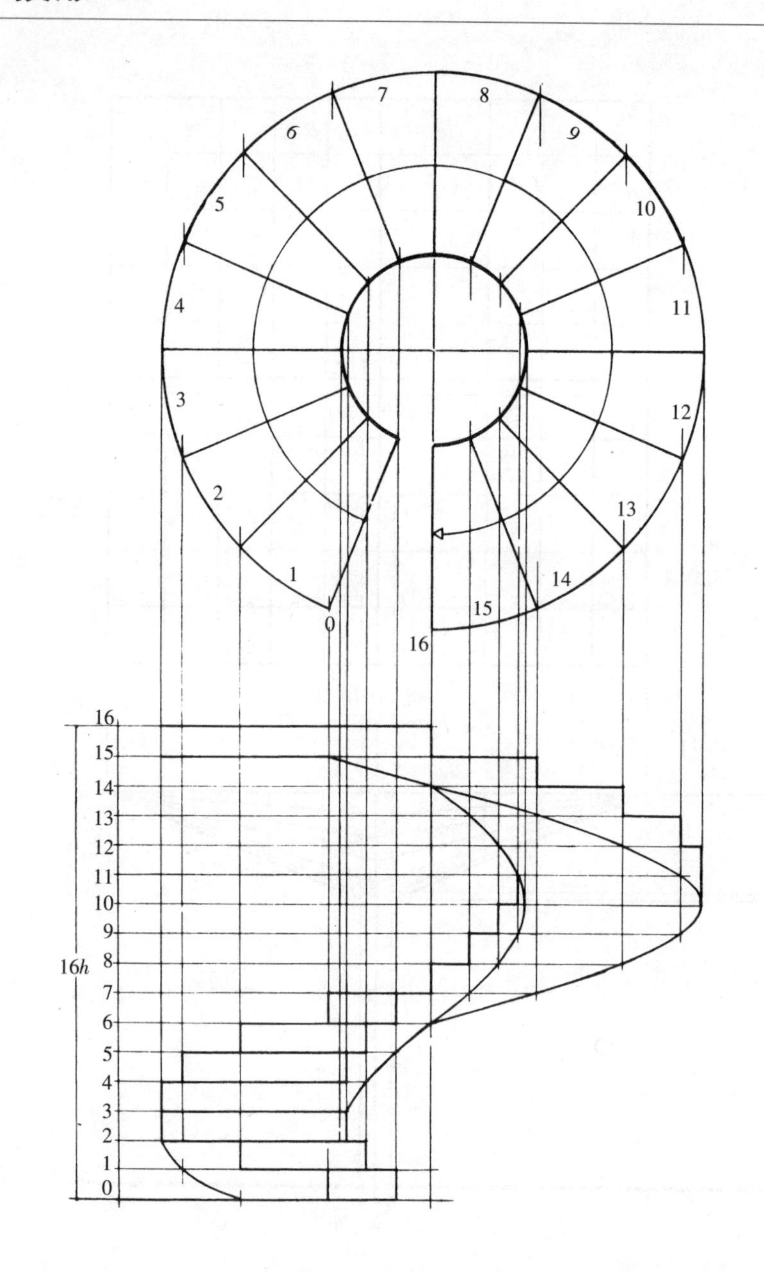


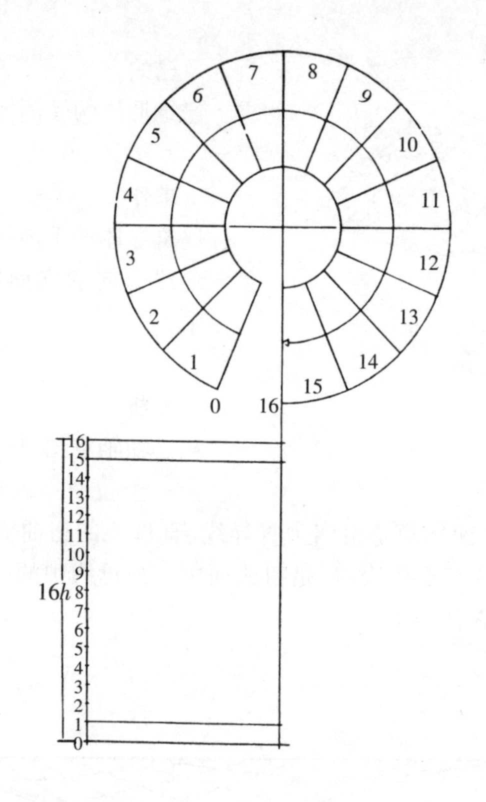


**已知**

板式转梯的平面图,及每个踏步的高度和板厚均等于 $h$。

**求作**

转梯的立面图。

● **作法**

① 由平面图上 0 的起步到第 16 个踏面,一个踏面一个踏面地作出踏步的立面图。

② 按已知板厚 $h$,由每一个踏面下降 $h$ 高度,画出每个踏步的板厚,可以连成两根光滑的螺线,立面图上被踏步遮挡的螺线画虚线或可不画,即得转梯立面图。

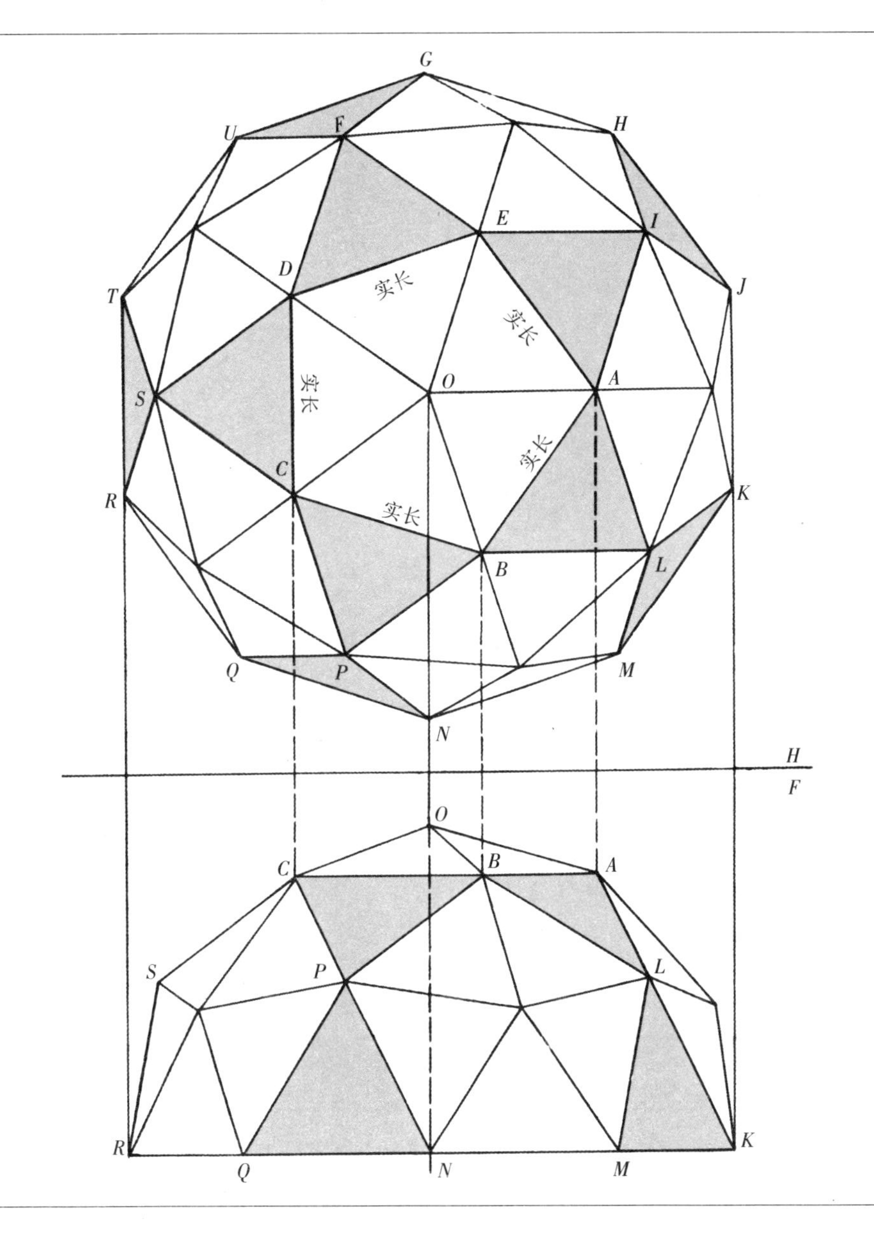


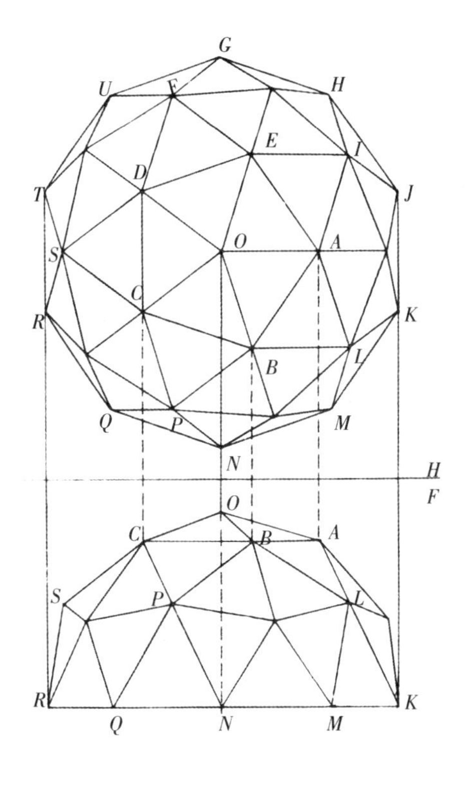


**已知**

① 底面 $GHJKMNQRTU$ 是正十边形。

② $ABCDE$、$AIJKL$、$BLMNP$、$CPQRS$、$DSTUF$ 和 $EFGHI$ 是相同的正五边形锥体。

**求作**

按图形作出模型。

**分析**

① 该多面体由五个相同的正五边形锥体和十个正三角形组成，其边长等于正五边形锥体底边长。

② 在 $H$ 面上 $AB$、$BC$、$CD$、$DE$ 和 $EA$ 为正五边形的实形。因为它平行于 $H$ 面。

③ 在 $F$ 面上 $OA$ 为正五边形锥体斜棱边的实长，因为 $OA$ 平行于 $F$ 面。

● **作法**

① 作六个正五边形锥体和十个正三角形。在制作时在相互拼接边处多留 0.5cm 粘接带，以便于用胶水粘接。

② 制作过程中先画出展开图，尽可能减少拼接缝，而多用摺缝。

③ 若用卡纸制作时，可在摺缝处用小刀片轻轻地划一刀(注意不可割断纸张)，以便于摺角，可使模型做得十分挺拔。

④ 若有兴趣，还可制作成适当大小的半多面球形或全多面球形灯罩。

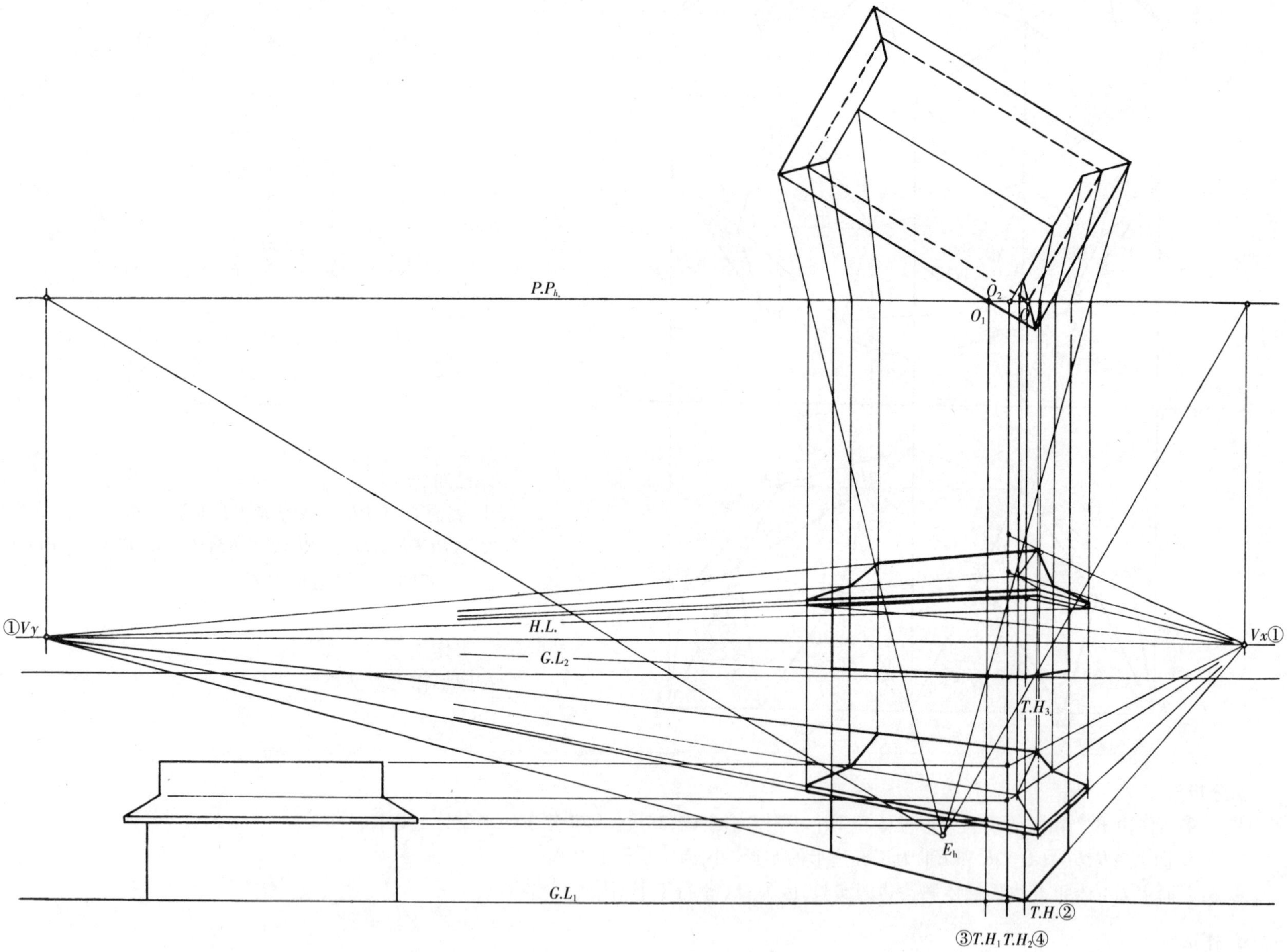

P.P.h
O2
O1
①Vy
H.L.
G.L2
Vx①
T.H3
Eh
G.L1
T.H.②
③T.H1 T.H2④

**已知**

建筑形体的平面图和立面图，$P.P_h$、$E_h$、$H.L$、$G.L_1$和$G.L_2$。

**求作**

建筑形体的透视图。

**分析**

① 由建筑形体的平面图和立面图，可知它是一个歇山屋顶的建筑形体，一个墙角和$P.P_h$相交，其交线可作为墙面的量高线，$T.H.$，即可求出墙体的透视图。

② 屋檐檐口和$P.P_h$的交线可作为屋檐的量高线$T.H_1$。

③ 歇山屋顶的山墙面延长与$P.P_h$相交线则为屋脊和山墙面的量高线$T.H_2$。

$P.P_h$

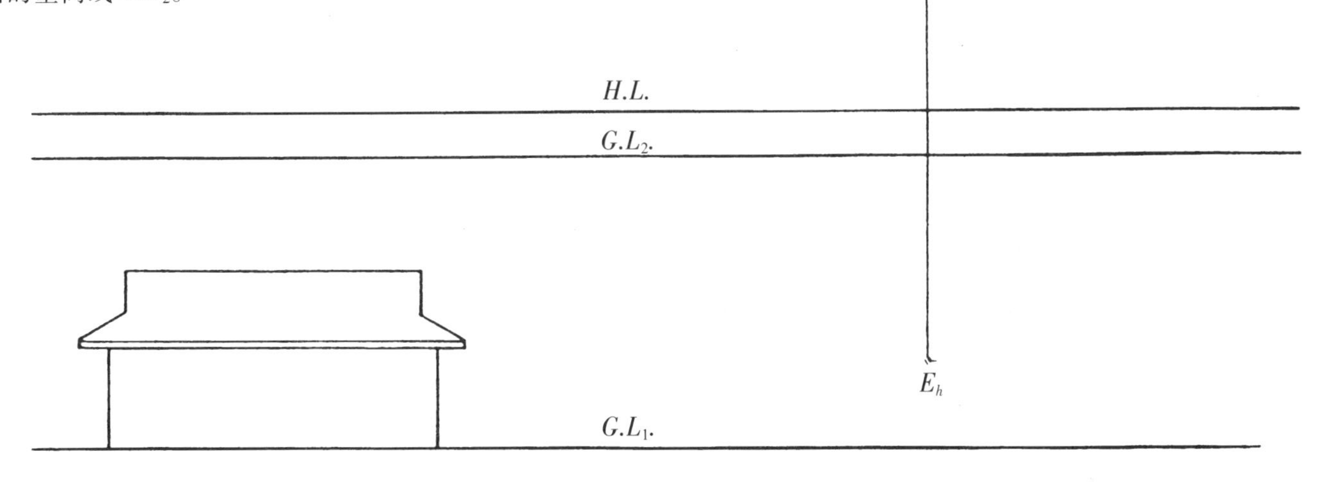


● **作法**（见左页图）

① 在$H.L$上，求得$OX$、$OY$方向的消失点$V_x$、$Vy$。

② 在平面图上，自墙角和$P.P_h$的交点$O$，引垂线到透视图中为量高线$T.H.$，即可求得墙面的透视图。

③ 在平面图上，自檐口和$P.P_h$的交点$O_1$引垂线到透视图中为量高线$T.H_1$，即可求得檐口的透视图。

④ 在平面图中，延长歇山屋顶山墙面与$P.P_h$相交于$O_2$，引垂线到透视图中为量高线$T.H.$，在$T.H_2$上量出歇山屋顶、屋脊和山墙底的高度，向$V_x$方向消失，再由$E_h$连接各相应位置点，与$P.P_h$相交，投到透视图中即可求得歇山屋顶山墙与屋面透视。

⑤ 歇山屋顶是由一个两坡屋面和一个四坡屋面组成，因屋面坡度相等，故从各檐口角点与山墙底点的连线，即得四坡屋面的透视，完成了整个歇山屋顶的透视图。

⑥ $G.L_1$和$G.L_2$作法相同，可先作$G.L_2$的透视为鸟瞰图，再作$G.L_1$的透视为正常视高的透视图，熟练后可两者同时作图。

# 透视 3

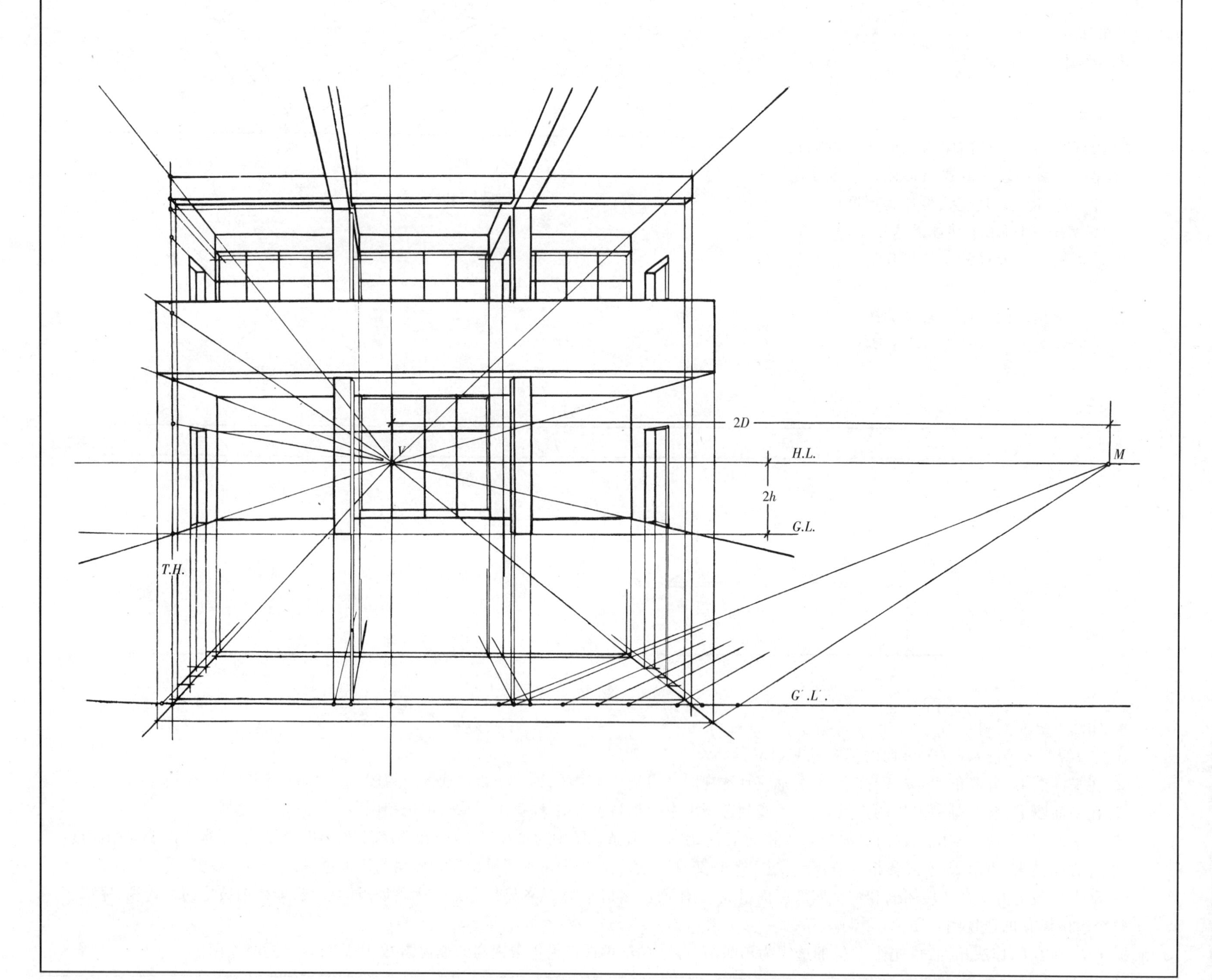

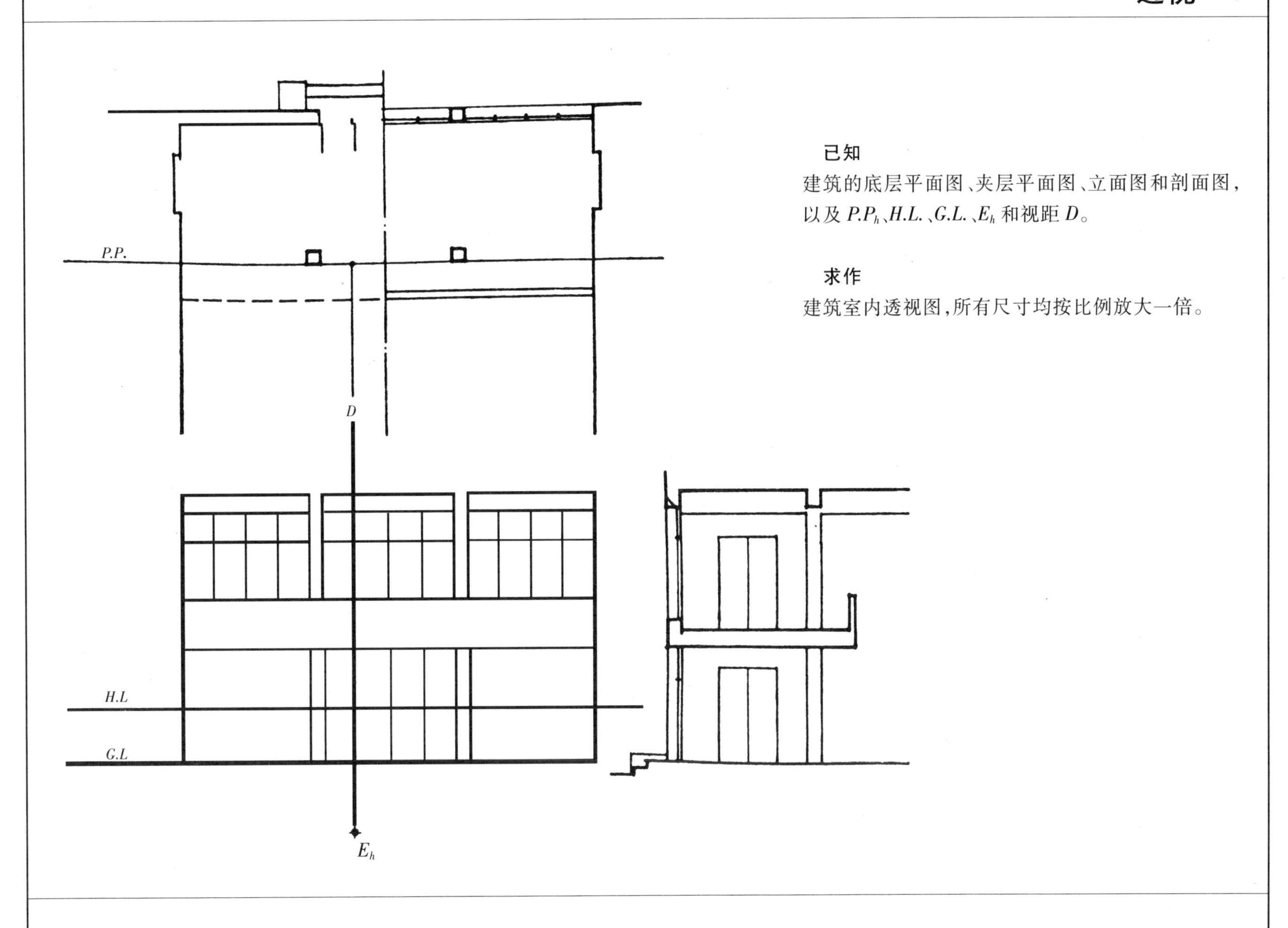


**已知**

建筑的底层平面图、夹层平面图、立面图和剖面图，以及 $P.P._h$、$H.L.$、$G.L.$、$E_h$ 和视距 $D$。

**求作**

建筑室内透视图，所有尺寸均按比例放大一倍。

● **作法**（见左页图）

① 作 $G.L.$、$H.L.$(视高放大一倍)，在 $H.L.$上定消失点 $V$。

② 在 $H.L.$上取 $V$、$M$=2$D$ 即得量点 $M$。

③ 将 $G.L.$降低到 $G'.L'.$位置，以利于作图清晰，用量点法作透视平面。

④ 在 $T.H.$上量得建筑各部分的高度(尺寸均放大一倍)向 $V$ 方向消失，并从透视平面中各相应位置投到透视图中，即得建筑室内透视图。(注意各细部交接清楚)

⑤ 画出线条等级。

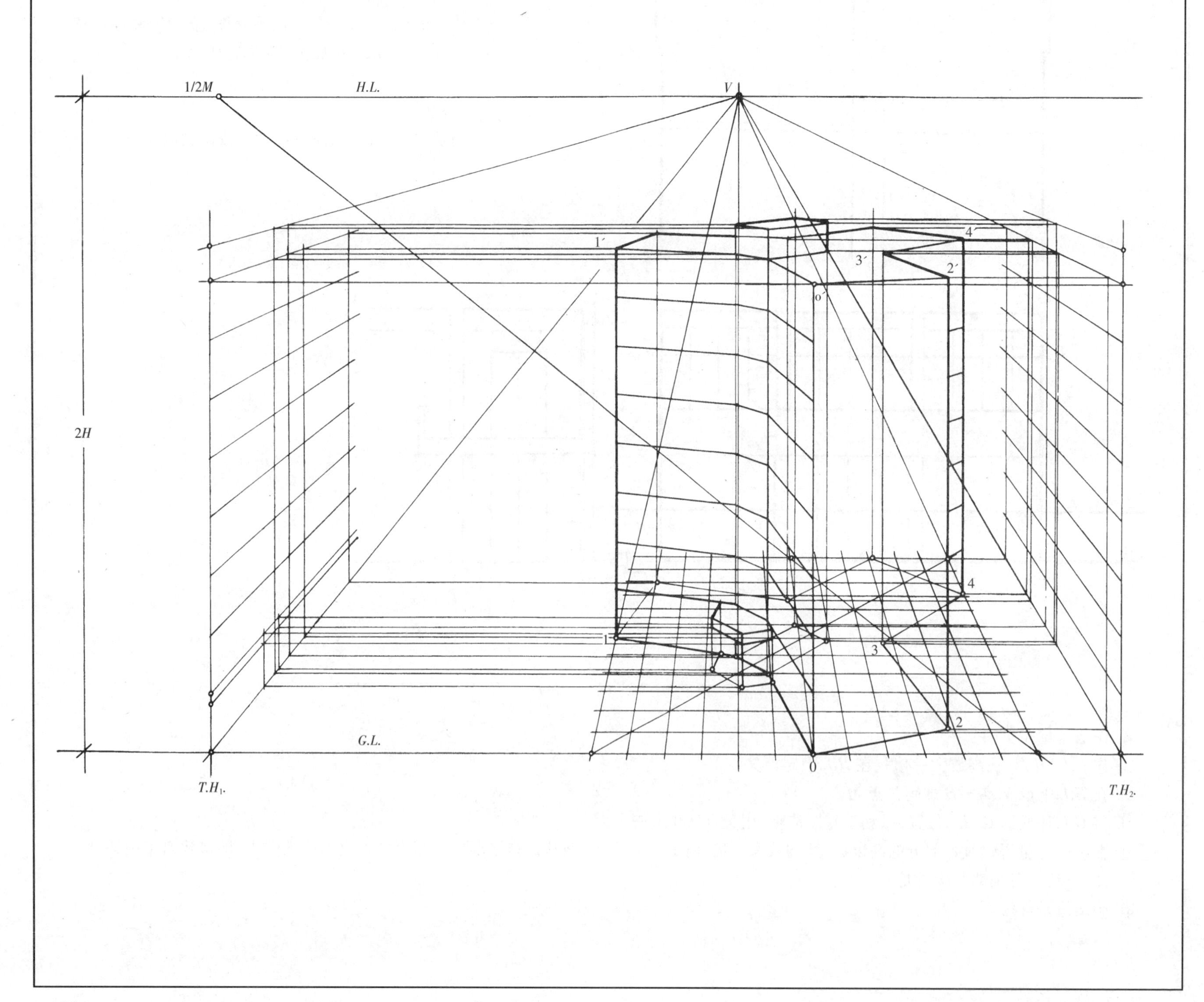
1/2M
H.L.
V
1′
4′
3′
2′
0′
2H
1
3
4
2
G.L.
0
T.H₁.
T.H₂.

**已知**

建筑形体的平面图(附网格)和立面图,$P.P_{h}$、$H.L.$、$G.L.$、$E_{h}$ 和视距 $D$。

**求作**

用一点透视网格法作建筑形体的透视图。(所有尺寸均按比例放大一倍)

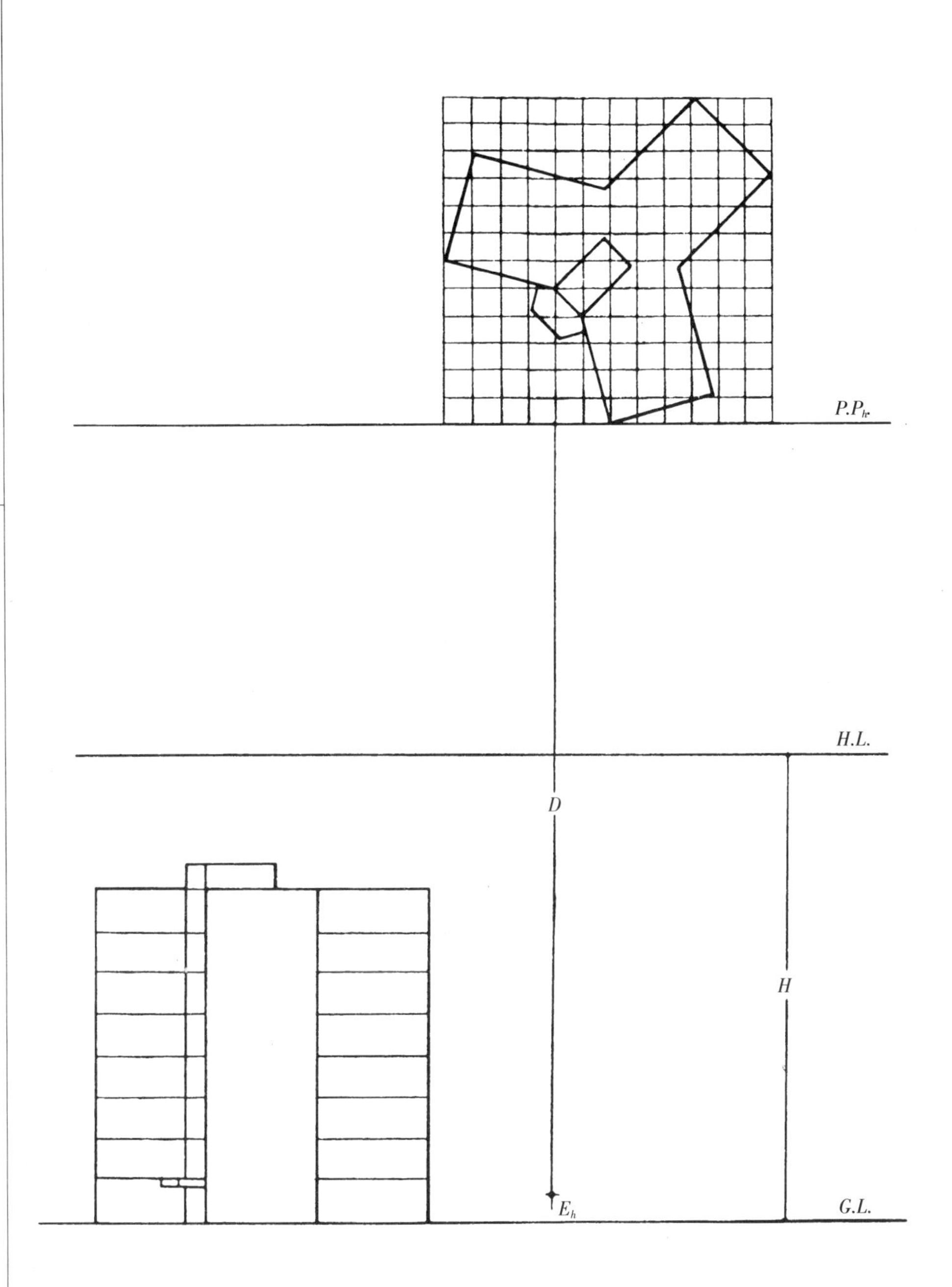


- **作法**(见左页图)

① 按视高 $H$.尺寸放大一倍作 $H.L.$和 $G.L.$。

② 在 $H.L.$上定消失点 $V$,由消失点 $V$ 向左量 $D$ 得(1/2)$M$。(因 $M$ 在板外,故用(1/2)$M$ 的方法使量点在板内,便于作图)

③ 在 $G.L.$上将尺寸放大一倍作透视方格网。

④ 在透视平面网格上相应地标出建筑形体平面和各端点的位置,1、2、3、…并连接成建筑形体的透视平面。

⑤ 在透视图的二侧任意位置,作垂线为 $T.H_{1}$和 $T.H_{2}$。(为了使作图准确,且不会影响图面整洁。)

⑥ 在 $T.H_{1}$和 $T.H_{2}$上量出建筑形体各部分的高度,并与透视平面上建筑形体各相应位置引垂线,11′、22′、33′…即可求得建筑形体的透视图。

⑦ 加粗建筑形体的轮廓线,并画分出线条等级。

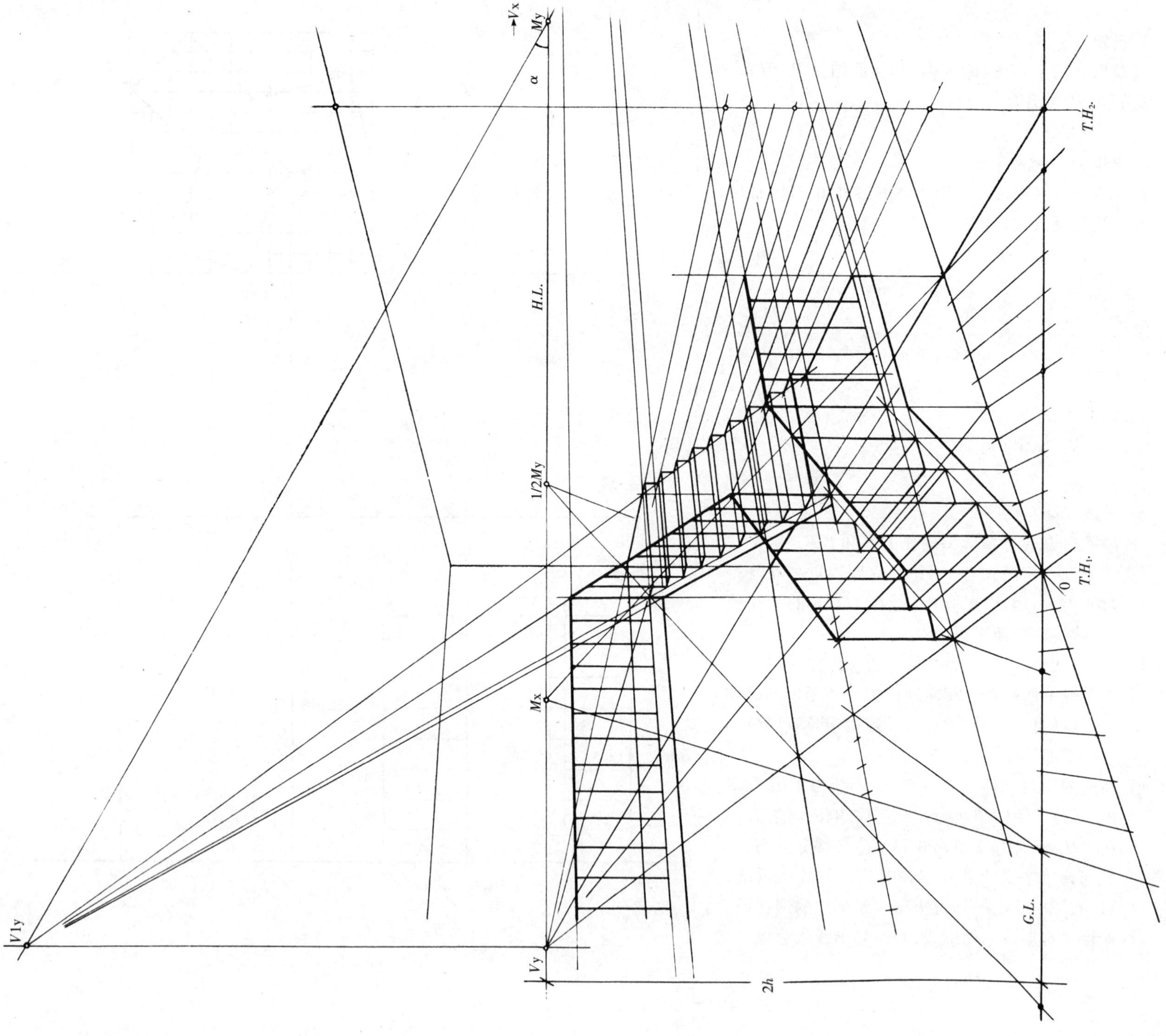

# 透视 7

**已知**

一个三跑楼梯的平面图、立面图和剖面图，以及 $P.P_h$、$E_h$、$D$、$H.P.$、$G.P.$、$H$。

**求作**

用量点法求作楼梯的透视图。（所有尺寸均按比例放大一倍）

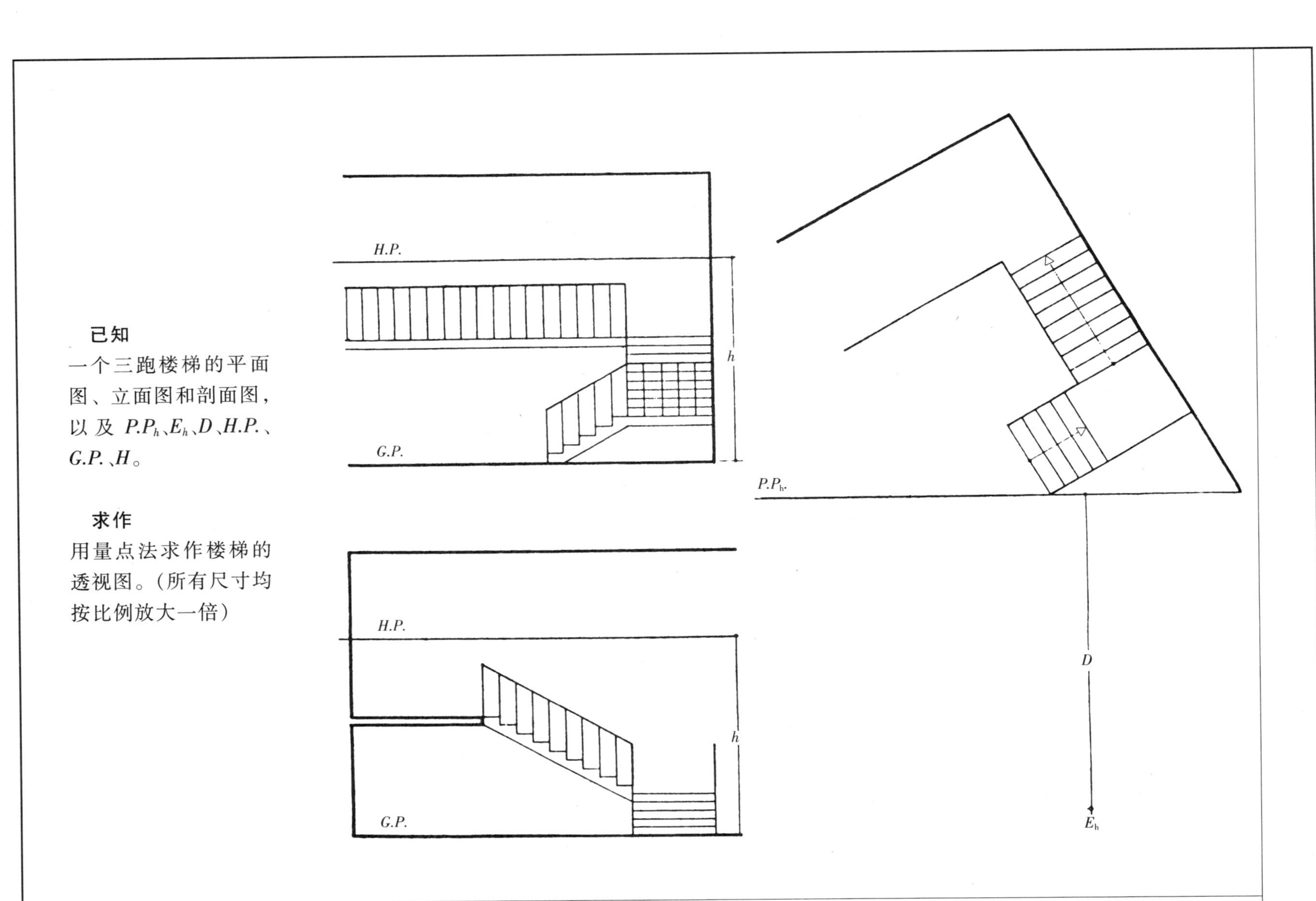


● **作法**（见上页图）

① 在已知平面图上过 $E_h$ 求得 $V_x$、$V_y$ 和 $M_x$、$M_y$。

② 作 $H.L.$、$G.L.$，视高放大一倍为 $2H$。

③ 在 $G.L.$ 上定 $O$ 点，作垂线为 $T.H.$。

④ 在 $H.L.$ 上定 $V_x$、$V_y$ 和 $M_x$、$M_y$，用 $(1/n)M$ 的方法定出 $(1/2)M_y$。（以使作图准确）

⑤ 由 $My$ 作 $\angle\alpha$（楼梯的坡度角），与过 $Vy$ 作垂线相交于 $V_{ly}$，为楼梯踏步、扶手斜度的消失点。

⑥ 用两点透视量点法求作楼梯踏面、平台等的透视位置点。

⑦ 在 $T.H.$ 上量得踏步平台、扶手和楼面的高度，并用 $V_{ly}$ 即可方便地求得楼梯的透视图。

⑧ 加粗楼梯的轮廓线并画分线条等级。

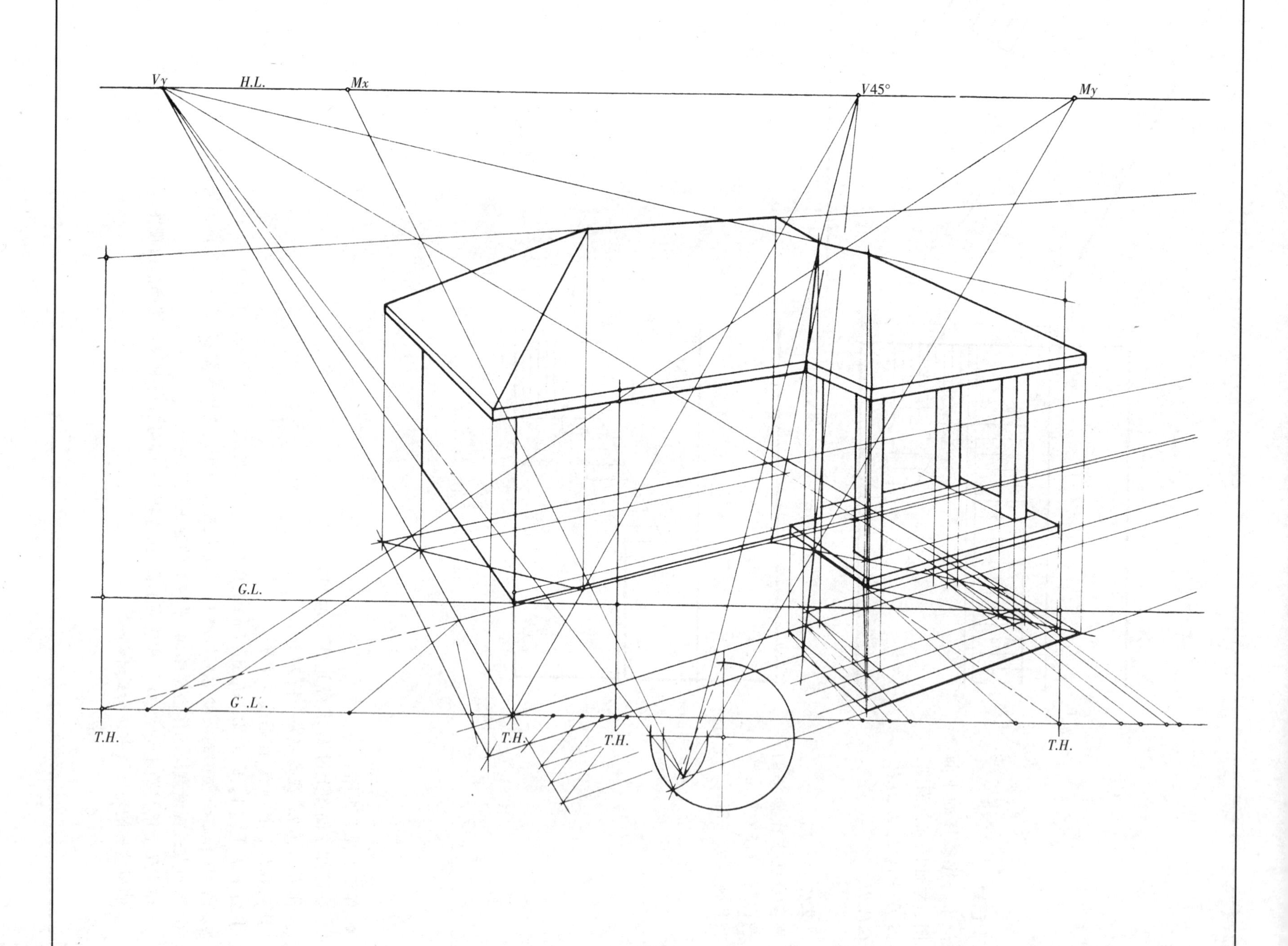
Vy
H.L.
Mx
V45°
My
G.L.
G'.L'.
T.H.
T.H.
T.H.
T.H.

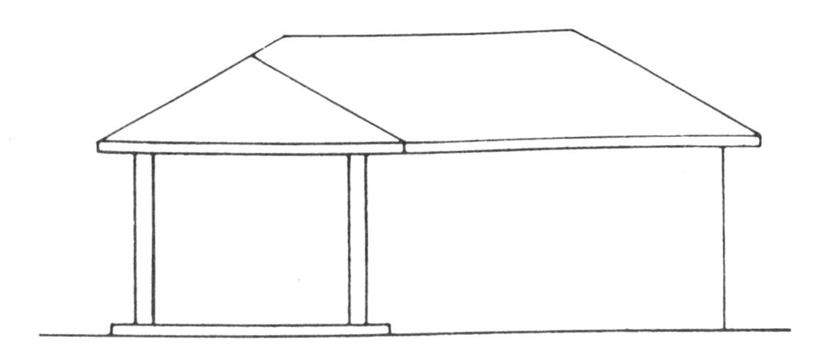

**已知**

建筑形体的平面图和立面图。

**求作**

自选视点，用量点法作建筑形体的透视图，所有尺寸均按比例放大一倍。

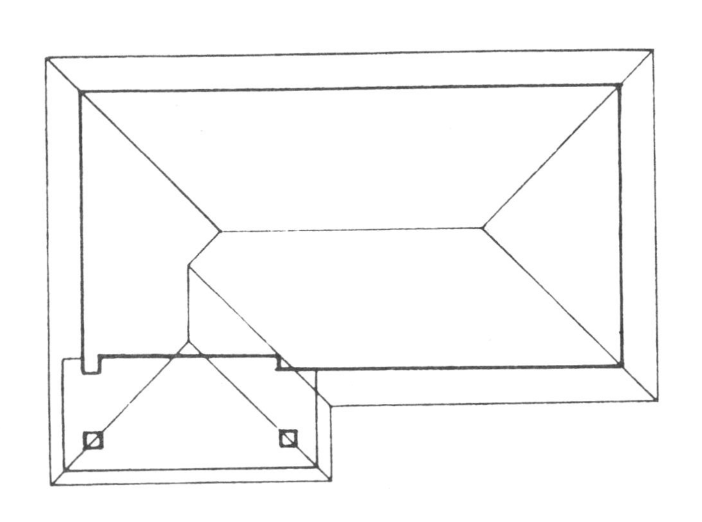

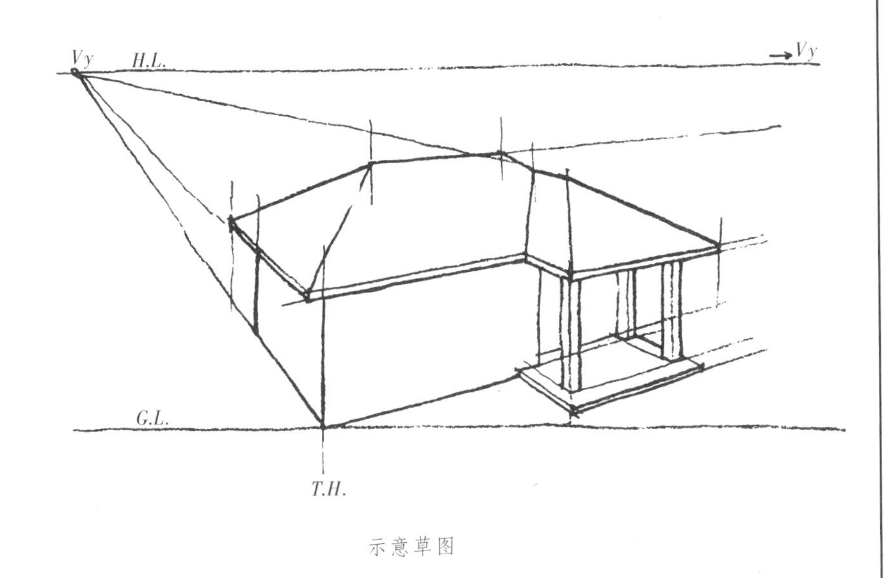


示意草图

● **作法**（见左页图）

① 徒手勾画透视角度(见草图)，选择理想的透视角度。

② 按所选择的理想透视角度，作 *H.L.*、*G.L.* $V_x$ 和 $V_y$，并确定 $V_x$ 方向的一个面的透视宽度。

③ 由 $V_x$、$V_y$ 和 $V_x$ 方向一个面的透视宽度，即可用小半圆法求得 $M_x$ 和 $M_y$，作建筑形体的透视平面。

④ 在 *T.H.* 上，量得建筑物各部分的高度，向 $V_x$、$V_y$ 方向消失。

⑤ 由透视平面图中建筑形体各相应位置投到透视图中，即可求得建筑形体的透视图。

⑥ 加深建筑形体的轮廓线，并画分出线条等级。

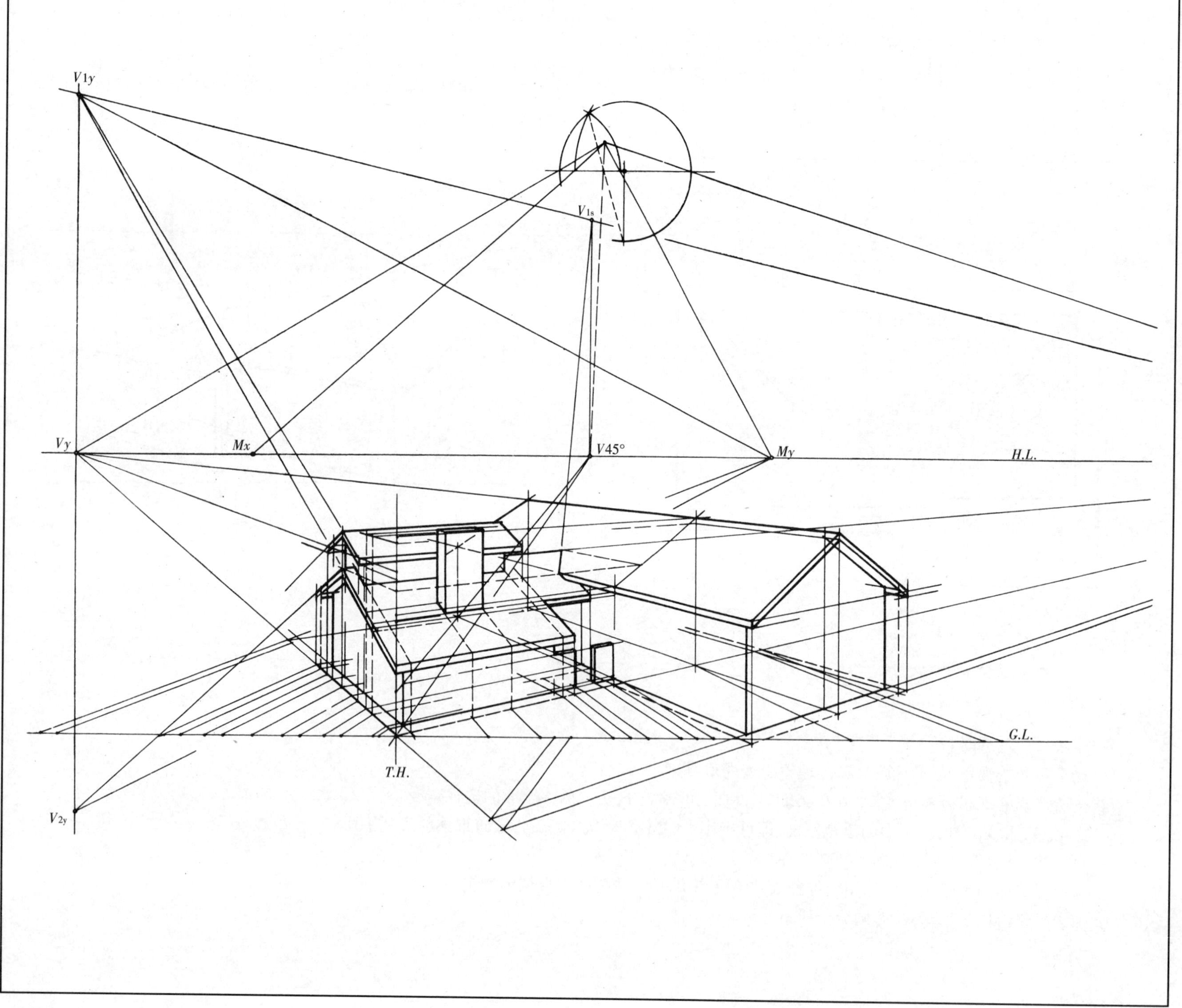

V1y
V1s
Vy
Mx
V45°
My
H.L.
G.L.
T.H.
V2y

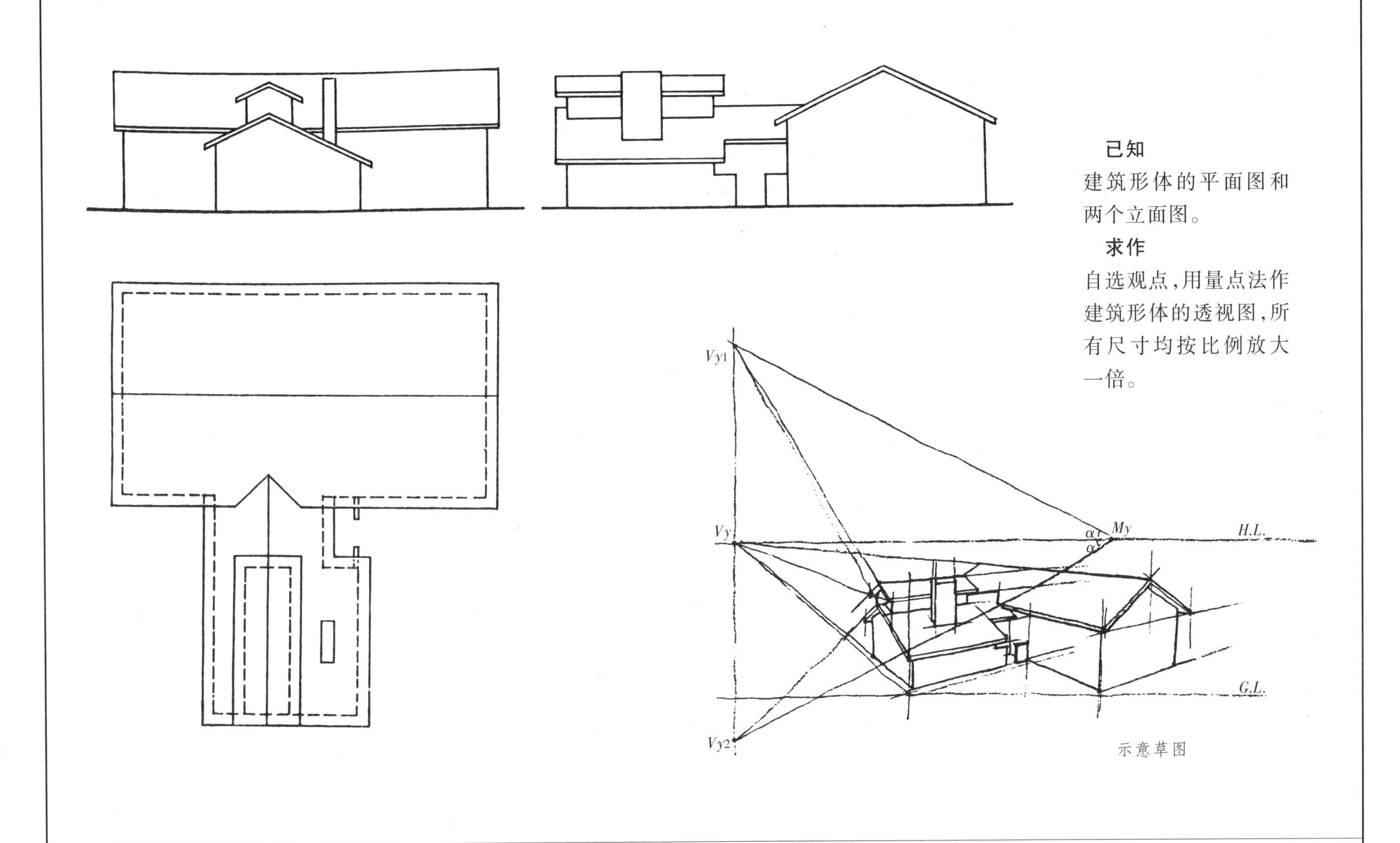

示意草图

**已知**

建筑形体的平面图和两个立面图。

**求作**

自选观点，用量点法作建筑形体的透视图，所有尺寸均按比例放大一倍。

● **作法**（见左页图）

① 徒手勾画建筑形体的草图(见草图)，选择理想的透视角度。

② 由理想的透视角度，画出 *H.L.*、*G.L.* 和 $V_x$、$V_y$，并确定 $V_y$ 方向建筑形体的一个面的透视宽度，即可得 $M_y$。

③ 由 $M_y$ 用小半圆法即可求得 $M_x$，此题解因透视角度较平缓，为作图准确、方便，可将小半圆平移到图面的任意适当高度作图。

④ 由 $V_x$、$V_y$、$M_x$、$M_y$ 即可作出建筑形体的透视平面。

⑤ 在 *T.H.* 上，量得建筑各部分的高度，各向 $V_x$、$V_y$ 方向消失，再由透视平面图中各相应位置作垂直线，即可求得建筑形体的视图。

⑥ 加粗建筑形体的轮廓线，并画分出建筑形体的线条等级。

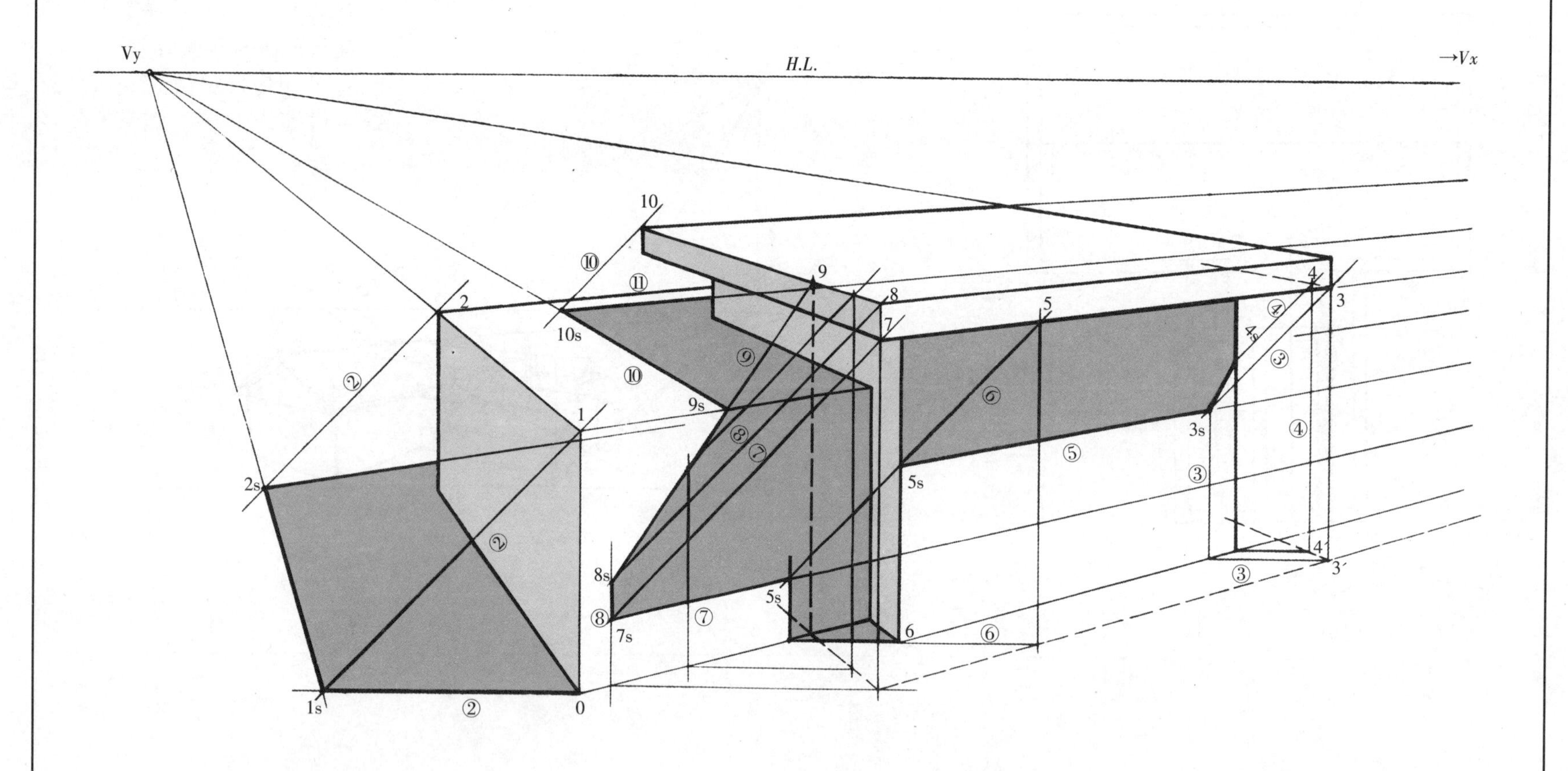
Vy
H.L.
→Vx
10
⑩
⑪
9
8
7
2
5
4
3
10s
⑨
⑩
9s
⑧
⑦
②
1
2s
②
8s
⑧
7s
⑦
5s
6
⑥
③
⑤
⑥
1s
②
0
3s
④
③
④
4
3´

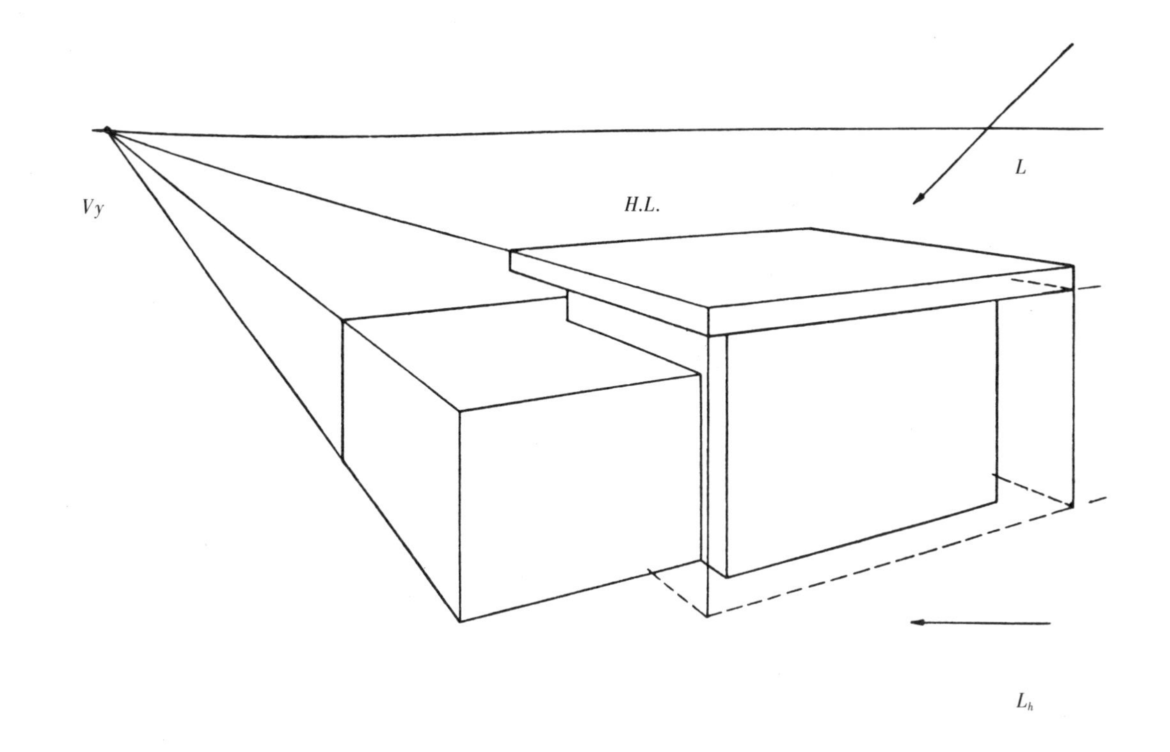


**已知**

建筑形体透视图。

**求作**

按光线 $L$ 和 $L_h$ 求作透视图上的阴影。

**分析**

由 $L$ 可知光线为平行于画面方向，故 $L$ 和 $L_h$ 方向光线与画面平行，它们没有消失点。

● **作法**（见左页图）

① 按光线的照射方向先确定建筑形体在光线照射下的明暗交界线。

② 过 0 作水平线与过 1 作 $L$ 方向的平行线相交于 $1_s$，由 $1_s$ 向 $V_y$ 方向消失，与过 2 作 $L$ 方向的平行线相交于 $2_s$。$0_{ls}$ 为 01 在地面上的落影，$1_s$ $2_s$ 为 12 在地面上的落影，过 $2_s$ 向 $V_x$ 方向消失，即得左侧建筑体块在地上的落影。

③ 过 3′ 作水平线与建筑形体与地面的交线相交，并引垂线与过 3 作 $L$ 方向的平行线相交得 $3_s$。

④ 用反射光线法可求得 $4_s$，连 $3_s$、$4_s$ 即为 3、4 在同一墙面上的落影。

⑤ 过 $3_s$ 向 $V_x$ 方向消失得 $5_s$。$3_s$、$5_s$ 为檐口在墙面上的落影。

⑥ 由 6 作水平线与建筑形体底边相交，并作垂线与过 $5_s$ 作 $L$ 方向的平行线相交即得 $5_s'$。$65'_s$ 为 $65_s$ 的落影。

⑦ 过 $5_s'$ 向 $V_x$ 方向消失，与由 7 作 $L$ 方向平行线相交得 $7_s$，$5_s7_s$ 为 57 在墙面上的落影。

⑧ 过 $7_s$ 作垂线与由 8 作 $L$ 方向的平行线相交得 $8_s$，$7_s8_s$ 为 78 在墙上的落影。

⑨ 连 $8_s9$ 得 $9_s$，$8_s9_s$ 为 89 在墙面上的落影。

⑩ 由 $9_s$ 向 $V_x$ 方向消失与过 10 作 $L$ 方向的平行线相交得 $10_s$，$9_s$ $10_s$ 为 9、10 在屋面上的落影。

⑪ 由 $10_s$ 向 $V_x$ 方向消失，即得封闭的完整落影。

⑫ 用铅笔涂满阴影，并分出阴和影的深浅。

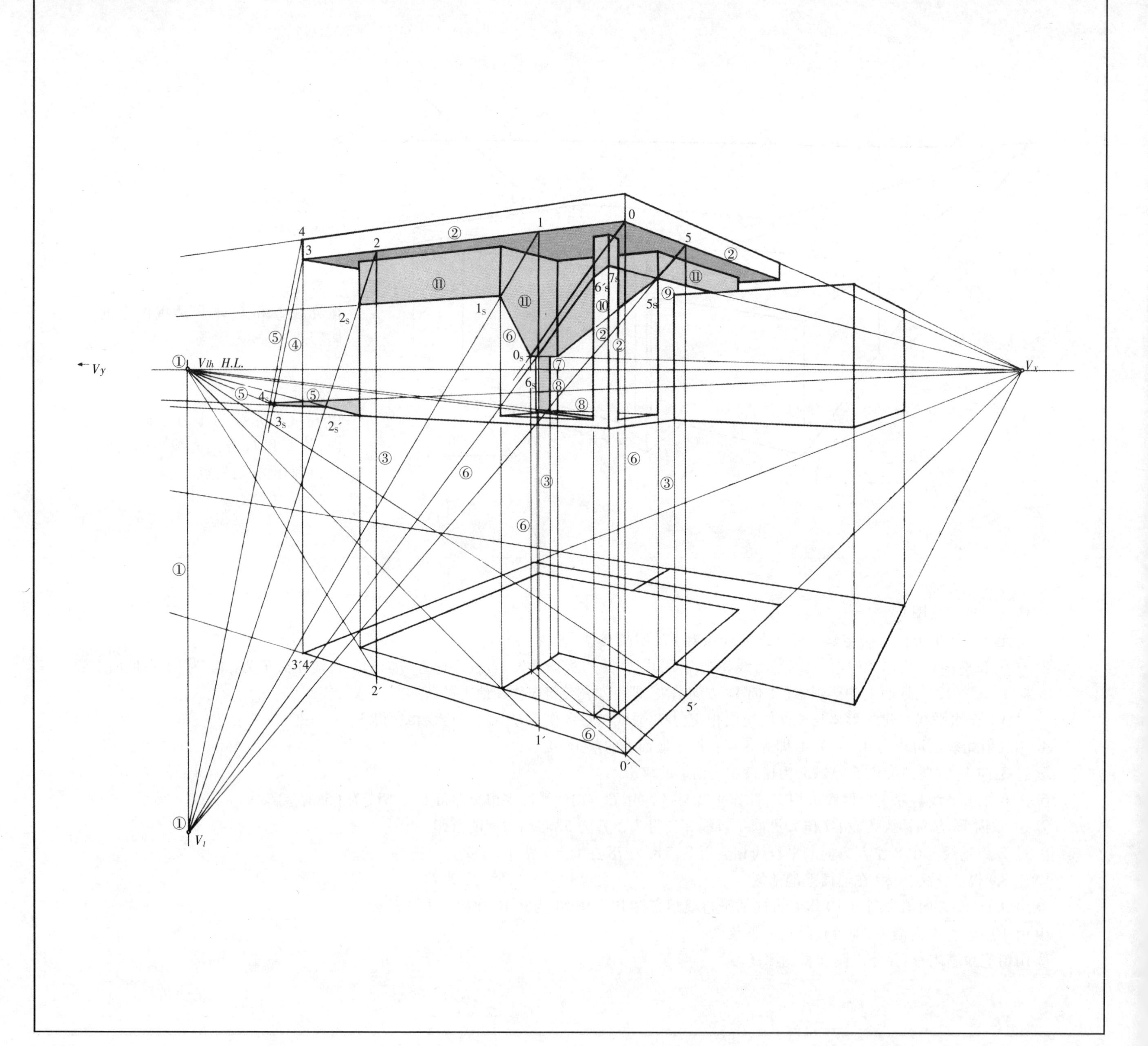

0
1
2
3
4
5
1s
2s
0s
4s
3s
2s´
5s
6s
6´s
7s
1´
2´
3´4´
5´
0´
Vy
Vlh H.L.
Vx
Vl
①
②
③
④
⑤
⑥
⑦
⑧
⑨
⑩
⑪

### 已知

建筑形体的透视图及透视平面。

### 求作

用自选阳光角度，求作透视图的阴影。

### 分析

可选择两种光线角度，其一为建筑形体两面受光，其二为建筑形体单面受光，另一面为阴面。而两面受光又可选择地面落影的大小或有无。

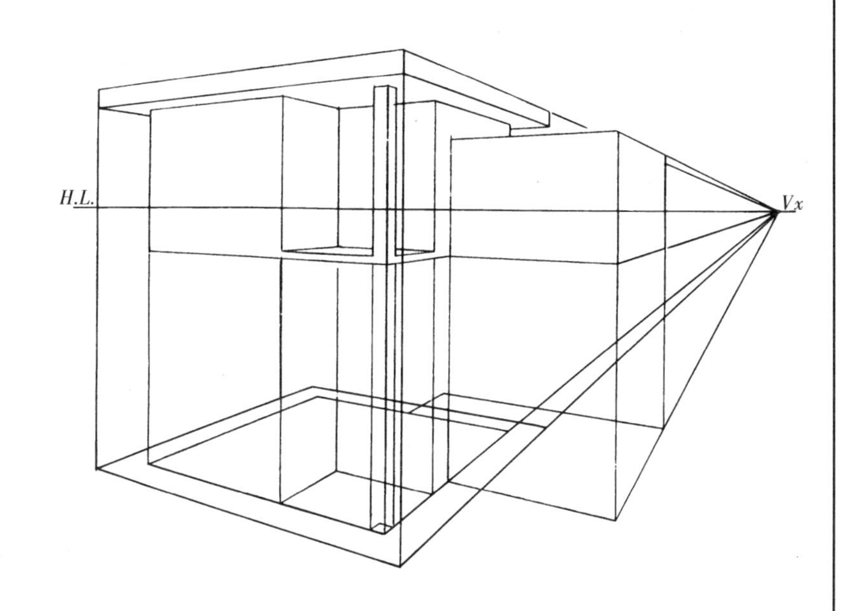


示意草图(双面受光)

- **作法**（见左页图）

① 选择 $V_{lh}$ 和 $V_l$ 在 $V_y$ 和建筑形体的透视图之间，所求得的透视阴影为两面受光。(草图)

② 先分析建筑形体各部分(墙体、柱、檐口)的明暗交界线。

③ 用反射光线法求得檐口上 1、2、5 在墙面上的落影 $1_s$、$2_s$、$5_s$，以及 $2_s$ 在地面上的落影 $2'_s$。

④ 由 3 向 $V_l$ 方向消失和由 $2'_s$ 向 $V_y$ 方向消失的直线相交于 $3_s$，为 3 在地面上的落影。

⑤ 由 $3_s$ 向 $V_{lh}$ 方向消失的直线与 4 向 $V_l$ 的直线方向消失相交于 $4_s$，为 4 在地面上的落影，再由 $4_s$ 向 $V_x$ 方向消失，使在地面上的落影封闭。

⑥ 由透视平面上 0′ 和透视图上 0 各向 $V_{lh}$ 和 $V_l$ 消失，即可求得 $0_s$，$0_s$ 为 0 在墙面上的落影，连 $1_s0_s$ 为檐口 01 在墙面上的落影。

⑦ 由 $0_s$ 向 $V_x$ 方向消失的直线与墙角线的交点，由该交点再与 $5_s$ 向连 $0_s5_s$ 为檐口 05 在二个相互垂直的墙面上的落影。

⑧ 作柱子对墙面的落影与 $0_s$ 向 $V_x$ 方向消失的直线相交，使柱子和檐口 05 在墙面上的落影封闭。

⑨ 由 $5_s$ 向 $V_l$ 方向消失并延长到柱子上，得檐口对墙面和柱子上的落影。

⑩ 由 $6_s$ 向 $V_l$ 方向消失并延长到柱子上得 $6'_s$，连 $6'_s$ 和 $7'_s$，得檐口在柱子上的落影。

⑪ 用铅笔涂满阴和影，并分出阴影和深浅。

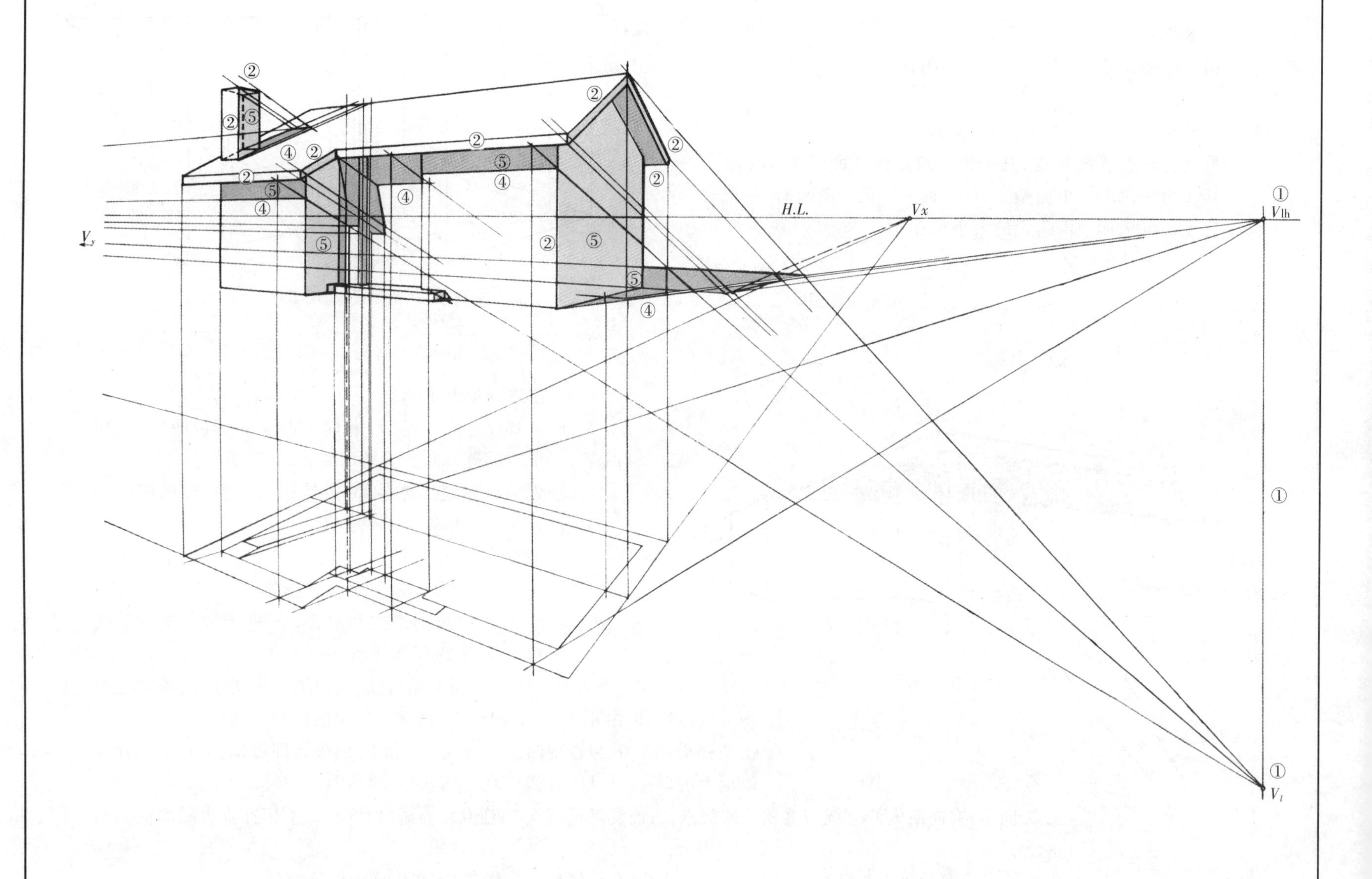
②
②
⑤
②
④
②
⑤
④
②
②
⑤
④
④
②
②
⑤
②
⑤
⑤
④
H.L.
Vx
①
Vlh
Vy
①
①
Vl

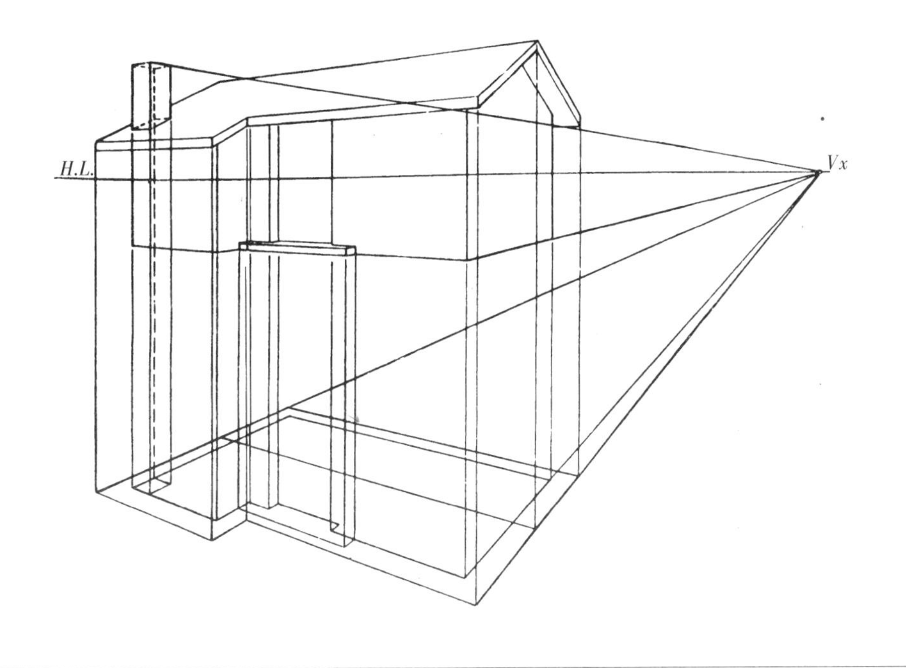


**已知**

建筑形体的透视图及透视平面。

**求作**

用自选阳光角度，求作透视图的阴影。

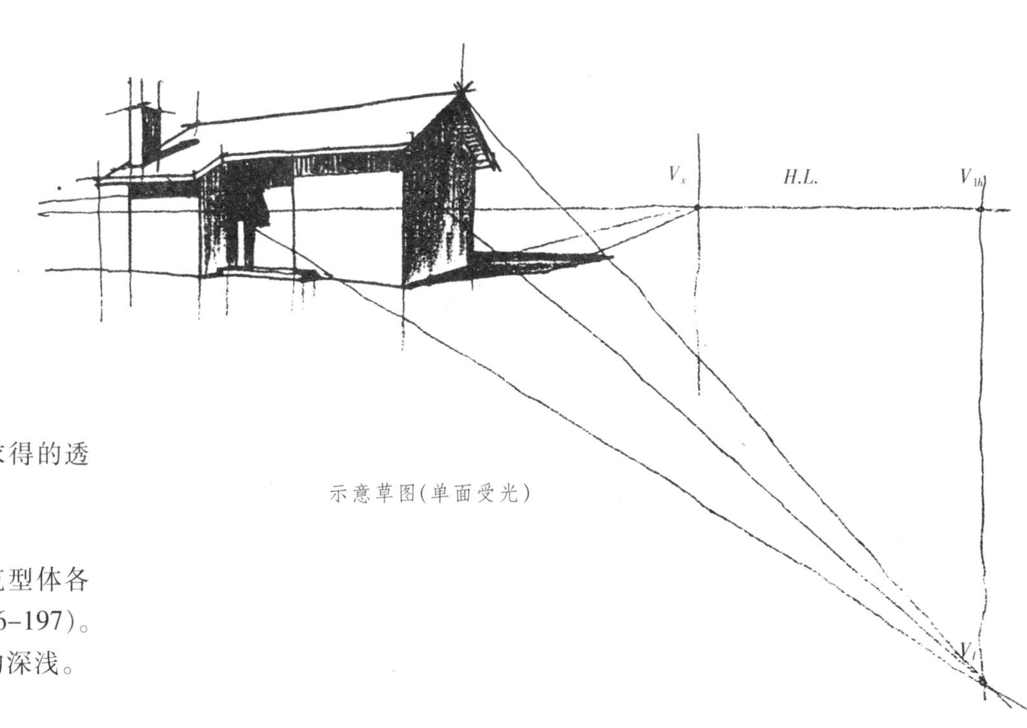


示意草图(单面受光)

● **作法**（见左页图）

① 选择 $V_{1h}$ 和 $V_1$ 在 $V_x$ 之右外侧，求得的透视阴影为一面受光。(见草图)

② 确定建筑形体的明暗交界线。

③ 利用透视平面和 $V_{1h}$、$V_1$ 作出建筑型体各部分的落影，作法同透视 13(P.196–197)。

④ 用铅笔涂满阴影，并分出阴和影的深浅。

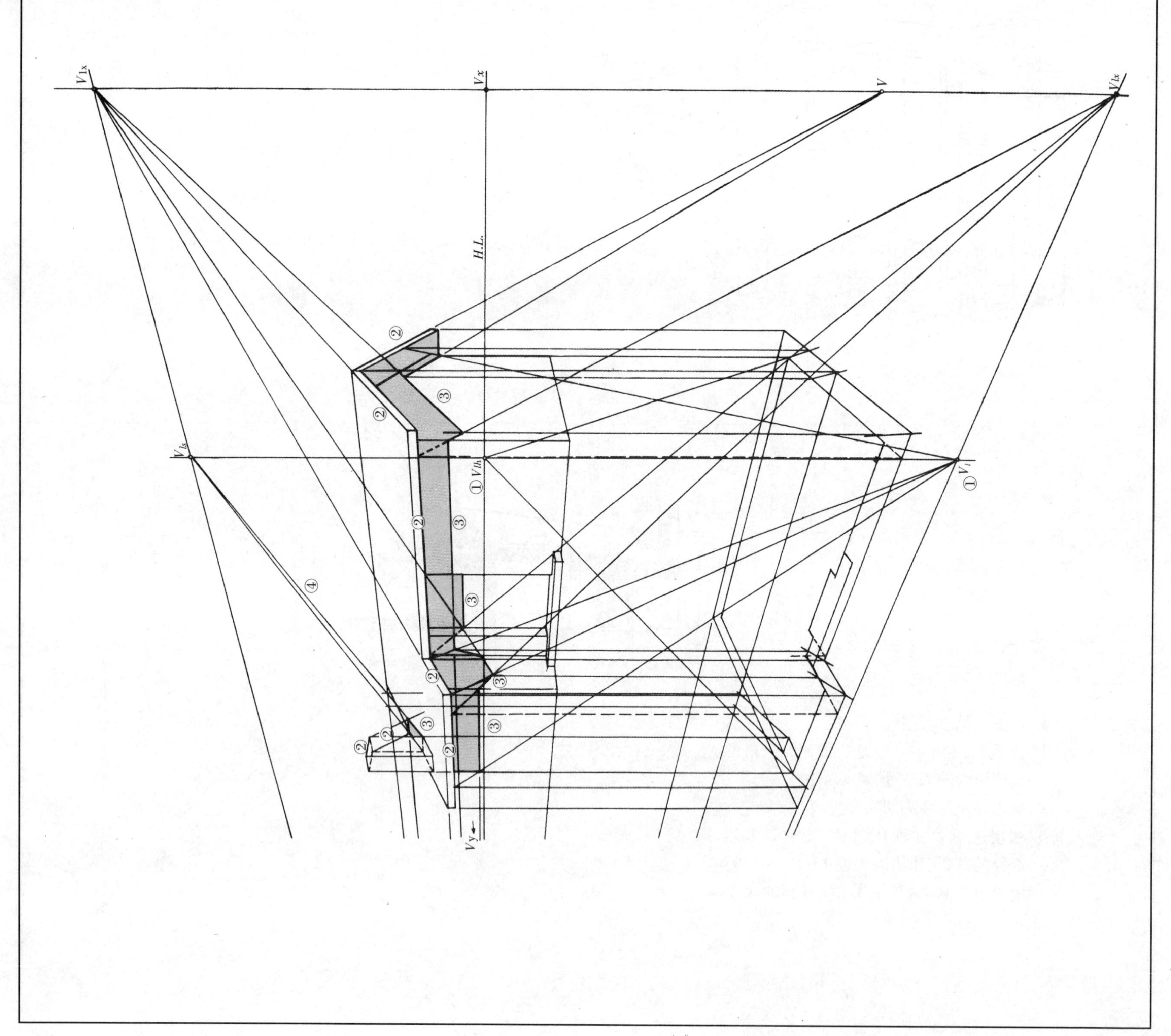
$V_{1x}$
$V_x$
$V$
$V_{lx}$
H.L.
$V_{ls}$
$V_{lh}$
$V_l$
①
②
③
④
$V_y$

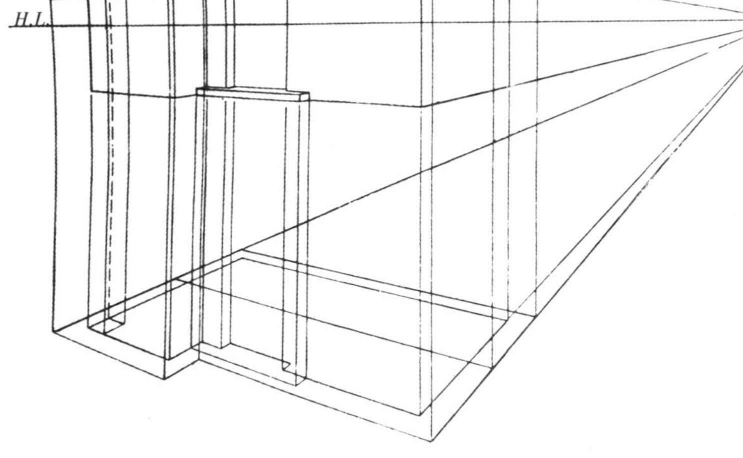


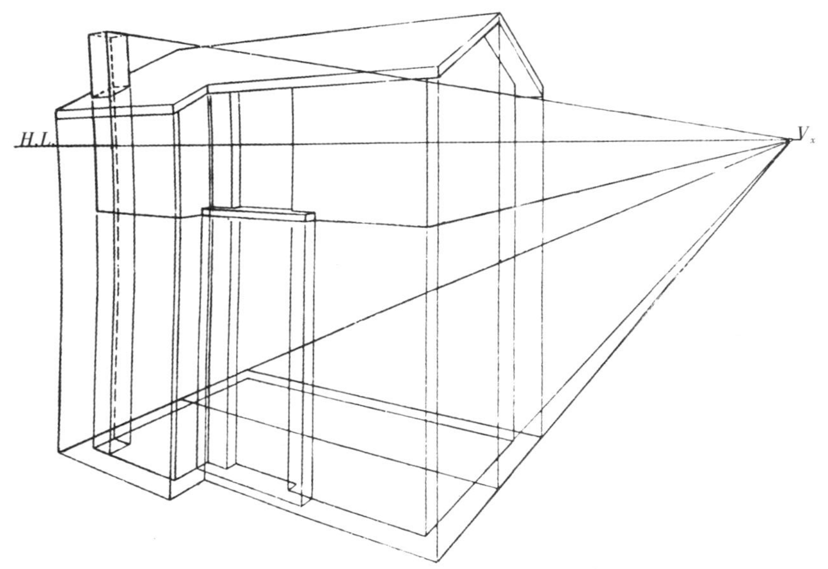

**已知**

建筑形体的透视图及透视平面。

**求作**

用自选阳光角度,求作透视图的阴影。

● **作法**（见上页图）

①选择 $V_{lh}$ 和 $V_x$、$V_y$ 之间,并在建筑形体透视图的中间,作出的透视阴影为两面受光,地面上没有落影。（见草图）

②确定建筑形体的明暗交界线。

③利用透视平面和 $V_{lh}$ 和 $V_l$ 作出建筑形体各部分的落影,作法同。透视 $B$(P.196–197)

④烟囱在坡屋面上的落影，利用 $V_{ls}$ 和 $V_l$ 作图较为简便,$V_{ls}$ 为坡屋面的消失线 $V_{lx}V_y$ 和光面消失线 $V_{lh}$ 的交点，即垂上线在坡屋面上落影的消失点。

⑤用铅笔涂满阴影,并分出阴和影的深线。

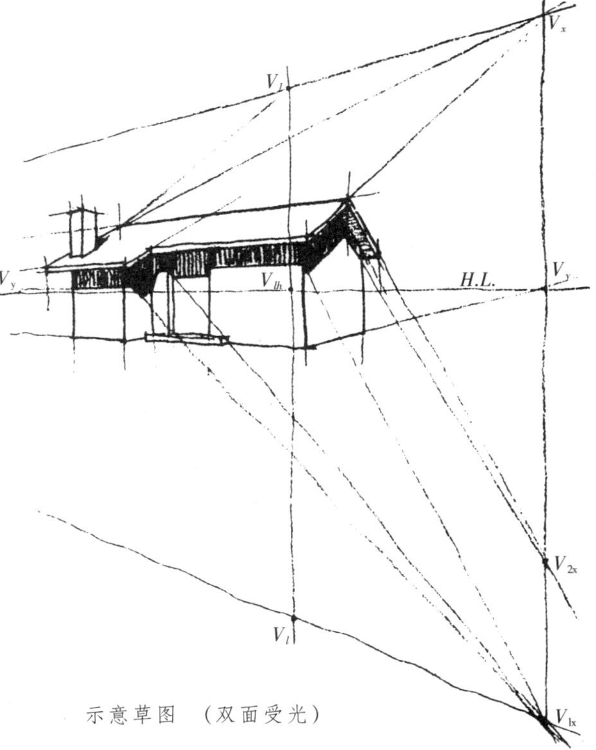


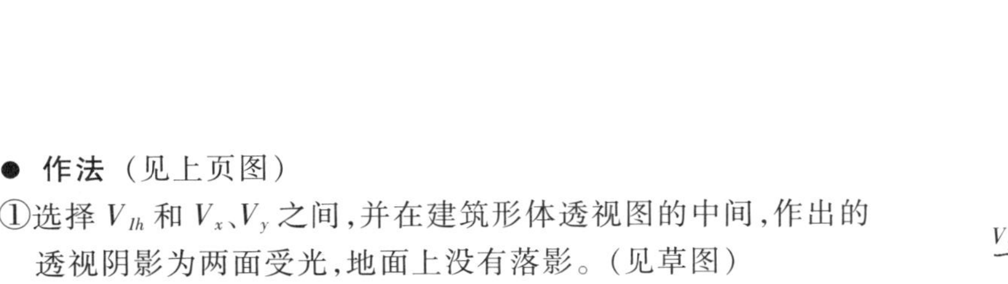

示意草图 （双面受光）

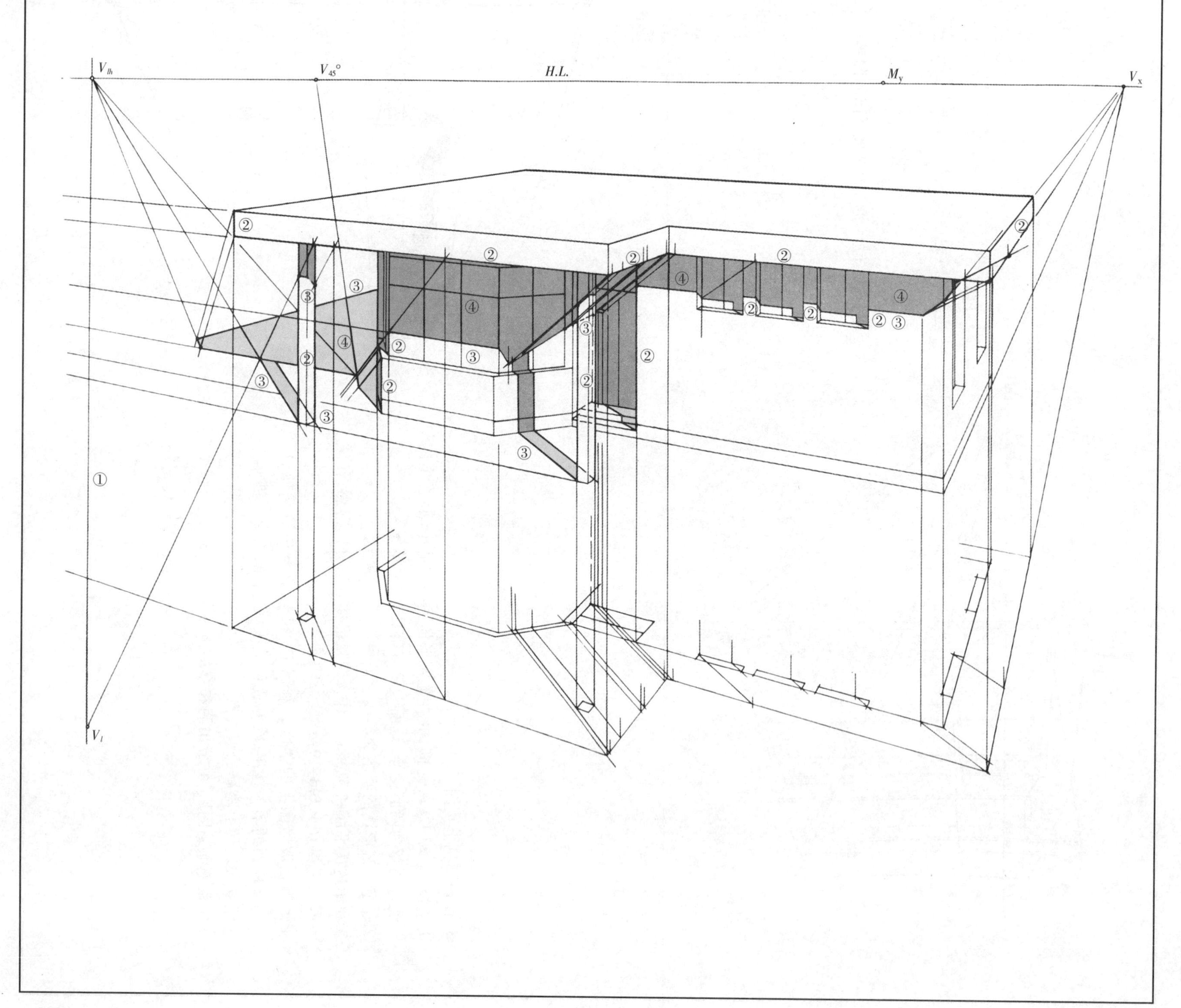

$V_{lh}$
$V_{45°}$
H.L.
$M_y$
$V_x$
$V_l$
①
②
③
④

**已知**

建筑平面图和三个立面图。

**求作**

自选视点及阳光角度，求作透视图及阴影，所有尺寸均按比例放大一倍。

**分析**

先求透视图，再作透视阴影。

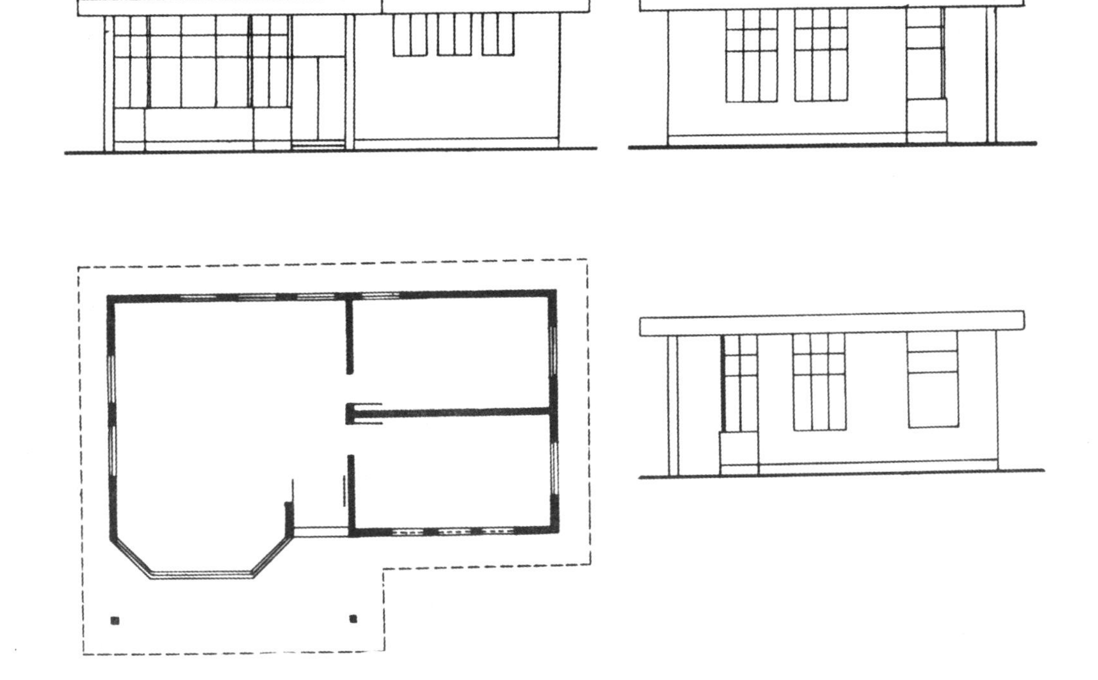

● **作法**（见左页图）

①在求得的透视图中选择 $V_{lh}$ 和 $V_l$ 在 $V_xV_y$ 之间，作出的透视阴影为两面受光。

②确定建筑物的明暗交界线。

③利用透视平面和 $V_{lh}$ 和 $V_l$ 求得建筑透视图各部分的落影和在地面上的落影。

④用铅笔涂满阴影，并分出阴和影的深浅。

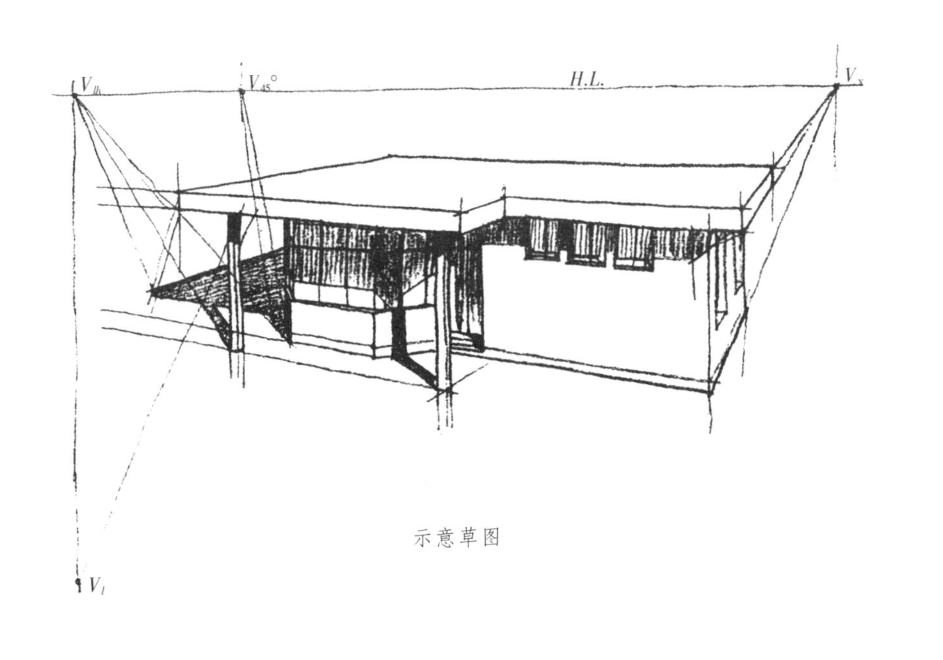


示意草图

**图书在版编目（CIP）数据**

建筑制图 / 钟训正，孙钟阳，王文卿编著. —4 版.
—南京：东南大学出版社，2022.6（2024.8 重印）
ISBN 978-7-5766-0135-0

Ⅰ. ①建… Ⅱ. ①钟… ②孙… ③王… Ⅲ. ①建筑制图 Ⅳ. ①TU204

中国版本图书馆 CIP 数据核字（2022）第 088540 号

**责任编辑**：张　莺　　**封面设计**：毕　真　　**责任印刷**：周荣虎

**建筑制图（第 4 版）**（附课程视频二维码）

**编　　著** 钟训正　孙钟阳　王文卿
**出版发行** 东南大学出版社
**社　　址** 南京市四牌楼 2 号　邮编：210096　电话：025-83793330
**网　　址** http://www.seupress.com
**电子邮箱** press@seupress.com
**经　　销** 全国各地新华书店
**印　　刷** 江苏省地质测绘院
**开　　本** 787mm×1092mm　1/12
**印　　张** 18
**字　　数** 466 千字
**版　　次** 1990 年 8 月第 1 版　2022 年 6 月第 4 版
**印　　次** 2024 年 8 月第 28 次印刷
**印　　数** 93001—95000
**书　　号** ISBN 978-7-5766-0135-0
**定　　价** 50.00 元